Satellitengeodäsie

Günter Seeber

Satellitengeodäsie

Grundlagen, Methoden und Anwendungen

Walter de Gruyter · Berlin · New York 1989

Prof. Dr.-Ing. Günter Seeber
Institut für Erdmessung
Universität Hannover
D-3000 Hannover

∞ Gedruckt auf säurefreiem Papier.

Mit 213 Abbildungen und 44 Tabellen.

CIP-Kurztitelaufnahme der Deutschen Bibliothek

Seeber, Günter:
Satellitengeodäsie : Grundlagen, Methoden u. Anwendungen /
Günter Seeber. - Berlin ; New York : de Gruyter, 1989
ISBN 3-11-010082-7

Satz: Asco Trade Typesetting, Hongkong. - Druck: Gerike GmbH, Berlin. - Bindearbeiten: Lüderitz & Bauer, Berlin. - Einbandentwurf: Sigurd Wendland. - Printed in Germany.

Vorwort

Methoden der Satellitengeodäsie finden zunehmend Eingang in das Vermessungswesen und in Nachbardisziplinen. Eine aktuelle umfassende Behandlung dieses Gebietes fehlte jedoch sowohl im deutschsprachigen als auch im internationalen Schrifttum. Die grundlegenden Werke von *Mueller*, *Kaula* und *Arnold* sind in den Jahren 1964 bis 1970 entstanden und decken die stürmische Entwicklung der letzten zwei Jahrzehnte nicht ab. Für den Unterricht und für die Praxis zeigte sich deshalb immer deutlicher der Bedarf an einer systematischen Darstellung des Gesamtgebietes. Mit dem vorliegenden Buch möchte ich dazu beitragen, diese Lücke zu schließen.

Das Buch ist aus dem Material meiner Vorlesungen entstanden, die ich seit 1973 an der Universität Hannover gehalten habe. Neben Studierenden sind vor allem Praktiker aus allen Bereichen des Vermessungswesens angesprochen, die mit Verfahren und Ergebnissen der Satellitengeodäsie arbeiten müssen oder in Berührung kommen und mit neueren Entwicklungen auf diesem Gebiet bekannt gemacht werden wollen. Weiterhin soll das Buch für Studierende, Anwender und wissenschaftlich arbeitende Kollegen aus Nachbardisziplinen der Ingenieur- und Geowissenschaften, vornehmlich aus Navigation, Hydrographie, Kartographie, Bau- und Verkehrswesen, Geophysik, Geologie, Geographie und Ozeanographie,eine Hilfe sein, um sich mit den Methoden der Satellitengeodäsie vertraut zu machen. Dieser Zielsetzung entsprechend nimmt der Text eine Mittelstellung zwischen einem Lehrbuch und einem Nachschlagewerk ein.

Wegen der Fülle des sich rasch ausweitenden Stoffes mußte an vielen Stellen ausgewählt und gewichtet werden. Das Hauptgewicht wurde auf die Grundlagen und die Anwendungen gelegt, wobei die Nutzung künstlicher Erdsatelliten für Aufgaben der Positionsbestimmung im Vordergrund steht. Aussichtsreiche Entwicklungen wurden mit aufgenommen. Für vertiefende und weiterführende Studien wurde insbesondere aktuelles Schrifttum zitiert. Um Leser aus unterschiedlichen Fachdisziplinen und mit unterschiedlichem Kenntnisstand ansprechen zu können, wurde das Buch so angelegt, daß zu seinem Verständnis Grundkenntnisse in der Analysis und der linearen Algebra ausreichen.

Viele der angeführten Beispiele entstammen Meßprojekten und Forschungsvorhaben, die ich in den vergangenen mehr als zehn Jahren gemeinsam mit Diplomanden und Doktoranden der Universität Hannover durchgeführt habe und die ihren Niederschlag in mehreren Dissertationen gefunden haben. Ich bin allen meinen Mitarbeitern für die langjährige Zusammenarbeit und für viele fruchtbare Diskussionen dankbar. Darüber hinaus danke ich allen Mitarbeiterinnen und Mitarbeitern des Instituts für Erdmessung, die zum Erscheinen dieses Buches beigetragen haben.

Meiner Frau Gisela und meinen Kindern Jan und Mareile gilt mein besonderer Dank für ihr Verständnis sowie für manche praktische Hilfestellung. Schließlich möchte ich dem Verlag Walter de Gruyter für die Aufnahme des Buches in das Verlagsprogramm und die stets sehr angenehme Zusammenarbeit danken.

Hannover, im August 1988 Günter Seeber

Inhalt

1.	Einleitung	1
1.1	Gegenstand der Satellitengeodäsie	1
1.2	Allgemeine Einteilung und Grundkonzepte der Satellitengeodäsie	3
1.3	Historische Entwicklung	6
1.4	Anwendungen der Satellitengeodäsie	8
1.5	Einteilung und Zielsetzung des Buches	10
2.	Allgemeine Grundlagen	12
2.1	Bezugssysteme	12
2.1.1	Kartesische Koordinatensysteme und Koordinatentransformationen	12
2.1.2	Bezugssysteme der Satellitengeodäsie	15
2.1.3	Bezugssysteme im Erdschwerefeld	21
2.1.4	Ellipsoidische Bezugssysteme	22
2.1.5	Ellipsoid, Geoid und Geodätisches Datum	25
2.1.6	Dreidimensionale Zentrierung	29
2.2	Zeit	30
2.2.1	Allgemeines	30
2.2.2	Sternzeit und Weltzeit	32
2.2.3	Dynamische Zeit	34
2.2.4	Atomzeit	35
2.2.5	Uhren und Frequenznormale	36
2.3	Signalausbreitung	40
2.3.1	Einige elementare Grundlagen zur Wellenausbreitung	41
2.3.1.1	Grundbeziehungen und Definitionen	41
2.3.1.2	Dispersion, Phasen- und Gruppengeschwindigkeit	43
2.3.1.3	Frequenzbereiche	44
2.3.2	Aufbau und Struktur der Atmosphäre	45
2.3.3	Wellenausbreitung in der Ionosphäre und Troposphäre	48
2.3.3.1	Ionosphärische Refraktion	50
2.3.3.2	Troposphärische Refraktion	51

3. Satellitenbewegung 56

3.1 Grundzüge der Himmelsmechanik, Zweikörperproblem 56
3.1.1 Keplerbewegung 58
3.1.2 Newtonsche Mechanik, Zweikörperproblem 61
3.1.2.1 Bewegungsgleichung 61
3.1.2.2 Elementare Integration 64
3.1.2.3 Vektorielle Darstellung 71
3.1.3 Bahngeometrie und Bahnbewegung 75

3.2 Gestörte Satellitenbewegung 82
3.2.1 Darstellung von gestörten Bewegungen 84
3.2.1.1 Oskulierende und mittlere Bahnelemente 84
3.2.1.2 Störungsgleichungen nach Lagrange 85
3.2.1.3 Gauß'sche Form der Störungsgleichungen 88
3.2.2 Gestörte Bewegungen aufgrund des anomalen Erdschwerefeldes 89
3.2.2.1 Störungsgleichungen und Geopotential 91
3.2.2.2 Störungen in den Elementen 95
3.2.2.3 Störbeschleunigungen aufgrund zonaler Koeffizienten J_n 98
3.2.3 Sonstige Störungen 100
3.2.3.1 Gravitationswirkung von Sonne und Mond 100
3.2.3.2 Gezeiten der festen Erde und der Meere 102
3.2.3.3 Strömungswiderstand der Atmosphäre 103
3.2.3.4 Direkter und indirekter Strahlungsdruck der Sonne 105
3.2.3.5 Weitere Störungen 107
3.2.3.6 Resonanzeffekte 108
3.2.4 Auswirkung von Störungen auf ausgewählte Satellitenbahnen 109

3.3 Bahnbestimmung 111
3.3.1 Integration der ungestörten Bahn 112
3.3.2 Integration der gestörten Bewegungsgleichung 115
3.3.2.1 Analytische Verfahren der Bahnintegration 116
3.3.2.2 Numerische Verfahren der Bahnintegration 118
3.3.3 Bahnrepräsentation 122
3.3.3.1 Ephemeridendarstellung bei Navigationssatelliten 122
3.3.3.2 Approximation durch Polynome 123
3.3.3.3 Vereinfachte Short-Arc Darstellung 126

3.4 Satellitenbahnen und Satellitenbahnmanöver 128

4. Beobachtungskonzepte und geodätisch nutzbare Satelliten 135

4.1 Satellitengeodäsie als Parameterbestimmungsproblem 135

4.2 Messungsgrößen und Meßverfahren 139
4.2.1 Richtungsmessungen 141
4.2.2 Entfernungsmessungen 142
4.2.3 Entfernungsdifferenzmessungen (Doppler) 145
4.2.4 Flughöhenmessungen (Altimetrie) 146
4.2.5 Entfernungs- und Entfernungsänderungsmessungen 147
4.2.6 Interferometrische Messungen 148
4.2.7 Sonstige Meßverfahren 150

4.3 Geodätisch nutzbare Satelliten 150
4.3.1 Allgemeine Anforderungen 150
4.3.2 Ausgewählte Satelliten und Teilsysteme 151
4.3.3 Geplante Satelliten und Systeme 155

5. Klassische Beobachtungsverfahren 157

5.1 Photographische Richtungsbestimmung 158
5.1.1 Satelliten zur photographischen Richtungsbestimmung 158
5.1.2 Satellitenkameras 159
5.1.3 Beobachtungs- und Auswerteablauf 163
5.1.3.1 Satellitenaufnahme 163
5.1.3.2 Plattenmessung und Korrekturen 164
5.1.3.3 Plattenreduktion 167
5.1.4 Weiterverwendung der Richtungen 170
5.1.5 Ergebnisse 172
5.1.6 Heutige Bedeutung der Richtungsmessung 174

5.2 Elektronische Entfernungsmessung (SECOR) 175

5.3 Sonstige frühe Meßverfahren 176

6. Dopplermessungen (TRANSIT) 178

6.1 Dopplereffekt und Prinzip der Positionsbestimmung 180

6.2 Entwicklung und Status des Navy Navigation Satellite Systems (TRANSIT) 184

6.3 Bahnbestimmung und Bahnrepräsentation 188
6.3.1 Broadcast Ephemeriden 188
6.3.2 Präzise Ephemeriden 193
6.3.3 Beziehungen zwischen Dopplerbezugssystemen 194

6.4 Satellitenempfangsanlagen 195
6.4.1 Grundsätzlicher Aufbau eines Doppleremfängers 195
6.4.2 Zeitmessung und Dopplerzählung 197
6.4.3 Doppleremfänger 200

6.5 Fehlereinflüsse und Korrekturen 202
6.5.1 Bahnephemeriden 202
6.5.2 Ionosphärische und troposphärische Refraktion 204
6.5.3 Empfangssystem 207
6.5.4 Erdrotation und relativistische Einflüsse 209
6.5.5 Bewegung der Empfangsantenne 210
6.5.6 Fehlerbudget für den Einzeldurchgang 211

6.6 Beobachtungsstrategien und Auswertemodelle 213
6.6.1 Erweiterte Beobachtungsgleichung 213
6.6.2 Einzelpunktbestimmung 218
6.6.3 Mehrstationsverfahren 221
6.6.4 Auswerteprogramme 225

6.7 Durchführung von Feldbeobachtungen 227

6.8 Anwendungen von Dopplerbeobachtungen 229
6.8.1 Anwendungen in der Grundlagenvermessung 229
6.8.2 Bestimmung von Paß- und Kontrollpunkten 237
6.8.3 Anwendungen in der Meeres- und Glazialgeodäsie 239
6.8.4 Bestimmung von Polbewegungsparametern 239
6.8.5 Die zukünftige Rolle von Satelliten-Dopplerbeobachtungen 240

7. Das Global Positioning System GPS 242

7.1 Grundprinzip 242
7.1.1 Allgemeines 242
7.1.2 Raumsegment 245
7.1.3 Kontrollsegment 246
7.1.4 Beobachtungsprinzip und Signalstruktur 247
7.1.5 Bahnbestimmung und Bahnrepräsentation 252
7.1.5.1 Bestimmung der Broadcast-Ephemeriden 252
7.1.5.2 Bahnrepräsentation 253
7.1.5.3 Berechnung der Satellitenzeit und der Satellitenkoordinaten 256
7.1.5.4 Struktur der GPS Navigationsdaten 258
7.1.6 Systementwicklung 259

7.2 GPS Empfänger (Nutzersegment) 261

7.2.1 Empfängerkonzepte und Komponenten 261
7.2.2 Codeabhängige Empfänger 263
7.2.2.1 Grundsätzlicher Aufbau 263
7.2.2.2 Beispiele für codeabhängige Empfänger 266
7.2.3 Codefreie Empfänger 269
7.2.3.1 Grundsätzlicher Aufbau 269
7.2.3.2 Beispiele für codefreie Empfänger 270
7.2.4 Empfängerübersicht 272

7.3 Datenbehandlung und Auswertung 273
7.3.1 Beobachtungsgrößen 273
7.3.2 Code- und Trägerphasen 277
7.3.3 Auswertekonzepte 280
7.3.4 Lösung von Mehrdeutigkeiten 284
7.3.5 Auswertestrategien und Konzepte von Rechnerprogrammen 287

7.4 Genauigkeitsbeeinflussende Effekte 290
7.4.1 Allgemeines und Übersicht 290
7.4.2 Satellitengeometrie 293
7.4.3 Bahnen und Uhren 295
7.4.4 Ausbreitungseffekte 299
7.4.5 Empfangssystem 302

7.5 Durchführung von Feldbeobachtungen 303
7.5.1 Aufstellung eines Beobachtungsplanes 303
7.5.2 Praktische Gesichtspunkte bei Feldbeobachtungen 307
7.5.3 Beobachtungsstrategien und Netzentwurf 308

7.6 Anwendungsmöglichkeiten und Anwendungsbeispiele von GPS Beobachtungen 312
7.6.1 Grundlagenvermessung 313
7.6.2 Geodynamik 316
7.6.3 Überwachungs- und Ingenieuraufgaben 317
7.6.4 Präzisionsnavigation, Meeres- und Glazialgeodäsie 318

8. Laserdistanzmessung 320

8.1 Grundprinzip und Allgemeines 320

8.2 Satelliten mit Laserreflektoren 322

8.3 Lasermeßsysteme und Komponenten 326
8.3.1 Laseroszillatoren 326
8.3.2 Sonstige Systemkomponenten 328
8.3.3 Verfügbare Systeme, Transportable Laser 330

8.4 Korrektionen, Datenbehandlung und Genauigkeit 332
8.4.1 Erweiterte Distanzgleichung 332
8.4.2 Datenprüfung und Datenverdichtung, Normalpunkte 334
8.4.3 Genauigkeitsentwicklung bei Laserdistanzmeßsystemen 338

8.5 Durchführung und Nutzung von Laserdistanzmessungen zu Satelliten 339
8.5.1 Operationelle Durchführung von Beobachtungsprogrammen 339
8.5.2 Parameterschätzung 341
8.5.3 Positionen und Positionsänderungen 344
8.5.4 Bezugssystem, Erdrotation, Polbewegung 345
8.5.5 Schwerefeld 349
8.5.6 Gezeiten der festen Erde und der Meere 350
8.5.7 Sonstige Anwendungen 351

8.6 Lasermessungen zum Mond 352

8.7 Satellitengetragene Lasersysteme 356

9. Satellitenaltimetrie (Flughöhenmessung) 357

9.1 Grundprinzip 357

9.2 Satelliten und Missionen 359

9.3 Meßwerte, Korrektionen und Genauigkeit 363
9.3.1 Geometrie der Altimetermessung 363
9.3.2 Datengewinnung 364
9.3.3 Korrektionen und Fehlereinflüsse 367

9.4 Bestimmung der mittleren Meeresoberfläche 371

9.5 Anwendungen von Altimetermessungen in Geodäsie, Geophysik und Ozeanographie 374
9.5.1 Schwerefeld- und Geoidbestimmung 374
9.5.2 Geophysikalische Interpretation 377
9.5.3 Ozeanographie 377

10. Geplante Missionen und Sonderverfahren 382

10.1 Geplante Missionen zur hochauflösenden Schwerefeldbestimmung 382
10.1.1 Grundsätzliches 382
10.1.2 Satellite-to-Satellite Tracking 385
10.1.3 Satellitengradiometrie 391

10.2 Radiointerferometrie auf langen Basen 394
10.2.1 Grundprinzip und Beobachtungsgleichungen 395
10.2.2 Nutzung von VLBI in Geodäsie und Geodynamik 399
10.2.3 VLBI mit Satelliten 403

11. Anwendungen von geodätischen Satellitenmethoden (Zusammenschau) 405

11.1 Positionsbestimmung 405
11.1.1 Konzepte, absolute und relative Positionsbestimmung 405
11.1.2 Globale und regionale Koordinatenlösungen 410
11.1.3 Operationelle Positionsbestimmung 412

11.2 Schwerefeldbestimmung und Erdmodelle 415
11.2.1 Grundsätzliches 415
11.2.2 Erdmodelle 421

11.3 Navigation und Meeresgeodäsie, kinematische Positionsbestimmung 427
11.3.1 Einsatzmöglichkeiten und Genauigkeitsanforderungen bei der Positionsbestimmung auf See 427
11.3.2 Besondere Gesichtspunkte bei der Anwendung des TRANSIT Systems 431
11.3.3 Besondere Gesichtspunkte bei der Anwendung des GPS Systems 434
11.3.4 Bestimmung von Eisbewegungen 437

11.4 Geodynamik 439
11.4.1 Rezente Krustenbewegungen 439
11.4.2 Referenzsystem, Erdrotationsparameter 441

12. Literaturverzeichnis 445

13. Sachverzeichnis 473

1. Einleitung

1.1 Gegenstand der Satellitengeodäsie

Die *Geodäsie* ist nach der klassischen Definition von F.R. Helmert (1880) die *Wissenschaft von der Ausmessung und Abbildung der Erdoberfläche.* Diese Definition schließt die Bestimmung des äußeren Schwerefeldes der Erde und des Meeresbodens mit ein (vgl. *Torge* 1975).

Die *Satellitengeodäsie* umfaßt Beobachtungs- und Auswerteverfahren, die es erlauben, mit Hilfe genauer Messungen zu, von oder zwischen künstlichen, vorwiegend erdnahen Satelliten die Aufgabe der Geodäsie zu lösen. In Fortentwicklung der im Grundsatz weiterhin gültigen Helmert'schen Definition werden die Ziele der Geodäsie heute vorwiegend funktional gesehen und schließen wegen der erheblich gesteigerten Meßgenauigkeit zeitliche Variationen mit ein (*Sigl* 1984b, *NAS* 1978). Zentrale Aufgaben sind

(1) Bestimmung präziser globaler, regionaler und lokaler dreidimensionaler Punktfelder (z.B. Einrichtung von Kontrollnetzen)
(2) Bestimmung des Erdschwerefeldes und linearer Funktionen dieses Feldes (z.B. genaue Geoidbestimmung)
(3) Messung und Modellierung geodynamischer Phänomene (z.B. Polbewegung, Erdrotationsschwankungen, Krustenbewegungen).

Zu den Voraussetzungen für die Verwendung künstlicher Erdsatelliten als Gegenstand der Beobachtung gehören das Studium und die Kenntnis der Satellitenbewegung unter dem Einfluß aller angreifenden Kräfte sowie die Beschreibung der Positionen von Satelliten und Beobachtungsstationen in geeigneten Bezugssystemen. Von daher ist die Satellitengeodäsie als *Grundlagenwissenschaft* zu sehen. Die Nutzung der Beobachtungsergebnisse für die Lösung unterschiedlicher Aufgabenstellungen weist die Satellitengeodäsie den *angewandten Wissenschaften* zu. Von der Natur der Aufgabenstellung her ist die Satellitengeodäsie sowohl den *Geowissenschaften* als auch den *Ingenieurwissenschaften* zugehörig.

Methoden und Ergebnisse der Satellitengeodäsie finden in jüngerer Zeit durch gesteigerte Genauigkeit und Schnelligkeit der Verfahren zunehmend Eingang in Nachbardisziplinen, z.B. in Geophysik, Ozeanographie und Navigation.

Innerhalb der geodätischen Lehr- und Forschungsgebiete hat sich die Satellitengeodäsie seit dem Start des ersten künstlichen Erdsatelliten SPUTNIK I

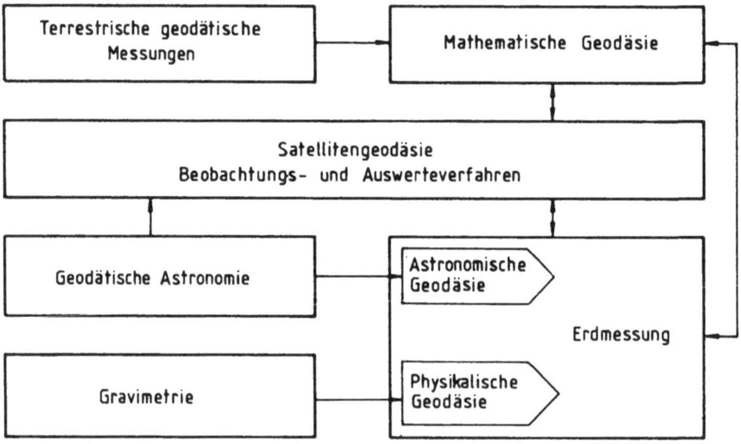

Abb. 1.1. Hauptzusammenhänge zwischen geodätischen Lehr- und Forschungsgebieten

am 4. 10. 1957 zu einem eigenständigen Arbeitsgebiet entwickelt, das in engen Wechselbeziehungen zu Nachbarfächern steht (Abb. 1.1). Die Bezeichnungen und Inhalte haben sich historisch entwickelt.

Die *Geodätische Astronomie* bestimmt auf der Grundlage der Sphärischen Astronomie aus der Beobachtung von natürlichen Himmelskörpern, insbesondere von Fixsternen, die Richtung des lokalen Schwerevektors der Beobachtungsstation (geographische Länge Λ, geographische Breite Φ) sowie das astronomische Azimut A von Erdzielen. Die *Gravimetrie* stellt durch Schweremessungen den Betrag des Schwerevektors, die Schwereintensität g bereit. Durch *terrestrische geodätische Messungen* werden an der Erdoberfläche Horizontalwinkel, Strecken, Zenitwinkel und nivellitische Höhenunterschiede zur gegenseitigen räumlichen Festlegung von Oberflächenpunkten bestimmt. Die *Satellitengeodäsie* schließlich bestimmt durch die Beobachtung künstlicher Himmelskörper, in der Regel erdnaher Satelliten die Richtung, Entfernung und Entfernungsänderung zwischen Bodenpunkten und Satelliten bzw. zwischen Satelliten.

Die Ergebnisse der geodätisch-astronomischen und der gravimetrischen Beobachtungen werden im Rahmen der *Astronomischen und Physikalischen Geodäsie* verwendet, um die Erdfigur und das Erdschwerefeld zu bestimmen (*Torge* 1975). Dieser Teilbereich wird klassisch auch als *Erdmessung* bezeichnet. Zum Aufgabengebiet der Erdmessung gehören insbesondere die Bestimmung der Dimensionen eines mittleren Erdellipsoids und eines präzisen Geoids (vgl. [2.1.5]). Die Aufgabe, Koordinaten von Oberflächenpunkten in ellipsoidischen oder dreidimensionalen Bezugssystemen aus geometrischen Meßelementen (vorwiegend terrestrische geodätische Beobachtungen) herzuleiten, wird in der *Mathematischen Geodäsie* behandelt. Andere Bezeichnungen für dieses Gebiet sind *Geometrische Geodäsie* oder *Landesvermessung* (*Großmann* 1976).

Die getrennte Zuordnung von Beobachtungs- und Auswerteverfahren, wie sie sich in den klassischen geodätischen Arbeitsgebieten entwickelt hat, ist in der Satellitengeodäsie weniger ausgeprägt. Hier werden Beobachtungs- und Auswerteverfahren in der Regel gemeinsam behandelt. Soweit globale Fragestellungen berührt werden, liefert die Satellitengeodäsie damit Beiträge zur Erdmessung. Bei regionalen und lokalen Fragestellungen kann sie der Landesvermessung oder Einzelvermessungen zugeordnet werden. Umgekehrt liefern die Mathematische Geodäsie und die Geodätische Astronomie wichtige Grundlagen hinsichtlich der in der Satellitengeodäsie verwendeten Bezugssysteme und die Erdmessung hinsichtlich des Erdschwerefeldes. Durch die engen Wechselwirkungen wird eine scharfe Abgrenzung der einzelnen Teilbereiche innerhalb der Geodäsie heute zunehmend schwieriger. Eine gemeinsame Betrachtung aller geodätischer Beobachtungsgrößen in einem einheitlichen Konzept wird in der *Integrierten Geodäsie* entwickelt (*Hein* 1983).

Der Begriff *Satellitengeodäsie* ist enger als die französische Bezeichnung *Géodésie Spatiale* oder der angelsächsische Term *Space Techniques.* Letztere schließen auch geodätische Mondmethoden mit ein, sowie die Nutzung von Planeten und von Objekten jenseits des Sonnensystems, beispielsweise in der Radiointerferometrie. Zutreffender und umfassender wäre der Begriff *Geodätische Weltraumtechniken.* Verwendet wird auch die Bezeichnung *Globale Geodäsie,* wobei global im doppelten Wortsinn für globale Meßverfahren und globale Anwendungen steht.

Im Rahmen dieses Buches soll die Bezeichnung *Satellitengeodäsie* beibehalten werden, da sie inzwischen allgemein akzeptiert ist und da die für die praktische Geodäsie interessanten Meßverfahren nahezu ausschließlich erdnahe künstliche Satelliten verwenden. Soweit erforderlich, werden jedoch sonstige geodätische Weltraumtechniken an geeigneter Stelle mitbehandelt.

1.2 Allgemeine Einteilung und Grundkonzepte der Satellitengeodäsie

Die Bedeutung künstlicher Erdsatelliten für die Geodäsie wird aus folgenden Grundbetrachtungen deutlich.

(1) Satelliten können als weithin "sichtbare" *Hochziele* genutzt werden. In Weiterführung des klassischen Konzeptes von erdgebundenen Dreiecksnetzen können die Satelliten als "Festpunkte" in ein großräumiges und letztlich weltumspannendes dreidimensionales Netz einbezogen werden. Wenn die Satelliten gleichzeitig von verschiedenen Bodenstationen aus beobachtet werden, ist es nicht von Bedeutung, daß es sich um Körper handelt, die sich auf einer Bahn im Schwerefeld der Erde bewegen. Es wird lediglich die Eigenschaft des Hochzieles genutzt. Diese rein geometrische Betrachtungsweise führt zur *geometrischen Methode* der Satellitengeodäsie. Das Konzept ist in Abb. 1.2

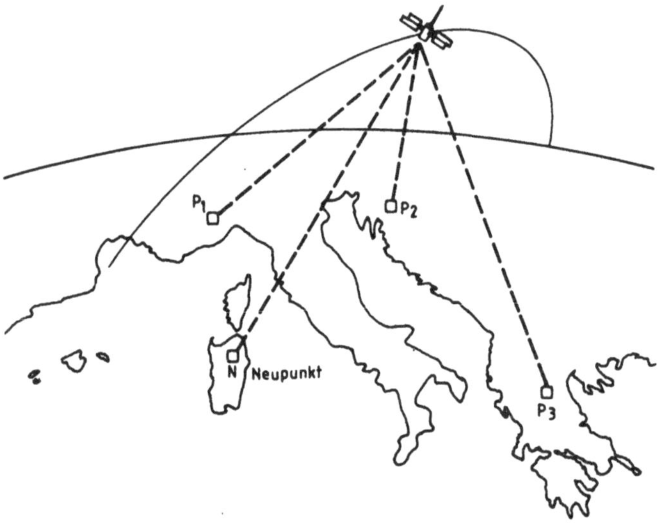

Abb. 1.2. Geometrische Methode; der Satellit ist Hochziel

dargestellt. Es wurde in reiner Form durch das BC4 Weltnetz (vgl. [5.1.5]) verwirklicht.

Wesentliche Vorteile gegenüber klassischen Meßverfahren sind in der Möglichkeit zu sehen, große Entfernungen zu überbrücken und damit Kontinente oder Inseln geodätisch zu verbinden. Alle in das Netz einbezogenen Bodenpunkte können in einem einheitlichen, dreidimensionalen globalen Koordinatensystem festgelegt werden und umspannen damit die Erde als Polyeder.

Ein solches Konzept wurde bereits 1878 durch H. Bruns vorgeschlagen und unter der Bezeichnung *Brunsscher Käfig* bekannt. Die Idee ließ sich aber mit klassischen Methoden nicht verwirklichen und geriet als Utopie in Vergessenheit. Sie wurde von Bruns als eine Grundaufgabe der wissenschaftlichen Geodäsie definiert. Die geometrische Methode der Satellitengeodäsie wird auch als *direkte Methode* bezeichnet, da die jeweilige Position des Satelliten unmittelbar in die Lösung eingeht.

(2) Satelliten können als *Prüfkörper* (Sensoren) im Schwerefeld der Erde betrachtet werden. Die Bahnbewegung und die Änderung der die Bahn beschreibenden Parameter werden beobachtet, um Rückschlüsse auf die verursachenden Kräfte zu ziehen. Insbesondere interessiert dabei der Zusammenhang zwischen der Struktur des Erdschwerefeldes und den daraus resultierenden Abweichungen der tatsächlichen Satellitenbahn von einer ungestörten Keplerbewegung [3.1.1]. Die Eigenschaft des Satelliten, ein bewegter Körper im Erdschwerefeld zu sein, spielt eine entscheidende Rolle. Diese Betrachtungsweise führt zur *dynamischen Methode* der Satellitengeodäsie.

Wesentliche Vorteile gegenüber klassischen Meßverfahren sind darin zu sehen, daß sich die Ergebnisse auf die Erde als Ganzes beziehen und von Natur aus globalen Charakter haben. Datenlücken spielen eine untergeordnete Rolle. Erste spektakuläre Ergebnisse waren ein repräsentativer Wert für die Erdabplattung und der Nachweis, daß die Figur der Erde eine Unsymmetrie gegenüber der Äquatorebene aufweist (*Birnenform* der Erde, vgl. [11.2]).

In der dynamischen Satellitengeodäsie werden stets mehr oder weniger lange Satellitenbahnstücke betrachtet. Bei Teilabschnitten von einigen Minuten bis zu wenigen Umläufen spricht man von *Short Arc Verfahren*; bei längeren Bögen bis zu etwa 30 Tagen Dauer von *Long Arc Verfahren*. Die Bahn wird in einem geeigneten geozentrischen Bezugssystem beschrieben. Der Satellit kann damit als Träger seiner Koordinaten betrachtet werden. Die Kenntnis der Satellitenbahn kann dazu benutzt werden, die geozentrischen Koordinaten der Beobachtungsstationen abzuleiten. Diese *Bahnmethode* der Koordinatenbestimmung ist in Abb. 1.3 dargestellt.

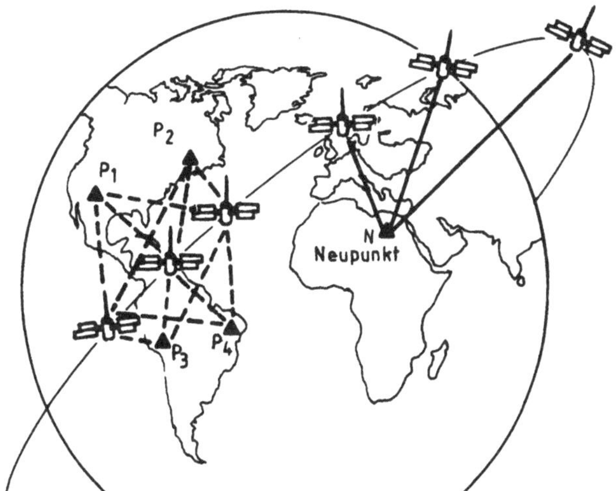

Abb. 1.3. Bahnmethode; der Satellit als Sensor im Erdschwerefeld ist Träger seiner Koordinaten

Die gemeinsame Bestimmung von Schwerefeldparametern und geozentrischen Stationskoordinaten in der dynamischen Satellitengeodäsie führt zu einem allgemeinen Parameterbestimmungsproblem, in das auch die Bestimmung der rotatorischen Parameter des Erdkörpers (Erdrotation, Polbewegung) sowie weitere geodynamische Phänomene mit einbezogen werden können (vgl.

[4.1]). Die dynamische Methode der Satellitengeodäsie wird auch als *indirekte Methode* bezeichnet, da die gesuchten Größen mittelbar aus dem Bahnverhalten der Satelliten abgeleitet werden.

Die Unterscheidung *geometrisch – dynamisch* hat für viele Jahre die Entwicklung der Satellitengeodäsie geprägt. Heute stellen sich die meisten gebräuchlichen Verfahren als Kombination beider Betrachtungsweisen dar.

Eine weitere Einteilungsmöglichkeit hängt von der gegenseitigen Zuordnung der Beobachtungs- und Zielplattformen ab. Hieraus ergibt sich folgende Untergliederung:

(1) *Bodengebundene Meßverfahren* (Earth to Space)
 - Photographische Richtungsbestimmung
 - Laser Distanzmessung
 - Doppler Positionsbestimmung (TRANSIT)
 - Geodätische Nutzung des Global Positioning System (GPS)

(2) *Raumgestützte Meßverfahren* (Space to Earth)
 - Radar Altimetrie
 - Satellitengetragene Laser
 - Satellitengradiometrie

(3) *Reine Raummethoden* (Space to Space)
 - Satellite to Satellite Tracking.

Bodengebundene Verfahren wurden bisher am weitesten entwickelt, da der Meßprozeß besser kontrolliert werden kann. Mit Ausnahme der Radaraltimetrie sind die unter (2) und (3) genannten Verfahren noch in der Entwicklung.

1.3 Historische Entwicklung

Mit dem Start des ersten künstlichen Erdsatelliten SPUTNIK 1 am 4. Oktober 1957 begann die eigentliche Entwicklung der Satellitengeodäsie. Die Wurzeln dieser Entwicklung liegen jedoch wesentlich früher. Wenn man auch die Nutzung des natürlichen Erdsatelliten (Mond) mit hinzunimmt, dann gibt es die dynamische Satellitengeodäsie seit Beginn des 19. Jahrhunderts. Laplace bestimmte 1802 den Erdabplattungswert aus der Bewegung der Mondknotenlinie zu 1:303. Ihm folgten u.a. Hansen 1864 mit 1:296, Helmert 1884 mit 1:297,8 und Hill 1884 mit 1:297,2 (vgl. *Wolf* 1985).

Auch die geometrische Betrachtungsweise der Satellitengeodäsie hat ihre Vorläufer in den *Mondmethoden*, die seit Anfang dieses Jahrhunderts eine umfassende Entwicklung erfuhren. Der Mond wird dabei als geometrisches Hochziel betrachtet, dessen geozentrische Koordinaten aus der Bahnbewegung bekannt sind. Die Richtung vom Beobachter zum Mond kann durch Abstandsmessungen zu benachbarten Fixsternen oder mit Hilfe von Sternbedeckungen durch den Mond bestimmt werden. Als Ergebnis werden geozentrische Stationskoordinaten erhalten. Erste praktische Ergebnisse in einem weltumspannenden Programm wurden 1957/58 im Rahmen des Internationalen Geophysikalischen Jahres mit der von *Markovitz* (1954) konstruierten *Dual Rate Moon Camera* erzielt. Die Methoden dieser sogenannten *Kosmischen Geodäsie* wurden 1960 umfassend von *Berroth* und *Hofmann* dargestellt. Sie bilden auch einen wesentlichen Teil in dem klassischen Werk "Introduction to Satellite Geodesy" von I. *Mueller* (1964).

Weitere Grundlagen für die Satellitengeodäsie wurden in den Jahren vor 1957, z.B. in den Arbeiten von *Väisälä* (1946), *Brouwer* (1959), *King-Hele* (1958) und O'Keefe gelegt. Auf diese Weise war es möglich, sehr schnell nach dem Start der ersten Raketen und Satelliten auch wichtige Ergebnisse für die Geodäsie zu erzielen. Erstes definitives Resultat war die Ableitung der Erdabplattung mit 1/298,3 durch *O'Keefe* (1958), *King Hele* und *Merson* (1958) aus Beobachtungen von EXPLORER 1 und SPUTNIK 2. Einige bemerkenswerte Ereignisse der ersten Jahre ab 1957 waren

1957 Start von SPUTNIK-1
1958 Erdabplattung aus Satellitendaten (1/298,3)
1958 Start von EXPLORER-1
1959 Dritte Zonale Harmonische ("Birnenform" der Erde)
1959 Theorie der Bewegung künstlicher Satelliten (Brouwer)
1960 Start von TRANSIT-1B
1960 Start von ECHO-1
1960 Theorie der Satellitenbahnen (Kaula)
1962 Start von ANNA-1B
1962 Verbindung Frankreich-Algerien über Satelliten (IGN).

Um 1964 waren viele geodätische Hauptprobleme erfolgreich in Angriff genommen worden. Hierzu gehören

- Bestimmung eines genauen Wertes für die Erdabplattung
- Bestimmung der Großformen des globalen Geoids
- Verbindung der wichtigsten geodätischen Datumsfestlegungen (auf $\pm$ 50 m).

Aus heutiger Sicht läßt sich die Satellitengeodäsie in drei Phasen einteilen.

1. Phase ab 1958 bis etwa 1970. Phase der Entwicklung von grundlegenden Methoden zur Satellitenbeobachtung sowie zur Berechnung und Analyse von Satellitenbahnen. Von der Beobachtungsseite her ist diese Phase durch optisch-photographische Richtungsbeobachtungen geprägt. Wichtigste Ergebnisse sind die Bestimmung der Harmonischen des Geopotentials. Höhepunkte sind die Bestimmung der ersten Erdmodelle, z.B. der Standard Earth des Smithsonian Astrophysical Observatory SAO SE I bis III und des Goddard Space Flight Centers, Goddard Earth Model GEM. Es wird das einzige rein geometrische und weltumspannende Satellitennetz mit BC4 Kameras und dem Satelliten PAGEOS beobachtet.

2. Phase ab 1970 bis etwa 1980. Phase der wissenschaftlichen Projekte. Neue Beobachtungsverfahren werden entwickelt bzw. verfeinert. Dies gilt insbesondere für Laserdistanzmessungen zu Satelliten und zum Mond sowie für die Satellitenaltimetrie. Es beginnt die Nutzung des Transitsystems für geodätische Dopplermessungen. Globale Geoid- und Koordinatenberechnungen werden weitergeführt und verfeinert und führen zu verbesserten Erdmodellen (z.B. GEM 10, GRIM). Die gesteigerte Beobachtungsgenauigkeit gestattet die Überwachung geodynamischer Phänomene (Erdrotation, Polbewegung, Krustenbewegung). Dopplermessungen werden weltweit zum Aufbau und zur Kontrolle geodätischer Grundlagennetze benutzt (z.B. EDOC, DOEDOC, ADOS).

3. Phase etwa ab 1980. Phase der operationellen Nutzung von Satellitenverfahren in Geodäsie und Geodynamik. Besonders zwei Gesichtspunkte sind bemerkenswert. Satellitenverfahren werden in zunehmendem Maße in die Vermessungspraxis übernommen und ersetzen konventionelle Meßverfahren. Dieser Prozeß wurde durch die Perspektiven und ersten Ergebnisse mit dem NAVSTAR Global Positioning System eingeleitet und wird zu einer Neuorientierung des gesamten Vermessungswesens führen. Der zweite Gesichtspunkt betrifft die gesteigerte Beobachtungsgenauigkeit. Hierdurch werden anstelle klassischer astrometrischer Verfahren in Zukunft Satellitenmethoden zur Überwachung von Pol- und Erdrotationsparametern routinemäßig eingesetzt. Programme zur Überwachung von Krustenbewegungen haben weltweit begonnen.

1.4 Anwendungen der Satellitengeodäsie

Die Anwendungsmöglichkeiten von Methoden der Satellitengeodäsie sind eng mit der erzielbaren Genauigkeit, dem erforderlichen Geräte- und Auswerteaufwand sowie der notwendigen Beobachtungsdauer verbunden. Mit der gegenwärtigen Entwicklung zu hochgenauen und nahezu oder vollständig echtzeitfähigen Verfahren eröffnet sich ein sehr breiter Anwendungskatalog. Abb. 1.4 stellt den Zusammenhang zur Positionsbestimmungsgenauigkeit bei einzelnen Meßverfahren her. Hieraus wird insbesondere das aktuelle Interesse an Anwendungsmöglichkeiten in der praktischen Geodäsie verdeutlicht.

Ausgehend von den drei in [1.1] angeführten Grundaufgaben der Satellitengeodäsie wird nachstehend in Beispielen eine kurze Zusammenstellung von Einsatzmöglichkeiten gegeben:

Erdmessung

- Großformen von Figur und Schwerefeld der Erde
- Dimensionen eines mittleren Erdellipsoides

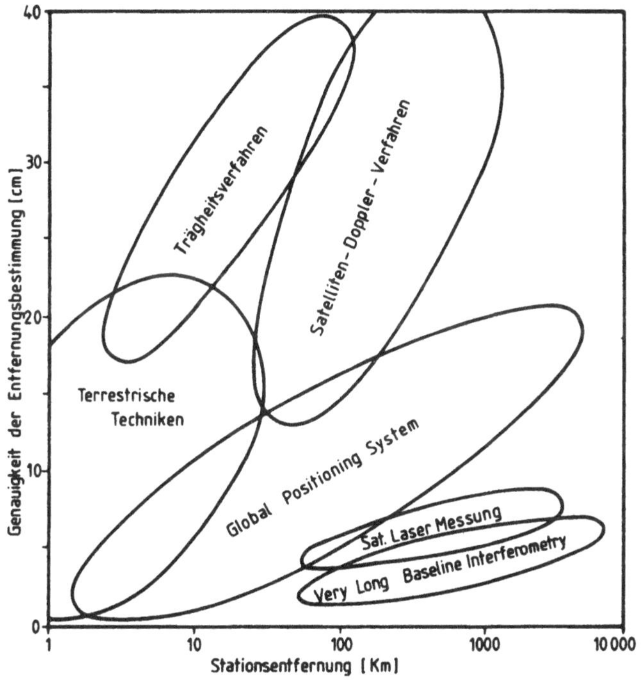

Abb. 1.4. Genauigkeit der relativen Positionsbestimmung bei geodätischen Meßverfahren (nach *Langley* u.a. 1982)

- Detailliertes Geoid als Höhenbezugsfläche im Land- und Meeresbereich
- Verbindung unterschiedlicher geodätischer Datumsfestlegungen
- Verbindung nationaler Bezugssysteme mit einem globalen Datum

Landesvermessung

- Einrichtung von Kontrollpunkten für geodätische Grundlagenetze
- Aufbau dreidimensionaler homogener Punktfelder
- Analyse und Verbesserung bestehender terrestrischer Netze durch Satellitenbeobachtungen
- Anschluß von Inseln untereinander oder mit dem Zentralgebiet
- Verdichtung und Ergänzung von bestehenden Punktfeldern bis hin zu geringen Punktabständen

Geodynamik

- Kontollpunkte für Krustenbewegungen
- Polbewegung, Erdrotation
- Gezeiten der festen Erde

Praktische Geodäsie

- Detailaufnahmen (Kataster, Neumessungen, Umlegungen, Grenzkontrollen etc.)
- Einrichtung von Sondernetzen und Kontrollnetzen für Ingenieuraufgaben
- Paßpunkte für Photogrammetrie und Fernerkundung
- Parameter der äußeren Orientierung für photogrammetrische Meßkammern
- Kontrollpunkte für kartographische Aufnahmen auf Expeditionen

Navigation und Meeresgeodäsie

- Präzisionsnavigation von See-, Land- und Luftfahrzeugen
- Präzise Positionsbestimmung auf See für Vermessungs- und Explorationsaufgaben, Hydrographie, Ozeanographie, Geologie
- Verbindung von getrennten Höhensystemen (Pegel)

Nachbargebiete

- Positions- und Geschwindigkeitsbestimmung für geophysikalische Vermessungen (Gravimetrie, Magnetik, Seismik), ggf. auch auf See und in der Luft
- Eisbewegungsbestimmung in Glaziologie, Antarktisforschung, Ozeanographie

Mit zunehmender Operabilität der Systeme gibt es in der Praxis kaum eine Begrenzung der Einsatzmöglichkeiten. Bei den einzelnen Meßverfahren wird hierauf hingewiesen. Eine zusammenfassende Behandlung erfolgt im Kapitel [11].

1.5 Einteilung und Zielsetzung des Buches

Satellitengeodäsie ist zugleich Grundlagenwissenschaft und angewandte Wissenschaft. Beide Aspekte werden behandelt; das Schwergewicht dieses Buches liegt jedoch auf den Meßverfahren und den Anwendungen.

Grundlagen aus der Geodäsie werden im Kapitel [2] angesprochen, um dem Leser aus Nachbardisziplinen die Lektüre zu erleichtern. Desweiteren werden einige nützliche Grundzusammenhänge aus der Astrometrie und zur Signalausbreitung bereitgestellt. Die Bewegung des erdnahen künstlichen Satelliten einschließlich der wichtigsten Störungen und der Methoden zur Bahnbestimmung wird in Kapitel [3] soweit behandelt, wie es zum Verständnis der heute aktuellen Beobachtungsverfahren und Anwendungen erforderlich ist. Aufgrund der sehr hohen Beobachtungsgenauigkeit sind die Anforderungen an die Bahnbestimmungsgenauigkeit entsprechend gestiegen. Gerade für praktische Anwendungen wird vom Nutzer gefordert, die jeweils notwendige Bahngenauigkeit und die beeinflussenden Faktoren beurteilen zu können. Hierzu ist ein gutes Verständnis der grundlegenden Zusammenhänge aus der Himmelsmechanik und der Störungstheorie erforderlich. Für weitergehende Studien wird auf das umfassende und tiefgehende Werk von M. *Schneider* (1981) sowie auf das Spezialschrifttum verwiesen.

Die Meßverfahren der Satellitengeodäsie werden in den Kapiteln [4]–[10] behandelt. Eine Gliederung nach gegenwärtig aktuellen Beobachtungsmethoden ist nicht ganz unproblematisch, da gemeinsame Aspekte zum Teil wieder aufgegriffen werden müssen und da sich gerade die aktuellen Verfahren in einer stürmischen Weiterentwicklung befinden. Die Aufgliederung nach Methoden wurde aber dennoch bevorzugt, um dem Anwender entgegenzukommen, der sich in der Regel mit einem bestimmten Meßverfahren beschäftigt und dazu möglichst alle notwendigen Informationen wünscht. Diese Gliederung kommt erfahrungsgemäß auch dem Studenten entgegen, da an den einzelnen Meßkonzepten exemplarisch Problemlösungsstrategien gelernt werden können. Um Wiederholungen zu vermeiden, werden entsprechende Querverweise gegeben.

Die jeweiligen Anwendungsmöglichkeiten werden zusammen mit den Meßverfahren angesprochen und durch Beispiele ergänzt. Eine kurze gemeinsame Behandlung nach Aufgabengruppen erfolgt im Kapitel [11].

Da die Satellitengeodäsie in nahezu alle Bereiche der Geodäsie hineinwirkt, kann wegen der Fülle des Stoffes oft nur angerissen und umrissen werden. Für vertiefte Studien wird auf weiterführende Spezialliteratur verwiesen. Dies gilt insbesondere für das Kapitel [3], Satellitenbewegung, das allein ein mehrbändiges Lehrbuch umfassen könnte. Da die Fachliteratur ganz überwiegend in englischer Sprache abgefaßt ist, werden für einige Spezialausdrücke auch die englischen Bezeichnungen angegeben, zumal häufig keine gebräuchliche Übersetzung existiert und da auch in deutschsprachigen Texten die englischen Fachausdrücke benutzt werden.

2. Allgemeine Grundlagen

2.1 Bezugssysteme

Die Beschreibung der Satellitenbewegung, die Modellierung der Beobachtungsgrößen und die Darstellung sowie Interpretation der Ergebnisse muß in geeigneten, wohldefinierten und reproduzierbaren Bezugssystemen erfolgen. Entsprechend der wachsenden Beobachtungsgenauigkeit bei vielen Satellitenverfahren wachsen auch die Anforderungen an die Genauigkeit der Bezugssysteme.

Bezugssysteme der Satellitengeodäsie sind von Natur aus global und geozentrisch, da die Satellitenbewegung um den Massenmittelpunkt der Erde erfolgt [3]. Terrestrische Messungen haben von Natur aus lokalen Charakter und werden in der Regel in lokalen Bezugssystemen ausgedrückt. Die Beziehungen zwischen den Systemen müssen mit genügender Genauigkeit bekannt sein. Da sich die gegenseitige Lage und Orientierung mit der Zeit ändert, spielt auch die Erfassung und Modellierung der Beobachtungszeit eine wesentliche Rolle.

Es sei darauf hingewiesen, daß sich die Ergebnisse verschiedener in der Satellitengeodäsie benutzter Beobachtungsverfahren jeweils auf die mit den Verfahren verbundenen Bezugssysteme beziehen. Diese partikularen Systeme sind nicht völlig identisch, da sie auf unterschiedlichem Ausgangsmaterial beruhen. Die Beziehungen zwischen diesen Systemen sind oft mit geringerer Genauigkeit bekannt als es der jeweiligen Meßgenauigkeit entsprechen würde. Das Aufstellen von genauen Transformationsbeziehungen zwischen den Systemen gehört zu den wesentlichen Aufgaben der Satellitengeodäsie.

Im neueren englischsprachigen Schrifttum wird gelegentlich zwischen "reference system" und "reference frame" unterschieden (*Moritz, Mueller* 1987). Unter dem ersten Begriff wird die konzeptionelle Idee eines Bezugssystems verstanden, wohingegen mit dem zweiten Begriff die tatsächliche Realisierung durch Beobachtungen gemeint ist. Entsprechende deutschsprachige Bezeichnungen haben sich noch nicht durchgesetzt. Soweit die Unterscheidung hier von Bedeutung ist, wird darauf jeweils hingewiesen.

2.1.1 Kartesische Koordinatensysteme und Koordinatentransformationen

Die Position eines Punktes P in einem kartesischen Koordinatensystem mit den Achsen x, y, z kann durch seinen Positionsvektor

$$\boldsymbol{x}_P = \begin{pmatrix} x_P \\ y_P \\ z_P \end{pmatrix} \tag{2.1}$$

beschrieben werden, wobei x_P, y_P, z_P reelle Zahlen sind (Abb. 2.1).

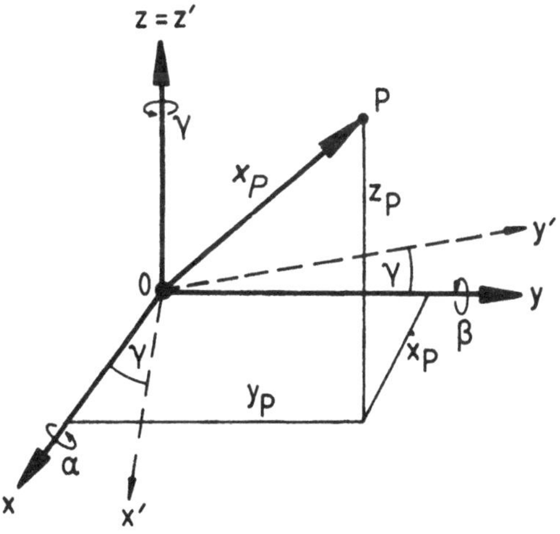

Abb. 2.1. Kartesisches Koordinatensystem

Beim Übergang in ein zweites kartesisches Koordinatensystem mit demselben Ursprung und den Achsen x', y', z', das aus dem ersten System durch Drehung um die z-Achse um den Winkel γ hervorgeht, gilt die Matrixoperation

$$\boldsymbol{x}'_P = \boldsymbol{R}_3(\gamma)\boldsymbol{x}_P \tag{2.2}$$

mit

$$\boldsymbol{R}_3(\gamma) = \begin{pmatrix} \cos\gamma & \sin\gamma & 0 \\ -\sin\gamma & \cos\gamma & 0 \\ 0 & 0 & 1 \end{pmatrix}. \tag{2.3}$$

Entsprechend werden Drehungen $\boldsymbol{R}_1$ um die x-Achse und $\boldsymbol{R}_2$ um die y-Achse eingeführt

$$\boldsymbol{R}_1(\alpha) = \begin{pmatrix} 1 & 0 & 0 \\ 0 & \cos\alpha & \sin\alpha \\ 0 & -\sin\alpha & \cos\alpha \end{pmatrix} \qquad \boldsymbol{R}_2(\beta) = \begin{pmatrix} \cos\beta & 0 & -\sin\beta \\ 0 & 1 & 0 \\ \sin\beta & 0 & \cos\beta \end{pmatrix}.$$

Die Darstellung gilt für ein rechtshändiges Koordinatensystem, wobei bei einer Blickrichtung von außen auf den Koordinatenursprung eine Drehung entgegen dem Uhrzeigersinn positiv ist. Durch Hintereinanderschalten von Transformationen können beliebige Übergänge gestaltet werden. Der vollständige Übergang lautet

$$\boldsymbol{x}_P''' = \boldsymbol{R}_1(\alpha)\boldsymbol{R}_2(\beta)\boldsymbol{R}_3(\gamma)\boldsymbol{x}_P. \tag{2.4}$$

Die mathematischen Eigenschaften der Drehmatrizen sind Gegenstand der linearen Algebra. Von Wichtigkeit sind folgende Regeln

(1) Die Länge eines Vektors wird durch die Rotation nicht verändert
(2) Die Matrizenmultiplikation ist nicht kommutativ

$$\boldsymbol{R}_i(\mu)\boldsymbol{R}_j(\nu) \neq \boldsymbol{R}_i(\nu)\boldsymbol{R}_j(\mu) \tag{2.5}$$

(3) Die Matrizenmultiplikation ist assoziativ

$$\boldsymbol{R}_i(\boldsymbol{R}_j\boldsymbol{R}_k) = (\boldsymbol{R}_i\boldsymbol{R}_j)\boldsymbol{R}_k \tag{2.6}$$

(4) Rotationen um dieselbe Achse sind additiv

$$\boldsymbol{R}_i(\mu)\boldsymbol{R}_i(\nu) = \boldsymbol{R}_i(\mu + \nu) \tag{2.7}$$

(5) Für Rotationen ist die Inverse gleich der Transponierten

$$\boldsymbol{R}_i^{-1}(\mu) = \boldsymbol{R}_i^T(\mu) = \boldsymbol{R}_i(-\mu) \tag{2.8}$$

(6) Weiterhin gilt

$$(\boldsymbol{R}_i\boldsymbol{R}_j)^{-1} = \boldsymbol{R}_j^{-1}\boldsymbol{R}_i^{-1}. \tag{2.9}$$

Die Änderung der Achsenpolarität erfolgt durch die Spiegelmatrizen

$$\boldsymbol{S}_1 = \begin{pmatrix} -1 & 0 & 0 \\ 0 & 1 & 0 \\ 0 & 0 & 1 \end{pmatrix}; \quad \boldsymbol{S}_2 = \begin{pmatrix} 1 & 0 & 0 \\ 0 & -1 & 0 \\ 0 & 0 & 1 \end{pmatrix}; \quad \boldsymbol{S}_3 = \begin{pmatrix} 1 & 0 & 0 \\ 0 & 1 & 0 \\ 0 & 0 & -1 \end{pmatrix}. \tag{2.10}$$

Für die Gesamtdrehung um die Winkel α, β, γ ergibt sich schließlich die Rotationsmatrix

$$\boldsymbol{R} = \begin{pmatrix} \cos\beta\cos\gamma & \cos\beta\sin\gamma & -\sin\beta \\ \sin\alpha\sin\beta\cos\gamma - \cos\alpha\sin\gamma & \sin\alpha\sin\beta\sin\gamma + \cos\alpha\cos\gamma & \sin\alpha\cos\beta \\ \cos\alpha\sin\beta\cos\gamma + \sin\alpha\sin\gamma & \cos\alpha\sin\beta\sin\gamma - \sin\alpha\cos\gamma & \cos\alpha\cos\beta \end{pmatrix}. \tag{2.11}$$

Der Zusammenhang zwischen den Ortsvektoren in zwei beliebig zueinander gedrehten Systemen ist dann

$$\boldsymbol{x}_P''' = \boldsymbol{R}\boldsymbol{x}_P; \qquad \boldsymbol{x}_P = \boldsymbol{R}^T\boldsymbol{x}_P'''. \tag{2.12}$$

In der Satellitengeodäsie hat man es oft mit sehr kleinen Drehwinkeln zu tun, so daß es zulässig ist, die linearisierte Form für $\boldsymbol{R}$ zu nutzen. Mit $\cos\alpha \cong 1$ und

$\sin\alpha \cong \alpha$ in Bogenmaß sowie Vernachlässigung von Gliedern höherer Ordnung gilt

$$\boldsymbol{R}(\alpha,\beta,\gamma) = \begin{pmatrix} 1 & \gamma & -\beta \\ -\gamma & 1 & \alpha \\ \beta & -\alpha & 1 \end{pmatrix} \qquad (2.13)$$

2.1.2 Bezugssysteme der Satellitengeodäsie

Zwei Bezugssysteme werden benötigt

- ein raumfestes, inertiales Bezugssystem (CIS) zur Beschreibung der Satellitenbewegung
- ein erdfestes, terrestrisches Bezugssystem (CTS) zur Festlegung der Beobachtungsstationen und zur Beschreibung der Ergebnisse der Satellitengeodäsie.

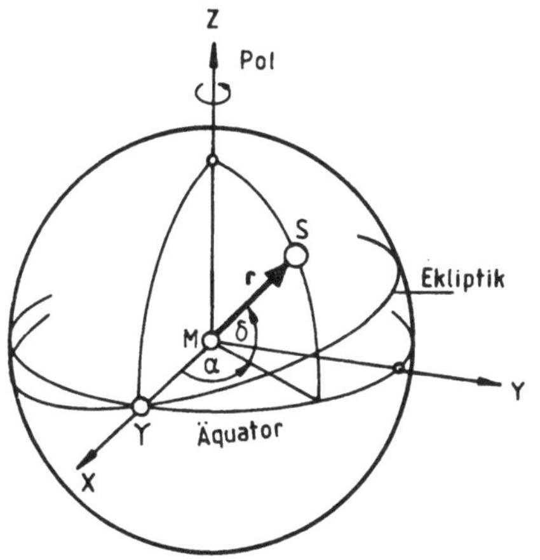

Abb. 2.2. Äquatorsystem der Sphärischen Astronomie

Die Newtonschen Bewegungsgleichungen [3.2.2] gelten streng nur in einem Inertialsystem, d.h. einem Bezugssystem, das in Ruhe ist oder eine unbeschleunigte gleichförmige Bewegung besitzt. Die Bahntheorie für künstliche Satelliten ist in bezug auf ein solches ruhendes Koordinatensystem entwickelt [3]. Das in der Sphärischen Astronomie eingeführte Äquatorsystem zu einer bestimmten Epoche T_0 (Abb. 2.2) stellt eine gute Annäherung an ein Inertialsystem dar. Gegenwärtig wird es durch einen Katalog von Positionen und Eigenbewegungen einer bestimmten Anzahl von Fundamentalsternen (FK4, FK5) (*Fricke* 1985) in Verbindung mit dem System Astronomischer Konstanten (*USNO* 1983) realisiert. Der Ursprung des Systems kann im Geozentrum M angenommen werden. Die positive Z-Achse zeigt zum Pol und die positive X-Achse zum Frühlingspunkt ♈. Die Y-Achse ergänzt ein Rechtssystem. Ein solches System heißt *Vereinbartes Inertialsystem* (Conventional Inertial System) CIS. Zur Unterscheidung gegenüber anders definierten Inertialsystemen wird das an den Fundamentalsternen verankerte System auch *stellares CIS* genannt. Da das Massenzentrum der Erde und damit der Ursprung dieses Bezugssystems aufgrund der jährlichen Bewegung um die Sonne geringfügigen Beschleunigungen unterliegt, ist auch die Bezeichnung *Quasi-Inertialsystem* im Gebrauch.

Die Umrechnung von sphärischen Koordinaten α, δ, r in kartesische Koordinaten X, Y, Z lautet

$$\begin{aligned} X &= r\cos\delta\cos\alpha \\ Y &= r\cos\delta\sin\alpha \\ Z &= r\sin\delta. \end{aligned} \tag{2.14}$$

Für die Umkehrung gilt

$$\begin{aligned} r &= \sqrt{X^2 + Y^2 + Z^2} \\ \alpha &= \arctan\frac{Y}{X} \\ \delta &= \arctan\frac{Z}{\sqrt{X^2 + Y^2}}. \end{aligned} \tag{2.15}$$

In der Sphärischen Astronomie wird r in der Regel als Einheit gesetzt. Die in Abb. 2.2 dargestellte Himmelskugel kann als Richtungskugel aufgefaßt werden. Weitere Zusammenhänge der Sphärischen Astronomie findet man bei *Green* (1985) oder in Lehrbüchern der Geodätischen Astronomie (z.B. *Sigl* 1975).

Die Genauigkeit des durch den FK4/FK5 realisierten Bezugssystems beträgt etwa $\pm 0\overset{''}{,}1$. Für neuere Aufgabenstellungen reicht diese Genauigkeit nicht mehr aus. Eine Genauigkeitssteigerung um etwa 2 Größenklassen kann mit der geplanten astrometrischen Satellitenmission HIPPARCOS (*Kovalevsky* 1986) erwartet werden. Auch die Nutzung extragalaktischer Radioquellen (Quasare) als Objekte radioastronomischer Messungen mit Langbasisinterferometern (VLBI) [10.2] erlaubt die präzisere Festlegung eines Bezugssystems. Die Verbindung zwischen den Fundamentalsternen des FK4/FK5 und den optisch sehr schwachen Radiosternen soll über Weltraummissionen (Space Telescope) erfolgen.

Für die Zukunft ist ebenfalls an die dynamische Realisierung eines Inertialsystems durch Satellitenbahnen gedacht (z.B. *Moritz* 1985). Seit dem 1.1.1984 gilt als vereinbartes stellares CIS das FK5-System, bezogen auf die Standardepoche J 2000 [2.2.2].

Ein geeignetes erdfestes Bezugssystem muß in wohldefinierter Weise mit der Erdkruste verbunden sein. Ein solches *Vereinbartes Erdfestes System* (Conventional Terrestrial System) CTS kann z.B. durch einen Satz räumlicher Koordinaten eines globalen Netzes von fundamentalen Beobachtungsstationen gegeben sein. Gegenwärtig wird es durch die vereinbarte Richtung zu einer mittleren Lage des Rotationspoles (Conventional Terrestrial Pole) CTP und eine Nullänge auf dem Äquator (Mittleres Observatorium Greenwich) festgelegt. Das CTS wird auch als *Earth Centered Earth Fixed System* (ECEF) bezeichnet.

Der Übergang vom raumfesten Äquatorsystem CIS zum vereinbarten terrestrischen System CTS geschieht durch eine Folge von Rotationen aufgrund von

Präzession
Nutation
Erdrotation einschließlich Polbewegung,

die durch Matrizenoperationen beschrieben werden können. Für ein durch den Ortsvektor $\boldsymbol{r}$ festgelegtes Objekt auf der Himmelskugel gilt

$$\boldsymbol{r}_{\mathrm{CTS}} = \boldsymbol{SNPr}_{\mathrm{CIS}}. \tag{2.16}$$

Die Elemente der Rotationsmatrizen müssen für jeden Beobachtungsmoment mit genügender Genauigkeit bekannt sein. Im einzelnen gilt folgendes

(a) *Präzession und Nutation*

Die Erdrotationsachse und die damit verbundene Äquatorebene (Abb. 2.2) sind nicht raumfest sondern verlagern sich in bezug auf ein Inertialsystem aufgrund der von Sonne und Mond durch Gravitationswirkung auf den Äquatorwulst verursachten Drehmomente. Die Gesamtbewegung wird in einen mittleren säkularen Anteil (Präzession) und einen periodischen Anteil (Nutation) zerlegt (Abb. 2.3).

Die aufgrund der *Präzession* eingenommene Lage des Äquators und des Frühlingspunktes heißt *mittlerer Äquator* und *mittleres Äquinox.* Wird auch die *Nutation* mitberücksichtigt, spricht man vom *wahren Äquator* und vom *wahren Äquinox.* Die zugehörigen Sternkoordinaten heißen *mittlere* oder *wahre Positionen* oder *Örter.* Die Transformation mittlerer Positionen von der Ausgangsepoche t_0 J2000 bis zur gewünschten Beobachtungsepoche t erfolgt über die Präzessionsmatrix

$$\boldsymbol{P} = \boldsymbol{R}_3(-z)\boldsymbol{R}_2(\theta)\boldsymbol{R}_3(-\zeta) \tag{2.17}$$

durch drei Rotationen (2.3) um die Winkel $-z$, θ, $-\zeta$ mit

$$\begin{aligned}
\zeta &= 0{,}^{\circ}6406161\,T + 0{,}^{\circ}0000839\,T^2 + 0{,}^{\circ}0000050\,T^3\\
z &= 0{,}^{\circ}6406161\,T + 0{,}^{\circ}0003041\,T^2 + 0{,}^{\circ}0000051\,T^3\\
\theta &= 0{,}^{\circ}5567530\,T - 0{,}^{\circ}0001185\,T^2 - 0{,}^{\circ}0000116\,T^3.
\end{aligned} \tag{2.18}$$

$T = (t - t_0)$ ist in Julianischen Jahrhunderten von 36 525 Tagen ausgedrückt.

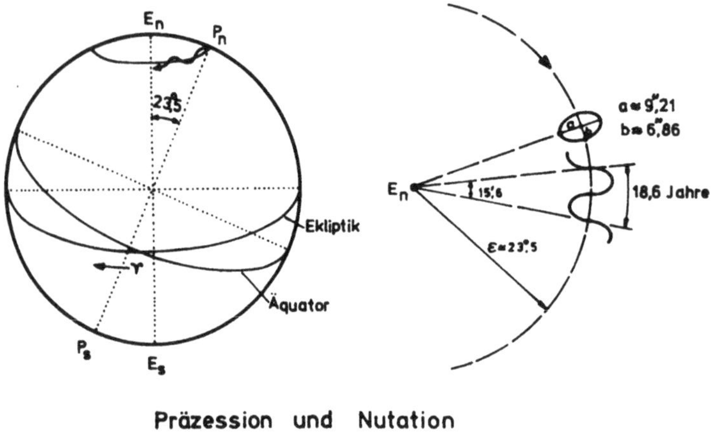

Abb. 2.3. Präzession und Nutation; die Erdrotationsachse P_n beschreibt einen Kegelmantel um den Pol der Ekliptik E_n

Der Übergang vom mittleren Äquator und Äquinox zum momentanen *wahren Äquator und Äquinox* für den gewünschten Beobachtungszeitpunkt t erfolgt über die *Nutationsmatrix*

$$\boldsymbol{N} = \boldsymbol{R}_1(-\varepsilon - \Delta\varepsilon)\boldsymbol{R}_3(-\Delta\psi)\boldsymbol{R}_1(\varepsilon). \tag{2.19}$$

Hierbei bedeuten

- ε die Schiefe der Ekliptik
- $\Delta\varepsilon$ die Nutation in der Schiefe
- $\Delta\psi$ die Nutation in der Länge (gezählt auf der Ekliptik).

Für ε gilt

$$\varepsilon = 23°26'21{,}''448 - 46{,}''815\, T - 0{,}00059\, T^2 + 0{,}''001813\, T^3.$$

Nach der 1980 von der Internationalen Astronomischen Union (IAU) angenommenen *Nutationstheorie* (*Wahr* 1981) aufgrund eines elastischen Erdmodells wird $\Delta\psi$ mit einer Reihenentwicklung von 106 Koeffizienten und $\Delta\varepsilon$ mit einer Entwicklung von 64 Koeffizienten gerechnet. Die Hauptterme haben die folgende Gestalt

$$\begin{aligned} \Delta\psi &= -17{,}''1996 \sin\Omega - 1{,}''3187 \sin(2F - 2D + 2\Omega) \\ &\quad - 0{,}''2274 \sin(2F - 2\Omega) \\ \Delta\varepsilon &= 9{,}''2025 \cos\Omega + 0{,}''5736 \cos(2F - 2D + 2\Omega) \\ &\quad + 0{,}''0927 \cos(2F - 2\Omega). \end{aligned} \tag{2.20}$$

Hierin bedeuten

- Ω die Mittlere Länge des Mondknotens
- D die Mittlere Elongation des Mondes von der Sonne

$$F = \lambda_M - \Omega.$$

Nähere Ausführungen hierzu finden sich z.B. bei *Melbourne* u.a. 1983, *USNO* 1983.

Als Ergebnis der bislang beschriebenen Transformationen liegen Koordinaten $\boldsymbol{r}_T = (X_T, Y_T, Z_T)$ im momentanen wahren Äquatorsystem vor.

(b) *Erdrotation und Polbewegung*
DerÜbergang vom momentanen raumfesten Äquatorsystem in ein vereinbartes terrestrisches Bezugssystem erfolgt durch drei weitere Rotationsgrößen, die als *Erdrotationsparameter (ERP)* oder Erdorientierungsparameter bezeichnet werden. Es sind dies [2.2.2]

die scheinbare Greenwicher Sternzeit	GAST
und die Polkoordinaten	x_p, y_p.

Anders als die zur Beschreibung von Präzession und Nutation erforderlichen Rotationsgrößen (2.18) und (2.20) lassen sich die Erdrotationsparameter nicht durch eine Theorie beschreiben sondern müssen aus aktuellen Beobachtungen im Rahmen eines internationalen Zeit- und Breitendienstes bestimmt werden. Für die vergangenen etwa 80 Jahre beruhte dieser Dienst vorwiegend auf astronomischen Beobachtungen. Gegenwärtig geschieht eine Neuordnung (*Moritz und Mueller* 1987). Ab 1988 werden diese Aufgaben vom *International Earth Rotation Service (IERS)* wahrgenommen. Wichtigste Beobachtungsverfahren werden Lasermessungen zu Satelliten und zum Mond [8.5.4] sowie die Very Long Baseline Interferometry (VLBI) [10.2.2] sein.

Die geometrischen Zusammenhänge für die Transformation sind in Abb. 2.4 dargestellt. Das erdfeste System wird durch die vereinbarten Richtungen eines kartesischen

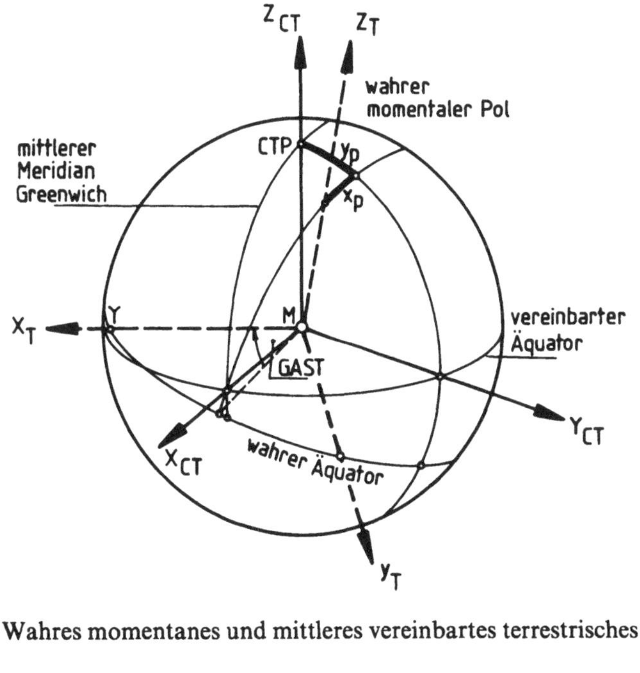

Abb. 2.4. Wahres momentanes und mittleres vereinbartes terrestrisches Bezugssystem

$(X, Y, Z)_{CT}$ Systems festgelegt. Die Z_{CT}-Achse zeigt in Richtung des konventionellen terrestrischen Pols CTP, die X_{CT}-Achse in Richtung des mittleren Meridians von Greenwich. Die relative Lage des wahren momentanen Pols mit Bezug auf den vereinbarten Pol CTP wird durch die Polkoordinaten x_p und y_p entsprechend üblicher Konvention (z.B. *Mueller* 1969) beschrieben. Die relative Orientierung der X_{CT}-Achse hängt unmittelbar mit der Erdrotation zusammen und wird über die scheinbare (=wahre) Sternzeit Greenwich GAST festgelegt (vgl. [2.2.2]). Statt GAST wird auch die Bezeichnung θ benutzt. Die Transformationsmatrix vom momentanen raumfesten zum konventionellen terrestrischen System lautet

$$\boldsymbol{S} = \boldsymbol{R}_2(-x_p)\boldsymbol{R}_1(-y_P)\boldsymbol{R}_3(\mathrm{GAST}) \tag{2.21}$$

mit

$$\boldsymbol{R}_3(\mathrm{GAST}) = \begin{pmatrix} \cos(\mathrm{GAST}) & \sin(\mathrm{GAST}) & 0 \\ -\sin(\mathrm{GAST}) & \cos(\mathrm{GAST}) & 0 \\ 0 & 0 & 1 \end{pmatrix} \tag{2.22}$$

und wegen kleiner Winkelgrößen

$$\begin{aligned} \boldsymbol{R}_2(-x_P)\boldsymbol{R}_1(-y_P) &= \begin{pmatrix} 1 & 0 & x_P \\ 0 & 1 & 0 \\ -x_P & 0 & 1 \end{pmatrix} \begin{pmatrix} 1 & 0 & 0 \\ 0 & 1 & -y_P \\ 0 & y_P & 1 \end{pmatrix} \\ &= \begin{pmatrix} 1 & 0 & x_P \\ 0 & 1 & -y_P \\ -x_P & y_P & 1 \end{pmatrix}. \end{aligned} \tag{2.23}$$

Der Pol des momentanen wahren raumfesten Äquatorsystems kann für praktische Zwecke mit dem sogenannten *Celestial Ephemeris Pole CEP* gleichgesetzt werden. Der CEP ist als Bezugspol für die Berechnung von Polbewegung und Nutation definiert und frei von den quasitäglichen Nuationstermen in bezug auf die Erdkruste und auf den inertialen Raum (*USNO* 1983).

Als vereinbarter Pol CTP wird bislang vorzugsweise der *Conventional International Origin* (CIO-Pol) verwendet, der durch die mittlere Richtung der Rotationsachse von 1900–1905 festgelegt ist. Der mittlere Meridian von Greenwich bzw. das *Mittlere Observatorium Greenwich* wird durch nominale Längen der am bisherigen internationalen Zeitdienst (Bureau International de l'Heure BIH) beteiligten Observatorien definiert. Durch die Hinzunahme neuer Satellitenbeobachtungstechniken und neuer Beobachtungsstationen zur Zeit- und Polbestimmung in den letzten Jahren ist diese Definition nicht mehr in Strenge gültig; sie wird im Rahmen des neuen Erdrotationsdienstes (IERS) auf eine breitere Basis gestellt werden.

In Zukunft wird das CTS durch ein globales Netz fundamentaler Beobachtungsstationen repräsentiert werden, deren Koordinaten durch genaueste Beobachtungsverfahren ständig überprüft werden. Damit lassen sich auch Koordinatenänderungen aufgrund von Bewegungen der Erdkruste mit berücksichtigen. Das Bureau International de l'Heure (BIH) hat bereits 1984 ein derartiges Bezugssystem unter der Bezeichnung BTS (*BIH Terrestrial System*) eingeführt [11.4.2].

2.1.3 Bezugssysteme im Erdschwerefeld

Terrestrische Meßgrößen beziehen sich mit Ausnahme der Raumstrecke s auf den lokalen Schwerevektor $\boldsymbol{g}$. Sie lassen sich deshalb gut in einem lokalen Koordinatensystem beschreiben, das im Beobachtungspunkt P an die äußere Lotrichtung $\boldsymbol{n}$ gebunden ist. Die Lotrichtung $\boldsymbol{n}$ wird im allgemeinen durch Verfahren der Geodätischen Astronomie mit der

- astronomischen Breite Φ und
- astronomischen Länge Λ

bestimmt

$$\boldsymbol{n} = \begin{pmatrix} \cos\Phi\cos\Lambda \\ \cos\Phi\sin\Lambda \\ \sin\Phi \end{pmatrix}. \tag{2.24}$$

Der Zusammenhang zwischen dem *lokalen astronomischen System*

- Ursprung im Topozentrum P
- Z'-Achse in Richtung des astronomischen Zenits
- X'-Achse in Richtung Norden (astronomischer Meridian)
- Y'-Achse in Richtung Osten

und dem bereits eingeführten globalen terrestrischen System CTS ist in Abb. 2.5 dargestellt (*Torge* 1980a). Ein Punkt P wird in dem lokalen astronomischen System aus den terrestrischen Beobachtungsgrößen

- astronomisches Azimut A
- Horizontalrichtungen (Azimutdifferenzen)

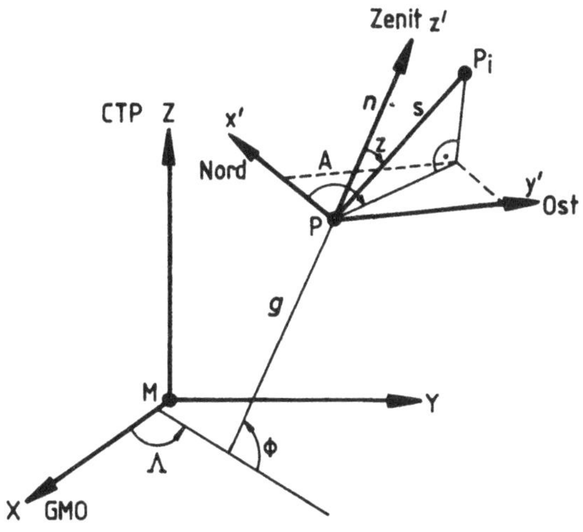

Abb. 2.5. Lokales astronomisches System und globales terrestrisches System

- Raumstrecken s
- Zenitwinkel z

in einfacher Weise bestimmt

$$\boldsymbol{X}' = \begin{pmatrix} X' \\ Y' \\ Z' \end{pmatrix} = s \begin{pmatrix} \cos A \sin z \\ \sin A \sin z \\ \cos z \end{pmatrix}. \tag{2.25}$$

Der Übergang für beobachtete Koordinatendifferenzen in das CTS System erfolgt allgemein durch

$$\Delta \boldsymbol{X} = \boldsymbol{A} \Delta \boldsymbol{X}' \tag{2.26}$$

mit

$$\boldsymbol{A} = \boldsymbol{R}_3(180° - \Lambda)\boldsymbol{R}_2(90° - \Phi)\boldsymbol{S}_2.$$

Durch die Spiegelungsmatrix $\boldsymbol{S}_2$ erfolgt der Übergang vom Links- in ein Rechtssystem. Durch Ausrechnen folgt

$$\boldsymbol{A} = \begin{pmatrix} -\sin\Phi\cos\Lambda & -\sin\Lambda & \cos\Phi\cos\Lambda \\ -\sin\Phi\sin\Lambda & \cos\Lambda & \cos\Phi\sin\Lambda \\ \cos\Phi & 0 & \sin\Phi \end{pmatrix}. \tag{2.27}$$

Die hiermit im globalen System ausgedrückten lokalen Messungsergebnisse können sodann mit den Ergebnissen der Satellitengeodäsie zusammengeführt werden. Durch Inversion von (2.26)

$$\Delta \boldsymbol{X}' = \boldsymbol{A}^{-1}\Delta \boldsymbol{X} = \boldsymbol{A}^T \Delta \boldsymbol{X} \tag{2.28}$$

ergeben sich die für eine Bearbeitung im System der terrestrischen Koordinaten erforderlichen Beziehungen (*Torge* 1980a).

2.1.4 Ellipsoidische Bezugssysteme

Für die meisten praktischen Anwendungen werden Koordinatensysteme bevorzugt, die sich der Erdfigur bestmöglich anpassen und zugleich eine Unterscheidung in Lage und Höhe ermöglichen. In der Regel wird hierzu ein Rotationsellipsoid gewählt, das an den Polen abgeplattet ist und durch Drehung der Meridianellipse um die kleine Achse entsteht. Die geometrischen Parameter sind

$$\begin{aligned} &\text{Große Halbachse} && a \\ &\text{Abplattung} && f = \frac{a-b}{a} \\ &\text{Formparameter} && \\ &\text{(1. numerische Exzentrizität)} && e^2 = \frac{a^2-b^2}{a^2}. \end{aligned} \tag{2.29}$$

Wird eine bestmögliche globale Anpassung an die gesamte Erdfigur gesucht, führt dies zum *globalen ellipsoidischen System* mit (Abb. 2.6)

φ = ellipsoidische Breite
λ = ellipsoidische Länge
h = ellipsoidische Höhe.

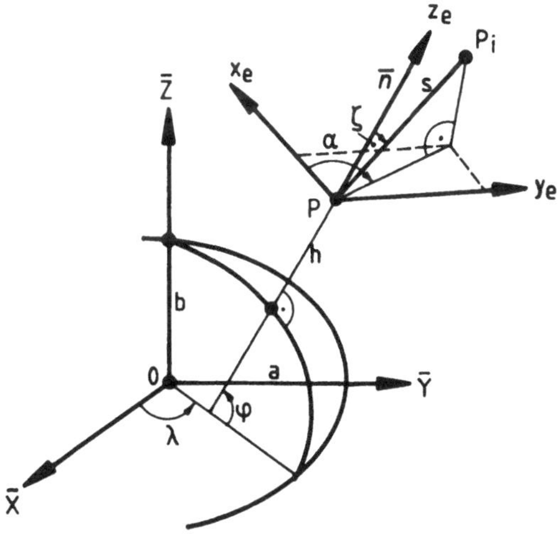

Abb. 2.6. Globales und lokales ellipsoidisches System

Dem Ellipsoid kann ein kartesisches Koordinatensystem $\bar{X}$, $\bar{Y}$, $\bar{Z}$ einbeschrieben werden (Rechtssystem),

- dessen Ursprung im Ellipsoidmittelpunkt O liegt
- dessen $\bar{Z}$-Achse in Richtung des ellipsoidischen Nordpols
- dessen $\bar{X}$-Achse in Richtung des ellipsoidischen Nullmeridians

zeigt. Für den Übergang zwischen φ, λ, h-Darstellung und $\bar{X}$, $\bar{Y}$, $\bar{Z}$ gilt

$$\bar{\boldsymbol{X}} = \begin{pmatrix} \bar{X} \\ \bar{Y} \\ \bar{Z} \end{pmatrix} = \begin{pmatrix} (\bar{N} + h)\cos\varphi\cos\lambda \\ (\bar{N} + h)\cos\varphi\sin\lambda \\ ((1 - e^2)\bar{N} + h)\sin\varphi \end{pmatrix} \tag{2.30}$$

mit dem Querkrümmungsradius

$$\bar{N} = \frac{a}{\sqrt{1 - e^2 \sin^2\varphi}} = \frac{a}{\sqrt{1 - f(2 - f)\sin^2\varphi}}. \tag{2.31}$$

Für die Umkehrung gibt es viele Lösungsvorschläge (z.B. *Torge* 1980c), die auf Iterationen beruhen.

$$h = \frac{\sqrt{\bar{X}^2 + \bar{Y}^2}}{\cos\varphi} - \bar{N}$$

$$\varphi = \arctan \frac{\bar{Z}}{\sqrt{\bar{X}^2 + \bar{Y}^2}} \left(1 - e^2 \frac{\bar{N}}{\bar{N} + h}\right)^{-1} \tag{2.32}$$

$$\lambda = \arctan \frac{\bar{Y}}{\bar{X}}.$$

Ein *lokales ellipsoidisches System* kann mit Bezug auf die Ellipsoidnormale $\bar{\boldsymbol{n}}$ im Beobachtungsort P definiert werden

$$\bar{\boldsymbol{n}} = \begin{pmatrix} \cos\varphi\cos\lambda \\ \cos\varphi\sin\lambda \\ \sin\varphi \end{pmatrix}. \tag{2.33}$$

Es wird ein Linkssystem x_e, y_e, z_e eingeführt mit dem Ursprung in P und der

z_e – Achse in Richtung der äußeren Ellipsoidnormalen
x_e – Achse in Richtung nach Norden (Geodätischer Meridian)
y_e – Achse in Richtung nach Osten.

Die Beziehung zu einem zweiten Punkt P_i kann in diesem System durch folgende Größen hergestellt werden

- Raumstrecken s
- ellipsoidische Azimute α
- ellipsoidische Horizontalrichtungen und – winkel
- ellipsoidische Zenitwinkel ζ.

Die Transformation der lokalen Polarkoordinaten s, α, ζ in lokale kartesische Koordinaten erfolgt gemäß

$$\boldsymbol{x}_e = \begin{pmatrix} x_e \\ y_e \\ z_e \end{pmatrix} = s \begin{pmatrix} \cos\alpha\sin\zeta \\ \sin\alpha\sin\zeta \\ \cos\zeta \end{pmatrix}. \tag{2.34}$$

Für den Übergang vom lokalen in das globale ellipsoidische System gilt für Koordinatendifferenzen

$$\Delta\bar{\boldsymbol{X}} = \boldsymbol{R}_3(180° - \lambda)\boldsymbol{R}_2(90° - \varphi)\boldsymbol{S}_2\Delta\boldsymbol{x}_e = \boldsymbol{A}\Delta\boldsymbol{x}_e$$

mit

$$\boldsymbol{A} = \begin{pmatrix} -\sin\varphi\cos\lambda & -\sin\lambda & \cos\varphi\cos\lambda \\ -\sin\varphi\sin\lambda & \cos\lambda & \cos\varphi\sin\lambda \\ \cos\varphi & 0 & \sin\varphi \end{pmatrix}. \tag{2.35}$$

Berechnungen auf dem Ellipsoid sowie die Einführung geeigneter ebener

Koordinatensysteme (z.B. UTM) werden in der *Mathematischen Geodäsie* oder *Landesvermessung* behandelt (*Torge* 1980c, *Großmann* 1976, *Vaniček und Krakiwsky* 1982). Gebrauchsformeln zur Koordinatentransformation sind u.a. auch bei *Schödlbauer* (1984) nachgewiesen.

2.1.5 Ellipsoid, Geoid und Geodätisches Datum

Die Modellfigur eines Rotationsellipsoides ist der realen physischen Erdoberfläche im Mittel angepaßt. Es handelt sich um eine glatte Fläche, auf der mathematische Operationen verhältnismäßig einfach auszuführen sind. Das *Ellipsoid* hat sich deshalb als *Bezugsfläche für Lagekoordinaten* bewährt und durchgesetzt.

Als *Höhenbezugsfläche* ist das Ellipsoid weniger geeignet. Hier wird allgemein das *Geoid* als diejenige Niveaufläche des Erdschwerefeldes verwendet, die sich den Ozeanen bestmöglich anpaßt und die man sich unter den Kontinenten fortgesetzt denken kann (vgl. *Torge* 1980c). Der Zusammenhang ist in Abb. 2.7a,b illustriert.

Die Abweichungen des Geoids von einem gewählten Referenzellipsoid heißen *Geoidundulationen* N. Diese können für ein globales Referenzellipsoid bis zu 100 m erreichen. Zwischen nivellierter orthometrischer Höhe H, ellipsoidischer Höhe h und Geoidundulation N besteht näherungsweise die Beziehung (vgl. Abb. 6.28), Abb. 2.7

$$h = N + H. \tag{2.36}$$

Es wird deutlich, daß für die gemeinsame Behandlung von Ergebnissen der Satellitengeodäsie, die zu ellipsoidischen Höhen führen und der terrestrischen Geodäsie, die Höhen im Schwerefeld (z.B. orthometrische Höhen H) bereitstellt, die Kenntnis der Geoidundulationen N erforderlich ist.

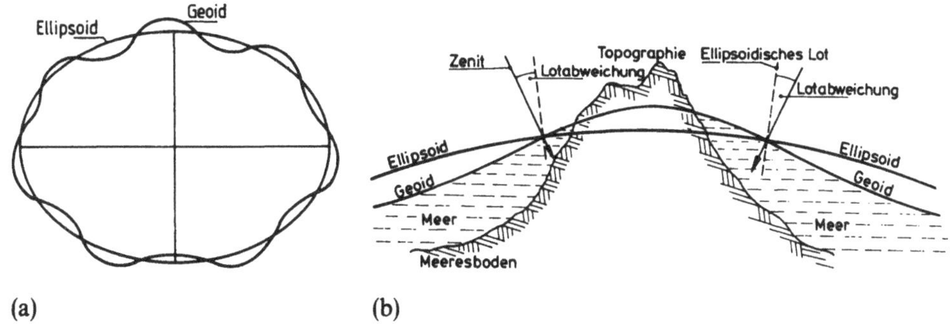

(a) (b)

Abb. 2.7. Zusammenhang zwischen Geoid und Ellipsoid

Die durch Φ, Λ gegebene astronomische Lotrichtung im Beobachtungsort P und die ebenfalls durch P verlaufende ellipsoidische Normale schließen einen Winkel θ ein, die *Lotabweichung*. Die Kenntnis der Lotabweichungen gestattet den Übergang vom lokalen ellipsoidischen zum lokalen astronomischen System. Im allgemeinen wird die Lotabweichung in zwei Komponenten zerlegt

$$\begin{aligned} \xi &= \Phi - \varphi \\ \eta &= (\Lambda - \lambda)\cos\varphi. \end{aligned} \tag{2.37}$$

Beim globalen ellipsoidischen System werden die Parameter so gewählt, daß sich das Referenzellipsoid der Erdfigur insgesamt bestmöglich anpaßt. Es wird angenommen, daß der Ellipsoidmittelpunkt mit dem Massenmittelpunkt der Erde zusammenfällt. Außerdem wird Parallelität zwischen den Ellipsoidachsen und den Achsen des vereinbarten terrestrischen Referenzsystems vorausgesetzt.

Für die Berechnung lokaler Landesvermessungssysteme wurde bisher in der Regel ein Ellipsoid gewählt, das sich der physikalischen Erdoberfläche in der betrachteten Region am besten anpaßt (*bestanschließendes Ellipsoid*). Die Beziehung zwischen einem solchen lokalen Ellipsoid und dem globalen geodätischen Bezugssystem heißt *Geodätisches Datum.*

Das Geodätische Datum wird mindestens mit einem Satz von 5 Parametern festgelegt

- a Große Halbachse des Referenzellipsoids
- f Abplattung
- $\Delta X, \Delta Y, \Delta Z$ Koordinaten des Ellipsoidmittelpunktes gegenüber dem Geozentrum (Datumshiftkonstanten).

Für den Fall, daß $\Delta X = \Delta Y = \Delta Z = 0$ ist, handelt es sich um ein *absolutes Datum.* Das *Geodätische Referenzsystem 1980* (GRS 1980) gehört zu dieser Kategorie

$$\begin{aligned} a &= 6\,378\,137 \text{ m} \\ f &= \frac{1}{298{,}257}. \end{aligned} \tag{2.38}$$

Zusätzliche Parameter des GRS 1980 sind

die geozentrische Gravitationskonstante [11.2]

$$GM = 398600{,}5 \text{ km}^3 \text{ s}^{-2}$$

der dynamische Formfaktor (führt zu f)

$$J_2 = 0{,}00108263$$

die mittlere Erdrotationsgeschwindigkeit

$$\omega = 7{,}292\,115\,1467 \times 10^{-5}\ \text{rad s}^{-1}.$$

Die sogenannten *Datumshiftkonstanten* ΔX, ΔY, ΔZ konnten durch Satellitenbeobachtungen für die meisten lokalen Bezugssysteme bestimmt werden. Sie repräsentieren jedoch nur eine mittlere Lage des jeweiligen Landessystems gegenüber dem geozentrischen (vgl. [11.]).

Die angestrebte Achsparallelität bei den verschiedenen Datumsfestlegungen ist in der Praxis nicht immer erreicht worden. Beim Übergang von einem ellipsoidischen Bezugssystem in ein anderes müssen folglich auch Rotationen mit durchgeführt werden. Solche *Datumsübergänge* werden in der Regel zwischen kartesischen Systemen vorgenommen. Wird eine Behandlung in ellipsoidischen Koordinaten φ, λ, h gewünscht, muß vor und nach der Transformation ein Übergang (2.30) bis (2.32) erfolgen.

Für einen vollständigen Datumsübergang zwischen zwei kartesischen Systemen sind 7 Parameter zu finden

3	Verschiebungsparameter	ΔX, ΔY, ΔZ
3	Achsrotationen	ε_x, ε_y, ε_z
1	Maßstabsfaktor	m.

Bei hinreichender Parallelität der kartesischen Koordinatenachsen gilt (Abb. 2.8)

$$\begin{pmatrix} X \\ Y \\ Z \end{pmatrix}_2 = \begin{pmatrix} \Delta X \\ \Delta Y \\ \Delta Z \end{pmatrix}_{1,2} + (1+m)\begin{pmatrix} 1 & \varepsilon_z & -\varepsilon_y \\ -\varepsilon_z & 1 & \varepsilon_x \\ \varepsilon_y & -\varepsilon_x & 1 \end{pmatrix}\begin{pmatrix} X \\ Y \\ Z \end{pmatrix}_1 \tag{2.39}$$

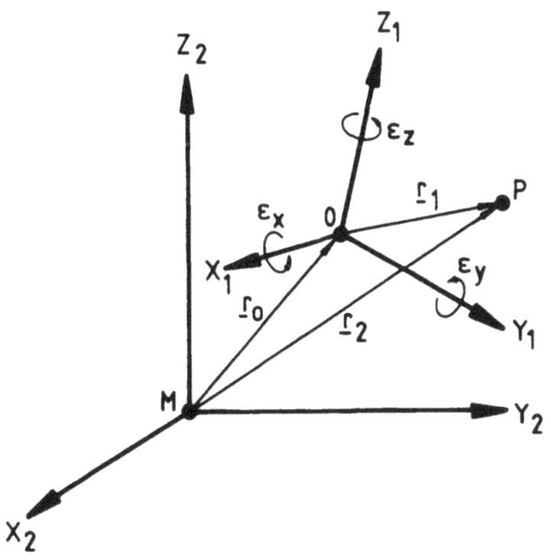

Abb. 2.8. Datumsübergang zwischen zwei kartesischen Systemen

Für begrenzte Gebiete genügt oft eine reine Translation mit den regionalen Parametern (vgl. [11.1]).

Wenn die Ellipsoidparameter berücksichtigt werden, erhält man eine Anzahl von 9 Datumsparametern. Die Zahl erhöht sich weiter, wenn spezifische Rotationen von Teilen des terrestrischen Netzes zugelassen werden (z.B. *Hoyer* 1982) und wenn Datumsinformationen aus Satellitenbahnen abgeleitet werden. In letzterem Fall gehören auch die Parameter des Erdschwerefeldes sowie einige Fundamentalkonstanten (Erdrotation, Lichtgeschwindigkeit, Geozentrische Gravitationskonstante) mit zur Datumsdefinition. Zur letztgenannten Gruppe gehört zum Beispiel das *Geodätische Weltsystem WGS 84* und das bis Ende 1986 benutzte WGS 72. Wichtigste Parameter sind (Tab. 2.1)

Tab. 2.1. Wichtigste Parameter für WGS 72 und WGS 84

Parameter	Bezeichnung	WGS 72	WGS 84
Große Halbachse	a	6378135 m	6378137 m
Abplattung	f	1/298,26	1/298,257223563
Winkelgeschwindigkeit	ω	7,292115147 $\times 10^{-5}$ rad s^{-1}	7,292115 $\times 10^{-5}$ rad s^{-1}
Geozentrische Gravitationskonstante (einschl. Atmosphäre)	GM	398600,8 $km^3\,s^{-2}$	398600,5 $km^3\,s^{-2}$
2. Zonale Harmonische	$\bar{C}_{2,0}$	$-484{,}1605 \times 10^{-6}$	$-484{,}16685 \times 10^{-6}$

Zum WGS 84 gehört ein Schweremodell bis Grad und Ordnung $n = m = 180$. Hiervon sind nur die Koeffizienten bis $n = m = 12$ veröffentlicht.

Gebrauchsformeln zur Transformation von WGS 72 Koordinaten in WGS 84 Koordinaten sind

$$\begin{pmatrix} \varphi \\ \lambda \\ h \end{pmatrix}_{WGS84} = \begin{pmatrix} \varphi \\ \lambda \\ h \end{pmatrix}_{WGS72} + \begin{pmatrix} \Delta\varphi \\ \Delta\lambda \\ \Delta h \end{pmatrix}$$

$$\Delta\varphi[''] = (4{,}5 \cos\varphi)/(a \sin 1'') + (\Delta f \sin 1'') + (\Delta f \sin 2\varphi / \sin 1'') \tag{2.40}$$

$$\Delta\lambda[''] = 0{,}554$$

$$\Delta h[\mathrm{m}] = 4{,}5 \sin\varphi + a\Delta f \sin^2\varphi - \Delta a + \Delta r$$

mit

$$\Delta f = 0{,}3121057 \times 10^{-7}$$

$$a = 6378135 \text{ m}$$

$$\Delta a = 2{,}0 \text{ m}$$

$$\Delta r = 1{,}4 \text{ m}.$$

Die Breite wird positiv nach Norden und die Länge positiv nach Osten gezählt.

Hierbei ist zu beachten (vgl. [11.1]), daß die mit Satellitenverfahren wie TRANSIT [6.] oder GPS [7.] bestimmten geozentrischen Koordinaten einer einzelnen Beobachtungsstation oft mit Standardabweichungen von mehreren Metern behaftet sind, so daß die Ergebnisse einer Transformation nach (2.40) nicht überbewertet werden dürfen. Zur praktischen Nutzung von Datumsübergängen siehe auch [11.1].

2.1.6 Dreidimensionale Zentrierung

In der praktischen Satellitengeodäsie tritt häufig der Fall auf, daß für exzentrische Messungen Zentrierungselemente in einem geozentrischen kartesischen Koordinatensystem bereitzustellen sind. Die gemessenen Zentrierungselemente $\Delta\varphi$, $\Delta\lambda$, Δh sind nach Standardformeln in ΔX, ΔY, ΔZ umzuformen. Gegeben seien φ, λ, h näherungsweise für das Zentrum, sowie a und e als Ellipsoidparameter. Aus (2.30) folgt durch Differenzieren

$$\begin{aligned} dX &= -(\bar{M} + h)\sin\varphi\cos\lambda d\varphi - (\bar{N} + h)\cos\varphi\sin\lambda d\lambda \\ &\quad + \cos\varphi\cos\lambda dh \\ dY &= -(\bar{M} + h)\sin\varphi\sin\lambda d\varphi + (\bar{N} + h)\cos\varphi\cos\lambda d\lambda \\ &\quad + \cos\varphi\sin\lambda dh \\ dZ &= (\bar{M} + h)\cos\varphi d\varphi + \sin\varphi dh \end{aligned} \tag{2.41}$$

wobei

$$\bar{M} = \frac{a(a - e^2)}{(1 - e^2\sin^2\varphi)^{\frac{3}{2}}}; \qquad \bar{N} = \frac{a}{(1 - e^2\sin^2\varphi)^{\frac{1}{2}}}$$

der Meridian- und Querkrümmungsradius sind. Für die praktische Berechnung werden die differentiellen Größen durch kleine endliche Größen ersetzt. Der Algorithmus gilt nur für kleine Exzentrizitäten.

Die Umkehrung lautet (*Schenke* 1984)

$$\begin{pmatrix} d\varphi \\ d\lambda \\ dh \end{pmatrix} = \begin{pmatrix} \dfrac{-\sin\varphi\cos\lambda}{\bar{M} + h} & \dfrac{-\sin\varphi\cos\lambda}{\bar{M} + h} & \dfrac{\cos\varphi}{\bar{M} + h} \\ \dfrac{-\sin\lambda}{(\bar{N} + h)\cos\varphi} & \dfrac{\cos\lambda}{(\bar{N} + h)\cos\lambda} & 0 \\ \cos\varphi\cos\lambda & \cos\varphi\sin\lambda & \sin\varphi \end{pmatrix} \cdot \begin{pmatrix} dX \\ dY \\ dZ \end{pmatrix}. \tag{2.42}$$

2.2 Zeit

2.2.1 Allgemeines

Im Zusammenhang mit der Durchführung und Nutzung von Satellitenbeobachtungen spielen drei Gruppen von Zeitskalen eine Rolle

(1) Zur Verknüpfung von erdgebundenen Beobachtungen mit einem raumfesten Bezugssystem wird die zeitabhängige Orientierung der Erde im Raum benötigt. Das geeignete Zeitmaß hängt mit der Erdrotation zusammen und wird als *Sternzeit* oder *Weltzeit* bezeichnet.
(2) Zur Beschreibung der Satellitenbewegung wird als unabhängige Variable ein streng gleichförmiges Zeitmaß benötigt. Ein solches kann zum Beispiel aus der Bahnbewegung der Erde im Raum abgeleitet werden und wird als *Dynamische Zeit* bezeichnet.
(3) Zur hochpräzisen Messung von Signallaufzeiten, zum Beispiel bei der Laserentfernungsmessung zu Satelliten wird eine gut beobachtbare gleichförmige und hochauflösende Zeitbasis benötigt. Das geeignete Zeitmaß hängt mit atomphysikalischen Phänomenen zusammen und wird als *Atomzeit* bezeichnet.

Allen Zeitsystemen ist gemeinsam, daß sie auf der Beobachtung regelmäßig wiederkehrender astronomischer oder physikalischer Phänomene beruhen. Die Zeitintervalle zwischen den Phänomenen bilden das Skalenmaß der jeweiligen *Zeitskala.* Ein bestimmtes Vielfaches oder ein Bruchteil des Skalenmaßes wird als *Zeiteinheit* bezeichnet. Die allgemein akzeptierte Grundeinheit ist die *Sekunde.* Hieraus können größere Zeiteinheiten abgeleitet werden wie Tage oder Jahre. Auf der Zeitskala wird ein Nullpunkt festgelegt. Dies kann ein bestimmtes astronomisches Ereignis sein, zum Beispiel die Position eines Gestirns oder der Durchgang eines Gestirns durch den Meridian.

Einer bestimmten Beobachtung kann auf der gewählten Zeitskala ein bestimmter *Zeitpunkt* zugeordnet werden, der durch Datum und Uhrzeit angegeben wird. In der Astronomie heißt ein solcher Zeitpunkt die *Epoche* der Beobachtung. Bezüglich der Zeitskala handelt es sich um eine *absolute Zeitmessung.* Für viele Aufgaben, beispielsweise bei der Bestimmung von Signallaufzeiten genügt eine *relative Zeitmessung,* d.h. die Messung eines *Zeitintervalls* zwischen zwei Ereignissen (Epochendifferenz). Vielfach ist die relative Zeitmessung mit weitaus höherer Genauigkeit möglich als die absolute Zeitmessung.

Streng genommen muß zwischen dem Zeitprinzip, also der konzeptionellen Idee einer Zeitskala sowie der tatsächlichen Realisierung einer Zeitskala unterschieden werden. Dies wird insbesondere bei der Atomzeit deutlich, wo der Definition der Atomzeitsekunde die Realisierung durch eine Gruppe individueller Atomuhren gegenübersteht. Eine Zeitskala kann als Annäherung an das jeweilige Zeitkonzept betrachtet werden. Diese Unterscheidungen sollen im folgenden aber nicht getroffen werden. Nähere Ausführungen zu diesen Fragen finden sich u.a. bei *Becker* (1975, 1979) und *Luck* (1983).

Es ist offensichtlich, daß auch die Beziehungen zwischen den Zeitskalen mit höchstmöglicher Genauigkeit bekannt sein müssen, um die unterschiedlichen Anforderungen aus Wissenschaft und Technik zu erfüllen. Die Genauigkeitsanforderungen seitens der Satellitengeodäsie werden an folgendem Beispiel verdeutlicht (Abb. 2.9), in dem für je 1 cm Positionsgenauigkeit die entsprechende Zeitgenauigkeit angegeben ist.

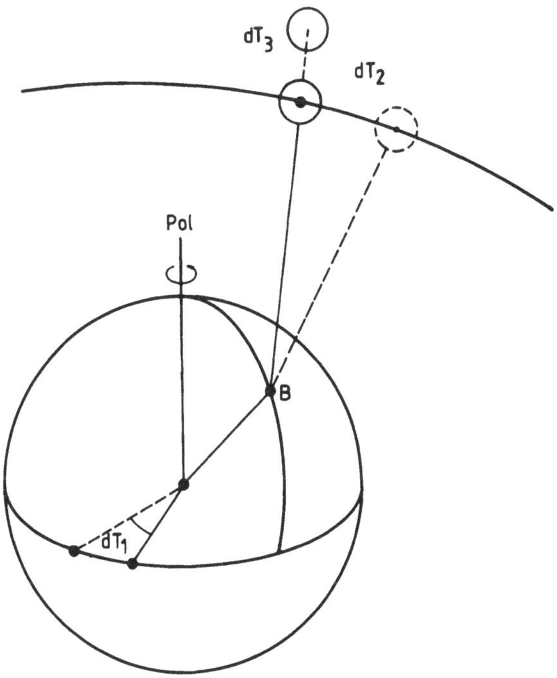

Abb. 2.9. Auswirkung von Zeitfehlen in der Satellitengeodäsie

1 cm Bewegung eines Punktes auf dem Äquator aufgrund der Erdrotation entspricht etwa $2 \cdot 10^{-5}$ s
1 cm in der Bahn eines erdnahen Satelliten entspricht etwa $1 \cdot 10^{-6}$ s
1 cm in der Entfernung zum Satelliten aus Signallaufzeiten (z.B. Laser) entspricht etwa $1 \cdot 10^{-10}$ s.

Hieraus folgen Forderungen an die jeweilige Genauigkeit der Zeiterfassung

$$\begin{aligned} &dT_1[\mathrm{s}] \leq 2 \times 10^{-5} && \text{für Erdrotation} \\ &dT_2[\mathrm{s}] \leq 1 \times 10^{-6} && \text{für Bahnbewegung} \\ &dT_3[\mathrm{s}] \leq 1 \times 10^{-10} && \text{für Signallaufzeiten.} \end{aligned} \tag{2.43}$$

2.2.2 Sternzeit und Weltzeit

Sternzeit und Weltzeit werden von der Erdrotation abgeleitet und sind einander äquivalent. Sternzeit ist der Stundenwinkel des Frühlingspunktes ϒ und damit zunächst abhängig von der Länge des jeweiligen Beobachtungsortes. Aus Abb. 2.10 sind die folgenden Beziehungen abzuleiten, wobei wie im internationalen Schrifttum üblich die englischen Abkürzungen gewählt werden. Die lokale *scheinbare* (oder wahre) *Sternzeit* bezogen auf den wahren Frühlingspunkt heißt

LAST = Stundenwinkel des wahren Frühlingspunktes.

Für Greenwich gilt die Greenwicher scheinbare Sternzeit

GAST = Greenwicher Stundenwinkel des wahren Frühlingspunktes.

Der Frühlingspunkt unterliegt der Nutation in der Länge. Wird dieser Nutationsanteil abgespalten, ergibt sich die mittlere Ortssternzeit bzw. *mittlere Sternzeit Greenwich*

LMST = Stundenwinkel des mittleren Frühlingspunktes
GMST = Greenwicher Stundenwinkel des mittleren Frühlingspunktes.

Die Differenz zwischen scheinbarer und mittlerer Sternzeit heißt im englischen

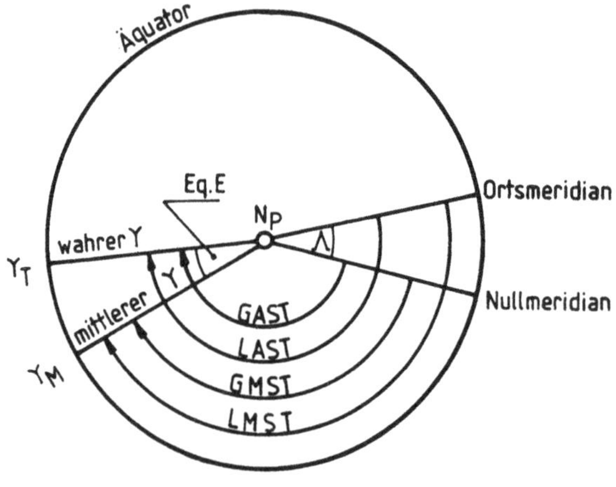

Abb. 2.10. Zählung der Sternzeit

Schrifttum "Equation of Equinoxes"

$$\mathrm{GMST} - \mathrm{GAST} = \Delta\psi \cos \varepsilon, \tag{2.44}$$

wobei $\Delta\psi$ die Nutation in der Länge darstellt. Ferner gilt für die geographische Länge des Ortsmeridians

$$\mathrm{GMST} - \mathrm{LMST} = \mathrm{GAST} - \mathrm{LAST} = \Lambda. \tag{2.45}$$

Die scheinbare Sternzeit findet Eingang in die Berechnung astronomischer Beobachtungen; als Zeitskala wird jedoch nur die mittlere Sternzeit genutzt. Zeiteinheit ist der *Sterntag* als Intervall zwischen zwei aufeinander folgenden Durchgängen des mittleren Frühlingspunktes durch den Meridian. Aufgrund der Präzession des Frühlingspunktes entspricht der so definierte Sterntag nicht genau einer vollen Erdumdrehung im inertialen Raum. Die tägliche Differenz beträgt $0\overset{s}{.}0084$.

Für praktische Bedürfnisse wird ein Zeitmaß benötigt, das mit dem scheinbaren täglichen Lauf der Sonne zusammenhängt. Aufgrund der wechselnden Sonnenhöhen im Laufe eines Jahres und der Elliptizität der Erdbahn erweist sich der Stundenwinkel der wahren Sonne als stark veränderliches und damit als ungeeignetes Maß für eine Zeitskala. Es wird deshalb eine fiktive *mittlere Sonne* eingeführt, die sich mit gleichförmiger Geschwindigkeit im Äquator bewegt. Ein *mittlerer Sonnentag* ist damit das Intervall zwischen zwei aufeinanderfolgenden Durchgängen der mittleren Sonne durch den Meridian. *Mittlere Sonnenzeit* läßt sich als Stundenwinkel der mittleren Sonne messen. Der Greenwicher Stundenwinkel der mittleren Sonne heißt *Weltzeit UT* (Universal Time). Aus praktischen Gründen läßt man den Tag um Mitternacht beginnen, also

$$\mathrm{UT} = 12^{\mathrm{h}} + \text{Greenwicher Stundenwinkel der mittleren Sonne.} \tag{2.46}$$

Beide Zeitkonzepte beruhen auf der Erdrotation und hängen in eindeutiger Weise miteinander zusammen. Weltzeit kann damit als eine Form der Sternzeit angesehen werden. Beide Tageslängen differieren aufgrund der unterschiedlichen Definition um etwa 4 Minuten, da sich die Erde pro Tag etwa um $1° \approx 360°/365$ in ihrer Bahn fortbewegt. Näherungsweise gilt

$$1 \text{ mittlerer Sterntag} = 1 \text{ mittlerer Sonnentag} - 3^{\mathrm{m}}\, 55\overset{s}{,}909. \tag{2.47}$$

Die auf einer Station B beobachtete Universalzeit $\mathrm{UT0}_B$ ist noch von den ortsabhängigen Einflüssen der aktuellen Pollage gegenüber dem vereinbarten CTP-Pol beeinflußt [2.1.2]. Die Reduktion auf den vereinbarten Pol führt zu einer Längen- und damit Zeitänderung $\Delta\Lambda_P$. Die auf den CTP bezogene Weltzeit

$$\mathrm{UT1} = \mathrm{UT0}_B + \Delta\Lambda_P \tag{2.48}$$

ist die für die Geodätische Astronomie und die Satellitengeodäsie wichtige Zeitskala, die den aktuellen Drehwinkel des vereinbarten terrestrischen Bezugssystems im Raum angibt. Sie ist das entscheidende Zeitmaß in der Navigation. Es ist zu beachten, daß UT1 noch sämtliche Rotationsschwankungen der Erde enthält und damit kein streng gleichförmiges Zeitmaß darstellt.

Der Zusammenhang zwischen UT1 und GMST wird nach Festlegung der IAU seit dem 1.1.1984 folgendermaßen berechnet

$$\begin{aligned} \text{GMST um } 0^h\ \text{UT1} &= 6^h\ 41^m\ 50\overset{s}{,}5481 + 8640184\overset{s}{,}812866\ T_u \\ &\quad + 0\overset{s}{,}093104\ T_u^2 - 6\overset{s}{,}2 \times 10^{-6}\ T_u^3. \end{aligned} \tag{2.49}$$

Hierin bedeutet T_u das Zeitintervall seit der Standardepoche J 2000, 1. Januar, 12^h UT1 in Julianischen Jahrhunderten. Nähere Ausführungen hierzu finden sich u.a. bei *Green* (1985), *Aoki* u.a. (1982). Ein Julianisches Jahrhundert enthält 36525 Tage (vgl. auch "Supplement to the Astronomical Almanac 1984, *USNO* 1983).

2.2.3 Dynamische Zeit

Ein gleichförmiges Zeitmaß kann in den Argumenten der dynamischen Theorien und der Ephemeriden, d.h. der zeitabhängigen Positionen von Himmelskörpern in einem geeigneten Bezugssystem gefunden werden. Hierauf basierende Zeitskalen heißen *dynamische Zeit*; sie erfüllen bestmöglich das Konzept einer *Inertialzeit*.

Es ist zu unterscheiden zwischen einer dynamischen Zeitskala, die aus Bewegungen von Himmelskörpern um den Schwerpunkt des Sonnensystems abgeleitet ist (Temps Dynamique Barycentrique, TDB) und einer auf das Geozentrum bezogenen Zeitskala (Temps Dynamique Terrestre, TDT). Im Konzept der Allgemeinen Relativitätstheorie erfährt eine mit der Erde verbundene Uhr, die sich aufgrund der jährlichen Bewegung im Schwerefeld der Sonne bewegt, periodische Veränderungen bis zu 1.6 Millisekunden. Für die Berechnung von Bahnen künstlicher Erdsatelliten braucht dieser Effekt aber nicht berücksichtigt zu werden, da sich die Satelliten mit der Erde bewegen. Für geozentrische Berechnungen in der Satellitengeodäsie wird deshalb *Terrestrische Dynamische Zeit* (TDT) verwendet. Sie hat gegenüber der *Baryzentrischen Zeit* (TDB) den weiteren Vorzug, daß sie von dynamischen Planetentheorien unabhängig ist. In der Terminologie der Allgemeinen Relativitätstheorie ist die TDB *Koordinatenzeit* und die TDT *Eigenzeit*. Seit dem 1. Januar 1984 wird die Dynamische Zeit als Argument in den astronomischen Ephemeridenwerken benutzt.

Vorläufer der TDB war die *Ephemeridenzeit* ET. Die Ephemeridensekunde ist formal als bestimmter Bruchteil des tropischen Jahres 1900 definiert und damit streng gleichförmig. Die Ephemeridenzeit wurde in der Praxis aus Mondbeobachtungen abgeleitet. Relativistische Überlegungen waren aber nicht berücksichtigt. Um Kontinuität in den Zeitskalen zu wahren, schließt sich TDB unmittelbar an ET an.

2.2.4 Atomzeit

Um praktischen Bedürfnissen für eine unmittelbar zugängliche gleichförmige Zeitskala entgegenzukommen, wurde die Internationale Atomzeitskala TAI (Temps Atomique International) eingeführt. Die Dauer der Atomzeitsekunde wurde bestmöglich der Länge der Ephemeridensekunde angepaßt und 1967 folgendermaßen definiert

> Die Sekunde ist das 9 192 631 770 fache der Periodendauer
> der dem Übergang zwischen den beiden Hyperfeinstrukturniveaus
> des Grundzustandes von Atomen des Nuklids ^{133}Cs
> entsprechenden Strahlung. (2.50)

Diese Definition hat Eingang in das SI System gefunden.

Die Internationale Atomzeitskala wird vom Internationalen Zeitbüro (BIH) auf der Grundlage der Anzeigen von Atomuhren in verschiedenen Instituten dargestellt, die aufgrund der SI-Sekundendefinition arbeiten. Hierbei wird eine Uhr auf Meeresniveau und in Ruhelage vorausgesetzt. Die Darstellung der Sekunde in Zeitlaboratorien erfolgt in der Regel mit Cäsiumstrahl – Zeit- und Frequenznormalen (Cs-Normal), vgl. [2.2.5]. Die Zeitdifferenzen zwischen TAI und den Zeitskalen der verschiedenen Institute werden im monatlichen Circular *D* des BIH verbreitet. Die Atomzeitskala TAI wurde so festgelegt, daß ihr Zeitpunkt (Epoche) am 1. Januar 1958, 0 Uhr mit dem entsprechenden Zeitpunkt der Weltzeitskala näherungsweise übereinstimmte. Aufgrund der ständig verzögerten Erdrotation weichen beide Zeitskalen zunehmend voneinander ab. Die Differenzen betrugen beispielsweise

$$\begin{aligned} \mathrm{TAI} - \mathrm{UT1} &= +11\overset{s}{,}1 \text{ am } 1.1.1973 \\ &= +22\overset{s}{,}7 \text{ am } 1.1.1986. \end{aligned}$$

Die Differenz ist deshalb so groß, weil die Länge der SI-Sekunde der Ephemeridensekunde angepaßt wurde, die ihrerseits auf der mittleren Sekundendauer der Weltzeit von 1756 bis 1895 beruht, als sich die Erde noch etwas schneller drehte als heute.

Mit der Einführung der dynamischen Zeit TDT am 1.1.1984 wurde die SI-Sekunde auch formal als fundamentale Einheit der TDT-Skala eingeführt. Zwischen beiden Zeitskalen besteht damit eine konstante Differenz, die im Rahmen der Beobachtungsgenauigkeit auch für ET gilt

$$\mathrm{TDT} = \mathrm{ET} = \mathrm{TAI} + 32\overset{s}{,}184. \tag{2.51}$$

Unter der Voraussetzung, daß sich die Naturkonstanten, insbesondere die Gravitationskonstante nicht verändern, besteht zwischen beiden Zeitskalen lediglich ein konzeptioneller aber kein praktischer Unterschied.

Um den praktischen Forderungen nach einer Zeitskala gerecht zu werden, die einerseits eine gleichförmige Zeiteinheit bereitstellt und andererseits, z.B. für Zwecke der astronomischen Navigation, weitgehend an UT1 und damit an die Erdrotation angepaßt ist, wurde 1972 die Kompromißzeitskala *Koordinierte Weltzeit UTC* eingeführt. UTC unterscheidet sich von TAI nur durch die Sekundenzählung

$$\mathrm{UTC} = \mathrm{TAI} - n\cdot(1\mathrm{s}), \tag{2.52}$$

wobei n eine ganze Zahl ist, die jeweils zum 1. Januar bzw. 1. Juli nach den aktuellen Erfordernissen geändert werden kann. Zeiteinheit von UTC ist damit die SI-Sekunde. Die Epoche wird durch Einfügen oder Herausnehmen von *Schaltsekunden* nach Ankündigung des BIH soweit an die Epoche von UT1 angepaßt, daß die Differenz DUT1 möglichst kleiner als 0,7 Sekunden ist

$$\mathrm{UTC} - \mathrm{UT1} = \mathrm{DUT1} \overset{!}{<} 0{,}7\ \mathrm{s}. \tag{2.53}$$

DUT1 wird durch das BIH verbreitet und muß bei allen Berechnungen im erdfesten System berücksichtigt werden. In der Bundesrepublik Deutschland und den meisten übrigen Ländern beziehen sich die durch Zeitzeichen verbreiteten Zeitsignale auf UTC. Dies gilt beispielsweise auch für die Zeitsignale in den Broadcase Ephemeriden der TRANSIT Satelliten [6.3].

Für das Global Positioning System gilt eine eigene Systemzeitskala *GPS-Zeit*, die sich von UTC um näherungsweise eine ganze Zahl von Sekunden unterscheidet. Beide Zeitskalen stimmten am 5. Januar 1980 überein. Da in die GPS-Zeit keine Schaltsekunden eingefügt werden, vergrößert sich die Differenz im Laufe der Zeit. Außerdem beruht die GPS-Zeit als “freie” Zeitskala ausschließlich auf den Systemuhren und kann sich damit von TAI entfernen. Die Differenz zwischen GPS-Zeit und UTC wird durch Zeitbulletins und im Rahmen der “GPS-Message” [7.1.3] verbreitet. Im Januar 1987 betrug die Differenz beispielsweise

$$\mathrm{GPS\ Zeit} - \mathrm{UTC}_{1987} = 4\ \mathrm{s}. \tag{2.54}$$

Sowohl UTC als auch GPS-Zeit sind ihrer Natur nach Atomzeitskalen. Abb. 2.11 gibt eine Zusammenschau der für die Satellitengeodäsie wichtigsten Zeitskalen mit ihren gegenseitigen Differenzen.

2.2.5 Uhren und Frequenznormale

In der Satellitengeodäsie werden präzise Zeit- und Frequenzinformationen benötigt. Beobachtungsepochen müssen mit $\pm 1\ \mu$s zugeordnet werden, z.T.

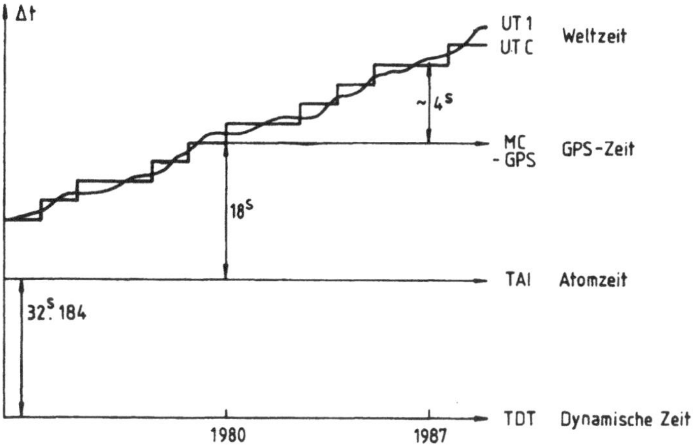

Abb. 2.11. Zeitskalen in der Satellitengeodäsie

auch zwischen räumlich getrennten Stationen; Frequenzen müssen über mehrere Stunden mit einer Stabilität von bis zu $1 \cdot 10^{-15}$ gehalten werden. Diese hohen Anforderungen lassen sich nur mit Atomuhren erfüllen.

Der wichtigste Bestandteil einer Uhr ist ein schwingungsfähiges System (Oszillator). Die periodische Bewegung dieses Systems muß auf geeignete Weise angeregt, aufrechterhalten und zur Anzeige gebracht werden. Die Übersetzung in das Skalenmaß Sekunde geschieht bei modernen Uhren durch elektronische Teiler. Bei Atomuhren wird die Zeit aus einer Zählung der Schwingungen des Oszillators abgeleitet.

Der Zusammenhang zwischen Schwingungszeit (Periode) T_I und Oszillatorfrequenz f_I für eine ideale Uhr C_I ergibt sich nach Definition zu

$$T_I = \frac{1}{f_I}. \tag{2.55}$$

Durch die Zählung von N_I Schwingungen über ein bestimmtes Zeitintervall $(t - t_0)$ ergibt sich die ideale (streng gleichförmige) Zeit

$$(t - t_0) = N_I T_I = \frac{N_I}{f_I}. \tag{2.56}$$

Hierbei entspricht N_I dem Integral

$$N_I = \int_0^t f_I \, dt = f_I(t - t_0), \tag{2.57}$$

das heißt der Schwingungsanzahl seit der Ausgangsepoche t_0.

Eine tatsächlich existierende Atomuhr C_i, wie auch jede andere Uhr besitzt keine streng konstante Frequenz. Das übliche Modell zur Beschreibung des

Frequenzverhaltens ist (z.B. *Fell* 1980)

$$f_i(t) = f_I + \Delta f + \dot{f}(t - t_0) + \tilde{f}(t). \tag{2.58}$$

Hierin bedeuten

Δf konstanter Frequenzfehler (Bias)
$\dot{f}$ Frequenzdrift
$\tilde{f}(t)$ zufälliger Frequenzfehler.

Die Zählung der Schwingungen dieser Uhr ergibt

$$N_i = \int_{t_0}^{t} f_i(t)dt = f_I(t - t_0) + \Delta f(t - t_0) + \frac{\dot{f}(t - t_0)^2}{2} + \int_{t_0}^{t} \tilde{f}(t)dt. \tag{2.59}$$

Für die angezeigte Zeit gilt dann

$$(t_i - t_0) = N_i T_I(t - t_0) + \frac{\Delta f}{f_I}(t - t_0) + \frac{\dot{f}}{2f_I}(t - t_0)^2 + \int_{t_0}^{t} \frac{\tilde{f}(t)}{f_I} dt. \tag{2.60}$$

Mit einem Synchronisationsfehler der Uhr C_i zur Nullepoche

$$\Delta t_i(t_0) = N_0 T_I \tag{2.61}$$

ergibt sich mit (2.60) der Zeitfehler der Uhr C_i zu

$$\Delta t_i(t) = t_i - t = \Delta t_i(t_0) + \frac{\Delta f}{f_I}(t - t_0) + \frac{\dot{f}}{2f_I}(t - t_0)^2 + \int_{t_0}^{t} \frac{\tilde{f}(t)}{f_I} dt. \tag{2.62}$$

Durch Umbenennen der Terme folgt für den Zeitfehler $T_i(t) = t_i$ die häufig benutzte Form

$$t_i = T_i(t_0) + R_i(t - t_0) + \frac{D_i}{2}(t - t_0)^2 + \int_{t_0}^{t} y(t)dt. \tag{2.63}$$

Hierin bedeuten

$T_i(t_0)$ konstanter Zeitfehler (Bias)
R_i Zeitdrift
D_i quadratischer Term (Ageing)
$y(t)$ zufälliger relativer Frequenzfehler.

Für eine individuelle Uhr müssen diese drei erstgenannten Terme geschätzt werden. Die Zeitfehler der Uhren sind somit von den Unsicherheiten dieser Schätzungen und dem Integral der zufälligen Frequenzfehler seit der Epoche der Schätzung abhängig. Die Schätzungen erfolgen durch Vergleiche mit anderen Uhren. Leistungsfähige Zeitlaboratorien oder Beobachtungsstationen verfügen deshalb über Gruppen von Atomuhren, die regelmäßig untereinander und mit anderen Gruppen verglichen werden.

Die relativen Frequenzfehler zeigen für unterschiedliche Atomuhren ein jeweils typisches Verhalten. Eine Charakterisierung dieser Fehler läßt sich im Zeitbereich und im Frequenzbereich vornehmen.

Ein geeignetes Maß für die relativen Frequenzfehler im Zeitbereich ist die sogenannte *Allan Varianz*. Für eine weitere Vertiefung wird auf die Spezialliteratur verwiesen (z.B. *PTTI*, jährlich). Wegen der extrem hohen Genauigkeitsforderungen in Teilbereichen der Satellitengeodäsie muß dem Uhrverhalten sowohl in fundamentalen Beobachtungsstationen als auch im Satelliten hohe Aufmerksamkeit gewidmet werden. Die Abb. 2.12 zeigt das typische Frequenzstabilitätsverhalten von verschiedenen Atomuhrtypen.

Für Aufgaben der Satellitengeodäsie kommen folgende Klassen von Oszillatoren in Betracht

- Präzisionsquarz
- Rubidiumnormal
- Cäsiumnormal
- Wasserstoffmaser.

Präzisionsquarze sind in Satellitenempfangsanlagen dann völlig ausreichend, wenn eine regelmäßige Nachsteuerung durch externe Signale, beispielsweise vom Satelliten gegeben ist. Dies ist bei der Nutzung des Transit- und GPS Systems der Fall. Charakteristisch für Quarze ist, daß sie altern und daß sie temperaturempfindlich sind. Für praktische Anwendungen ist es vorteilhaft, Quarze möglichst ungestört und gleichmäßig temperiert laufen zu lassen.

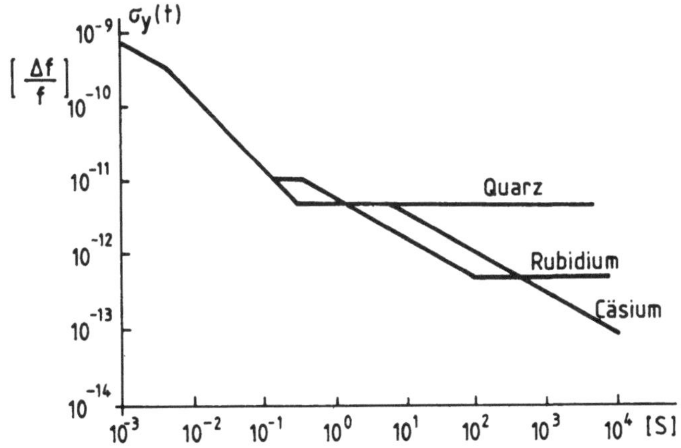

Abb. 2.12. Stabilität von Frequenznormalen in Abhängigkeit der Meßzeit (nach *Remondi* 1984)

Ein *Rubidiumfrequenznormal* besitzt eine gute Langzeitstabilität. Es kann beispielsweise für Transit- und GPS-Anwendungen als externer Oszillator genutzt werden und gestattet über mehrere Stunden hinweg die Überbrückung von Satellitensignalausfällen.

Cäsiumfrequenznormale sind wegen ihrer Kurz- und Langzeitstabilität die "Atomuhren par excellence". Sie bilden in Gruppen das Kernstück von Zeitlaboratorien. Fundamentale Satellitenstationen, Bahnüberwachungsstationen, Satelliten-Laserdistanzmesser sind mit Cäsiumnormalen ausgesatttet. Die Zeitbasis in den GPS Satelliten wird durch Cäsium- und Rubidiumnormale realisiert. Es gibt heute kommerzielle, gut transportable Geräte.

Für extrem hohe Genauigkeitsanforderungen, z.B. bei der VLBI [10.2] werden *Wasserstoffmaser* benötigt, um über einen Zeitbereich von 10^2 bis 10^5 Sekunden in den Genauigkeitsbereich von 10^{-15} ($\sigma\Delta f/f$) vorzustoßen. Wasserstoffmaser sind sehr empfindlich und können gegenwärtig nur ortsfest eingesetzt werden.

2.3 Signalausbreitung

Signale zwischen Satelliten und Bodenstationen durchlaufen Atmosphärenschichten unterschiedlicher Natur und wechselnden Zustandes, die sich in unterschiedlicher Weise auf die Ausbreitung auswirken. Dabei können Veränderungen der Ausbreitungsrichtung, der Ausbreitungsgeschwindigkeit und der Signalstärke auftreten. Für den Nutzer, der am ungestörten Signal interessiert ist, stellt die Atomsphäre eine Störquelle dar. Die Auswirkungen auf die Beobachtungsergebnisse sind in vielen Fällen größer als es die Genauigkeitsforderungen der Satellitengeodäsie zulassen. Die Einflüsse müssen deshalb durch Messungen und/oder durch Modellierung erfaßt und in den Auswerteprozeß einbezogen werden.

Umgekehrt können aus Abweichungen der empfangenen Satellitensignale von den Werten, die sich in einer atmosphärefreien Umgebung ergeben würden, Rückschlüsse auf den Zustand der Atmosphäre auch in hohen Schichten gezogen werden (z.B. *Lohmar* 1985). Dieser Aspekt wird hier nicht weiter betrachtet.

In diesem Kapitel werden einige elementare Zusammenhänge der Wellenausbreitung behandelt [2.3.1], [2.3.2] und die besonderen Ausbreitungsbedingungen in Ionosphäre und Troposphäre vorgestellt [2.3.3]. Für weitergehende Informationen wird auf Fachliteratur aus der Elektrotechnik oder aus der Geophysik (z.B. *Kertz* 1971, *Möller* 1973) verwiesen. Die konkreten Korrekturformeln bei verschiedenen Beobachtungsmethoden wie z.B. Doppler, GPS, Laser werden im Zusammenhang mit den jeweiligen Meßverfahren diskutiert, soweit sie nicht von den in [2.3.3] entwickelten Beziehungen mit erfaßt werden.

2.3.1 Einige elementare Grundlagen zur Wellenausbreitung

2.3.1.1 Grundbeziehungen und Definitionen

Der Zusammenhang zwischen *Wellenlänge* λ, *Frequenz* f und *Ausbreitungsgeschwindigkeit* v einer Welle ist durch

$$v = \lambda \cdot f \tag{2.64}$$

gegeben. Hierin werden λ in Metern (m), f in Hertz (Hz, Schwingungen pro Sekunde) und v in Metern pro Sekunde gemessen.

Bei den Meßmethoden der Satellitengeodäsie kommen elektromagnetische Wellen in Betracht. In der elektromagnetischen Metrologie können Wellen als zeit- oder ortsabhängige Störung des elektromagnetischen Feldes aufgefaßt werden (*Wells* 1974). Bei einer periodischen Welle wiederholt sich die Störung an einem gegebenen Ort nach einem bestimmten Zeitintervall, der Periode P und/oder zu einem gegebenen Zeitpunkt in einer bestimmten Entfernung, der Wellenlänge λ. Frequenz und Periode verhalten sich reziprok zueinander

$$f = \frac{1}{P}. \tag{2.65}$$

Als *Phase* Φ einer periodischen Welle wird derjenige Bruchteil t/P der Periode bezeichnet, um den die Zeit t relativ zu einem beliebigen Ausgangszeitpunkt t_0 fortgeschritten ist. Ferner sind

$$\omega = 2\pi f \text{ die Kreisfrequenz} \tag{2.66}$$

und

$$k = \frac{2\pi}{\lambda} \text{ die Phasenkonstante oder Wellenzahl.}$$

Damit gilt

$$v = \lambda \cdot f = \frac{\lambda}{P} = \frac{\omega}{k}. \tag{2.67}$$

Eine periodische Welle, die in Zeit und Raum durch Sinusfunktionen dargestellt werden kann, heißt Sinuswelle. Im folgenden werden nur zeitliche periodische Wellen betrachtet

$$y = A \sin 2\pi \left(\frac{t}{P} + \Phi_0\right). \tag{2.68}$$

Hierin ist y die Größe der Störung zur Zeit t; Φ_0 ist die Phase der Welle für $t = 0$ und A bedeutet den Maximalwert oder die *Amplitude*. Die Phase zur Zeit t ist dann

$$\Phi = \frac{t}{P} + \Phi_0. \tag{2.69}$$

Die Größe $2\pi\Phi$ heißt auch *Phasenwinkel* φ.

Mit (2.66) folgt aus (2.68) die Form

$$y = A \sin(\omega t + \varphi_0), \tag{2.70}$$

die in Abb. 2.13 als Zeigerbilddarstellung verdeutlicht ist (*Kahmen* 1978).

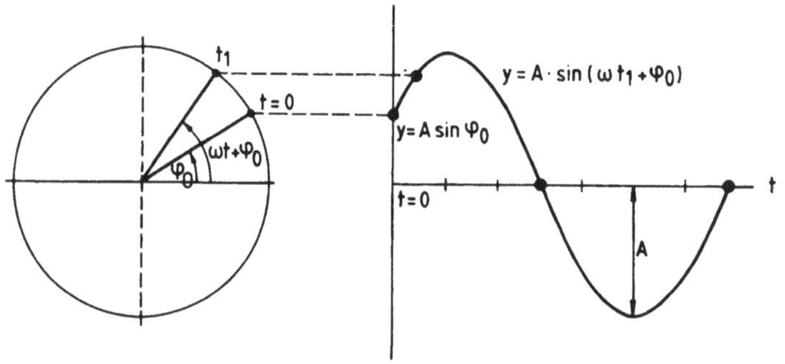

Abb. 2.13. Zeigerbilddarstellung der Wellenausbreitung

Die Wellenlängen elektromagnetischer Wellen und damit die Ausbreitungsgeschwindigkeit hängen von bestimmten Eigenschaften des Mediums ab, in dem sich die Wellen ausbreiten. Für ein Vakuum gilt

$$c = \frac{\lambda_{\mathrm{Vac}}}{P} = f\lambda_{\mathrm{Vac}} = \frac{\omega}{k_{\mathrm{Vac}}}. \tag{2.71}$$

Der Wert c für die Ausbreitungsgeschwindigkeit im Vakuum wird international festgelegt. Der zur Zeit in der Satellitengeodäsie benutzte Wert ist (*Melbourne* u.a. 1983)

$$c = 2{,}99792458 \cdot 10^8 \ \mathrm{ms}^{-1}. \tag{2.72}$$

Für Ausbreitungsmedien, die nicht Vakuum sind, wird die Ausbreitungsgeschwindigkeit durch den Brechungsindex oder *Refraktionsindex* n charakterisiert

$$n = \frac{c}{v} = \frac{\lambda_{\mathrm{Vac}}}{\lambda} = \frac{k}{k_{\mathrm{Vac}}}. \tag{2.73}$$

Da sich n nur wenig von 1 unterscheidet, wird vorzugsweise die *Refraktionszahl* N benutzt

$$N = (n - 1) \cdot 10^6. \tag{2.74}$$

Die zutreffende Bestimmung der Refraktionszahl längs des Signalausbreitungsweges ist in der Satellitengeodäsie deshalb wichtig, weil Laufzeiten von elektromagnetischen Signalen oder Phasendifferenzen zwischen verschiedenen elektromagnetischen Wellen gemessen werden und über die Ausbreitungsgeschwindigkeit in Längen (gemessen in m) umgewandelt werden.

2.3.1.2 Dispersion, Phasen- und Gruppengeschwindigkeit

Ein Medium, in dem die Ausbreitungsgeschwindigkeit elektromagnetischer Wellen von der Frequenz abhängt, heißt *dispersives Medium.* Damit ist auch die Refraktionszahl von der Frequenz bzw. Wellenlänge abhängig.

Dispersion hat ihre Ursache in elektromagnetischen Wechselwirkungen zwischen dem elektrisch geladenen Feld des Ausbreitungsmediums und dem äußeren Feld der durchdringenden Welle. Bei annähernder Übereinstimmung zwischen atomarer Frequenz des Mediums und Wellenfrequenz entstehen Resonanzen und damit frequenzabhängige Beeinflussung der Ausbreitungsgeschwindigkeit (z.B. *Wells* 1974).

Die Größe

$$\frac{dv}{d\lambda} \text{ heißt Geschwindigkeitsdispersion.} \tag{2.75}$$

In Medien mit Geschwindigkeitsdispersion unterscheidet sich die Ausbreitung von Sinuswellen (Phase) und die von Wellengruppen. Man betrachtet die

- Ausbreitungsgeschwindigkeit der Phase eines Wellenvorganges mit einheitlicher Wellenlänge (*Phasengeschwindigkeit* v_p)
- Ausbreitungsgeschwindigkeit einer Wellengruppe, die durch Überlagerung mehrerer Wellenzüge mit verschiedener Frequenz entsteht (*Gruppengeschwindigkeit* v_g).

Der Zusammenhang zwischen Gruppen- und Phasengeschwindigkeit wurde bereits 1881 von Rayleigh entdeckt

$$v_g = v_p - \lambda \frac{dv_p}{d\lambda}. \tag{2.76}$$

Die Ableitung der Beziehung kann in Lehrbüchern der Physik oder z.B. bei *Wells* (1974) nachgelesen werden. Für die zugehörigen Brechungsindizes gilt entsprechend

$$n_g = n_p + f\frac{dn}{df}. \tag{2.77}$$

Die Gruppengeschwindigkeit kennzeichnet die Geschwindigkeit, mit der sich ein Signal, d.h. ein bestimmter Energiebetrag fortpflanzt. Ein solches Signal kann nach dem Theorem von Fourier als Überlagerung einer Anzahl von Einzelschwingungen aufgefaßt werden, die frequenzabhängig eine unterschiedliche Dispersion erfahren.

In der praktischen Satellitengeodäsie muß jeweils geprüft werden, ob bei den betrachteten Meßgrößen die Phasen- oder Gruppengeschwindigkeit eine Rolle spielt. Bei GPS ist beispielsweise für Codemessungen v_g und für Trägermessungen v_p anzusetzen. Für Mikrowellen ist die Ionosphäre ein dispersives Medium, die Troposphäre aber nicht. Für Lichtwellen gilt das Umgekehrte.

Die Phasengeschwindigkeit kann in einem dispersiven Medium größer als c werden. Die Gruppengeschwindigkeit muß im Einklang mit der Relativitätstheorie stets $\leq c$ sein. In einem nicht – dispersiven Medium gilt $v_g = v_p$.

2.3.1.3 Frequenzbereiche

Das Spektrum der elektromagnetischen Wellen umfaßt nahezu 20 Größenordnungen (Abb. 2.14). In der Satellitengeodäsie werden nur zwei verhältnis-

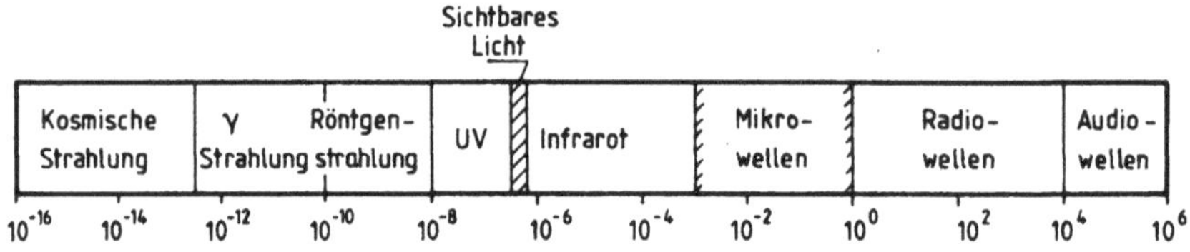

Abb. 2.14. Spektrum der elektromagnetischen Wellen

mäßig enge Bereiche verwendet, nämlich im sichtbaren Licht ($0{,}4 \ldots 0{,}8 \cdot 10^{15}$ Hz) und im Bereich der Mikrowellen ($10^7 \ldots 10^{10}$ Hz). Zur Bezeichnung der Frequenzen werden die in Tab. 2.2 zusammengestellten Präfixe und Symbole benutzt.

Tab. 2.2. Präfixe und Symbole für Größenordnungen

pico	p	10^{-12}
nano	n	10^{-9}
micro	μ	10^{-6}
milli	m	10^{-3}
centi	c	10^{-2}
Hekto	H	10^{2}
Kilo	K	10^{3}
Mega	M	10^{6}
Giga	G	10^{9}
Tera	T	10^{12}
Peta	P	10^{15}

Für die elektrischen Wellen, die für Meß- und Übertragungszwecke verwendet werden, sind unterschiedliche Einteilungen und Bezeichnungen gebräuchlich. In der Nachrichtentechnik ist eine Einteilung nach sogenannten *Bändern* üblich (Tab. 2.3).

Tab. 2.3. Frequenzbänder

Bezeichnung	Band	Wellenlänge λ	Frequenz f
Langwellen	LF	>1000 m	<300 KHz
Mittelwellen	MF	100...1000 m	300...3000 KHz
Kurzwellen	HF	10...100 m	3...30 MHz
Meterwellen Ultrakurzwellen	VHF UKW	1...10 m	30...300 MHz
Dezimeterwellen	UHF	10 cm...1 m	300...3000 MHz
Zentimeterwellen	SHF	1 cm...10 cm	3 GHz...30 GHz
Millimeterwellen	EHF	1 mm...1 cm	30...300 GHz

In der Satellitengeodäsie werden häufig auch Bezeichnungen nach *Radar-Bändern* gebraucht, die während des 2. Weltkrieges durch zufällige Buchstabenzuordnungen im Radiospektrum verwendet wurden (Tab. 2.4)

Tab. 2.4. Radarbänder

Bezeichnung	Frequenz	Mittlere Wellenlänge
P-Band	220...300 MHz	115 cm
L-Band	1...2 GHz	20 cm
S-Band	2...4 GHz	10 cm
C-Band	4...8 GHz	5 cm
X-Band	8...12,5 GHz	3 cm
Ku-Band	12,5...18 GHz	2 cm
K-Band	18...26,5 GHz	1,35 cm
Ka-Band	26,5...40 GHz	1 cm

2.3.2 Aufbau und Struktur der Atmosphäre

Der Aufbau der Erdatmosphäre kann durch eine annähernd konzentrische Schichtung von Bereichen unterschiedlicher Strukturen und Eigenschaften beschrieben werden. Je nach den betrachteten Kenngrößen und Charakteristika sind unterschiedliche Einteilungen möglich (*Kertz* 1971, *Möller* 1973). Eine vereinfachte schematische Darstellung ist in Abb. 2.15 gegeben.

Hinsichtlich der hier betrachteten Signal- und Wellenausbreitung ist die Unterteilung in *Troposphäre* und *Ionosphäre* angebracht, da sehr unterschiedliche Ausbreitungsbedingungen gelten.

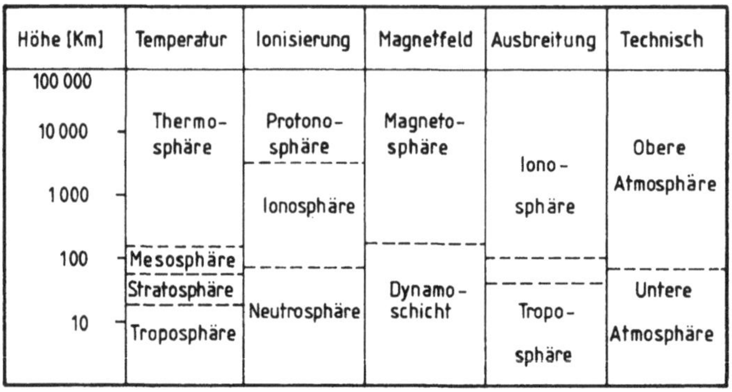

Abb. 2.15. Einteilungsschemata für die Erdatmosphäre

- Als Troposphäre wird der untere Teil der Erdatmosphäre von etwa 0... 40 km Höhe bezeichnet, in dem die Wellenausbreitung durch Wasserdampf und temperaturbedingte Luftschichtung beeinflußt wird.
- Als Ionosphäre wird der obere Teil der Erdatmosphäre von etwa 70 bis oberhalb 1000 km Höhe bezeichnet, in dem die Wellenausbreitung durch freie Ladungsträger beeinflußt wird.

In der *Troposphäre* spielt sich das gesamte Wettergeschehen ab. Die Temperatur nimmt im Mittel 6,5 °C/km mit der Höhe ab. Horizontale Temperaturgradienten betragen wenige Grad/100 km. Die elektrisch ungeladenen Moleküle und Atome sind gut durchmischt. Elektrisch geladene Teilchen spielen nahezu keine Rolle. Damit ist die Troposphäre praktisch ein neutrales Gas.

Der Refraktionsindex ist geringfügig größer als 1 und nimmt mit der Höhe ab, bis er am oberen Rand der Troposphäre nahezu 1 erreicht. Dies entspricht der in Schichten abnehmenden Dichte des Mediums. Etwa 90% der gesamten Atmosphärenmasse befinden sich unterhalb 16 km Höhe und etwa 99% unterhalb 30 km (*Möller* 1973).

Für Radiowellen ist die Troposphäre kein dispersives Medium; der Brechungsindex ist damit frequenzunabhängig. Er hängt von Luftdruck, Temperatur und Wasserdampfdruck ab und kann wegen der Dynamik der troposphärischen Bedingungen nur schwierig in Modellen erfaßt werden.

Die *Ionosphäre* kann als der Teil der hohen Erdatmosphäre bezeichnet werden, in dem Elektronen und Ionen in genügender Anzahl vorhanden sind, um die Ausbreitung von Radiowellen zu beeinflussen (*Feen u. Ebert* 1979). Die Erzeugung von Ionen und Elektronen ist proportional zur Strahlungsintensität und zur Gasdichte. Ein Höhenprofil für die Zahl der geladenen Teilchen besitzt damit ein Maximum (*Chapman-Profil*). Abb. 2.16 zeigt den qualitativen Verlauf dieses Profils. Die genaue Form und die zugehörigen numerischen Werte hängen von mehreren Parametern ab und sind sehr variable Funktionen (s.u.).

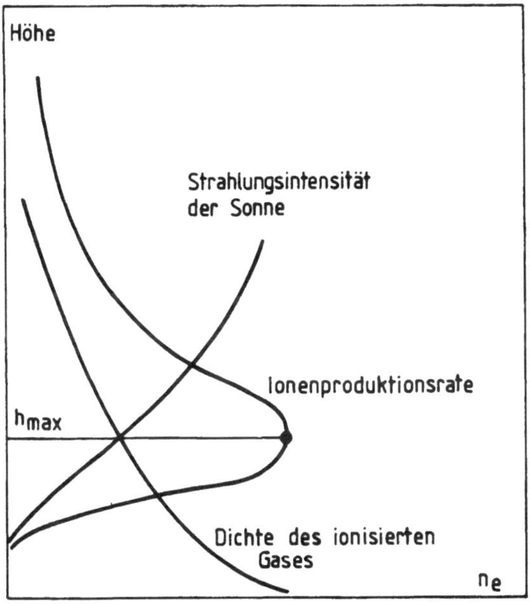

Abb. 2.16. Chapman-Profil der Ionenproduktionsrate

Die räumliche Verteilung der Elektronen und Ionen wird im wesentlichen durch zwei Gruppen von Prozessen bestimmt

- photochemische Prozesse durch Sonneneinstrahlung, die die Produktion und den Abbau ionisierter Teilchen steuern
- Transportprozesse, die eine Bewegung der Ionisierung hervorrufen.

Hierdurch bilden sich verschiedene Ionisationsschichten in unterschiedlicher Höhe heraus; die Hauptschichten werden als D-, E-, F_1- und F_2-Schicht bezeichnet. Insbesondere die F_1-Schicht an der Unterseite der F_2-Schicht variiert mit der Sonnenfleckenrelativzahl. Weiterhin spielen geomagnetische Einflüsse eine Rolle. Ausbreitungseffekte in der Ionosphäre sind deshalb in erheblichem Maße von der Sonnenaktivität abhängig.

Der Zustand der Ionosphäre wird durch die Elektronendichte n_e mit der Einheit Elektronenanzahl/m^3 beschrieben. Die vier Hauptschichten werden folgendermaßen gekennzeichnet (Tab. 2.5)

Tab. 2.5. Charakteristika der ionosphärischen Schichten

Schichten	D	E	F_1	F_2
Höhenbereich [km]	60...90	85...140	140...200	200...1000
Elektronendichte tags	$10^2 \ldots 10^4$	10^5	$5 \cdot 10^5$	10^6
n_e[el/m^3] nachts	—	$2 \cdot 10^3$	10^3	$3 \cdot 10^5$

Durch die wechselnde Sonneneinstrahlung variieren die Schichtenhöhen im Laufe eines Tages. Die D-Schicht bildet sich nur auf der Tagseite der Erde aus. Die Auswirkung des Ionosphärenzustandes auf die Wellenausbreitung wird durch den Elektroneninhalt

$$I = \int_S^R n_e(s)ds \tag{2.78}$$

beschrieben. Das Integral enthält die Gesamtzahl von Elektronen, die in einer Säule von 1 m^2 Grundfläche zwischen dem Satellit S und dem Beobachter R längs des Strahlenweges s eingeschlossen sind. Maßeinheit ist das TECU (Total Electron Control Unit)

$$1 \text{ TECU} = 1 \cdot 10^{16} \text{ el/m}^2.$$

Als Vergleichsgröße wird der vertikale Elektroneninhalt I_v mit

$$I_v = I \cdot \sin E_{h_i} \tag{2.79}$$

gebildet, wobei E_{h_i} der Elevationswinkel zwischen dem Ausbreitungsweg der Welle und einer Horizontalebene in mittlerer Höhe h_i bedeutet. Für Radiowellen ist die Ionosphäre ein dispersives Medium.

Für den Brechungsindex n gilt im ionisierten Gas die Dispersionsformel (*Kertz* 1970)

$$n^2 = 1 - n_e \frac{C^2 e^2}{\pi f^2 m_e} \tag{2.80}$$

mit

e Elementarmasse
m_e Elektronenmasse.

Durch Umformen und Vernachlässigen von Gliedern höherer Ordnung folgt

$$n = 1 - \frac{C \cdot n_e}{f^2}, \tag{2.81}$$

mit $C = 40{,}3$, wobei in C alle konstanten Parameter zusammengefaßt sind. Ableitungen zur Formel (2.81) findet man beispielsweise bei *Lohmar* (1985), *Hartman und Leitinger* (1984) und im geophysikalischen Schrifttum. Es ist erkennbar, daß der Refraktionsindex und damit die Laufzeitverzögerung umgekehrt proportional zum Quadrat der Frequenz ist. Deshalb kann der größte Teil der ionosphärischen Laufzeitverzögerung durch Verwendung von zwei Frequenzen erfaßt werden [2.3.3].

2.3.3 Wellenausbreitung in der Ionosphäre und Troposphäre

Die Abb. 2.17 stellt den Verlauf der Brechzahl N für Mikrowellen in Abhängigkeit der Höhe in logarithmischer Einteilung dar. Für die Troposphäre ist

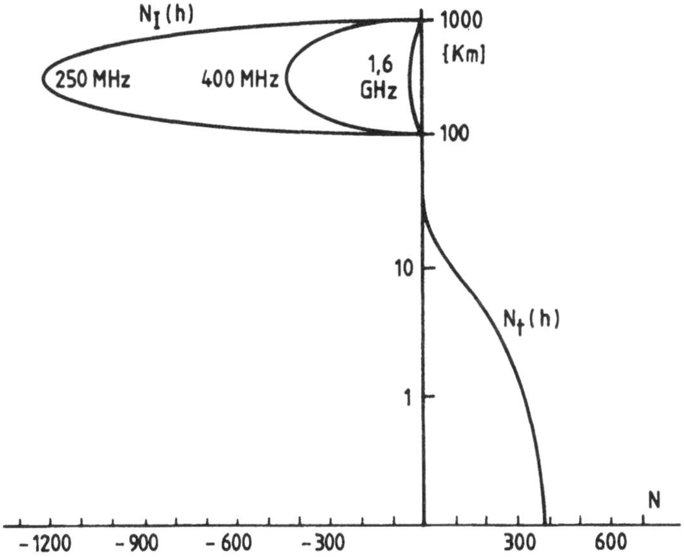

Abb. 2.1.7. Brechzahl *N* für Mikrowellen in Abhängigkeit der Höhe für die Troposphäre (N_t) und für die Ionosphäre (N_I)

die Brechzahl positiv und frequenzunabhängig. Für die Ionosphäre ist die Brechzahl negativ und frequenzabhängig. Wie aus (2.81) zu ersehen ist, nimmt die Brechzahl mit zunehmender Frequenz ab. Dies bedeutet, daß mit der Verwendung höherer Frequenzen auch eine höhere Genauigkeit verbunden ist (vgl. Tab. 2.6). Einer unbegrenzten Frequenzerhöhung stehen aber zwei Gründe entgegen

- Höhere Frequenzen erfordern einen höheren technischen Aufwand. Frequenzen über 10 GHz lassen sich gegenwärtig nicht mit vertretbarem Aufwand beherrschen.
- Mit steigender Frequenz nimmt die Absorption in der Troposphäre zu. In der niederschlagsfreien Troposphäre ist die Absorption im Bereich 30 MHz bis 30 GHz noch zu vernachlässigen. Bei Niederschlägen erfahren jedoch Signale oberhalb 1 GHz bereits merkliche Dämpfung.

Die jeweilige Frequenzwahl bei Satellitensystemen stellt einen Kompromiß dar. Dies galt für das Transitsystem [6.] bei 150/400 MHz entsprechend dem technologischen Fortschritt der 60er Jahre, und dies gilt für das GPS System mit 1,2/1,6 GHz. Tabelle 2.6 vermittelt einen Eindruck von der Auswirkung der Ionosphäre auf die Laufzeitmessung bei unterschiedlichen Frequenzen und über die verbleibenden Restfehler bei der Messung auf jeweils 2 Frequenzen. Es wird deutlich, daß für das GPS-System bei 2 verfügbaren Frequenzen die Restfehler meist weniger als 1 cm betragen.

Tab. 2.6. Auswirkung der ionosphärischen Laufzeitverzögerung auf die Streckenmessung bei 1-Frequenzmessung, sowie Restfehler bei 2-Frequenzmessung (*Hieber* 1983)

1 Frequenz	400 MHz	1600 MHz	2000 MHz	8000 MHz
Durchschnitt	50 m	3 m	2 m	0,12 m
in 90% kleiner	250 m	15 m	10 m	0,6 m
maximal	500 m	30 m	20 m	1,2 m
2 Frequenzen	**150/400 MHz**	**400/2000 MHz**	**1227/1572 MHz**	**2000/8000 MHz**
Durchschnitt	0,6 m	0,9 cm	0,3 cm	0,04 cm
in 90% kleiner	10 m	6,6 cm	1,7 cm	0,21 cm
maximal	36 m	22 cm	4,5 cm	0,43 cm

Wegen der sehr unterschiedlichen Ausbreitungsbedingungen in Troposphäre und Ionosphäre ist es sinnvoll und üblich, beide Einflüsse getrennt zu behandeln.

2.3.3.1 Ionosphärische Refraktion

Der Einfluß der *Ionosphäre* im Radiofrequenzbereich wird im wesentlichen durch die Dispersion charakterisiert. Der Brechungskoeffizient für die Phasenausbreitung läßt sich als Potenzreihe darstellen

$$n_p = 1 + \frac{c_2}{f^2} + \frac{c_3}{f^3} + \frac{c_4}{f^4} + \cdots . \tag{2.82}$$

Die Koeffizienten c_i sind unabhängig von der Trägerfrequenz f; sie hängen jedoch über die Elektronendichte n_e vom Zustand der Ionosphäre ab. Eine Abschätzung für c_2 wurde in (2.81) mit $c_2 = -40{,}3n_e$ gegeben, also gilt näherungsweise

$$n_p = 1 - \frac{40{,}3n_e}{f^2}. \tag{2.83}$$

Bei Kenntnis der Elektronendichte kann somit eine näherungsweise Laufzeitkorrektur gerechnet werden. Für die Berechnung der Elektronendichte sind verschiedene und zum Teil sehr aufwendige Modelle entwickelt worden. Für GPS Messungen findet das Modell von *Klobuchar* (1978) Anwendung, mit dem etwa 50% der Laufzeitkorrektur erfaßt werden können. Es wird durch variable Koeffizienten repräsentiert, die für mehrere Tage Gültigkeit haben.

Wesentlich günstiger ist es, durch gleichzeitige Beobachtung von Satellitensignalen auf zwei Frequenzen den Koeffizienten c_2 zu bestimmen. Die Voraussetzungen hierzu sind beispielsweise beim TRANSIT-System [6.] und beim GPS-System [7.] gegeben.

Die Trennung des Terms 1. Ordnung $\frac{c_2}{f^2}$ von den Termen höherer Ordnung gelingt, wenn die Größenordnung der Terme unterschiedlich ist. Beim TRANSITsystem ist der Term 3. Ordnung um den Faktor 10 kleiner als der Term 1. Ordnung. Das Glied 2. Ordnung ist zu vernachlässigen (*Black* 1980). Beim GPS ist der Term 1. Ordnung fast um 3 Größenklassen höher als die übrigen Terme. Die verbleibenden Restfehler werden im Zusammenhang mit den jeweiligen Beobachtungsverfahren diskutiert [6.5.2] [7.4.4].

Der Brechungskoeffizient n_g für die Gruppenlaufzeit ergibt sich aus Gleichung (2.77) und der Ableitung von (2.82)

$$\frac{dn}{df} = -\frac{2c_2}{f^3} - \frac{3c_3}{f^4} - \frac{4c_4}{f^5} - \cdots \tag{2.84}$$

zu

$$n_g = n_p - \frac{2c_2}{f^2} - \frac{3c_3}{f^3} - \frac{4c_4}{f^4} - \cdots \tag{2.85}$$

und mit (2.82) zu

$$n_g = 1 - \frac{c_2}{f^2} - \frac{2c_3}{f^3} - \frac{3c_4}{f^4} - \cdots. \tag{2.86}$$

Der Brechungsindex ist größer als 1; die Entfernung wird folglich zu groß gemessen. Die Gruppengeschwindigkeit ist (vgl. (2.76)) kleiner als die Phasengeschwindigkeit.

Bei Beschränkung auf das Glied 1. Ordnung folgt

$$n_g = 1 + \frac{40{,}3n_e}{f^2}. \tag{2.87}$$

Der Vergleich mit (2.83) macht deutlich, daß sich die Ionosphäre auf die Phasen- bzw. Gruppenlaufzeit mit etwa gleichem Betrag aber umgekehrtem Vorzeichen auswirkt. Diese Eigenschaft kann bei Meßverfahren, bei denen beide Meßgrößen verfügbar sind, in den Auswertealgorithmen mitgenutzt werden, z.B. für GPS-Auswerteansätze [7.3].

2.3.3.2 Troposphärische Refraktion

Die Troposphäre beeinflußt elektromagnetische Wellen im gesamten Radiofrequenzbereich (bis etwa 15 GHz) in gleicher Weise, da Refraktionseffekte in nicht-dispersiven Medien frequenzunabhängig sind [2.2.1.2]. Die Brechzahl N_T der bodennahen Luft kann als Funktion meteorologischer Parameter mit einer empirischen Formel beschrieben werden (*Hartmann u. Leitinger* 1984)

$$N_T = C_1 \frac{P'}{T} + C_2 \frac{e}{T} + C_3 \frac{e}{T^2} \tag{2.88}$$

mit

P Luftdruck in Hektopascal
e Partialdruck des Wasserdampfs in Hektopascal
$P' = P - e$ Druck des trockenen Gases
T Temperatur in Grad Kelvin.

Durch Umordnen der Glieder in einen trockenen (dry) und einen feuchten (wet) Anteil folgt

$$N_T = C_1 \frac{P}{T} + C_4 \frac{e}{T^2} = N_d + N_w. \tag{2.89}$$

Empfohlene Werte für die Koeffizienten sind

$$C_1 = 77{,}6 \qquad C_4 = 3{,}73 \cdot 10^5.$$

Damit werden

$$N_d = 77.6 \frac{P}{T} \qquad N_w = 3{,}73 \cdot 10^5 \frac{e}{T^2}. \tag{2.90}$$

Die Auswirkung der troposphärischen Refraktion auf die gemessene Entfernung ergibt sich durch Integration über den gesamten Ausbreitungsweg vom Beobachter R bis zum Ende der wirksamen Atmosphäre

$$\Delta s_T = \int_R^A (n - 1) ds = 10^{-6} \int_R^A N_T ds. \tag{2.91}$$

Zur Lösung des Integrals muß das Verhalten der Brechungszahlen längs des Ausbreitungsweges bekannt sein. Da der trockene und der feuchte Anteil jeweils unterschiedliche Funktionen der Höhe sind, werden beide Anteile getrennt behandelt

$$\Delta s_T = \Delta s_d + \Delta s_w = 10^{-6} \int_R^{H_d} N_d ds + 10^{-6} \int_R^{H_w} N_w ds. \tag{2.92}$$

H_d und H_w sind jeweils die für den trockenen und feuchten Anteil wirksamen Höhen.

Da direkte Messungen der Brechungszahlen längs des Ausbreitungsweges zu aufwendig und in der Regel nicht möglich sind, wurden für die Satellitengeodäsie zahlreiche Modelle entwickelt, mit deren Hilfe die Höhenabhängigkeit der Brechungszahlen ausgehend von gemessenen Oberflächenwerten beschrieben werden kann. Grundlegende Arbeiten wurden hierzu von Helen

Hopfield (1969, 1971) geleistet. Das Hopfield Modell wird mit gewissen Ergänzungen und Modifikationen weiterhin genutzt.

Für den trockenen Anteil läßt sich aus theoretischen Überlegungen ein Exponentialausdruck für die Höhenabhängigkeit finden

$$N_d(h) = N_{d0}\left(\frac{H_d - h}{H_d}\right)^4. \tag{2.93}$$

N_{d0} ist die nach (2.90) bestimmte Brechzahl an der Oberfläche; h ist die Höhe über der Oberfläche. Der Exponent 4 und der Parameter H_d (in Metern) wurden von Hopfield experimentell aus weltweit verteilten Wetterballonmeßdaten abgeleitet

$$H_d = 40\,136 + 148{,}72(T - 273{,}16). \tag{2.94}$$

Weitere Voraussetzungen sind

die Temperatur nimmt mit 6,71 °/km mit der Höhe ab
die trockene Luft verhält sich wie ein ideales Gas
die Atmosphäre ist sphärisch geschichtet
der Brechungswert ist zeitlich konstant.

Für den Feuchtterm konnte bisher keine entsprechende theoretische Ableitung gefunden werden. Es wird deshalb ein äquivalenter Ausdruck verwendet.

$$N_w(h) = N_{w0}\left(\frac{H_w - h}{H_w}\right)^4, \tag{2.95}$$

wobei für H_w ein Mittelwert als

$$H_w = 11000 \text{ m}$$

angenommen wird.

Die Integration von (2.92) längs des gekrümmten Signalweges ist aufwendig und in geschlossener Form nicht möglich. In der Praxis werden deshalb verschiedene Vereinfachungen unter Annahme einer geraden Sichtverbindung verwendet. Auf Hopfield selbst geht folgender Algorithmus zurück (*Hopfield* 1971, *Kouba* 1983b)

$$\Delta s_T = \frac{K_d}{\sin(E^2 + 6{,}25)^{\frac{1}{2}}} + \frac{K_w}{\sin(E^2 + 2{,}25)^{\frac{1}{2}}}$$

mit

$$\begin{aligned} K_d &= 155{,}2 \cdot 10^{-7} \frac{P}{T} H_d \\ K_w &= 155{,}2 \cdot 10^{-7} \cdot \frac{4810e}{T^2} H_w. \end{aligned} \tag{2.96}$$

K_d und K_w stellen die Auswirkung der Refraktion in Zenitrichtung dar. E ist der Höhenwinkel vom Beobachter zum Satelliten in Grad [°]. Weitere Algorithmen finden sich in der Literatur u.a. bei *Saastamoinen* (1973) oder *Black* (1978). Sehr verbreitet in der Satellitengeodäsie ist folgende Approximation von *Black* (1978)

$$\Delta s_T = K_d \left\{ \left(1 - \left(\frac{\cos E}{1 + l_c\left(\frac{H_d}{r}\right)}\right)^2\right)^{-\frac{1}{2}} - b(E) \right\} + K_w \left\{ \left(1 - \left(\frac{\cos E}{1 + l_c\left(\frac{H_w}{r}\right)}\right)^2\right)^{-\frac{1}{2}} - b(E) \right\} \tag{2.97}$$

mit

$$l_c = 0{,}167 - (0{,}076 + 0{,}00015(T - 273))e^{-0{,}3E} \tag{2.98}$$

r geozentrischer Abstand der Beobachtungsstation.

Durch die Krümmungskorrektur $b(E)$ wird die Abweichung des tatsächlichen gekrümmten Laufweges von der geometrischen Verbindung zwischen Beobachter und Satellit berücksichtigt

$$b(E) = \frac{1{,}92}{(E^2 + 0{,}6)}. \tag{2.99}$$

Der von *Black* (1978) angegebene empirische Ausdruck für l_c enthält noch weitere Reihenglieder mit mehreren Koeffizienten. Für viele praktische Anwendungen genügt bei Elevationen $>5 \ldots 10°$ der Ansatz (2.98) oder sogar der konstante Wert $l_c = 0{,}15$. Auch auf die Krümmungskorrektur kann oftmals verzichtet werden, so daß einfache Korrekturalgorithmen genügen.

Für Elevationen $>30°$ schlägt Black folgenden Ansatz vor

$$\begin{aligned} \Delta s_d &= 2{,}31 \text{ P} \operatorname{cosec} E \\ \Delta s_w &= k_w \operatorname{cosec} E, \end{aligned} \tag{2.100}$$

wobei P den Oberflächendruck in Standardatmosphären (1 atm = 1013,25 HPa) und k_w regionale Konstanten bedeuten

k_w = 0,28 Sommer in Tropen oder mittleren Breiten
0,20 Frühling oder Herbst in mittleren Breiten
0,12 Winter in maritimen mittleren Breiten (2.101)
0,06 Winter in kontinentalen mittleren Breiten
0,05 Polarregionen.

Diese Koeffizienten können auch in die ausführlichere Formel (2.97) eingeführt werden.

Bei der Beobachtung längerer Satellitenbahnstücke wie z.B. beim TRANSIT Verfahren [6.] kann versucht werden, im Ausgleichungsalgorithmus einen *troposphärischen Maßstabsfaktor* als Parameter C_T für die Gesamtkorrektur $\Delta s_T = \Delta s_d + \Delta s_w$ mitzuführen (*Black* 1980)

$$\Delta s_T = C_T I_a$$

mit

$$I_a \approx \left(\left(1 - \frac{\cos E}{1 + 0{,}15\left(\frac{H_d}{r}\right)}\right)^2\right)^{\frac{1}{2}}. \tag{2.102}$$

Aufgrund der troposphärischen Refraktion ist die zwischen Beobachter und Satellit gemessene optische Distanz größer als die direkte geometrische Verbindung. Bei Elevationen $< 10°$ steigt der Einfluß sehr rasch über 10 m. Der Anteil des Feuchtterms beträgt nur etwa 10% des Gesamteinflusses. Tabelle 2.7 enthält für mittlere Verhältnisse ($T = 15°C$; $K_w = 0{,}20$) Zahlenangaben bei unterschiedlichen Elevationen, die eine Abschätzung des erforderlichen Modellierungsaufwandes ermöglichen (*Richardus* 1984).

Tab. 2.7. Einfluß der troposphärischen Refraktion auf gemessene Entfernungen (m)

Elevation	90°	20°	15°	10°	5°
Δs_d	2,31	6,71	8,81	12,90	23,61
Δs_w	0,20	0,58	0,77	1,14	2,21
Δs_T	2,51	7,29	9,58	14,04	25,82

Der nach (2.97) berechnete trockene Anteil besitzt eine Standardabweichung von etwa 2% entsprechend 4 cm im Zenit (*Kouba* 1983b). Dies gilt aber nur, wenn die Annahme des idealen Gases zutrifft. In der Nähe von Wetterfronten kann das Modell Fehler bis 15% erreichen. Der feuchte Anteil kann in Zenitrichtung mit etwa 10%–20% oder 3–5 cm Standardabweichung modelliert werden. Eine wesentliche Genauigkeitssteigerung ist hier nicht zu erwarten, da für die Verteilung des Wasserdampfes in der Atmosphäre keine befriedigenden Modelle existieren.

Für höchste Genauigkeitsansprüche, z.B. bei geodynamischen Anwendungen des GPS [7.6.2] kann versucht werden, den Wasserdampfgehalt längs des Signalweges direkt zu messen. Die Entwicklung von hierzu geeigneten *Wasserdampfradiometern* steht jedoch noch am Anfang (*Maxted* 1983). Bei stabilen Wetterverhältnissen ist der Wasserdampfgehalt der Luft bis zu Entfernungen von etwa 50 km regional stark korreliert, so daß sich Modellfehler auf benachbarten Stationen etwa gleich auswirken und durch Differenzbildung herausfallen.

Die Laufzeitverzögerung durch die Troposphäre für Wellen im Spektrum des sichtbaren Lichtes erreicht etwa den gleichen Betrag wie im Radiofrequenzbereich. Der Feuchtanteil wirkt jedoch wesentlich stärker absorbierend.

3. Satellitenbewegung

Zur Lösung nahezu aller Aufgaben in der Satellitengeodäsie ist die Kenntnis genauer, zeitabhängiger Satellitenpositionen in einem geeigneten Bezugssystem erforderlich. Durch die Berechnung und Vorhersage von präzisen Satellitenbahnen gelingt es, in Verbindung mit geeigneten Meß- und Auswerteverfahren u.a.

- geozentrische Koordinaten von Beobachtungsstationen [11.1]
- Feldparameter zur Beschreibung des terrestrischen Gravitationsfeldes sowie zur Bereitstellung eines genauen und feinstrukturierten Geoids als Referenzfläche [11.2]
- Orientierungsparameter der Erde im Raum [11.4]

zu bestimmen. Es ist unmittelbar einsichtig, daß die Genauigkeit der erzielten Ergebnisse wesentlich von der Genauigkeit der verfügbaren Satellitenbahnen abhängt. Dies gilt in jüngster Zeit in verstärktem Maße auch für Aufgaben der praktischen Geodäsie, z.B. bei der Bestimmung von Relativkoordinaten mit dem Global Positioning System [7.]. Die Forderung nach 1 cm Genauigkeit für die Koordinatenergebnisse schließt die Kenntnis von Satellitenbahnen mit wenigen Metern Genauigkeit ein [7.4.3].

Der anwendungsorientierte Nutzer von Satellitenmethoden in Geodäsie, Navigation und Nachbargebieten muß folglich über Grundkenntnisse der Satellitenbewegung einschließlich der wesentlichen Störkräfte verfügen, um die jeweiligen Anforderungen an die Bahnbestimmung beurteilen zu können. Diese Grundkenntnisse sollen im Kapitel 3 vermittelt werden. Ausgehend von der ungestörten Keplerbewegung in einem zentralen Kraftfeld [3.1] werden die wesentlichen Störeinflüsse und eine elementare Störungstheorie behandelt [3.2]. Die Auswirkung der Störungen auf Satellitenbahnen wird beispielhaft dargestellt [3.2.4]. Es folgt ein Abschnitt über Bahnintegration und Bahnrepräsentation [3.3], zumal in die Auswerteprogramme der praktischen Satellitengeodäsie auch Algorithmen zur Bahnverbesserung einbezogen werden. Die jeweilige Nutzung der Ephemeriden wird zusammen mit den Meßverfahren behandelt [6.3, 7.1.5].

3.1 Grundzüge der Himmelsmechanik, Zweikörperproblem

In der Himmelsmechanik werden Bewegungen behandelt, die Himmelskörper unter dem gegenseitigen Einfluß der Massenanziehung ausführen. Die einfachste Bewegungsform ist die von zwei Körpern (*Zweikörperproblem*), wobei für künstliche Erdsatelliten die Masse des kleineren Körpers (Satellit) gegenüber der des Zentralkörpers (Erde) in der Regel vernachlässigt werden kann. Die Aufgabenstellung des Zweikörperproblems lautet in allgemeiner Form

> "Zu beliebigen Zeiten seien Positionen und Geschwindigkeiten von zwei Masseteilchen gegeben, deren Massen bekannt sind und die sich unter der gegenseitigen Gravitation bewegen. Man berechne Positionen und Geschwindigkeiten der Masseteilchen für beliebige andere Zeitpunkte".

Unter der Annahme, daß die Körper homogen aufgebaut sind und damit das Gravitationsfeld einer Punktmasse erzeugen, können die Bewegungsformen im Zweikörperproblem empirisch durch die *Keplerschen Gesetze* beschrieben werden [3.1.1]. Sie können ebenfalls analytisch aus der *Newtonschen Mechanik* abgeleitet werden [3.1.2].

Das Zweikörperproblem ist eines der wenigen Probleme der Himmelsmechanik, das eine bekannte vollständige Lösung besitzt. Zur Himmelsmechanik gehören weiterhin das Dreikörper- und Mehrkörperproblem also die Bewegungen von drei und mehr Himmelskörpern unter dem Einfluß gegenseitiger Gravitation.

Diese lassen sich nicht mehr in allgemeiner Form lösen. Weiterhin werden die Störungsrechnung [3.2], die Bahnbestimmung [3.3] und die Ephemeridenrechnung in der Himmelsmechanik behandelt. In der Bahnbestimmung werden aus Beobachtungen die Bahnparameter [3.3.1] abgeleitet. In der Ephemeridenrechnung werden aus Bahnelementen geozentrische oder topozentrische Positionen der Himmelskörper bzw. Satelliten bestimmt (z.B. [3.3.3], [6.3], [7.1.5]).

Die Himmelsmechanik im heutigen Sinne findet ihren Anfang im Jahre 1687 mit der Veröffentlichung von Isaac Newton's Hauptwerk "Principia" (Philosophiae naturalis Principia mathematica), in dem erstmalig das Gravitationsgesetz und die Bewegungsgesetze beschrieben werden.

In den darauffolgenden 300 Jahren wurde die Himmelsmechanik zu einem weitgehend in sich abgeschlossenen Lehrgebäude entwickelt. Erst durch den Start künstlicher Erdsatelliten und durch das Aufkommen leistungsstarker Rechner traten wesentliche neue Impulse hinzu. Neben den klassischen Richtungsbestimmungen waren Entfernungs- und Entfernungsänderungsbeobachtungen zu berücksichtigen. Neben den klassischen Störkräften von Sonne, Mond und weiteren Planeten mußten jetzt Auswirkungen des anomalen Erdschwerefeldes und nichtgravitative Kräfte modelliert werden. Durch schnelle Rechner konnten große Datenmengen verarbeitet und numerische Integrationsverfahren verwendet werden.

Zum vertieften Eindringen in die Probleme und Methoden der Himmelsmechanik stehen zahlreiche Standardwerke zur Verfügung, z.B. *Stumpff* (1959,

1965, 1974), *Brouwer und Clemence* (1961), *Schneider* (1981). Gut verständliche Einführungen mit besonderer Berücksichtigung von Satelliten- und Raketenbahnen sind u.a. *Roy* (1978) *Bate* u.a. (1971) und *Escobal* (1965).

3.1.1 Keplerbewegung

Johannes Kepler (1571–1630) fand die nach ihm benannten Gesetze der Planetenbewegung empirisch aufgrund der Auswertung von genauen Beobachtungen des vorwiegend in Dänemark wirkenden Astronomen Tycho Brahe (1546–1601). Die drei Gesetze geben eine Beschreibung der Bewegungen, nicht aber eine Erklärung, Sie treffen für das Sonnensystem deshalb so gut zu, weil die Planetenmassen gegenüber der Sonnenmasse zu vernachlässigen sind und da wegen der großen Entfernungen auch die Sonnenmasse als Massenpunkt betrachtet werden kann. Ungestörte Bewegungen von Punktmassen werden deshalb auch als *Keplerbewegung* bezeichnet. Kulturhistorisch besonders bedeutsam war, daß Kepler hiermit dem Kopernikanischen Weltbild zum Durchbruch verhalf (*Becker* 1980). Nachfolgend werden die Keplerschen Gesetze der Planetenbewegung zusammengestellt und erläutert.

1. Gesetz: *Planetenbahnen sind Ellipsen mit der Sonne in einem Brennpunkt*

Damit ist die Geometrie der Bahn festgelegt. In Figur 3.1 sind die üblichen Zusammenhänge und Bezeichnungen dargestellt.

Die große Ellipsenachse $\overline{A\pi}$ heißt *Apsidenachse.* Der vom Gravitationszentrum 0 am weitesten entfernte Punkt A der Bahn heißt *Apozentrum*; der zu 0 nächste Punkt π der Bahn heißt *Perizentrum.* Liegt 0 im Mittelpunkt der Sonne, dann heißen A und π Aphel und Perihel. Liegt 0 im Massenzentrum der Erde, dann heißen A und π *Apogäum* und *Perigäum.* Der Winkel v heißt *wahre Anomalie*

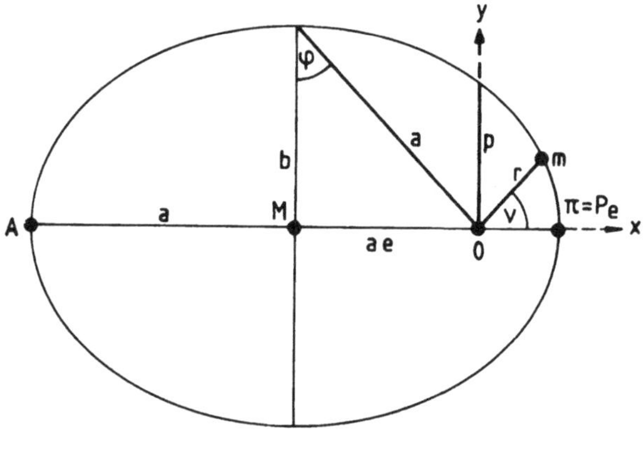

Abb. 3.1. Geometrie der Bahnellipse

Bei der Keplerbewegung handelt es sich um ein ebenes Problem. Die Bahnebene kann als Koordinatenebene gewählt werden. 0 ist Koordinatenursprung. Die Lage des Massenpunktes m kann mit den Polarkoordinaten r, v festgelegt werden, wenn $\overline{0\pi}$ als eine Koordinatenachse gewählt wird. Mit den Größen

- r Abstand des Massenpunktes m vom Zentrum der Zentralmasse
- v Wahre Anomalie
- a große Halbachse
- e numerische Exzentrizität
- p Ellipsenparameter

gilt für die Gleichung der Bahnkurve

$$r = \frac{p}{1 + e\cos v}. \tag{3.1}$$

Gl. (3.1) ist zugleich die mathematische Form des 1. Keplerschen Gesetzes. Aus der Ellipsengeometrie ergeben sich weitere Zusammenhänge

$$p = \frac{b^2}{a}; \qquad e = \sqrt{1 - \frac{b^2}{a^2}}; \qquad a = \frac{p}{1 - e^2}; \qquad b = \frac{p}{\sqrt{1 - e^2}}. \tag{3.2}$$

$a \cdot e$ heißt lineare Exzentrizität und beschreibt den Abstand der Brennpunkte vom Bahnmittelpunkt. Für $e = 0$ folgt

$$a = b = p,$$

die Ellipse wird zum Kreis. Statt e wird häufig der Exzentritätswinkel φ benutzt. Es gelten die Zusammenhänge

$$\begin{aligned} &e = \sin\varphi \qquad && \sqrt{1 - e^2} = \cos\varphi \\ &p = a\cos^2\varphi \qquad && b = a\cdot\cos\varphi = p\cdot\sec\varphi. \end{aligned} \tag{3.3}$$

2. Gesetz: *Der Radiusvektor überstreicht in gleichen Zeiten gleiche Flächen*

Das 2. Keplersche Gesetz beschreibt die Geschwindigkeit des Planeten in seiner Bahn und heißt auch *Flächensatz*. Mit Hilfe des Flächensatzes ist es möglich, den Ort des Planeten mit den Polarkoordinaten r, v als Funktion der Zeit festzulegen. Nach Abb. 3.2 gilt für ein infinitesimales kleines Dreieck O, P, P' näherungsweise die Inhaltsformel

$$\Delta F \approx \frac{1}{2} r^2 \Delta v.$$

Nach Aussage des 2. Gesetzes soll die von r überstrichene Fläche ΔF dem zugehörigen Zeitintervall Δt proportional sein, also

$$r^2 \Delta v \approx c \cdot \Delta t$$

mit c als Proportionalitätsfaktor.

Nach vollzogenem Grenzübergang gilt streng (*Stumpff* 1959)

$$r^2 \frac{dv}{dt} = c. \tag{3.4}$$

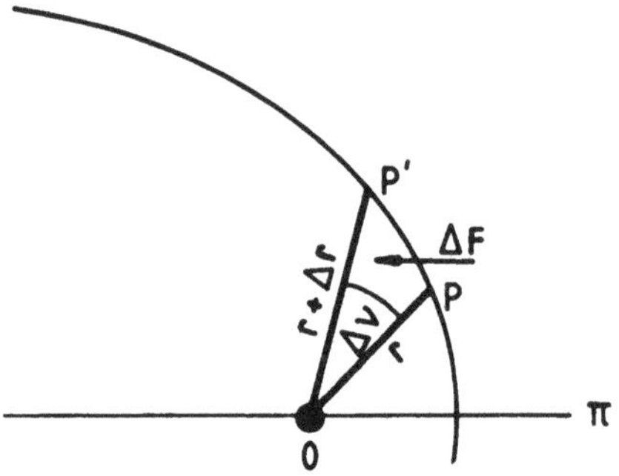

Abb. 3.2. Bewegung nach dem 2. Keplerschen Gesetz

Gleichung (3.4) ist der mathematische Ausdruck für den Flächensatz. Er wurde von Kepler tatsächlich vor dem 1. Gesetz (3.1.) gefunden.

Es lassen sich weitere Zusammenhänge ableiten. Werden in Abb. 3.1 rechtwinklige Koordinaten x, y eingeführt, gilt

$$x = r \cdot \cos v$$
$$y = r \cdot \sin v \tag{3.5}$$
$$r = \sqrt{x^2 + y^2}$$

sowie

$$\tan v = \frac{y}{x}. \tag{3.6}$$

Die Ableitung von (3.6) nach der Zeit führt zu

$$\frac{\dot{v}}{\cos^2 v} = \frac{x\dot{y} - y\dot{x}}{x^2}. \tag{3.7}$$

Einsetzen von (3.5) für $\cos v$ und Einführen von (3.7) in (3.4) ergibt eine alternative Darstellung des 2. Keplerschen Gesetzes in rechtwinkligen Koordinaten

$$x\dot{y} - y\dot{x} = c. \tag{3.8}$$

c heißt die Flächenkonstante. Gl. (3.8) wird sich auch aus der Newtonschen Mechanik ergeben [3.1.2].

3. Gesetz: *Die Quadrate der Umlaufzeiten von Planeten verhalten sich wie die Kuben der Halbachsen*

In mathematischer Formulierung heißt dies für verschiedene Planeten P_i mit den Umlaufszeiten U_i und den mittleren Bewegungen

$$n_i = 2\pi/U_i \tag{3.9}$$

und den großen Halbachsen a_i

$$\frac{a_i^3}{U_i^2} = \frac{C^2}{4\pi^2}, \tag{3.10}$$

wobei C eine für das Planetensystem gültige Konstante darstellt. Eine häufig gebräuchliche Formulierung mit (3.9) ist

$$a_i^3 \cdot n_i^2 = C^2. \tag{3.11}$$

Kepler hat auch dieses Gesetz empirisch gefunden, da es für das System der großen Planeten in guter Annäherung zutrifft. Bei Betrachtung des Systems der Jupitermonde ergibt sich jedoch ein wesentlich anderer Wert für C^2. In allgemeineren Darstellung gilt deshalb

$$\frac{a^3}{U^2} = \frac{k^2}{4\pi^2}(M + m), \tag{3.12}$$

wobei k eine universelle Konstante ist und M, m die betrachteten Massen. In der Form (3.12) bietet das 3. Keplersche Gesetz die Möglichkeit, Massen von Himmelskörpern zu bestimmen.

Die Keplerschen Gesetze beschreiben die einfachste Form der Bewegung von Himmelskörpern unter der Voraussetzung, daß keine äußeren Störkräfte einwirken und daß die betrachteten Massen punktförmig sind oder eine homogene sphärische Massenverteilung besitzen. Für die Bewegung eines künstlichen Erdsatelliten treffen die Annahmen nur in erster Näherung zu. Keplerbahnen sind folglich nur als grobe Näherungsbahnen zu verwenden und geben einen ersten qualitativen Aufschluß über die Satellitenbewegungen. Kepler war der Überzeugung, daß seine empirisch gefundenen drei Gesetze aus einem allgemeinen Gesetz folgen. Dieses wurde von Newton (1643–1727) in Form des Gravitationsgesetzes gefunden.

3.1.2 Newtonsche Mechanik, Zweikörperproblem

3.1.2.1 Bewegungsgleichung

Im 1. Buch der "Principia" formulierte Newton seine drei Bewegungsgesetze:

1. Jeder Körper verharrt im Zustand der Ruhe oder geradlinigen gleichförmigen Bewegung, wenn keine äußeren Kräfte auf ihn einwirken.
2. Die Änderung der Bewegungsenergie (momentum) eines Körpers ist proportional und in Richtung zur einwirkenden Kraft.
3. Zu jeder Aktion gibt es eine gleich große Reaktion in umgekehrter Richtung.

Das 2. Gesetz hat die mathematische Form

$$\boldsymbol{K} = m\ddot{\boldsymbol{r}} \tag{3.13}$$

wobei $\boldsymbol{K}$ die Vektorsumme aller angreifenden Kräfte darstellt, die auf die Masse m *wirken und* $\ddot{\boldsymbol{r}}$ die vektorielle Beschleunigung der Masse, gemessen in einem inertialen Bezugssystem.

Weiterhin formulierte Newton in den Principia sein Gravitationsgesetz (1687)

> "Jedes Materieteilchen des Universums zieht jedes andere Materieteilchen mit einer Kraft an, die dem Produkt der Massen direkt proportional und dem Quadrat der Distanz umgekehrt proportional ist"

$$K = -G\frac{Mm}{r^2}. \tag{3.14}$$

Hierin bedeuten M und m zwei Masseteilchen und G die universelle Gravitationskonstante mit (*Torge* 1980)

$$G = 6{,}67 \cdot 10^{-11}\, m^3\, \mathrm{kg}^{-1}\, s^{-2}. \tag{3.15}$$

In einem kartesischen Koordinatensystem mit den Achsen x, y, z und α, β, γ als Winkel zwischen der Kraftrichtung und den zugehörigen Koordinatenachsen gilt in Komponentenzerlegung der Bewegungsgleichung (3.13) von M in bezug auf m (Abb. 3.3)

$$M\ddot{x}_1 = K_x = K \cdot \cos\alpha$$

und nach Einsetzen von (3.14)

$$M\ddot{x}_1 = -G\frac{Mm}{r^2}\cos\alpha = -G\frac{Mm}{r^2}(x_1 - x_2).$$

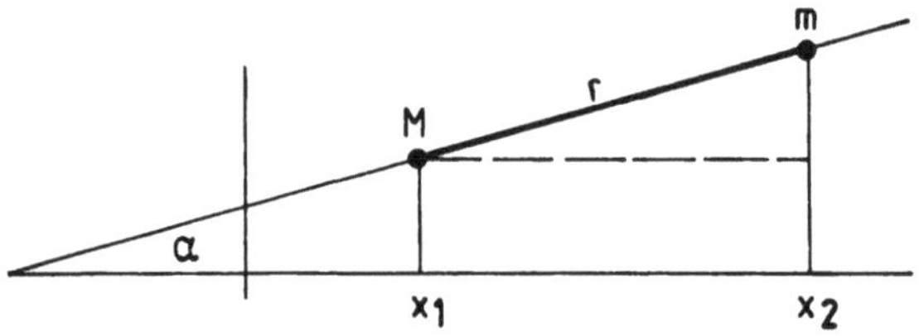

Abb. 3.3. Komponentenzerlegung zu Newtons Bewegungsgleichung

Durch Umordnen folgt für alle drei Komponenten

$$\begin{aligned} M\ddot{x}_1 &= G\frac{Mm}{r^3}(x_2 - x_1) \\ M\ddot{y}_1 &= G\frac{Mm}{r^3}(y_2 - y_1) \\ M\ddot{z}_1 &= G\frac{Mm}{r^3}(z_2 - z_1). \end{aligned} \tag{3.16}$$

Entsprechend gilt für die Bewegung von m in bezug auf M

$$m\ddot{x}_2 = -G\frac{Mm}{r^3}(x_2 - x_1)$$

$$m\ddot{y}_2 = -G\frac{Mm}{r^3}(y_2 - y_1) \tag{3.17}$$

$$m\ddot{z}_2 = -G\frac{Mm}{r^3}(z_2 - z_1).$$

Wird der Ursprung des Koordinatensystems in das Zentrum der Masse M gelegt, gilt mit der Substitution

$$x_2 - x_1 = x; \qquad y_2 - y_1 = y; \qquad z_2 - z_1 = z$$

sowie Division von (3.16) durch M, von (3.17) durch m und Subtraktion (3.17)–(3.16)

$$\ddot{x} = -G(M + m)\frac{x}{r^3}$$

$$\ddot{y} = -G(M + m)\frac{y}{r^3} \tag{3.18}$$

$$\ddot{z} = -G(M + m)\frac{z}{r^3}$$

mit $r^2 = x^2 + y^2 + z^2$.

In vektorieller Darstellung folgt

$$\ddot{\boldsymbol{r}} = \frac{d^2\boldsymbol{r}}{dt^2} = -G\frac{M + m}{r^3}\boldsymbol{r}. \tag{3.19}$$

Für künstliche Erdsatelliten kann die Masse m vernachlässigt werden. Es gilt damit die grundlegende Bewegungsgleichung

$$\ddot{\boldsymbol{r}} = -\frac{GM}{r^3}\boldsymbol{r}, \tag{3.20}$$

wobei $\boldsymbol{r}$ der geozentrische Ortsvektor des Satelliten ist.

(3.20) ist eine vektorielle Differentialgleichung 2. Ordnung, das heißt es ist über insgesamt 6 Integrationskonstanten zu verfügen. Die Bewegung eines Himmelskörpers in bezug auf seinen Zentralkörper unter der gegenseitigen Gravitation hat damit 6 Freiheitsgrade und läßt sich durch 6 unabhängige Größen festlegen. Allgemein üblich sind die 6 *Kepler-Bahnparameter* (Abb. 3.4)

Die Bewegungsgleichung (3.20) wurde unter der Voraussetzung abgeleitet, daß ausschließlich Gravitationskräfte wirken, daß die Masse des Satelliten gegenüber der Zentralmasse zu vernachlässigen ist und daß die Zentralmasse als Punktmasse betrachtet werden kann. Dies ist in Wahrheit nicht der Fall; insbesondere wirkt der unhomogene Aufbau des Erdkörpers auf die Bewegung des erdnahen Satelliten. Die Keplerbahn (3.20) kann deshalb nur als erste Annäherung an die tatsächliche Satellitenbahn betrachtet werden. Die Auswirkung von Störkräften wird in [3.2] behandelt.

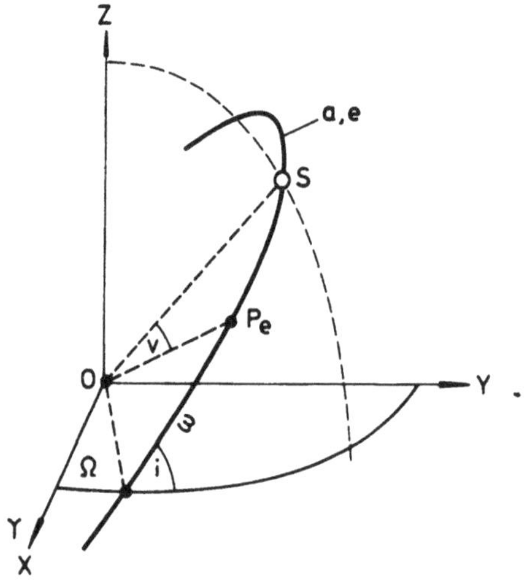

Abb. 3.4. Kepler-Bahnparameter a große Halbachse; e numerische Exzentrizität; i Neigung der Bahnebene zum Äquator; Ω Rektaszension des aufsteigenden Knotens; ω Argument des Perigäums; v Wahre Anomalie

Die Integration der Bewegungsgleichung (3.20) vermittelt einige wichtige Einsichten; unter anderem gelingt es, die von Kepler empirisch gefundenen Gesetze streng aus Newton's Gravitations- und Bewegungsgesetzen abzuleiten. Nachfolgend werden einige Zusammenhänge dargestellt. Eine ausführliche Behandlung findet man in den Lehrbüchern der Himmelsmechanik (z. Beispiel *Stumpff* 1959, 1965, 1974, *Brouwer* und *Clemence* 1961, *Schneider* 1981).

3.1.2.2 Elementare Integration

Multipliziert man (3.18) in der Weise jeweils mit x, y oder z, daß sich bei paarweiser Differenzbildung die rechten Seiten herausheben, folgt

$$\begin{aligned} x\ddot{y} - y\ddot{x} &= 0 \\ y\ddot{z} - z\ddot{y} &= 0 \\ z\ddot{x} - x\ddot{z} &= 0. \end{aligned} \tag{3.21}$$

Durch Integration ergibt sich

$$\begin{aligned} x\dot{y} - y\dot{x} &= C_1 \\ y\dot{z} - z\dot{y} &= C_2 \\ z\dot{x} - x\dot{z} &= C_3 \end{aligned} \tag{3.22}$$

wobei C_1, C_2, C_3 beliebige Konstanten sind. Multipliziert man der Reihe nach mit z, x, y und addiert, dann fallen die links stehenden Glieder fort und es gilt

$$C_1 z + C_2 x + C_3 y = 0. \tag{3.23}$$

Man erkennt hierhin die Gleichung einer Ebene, die den Nullpunkt des Koordinatensystems enthält. Der Satellit oder Planet bewegt sich folglich in einer Ebene, die durch den Mittelpunkt des Zentralkörpers verläuft. Die Lage dieser Bahnebene im Raum kann durch zwei Größen festgelegt werden, beispielsweise durch i und Ω gemäß Abb. 3.4. Der Zusammenhang zwischen i, Ω und den Konstanten C_1, C_2, C_3 ist durch die Richtungskosinus der Bahnnormalen N gegeben

$$\begin{aligned} \frac{C_1}{N} &= \sin\Omega \sin i \\ \frac{C_2}{N} &= -\cos\Omega \sin i \\ \frac{C_3}{N} &= \cos i \end{aligned} \tag{3.24}$$

mit $N = \sqrt{C_1^2 + C_2^2 + C_3^2}$.

Da die Bewegung in einer Ebene stattfindet, kann ein ebenes rechtwinkliges Koordinatensystem ξ, η mit dem Ursprung im Massenmittelpunkt des Zentralkörpers eingeführt werden (Abb. 3.5). Die Bewegungsgleichungen in Komponentendarstellung lauten hier entsprechend (3.20)

$$\begin{aligned} \ddot{\xi} &= -GM\frac{\xi}{r^3} \\ \ddot{\eta} &= -GM\frac{\eta}{r^3} \end{aligned} \tag{3.25}$$

mit $r^2 = \xi^2 + \eta^2$.

Entsprechend (3.21) ergibt sich

$$\xi\ddot{\eta} - \eta\ddot{\xi} = 0$$

und durch Integration

$$\xi\dot{\eta} - \eta\dot{\xi} = p_1. \tag{3.26}$$

Mit Polarkoordinaten

$$\xi = r\cos\chi \qquad \eta = r\sin\chi \tag{3.27}$$

folgt durch Einsetzen in (3.26)

$$r^2\dot{\chi} = p_1. \tag{3.28}$$

Bei Betrachtung eines infinitesimalen Flächenstückes dF, das von r im infinitesimalen Zeitintervall dt überstrichen wird (Abb. 3.5), folgt über die Flächenformel für das Dreieck

$$dF = \frac{1}{2}r^2\dot{\chi}\,dt$$

und

$$\frac{dF}{dt} = \frac{1}{2}r^2\dot{\chi} = \frac{1}{2}p_1 \tag{3.29}$$

also

$$F = \frac{1}{2}p_1 t + p_2. \tag{3.30}$$

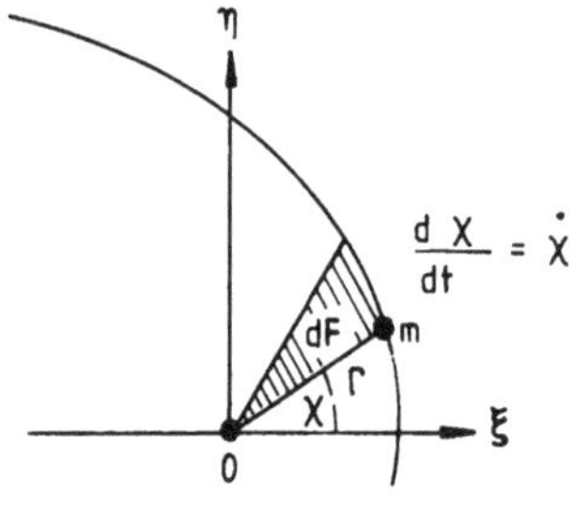

Abb. 3.5. Darstellung zum Flächensatz

In den Gleichungen (3.29) und (3.30) ist die Aussage des 2. Keplerschen Gesetzes enthalten (vgl. 3.4). Hiermit wurde bereits gefunden

- die Bewegung erfolgt in einer Ebene
- die Bewegung richtet sich nach dem Flächensatz.

Es fehlt noch eine Aussage zur Bahnform. Hierzu werden die Gleichungen

(3.25) mit $2\dot{\xi}$ bzw. mit $2\dot{\eta}$ multipliziert

$$\begin{aligned}\ddot{\xi}2\dot{\xi} &= -GM\frac{\xi}{r^3}2\dot{\xi}\\ \ddot{\eta}2\dot{\eta} &= -GM\frac{\eta}{r^3}2\dot{\eta}\end{aligned} \tag{3.31}$$

und addiert

$$\frac{d}{dt}(\dot{\xi}^2 + \dot{\eta}^2) = -\frac{2GM}{r^3}(\xi\dot{\xi} + \eta\dot{\eta}). \tag{3.32}$$

Mit $r^2 = \xi^2 + \eta^2$

$$2r\dot{r} = 2\xi\dot{\xi} + 2\eta\dot{\eta}$$

folgt

$$\frac{d}{dt}(\dot{\xi}^2 + \dot{\eta}^2) = -\frac{2GM}{r^3}\dot{r} = 2GM\left(\frac{\dot{1}}{r}\right) \tag{3.33}$$

und durch Integration

$$\dot{\xi}^2 + \dot{\eta}^2 = 2\frac{GM}{r} + p_3. \tag{3.34}$$

Einführen von Polarkoordinaten (3.27), Differentiation und Ausmultiplizieren ergibt (*Arnold* 1970)

$$\dot{r}^2 + r^2\dot{\chi}^2 = \frac{2GM}{r} + p_3. \tag{3.35}$$

Eine Lösung dieser Differentialgleichung kann in der Form

$$r = \frac{p}{1 + e\cos(\chi - \bar{\omega})} \tag{3.36}$$

gefunden werden, wobei p, e, $\bar{\omega}$ Konstanten sind. (3.36) ist die Polargleichung eines Kegelschnitts.

Für $\chi = \bar{\omega}$ durchläuft r ein Minimum, das heißt der Satellit befindet sich im erdnächsten Punkt (Perigäum). Der Winkelabstand des Satelliten vom Perigäum wurde in Abb. 3.4 als wahre Anomalie v eingeführt, also gilt

$$\chi - \bar{\omega} = v.$$

Für $v = 90°$ wird $r = p$. Aus der Ellipsengeometrie folgt (3.2)

$$p = a(1 - e^2).$$

Damit lassen sich die Integrationskonstanten p, e, $\bar{\omega}$ in (3.36) geometrisch deuten. (3.36) läßt sich umschreiben in

$$r = \frac{p}{1 + e\cos v}. \tag{3.37}$$

Mit dem Argument der Breite

$$u = \omega + v,$$

das vom aufsteigenden Knoten der Satellitenbahn aus gezählt wird, kann über den Nullpunkt der Winkelzählung verfügt werden. Eine alternative Form von (3.37) ist dann

$$r = \frac{p}{1 + e\cos(u - \omega))}, \tag{3.38}$$

wobei das Argument des Perigäums ω aus Abb. 3.4 bekannt ist. Mit diesen Substitutionen ist über 5 der 6 Integrationskonstanten verfügt worden, nämlich

$$\Omega, i, \omega, e, a.$$

Als letzte Konstante verbleibt die Größe p_2 in Gleichung (3.30), dem Keplerschen Flächensatz, durch den die zeitabhängige Stellung des Satelliten in seiner Bahn festgelegt wird. Hierzu sind verschiedene äquivalente Parameter gebräuchlich, beispielsweise die Durchgangszeit t_0 des Satelliten durch das Perigäum oder die wahre Anomalie v.

Zwischen den Bahnparametern und den hier entwickelten Integrationskonstanten lassen sich folgende Beziehungen erkennen (*Arnold* 1970)

$$p = \frac{p_1^2}{GM}, \qquad e^2 = 1 + \frac{p_1^2 p_3}{G^2 M^2}, \qquad p_1 = \sqrt{GMp}, \qquad p_3 = \frac{-GM}{a}. \tag{3.39}$$

Aus (3.30) läßt sich mit Hilfe der Substitution (3.39) auch das 3. Keplersche Gesetz ableiten. Mit $T = t_2 - t_1$ als Periode eines Satellitenumlaufs folgt für die Differenz der überstrichenen Flächen die Ellipsenfläche

$$F_2 - F_1 = \frac{1}{2} p_1 (t_2 - t_1) = \pi ab. \tag{3.40}$$

Durch Einsetzen von

$$p_1 = \sqrt{GMp}, \qquad b^2 = a^2(1 - e^2), \qquad p = a(1 - e^2)$$

wird aus (3.40) nach einigen Umformungen

$$T = \frac{2\pi}{\sqrt{GM}} a^{\frac{3}{2}}. \tag{3.41}$$

Mit der mittleren Winkelgeschwindigkeit

$$n = \frac{2\pi}{T}$$

folgt der mathematische Ausdruck für das 3. Keplersche Gesetz (vgl. (3.11))

$$n^2 \cdot a^3 = GM. \tag{3.42}$$

Damit ist es gelungen, die Aussagen der drei Keplerschen Gesetze allein aus den Newtonschen Gesetzen (3.13) und (3.14) abzuleiten.

Gleichung (3.34) führt zu einer weiteren wichtigen Grundbeziehung. Mit der Substitution (3.39) für p_3 folgt für die Geschwindigkeit des Satelliten in der Bahn

$$\begin{aligned} v^2 &= \dot{\xi}^2 + \dot{\eta}^2 = 2\frac{GM}{r} - \frac{GM}{a} \\ v^2 &= GM\left(\frac{2}{r} - \frac{1}{a}\right). \end{aligned} \tag{3.43}$$

Entsprechend (3.35) ergibt sich in Polarkoordinaten mit $\dot{\chi} = \dot{v}$ die Form

$$v^2 = \dot{r}^2 + r^2\dot{v}^2 = GM\left(\frac{2}{r} - \frac{1}{a}\right). \tag{3.44}$$

Die unter der Bezeichnung *Energieintegral* bekannte Gleichung (3.44) zeigt, daß die Geschwindigkeit eines Himmelkörpers vom Abstand r und von der großen Halbachse a, aber nicht von der Exzentrizität und damit von der Bahnform abhängig ist.

Weiterhin folgt aus der Beziehung (3.28) mit der Substitution (3.39) für p_1 und (3.2) eine weitere Darstellung des 2. Keplerschen Gesetzes

$$r^2\dot{v} = \sqrt{GMa(1 - e^2)}. \tag{3.45}$$

Wird $\dot{v}$ in (3.44) durch (3.45) ersetzt, folgt

$$\dot{r}^2 + r^2\frac{GMa(1 - e^2)}{r^4} = GM\left(\frac{2}{r} - \frac{1}{a}\right). \tag{3.46}$$

Ersetzt man weiterhin GM nach (3.42) durch $n^2 \cdot a^3$ und formt um, dann folgt (*Arnold* 1970)

$$n\,dt = \frac{r}{a}\frac{dr}{\sqrt{a^2e^2 - (a - r)^2}}. \tag{3.47}$$

Aus Abb. 3.6 läßt sich die geometrische Beziehung

$$r = a(1 - e\cos E) \tag{3.48}$$

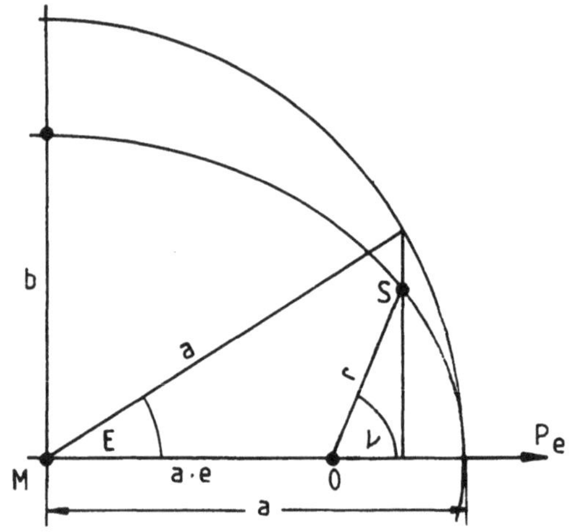

Abb. 3.6. Zusammenhang zwischen Wahrer Anomalie v und Exzentrischer Anomalie E

ablesen. Einsetzen in (3.47) und Integration führt zu

$$n\,dt = (1 - e\cos E)\,dE \tag{3.49}$$

$$n(t - t_0) = E - e\sin E. \tag{3.50}$$

Die Variable E heißt *Exzentrische Anomalie*. Die Integrationskonstante t_0 kann als Zeitpunkt für den Durchgang durch das Perigäum festgelegt werden. Die linke Seite von (3.50) wächst linear mit der Zeit an. Statt t kann eine neue Variable, die *mittlere Anomalie* $\overline{M}$ mit

$$\overline{M} = n(t - t_0) \tag{3.51}$$

definiert werden. Die Beziehung

$$\overline{M} = E - e\sin E \tag{3.52}$$

heißt *Keplersche Gleichung*. Über

$$\tan v = \frac{\sqrt{1 - e^2}\sin E}{\cos E - e} \tag{3.53}$$

ist die Verbindung zur *wahren Anomalie* gegeben.

Alle drei Anomalien E, $\overline{M}$, v werden für den Durchgang durch das Perizentrum zu Null. Sie sind dem Zeitpunkt t_0 äquivalent, legen die Satellitenposition in der Bahn fest und sind damit als 6. Bahnparameter geeignet.

In der Satellitengeodäsie wird in der Regel die mittlere Anomalie $\overline{M}$ verwendet, da sie sich linear mit der Zeit interpolieren läßt. E kann aus M durch Umkehr von (3.52) gewonnen werden. Für die Lösung dieser elliptischen Reihenumkehr gibt es in der Literatur zahlreiche Vorschläge. Ein numerisches Beispiel ist (*Brouwer* u. *Clemence* 1961, S. 76)

$$\begin{aligned} E = \overline{M} &+ \left(e - \frac{1}{8}e^3 + \frac{1}{192}e^5 - \frac{1}{9216}e^7\right)\sin\overline{M} \\ &+ \left(\frac{1}{2}e^2 - \frac{1}{6}e^4 + \frac{1}{48}e^6\right)\sin 2\overline{M} \\ &+ \left(\frac{3}{8}e^3 - \frac{27}{128}e^5 + \frac{243}{5120}e^7\right)\sin 3\overline{M} \\ &+ \left(\frac{1}{3}e^4 - \frac{4}{15}e^6\right)\sin 4\overline{M} + \left(\frac{125}{384}e^5 - \frac{3125}{9216}e^7\right)\sin 5\overline{M} \\ &+ \frac{27}{80}e^6\sin 6\overline{M} - \frac{16807}{46080}e^7\sin 7\overline{M} + \cdots \end{aligned} \tag{3.54}$$

Für kleine Exzentritäten konvergiert die folgende iterative Lösung sehr schnell

$$\begin{aligned} E_0 &= \overline{M} \\ E_i &= \overline{M} + e\sin E_{i-1}, \qquad i = 1\ldots \end{aligned} \tag{3.55}$$

3.1.2.3 Vektorielle Darstellung

Ausgehend von der Bewegungsgleichung (3.20) wurden die Sätze der Zweikörperbewegung ausführlich und elementar hergeleitet. Eine besonders durchsichtige und geschlossene Darstellung der wichtigsten Integrale erhält man durch Anwendung von Vektoroperationen (z.B. *Bate* u.a. 1971), wobei Aussagen über Energie, Drehimpuls und Bahnform gefunden werden.

Punktmultiplikation der Bewegungsgleichung (3.20)

$$\ddot{\boldsymbol{r}} + \frac{GM}{r^3}\boldsymbol{r} = 0$$

mit dem Geschwindigkeitsvektor $\dot{\boldsymbol{r}} = \boldsymbol{v}$ führt zu

$$\dot{\boldsymbol{r}}\cdot\ddot{\boldsymbol{r}} + \dot{\boldsymbol{r}}\cdot\frac{GM}{r^3}\boldsymbol{r} = 0 \tag{3.56}$$

oder

$$\boldsymbol{v}\cdot\dot{\boldsymbol{v}} + \frac{GM}{r^3}\boldsymbol{r}\cdot\dot{\boldsymbol{r}} = 0.$$

Da das Skalarprodukt zweier gleichgerichteter Vektoren gleich dem dem Produkt der Beträge ist, gilt ebenfalls

$$v\dot{v} + \frac{GM}{r^3}r\dot{r} = 0. \tag{3.57}$$

Mit der Substitution

$$\frac{d}{dt}\left(\frac{v^2}{2}\right) = v\dot{v} \qquad \text{und} \qquad \frac{d}{dt}\left(-\frac{GM}{r}\right) = \frac{GM}{r^2}\dot{r}$$

folgt

$$\frac{d}{dt}\left(\frac{v^2}{2}\right) + \frac{d}{dt}\left(-\frac{GM}{r}\right) = 0$$

oder

$$\frac{d}{dt}\left(\frac{v^2}{2} - \frac{GM}{r}\right) = 0. \tag{3.58}$$

Die Integration führt zu einer Konstanten E_M, dem Energieintegral, das wir bereits mit (3.44) in anderer Schreibweise kennengelernt haben.

$$E_M = \frac{v^2}{2} - \frac{GM}{r}. \tag{3.59}$$

Der erste Term für E_M ist offensichtlich die kinetische Energie des Satelliten mit der Einheitsmasse ($m = 1$) und der zweite Term die potentielle Energie $-\frac{GM}{r}$ des Satelliten. Die gesamte mechanische Energie E_M der Satellitenbewegung bleibt also konstant und damit erhalten, was zu erwarten ist, wenn auf das System keine äußeren Kräfte einwirken. Das negative Vorzeichen für die potentielle Energie entsteht, wenn das Nullreferenzniveau ins Unendliche verlegt ist. Strenggenommen enthält (3.58) noch eine freie Integrationskonstante, über die damit verfügt wird.

Kreuzmultiplikation der Bewegungsgleichung (3.20) mit $\boldsymbol{r}$ führt zu

$$\boldsymbol{r} \times \ddot{\boldsymbol{r}} + \boldsymbol{r} \times \frac{GM}{r^3}\boldsymbol{r} = 0.$$

Da das Kreuzprodukt eines Vektors mit sich selbst verschwindet, folgt

$$\boldsymbol{r} \times \ddot{\boldsymbol{r}} = 0. \tag{3.60}$$

Mit

$$\frac{d}{dt}(\boldsymbol{r} \times \dot{\boldsymbol{r}}) = \dot{\boldsymbol{r}} \times \dot{\boldsymbol{r}} + \boldsymbol{r} \times \ddot{\boldsymbol{r}}$$

gilt

$$\frac{d}{dt}(\boldsymbol{r} \times \dot{\boldsymbol{r}}) = 0$$

und nach Integration

$$\boldsymbol{h} = \boldsymbol{r} \times \dot{\boldsymbol{r}} = \boldsymbol{r} \times \boldsymbol{v}. \tag{3.61}$$

$\boldsymbol{h}$ ist ein konstanter Vektor, der senkrecht auf der von $\boldsymbol{r}$ und $\boldsymbol{v}$ aufgespannten Bahnebene steht. Physikalisch besagt die Gleichung, daß der *Bahndrehimpuls* eines Satelliten der Einheitsmasse ($m = 1$) erhalten bleibt. Da $\boldsymbol{h}$ konstant ist, muß die Satellitenbewegung in einer raumfesten Ebene erfolgen. Die Orientierung dieser Bahnebene kann durch die bereits eingeführten Lageelemente Ω und i geschehen. Der Zusammenhang ist durch

$$\boldsymbol{h}_0 = \begin{pmatrix} \sin i & \sin\Omega \\ -\sin i & \cos\Omega \\ & \cos i \end{pmatrix}; \qquad \boldsymbol{h}_0 = \frac{\boldsymbol{h}}{|\boldsymbol{h}|} \tag{3.62}$$

gegeben. Durch $\boldsymbol{h}$ ist weiterhin die Bewegungsrichtung des Satelliten festgelegt.

Aus der Definition des Kreuzproduktes findet man entsprechend Abb. 3.7 für den Betrag von $\boldsymbol{h}$

$$h = rv\cos\Phi. \tag{3.63}$$

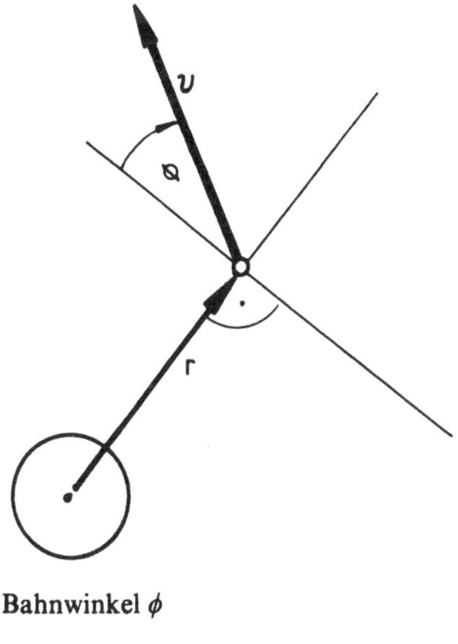

Abb. 3.7. Bahnwinkel ϕ

Der Winkel Φ gibt die Richtung der Bahnbewegung an und heißt auch *Bahnwinkel* (flight path angle).

Eine weitere Vektormultiplikation führt zur Bahnform. Es wird die Bewegungsgleichung (3.20) nun vektoriell mit $\boldsymbol{h}$ multipliziert

$$\ddot{\boldsymbol{r}} \times \boldsymbol{h} = \frac{GM}{r^3}(\boldsymbol{h} \times \boldsymbol{r}). \tag{3.64}$$

Die linke Seite von (3.64) ist $\frac{d}{dt}(\dot{\boldsymbol{r}} \times \boldsymbol{h})$, wie durch Nachrechnen bestätigt wird. Für die rechte Seite findet man mit (3.62) und $\boldsymbol{r} \cdot \dot{\boldsymbol{r}} = r \cdot \dot{r}$

$$\frac{GM}{r^3}(\boldsymbol{h} \times \boldsymbol{r}) = \frac{GM}{r^3}(\boldsymbol{r} \times \boldsymbol{v}) \times \boldsymbol{r} = \frac{GM}{r^3}[\boldsymbol{v}(\boldsymbol{r} \cdot \boldsymbol{r}) - \boldsymbol{r}(\boldsymbol{r} \cdot \boldsymbol{v})]$$

$$= \frac{GM}{r}\boldsymbol{v} - \frac{GM\dot{r}}{r^2}\boldsymbol{r}.$$

Weiterhin gilt

$$GM\frac{d}{dt}\left(\frac{\boldsymbol{r}}{r}\right) = \frac{GM}{r}\boldsymbol{v} - \frac{GM \cdot \dot{r}}{r^2}\boldsymbol{r},$$

so daß (3.64) insgesamt umgeschrieben werden kann

$$\frac{d}{dt}(\dot{\boldsymbol{r}} \times \boldsymbol{h}) = GM\frac{d}{dt}\left(\frac{\boldsymbol{r}}{r}\right). \tag{3.65}$$

Die Integration beider Seiten führt zu

$$\dot{\boldsymbol{r}} \times \boldsymbol{h} = GM\frac{\boldsymbol{r}}{r} + \boldsymbol{B}. \tag{3.66}$$

Wie leicht gezeigt werden kann (z.B. *Giese* 1966, Bd. I, S. 69) zeigt $\boldsymbol{B}$ zum Perigäum. Die vektorielle Integrationskonstante $\boldsymbol{B}$ ist aus den Vektoren $\dot{\boldsymbol{r}} \times \boldsymbol{h}$ und $\boldsymbol{r}$ linear kombiniert und liegt damit in der Bahnebene.

Beide Seiten von (3.66) werden skalar mit $\boldsymbol{r}$ multipliziert, wodurch eine skalare Gleichung entsteht (denn $\boldsymbol{a} \cdot \boldsymbol{b} \times \boldsymbol{c} = \boldsymbol{a} \times \boldsymbol{b} \cdot \boldsymbol{c}$ und $\boldsymbol{a} \cdot \boldsymbol{a} = a^2$)

$$\begin{aligned} \boldsymbol{r} \times \dot{\boldsymbol{r}} \times \boldsymbol{h} &= \boldsymbol{r} \cdot GM\frac{\boldsymbol{r}}{r} + \boldsymbol{r} \cdot \boldsymbol{B} \\ h^2 &= GMr + r|\boldsymbol{B}|\cos v. \end{aligned} \tag{3.67}$$

Hierbei ist v der Winkel zwischen dem Konstantenvektor $\boldsymbol{B}$ und dem Radiusvektor $\boldsymbol{r}$. Durch Auflösen nach r folgt

$$r = \frac{\dfrac{h^2}{GM}}{1 + \dfrac{|\boldsymbol{B}|}{GM}\cos v}. \tag{3.68}$$

Mit den Abkürzungen

$$p = \frac{h^2}{GM} \quad \text{und} \quad e = \frac{|\boldsymbol{B}|}{GM} \tag{3.69}$$

folgt die bereits bekannte Form der Kegelschnittgleichung (3.37)

$$r = \frac{p}{1 + e\cos v}.$$

Die drei Integrale

Energieintegral	(3.59)
Momentenintegral	(3.61)
Bahnintegral	(3.68)

erlauben folgende zusammenfassende Feststellungen (*Bate* u.a. 1971)

1. Die Bahnbewegung eines Massenpunktes im Zweikörperproblem kann ausschließlich auf einer Kurve erfolgen, die zur Familie der Kegelschnitte gehört (Kreis, Ellipse, Parabel, Hyperbel).
2. Der Brennpunkt der Bahn muß im Zentrum des Zentralkörpers liegen.
3. Die Summe von potentieller und kinetischer Energie ändert sich nicht während der Bewegung; das heißt, bei wachsendem Abstand vom Zentralkörper nimmt die Bahngeschwindigkeit in der Weise ab, daß die Energiesumme konstant bleibt.
4. Die Bahnbewegung erfolgt in einer Ebene, die im inertialen Raum festliegt.
5. Der Drehimpuls der Satellitenbewegung über dem Zentralkörper bleibt erhalten.

3.1.3 Bahngeometrie und Bahnbewegung

Einige Beziehungen der Bahngeometrie wurden bereits vorgestellt. In Tab. 3.1 sind die wichtigsten Angaben für die als Bahnkurve möglichen Kegelschnitte zusammengefaßt. Eine zentrale geometrische Größe ist der Parameter p, der im Fachschrifttum auch *semi-latus rectum* genannt wird.

Tab. 3.1. Eigenschaften von Kegelschnitten (nach *Giese* 1966)

		Kreis	Ellipse	Parabel	Hyperbel
Exzentrizität	e	0	$0 < e < 1$	1	$e > 1$
Parameter	p	a	$a(1 - e^2)$	p	$a(e^2 - 1)$
Große Halbachse	a	a	a	∞	$a < 0$
Kleine Halbachse	b	a	$a\sqrt{1 - e^2}$	—	$a\sqrt{e^2 - 1}$
Perizentrumsabstand	r_p	a	$a(1 - e)$	$p/2$	$a(e - 1)$
Apozentrumsabstand	r_A	a	$a(1 + e)$	∞	∞

Der Vergleich (3.68) und (3.37) zeigt, daß der Parameter p nur vom Drehimpuls h abhängt

$$p = \frac{h^2}{GM}. \tag{3.70}$$

Dies wird in Abb. 3.8 auch einsichtig, denn für ein horizontal abgefeuertes Geschoß gilt nach (3.63)

$$h = rv,$$

da der Bahnwinkel Φ = Null ist. Dies bedeutet, daß eine Vergrößerung der Abschußgeschwindigkeit entsprechend h vergrößert und damit eine Schar von Bahnkurven gemäß Abb. 3.8 erzeugt. Atmosphärische Einflüsse sind vernachlässigt.

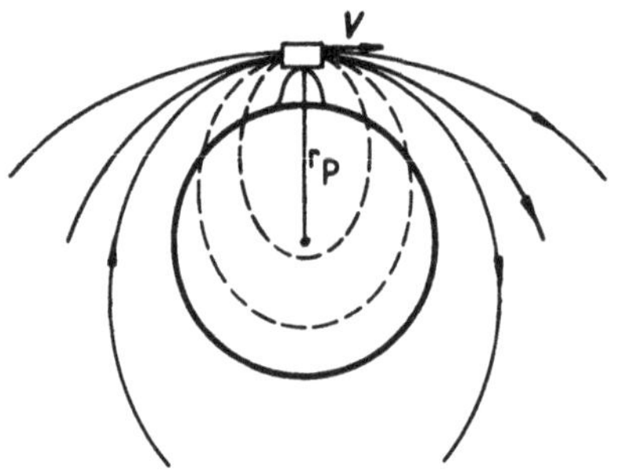

Abb. 3.8. Bahngeschwindigkeit und Bahnform

Jede der entstehenden Bahnkurven ist ein Kegelschnitt mit dem Brennpunkt F im Massenzentrum der Erde. Weiterhin wird deutlich, daß der Geschwindigkeitsvektor am Perigäum horizontal, d.h. rechtwinklig zum Radiusvektor ist. Dabei folgt aus (3.63)

$$h = r_p v_p. \tag{3.71}$$

Entsprechendes gilt auch für das Apozentrum.

Aus dem Energieintegral (3.59) wird in der Formulierung für das Perizentrum mit (3.71) (vgl. *Bate* u.a. 1971, *Giese* 1966)

$$E_M = \frac{v^2}{2} - \frac{GM}{r} = \frac{h^2}{2r_p^2} - \frac{GM}{r_p}. \tag{3.72}$$

Mit $r_p = a(1 - e)$ und $p = a(1 - e^2)$ aus Tab. 3.1 sowie (3.70) wird

$$h^2 = GMa(1 - e^2)$$

und

$$E_M = \frac{GMa(1 - e^2)}{2a^2(1 - e)^2} - \frac{GM}{a(1 - e)}. \tag{3.73}$$

Durch Kürzen fallen die Terme mit e heraus

$$E_M = -\frac{GM}{2a}. \tag{3.74}$$

Diese einfache Gleichung gilt für alle Kegelschnitte und sagt aus, daß die große Halbachse einer Bahn ausschließlich von der Gesamtenergie abhängt. Mit anderen Worten, die Energie der Bahnbewegung wird durch die große Halbachse a charakterisiert. Da andererseits der Bahndrehimpuls h über (3.70) allein von p abhängt, bestimmen Bahnenergie und Drehimpuls gemeinsam die durch e charakterisierte Bahnform

$$e = \sqrt{1 + \frac{2E_M h^2}{(GM)^2}}, \qquad (3.75)$$

wie leicht aus den vorstehenden Beziehungen abzuleiten ist. Mit den Substitutionen der Tab. 3.1 wird aus (3.74)

$$\begin{aligned} E_M &= -\frac{GM}{a} && \text{für die Ellipse} \\ E_M &= 0 && \text{für die Parabel} \\ E_M &= +\frac{GM}{a} && \text{für die Hyperbel.} \end{aligned} \qquad (3.76)$$

In einer geschlossenen Bahnkurve (Kreis und Ellipse, $a > 0$) ist die Gesamtenergie negativ. Hierbei ist zu beachten, daß durch Vereinbarung das Nullniveau für die potentielle Energie ins Unendliche verlegt wurde. Die potentielle Energie ist dem Betrage nach auf der Bahn überall größer als die kinetische Energie, so daß m an M gebunden bleibt. Bei positiver Energiebilanz verbleibt selbst im Unendlichen noch kinetische Energie, damit entweicht das Raumfahrzeug aus dem Schwerefeld des Zentralkörpers.

Setzen wir jeweils (3.76) in die Energiegleichung (3.59) ein und lösen nach der Geschwindigkeit auf, folgt

$$\begin{aligned} v_E^2 &= GM\left(\frac{2}{r} - \frac{1}{a}\right) && \text{für die Ellipse} \\ v_P^2 &= \frac{2GM}{r} && \text{für die Parabel} \\ v_H^2 &= GM\left(\frac{2}{r} + \frac{1}{a}\right) && \text{für die Hyperbel.} \end{aligned} \qquad (3.77)$$

Mit diesen Beziehungen, die in der Himmelsmechanik auch als *Vis-Viva-Gleichungen* bekannt sind, kann für jeden Punkt der Bahn bei Kenntnis von a die Bahngeschwindigkeit berechnet werden. Für Kreisbahnen ergibt sich der Sonderfall

$$v_k = \sqrt{\frac{GM}{r}}. \qquad (3.78)$$

Um das Gravitationsfeld der Erde zu verlassen genügt nach (3.76) eine Parabelbahn. Die erforderliche Mindestgeschwindigkeit auf der Erdoberfläche berechnet sich nach (3.77) zu

$$v_F = \sqrt{\frac{2GM}{r_0}}. \tag{3.79}$$

Mit $r_0 = 6\,370$ km und

$$GM = 3{,}986 \cdot 10^{20}\ \mathrm{cm^3/s^2}$$

folgt

$$v_F = 11{,}2\ \mathrm{km/s}. \tag{3.80}$$

Die Periode eines Satellitenumlaufs in der elliptischen Bahn war mit (3.41) zu

$$T = \frac{2\pi}{\sqrt{GM}} a^{\frac{3}{2}}$$

gefunden worden. Man erkennt, daß die Periode nur von a, nicht aber von e abhängt.

Die *Beschreibung einer Satellitenbahn* durch die 6 Keplerschen Bahnparameter a, e, i, ω, Ω, v ist in Abb. 3.4 dargestellt. Diese Liste ist nicht erschöpfend; zahlreiche andere Parameter sind üblich. Statt der wahren Anomalie v wird häufig die mittlere Anomalie $\overline{M}$ oder die Durchgangszeit des Satelliten durch das Perigäum gewählt. Statt der Halbachse a kann der Parameter p genutzt werden. Statt des Arguments des Perigäums ω sind weitere Argumente in Gebrauch, z.B. (Abb. 3.9).

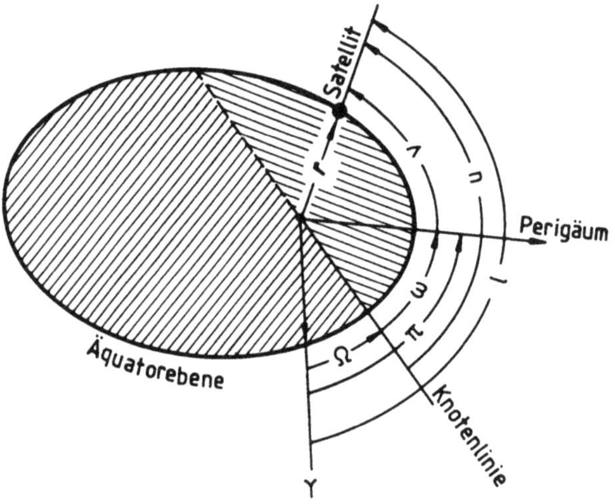

Abb. 3.9. Bahnelemente zur Längenzählung

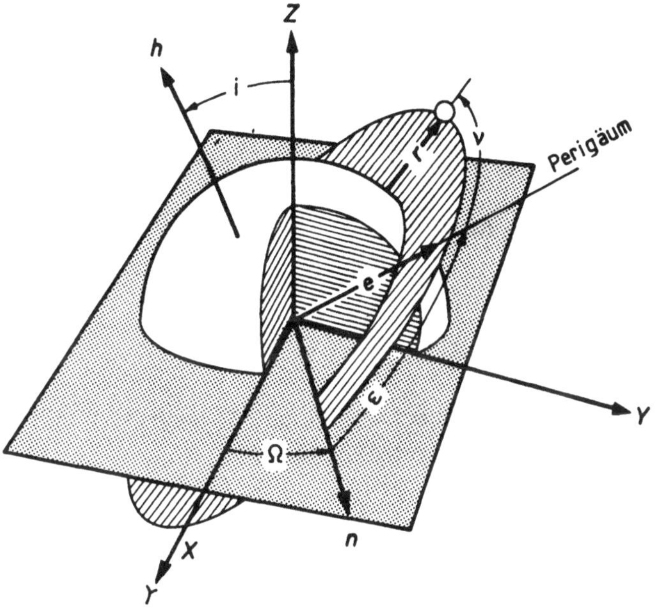

Abb. 3.10. Fundamentalvektoren ***h***, ***n***, ***e***

$$\begin{aligned} &\text{Länge des Perigäums } \pi = \Omega + \omega \\ &\text{Argument der Breite } u = \omega + \nu \\ &\text{Wahre Länge } l = \Omega + \omega + \nu = \pi + \nu = \Omega + u. \end{aligned} \tag{3.81}$$

Die Rektaszension Ω wird in der Äquatorebene gezählt, ω und ν in der Bahnebene. Für kreisförmige Bahnen sind ω und damit auch die daraus abgeleiteten Größen nicht definiert.

Für Umrechnungsaufgaben kann es hilfreich sein, drei fundamentale Vektoren einzuführen, nämlich ***h***, ***n***, ***e*** (Abb. 3.10). ***X***, ***Y***, ***Z*** sind Einheitsvektoren im Äquatorsystem, h_x, h_y, h_z usw. die entsprechenden Vektorkomponenten.

Der Bahnnormalenvektor $\boldsymbol{h} = \boldsymbol{r} \times \boldsymbol{v}$ ist bereits bekannt.
Der Knotenvektor wird als $\boldsymbol{n} = \boldsymbol{h} \times \boldsymbol{z}$ (3.82)
definiert.
Der Perigäumsvektor $\boldsymbol{e} = \boldsymbol{B}/GM$ (3.83)
zeigt vom Massenmittelpunkt zum Perigäum und kann aus (3.66) zu

$$\boldsymbol{e} = \frac{1}{GM}\left(\left(v^2 + \frac{GM}{r}\right)\boldsymbol{r} + (\boldsymbol{r}\cdot\boldsymbol{v})\boldsymbol{v}\right) \tag{3.84}$$

abgeleitet werden (*Bate* u.a. 1971, S. 62)

Der Zusammenhang zu den Keplerschen Lageelementen ist durch einfache Vektoroperationen gemaß Abb. 3.10 gegeben.

$$\cos i = \frac{\boldsymbol{h} \cdot \boldsymbol{z}}{h} = \frac{h_z}{h} \qquad \cos \omega = \frac{\boldsymbol{n} \cdot \boldsymbol{e}}{ne}$$
$$\cos \Omega = \frac{\boldsymbol{n} \cdot \boldsymbol{X}}{n} = \frac{n_x}{n} \qquad \cos v = \frac{\boldsymbol{e} \cdot \boldsymbol{r}}{er} \tag{3.85}$$

ferner gilt

$$p = \frac{h^2}{GM} \qquad e = |\boldsymbol{e}|.$$

a kann nach (3.2) aus p berechnet werden und $\overline{M}$ nach (3.52) und (3.53) aus v. Es gilt nämlich für die Umkehrung von (3.53)

$$\cos E = \frac{e + \cos v}{1 + e \cos v}.$$

Für Bahnneigungen zwischen 0° und 90° ist die Satellitenbewegung nach Osten gerichtet und heißt *direkte* Bewegung. Für Bahnneigungen zwischen 90° und 180° liegt eine westwärtige Bewegung vor; sie wird *retrograde* Bewegung genannt.

Gebrauchsformeln zur Umrechnung von Keplerelementen in äquatoriale Satellitenkoordinaten und zurück sowie zwischen Keplerelementen und Orts- und Geschwindigkeitsvektor $\boldsymbol{r}$, $\boldsymbol{v}$ werden in [3.3.1] nachgewiesen.

Für sehr kleine Exzentrizitäten oder Kreisbahnen sind Keplerelemente weniger geeignet, da Singularitäten in den Berechnungen auftreten können. Es empfehlen sich dann alternative Parametersysteme (*Wolf* 1985), z.B. die *Hill'schen Bahnvariablen.*

Diese können als Positions- und Geschwindigkeitsvektoren des Satelliten in Kugelkoordinaten (r, u, Ω) angesehen werden. Die Bahnvariablen sind (Abb. 3.11)

$$r, \dot{r}, u, \Omega$$
$$G = r^2 \cdot \dot{u} \tag{3.86}$$
$$H = G \cdot \cos i.$$

G bedeutet hier eine Variable und nicht die Gravitationskonstante. Der Zusammenhang zwischen Keplerelementen und Hillschen Parametern ist mit (3.87) gegeben, wobei zur besseren Unterscheidung an dieser Stelle für das Produkt Erdmasse × Gravitationskonstante die Größe μ gewählt wird.

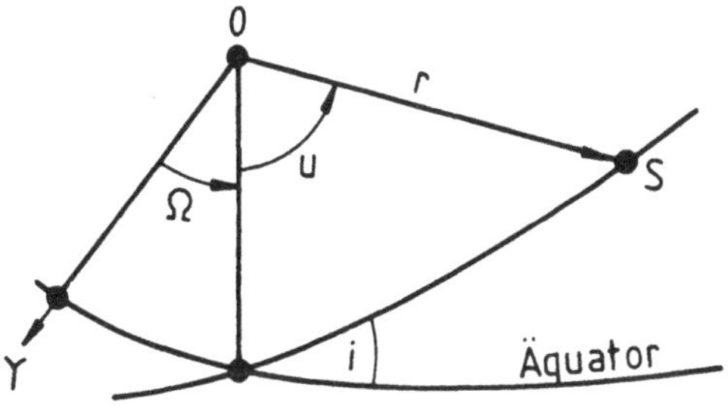

Abb. 3.11. Hill'sche Bahnparameter

$$
\begin{aligned}
G &= (\mu a(1-e^2))^{\frac{1}{2}} \\
r &= \frac{G^2}{\mu}\frac{1}{1+e\cos v} \\
\dot{r} &= \frac{\mu}{G}e\sin v \\
u &= v+\omega \\
H &= G\cos i \\
\Omega &= \Omega.
\end{aligned}
\tag{3.87}
$$

Nähere Ausführungen einschließlich der ersten Ableitungen nach der Zeit findet man u.a. bei *Lelgemann* 1979. Einen ähnlichen Satz von Variablen, die Singularitäten vermeiden, gibt zum Beispiel Delaunay (*Brouwer* und *Clemence* 1961, S. 540).

Hillsche oder Delaunay Variable gelten als *kanonische Bahnelemente*. Hierunter versteht man einen Satz von Variablen, die auf Einheiten bezogen sind, beispielsweise auf die

Masseneinheit	$M = 1$, genauer $M + m = 1$
Längeneinheit	mittlerer Abstand a des Massenteilchens m vom Gravitationszentrum der Zentralmasse M (beim System Erde-Sonne die Astronomische Einheit AU)
Zeiteinheit	so gewählt, daß $GM = 1$ wird, also daß nach dem 3. Keplerschen Gesetz gilt

$$T = \frac{1}{n} = \sqrt{\frac{a^3}{GM}}.$$

Die Geschwindigkeit des Satelliten in der Bahn wird dann als Längeneinheit/Zeiteinheit dargestellt.

Der Vorteil der kanonischen Darstellung ist darin zu sehen, daß die Gleichungen frei von mehr oder weniger genau bekannten Werten der Konstanten werden. Dies war in der Geschichte der Himmelsmechanik wegen der ungenauen Kenntnis von Sonnenabstand und Sonnenmasse von Bedeutung. Umgekehrt wird hieraus deutlich, daß durch die Wahl eines Zahlenwertes für GM in Lösungen der Satellitengeodäsie der Maßstab festgelegt wird.

In der Mathematik heißt ein System von Differentialgleichungen kanonisch, wenn gilt

$$\frac{d\xi_j}{dt} = \frac{\partial F}{\partial \eta_j}; \qquad \frac{d\eta_j}{dt} = -\frac{\partial F}{\partial \xi_j}, \qquad j = 1 \dots n \tag{3.88}$$

F ist die *Hamilton-Funktion.* Sie spielt für die Beschreibung der Dynamik eines mechanischen Systems und damit in der Himmelsmechanik eine wichtige Rolle (*Brouwer* u. *Clemence* 1961, S. 530).

3.2 Gestörte Satellitenbewegung

Bisher wurde die Bewegung eines Satelliten mit vernachlässigbarer Masse unter der gravitativen Wirkung einer einzelnen, punktförmig zu denkenden Zentralmasse M betrachtet. Diese Keplerbewegung wurde durch die Grundgleichung

$$\ddot{\boldsymbol{r}} = -\frac{GM}{r^3}\boldsymbol{r} \tag{3.20}$$

beschrieben.

Die Integration dieser Gleichung führt formal zur Lösung

$$\begin{aligned} \boldsymbol{r}(t) &= \boldsymbol{r}(t; a_1 \dots a_6) \\ \dot{\boldsymbol{r}}(t) &= \dot{\boldsymbol{r}}(t; a_1 \dots a_6) \end{aligned} \tag{3.89}$$

wobei $a_1 \dots a_6$ frei wählbare Integrationskonstanten sind. Vorzugsweise gewählte Konstanten sind die Keplerparameter a, e, i, ω, Ω, $\overline{M}$.

In Wahrheit wirken auf den Satelliten noch eine Reihe weiterer Kräfte, die gegenüber der Zentralkraft (Zentralkörperbeschleunigung) als Störkräfte bezeichnet werden.Aufgrund dieser Kräfte erhält der Satellit zusätzliche Beschleunigungen, die in einem resultierenden Störvektor $\boldsymbol{k}_s$ zusammengefaßt werden können. Die erweiterte Bewegungsgleichung lautet damit

$$\ddot{\boldsymbol{r}} = -\frac{GM}{r^3}\boldsymbol{r} + \boldsymbol{k}_s. \tag{3.90}$$

Störbeschleunigungen sind insbesondere

1. Beschleunigungen aufgrund der Tatsache, daß der Zentralkörper nicht kugelförmig und homogen aufgebaut ist, $\ddot{\boldsymbol{r}}_E$
2. Beschleunigungen aufgrund weiterer Körper (Sonne und Mond) $\ddot{\boldsymbol{r}}_s$, $\ddot{\boldsymbol{r}}_m$
3. Beschleunigungen aufgrund von Erd- und Meeresgezeiten $\ddot{\boldsymbol{r}}_e$, $\ddot{\boldsymbol{r}}_o$
4. Beschleunigungen aufgrund des atmosphärischen Strömungswiderstandes (drag) $\ddot{\boldsymbol{r}}_D$
5. Beschleunigungen aufgrund des direkten oder reflektierten Strahlungsdrucks der Sonne $\ddot{\boldsymbol{r}}_{SP}$, $\ddot{\boldsymbol{r}}_A$.

Die unter 1 bis 3 aufgeführten Störkräfte sind gravitativer Natur; die restlichen sind nichtgravitative Kräfte. Insgesamt folgt

$$\boldsymbol{k}_s = \ddot{\boldsymbol{r}}_E + \ddot{\boldsymbol{r}}_s + \ddot{\boldsymbol{r}}_m + \ddot{\boldsymbol{r}}_e + \ddot{\boldsymbol{r}}_o + \ddot{\boldsymbol{r}}_D + \ddot{\boldsymbol{r}}_{SP} + \ddot{\boldsymbol{r}}_A. \tag{3.91}$$

Abb. 3.12 vermittelt eine anschauliche Darstellung der wirksamen Störbeschleunigungen. Die resultierende Gesamtbeschleunigung $\boldsymbol{k}_s$ hängt offensichtlich vom Ort $\boldsymbol{r}$ des Satelliten ab, also von einer Größe, die als Funktion der

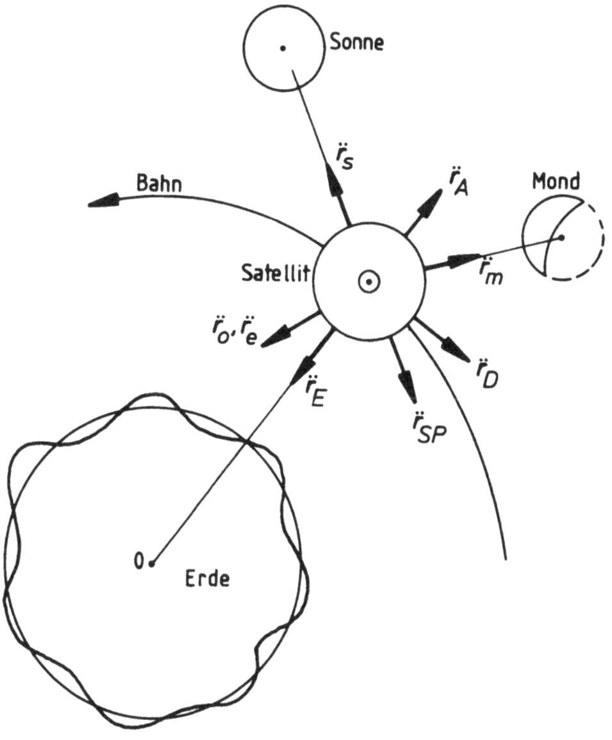

Abb. 3.12. Zusammenschau von Störbeschleunigungen am Satelliten

Zeit erst aus der Differentialgleichung (3.90) erhalten werden soll. Die Integration von (3.90) ist somit ein verwickeltes Problem.

Zur Lösung von verwickelten Bewegungsproblemen geht die Himmelsmechanik oft von angemessenen Vereinfachungen aus und behebt den damit begangenen "Fehler" in einem gesonderten Schritt. Solche als angemessen erachtete Vereinfachungen werden als intermediär bezeichnet (*Schneider* 1981). Die durch (3.20) und (3.89) gekennzeichnete Satellitenbewegung ist in diesem Sinne eine *intermediäre Bewegung* oder auch *Grundbewegung*. Um das gestörte Bewegungsproblem zu lösen, sind zwei Vorgehensweisen gebräuchlich. Im ersten Fall werden die Koordinaten des Satelliten als direkt gestört betrachtet. Die Auswirkung der Störkräfte auf die Koordinaten werden direkt numerisch behandelt, und es werden Differenzen zwischen gestörten und ungestörten Koordinaten berechnet. Die analytische Form der Bahnkurve wird hierbei nicht untersucht. Diese *numerische Integration* der Bahn wird in [3.3.2.2] näher erläutert; der Lösungsweg wird auch als *Variation der Koordinaten* bezeichnet.

Beim zweiten Lösungsweg werden die Integrationskonstanten a_i des ungestörten Problems (3.89) als Funktionen der Zeit t betrachtet. Formal lautet dann die Lösung des gestörten Problems

$$\begin{aligned} \boldsymbol{r}(t) &= \boldsymbol{r}(t; a_1(t), \ldots a_6(t)) \\ \dot{\boldsymbol{r}}(t) &= \dot{\boldsymbol{r}}(t; a_1(t), \ldots a_6(t)), \end{aligned} \tag{3.92}$$

wobei analytische Ausdrücke für die zeitveränderlichen Bahnparameter gefunden werden müssen. Dieser Lösungsweg der *analytischen Integration* wird auch als *Variation der Konstanten* bezeichnet und in [3.3.2.1] behandelt. Grundgedanke bei diesem Konzept ist, daß die Störungen als Abweichungen zwischen den (intermediären) Keplerelementen zu einer Startepoche und dem jeweils betrachteten Zeitpunkt angesehen werden.

Die Anwendung der Methode der Variation der Konstanten setzt voraus, daß eine genäherte Lösung des Bewegungsproblems bereits bekannt ist. Diese Voraussetzung ist im Planetensystem und für erdnahe künstliche Satelliten durch die Keplersche Elemente gegeben.

3.2.1 Darstellung von gestörten Bewegungen

3.2.1.1 Oskulierende und mittlere Bahnelemente

Die zeitabhängige Betrachtung der Bahnelemente führt zum Begriff der *oskulierenden Bahnelemente*. Ein Satellit, dessen Bewegung durch (3.90) beschrieben wird, habe zur Zeit $t = t_k$ den Ortsvektor $\boldsymbol{r}(t_k)$ und die Geschwindigkeit

$\dot{\boldsymbol{r}}(t_k)$. Wenn in diesem Moment die Störbeschleunigung $\boldsymbol{k}_s$ verschwinden würde, dann würde die weitere Bewegung des Satelliten auf einer ungestörten Keplerbahn verlaufen, die durch die Anfangsbedingungen $\boldsymbol{r}(t_k)$ und $\dot{\boldsymbol{r}}(t_k)$ bestimmt ist. Diese Bahn wird als oskulierende (lat. osculare = anschmiegen) oder *instantane Bahn* bezeichnet, da sie sich der wirklichen, gestörten Bahn, mit der sie die Anfangswerte gemeinsam hat, im Zeitpunkt t_k anschmiegt.

In Wirklichkeit verschwindet die Störbeschleunigung nicht, also befindet sich der Satellit zu jedem Zeitpunkt $t = t_k$ auf einer anderen oskulierenden Bahn. Die tatsächlich Satellitenbahn ist dann die Einhüllende der sukzessiven oskulierenden Bahnen mit den oskulierenden Bahnelementen $a(t_k), e(t_k), \ldots \overline{M}(t_k)$. Faßt man t_k als fortlaufenden Zeitparameter auf, dann kann die gestörte Satellitenbewegung nach (3.90) als Keplerbewegung mit zeitveränderlichen Bahnelementen

$$a(t), e(t), i(t), \omega(t), \Omega(t), \overline{M}(t)$$

interpretiert werden.

In der praktischen Satellitengeodäsie mit der Erde als Zentralkörper können oskulierende Bahnelemente zur Bahnapproximation über kurze Zeiträume gut verwendet werden, da sie sich nur langsam ändern. Die Zentralfeldbeschleunigung überwiegt nämlich die sonstigen Störbeschleunigungen mindestens um den Faktor 10^3 (vgl. [12.]). Es ist deshalb auch möglich, z.B. für Bahnvorhersagen die Bahnelemente durch Potenzreihenentwicklungen von Zeitdifferenzen $(t - t_0)$ gegenüber einem mittleren Zeitpunkt t_0 zu approximieren

$$a_i(t) = a_i(t_0) + \dot{a}_i(t - t_0) + \ddot{a}_i(t - t_0)^2 + \cdots \quad (i = 1, \ldots 6). \tag{3.93}$$

Die "Geschichte" eines oskulierenden Elementes $a_i(t)$ läßt sich als Summe von lang- und kurzperiodischen Anteilen darstellen (*Goad* 1977)

$$a_i(t) = \bar{a}_i(t) + \Delta a_i(t), \tag{3.94}$$

wobei $\bar{a}_i(t)$ die Summe der niederfrequenten, säkularen und konstanten Beiträge enthält (vgl. [3.2.2.2]). Die Anteile $\Delta a_i(t)$ repräsentieren die höherfrequenten Oszillationen. Die Anteile $\bar{a}_i(t)$ heißen *mittlere Elemente*. Damit können mittlere Elemente als oskulierende Elemente aufgefaßt werden, aus denen die periodischen Anteile ganz oder zum größten Teil verschwunden sind (*Stumpff* Bd. II, 1965, S. 357).

3.2.1.2 Störungsgleichungen nach Lagrange

Es gilt nun, einen Zusammenhang zwischen den angreifenden Störkräften und den zeitlichen Veränderungen der Bahnelemente herzustellen. Hierzu hat Lagrange grundlegende Gleichungen formuliert, deren ausführliche Herleitung in Lehrbüchern der Himmelsmechanik nachzulesen ist (z.B. *Brouwer* und *Clemence* 1961, *Stumpff* Bd. II 1965, auch *Kaula* 1966).

Die Gesamtenergie der Satellitenbewegung bestimmt sich nach (3.59) und (3.74) zu

$$E_M = \frac{v^2}{2} - \frac{GM}{r} = -\frac{GM}{2a}.$$

Der negative Ausdruck der Gesamtenergie $\frac{GM}{2a}$ wird auch als *Kräftefunktion* F bezeichnet. Mit dem Potential V als negativem Wert der potentiellen Energie und der Bezeichnung T für die kinetische Energie finden wir die in neuerer Literatur (z.B. *Kaula* 1966) verbreitete Darstellung für die Kräftefunktion

$$F = V - T. \tag{3.95}$$

In einem nicht zentralen Kraftfeld gilt

$$\begin{aligned} V &= \frac{GM}{r} + R \\ F &= \frac{GM}{r} + R - T = \frac{GM}{2a} + R. \end{aligned} \tag{3.96}$$

Die Funktion R enthält alle Anteile von V außer dem zentralen Anteil $\frac{GM}{r}$ und wird Störfunktion oder *Störpotential* genannt.

Der Vollständigkeit halber sei hier die alternative Form der Bewegungsgleichung (3.90) in einem nicht zentralen Kraftfeld mitgeteilt

$$\ddot{\mathbf{r}} = \operatorname{grad} V = \nabla V. \tag{3.97}$$

Diese Form wird später [3.2.2.3] wieder aufgegriffen.

Die Langrangeschen Störungsgleichungen stellen nun einen Zusammenhang zwischen dem Störpotential R und der Variation der Bahnelemente her (*Brouwer*, *Clemence* 1961, S. 284, *Kaula* 1966, S. 29)

$$\frac{da}{dt} = \frac{2}{na}\frac{\partial R}{\partial M}$$

$$\frac{de}{dt} = \frac{1-e^2}{na^2 e}\frac{\partial R}{\partial M} - \frac{\sqrt{1-e^2}}{na^2 e}\frac{\partial R}{\partial \omega}$$

$$\frac{d\omega}{dt} = -\frac{\cos i}{na^2\sqrt{1-e^2}\sin i}\frac{\partial R}{\partial i} + \frac{\sqrt{1-e^2}}{na^2 e}\frac{\partial R}{\partial e}$$

$$\frac{di}{dt} = \frac{\cos i}{na^2\sqrt{1-e^2}\sin i}\frac{\partial R}{\partial \omega} - \frac{1}{na^2\sqrt{1-e^2}\sin i}\frac{\partial R}{\partial \Omega}$$

$$\frac{d\Omega}{dt} = \frac{1}{na^2\sqrt{1-e^2}\sin i}\frac{\partial R}{\partial i}$$

$$\frac{d\overline{M}}{dt} = n - \frac{1-e^2}{na^2 e}\frac{\partial R}{\partial e} - \frac{2}{na}\frac{\partial R}{\partial a}. \tag{3.98}$$

Zur Vermeidung von Singularitäten, beispielsweise durch sehr kleine Exzentrizitäten bei annähernden Kreisbahnen, wurden entsprechende Störungsgleichungen auch für andere Parametersätze bereitgestellt (*Arnold* 1970, S. 29, *Brouwer, Clemence* 1961, S. 287).

Für den kanonischen Satz der Hill'schen Parameter (3.87) gelten folgende Beziehungen (*Lelgemann* 1979), mit $GM = \mu$ für die Geozentrische Gravitationskonstante

$$\frac{d\dot{r}}{dt} = \left(-\frac{\mu}{r^2} + \frac{G^2}{r^3}\right) + \frac{\partial R}{\partial r}$$

$$\frac{dr}{dt} = \dot{r} - \frac{\partial R}{\partial \dot{r}}$$

$$\frac{dG}{dt} = \frac{\partial R}{\partial u}$$

$$\frac{du}{dt} = \frac{G}{r^2} - \frac{\partial R}{\partial G} - \frac{\cos i}{G\sin i}\frac{\partial R}{\partial i} \tag{3.99}$$

$$\frac{di}{dt} = \frac{\cos i}{G\sin i}\frac{\partial R}{\partial u} - \frac{1}{G\sin i}\frac{\partial R}{\partial \Omega}$$

$$\frac{d\Omega}{dt} = \frac{1}{G\sin i}\frac{\partial R}{\partial i}.$$

Zur analytischen Integration der Störungsgleichungen (3.98) bzw. (3.99) ist es erforderlich, das Störpotential R als Funktion der Bahnelemente darzustellen, um nach Bildung der entsprechenden Differentialquotienten die Integration auszuführen. Dies wird in [3.3.2.2] näher behandelt. Sofern in R ausschließlich das anomale Erdschwerefeld enthalten ist, gelingt es, einen Zusammenhang zwischen Koeffizienten der Potentialentwicklung und Bahnstörungen zu formulieren. Dieser Aspekt wird zur Bestimmung des Erdschwerefeldes aus der Analyse von Bahnstörungen genutzt [11.2].

Bereits an dieser Stelle wird deutlich, daß die analytische Behandlung der Störungsgleichungen ein wichtiges Hilfsmittel ist, um Auswirkungen von bestimmten Störeinflüssen auf die Satellitenbahnen qualitativ zu untersuchen.

3.2.1.3 Gauß'sche Form der Störungsgleichungen

Es gibt Fälle, in denen es für die Behandlung der Störungsgleichungen sinnvoll ist, statt der partiellen Ableitungen des Störpotentials nach den Bahnelementen vom Typ $\frac{\partial R}{\partial M}, \frac{\partial R}{\partial e}, \ldots$ die Störbeschleunigung in Komponenten am Satelliten auszudrücken. Dies gilt beispielsweise für Bahnen mit größerer Exzentrizität, bei denen eine Reihenentwicklung in e viele Glieder benötigen würde. Die Formeln vom Typ (3.98) sind gleichermaßen auch für numerische Behandlung weniger geeignet. Eine geeignete alternative Form geht auf Gauß zurück, wobei entsprechend Abb. 3.13 die Störbeschleunigung am Satelliten in einem begleitenden Dreibein in drei orthogonale Komponenten zerlegt wird

$$\operatorname{grad} R = \nabla R = \begin{bmatrix} K_1 \\ K_2 \\ K_3 \end{bmatrix} \tag{3.100}$$

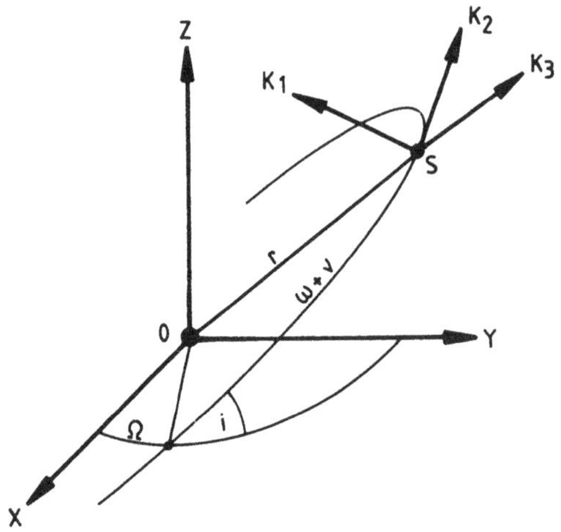

Abb. 3.13. Gauß'sche Form der Störbeschleunigungen

K_1 senkrecht zur Bahnebene, positiv in Richtung Nordpol
K_2 senkrecht zum Radiusvektor in der Bahnebene
K_3 in Richtung des Radiusvektors nach außen.

Die zugehörigen Störungsgleichungen lauten (*Arnold* 1970, S. 28, *Brouwer, Clemence* 1961, S. 301)

$$
\begin{aligned}
\frac{da}{dt} &= \frac{2}{n\sqrt{1-e^2}}\left(e\sin v\, K_3 + \frac{p}{r}K_2\right)\\
\frac{de}{dt} &= \frac{\sqrt{1-e^2}}{na}(\sin v\, K_3 + (\cos E + \cos v)K_2)\\
\frac{d\omega}{dt} &= \frac{\sqrt{1-e^2}}{nae}\left(-\cos v\, K_3 + \left(\frac{r}{p}+1\right)\sin v\, K_2\right) - \cos i\frac{d\Omega}{dt}\\
\frac{di}{dt} &= \frac{1}{na\sqrt{1-e^2}}\frac{r}{a}\cos(\omega+v)K_1\\
\frac{d\Omega}{dt} &= \frac{1}{na\sqrt{1-e^2}}\frac{r}{a}\frac{\sin(\omega+v)}{\sin i}K_1\\
\frac{d\overline{M}}{dt} &= n - \frac{1}{na}\left(\frac{2r}{a} - \frac{1-e^2}{e}\cos v\right)K_3 - \frac{1-e^2}{nae}\left(1+\frac{r}{p}\right)\sin v\, K_2 .
\end{aligned}
\tag{3.101}
$$

3.2.2 Gestörte Bewegungen aufgrund des anomalen Erdschwerefeldes

Der weitaus überwiegende Störeinfluß auf die Bahnen erdnaher künstlicher Satelliten beruht auf der Erdabplattung. Dies ist nach Abb. 3.14 leicht einsichtig. Der Äquatorwulst übt ein Drehmoment auf den Satelliten aus und versucht, die Satellitenbahn in die Äquatorebene zu verlegen. Es entsteht ein ähnlicher Effekt wie bei der Präzessionsbewegung der Erdrotationsachse: Der

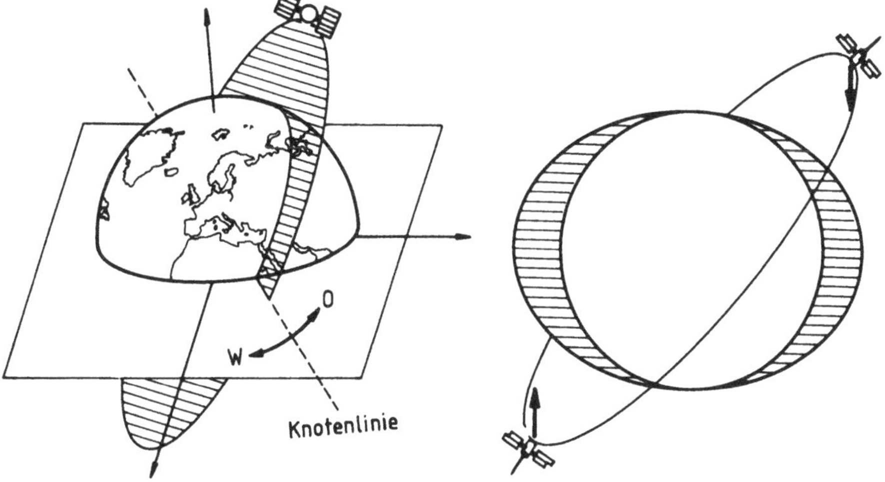

Abb. 3.14. Knotenbewegung der Satellitenbahn aufgrund der Erdabplattung

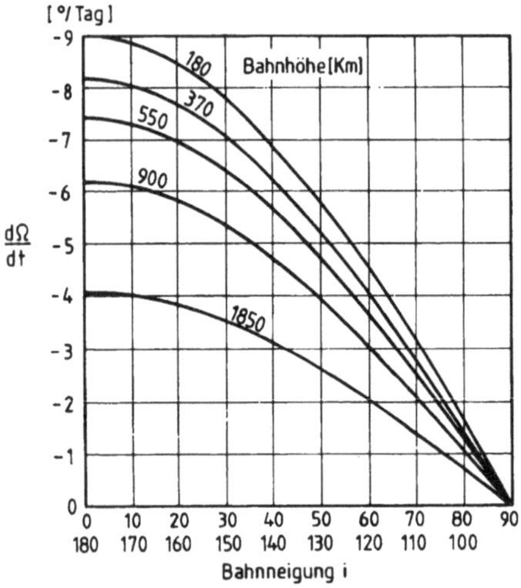

Abb. 3.1.5. Zusammenhang zwischen Bahnneigung, Bahnhöhe und Knotenbewegung (3.15)

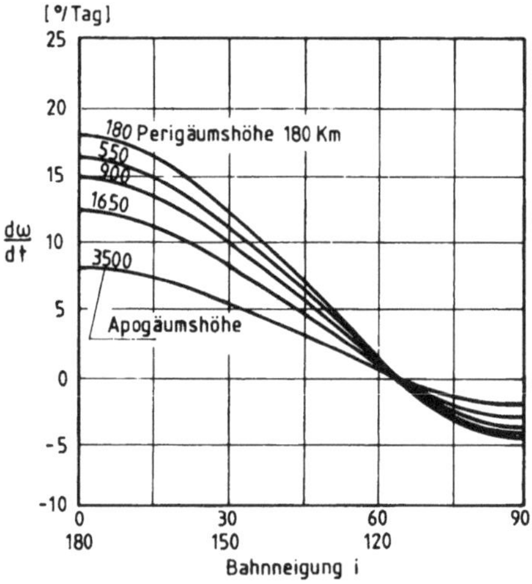

Abb. 3.16. sowie Perigäumsumlauf (3.16) (nach Bate 1971)

Bahndrehimpulsvektor präzediert um die Hauptträgheitsachse der Erde, d.h. die Bahnebene und die Knoten bewegen sich in westlicher Richtung bei direkten Bahnen und in östlicher Richtung bei retrograden. Bahnen.

Das Diagramm Abb. 3.15 vermittelt einen Eindruck von der Größenordnung der Knotenbewegung. Für niedrige Bahnen <200 km und niedrige Inklinationen kann der Effekt 9°/Tag erreichen. Bei Polbahnen entfällt die Knotenpräzession, wenn von sonstigen Massenunregelmäßigkeiten abgesehen wird.

Den Effekt der Knotenpräzession macht man sich zunutze, um z.B. bei Erderkundungssatelliten bestimmte Überdeckungsraten zu erreichen oder um sonnensynchrone Bahnen zu erzielen. Unerwünschte Knotenbewegungen können zu ungleichmäßigen Überdeckungen führen, z.B. beim Navigationssystem NNSS (vgl. [6.2]).

Ein weiterer Einfluß, der von der Erdabplattung hervorgerufen wird, ist die Wanderung $d\omega/dt$ der Apsidenlinie, die bei exzentrischen Bahnen auftritt. Abb. 3.16 vermittelt hierzu einen Eindruck für Bahnen mit einer Perigäumshöhe von etwa 190 km und unterschiedlichen Apogäumshöhen. Es läßt sich ablesen, daß für $i < 63{,}4^\circ$ oder $i > 116{,}6^\circ$ die Apsidenlinie in Richtung der Satellitenbewegung wandert. Für Inklinationen $63{,}4^\circ < i < 116{,}6^\circ$ ist die Wanderung entgegen der Satellitenbewegung. Auch diese Eigenschaft kann man sich bei der Planung von Satellitenmissionen zu Nutze machen, wenn die Bahnneigung genügend unterschiedlich zu $63{,}4^\circ$ ist. Für die "kritische

Inklination" $i \approx 63\overset{\circ}{,}4$ [3.2.2.2] ist eine Voraussage über die Bewegungsrichtung schwierig, da die entsprechenden Reihenentwicklungen divergent sind. (*Izsak* 1962)

3.2.2.1 Störungsgleichungen und Geopotential

Um detailliertere Aussagen über den Zusammenhang zwischen dem anomalen Gravitationspotential der Erde und Störungen der Satellitenbahn treffen zu können, ist es hilfreich, die aus der physikalischen Geodäsie bekannte *Kugelfunktionsentwicklung* des Potentials der Massenverteilung eines Zentralkörpers heranzuziehen (*Torge* 1980)

$$V = \frac{GM}{r}\left(1 + \sum_{n=1}^{\infty}\sum_{m=0}^{n}\left(\frac{a_e}{r}\right)^n (C_{nm}\cos m\lambda + S_{nm}\sin m\lambda)P_{nm}(\cos\vartheta)\right) \tag{3.102}$$

Die harmonischen Koeffizienten C_{nm}, S_{nm} sind Maßzahlen für die innere Massenverteilung des Zentralkörpers, a_e ist der Äquatorradius und P_{nm} sind die sogenannten *Legendreschen Polynome*. Eine weiterführende Diskussion von (3.102) erfolgt in Kapitel [11.2].

Der 1. Term $\frac{GM}{r}$ stellt das Potential eines Zentralfeldes (homogene Kugel) dar, es entspricht damit der Keplerbewegung und heißt auch *Kepler-Term*. Die restlichen Glieder in der doppelten Summation entsprechen nach (3.96) dem Störpotential R. Wenn außerdem der Ursprung des Koordinatensystems mit dem Massenzentrum des Zentralkörpers zusammenfällt, werden die Terme mit $n = 1$ und $m = 0, 1$ zu Null, so daß gilt

$$R = \frac{GM}{r}\left(\sum_{n=2}^{\infty}\sum_{m=0}^{n}\left(\frac{a_e}{r}\right)^n (C_{nm}\cos m\lambda + S_{nm}\sin m\lambda)P_{nm}(\cos\vartheta)\right). \tag{3.103}$$

Die Koeffizienten mit $m = 0$ heißen zonal
$m \neq 0$ tesseral
und $m = n$ sektorial.

Für die weiteren Entwicklungen muß die Potentialdarstellung (3.103) für R als Funktion der Bahnelemente ausgedrückt und nach den Bahnelementen differenziert werden, um in die Störungsgleichungen (3.98) eingesetzt werden zu können. Die hiermit zusammenhängenden Transformationen und Darstellungen sind ziemlich umfangreich und werden nachstehend nur in den wesentlichen Schritten und Ergebnissen zusammengefaßt. Ausführliche Herleitungen und Diskussionen findet man bei *Kaula* (1966) sowie bei *Mueller* (1964), *Arnold* (1970), *Groten* (1979). Eine knappe und klare Zusammenfassung gibt *Khan* (1983).

Im ersten Schritt wird das Störpotential

$$R = \sum_{n=2}^{\infty} \sum_{m=0}^{n} R_{nm} \tag{3.104}$$

als Funktion der Bahnelemente umgeschrieben

$$R_{nm} = \frac{GMa_e^n}{a^{n+1}} \sum_{p=0}^{n} F_{nmp}(i) \sum_{q=-\infty}^{+\infty} G_{npq}(e) S_{nmpq}(\omega, \overline{M}, \Omega, \theta) \tag{3.105}$$

θ ist die Greenwicher Sternzeit. Für die einzelnen Funktionen gelten die folgenden Definitionen

$$F_{nmp}(i) = \sum_t \frac{(2n-2t)!}{2^{2n-2t}(n-m-2t)!n!} \sin^{n-m-2t} i$$
$$\sum_{s=0}^{m} \binom{m}{s} \cos^s i \sum_c \binom{n-m-2t+s}{c} \binom{m-s}{p-t-c} (-1)^{c-k} \tag{3.106}$$

mit den Summationsregeln (*Kaula* 1966)

t wird von 0 bis zum jeweils kleineren Wert von p oder k summiert, wobei k der ganzzahlige Teil von $(n-m)/2$ ist, also

$$0 \le t \le \begin{Bmatrix} p \\ k = (n-m)/2 \\ k = (n-m-1)/2 \end{Bmatrix} \quad \text{für} \quad \begin{Bmatrix} p < (n-m)/2 \\ p \ge (n-m)/2 \\ p \ge (n-m-1)/2 \end{Bmatrix}.$$

c wird über alle Werte summiert, bei denen die Binomialkoeffizienten von Null verschieden sind, also (*Khan* 1983)

$$\begin{matrix} p-t \le m-s \\ p-t \ge m-s \end{matrix} \Bigg] \quad \text{dann} \quad \begin{Bmatrix} 0 \\ p-t-m+s \end{Bmatrix} \le c$$
$$\le \begin{Bmatrix} n-m-2t+s \\ p-t \end{Bmatrix} \quad \text{wenn} \quad \begin{bmatrix} p-t \ge n-m-2t+s \\ p-t \le n-m-2t+s \end{bmatrix}$$

Formel (3.106) ist für Computerrechnung geeignet. Eine Tabelle mit bereits ausgerechneten Ausdrücken für die *Neigungsfunktion* $F_{nmp}(i)$ bis zu den Koeffizienten $n = m = p = 4$ findet man z.B. bei *Kaula* (1966, S. 348).

Die *Exzentrizitätsfunktion* $G_{npq}(e)$ wird getrennt für lang- und kurzperiodische Terme definiert [3.2.2.2]. Für *langperiodische Terme*, die die mittlere Anomalie $\overline{M}$ nicht enthalten, gilt $n - 2p + q = 0$ oder $q = 2p - n$ und

$$G_{np(2p-n)}(e) = \frac{1}{(1-e^2)^{n-1/2}} \sum_{d=0}^{p'-1} \binom{n-1}{n+2d-2p'} \binom{n+2d-2p'}{d} \left(\frac{e}{2}\right)^{n+2d-2p'} \tag{3.107}$$

mit

$$p' = \begin{Bmatrix} p \\ n-p \end{Bmatrix} \quad \text{für} \quad \begin{matrix} p \le \frac{n}{2} \\ p \ge \frac{n}{2} \end{matrix}$$

Für *kurzperiodische Terme* wird $n - 2p + q \neq 0$, und die Exzentrizitätsfunktion wird komplizierter. Kaula gibt eine Lösung, die auf Entwicklungen von Tisserand (1889) beruht.

$$G_{npq}(e) = (-1)^{|q|}\left(1 + \frac{e^2}{(1+\sqrt{1-e^2})^2}\right)^n \left(\frac{e}{1+\sqrt{1-e^2}}\right)^{|q|} \cdot \sum_{k=0}^{\infty} P_{npqk} Q_{npqk} \left(\frac{e}{1+\sqrt{1-e^2}}\right)^{2k} \tag{3.108}$$

mit

$$P_{npqk} = \sum_{r=0}^{h} \binom{2p'-2n}{h-r} \left(\frac{(n-2p'+q')(1+\sqrt{1-e^2})}{2}\right)^r \frac{(-1)^r}{r!}$$

und der Summationsregel

$$h = \begin{Bmatrix} k+q' \\ k \end{Bmatrix} \text{ für } \begin{matrix} q' > 0 \\ q' < 0 \end{matrix}$$

sowie

$$Q_{npqk} = \sum_{r=0}^{h} \binom{-2p'}{h-r} \left(\frac{(n-2p'+q')(1+\sqrt{1-e^2})}{2}\right)^r \frac{1}{r!}$$

und der Summationsregel

$$h = \begin{Bmatrix} k \\ k-q' \end{Bmatrix} \text{ für } \begin{matrix} q' > 0 \\ q' < 0. \end{matrix}$$

Für beide Summationen gilt

$$p' = \begin{Bmatrix} p \\ n-p \end{Bmatrix} \text{ und } q' = \begin{Bmatrix} q \\ -q \end{Bmatrix} \text{ für } \begin{matrix} p \leq n/2 \\ p \geq n/2 \end{matrix}.$$

Auch für die Exzentrizitätsfunktionen $G_{npq}(e)$ nach (3.107) und (3.108) lassen sich berechnete Ausdrücke aus Tabellen entnehmen (*Kaula* 1966, S. 38).

Schließlich gilt für die Funktionen der restlichen Bahnparameter in Verbindung mit den Potentialkoeffizienten die Definition

$$\begin{aligned} S_{nmpq}(\omega, \overline{M}, \Omega, \theta) = {} & \begin{pmatrix} C_{nm} \\ -S_{nm} \end{pmatrix} \begin{matrix} n-m \text{ gerade} \\ n-m \text{ ungerade} \end{matrix} \\ & \times \cos((n-2p)\omega + (n-2p+q)\overline{M} + m(\Omega - \theta)) \\ & + \begin{pmatrix} S_{nm} \\ C_{nm} \end{pmatrix} \begin{matrix} n-m \text{ gerade} \\ n-m \text{ ungerade} \end{matrix} \\ & \times \sin((n-2p)\omega + (n-2p+q)\overline{M} + m(\Omega - \theta)). \end{aligned} \tag{3.109}$$

Im zweiten Schritt müssen die Ausdrücke (3.105) nach den Bahnelementen differenziert und in die Störungsgleichungen (3.98) eingesetzt werden. Dies führt zu (*Kaula* 1966, *Khan* 1983, *Mueller* 1964)

$$
\begin{aligned}
\frac{d\Omega_{nmpq}}{dt} &= \frac{GMa_e^n F'_{nmp} G_{npq} S_{nmpq}}{\bar{n}a^{n+3}\sqrt{1-e^2}\sin i} \\
\frac{di_{nmpq}}{dt} &= \frac{GMa_e^n F_{nmpq} G_{npq} S'_{nmpq}}{\bar{n}a^{n+3}\sqrt{1-e^2}\sin i}((n-2p)\cos i - m) \\
\frac{d\omega_{nmpq}}{dt} &= GMa_e^n \left(\frac{\sqrt{1-e^2}}{e} F_{nmp} G'_{npq} - \frac{\cot i}{\sqrt{1-e^2}} F'_{nmp} G_{npq}\right)\frac{S_{nmpq}}{\bar{n}a^{n+3}} \\
\frac{da_{nmpq}}{dt} &= \frac{2GMa_e^n F_{nmp} G_{npq} S'_{nmpq}}{\bar{n}a^{n+2}}(n-2p+q) \\
\frac{de_{nmpq}}{dt} &= \frac{GMa_e^n F_{nmp} G_{npq} S'_{nmpq}}{\bar{n}a^{n+3}e}((1-e^2)(n-2p+q) - \sqrt{1-e^2}(n-2p)) \\
\frac{d\bar{M}_{nmpq}}{dt} &= \frac{GMa_e^n F_{nmp} S_{nmpq}}{\bar{n}a^{n+3}}\left(2(n+1)G_{npq} - \frac{1-e^2}{e} G'_{npq}\right) + \bar{n}.
\end{aligned}
\tag{3.110}
$$

Mit den Gleichungen (3.110) ist eine Beziehung zwischen den Potentialkoeffizienten S_{nm}, C_{nm} und den Veränderungen in den Bahnelementen hergestellt. Die Größe $\bar{n}$ ist die mittlere Bewegung aus (3.51). Die Funktionen S', G', F' sind Ableitungen nach den jeweiligen Argumenten.

Die Integration der Störungsgleichungen über ein bestimmtes Zeitintervall führt dann für einen spezifischen *nmpq*-Term der Störungsfunktion R zur Form (3.111). Hierbei wird vorausgesetzt, daß die Abhängigkeit der einzelnen Störung vom Effekt einer anderen Störung vernachlässigbar klein ist, so daß eine Approximation 1. Ordnung ausreicht. Für das Potential der Erde trifft dies zu. Mit

$$\dot{\psi}_{nmpq} = (n-2p)\dot{\omega} + (n-2p+q)\dot{\bar{M}} + m(\dot{\Omega} - \dot{\theta}),$$

d.h. wenn für ω, Ω und $\bar{M}$ nur zeitlich monotone Änderungen in Betracht gezogen werden [3.2.2.2] und mit dem Symbol $\bar{C}_{nmpq}$ als Integral von C_{nmpq} folgt (*Mueller* 1964, *Khan* 1983)

$$
\begin{aligned}
\Delta\Omega_{nmpq} &= GMa_e^n \frac{F'_{nmp} G_{npq} \bar{C}_{nmpq}}{\bar{n}a^{n+3}\sqrt{1-e^2}\sin i\,\dot{\psi}_{nmpq}} \\
\Delta i_{nmpq} &= GMa_e^n \frac{F_{nmp} G_{npq}((n-2p)\cos i - m) C_{nmpq}}{\bar{n}a^{n+3}\sqrt{1-e^2}\sin i\,\dot{\psi}_{nmpq}} \\
\Delta\omega_{nmpq} &= GMa_e^n \frac{(e^{-1}\sqrt{1-e^2} F_{nmp} G'_{npq} - \cot i\sqrt{1-e^e} F'_{nmp} G_{npq})\bar{C}_{nmpq}}{\bar{n}a^{n+3}\dot{\psi}_{nmpq}} \\
\Delta a_{nmpq} &= GMa_e^n \frac{2F_{nmp} G_{npq} C_{nmpq}(n-2p+q)}{\bar{n}a^{n+2}\dot{\psi}_{nmpq}} \\
\Delta e_{nmpq} &= GMa_e^n \frac{F_{nmp} G_{npq} C_{nmpq}((1-e^2)(n-2p+q) - \sqrt{1-e^2}(n-2p))}{\bar{n}a^{n+3}e\dot{\psi}_{nmpq}} \\
\Delta\bar{M}_{nmpq} &= GMa_e^n \frac{F_{nmp}\bar{C}_{nmpq}(2(n+1)G_{npq} - (1-e^2)e^{-1}G'_{npq})}{\bar{n}a^{n+3}\dot{\psi}_{nmpq}}.
\end{aligned}
\tag{3.111}
$$

Die Gesamtstörung aufgrund des Störportentials R ergibt sich dann als Approximation 1. Ordnung durch lineare Überlagerung der Einzelstörungen

$$\begin{aligned} \Delta\Omega(t) &= \sum_{nmpq} \Delta\Omega_{nmpq}(t) \\ \Delta i(t) &= \sum_{nmpq} \Delta i_{nmpq}(t) \\ &\vdots \end{aligned} \tag{3.112}$$

Formeln für entsprechende Störungsgleichungen ausgedrückt in Hill'schen Parametern findet man bei *Lelgemann* (1979).

3.2.2.2 Störungen in den Elementen

Die Ausformulierung der Gleichungen (3.110) und (3.111) in algebraischer Form ist reichlich mühsam. Hierdurch wird aber ermöglicht, einen qualitativen und quantitativen Zusammenhang zwischen den harmonischen Koeffizienten und der Natur der Störungen abzulesen.

Es hat sich als zweckmäßig erwiesen, die Bahnstörungen entsprechend ihren zeitlichen Perioden in drei Gruppen einzuteilen, in die *säkularen* (linear fortschreitenden), *langperiodischen* und *kurzperiodischen* Störungen. Die Anteile können sich dabei überlagern (Abb. 3.17).

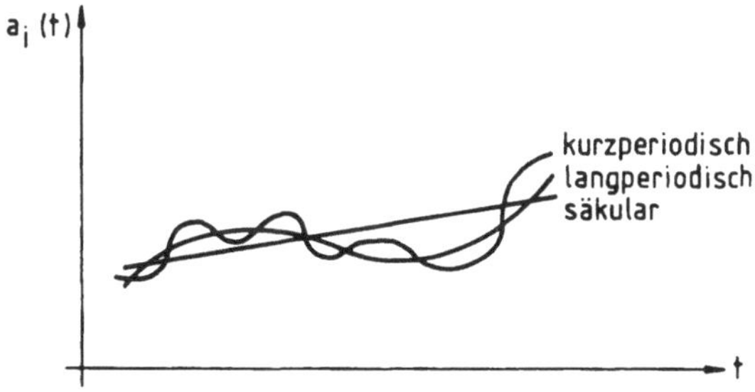

Abb. 3.17. Störungsanteile in der Elementen

Die zeitlichen Änderungen der Störungen werden nach (3.105) durch die Funktion $S_{nmpq}(\omega, \overline{M}, \Omega, \theta)$ beschrieben. Die Art der Störungen richtet sich demnach nach dem zeitlichen Verhalten des Arguments für S_{nmpq} in (3.109) also nach

$$\dot{\psi}_{nmpq} = (n-2p)\dot{\omega} + (n-2p+q)\dot{\overline{M}} + m(\dot{\Omega} - \dot{\theta}). \tag{3.113}$$

Die Gleichung (3.113) gibt damit das gesamte Spektrum der Frequenzen an, die durch die *nmpq*-Terme angeregt werden können. Man kann zeigen, daß die Störungen in den Bahnelementen die gleichen Frequenzen enthalten wie die Funktion S_{nmpq} (*Arnold* 1970).

Wenn $n - 2p = n - 2p + q = m = 0$ ist, wird das gesamte Winkelargument

$$\psi = (n - 2p)\omega + (n - 2p + q)\overline{M} + m(\Omega - \theta) \tag{3.114}$$

in Gleichung (3.105) zu Null. Solche *nmpq*-Kombination ergeben folglich nur säkulare Störungen. Aus der Bedingung $m = 0$ erkennt man, daß nur die zonalen Kugelfunktionen $C_{n,0}$ säkulare Störungen hervorrufen können. Der Einfluß der tesseralen und sektoriellen Kugelfunktionen wird also kleiner sein, als der der zonalen Kugelfunktionen.

Die beiden wichtigsten *säkularen Bahnstörungen* sind zu Beginn von [3.2.2] bereits erwähnt und in Abb. 3.14–3.16 verdeutlich worden. Es sind dies die durch die Erdabplattung, d.h. durch die zonale Harmonische 2. Ordnung hervorgerufene Drehung der Knoten- und Apsidenlinie. Weiterhin unterliegt $\overline{M}$ säkularen Störungen. Dies läßt sich aus (3.114) in Verbindung mit der Störungsgleichung (3.105) ableiten.

Für $n = 2, m = 0, p = 1, q = 0$ folgt (*Arnold* 1970, *Goad* 1977)

$$\begin{aligned}
\frac{d\Omega}{dt} &= C_{20}\frac{3\bar{n}a_e^2}{2a^2(1-e^2)^2}\cos i \\
\frac{d\omega}{dt} &= C_{20}\frac{3\bar{n}a_e^2}{4a^2(1-e^2)^2}(1 - 5\cos^2 i) \\
\frac{d\overline{M}}{dt} &= \bar{n} - C_{20}\frac{3\bar{n}a_e^2}{4a^2\sqrt{(1-e^2)^3}}(3\cos^2 i - 1) \\
\frac{di}{dt} &= \frac{da}{dt} = \frac{de}{dt} = 0
\end{aligned} \tag{3.115}$$

Säkulare Störungen in i, a und e werden durch C_{20} nicht hervorgerufen.

Da C_{20} etwa um den Faktor 10^3 größer ist als jeder andere Potentialkoeffizient, repräsentieren die säkularen Terme mit C_{20} sehr genau die säkularen Veränderungen der Elemente $\Omega, \omega, \overline{M}$. Diese Veränderungen können als "Referenzwerte" benutzt werden und repräsentieren eine säkular präzedierende Keplerellipse $(a, e, i, \dot{\Omega}, \dot{\omega}, \dot{\overline{M}})$. Alle anderen Störungen können als Abweichungen hiervon dargestellt werden. Eine derartige Vorgehensweise ist beispielsweise erforderlich, wenn es um die Analyse von sehr kleinen Störeinflüssen durch geodynamische Effekte (z.B. Gezeiten) geht.

Aus (3.115) läßt sich ableiten, daß für $\cos i \approx \pm\frac{\sqrt{5}}{5}$ oder $i \approx 63\overset{\circ}{,}4;\ 116\overset{\circ}{,}6$ die Veränderung von ω gegen Null geht. Diese Situation heißt *kritische Inklina-*

tion. Das Verhalten der Bahn läßt sich dann nicht mehr mit elementaren Methoden vorhersagen. Weiterhin läßt sich erkennen, daß Satelliten in Polarbahnen ($i = 90°$) keine Knotenbewegung aufgrund von C_{20} haben. Für $i < 90°$ entsteht Knotenrücklauf und für $i > 90°$ Knotenvorschreiten.

Langperiodische Störungen haben oft Wellenlängen von mehreren 100 Tagen. Sie werden durch $\dot{\omega}$ also durch die Bewegung der Apsidenlinie hervorgerufen. Sie treten auf, wenn in (3.105) unter Betrachtung von (3.114)

$$n - 2p \neq 0, \qquad n - 2p + q = 0, \qquad m = 0 \tag{3.116}$$

wird. Wegen $m = 0$ stehen langperiodische Störungen mit den zonalen Kugelfunktionen im Zusammenhang. Es läßt sich zeigen, daß die geraden harmonischen Koeffizienten säkulare Veränderungen in Ω, ω und $\overline{M}$ und langperiodische Veränderungen in e und i hervorrufen.

Die ungeraden zonalen Harmonischen erzeugen langperiodische Veränderungen in Ω, ω, i, e und $\overline{M}$ (Khan 1983). Wegen der jeweils überwiegenden Einflüsse werden die geraden zonalen harmonischen Koeffizienten im allgemeinen aus säkularen Störungen in Ω und ω und die ungeraden aus Veränderungen in e und i bestimmt.

Die zunächst getroffene Annahme, daß nur Störungen 1. Ordnung von Bedeutung sind, muß für genaue Analysen eingeschränkt werden. Da der Term C_{20} die sonstigen Terme um den Faktor 10^3 übersteigt, dürfen die durch ihn hervorgerufenen Störungen in den Bahnelementen bei der Integration nicht vernachlässigt werden. Es müssen dann die nichtlinearen Terme C_{20}^2 und ggf. $C_{20}\,C_{30}$, $C_{20}\,C_{40}$ etc. mitgeführt werden. Nähere Ausführungen zur Behandlung nichtlinearer Störungen findet man bei *Kaula* (1966, S. 41 ff).

Kurzperiodische Störungen treten gemäß (3.114) auf für

$$n - 2p + q \neq 0 \qquad \text{und/oder} \qquad m \neq 0. \tag{3.117}$$

Die durch das Gravitationsfeld der Erde hervorgerufenen kurzperiodischen Störungen haben also Perioden, die mit der Umlaufzeit der Satelliten (über $\overline{M}$) und mit der Erddrehung (über $\Omega - \theta$) zusammenhängen. Ein tesseraler Koeffizient der Ordnung m wird wegen $m(\dot{\Omega} - \dot{\theta})$ in (3.113) Störungen von m Zyklen pro Tag hervorrufen.

Entsprechende *nmpq* Kombinationen heißen *m-tägliche Terme* (*Goad* 1977). Da die Bedingung $m = 0$ nicht auftritt, ist die Analyse kurzperiodischer Störungen zur Bestimmung der tesseralen und sektoriellen Kugelfunktionskoeffizienten geeignet. Die längste Periode einer tesseralen Harmonischen der Ordnung $m = 1$ ist 1 Tag. Dies bedeutet, daß die benutzten Satellitenbögen und die Rechenmethoden empfindlich genug sein müssen, um kurzperiodische Störungen zu erfassen.

Mit $\dot{\psi}_{nmpq}$ nach (3.113) lassen sich die für bestimmte Indexkombinationen möglichen Perioden ableiten

$$P_{nmpq} = \frac{2\pi}{|\dot{\psi}_{nmpq}|}. \tag{3.118}$$

Unter Anwendung der Beziehungen (3.111) können die für einzelne Elemente möglichen Typen von Störungen identifiziert werden. Die Gesamtstörungen setzen sich dann zusammen aus ggf. säkularen Störungen und periodischen Störungen, deren Perioden sich aus rationalen Vielfachen der Perioden von Erddrehung, Satellitenumlauf, Knotendrehung, Drehung der Apsidenlinie oder von Kombinationen dieser Perioden ergeben. Eine vereinfachte tabellarische Übersicht ist in Tab. 3.2 gegeben. In Tab. 3.5 [3.2.4] läßt sich beispielhaft die Auswirkung von Störungen auf Bahnelemente quantitativ ersehen.

Tab. 3.2. Charakteristik von Elementenstörungen

	Störungen		
Parameter	säkular	langperiodisch	kurzperiodisch
a	–	–	×
e	–	×	×
i	–	×	×
Ω	×	×	×
ω	×	×	×
$\overline{M}$	×	×	×

3.2.2.3 Störbeschleunigungen aufgrund zonaler Koeffizienten J_n

Um die Auswirkung des anomalen Erdschwerefeldes auf bestimmte Satellitenbahnen abzuschätzen, genügt es oft, die Beschleunigungen aufgrund der ersten zonalen Koeffizienten zu berechnen. Hierzu kann die Potentialentwicklung (3.102) vereinfacht werden, wobei in der Satellitengeodäsie oft die Bezeichnung

$$C_{n0} = -J_n$$

verwendet wird. Es gilt dann

$$V = \frac{GM}{r}\left(1 - \sum_{n=2}^{\infty} J_n \left(\frac{a_e}{r}\right)^n P_n(\cos\vartheta)\right). \tag{3.119}$$

Mit der geozentrischen Breite L folgt (*Bate* u.a. 1971, S. 421)

$$V = \frac{GM}{r}\left(1 - \frac{J_2}{2}\left(\frac{a_e}{r}\right)^2 (3\sin^2 L - 1) + \frac{J_3}{2}\left(\frac{a_e}{r}\right)^3 (5\sin^3 L - 3\sin L)\right.$$
$$\left. - \frac{J_4}{8}\left(\frac{a_e}{r}\right)^4 (35\sin^4 L - 30\sin^2 L + 3)\right.$$

$$+\frac{J_5}{8}\left(\frac{a_e}{r}\right)^5(63\sin^5 L-70\sin^3 L+15\sin L)$$

$$-\frac{J_6}{16}\left(\frac{a_e}{r}\right)^6(231\sin^6 L-315\sin^4 L+105\sin^2 L-5)\bigg). \quad (3.120)$$

Mit den in Abb. 3.10 eingeführten Einheitsvektoren im Äquatorsystem $\boldsymbol{X}$, $\boldsymbol{Y}$, $\boldsymbol{Z}$ gilt für die Beschleunigung $\ddot{\boldsymbol{r}}$ (3.97)

$$\ddot{\boldsymbol{r}}=\nabla V=\frac{\partial V}{\partial x}\boldsymbol{X}+\frac{\partial V}{\partial y}\boldsymbol{Y}+\frac{\partial V}{\partial z}\boldsymbol{Z} \quad (3.121)$$

und damit für die Beschleunigungskomponenten $\ddot{x}$, $\ddot{y}$, $\ddot{z}$ am Satelliten mit den Koordinaten x, y, z

$$\begin{aligned}\ddot{x}=\frac{\partial V}{\partial x}=\frac{GMx}{r^3}\bigg(1&-J_2\frac{3}{2}\left(\frac{a_e}{r}\right)^2\left(5\frac{z^2}{r^2}-1\right)+J_3\frac{5}{2}\left(\frac{a_e}{r}\right)^3\left(3\frac{z}{r}-7\frac{z^3}{r^3}\right)\\&-J_4\frac{5}{8}\left(\frac{a_e}{r}\right)^4\left(3-42\frac{z^2}{r^2}+63\frac{z^4}{r^4}\right)\\&-J_5\frac{3}{8}\left(\frac{a_e}{r}\right)^5\left(35\frac{z}{r}-210\frac{z^3}{r^3}+231\frac{z^5}{r^5}\right)\\&+J_6\frac{1}{16}\left(\frac{a_e}{r}\right)^6\left(35-945\frac{z^2}{r^2}+3465\frac{z^4}{r^4}-3003\frac{z^6}{r^6}\right)+\ldots\bigg)\end{aligned} \quad (3.122)$$

$$\ddot{y}=\frac{\partial V}{\partial y}=\frac{y}{x}\ddot{x} \quad (3.123)$$

$$\begin{aligned}\ddot{z}=\frac{\partial V}{\partial z}=-\frac{GMz}{r^3}\bigg(1&+J_2\frac{3}{2}\left(\frac{a_e}{r}\right)^2\left(3-5\frac{z^2}{r^2}\right)\\&+J_3\frac{3}{2}\left(\frac{a_e}{r}\right)^3\left(10\frac{z}{r}-\frac{35}{3}\frac{z^3}{r^3}-\frac{r}{z}\right)\\&-J_4\frac{5}{8}\left(\frac{a_e}{r}\right)^4\left(15-70\frac{z^2}{r^2}+63\frac{z^4}{r^4}\right)\\&-J_5\frac{1}{8}\left(\frac{a_e}{r}\right)^5\left(315\frac{z}{r}-945\frac{z^3}{r^3}+693\frac{z^5}{r^5}-15\frac{r}{z}\right)\\&-J_6\frac{1}{16}\left(\frac{a_e}{r}\right)^6\left(315-2205\frac{z^2}{r^2}+4851\frac{z^4}{r^4}-3003\frac{z^6}{r^6}+\ldots\right).\end{aligned} \quad (3.124)$$

Werte für die niederen Harmonischen $J_n=-C_{n0}$ sind (*Torge* 1980)

$$J_2=1082{,}63\times10^{-6}$$

$$J_3=-2{,}54\times10^{-6}$$

$$J_4 = -1{,}62 \times 10^{-6}$$

$$J_5 = -0{,}23 \times 10^{-6}$$

$$J_6 = -0{,}55 \times 10^{-6}$$

3.2.3 Sonstige Störungen

Der überwiegende Störeinfluß bei erdnahen künstlichen Satelliten kommt vom nichtzentralen Gravitationsfeld der Erde. Die für die meisten geodätischen Anwendungen der Satellitenbeobachtungen erforderliche hohe Bahngenauigkeit verlangt jedoch, daß auch der Beschleunigungseinfluß sonstiger Störkräfte berücksichtigt oder zumindest in seiner Auswirkung abgeschätzt wird. Insbesondere gilt dies für die Gravitationswirkung von Sonne und Mond. Bei niedrigfliegenden Satelliten spielt auch der Strömungswiderstand der Atmosphäre eine wichtige Rolle.

3.2.3.1 Gravitationswirkung von Sonne und Mond

Unter der Voraussetzung, daß Sonne und Mond ebenso wie der Satellit als Punktmassen betrachtet werden dürfen, kann die Bewegungsgleichung (3.20) herangezogen werden

$$\ddot{\boldsymbol{r}} = -\frac{GM}{r^3}\boldsymbol{r}.$$

Mit den Bezeichnungen der Abb. 3.18 gelten für die an einem Satelliten mit einer zu vernachlässigenden Masse auftretenden Beschleunigungen folgende Beziehungen. Dabei ist X, Y, Z ein beliebiges, aber inertiales Bezugssystem.

Für die Beschleunigung des Satelliten wegen der Anziehung durch die Masse m_m des Mondes und die Masse m_E der Erde

$$\ddot{\boldsymbol{r}}_0 = G\left(-\frac{m_E}{|\boldsymbol{r}|^3}\boldsymbol{r} + \frac{m_m}{|\boldsymbol{\rho}_m|^3}\boldsymbol{\rho}_m\right), \tag{3.125}$$

für die Beschleunigung der Erdmasse m_E wegen der Anziehung durch m_m

$$\ddot{\boldsymbol{r}}_{0E} = G\frac{m_m}{|\boldsymbol{r}_m|^3}\boldsymbol{r}_m. \tag{3.126}$$

Gesucht ist die Relativbeschleunigung des Satelliten in bezug auf die Erde

$$\ddot{\boldsymbol{r}}_0 - \ddot{\boldsymbol{r}}_{0E} = \ddot{\boldsymbol{r}} = G\left\{\frac{m_m}{|\boldsymbol{\rho}_m|^3}\boldsymbol{\rho}_m - \frac{m_m}{|\boldsymbol{r}_m|^3}\boldsymbol{r}_m - \frac{m_E}{|\boldsymbol{r}|^3}\boldsymbol{r}\right\}. \tag{3.127}$$

Mit $|\boldsymbol{\rho}| = \rho$, $|\boldsymbol{r}| = r$ und $m_E = M$ sowie Verschiebung des Koordinatenursprungs in den Massenmittelpunkt der Erde gilt

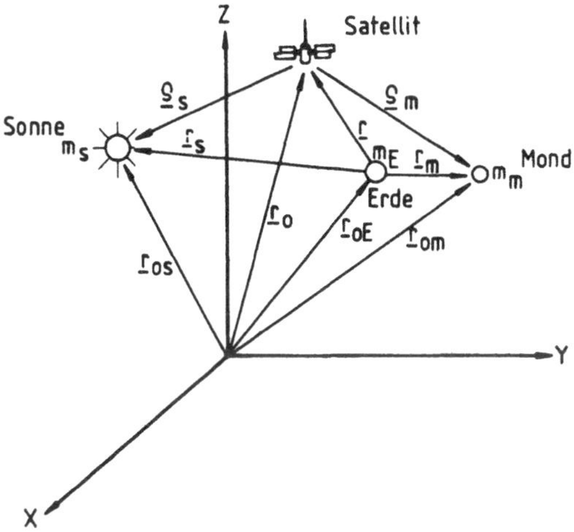

Abb. 3.18. Gravitationswirkung von Sonne und Mond auf einen Satelliten

$$\ddot{\boldsymbol{r}} = -\frac{GM}{r^3}\boldsymbol{r} + Gm_m\left(\frac{\boldsymbol{\rho}_m}{\rho_m^3} - \frac{\boldsymbol{r}_m}{r_m^3}\right). \tag{3.128}$$

Der erste Term beruht auf der Anziehung durch die Erde (als Zentralterm). Die zusätzliche Störbeschleunigung durch den Mond auf den Satelliten ist dann

$$\ddot{\boldsymbol{r}}_m = Gm_m\left(\frac{\boldsymbol{r}_m - \boldsymbol{r}}{(r_m - r)^3} - \frac{\boldsymbol{r}_m}{r_m^3}\right). \tag{3.129}$$

Für den Einfluß $\boldsymbol{r}_s$ durch die Sonne gilt entsprechend

$$\ddot{\boldsymbol{r}}_s = Gm_s\left(\frac{\boldsymbol{r}_s - \boldsymbol{r}}{(r_s - r)^3} - \frac{\boldsymbol{r}_s}{r_s^3}\right). \tag{3.130}$$

Zur Berechnung der Ausdrücke (3.129) und (3.130) müssen die Massen der Störkörper und ihre Positionen in einem geozentrischen Bezugssystem bekannt sein. Gebräuchliche Zahlenwerte sind

für die Sonnemasse $Gm_s \approx 1325 \cdot 10^8\ \mathrm{km^3\,s^{-2}}$
für die Mondmasse $Gm_m \approx 49 \cdot 10^2\ \mathrm{km^3\,s^{-2}}$.

Rechtwinklige Koordinaten von Mond und Sonne stehen auf Ephemeriden-Magnetbändern zur Verfügung oder können den Ephemeriden-Jahrbüchern (Nautical Almanac) entnommen werden. Die abgeleiteten einfachen Formeln gelten auch für jeden anderen Himmelskörper, so daß im Grundsatz auch Störeinflüsse durch Planeten auf künstliche Satelliten berechnet werden können. Die Einflüsse sind aber in der Regel zu vernachlässigen.

Um die Auswirkung der Störkräfte auf die Bahnelemente zu studieren, muß analog zu (3.105) das Störpotential des Himmelskörpers nach den Bahnelementen entwickelt, differenziert und in die Störungsgleichungen (3.98) eingesetzt werden. Entsprechende Ausdrücke für den Mond sind z.B. bei *Kozai* (1959, 1966) nachgewiesen.

Säkulare Bahnstörungen treten in ω und Ω auf. *Kozai* (1959) findet hierfür

$$\begin{aligned}\frac{d\omega}{dt} &= \frac{3}{4}\frac{n_m^2}{\bar{n}} m_m \frac{1}{\sqrt{1-e^2}}\left(2 - \frac{5}{2}\sin^2 i + \frac{1}{2}e^2\right)\left(1 - \frac{3}{2}\sin^2 i_m\right) \\ \frac{d\Omega}{dt} &= -\frac{3}{4}\frac{n_m^2}{\bar{n}} m_m \frac{\cos i}{\sqrt{1-e^2}}\left(1 + \frac{3}{2}e^2\right)\left(1 - \frac{3}{2}\sin^2 i_m\right)\end{aligned} \tag{3.131}$$

mit n_m, i_m als mittlere Bewegung des Mondes und Neigung der Mondbahn.

Weiterhin treten periodische Störungen in den Elementen Ω, ω, a, e, i auf, die mit den monatlichen und jährlichen Umläufen von Mond und Sonne zusammenhängen. Ausführliche Formelableitungen sind u.a. bei *Giacaglia* (1973) und *Fischer* (1977) nachgewiesen. Die durch Sonne und Mond hervorgerufenen Bahnstörungen können erhebliche Beträge erreichen (vgl. Tab. 3.4). Sie müssen in Bahnberechnungsprogrammen mitberücksichtigt werden. Die Störbeschleunigung auf einen GPS-Satelliten in 20000 km Höhe beträgt etwa $5 \cdot 10^{-6}$ m/s^2.

Es sei darauf hingewiesen, daß mit (3.128) die Grundgleichung für das Mehrkörperproblem der Himmelsmechanik gegeben ist.

3.2.3.2 Gezeiten der festen Erde und der Meere

Erd- und Meeresgezeiten verändern das Gravitationspotential der Erde und verursachen damit zusätzliche Beschleunigungen am Satelliten, die als *indirekte Gravitationswirkung* von Sonne und Mond angesehen werden können.

Die Störbeschleunigung aufgrund von Erdgezeiten beträgt am Satelliten (*Risoz* u. *Stolz* 1985)

$$\ddot{\mathbf{r}}_e = \frac{k_2}{2}\frac{Gm_d}{r_d^3}\frac{a_e^5}{r^4}(3 - 15\cos^2\theta)\frac{\mathbf{r}}{r} + 6\cos\theta\frac{\mathbf{r}_d}{r_d} \tag{3.132}$$

mit

m_d Masse des Störkörpers (Sonne, Mond)
$\mathbf{r}_d$ geozentrischer Positionsvektor des Störkörpers

θ Winkel zwischen geozentrischem Positionsvektor $\boldsymbol{r}$ zum Satelliten und $\boldsymbol{r}_d$

k_2 Love'sche Zahl zur Charakterisierung der Elastizität des Erdkörpers.

Die Störbeschleunigung für einen GPS-Satelliten ist mit 10^{-9} m/s^2 verhältnismäßig gering. Für niedrige Satelliten, z.B. STARLETTE [8.2] sind die Einflüsse entsprechend höher, so daß beispielsweise STARLETTE zur Analyse von Erdgezeiten genutzt wird. Ausführliche Formelentwicklungen findet man bei *Balmino* (1973).

Die Auswirkung ozeanischer Gezeiten auf Satellitenbahnen ist wegen der unregelmäßigen Küstenformen schwieriger zu modellieren. Aufgrund eines globalen Gezeitenmodells, z.B. *Henderschott* (1977), *Schwiderski* (1984) können für jeden Oberflächenpunkt P Gezeitenhöhen und daraus gezeitenbedingte Massenänderungen

$$dm_P = \rho_0 h(P, t)\, d\sigma \tag{3.133}$$

gerechnet werden. Hierbei sind ρ_0 die durchschnittliche Wasserdichte, t die Zeit und $d\sigma$ ein Flächenelement. Die durch diese Massenänderung hervorgerufene Potentialänderung (*Risoz* u. *Stolz* 1985)

$$\Delta U = \frac{G\, dm_P}{a_e} \sum_n (1 + k_n')P_{n0} \cos\psi \tag{3.134}$$

kann über die bekannte Störungsgleichung (3.103) mit Bahnstörungen in Beziehung gesetzt werden (*Goad* 1977) In (3.134) sind k_n' Deformationskoeffizienten, P_{n0} Legendresche Polynome und ψ der geozentrische Winkel zwischen Aufpunkt A und P.

Die Auswirkung der Meeresgezeiten auf Satellitenbahnen ist sehr gering. Stärkste Beeinflussung erfahren die Bahnneigung i und die Knotenlänge Ω. Bei Perioden von ~ 10 bis zu 100 Tagen bleiben die Einflüsse zumeist $< 0\overset{''}{,}1$ (*Goad* 1977). Für GPS-Satelliten liegen die angreifenden Störkräfte in der Größenordnung 10^{-9} m/s^2 ($\triangleq < 1$ m nach 2 Tagen). Zur Bahnanalyse von niedrig fliegenden Satelliten müssen die Gezeiteneinflüsse jedoch detailliert modelliert werden. Ausführliche Ableitungen und Diskussionen findet man bei *Lambeck* (1979), *Lambeck* u.a. (1973), *Goad* (1977).

3.2.3.3 Strömungswiderstand der Atmosphäre

Für niedrigfliegende Satelliten spielt als nicht-gravitative Störkraft der Strömungswiderstand der hohen Atmosphäre eine herausragende Rolle. Im englisch-sprachigen Schrifttum wird dieser Störeinfluß mit *Drag* bezeichnet.

Die aufgrund der Wechselwirkung zwischen Satellitenoberfläche und atmosphärischen Partikeln verursachten aerodynamischen Kräfte hängen ab von der

- Geometrie des Satelliten
- Satellitengeschwindigkeit
- Orientierung des Satelliten relativ zur Strömung
- Oberflächenbeschaffenheit des Satelliten
- Dichte, Temperatur und Zusammensetzung des atmosphärischen Gases.

Damit stellt sich die zutreffende mathematische Modellierung der auftretenden Kräfte als schwieriges Problem dar. Aufgrund langjähriger empirischer Forschung hat sich die nachstehende Gleichung als brauchbar erwiesen. Dabei wird die dem Atmosphärenwiderstand entgegengesetzte Beschleunigung $\ddot{\boldsymbol{r}}_D$ angesetzt

$$\ddot{\boldsymbol{r}}_D = -\frac{1}{2} C_D \rho(\boldsymbol{r}, t) \frac{A}{m_S} (\dot{\boldsymbol{r}} - \dot{\boldsymbol{r}}_a) \dot{\boldsymbol{r}} - \dot{\boldsymbol{r}}_a \tag{3.135}$$

mit

m_s	Masse des Satelliten
A	wirksamer Strömungsquerschnitt des Satelliten
C_D	satellitenspezifischer Widerstandsbeiwert
$\rho(\boldsymbol{r}, t)$	Atmosphärendichte in der Satellitenumgebung
$\boldsymbol{r}, \dot{\boldsymbol{r}}$	Orts- und Geschwindigkeitsvektor des Satelliten
$\dot{\boldsymbol{r}}_a$	Geschwindigkeit der Atmosphäre in der Satellitenumgebung.

Es wird angenommen, daß sich die Atmosphäre starr mit der Erde dreht, damit gilt für

$$\dot{\boldsymbol{r}}_a = \begin{pmatrix} \dot{x} + \dot{\theta} y \\ \dot{y} - \dot{\theta} x \\ \dot{z} \end{pmatrix}, \qquad \dot{\theta} = \text{Rotationsrate der Erde} \tag{3.136}$$

in einem geozentrischen äquatorialen Koordinatensystem.

Für einen kugelförmigen Satelliten ist $C_D = 1$. Für kompliziertere Oberflächenformen wie Zylinder, Kegel, Ebene gelten höhere Werte (*Cappelari* u.a. 1976).

Die Atmosphärendichte ρ variiert nicht allein mit der Höhe sondern mit der geographischen Position, Jahreszeit, Tageszeit, Sonnenaktivität und dem Geomagnetismus. Sie kann aufgrund geeigneter Modelle gerechnet werden, wobei Eingangsparameter für Sonnenaktivität und Geomagnetismus entsprechenden Veröffentlichungen entnommen werden müssen (z.B. "Solar Physical Data, NOAA"). Gebräuchliche Modelle wurden von *Jacchia* (z.B. 1971) aus Satellitenbahnstörungen abgeleitet und haben Eingang in die CIRA 72 Atmosphäre gefunden (Conventional International Reference Atmosphere).

Der Drageinfluß nimmt bei zunehmender Höhe sehr schnell ab. Tab. 3.3 vermittelt einen Eindruck von der mittleren Atmosphärendichte als Funktion der Höhe (*Cappellari* 1976).

Tab. 3.3. Dichte der hohen Atmosphäre

Höhe km	Dichte g/km^3	Höhe km	Dichte g/km^3
100	497400	600	0,08 –0,64
200	255 –316	700	0,02 –0,22
300	17 – 35	800	0,07 –0,01
400	2,2– 7,5	900	0,003–0,04
500	0,4– 2,0	1000	0,001–0,02

Die Dichte kann sich im Bereich der hohen Atmosphäre durch die Sonnenaktivität etwa um den Faktor 10 verändern. Die Störbeschleunigungskräfte am Satelliten variieren in diesem Bereich zwischen 10^{-3} und 10^{-9} m/s^2 (vgl. Abb. 3.20)

Da die Reibungskraft in Richtung der Bahnbewegung wirkt, wird vor allem die mittlere Anomalie $\overline{M}$ gestört werden. Aufgrund der Energiebilanz des Satelliten (3.59) nimmt mit der kinetischen Energie auch die Gesamtenergie und damit a ab. Aufgrund des 3. Keplerschen Gesetzes vergrößert sich durch die Reibungskraft folglich die Winkelgeschwindigkeit des Satelliten.

Für die Satelliten des TRANSITsystems mit etwa 1000 km Höhe können die Auswirkungen noch sehr erheblich sein [6.5.1]. Bei höher fliegenden Satelliten wie GPS spielt der Drag keine Rolle mehr.

3.2.3.4 Direkter und indirekter Strahlungsdruck der Sonne

Die von der Sonne ausgehende Partikelstrahlung wirkt zweifach auf den Satelliten, nämlich durch den direkten Strahlungsdruck und den von der Erde reflektierten Anteil (Albedo).

Die direkt durch die Sonneneinstrahlung auf den Satelliten ausgeübte Kraft ist proportional zur effektiven Satellitenoberfläche, zur Oberflächenreflektivität und zur Sonnenleuchtkraft, sowie umgekehrt proportional zur Lichtgeschwindigkeit und zum Quadrat der Entfernung zwischen Satellit und Sonne. Hieraus läßt sich die Störbeschleunigung zu

$$\ddot{\boldsymbol{r}}_{SP} = \nu P_s \frac{C_r O}{m} (AU)^2 \frac{(\boldsymbol{r} - \boldsymbol{r}_s)}{|\boldsymbol{r} - \boldsymbol{r}_s|^3} \tag{3.137}$$

ableiten (*Cappelari* u.a. 1976).

Hierin bedeuten

P_s	Sonnenkonstante (Verhältnis Strahlungsfluß zu Lichtgeschwindigkeit für die Astronomische Einheit)
(AU)	Astronomische Einheit ($1{,}5 \cdot 10^8$ km)
O/m	Oberflächen/Masse-Verhältnis des Satelliten
$\boldsymbol{r}, \boldsymbol{r}_s$	Ortsvektoren des Satelliten und der Sonne im raumfesten Äquatorsystem
C_r	Faktor für Reflexionseigenschaften der Satellitenoberfläche ($C_r = 1{,}95$ für Aluminium)
v	Schattenfunktion $v = 0$ Satellit im Erdschatten $v = 1$ Satellit im Sonnenlicht $0 < v < 1$ Satellit im Halbschatten.

Ein einfaches zylindrisches Schattenmodell genügt, um festzustellen, ob sich der Satellit im Erdschatten befindet (*Cappelari u.a.* 1976). Gemäß Abb. 3.19 befindet sich der Satellit im Sonnenlicht, wenn

$$D = \boldsymbol{r}'\boldsymbol{r}_s' > 0 \tag{3.138}$$

und im Schatten, wenn

$$D < 0$$

und

$$|\boldsymbol{S}_c| = |\boldsymbol{r}' - D\boldsymbol{r}_s'| < a_e \quad \text{ist.}$$

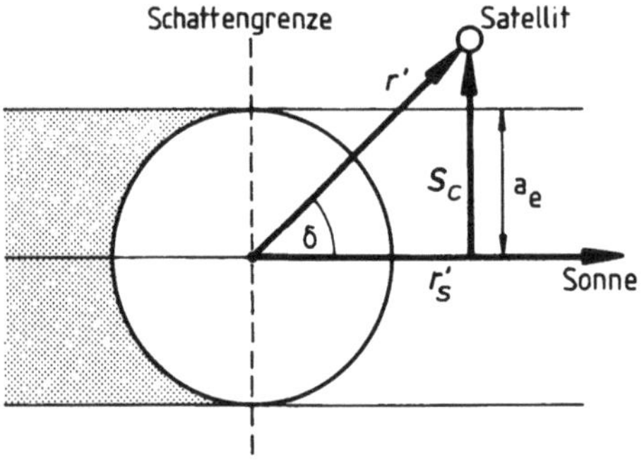

Abb. 3.19. Zylindrisches Schattenmodell zur Modellierung des Strahlungsdrucks der Sonne

a_e ist der Halbmesser des schattenbildenden Körpers (Erde); $\boldsymbol{r}_s'$ ist der Einheitsvektor zur Sonne. Für höhere Genauigkeitsansprüche genügt das angegebene einfache Modell nicht. Um Sprungstellen und damit Unstetigkeiten in der numerischen Bahnbehandlung beim Schattenübergang zu vermeiden, kann eine geeignete glättende Schattenübergangsfunktion für v gewählt werden. Zur Berücksichtigung unterschiedlicher Sonnenaktivität kann die "Sonnenkonstante" P_s variabel gehalten werden. Schließlich können detaillierte Modelle für komplizierte Satellitenoberflächen in Abhängigkeit von der Orientierung gegenüber der Sonne eingeführt werden.

Der Einfluß des direkten Strahlungsdruckes wirkt sich vor allem in Richtung der Bahnbewegung aus (along-track) und kann bereits nach wenigen Stunden die Größenordnung von mehr als 10 Metern erreichen.

Ein Teil der auf die Erde fallenden Sonneneinstrahlung wird reflektiert. Das Verhältnis der reflektierten Strahlung zum einfallenden Strahlungsfluß heißt *Albedo*. Wegen der wechselnden Verteilung von Land, Meer und Wolken ist der Albedoanteil nur schwer zu modellieren. Er liegt jedoch zumeist unter 10% der direkten Strahlung. Für GPS-Satelliten wurden nur 1% bis 2% abgeschätzt (*King* u.a. 1985), so daß die Beschleunigung aufgrund der Erdalbedo in der Regel vernachlässigt werden kann und nur bei der Berechnung sehr langer Bahnbögen zum Tragen kommt.

3.2.3.5 Weitere Störungen

Für sehr genaue Bahnanalysen können noch weitere Störkräfte in Betracht gezogen werden, deren Beschleunigungseinfluß am Satelliten zum Teil weit unter 10^{-9} m/s^2 liegt und deshalb bei Aufgaben der praktischen Satellitengeodäsie in der Regel unberücksichtigt bleiben kann. Hierzu gehören

- Reibung mit geladenen Partikeln der Hochatmosphäre
- Wärmestrahlung des Satelliten
- Aufheizeffekte am Schattenein- und -austritt
- Elektromagnetische Wechselwirkungen im geomagnetischen Feld
- Einwirkung von interplanetarischem Staub.

Eine Diskussion und Abschätzung derartiger Störkräfte findet man beispielsweise in der Studie *ESA* (1982).

Hingewiesen werden soll in diesem Zusammenhang auf das Auftreten von sogenannten *Scheinkräften*, wenn die Bewegungsgleichung nicht im raumfesten sondern in einem mitbewegten Bezugssystem formuliert wird (*Schneider* 1981, S. 30, *Reigber* 1974). Handelt es sich um ein gegenüber dem raumfesten System translatorisch beschleunigtes und/oder rotatorisch ungleichförmig bewegtes System, dann treten zusätzlich die

$$\begin{aligned} &\text{Zentrifugalkraft} \quad && \boldsymbol{Z} = -m\boldsymbol{d}' \times (\boldsymbol{d}' \times \boldsymbol{r}') \\ &\text{Kreiselkraft} && \boldsymbol{T} = -m\frac{\partial \boldsymbol{d}'}{\partial t} \times \boldsymbol{r}' \\ &\text{Corioliskraft} && \boldsymbol{C} = -2m\boldsymbol{d}' \times \frac{\partial \boldsymbol{r}'}{\partial t} \end{aligned} \tag{3.139}$$

auf, die ein Beobachter im ruhenden System nicht feststellen würde.

Aus der Bewegungsgleichung

$$m\frac{d^2\boldsymbol{r}}{dt^2} = \boldsymbol{K}(t, \boldsymbol{r}, \dot{\boldsymbol{r}}) \tag{3.140}$$

im unbewegten System folgt für das bewegte System, wenn $\boldsymbol{K}'$ die Kraft im rotierenden System, $\boldsymbol{r}'$ der Lagevektor im rotierenden System und $\boldsymbol{d}'$ der Rotationsvektor bedeuten, die Bewegungsgleichung (*Schneider* 1981)

$$m\frac{\partial^2\boldsymbol{r}'}{\partial t^2} = \boldsymbol{K}' - m\,\boldsymbol{d}' \times (\boldsymbol{d}' \times \boldsymbol{r}') - m\frac{\partial \boldsymbol{d}'}{\partial t} \times \boldsymbol{r}' - 2m\,\boldsymbol{d}' \times \frac{\partial \boldsymbol{r}'}{\partial t}. \tag{3.141}$$

Für die explizite Berechnung der durch die Scheinkräfte hervorgerufenen Störbeschleunigungen werden Ausdrücke für den Rotationsvektor $\boldsymbol{d}'$ und dessen Ableitungen nach der Zeit im bewegten System benötigt (*Reigber* 1974, 1981).

Relativistische Effekte liegen für die meisten Anwendungen der Satellitengeodäsie innerhalb der Beobachtungsgenauigkeit. In vielen Fällen heben sie sich durch das Meßverfahren heraus oder sie werden durch andere Parameter aufgefangen. Soweit relativistische Effekte bei einzelnen Meßverfahren eine Rolle spielen, wird darauf jeweils eingegangen (z.B. [7.4.3]). Mit Hinblick auf die Bahndynamik folgt aus der allgemeinen Relativitätstheorie, daß die Bahnelemente zusätzlichen säkularen Störungen unterliegen. Für erdnahe künstliche Satelliten sind diese Einflüsse erheblich höher als für Planeten (vgl. relativistische Periheldrehung bei Merkur). *Cugusi* und *Proverbio* (1978) geben entsprechende Formeln an und finden im Mittel für die geodätisch interessanten Satelliten

$10''$/Jahr für ω
$0\overset{''}{,}2$/Jahr für Ω
$0\overset{''}{,}2$/Jahr für $\overline{M}$.

Bei einigen Satellitensystemen können auch satelliteneigene, nichtgravitative Beschleunigungen aufgrund von *Schub* (thrust) oder *Lagekontrolle*(attitude control) entstehen, die bei Bahnanalysen mitberücksichtigt werden müssen. Schubkräfte treten bei Bahnkorrektionsmanövern auf. Neuere aktive Satellitensysteme, z.B. GPS [7.] verfügen über entsprechende Einrichtungen. Durch das Lagekontrollsystem kann die Orientierung des Satelliten im Raum verändert werden. Gebrauchsformeln zur Berücksichtigung dieser Effekte sind z.B. bei *Cappelari* (1976) nachgewiesen.

3.2.3.6 Resonanzeffekte

Wenn die Satellitenumlaufperiode mit der Erdumdrehungsgeschwindigkeit ein bestimmtes ganzzahliges Verhältnis bildet, dann verstärken sich gewisse nichtzonale Kugelfunktionskoeffizienten S_{nm}, C_{nm}, so daß es zu wesentlich größeren Amplituden in den Elementenstörungen kommt als dies normalerweise der Fall wäre. In geometrischer Interpretation treten Resonanzen dann auf, wenn aufeinanderfolgende Umläufe der Satelliten genau durch ein Intervall getrennt sind, das der Wellenlänge der betreffenden Kugelfunktionskoeffizienten entspricht. Nach einer bestimmten Anzahl von Umläufen wiederholt sich die Subsatellitenbahn, d.h. es wird dasselbe Gebiet überflogen, so daß die Satellitenbewegung in identischer Weise gestört wird. Dadurch tritt eine Vergrößerung der ursprünglichen Störung, der Resonanzeffekt ein. Ein Satellit mit ≈ m Umläufen/Tag wird folglich von dem tesseralen Koeffizienten C_{nm}, S_{nm} in resonanter Weise beeinflußt.

Mathematisch entstehen Resonanzen, wenn im Ausdruck (3.111) für die Bahnstörungen der Nenner (3.13) sehr klein wird

$$\dot{\psi}_{nmpq} = (n - 2p)\dot{\omega} + (n - 2p + q)\dot{\bar{M}} + m(\dot{\Omega} - \dot{\theta}) \approx 0. \tag{3.142}$$

Aufgrund der Beziehung (3.113) können Satellitenbahnen gezielt ausgewählt werden, um bestimmte tesserale Potentialkoeffizienten mit hoher Genauigkeit abzuleiten. Umgekehrt muß für Bahnberechnungen darauf geachtet werden, ob bestimmte Potentialterme höherer Ordnung größere Störungen durch Resonanzen hervorrufen können. Besonders niedrigfliegende Satelliten werden wegen der häufigeren Umläufe von kurzwelligen Strukturen des Geopotentials beeinflußt.

Wegen der besonderen Bahnauswahl für regelmäßig wiederholte Überdeckungen können gerade auch bei Erderkundungssatelliten Resonanzeffekte auftreten (*Dunn* 1981).

Soweit von unterschiedlichen Koeffizienten Resonanzen gleicher Phase und Amplitude hervorgerufen werden, lassen sich die Koeffizienten nur noch gemeinsam aus Bahnanalysen ableiten. Die Bestimmung dieser sogenannten *Lumped Koeffizienten* wird u.a. von *Klokocnik* (1982) diskutiert.

3.2.4 Auswirkung von Störungen auf ausgewählte Satellitenbahnen

Am Beispiel einiger typischer Bahnen für geodätisch nutzbare Satelliten soll die Auswirkung der Störkräfte auf die Satellitenbewegung gezeigt werden.

In etwa *1000* km *Bahnhöhe* befinden sich die TRANSITsatelliten, Altimetersatelliten (GEOS *C*, SEASAT *A*, ERS 1) sowie zahlreiche mit Laserreflektoren ausgerüstete Satelliten, die für die Bestimmung der Erdmodelle herangezogen werden.

In etwa *6000* km *Bahnhöhe* fliegt der “Laser Geodynamics Satellite” LAGEOS. Dieser Höhenbereich wurde auch für einen aktiven geodynamischen Satelliten (POPSAT) vorgeschlagen (*Reigber* u.a. 1983c).

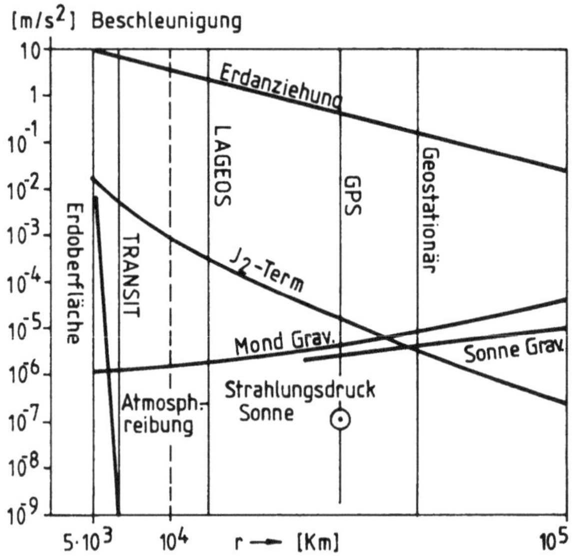

Abb. 3.20. Abhängigkeit verschiedener Störkräfte von der Satellitenbahnhöhe

In etwa *20000* km *Bahnhöhe* sind die für die praktische Satellitengeodäsie und Navigation wichtigen GPS-Satelliten angeordnet.

In Abb. 3.20 ist der Zusammenhang zwischen der Satellitenhöhe und den wichtigsten angreifenden Störkräften dargestellt (vgl. *Landau* u.a. 1986). Die Auswirkung einzelner Störkräfte auf die Bahn eines GPS Satelliten ist in Tabelle 3.4. nachgewiesen (*King* u.a. 1985)

Tab. 3.4. Auswirkung von Störbeschleunigungen auf die Bahn eines GPS-Satelliten

Störquelle	Störbeschleunigung m/s^2	Auswirkung auf die Bahn 3^h-Orbit	3-Tage Orbit
Zentralbeschleunigung (Vergleichswert)	0,56		
C_{20}	$5 \cdot 10^{-5}$	2 km	14 km
Sonstige Harmonische	$3 \cdot 10^{-7}$	50–80 m	100–1500 m
Gravitationswirkung von Sonne und Mond	$5 \cdot 10^{-6}$	5–150 m	1000–3000 m
Erdgezeiten	$1 \cdot 10^{-9}$	–	0,5–1,0 m
Meeresgezeiten	$1 \cdot 10^{-9}$	–	0,0–2,0 m
Strahlungsdruck der Sonne	$1 \cdot 10^{-7}$	5–10 m	100–800 m
Albedo	$1 \cdot 10^{-9}$	–	1,0–1,5 m

Schließlich soll noch die Auswirkung von Störkräften auf die einzelnen Bahnelemente eines GPS-Satelliten gezeigt werden. In Tab. 3.5 sind Abweichungen der tatsächlichen Bahn von einer Keplerreferenzbahn nach 4 Stunden aufgeführt (*Nakiboglu* u.a. 1985)

Tab. 3.5. Auswirkung von Störbeschleunigungen auf GPS Satelliten nach 4 Stunden

Bahnelemente	C_{20}	Geop. höherer Ordnung	Mond/Sonne	Strahlungsdruck Sonne
a	2600 m	20 m	220 m	5 m
e	1600 m	5 m	140 m	5 m
i	800 m	5 m	80 m	2 m
Ω	4800 m	3 m	80 m	5 m
$\omega + \bar{M}$	1200 m	4 m	500 m	10 m

3.3 Bahnbestimmung

Grundaufgabe der Bahnbestimmung ist es, aus Beobachtungen oder aus a priori bekannten Informationen die Parameter zur Beschreibung von Bahnen abzuleiten. Die grundlegenden Zusammenhänge zur Lösung dieser Aufgabe wurden in [3.1] und [3.2] entwickelt. In diesem Kapitel werden einige vertiefende und ergänzende Hinweise gegeben.

In der klassischen Himmelsmechanik wird die Bahnbestimmung aus Gründen der Rechenvereinfachung im allgemeinen in die

- Erste Bahnbestimmung ohne Überbestimmung und die
- Bahnverbesserung unter Einbeziehung aller Beobachtungen

eingeteilt. Durch die *Erste Bahnbestimmung* wird dabei zumeist aus drei Richtungsbeobachtungen zu verschiedenen Zeiten eine vorläufige Bahn unter Vernachlässigung aller Störungen berechnet. Aus heutiger Sicht ist diese Einteilung wegen der verfügbaren elektronischen Rechenmöglichkeiten nicht mehr angemessen (*Beutler* 1982). Für manche Aufgabenstellungen genügt aber eine vereinfachte Bahnbestimmung ohne Berücksichtigung von Störungen oder unter Berücksichtigung mittlerer oskulierender Bahnelemente [3.3.1]. Dies gilt insbesondere für die Bahnvorhersage zur Aufstellung von Beobachtungsprogrammen, wobei lange Bahnbögen mit geringerer Genauigkeitsforderung benötigt werden.

Zur Parameterschätzung werden zumeist kürzere Bahnbögen mit sehr hoher Genauigkeit gefordert. Hier bieten sich heute unter Nutzung leistungsfähiger Rechenanlagen numerische Bahnintegrationsverfahren an [3.3.2.2]. Zum Studium des Bahnverhaltens und zur Auswahl geeigneter Satellitenbahnen sind nach wie vor analytische Betrachtungen erforderlich [3.3.2.1]. Bei der Auswertung von Satellitenbeobachtungen und bei der Nutzung von Bahnvorhersagen ist es oft notwendig, kurze Bahnstücke durch geeignete Glättungsalgorithmen zu repräsentieren [3.3.3].

3.3.1 Integration der ungestörten Bahn

Es wird unterschieden zwischen der nach Laplace benannten *Anfangswertaufgabe* und der nach Gauß benannten *Randwertaufgabe*. Bei der *Anfangswertaufgabe* geht es darum, aus Orts- und Geschwindigkeitsvektor $\boldsymbol{r}$, $\boldsymbol{v}$ des Flugkörpers zu einem bestimmten Zeitpunkt, z.B. Brennschlußgeschwindigkeit und – ort der Rakete, die Keplerelemente abzuleiten

$$\boldsymbol{r}, \boldsymbol{v} \rightarrow (a, e, i, \Omega, \omega, \overline{M}). \tag{3.143}$$

Eine besonders durchsichtige Ableitung dieser Beziehungen mit Hilfe des Bahnnormalenvektors $\boldsymbol{h}$, des Knotenvektors $\boldsymbol{n}$ und des Perigäumsvektors $\boldsymbol{e}$ wurde mit den Formeln (3.82) bis (3.85) bereits angegeben. Mit Hilfe der bekannten Keplerelemente kann dann für einen beliebigen späteren Zeitpunkt der Orts- und Geschwindigkeitsvektor des Satelliten bestimmt werden

$$(a, e, i, \Omega, \omega, \overline{M}) \rightarrow \boldsymbol{r}, \boldsymbol{v}. \tag{3.144}$$

Diese Aufgabe wird auch als *Ephemeridenrechnung* bezeichnet. Zur Lösung werden zunächst $\boldsymbol{r}$ und $\boldsymbol{v}$ im Bahnkoordinatensystem (Abb. 3.21) dargestellt

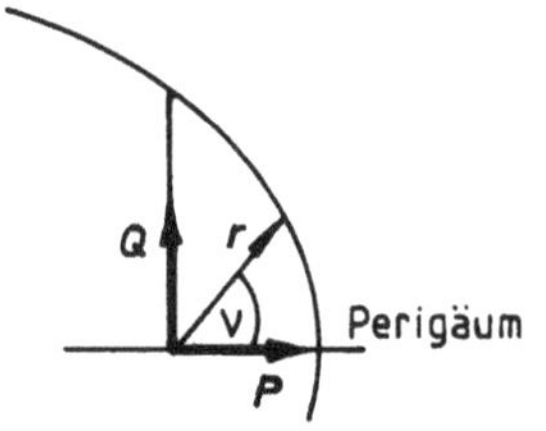

Abb. 3.21. Einheitsvektoren $\boldsymbol{P}$ und $\boldsymbol{Q}$ im Bahnkoordinatensystem

und dann in geozentrisch – äquatoriale Koordinaten umgeformt. Hierzu werden die beiden Einheitsvektoren $\boldsymbol{P}$ (in Richtung des Perigäums) und $\boldsymbol{Q}$ (senkrecht dazu) eingeführt. Bei bekannten Bahnelementen läßt sich sofort eine Beziehung für den Ortvektor $\boldsymbol{r}$ hinschreiben

$$\boldsymbol{r} = r \cos \nu \, \boldsymbol{P} + r \sin \nu \, \boldsymbol{Q}, \tag{3.145}$$

mit

$$r = \frac{p}{1 + e \cos \nu}. \tag{3.37}$$

Um $\boldsymbol{v}$ zu erhalten, wird (3.145) differenziert, wobei für die ungestörte Bewegung das Bahnkoordinatensystem als zeitinvariant angesehen werden kann, also $\dot{\boldsymbol{P}} = \dot{\boldsymbol{Q}} = 0$,

$$\boldsymbol{v} = \dot{\boldsymbol{r}} = (\dot{r}\cos v - r\dot{v})\boldsymbol{P} + (\dot{r}\sin v + r\dot{v}\cos v)\boldsymbol{Q}. \tag{3.146}$$

Aus den Bewegungsintegralen kennen wir die Beziehungen

$$h = rv = r^2\dot{v} \tag{3.63}$$

$$p = \frac{h^2}{GM}. \tag{3.69}$$

Damit folgt für die Ableitung von (3.37)

$$\dot{r} = \sqrt{\frac{GM}{p}}\, e\sin v \tag{3.147}$$

sowie

$$r\dot{v} = \sqrt{\frac{GM}{p}}(1 + e\cos v).$$

Durch Einsetzen in (3.146) und Vereinfachen folgt (*Bate* u.a. 1971, S. 72)

$$\boldsymbol{v} = \sqrt{\frac{GM}{p}}(-\sin v\,\boldsymbol{P} + (e\cos v)\boldsymbol{Q}). \tag{3.148}$$

Die Umrechnung von a in p erfolgt nach (3.2) und von $\overline{M}$ in v nach (3.53) und (3.54). Die Transformation in das äquatoriale System geschieht durch Rotationen. Elemente der Rotationsmatrix sind i, ω und Ω (vgl. (3.153) und Abb. 3.22).

Sehr gebräuchlich ist auch die nachstehende Form der Ephemeridenrechnung zur Ableitung von äquatorialen X_s, Y_s, Z_s Satellitenkoordinaten aus Bahnelementen

$$(a, e, i, \Omega, \omega, \overline{M}) \rightarrow X_s,\ Y_s,\ Z_s$$

1. Berechnung der exzentrischen Anomalie E aus der mittleren Anomalie $\overline{M}$ nach (3.54)

$$E = \overline{M} + \left(e - \frac{1}{8}e^3 + \frac{1}{192}e^5 - \frac{1}{9216}e^7\right)\sin\overline{M}\cdots$$

2. Berechnung der wahren Anomalie v aus der exzentrischen Anomalie E nach (3.53)

$$\tan v = \frac{\sqrt{1-e^2}\sin E}{\cos E - e}$$

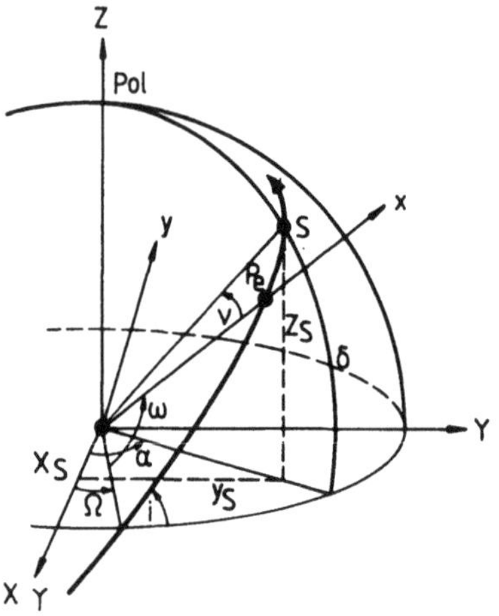

Abb. 3.22. Bahnkoordinatensystem und Äquatorsystem

3. Berechnung der Satellitenentfernung r vom Gravitationszentrum nach (3.48)

$$r = a(1 - e\cos E)$$

4. Berechnung von rechtwinkligen Koordinaten x_s, y_s des Satelliten im Bahnkoordinatensystem (Abb. 3.1) nach (3.5)

$$y_s = r\sin v$$

$$x_s = r\cos v$$

5. Berechnung der geozentrischen Koordinaten X_s, Y_s, Z_s des Satelliten im Äquatorsystem (Abb. 3.22), wobei in expliziter Darstellung der Übergang mit Hilfe der Kosinusbeziehungen zwischen den Achsen gelingt

$$\begin{aligned}
\cos(xX) &= -\cos i \sin\omega \sin\Omega + \cos\omega\cos\Omega \\
\cos(yX) &= -\cos i \cos\omega \sin\Omega - \sin\omega\cos\Omega \\
\cos(xY) &= \cos i \sin\omega \cos\Omega + \cos\omega\sin\Omega \\
\cos(yX) &= \cos i \cos\omega \cos\Omega - \sin\omega\sin\Omega \\
\cos(xZ) &= \sin i \cos\omega \\
\cos(yZ) &= \sin i \cos\omega
\end{aligned} \tag{3.149}$$

$$X_s = x_s \cos(xX) + y_s \cos(yX) = r \cos\delta \cos\alpha$$
$$Y_s = x_s \cos(xY) + y_s \cos(yY) = r \cos\delta \sin\alpha \tag{3.150}$$
$$Z_s = x_s \cos(xZ) + y_s \cos(yZ) = r \sin\delta .$$

Die Transformation (3.150) lautet in Matrizenschreibweise

$$\boldsymbol{X}_s = \boldsymbol{R}\boldsymbol{x}_s \tag{3.151}$$

mit $\boldsymbol{X}_s$, $\boldsymbol{x}_s$ als Ortsvektoren der Satellitenposition im geozentrischen bzw. im Bahnkoordinatensystem und der Rotationsmatrix (vgl. [2.1.1])

$$\boldsymbol{R} = \boldsymbol{R}_3(-\Omega)\boldsymbol{R}_1(-i)\boldsymbol{R}_3(-\omega). \tag{3.152}$$

Bei der Behandlung als *Randwertaufgabe* sind Beobachtungen zu verschiedenen Epochen gegeben. Dies können z.B.

Entfernungsbeobachtungen (Laser, GPS)
Entfernungsdifferenzen (TRANSIT-Doppler)
Richtungsbeobachtungen (Satellitenphotographie)

sein. Zur Lösung wird die Satellitenposition in einem kartesischen geozentrischen Koordinatensystem entsprechend Abb. 3.22 dargestellt. Es gilt der Zusammenhang

$$\begin{pmatrix} X_s \\ Y_s \\ Z_s \end{pmatrix} = r \begin{pmatrix} \cos(v+\omega)\cos\Omega - \sin(v+\omega)\sin\Omega\cos i \\ \cos(v+\omega)\sin\Omega + \sin(v+\omega)\cos\Omega\cos i \\ \sin(v+\omega)\sin i \end{pmatrix} \tag{3.153}$$

$$r = \frac{a(1+e^2)}{1+e\cos v}$$

Die Koordinaten X_s, Y_s, Z_s werden als Funktionen der Beobachtungen dargestellt. Damit lassen sich dann Beobachtungsgleichungen aufstellen, die einen funktionalen Zusammenhang zwischen Beobachtungen und den Bahnelementen als unbekannte Parameter angeben. Näherungswerte für die Unbekannten sind in der Regel aus Abschußbedingungen oder vorliegenden Ephemeriden bekannt.

3.3.2 Integration der gestörten Bewegungsgleichung

Die Integration der gestörten Bewegungsgleichung (3.90)

$$\ddot{\boldsymbol{r}} = -\frac{GM}{r^3}\boldsymbol{r} + \boldsymbol{k}_s$$

kann analytisch oder numerisch erfolgen.

Bei der *analytischen Bahnintegration* wird versucht, für alle zu berücksichtigenden angreifenden Kräfte algebraische Ausdrücke zu formulieren und diese geschlossen zu integrieren. Hierbei findet in der Regel eine Darstellung in Parameterform Anwendung, vorzugsweise in Keplerschen Bahnparametern.

Bei der *numerischen Bahnintegration* werden die angreifenden Kräfte für eine bestimmte Satellitenposition explizit berechnet und als Ausgangsinformation für eine schrittweise Integration verwendet. Es werden also direkt die Beschleunigungen integriert.

3.3.2.1 Analytische Verfahren der Bahnintegration

Für die ungestörte Keplerbewegung läßt sich die analytische Bahnintegration ohne Schwierigkeiten mit den Formeln aus [3.3.1] lösen. Für den Fall, daß ausschließlich Störungen aus dem Gravitationspotential des Zentralkörpers herrühren, wurde eine Störungstheorie 1. Ordnung durch die Lösung der Lagrangeschen Störungsgleichungen (3.98) mit der Entwicklung des Störpotentials in der Form (3.108) angegeben. Durch lineare Superposition der einzelnen n, m, p, q-Terme in den Elementenstörungen gemäß (3.111) und (3.112) läßt sich für jedes Bahnelement die zeitabhängige Veränderung berechnen, so daß gilt

$$\begin{aligned} \Omega(t) &= \Omega_0(t) + \Delta\Omega(t) \\ i(t) &= i_0(t) + \Delta i(t) \\ &\vdots \end{aligned} \tag{3.154}$$

$\Omega_0(t)$, $i_0(t)$ sind die ungestörten bzw. die mittleren Keplerelemente zum Zeitpunkt t. Mit Hilfe der Übergangsformeln (3.144) bis (3.148)

$$(a, e. i, \omega, \Omega, \overline{M})_t \rightarrow (\boldsymbol{r}, \boldsymbol{v})_t$$

läßt sich dann die Satellitenbewegung im Schwerefeld der Erde angeben. Bei dieser Darstellung ist eine Kopplung verschiedener Störterme untereinander noch nicht berücksichtigt. Eine allgemeinere Form von (3.154) lautet

$$\begin{aligned} \Omega(t) = {} & \Omega_0(t_0) + (t - t_0) F_1(a_0, e_0, \Omega_0, i_0, \omega_0, \overline{M}_0, \text{Störparameter}) \\ & + F_2(a_0, e_0, \Omega_0, i_0, \omega_0, \overline{M}_0, \text{Störparameter}, t - t_0) \\ i(t) = {} & \cdots \\ \vdots \end{aligned}$$

Störparameter können beispielsweise die Koeffizienten des terrestrischen Gravitationspotentials oder charakteristische Größen der sonstigen Störungen sein. Mit $F_1(t - t_0)$ sind säkulare Störungen gemeint, die bei wachsendem $(t - t_0)$ über alle Grenzen wachsen. In F_2 sind periodische Störungen zusammengefaßt.

Die explizite Darstellung von (3.154) erfordert extrem viel Algebra; die Berechnung der sehr komplexen Ausdrücke erfolgt mit Rechnerunterstützung (Computeralgebra). Besonders schwierig gestaltet sich auch die analytische Behandlung nichtgravitativer Störkräfte wie Reibungswiderstand und Strahlungsdruck, da hier Unstetigkeiten auftreten können. Zur Behandlung derartiger "nicht-konservativer" Kraftfelder ist die Gaußsche Form der Lagrangeschen Störungsgleichungen (3.101) vorzuziehen.

Um die analytische Aufgabe überhaupt bewältigen zu können, geht man im allgemeinen in zwei Schritten vor. Hierzu wird die tatsächliche Bahn in zwei Teilen dargestellt

(a) eine Näherungsbahn als Referenzbahn, z.B. die ungestörte Keplerbewegung
(b) Formulierung der Abweichungen von der tatsächlichen Bahn als Störungen.

Dennoch bleibt die analytische Integration eine Näherungslösung, da sie durch den Abbruch unendlicher Reihen erhalten wird. Aufgrund der gestiegenen Genauigkeitsansprüche bei der Bahnbestimmung verlieren analytische Methoden heute an Bedeutung. Um die Ephemeride eines typischen geodätischen Satelliten allein in einem Modell 1. Ordnung mit einem Genauigkeitsniveau von < 1 m zu modellieren, müssen mehr als 500 *nmpq*-Terme bestimmt werden (*Goad* 1977). Nachstehend sind die Vor- und Nachteile analytischer Bahnintegrationsmethoden kurz zusammengefaßt.

Hauptvorteile
– Zusammenhänge zwischen Störkräften und Elementenvariation können explizit dargestellt und studiert werden. Somit können qualitative Charakteristika der Satellitenbewegung erkannt und Aussagen über das Langzeitverhalten und die Entwicklung von Bahnen getroffen werden.

– Der Wert jedes einzelnen Bahnparameters zu einer bestimmten Zeit t kann durch eine einzige Auswertung der Beziehungen (3.154) bestimmt werden.

Hauptnachteile
– Für die sehr störanfälligen erdnahen Satelliten werden die algebraischen Ausdrücke sehr rasch unübersichtlich und unhandlich

– Störungen durch nichtkonservative Kräfte, beispielsweise Strahlungsdruck der Sonne sind unstetige Funktionen und deshalb sehr schwierig durch analytische Ausdrücke zu repräsentieren

– Analytische Lösungen sind wegen des Abbruchs unendlicher Reihen stets Näherungen

– Wenn elliptische Elemente genutzt werden, treten für $e = i = 0$ Singularitäten auf

– Wegen vieler trigonometrischer Funktionen in den algebraischen Ausdrücken ist die Recheneffizienz gering.

3.3.2.2 Numerische Verfahren der Bahnintegration

Gegenüber den analytischen Verfahren zeichnen sich numerische Methoden durch Einfachheit und universelle Anwendbarkeit aus. Durch die moderne Rechentechnik spielt numerischer Aufwand nur eine untergeordnete Rolle. Aus diesen Gründen werden in der Satellitengeodäsie heute für Bahnberechnungen nahezu ausschließlich numerische Verfahren benutzt.

Grundlage für die numerische Integration ist ein geeignetes *Bahnbestimmungsverfahren*, vorzugsweise die nach Cowell oder Encke benannte Vorgehensweise. Die *Methode von Cowell (1910)* wurde Anfang dieses Jahrhunderts entwickelt und auf die Bahnbestimmung des Halleyschen Kometen und von Jupitermonden angewandt. Sie ist jetzt besonders nützlich bei schnellen und leistungsfähigen Computern. Der Grundgedanke besteht darin, die Bewegungsgleichung einschließlich sämtlicher Störeinflüsse

$$\ddot{\boldsymbol{r}} = -\frac{GM}{r^3}\boldsymbol{r} + \boldsymbol{k}_s \tag{3.90}$$

schrittweise zu integrieren. Hierzu wird (3.90) in zwei Differentialgleichungen 1. Ordnung umgeschrieben

$$\begin{aligned} \dot{\boldsymbol{r}} &= \boldsymbol{v} \\ \dot{\boldsymbol{v}} &= \boldsymbol{k}_s - \frac{GM}{r^3}\boldsymbol{r} \end{aligned} \tag{3.155}$$

und in Vektorkomponenten zerlegt

$$\begin{aligned} \dot{x} &= v_x \qquad & \dot{v}_x &= k_{sx} - \frac{GM}{r^3}x \\ \dot{y} &= v_y \qquad & \dot{v}_y &= k_{sy} - \frac{GM}{r^3}y \\ \dot{z} &= v_z \qquad & \dot{v}_z &= k_{sz} - \frac{GM}{r^3}z. \end{aligned} \tag{3.156}$$

Die Störbeschleunigung $\boldsymbol{k}_s$ kann entsprechend den in [3.2.3] abgeleiteten Beziehungen für jeden einzelnen Störeffekt, z.B. aufgrund der Mond- oder Sonnengravitation ebenfalls in der Form $\dot{\boldsymbol{r}} = \boldsymbol{v}$ und $\dot{\boldsymbol{v}}$ dargestellt werden. Durch geeignete Methoden der numerischen Integration (s.u.) wird dann der Satellitenzustand $(\boldsymbol{r}, \boldsymbol{v})$ für den gewünschten Zeitpunkt berechnet.

Der Vorteil der Methode von Cowell liegt in der Einfachheit des Konzepts. Jeder beliebige Störeinfluß kann zur gleichen Zeit berücksichtigt werden. Nachteilig ist, daß in der Nähe von größeren Störmassen die Integrationsschrittweite verkürzt werden muß und daß damit die Integrationsfehler und die Rechenzeit ansteigen. Unter Umständen kann es sinnvoller sein, die Gleichungen (3.155) in sphärischen Polarkoordinaten (r, θ, Φ) zu formulieren, da dann wegen geringerer Koordinatenvariationen die Integrationsschritte größer werden können. Die Bewegungsgleichungen sind dann (*Bate* u.a. 1971, S. 389)

$$\begin{aligned} \ddot{r} - r(\dot{\theta}^2 \cos^2 \Phi + \dot{\Phi}^2) &= -\frac{GM}{r^2} \\ r\ddot{\theta} \cos \Phi + 2\dot{r}\dot{\theta} \cos \Phi - 2r\dot{\theta}\dot{\Phi} \sin \Phi &= 0 \\ r\ddot{\Phi} + 2\dot{r}\dot{\Phi} + r\dot{\theta}^2 \sin \Phi \cos \Phi &= 0. \end{aligned} \tag{3.157}$$

Bei Cowell wird die gesamte auf den Satelliten wirkende Beschleunigung integriert. Bei der *Methode von Encke* (1857) wird zunächst eine Referenzbahn eingeführt und dann nur die Differenz zwischen der Hauptbeschleunigung und allen Störbeschleunigungen integriert. Als Referenzbahn wird in der Regel die oskulierende Ellipse zur Startepoche gewählt (Abb. 3.23). Es wird also ein Teil der Beschleunigungen aus der numerischen Integration herausgetrennt und einer vereinfachten analytischen Lösung zugeführt. Die oskulierende Bahn genügt so lange, bis die Abweichungen zur wahren Bahn zu groß werden. Dann wird für eine neue Startepoche t_1 mit dem dann gültigen Orts- und Geschwindigkeitsvektor eine neue oskulierende Ellipse als Referenzbahn gewäht. Dieser Prozeß heißt *Rektifizierung.*

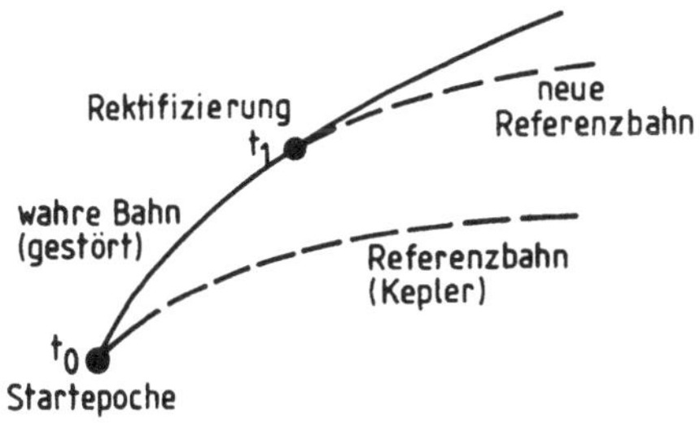

Abb. 3.23. Numerische Bahnintegration nach Encke

Es seien $\boldsymbol{r}$ der Ortsvektor der tatsächlichen Bahn und $\boldsymbol{\rho}$ der Ortsvektor der Referenzbahn für die Zeit $\tau = t - t_0$. Dann gilt für die tatsächliche Bahn

$$\ddot{\boldsymbol{r}} + \frac{GM}{r^3}\boldsymbol{r} = \boldsymbol{k}_s \tag{3.158}$$

und für die oskulierende Bahn

$$\ddot{\boldsymbol{\rho}} + \frac{GM}{r^3}\boldsymbol{\rho} = 0.$$

Für die Startepoche gilt

$$\boldsymbol{r}(t_0) = \boldsymbol{\rho}(t_0) \quad \text{und} \quad \boldsymbol{v}(t_0) = \dot{\boldsymbol{\rho}}(t_0)$$

Entsprechend Abb. 3.24 gilt für die Abweichung $\delta\boldsymbol{r}$ der gestörten Bahn von der Referenzbahn (der Zeitparameter t wird zur Vereinfachung fortgelassen)

$$\begin{aligned} \delta\boldsymbol{r} &= \boldsymbol{r} - \boldsymbol{\rho} \\ \delta\ddot{\boldsymbol{r}} &= \ddot{\boldsymbol{r}} - \ddot{\boldsymbol{\rho}}. \end{aligned} \tag{3.159}$$

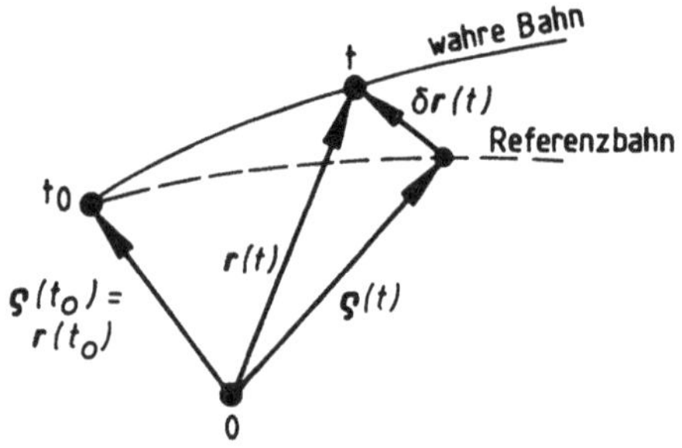

Abb. 3.24. Zusammenhänge bei der Bahnintegration

Durch Einsetzen von (3.158) in (3.159) folgt

$$\begin{aligned} \delta\ddot{\boldsymbol{r}} &= \boldsymbol{k}_s + \left(\frac{GM}{\rho^3}\boldsymbol{\rho} - \frac{GM}{r^3}\boldsymbol{r}\right) \\ &= \boldsymbol{k}_s + \left(\frac{GM}{\rho^3}(\boldsymbol{r} - \delta\boldsymbol{r}) - \frac{GM}{r^3}\boldsymbol{r}\right) \\ \delta\ddot{\boldsymbol{r}} &= \boldsymbol{k}_s + \frac{GM}{\rho^3}\left(\left(1 - \frac{\rho^3}{r^3}\right)\boldsymbol{r} - \delta\boldsymbol{r}\right). \end{aligned} \tag{3.160}$$

Durch numerische Integration kann dann $\delta\boldsymbol{r}$ für beliebige spätere Zeitpunkte $\delta\boldsymbol{r}(t_0 + \Delta t)$ berechnet werden. Gleichung (3.160) bietet numerische Schwierigkeiten, da der Ausdruck $\left(1 - \frac{\rho^3}{r^3}\right)$ nahezu verschwindet. Diese Schwierigkeiten können durch Einführen einer Hilfsgröße

$$2q = 1 - \frac{r^2}{\rho^2}. \tag{2.161}$$

und durch Reihenentwicklung überwunden werden (*Bate* u.a. 1971, S. 393, *Stumpff* Bd. II, S. 378, 1969).

Da $\delta \boldsymbol{r}$ sich langsamer ändert als $\boldsymbol{r}$, erfordert die Encke Methode in der Regel weniger Integrationsschritte als das Verfahren nach Cowell. Entsprechend wird auch weniger Rechenzeit benötigt, und Integrations- und Rundungsfehler wirken sich weniger aus. Die Methode von Cowell ist geeignet, wenn die Störbeschleunigung in der gleichen Größenordnung oder stärker ist als die Zentralbeschleunigung. Wenn die Störbeschleunigung gegenüber der Zentralbeschleunigung klein ist, dann ist das Verfahren von Encke vorzuziehen (*Battin* S. 184, 1964). In der Himmelsmechanik wurden zahlreiche weitere Bahnbestimmungsmethoden entwickelt (u.a. *Stumpff* 1969), die aber gegenüber den beiden genannten Verfahren keine Vorteile bieten.

Zur *numerischen Integration* selbst werden Verfahren aus der Approximationstheorie gewählt. Im Grundsatz handelt es sich um die Anpassung eines Polynoms an einen kleinen Satz von aufeinanderfolgenden Punkten und die Extrapolation des Polynoms, um einen weiteren Punkt zu erzeugen. Dieser Prozeß wird beliebig wiederholt. Die Polynomkoeffizienten werden aus den bereits gegebenen Punkten und den Ableitungen dieser Punkte aufgrund der Bewegungsgleichungen bestimmt. Je nach Anzahl der erforderlichen Punkte, der Extrapolationswerte, der Glättungsprozesse u.s.w sind unterschiedliche Verfahren bekannt. Eine allgemeine Einteilung geschieht in

- Einzelschrittverfahren
- Mehrschrittverfahren.

Unter den *Einzelschrittverfahren* ist vor allem das *Runge-Kutta-Verfahren* gebräuchlich. Hierbei wird als Glättungsfunktion eine Taylorreihe bestimmter Ordnung verwendet. Einzelschrittverfahren nutzen jeweils nur den letzten Integrationsschritt und vernachlässigen Kenntnisse über die "Geschichte" der zu integrierenden Funktion. Deswegen werden heute für die Satellitengeodäsie nahezu ausschließlich *Mehrschrittverfahren* angewendet, die auch als *Prädiktor-Korrektor-Verfahren* bezeichnet werden. Bei diesen Verfahren wird über einen bestimmten Algorithmus die Satellitenposition prädiziert und in einem weiteren Schritt korrigiert. Grundgedanke der Methode ist, daß in einem 1. Schritt mit Hilfe einer Prädiktionsgleichung der Wert X_{n+1} aus X_n errechnet wird. Dieser Wert wird sodann differenziert, um im 2. Schritt in der Differentialgleichung des Prozesses zur Bestimmung eines verbesserten Wertes von X_{n+1} benutzt zu werden. Der Vorgang kann mehrfach iteriert werden, bis sich am Ergebnis nichts mehr ändert.

In der Literatur sind zahlreiche Prädiktor-Korrektorformeln bekannt. Gebräuchlich sind die Formeln von Adams-Moulton oder Gauß-Jackson (*Bate* u.a. 1971) Im Grundsatz handelt es sich hierbei um ein Filterverfahren. In zunehmendem Maße kommt auch die Kalman-Filtertechnik zur Anwendung (*Battin* u.a. 1978), wobei $\boldsymbol{r}$ und $\boldsymbol{v}$ als Zustandsvektoren mit der zugehörigen Kovarianzmatrix aufgefaßt werden. Ausführliche Formelableitungen zur Nutzung des Kalmanfilters bei der numerischen Integration von Satellitenbahnen findet man u.a. bei *Egge* (1985).

Bei der Anwendung numerischer Integrationsverfahren sind zwei Hauptfehlerquellen zu beachten, nämlich Rundungsfehler und Abbruchfehler. Rundungsfehler treten bei der numerischen Rundung durch die begrenzte Darstellungsgenauigkeit der verwendeten Rechenanlagen auf. Zu ihrer Eingrenzung ist eine möglichst große Schrittweite bei der Integration vorteilhaft. Abbruchfehler rühren von der Nichtberücksichtigung der letzten Glieder bei den für die Integration verwendeten Reihenentwicklungen her. Zu ihrer Eingrenzung ist eine möglichst geringe Schrittweite erforderlich. Die beiden sich widersprechenden Forderungen müssen in geeigneten Kompromissen erfüllt werden.

Abgesehen von diesen Integrationsfehlern sind numerische Verfahren als strenge Verfahren der Bahnbestimmung anzusehen, die ohne Approximation auskommen. Nachteilig ist lediglich, daß viele unnötige Zwischenwerte für Satellitenpositionen gerechnet werden müssen, bevor die gewünschte Lösung erreicht ist.

3.3.3 Bahnrepräsentation

Für viele Aufgaben der praktischen Satellitengeodäsie wird nur ein kurzes Bahnstück, oft nur der über dem Arbeitsgebiet beobachtbare Teil eines Satellitenumlaufes benötigt, so daß vereinfachte Bahndarstellungen ausreichen. In der Regel spielen hierbei bahndynamische Zusammenhänge keine oder nur eine untergeordnete Rolle, so daß auch Darstellungsformen gewählt werden können, die keine Beziehung zu den angreifenden Kräften haben. Im Vordergrund stehen vielmehr Gesichtspunkte des Speicherplatzbedarfes und der Rechengeschwindigkeit. Folgende Ansätze haben die meiste Verbreitung gefunden

- Modellierung der Abweichungen von einer Keplerellipse
- Polynomrepräsentation
- "Short-Arc" – Darstellung mit vereinfachtem Kräftefeld.

In vielen Fällen werden Kombinationen der genannten Darstellungsmöglichkeiten gewählt.

3.3.3.1 Ephemeridendarstellung bei Navigationssatelliten

Hier kommt es in besonderem Maße darauf an, mit wenig Speicherplatz auszukommen und leistungsfähige Rechenalgorithmen verfügbar zu machen. Gegenwärtig sind das TRANSIT-System [6.] und das Global Positioning System [7] in Gebrauch. In beiden Fällen liegt der Ephemeridendarstellung eine mittlere Keplerellipse mit säkularen Termen $d\Omega/dt$ und $d\omega/dt$ zugrunde. Die zeitabhängigen Abweichungen der vorausberechneten Bahn von dieser Ellipse werden angegeben. Bei den sogenannten *TRANSIT Broadcast Ephe-*

meriden [6.3.1] werden die Abweichungen für jede gerade Weltzeitminute (UTC) in den drei Komponenten des begleitenden Dreibeins [3.2.1.3], Abb. 3.13 übermittelt, nämlich

$$\begin{array}{ll} \Delta E(t) & \text{Verbesserung in Bewegungsrichtung} \\ \Delta a(t) & \text{Verbesserung in radialer Richtung} \\ \eta(t) & \text{Komponente senkrecht zur Bahnebene.} \end{array} \tag{3.162}$$

Sofern Satellitenkoordinaten für Zwischenzeiten benötigt werden, muß ein entsprechender Interpolationsalgorithmus angesetzt werden, beispielsweise eine Polynominterpolation [3.3.3.2] oder ein Short-Arc-Ansatz [3.3.3.3].

Bei den *GPS Ephemeriden* [7.1.5.2] werden die Abweichungen in Form von harmonischen Koeffizienten zur Modellierung von zeitabhängigen Sinus- und Cosinusschwingungen angegeben, nämlich (vgl. Abb. 7.9)

$$\begin{array}{ll} C_{us}, C_{uc} & \text{Amplituden für die Korrektion im Argument der Breite} \\ & u = v + \omega \\ C_{is}, C_{ic} & \text{Amplituden für die Korrektion in der Bahnneigung } i \\ C_{rs}, C_{rc} & \text{Amplituden für die Korrektion im Bahnradius.} \end{array} \tag{3.163}$$

Diese Darstellung ist kontinuierlich in der Zeit und damit echtzeitfähig, so daß keine weitere Interpolation erforderlich ist. Sie gilt jedoch jeweils nur für ein Bahnstück von 60 Minuten Dauer, so daß zur Glättung der "Sprünge" zwischen aufeinanderfolgenden Bahnrepräsentationen zusätzliche Glättungsalgorithmen erforderlich sein können (vgl. Abb. 7.8).

3.3.3.2 Approximation durch Polynome

Die wesentlichen Vorteile dieses Verfahrens liegen im einfachen Algorithmus und dem vergleichsweise geringen Rechenzeit- und Speicherplatzbedarf. Nachteilig ist, daß durch Polynome keine längeren Bahnstücke oder gar mehrere Umläufe repräsentiert werden können. Aus diesem Grunde sind Polynomdarstellungen für Bahnvorhersagen (*Alertberechnung*) nicht geeignet. Für kurze Bahnstücke hat sich die Bahnrepräsentation durch Polynome sehr bewährt. Beispielsweise beträgt der Rechenzeitbedarf bei GPS Bahnen mit Polynomdarstellung nur etwa 10% des Bedarfs bei konventioneller Bahndarstellung. Für Echtzeitnavigation mit Hilfe von Kleinrechnern ist deshalb die Polynomdarstellung vorzuziehen.

Von praktischer Bedeutung sind lineare Approximationsfunktionen der Form

$$F(x) = a_0\varphi_0(x) + a_1\varphi_1(x) + \cdots + a_m\varphi_m(x). \tag{3.164}$$

Die *Basisfunktionen* $\varphi_i(x)$ lassen sich nach verschiedenen Kriterien auswählen. Dabei sind die Potenzen $\varphi_i(x) = x^i$, also Approximationen durch Polynome

$$F(x) = a_0 + a_1 x + \cdots a_m x^m \tag{3.165}$$

die bekanntesten Basisfunktionen. Sehr gebräuchlich in der Satellitengeodäsie sind noch trigonometrische Polynome und Tschebyscheff Polynome.

Für die Approximation von TRANSIT Bahnen (Broadcastephemeriden) können nach Untersuchungen von *Wells* (1974) die *trigonometrischen Basisfunktion*

$$\varphi = \{1, t, \sin 2nt, \cos 2nt\} \tag{3.166}$$

gewählt werden, wobei n die mittlere Satellitenbewegung ist. Es gilt dann die Polynomdarstellung

$$P = \sum_{i=0}^{3} a_i \varphi_i \tag{3.167}$$

zur Approximation von $F(x)$ und zugleich

$$\dot{P} = \sum_{i=0}^{3} a_i \dot{\varphi}_i \tag{3.168}$$

zur Approximation von $\dot{F}(x)$ mit

$$\dot{\varphi} = \{0, 1, 2n \cos nt, -2n \sin nt\}. \tag{3.169}$$

Die 1. Ableitungen der Basisfunktionen sind hilfreich, wenn als Stützstellen neben den Satellitenkoordinaten $X(t)$ auch die Geschwindigkeiten $\dot{X}(t)$ angegeben sind. Dies ist beispielsweise bei den "Precise Ephemeris" (TRANSIT) für jede Minute der Fall.

Eine weitere häufig benutzte Approximationsform für Satellitenbahnen sind Tschebyscheff Polynome höherer Ordnung. Es gilt für die Satellitenkoordinaten, Geschwindigkeiten und Beschleunigungen (*Kouba* 1983a, *Schenke* 1984)

$$\begin{aligned} X(t) &= \sum_{i=0}^{n} C_{X_i} T_i(\tau) \\ \dot{X}(t) &= \sum_{i=1}^{n} C_{X_i} T_i'(\tau) \\ \ddot{X}(t) &= \sum_{i=2}^{n} C_{X_i} T_i''(\tau) \end{aligned} \tag{3.170}$$

für $\tau = \dfrac{2}{\Delta t}(t - t_0)$ und $t \in \langle t_0; (t_0 + \Delta t) \rangle$. t_0 und Δt sind Anfangszeitpunkt und Zeitdauer des Glättungsintervalls, n die Ordnung des Polynoms, C_{X_i} sind die ausgeglichenen Tschebyscheff-Koeffizienten für die Satellitenkoordinaten x, y, z. Die Tschebyscheff Polynome T_i und deren Ableitungen werden rekursiv bestimmt

$$T_0(\tau) = 1$$

$$T_1(\tau) = \tau$$

$$T_n(\tau) = 2\tau T_{n-1}(\tau) - T_{n-2}(\tau); |\tau| \leq 1, \quad n \geq 2$$

$$T_1'(\tau) = \frac{d\tau}{dt} = \dot{\tau}$$

$$T_2'(\tau) = 4\tau\dot{\tau}$$

$$T_n'(\tau) = \frac{2n}{n-1}\tau T_{n-1}'(\tau) - \frac{n}{n-2}T_{n-2}'(\tau); \quad n \geq 3$$

$$T_2''(\tau) = 4(\dot{\tau})^2$$

$$T_3''(\tau) = 24\tau(\dot{\tau})^2$$

$$T_n''(\tau) = \frac{2n}{n-1}(\dot{\tau}T_{n-1}'(\tau) + \tau T_{n-1}''(\tau)) - \frac{n}{n-2}T_{n-2}''(\tau); \quad n \geq 4$$

Für TRANSITbahnen hat sich eine Polynomordnung $n = 8 \ldots 10$ bewährt. Bei GPS Bahnen genügt die Ordnung 7 bis 8. Gegenüber anderen Polynomapproximationen haben die Tschebyscheff Polynome den Vorteil einer besseren Anpassung auch an den Intervallenden.

Neben der bereits angeführten Repräsentation von TRANSIT Bahnen (Broadcast Ephemeriden und Präzise Ephemeriden) sind Polynomapproximationen zur Glättung der Sprünge zwischen GPS-Bahnstücken geeignet. Diese Sprünge können die Größenordnung von mehreren Dezimetern erreichen und erschweren damit eine kontinuierliche Phasenlösung [7.1.5.2]. Durch Polynomapproximation gelingt eine Glättung auf etwa 1–2 cm (Abb. 7.8).

Bei Laserentfernungsmessungen zu Satelliten dient die Bahnglättung zum Aufdecken von Ausreißern und zur ersten Abschätzung der Meßgenauigkeit [8.4.2]. Schließlich kann die oft große Zahl von Einzelmessungen über Glättungsalgorithmen zu *Normalpunkten* verdichtet werden und damit nachfolgende Rechenoperationen vereinfachen. Derartige Normalpunkte spielen bei Lasermessungen eine wichtige Rolle und finden auch Eingang in die Auswertung von GPS Beobachtungen.

Die *räumliche Bahnglättung* mit zeitabhängigen Polynomen wurde schon sehr früh von *Wolf* (1967, 1970) vorgeschlagen, um bei der geometrischen Auswertung von Satellitentriangulationen zu berücksichtigen, daß alle Beobachtungen auf denselben "glatten" Bahnbogen zurückzuführen sind.

3.3.3.3 Vereinfachte Short-Arc Darstellung

Werden beim Glättungsprozeß von Bahnstücken die angreifenden Kräfte mit berücksichtigt, spricht man von *Short-Arc Methoden*. Im Gegensatz zu *Long-Arc Methoden* soll hiermit zum Ausdruck gebracht werden, daß nur ein kurzes Bahnstück von weniger als einem Umlauf betrachtet wird. Infolgedessen genügt es, eine Potentialentwicklung der niederen harmonischen Koeffizienten des Erdschwerefeldes, etwa bis zum Grad und Ordnung (10, 10) bei TRANSIT-Satelliten oder auch nur (4, 4) oder (6, 6) bei GPS-Satelliten anzusetzen. Ausgehend von Startbedingungen, beispielsweise aus Broadcast-Ephemeriden, wird der Bahnbogen nach einem Verfahren der numerischen Integration [3.3.2.3] bestimmt, wobei je nach Güte der Näherungsinformationen mehrere Iterationsschritte erforderlich werden können (*Hauck* u.a. 1982).

Im Vergleich zu anderen Glättungsalgorithmen haben Short-Arc Ansätze einen sehr hohen Rechenzeitbedarf. Man kann, wie *Kouba* (1983c) gezeigt hat, ähnlich gute Ergebnisse mit einem vereinfachten und wesentlich schnelleren Short Arc Ansatz erzielen, wenn Beschleunigungen aus dem Erdschwerefeld in eine Polynomglättung eingeführt werden. Die Beschleunigungen am Satelliten werden beispielsweise in Minutenabständen aus einer Potentialentwicklung bis zu Grad und Ordnung N abgeleitet. Nach (3.102) gilt

$$V = \frac{GM}{r}\left(1 + \sum_{n=2}^{N}\sum_{m=0}^{n}\left(\frac{a_e}{r}\right)^n P_{nm}(\sin\Phi) \times \{C_{nm}\cos m\lambda + S_{nm}\sin m\lambda\}\right)$$

mit Φ, λ als geozentrische Breite und Länge des Satelliten. Die Beschleunigungskomponenten am Satelliten in einem kartesischen System erhält man nach der Kettenregel

$$\begin{aligned}
\ddot{x} &= \frac{\partial V}{\partial r}\frac{\partial r}{\partial x} + \frac{\partial V}{\partial \Phi}\frac{\partial \Phi}{\partial x} + \frac{\partial V}{\partial \lambda}\frac{\partial \lambda}{\partial x}\\
\ddot{y} &= \frac{\partial V}{\partial r}\frac{\partial r}{\partial y} + \frac{\partial V}{\partial \Phi}\frac{\partial \Phi}{\partial y} + \frac{\partial V}{\partial \lambda}\frac{\partial \lambda}{\partial y}\\
\ddot{z} &= \frac{\partial V}{\partial r}\frac{\partial r}{\partial z} + \frac{\partial V}{\partial \Phi}\frac{\partial \Phi}{\partial z} + \frac{\partial V}{\partial \lambda}\frac{\partial \lambda}{\partial z}.
\end{aligned} \tag{3.172}$$

Die partiellen Ableitungen in (3.172) sind u.a. bei *Anderle* (1974) und *Egge* (1985) nachgewiesen. Durch Umformungen gelangt man zu (*Kouba* 1983a,c)

$$\ddot{x} = \frac{\partial V}{\partial x} + 2\omega\dot{y} + \omega^2 x$$
$$\ddot{y} = \frac{\partial V}{\partial y} - 2\omega\dot{x} + \omega^2 y \tag{3.173}$$
$$\ddot{z} = \frac{\partial V}{\partial z}.$$

ω steht für die Erdrotationsgeschwindigkeit; x, y, z für die Satellitenkoordinaten. Weiterhin gilt

$$\frac{\partial V}{\partial x} = \frac{\partial V}{\partial r}\frac{x}{r} - \frac{\partial V}{\partial(\sin\Phi)}\frac{zx}{r^3} - \frac{\partial V}{\partial\lambda}\frac{y}{r^2\sin^2\Phi}$$
$$\frac{\partial V}{\partial y} = \frac{\partial V}{\partial r}\frac{y}{r} - \frac{\partial V}{\partial(\sin\Phi)}\frac{zy}{r^3} - \frac{\partial V}{\partial\lambda}\frac{x}{r^2\sin^2\Phi} \tag{3.174}$$
$$\frac{\partial V}{\partial z} = \frac{\partial V}{\partial r}\frac{z}{r} - \frac{\partial V}{\partial(\sin\Phi)}\left(\frac{z^2}{r^3} - \frac{1}{r}\right).$$

Schließlich gilt für die in (3.174) benötigten partiellen Ableitungen

$$\frac{\partial V}{\partial r} = -\frac{GM}{r^2}\left(1 - \sum_{n=2}^{N}(n+1)\left(\frac{a_e}{r}\right)^n \sum_{m=0}^{n} P_{nm}(\sin\Phi)\right.$$
$$\left.\times(C_{nm}\cos m\lambda + S_{nm}\sin m\lambda)\right)$$
$$\frac{\partial V}{\partial(\sin\Phi)} = \frac{GM}{r}\left(\sum_{n=2}^{N}\left(\frac{a_e}{r}\right)^n \sum_{m=0}^{n} P'_{nm}(\sin\Phi)\right.$$
$$\left.\times(C_{nm}\cos m\lambda + S_{nm}\sin m\lambda)\right) \tag{3.175}$$
$$\frac{\partial V}{\partial\lambda} = \frac{GM}{r}\left(\sum_{n=2}^{N}\left(\frac{a_e}{r}\right)^n \sum_{m=0}^{n} P_{nm}(\sin\Phi)\right.$$
$$\left.\times(-C_{nm}\sin m\lambda + S_{nm}\cos m\lambda)\right).$$

Die Legendreschen Polynome $P_{nm}(\sin\Phi)$ und ihre Ableitungen $P'_{nm}(\sin\Phi)$ nach Φ werden zweckmäßigerweise rekursiv berechnet (z.B. *Tscherning* 1976, *Egge* 1985). Wenn die Potentialkoeffizienten in voll normierter Form, d.h. als $\bar{C}_{nm}$ und $\bar{S}_{nm}$ gegeben sind, ist vorher eine “Denormierung” erforderlich. Dies erfolgt über

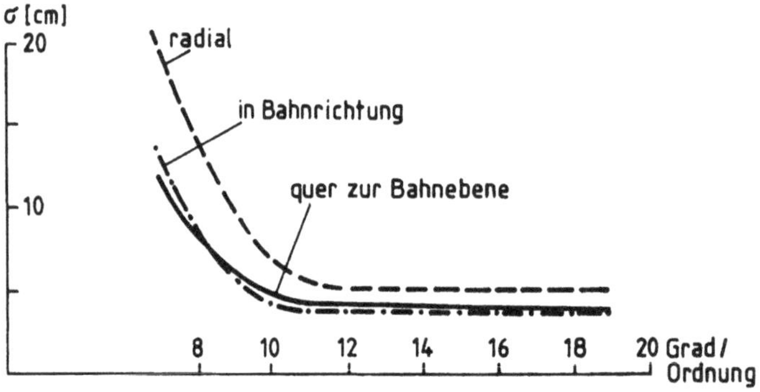

Abb. 3.25. Zusammenhang zwischen Short – Arc Modellierung von TRANSIT Bahnen und Grad der Potentialentwicklung (nach Kouba 1983a)

$$\begin{Bmatrix} C_{nm} \\ S_{nm} \end{Bmatrix} = \sqrt{k(2n+1)\frac{(n+m)!}{(n+m)!}} \begin{Bmatrix} \bar{C}_{nm} \\ \bar{S}_{nm} \end{Bmatrix} \tag{3.176}$$

mit $k = 1$ für $m = 0$ und $k = 2$ für $m \neq 0$ (vgl. *Torge* 1980).

Die Satellitenpositionen, Geschwindigkeiten und zweiten Ableitungen gemäß (3.173) werden dann mit einem Ansatz nach Tschebyscheff-Polynomen geglättet (3.171). Für TRANSIT-Satelliten wurde eine Übereinstimmung mit Präzisen Ephemeriden im Bereich von 5 cm gefunden (*Kouba* 1983a, *Schenke* 1984). Abb. 3.25 macht deutlich, daß hierzu eine Potentialentwicklung bis (10, 10) für Grad und Ordnung ausreicht.

3.4 Satellitenbahnen und Satellitenbahnmanöver

Mit Hilfe der bisher im Kapitel 3 abgeleiteten Formelbeziehungen lassen sich bereits weitgehende Aussagen über Satellitenbahnen finden. Nachstehend sollen einige für das Verständnis von Satellitenbewegungen hilfreiche Zusammenhänge vorgestellt werden.

Nach (3.77) konnten aus der Energiegleichung die Formeln für die Bahngeschwindigkeit eines Satelliten im ungestörten Zentralfeld abgeleitet werden

$$\text{für die Ellipse} \quad v^2 = GM\left(\frac{2}{r} - \frac{1}{a}\right) \tag{3.177}$$

$$\text{für die Parabel} \quad v^2 = \frac{2GM}{r} \tag{3.178}$$

$$\text{für die Hyperbel} \quad v^2 = GM\left(\frac{2}{r} + \frac{1}{a}\right). \tag{3.179}$$

Bemerkenswert ist, daß die Geschwindigkeit nicht von der Bahnform sondern lediglich von GM, r und a abhängt. Die meisten in der Satellitengeodäsie verwendeten Satelliten haben sehr kleine Exzentrizitäten, so daß zur Abschätzung Gleichung (3.177) für eine Kreisbahn umgeschrieben werden kann

$$v_k = \sqrt{\frac{GM}{r}}. \tag{3.180}$$

Ausgehend von einem mittleren Erdradius

$$r_0 = 6370 \text{ km}$$

und

$$GM = 3{,}986 \cdot 10^{20} \text{ cm}^3/\text{s}^2 = 3{,}986 \cdot 10^5 \text{ km}^3/\text{s}^2$$

kann damit leicht eine Tabelle für verschiedene Satellitenbahnhöhen gerechnet werden. Die mittlere Umlaufszeit errechnet sich nach dem 3. Keplerschen Gesetz (3.42) aus

$$n^2 a^3 = GM$$

und den vorstehenden Beziehungen zu

$$U = 84{,}491 \left(\frac{r}{r_0}\right)^{\frac{3}{2}}. \tag{3.181}$$

Die Tabelle gibt lediglich mittlere Geschwindigkeiten für eine erste Abschätzung an. Bei elliptischen Bahnen wird nach (3.177) die Geschwindigkeit in Erdferne geringer und im Perigäum mit r_{min} am größten. Im Extremfall (Parabel) muß die Geschwindigkeit mit $\sqrt{2}$ multipliziert werden. Die Mindestgeschwindigkeit, die ein Körper besitzen muß, um das Gravitationsfeld der Erde zu verlassen, wurde in (3.80) zu 11,2 km/s gefunden.

Tab. 3.6. Mittlere Bahnhöhen, Geschwindigkeiten und Umlaufszeiten von Satelliten

r [km]	h [km]	v_k [km/s]	U [min]	Bemerkung
6378	7	7,91	84,49	Erdoberfläche
6700	330	7,71	90,97	Raumstation
7400	1000	7,34	105,6	TRANSIT, STARLETTE, ECHO
10000	3600	6,31	165,6	PAGEOS
12300	5900	5,69	226,2	LAGEOS
26600	20200	3,87	12 h	GPS
42160	35790	3,07	23 h 56 m 04 s	geostationär
384400		1,02	27 d 07 h 43 m	Mond

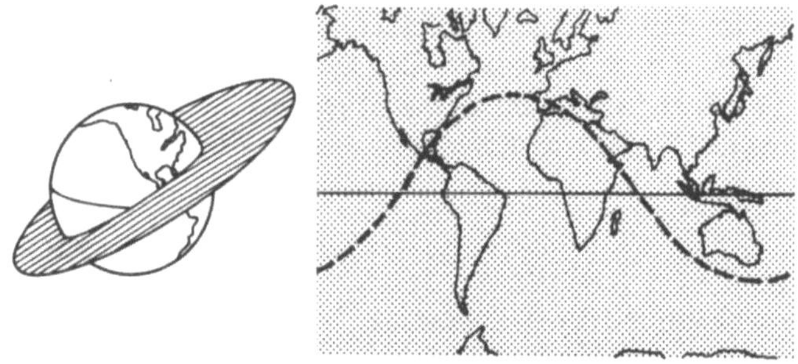

Abb. 3.26. Subsatellitenbahn

Auf einer nichtrotierenden Erde würde der Schnitt der Satellitenbahnebene mit der Erdoberfläche einen Großkreis ergeben. Diese sogenannte *Subsatellitenbahn* ist in Abb. 3.26 dargestellt. Man erkennt, daß die maximale nördliche und südliche geographische Breite, die eine Subsatellitenbahn erreichen kann, gerade der Bahnneigung i oder bei retrograden Satelliten [3.3.3] gleich $180° - i$ ist. Aufgrund der Erdrotation sind aufeinanderfolgende Subsatellitenbahnen westlich zueinander versetzt (Abb. 3.27). Der Versetzungsbetrag $\Delta\lambda$ folgt aus dem Verhältnis der Satellitenumlaufszeit zur Erdumdrehungsgeschwindigkeit, wobei eine volle Umdrehung in 23 h 56 m 04 s erfolgt (1 Sterntag). Es gilt am Äquator

$$\Delta\lambda = 0\overset{\circ}{,}2507 \cdot U \text{ [min.]} \tag{3.182}$$

Gebrauchsformeln für eine näherungsweise Berechnung der geographischen Koordinaten von Subsatellitenbahnen findet man z.B. bei *Bohrmann* (1963).

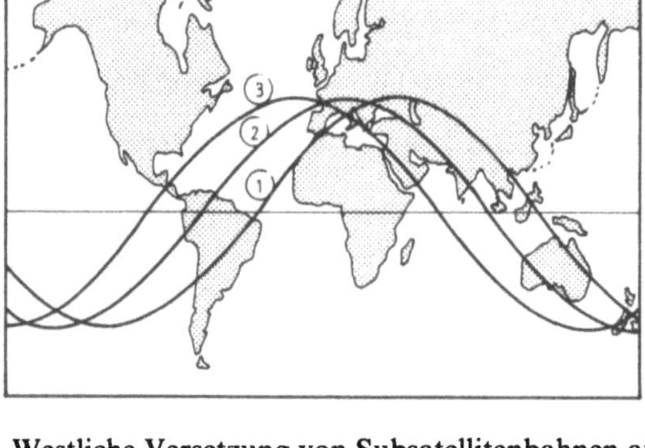

Abb. 3.27. Westliche Versetzung von Subsatellitenbahnen aufgrund der Erdrotation

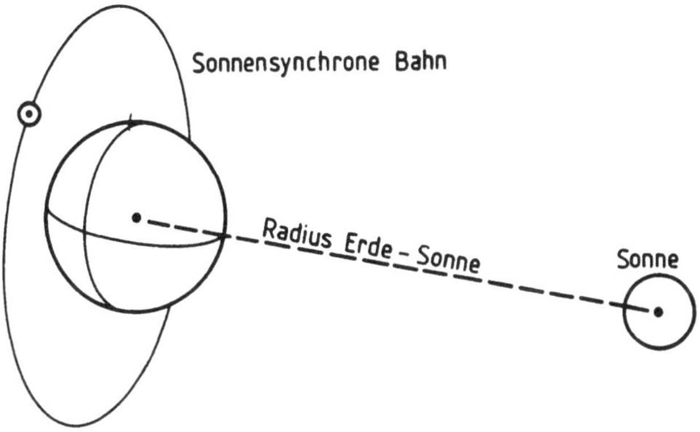

Abb. 3.28. Sonnensynchrone Bahn

Für eine genauere Berechnung ist zu beachten, daß aufgrund der Erdabplattung eine Knotenbewegung erfolgt, die in Abhängigkeit der Bahnneigung mehrere Grad pro Tag erreichen kann [3.3.3], Abb. 3.15.

Unter Berücksichtigung von Erdrotation und Knotenbewegung können Satellitenbahnen in der Weise gewählt werden, daß dasselbe Gebiet je Tag einmal oder in einem bestimmten Rhythmus überflogen wird, so daß nach einer gewissen Zeit die gesamte Erdoberfläche zwischen den durch die Bahnneigung vorgegebenen Extremwerten abgedeckt ist. Dies ist insbesondere für Erderkundungssatelliten von Bedeutung. Zwei besondere ausgewählte Bahnformen sind die sonnensynchronen Bahnen und geostationäre Bahnen.

Sonnensynchrone Bahnen sind von Wichtigkeit, wenn Satelliten ständig Sonnenlicht erhalten müssen. Eine derartige Situation ist in Abb. 3.28 dargestellt. Es besteht die Bedingung, daß die ekliptikale Komponente der Bahnebene im inertialen Raum stets orthogonal zur Verbindungslinie Erde-Sonne ausgerichtet sein muß. Dies ist aufgrund der jährlichen Bewegung der Erde um die Sonne dann gegeben, wenn die durch J_2 hervorgerufene Knotenbewegung genau im Laufe eines Jahres kompensiert wird, wenn also gilt

$$\frac{d\Omega}{dt} = 0{,}^{\circ}9863/\text{Tag}. \tag{3.183}$$

Nach (3.115) gilt

$$\frac{d\Omega}{dt} = C_{20}\frac{3na_e^2}{2a^2(1-e^2)^2}\cos i.$$

Mit

$$n = \sqrt{\frac{GM}{a^3}} \text{ nach (3.42)}$$

und

$$GM = 3{,}986 \cdot 10^5 \text{ km}^3/\text{s}^2$$

$$a_e = 6378 \text{ km}$$

$$C_{20} = 1{,}08 \cdot 10^{-3}$$

findet man

$$\frac{d\Omega}{dt} = -\frac{2{,}0597 \cdot 10^{14} \cos i}{\sqrt{a^7}(1 - e^2)^2} \; [°/\text{Tag}]. \tag{3.184}$$

Es müssen nun a, e und i so ausgewählt werden, daß $\dot{\Omega} = 0{,}^\circ 9863/\text{Tag}$ wird. Oft sind a und e vorgegeben, um bestimmte Anforderungen zu erfüllen, so daß nur die Bahnneigung frei wählbar ist. Für einen Satelliten in 1000 km Bahnhöhe in einer kreisförmigen Bahn folgt beispielsweise

$$\cos i = -\frac{(0{,}9863)(7380)^{3,5}}{2{,}0597 \cdot 10^{14}}$$

$$i = 99{,}^\circ 47.$$

Wenn sich ein künstlicher Erdsatellit ständig über derselben Stelle der Erdoberfläche befindet, spricht man von einer *geostationären* Bahn. Aus Abb. 3.26 ist ersichtlich, daß dies nur für eine äquatoriale Bahn möglich ist. Die Umlaufzeit muß der Erdrotationsdauer im inertialen Raum entsprechen also 23 h 56 m. Hieraus folgt nach (3.42) für $n = 2\pi/86160$

$$a = \left(\frac{GM}{n^2}\right)^{\frac{1}{3}} \tag{3.185}$$

$$a = 42165 \text{ km}.$$

Weiterhin muß $e \approx 0$ sein, damit eine gleichförmige Rotationsgeschwindigkeit gegeben ist. Für eine Bahnneigung $i \neq 0$ ergibt sich eine 8 – förmige Subsatellitenbahn, die um den Äquator pendelt. Aufgrund der verschiedenen Störkräfte ist eine streng geostationäre Bahn nicht erreichbar. Durch entsprechende Bahnkorrekturen läßt sich aber eine näherungsweise Geostationarität erzielen. Eine ausführliche Diskussion kann bei *Snoop* (1983) nachgelesen werden. Geostationäre Satelliten sind vor allem als Nachrichtensatelliten von Bedeutung.

Der Transport von Satelliten in größere Bahnhöhen geschieht häufig in mehreren Schritten. Zunächst wird der Satellit in eine erdnahe Parkbahn geschossen und von dort über eine *Aufstiegsellipse* in die endgültige Bahn. Dies wird in der Regel auch dann der Fall sein, wenn Satelliten mit Hilfe eines Raumtransporters wie dem *Space Shuttle* in den Weltraum gebracht werden.

Eine häufig benutzte *Übergangsbahn* (Transfer Orbit) zwischen zwei koplanaren Kreisbahnen ist die sogenannte *Hohmann-Bahn* (benannt nach Hohmann, 1925), bei der durch Geschwindigkeitsänderungen im Perigäum und im Apogäum der gewünschte Bahnübergang erfolgt. Nach Abb. 3.29 gilt für die große Halbachse der Übergangsellipse

$$2a_t = r_1 + r_2. \tag{3.186}$$

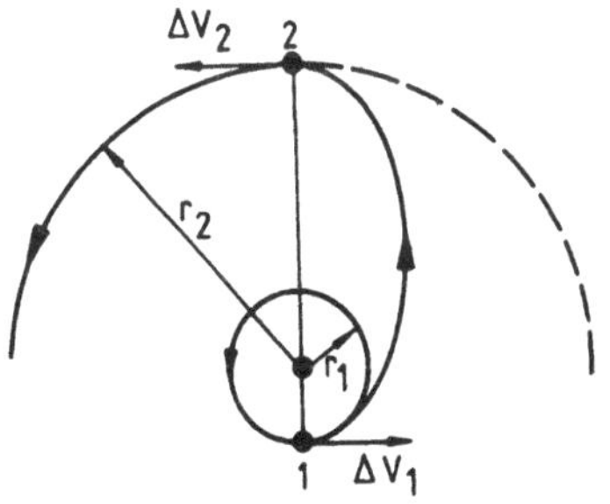

Abb. 3.29. Hohmann Übergangsbahn

Die Gesamtenergie der Übergangsellipse ist nach (3.74)

$$E_t = -\frac{GM}{2a} = -\frac{GM}{r_1 + r_2}. \tag{3.187}$$

Im Perigäum (Punkt 1) gilt für die Ellipsenbahngeschwindigkeit nach (3.72)

$$v_1 = \sqrt{2\left(\frac{GM}{r_1} + E_t\right)}. \tag{3.188}$$

Die Kreisbahngeschwindigkeit, die der Satellit im Punkt 1 bereits hat, ist

$$v_{K_1} = \sqrt{\frac{GM}{r_1}}. \tag{3.189}$$

Damit der Satellit im Punkt 1 aus der Kreisbahn in die Aufstiegsellipse überführt wird, muß die Geschwindigkeit also um

$$\Delta v_1 = v_1 - v_{K_1} \tag{3.190}$$

erhöht werden.

Entsprechend benötigt man eine Geschwindigkeitserhöhung im Punkt 2, um von der Übergangsellipse in die größere Kreisbahn überzugehen

$$\Delta v_2 = v_{K_2} - v_2. \tag{3.191}$$

Gebrauchsformeln sind (*Kaplan* 1976)

$$\Delta v_1 = \sqrt{\frac{GM}{r_1}}\left(\sqrt{\frac{2(r_2/r_1)}{1+(r_2/r_1)}} - 1\right)$$
$$\Delta v_2 = \sqrt{\frac{GM}{r_2}}\left(1 - \sqrt{\frac{2}{1+(r_2/r_1)}}\right). \tag{3.192}$$

Für eine Abstiegsbahn sind die gleichen Überlegungen in umgekehrter Weise anzustellen.

Der Hohmannübergang ist besonders wirtschaftlich hinsichtlich der erforderlichen Geschwindigkeitsänderungen; er benötigt aber die längste Zeit (*Bate* u.a. 1971). In der Praxis werden deshalb auch andere Übergangsbahnen verwendet.

Um Veränderungen in der Bahnneigung zu erzielen, müssen Geschwindigkeitsänderungen Δv senkrecht zur Bahnebene erfolgen. Wenn die Absicht besteht, äquatoriale Bahnen zu erzeugen, müssen die Geschwindigkeitsänderungen in den Knotenpunkten stattfinden. Dies ist beispielsweise erforderlich, wenn von nicht-äquatorialen Startplätzen aus Satelliten in einen geostationären Orbit gebracht werden sollen.

4. Beobachtungskonzepte und geodätisch nutzbare Satelliten

In diesem Kapitel soll eine kurze Übersicht zu den wichtigsten Beobachtungsverfahren und den nutzbaren Satelliten gegeben werden, wobei allgemeine Gesichtspunkte im Vordergrund stehen. Eine detaillierte Behandlung insbesondere hinsichtlich praktischer Anwendungen erfolgt innerhalb der den einzelnen Verfahren gewidmeten Kapitel.

4.1 Satellitengeodäsie als Parameterbestimmungsproblem

Die Grundgleichung der Satellitengeodäsie ist gemäß Abb. 4.1

$$\boldsymbol{r}_s(t) = \boldsymbol{r}_B(t) + \boldsymbol{\rho}(t)$$

oder

$$\boldsymbol{r}_j(t) = \boldsymbol{r}_i(t) + \Delta\boldsymbol{r}_{ij}(t). \tag{4.1}$$

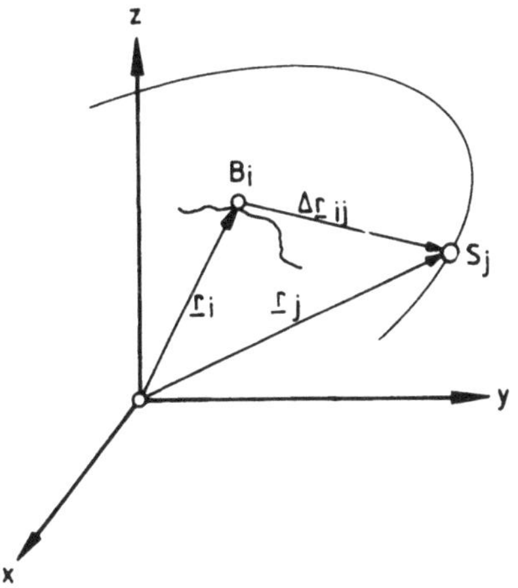

Abb. 4.1. Grundbeziehungen bei der Satellitenbeobachtung

Zur Lösung dieser Gleichung müssen Beobachtungen, durch die der Vektor $\Delta\boldsymbol{r}_{ij}(t)$ festgelegt wird, mit Parametern in Beziehung gesetzt werden, die sowohl die Satellitenposition $\boldsymbol{r}_j(t)$ als auch die Position der Beobachtungsstation $\boldsymbol{r}_i(t)$ beschreiben. Hierbei können sämtliche Parameter als Unbekannte betrachtet werden; es kann aber auch ein Teil der Parameter als bekannt vorausgesetzt werden, um die Lösungen zu stabilisieren und zu vereinfachen.

Zwischen den Beobachtungen und den Parametern besteht die im allgemeinen nichtlineare Beobachtungsgleichung

$$\boldsymbol{L} + \boldsymbol{v} = \Phi(\boldsymbol{X}). \tag{4.2}$$

Hierin bedeuten

$\boldsymbol{L}$ – der Vektor der Beobachtungen
$\boldsymbol{X}$ – der Vektor der gesuchten unbekannten Parameter
$\boldsymbol{\Phi}$ – eine nichtlineare vektorwertige Funktion
$\boldsymbol{v}$ – der Vektor der Verbesserungen, in dem die nicht modellierten Einflüsse des Gesamtprozesses zusammengefaßt sind.

Mit Näherungswerten $\boldsymbol{X}_0$ für die unbekannten Parameter wird die Beziehung (4.2) linearisiert. Setzt man

$$\begin{aligned} \boldsymbol{L}_0 &= \Phi(\boldsymbol{X}_0) \\ \boldsymbol{l} &= \boldsymbol{L} - \boldsymbol{L}_0 \end{aligned} \tag{4.3}$$

für den Vektor der gekürzten Beobachtungen und

$$\boldsymbol{x} = \boldsymbol{X} - \boldsymbol{X}_0 \tag{4.4}$$

für den Vektor der gekürzten Unbekannten, folgt die linearisierte Form des Modells (4.2)

$$\boldsymbol{l} + \boldsymbol{v} = \boldsymbol{A}\boldsymbol{x}. \tag{4.5}$$

Die Designmatrix $\boldsymbol{A}$ enthält die partiellen Ableitungen der Beobachtungen nach den Unbekannten an der durch $\boldsymbol{X}_0$ gegebenen Näherungsstelle

$$\boldsymbol{A} = \left(\frac{\partial \Phi(\boldsymbol{X})}{\partial \boldsymbol{X}}\right)_0. \tag{4.6}$$

Die Lösung des Gleichungssystems (4.5) kann durch Einführen von Minimumsbedingungen für die Verbesserung $\boldsymbol{v}$

$$\boldsymbol{v}^T \boldsymbol{P} \boldsymbol{v} \rightarrow \text{Minimum}, \tag{4.7}$$

mit der Gewichtsmatrix $\boldsymbol{P}$ für die Beobachtungen nach der Methode der *Ausgleichung vermittelnder Beobachtungen* erfolgen und führt zu bestmöglichen *Schätzungen* für die unbekannten Parameter. Näheres ist den Standardwerken der Ausgleichungsrechnung zu entnehmen (z.B. *Wolf* 1975, *Höpcke* 1980, *Pelzer* 1985). Der modernere Begriff *Schätzverfahren* wird in diesem Buch synonym mit dem klassischen Begriff *Ausgleichung* verwendet.

Die in (4.2) bis (4.5) auftretenden Parameter können verschiedenen Gruppen zugeordnet werden, beispielsweise

(1) Parameter, die die geozentrische Bewegung der Beobachtungsstationen $\boldsymbol{r}_B(t)$ beschreiben. Dies sind vor allen Dingen die geozentrischen Stationskoordinaten. Weiterhin können hierzu geodynamische Parameter gerechnet werden, die das erdfeste Bezugssystem gegenüber einem Inertialsystem festlegen, nämlich Polbewegungs- und Erdrotationsparameter. Auch Parameter zur Modellierung von Erdgezeiten und tektonischen Krustenverschiebungen gehören in diese Gruppe. Schließlich können Transformationsparameter zwischen geozentrischen und individuellen geodätischen oder topozentrischer Bezugssysteme hierzu rechnen.
(2) Parameter, die die Satellitenbewegung $\boldsymbol{r}_s(t)$ beschreiben. Neben den Satellitenkoordinaten sind dies vor allem die Potentialkoeffizienten des Erdschwerefelds und Parameter für sonstige gravitative und nichtgravitative Störkräfte, z.B. Strahlungsdruck der Sonne.
(3) Parameter, die die Beobachtungen $\rho(t)$ unmittelbar beeinflussen, wie atmosphärische Parameter, Uhrparameter, Laufzeitverzögerungen etc.

Es ist offensichtlich, daß es nur in den seltensten Fällen möglich sein wird, eine umfassende Lösung mit gleichzeitiger Bestimmung sämtlicher Parameter vorzunehmen. Dabei müssen, um die Gleichungssysteme nicht singulär werden zu lassen, bestimmte Vorhaben und Nebenbedingungen eingeführt werden. Die gemeinsame Bestimmung von Potentialkoeffizienten und geozentrischen Koordinaten führt zu einem Erdmodell im Rahmen einer sogenannten Satellitenlösung [11.2].

In der Regel interessiert man sich nur für einzelne Parameter oder Parametergruppen, während andere als bekannt vorausgesetzt werden. Zur Koordinatenbestimmung von Beobachtungsstationen wird häufig die Satellitenbahn als bekannt angenommen. Zur Ableitung von Polbewegung und Weltzeit werden Potentialkoeffizienten und Beobachtungsstationen als bekannt eingeführt.

Die in der Gruppe (3) genannten mehr technischen Parameter (*Biasparameter*) werden oft im Rahmen einer Datenvorverarbeitung berücksichtigt.

Statt Parameter im Rahmen des Auswerteprozesses zu schätzen, können sie bei geeigneter Beobachtungsanordnung auch eliminiert werden. Dies gilt vor allem für Parameter der Gruppe (3), die durch gleichzeitige Beobachtungen auf mehreren Stationen und Differenzbildung herausfallen können. Bei genügender Anzahl simultan beobachtender Stationen können auch die Satellitenkoordinaten als Unbekannte eliminiert werden. Die Beobachtungsverfahren nehmen dann einen geometrischen Charakter an. Wenn für die Satellitenbahn keine Parameter bestimmt werden müssen und wenn die Bahn auch nicht als bekannt eingeführt werden muß, spricht man von *geometrischer Satellitengeodäsie*. Dies Konzept wurde insbesondere bei Kamerabeobachtung verfolgt [5.1].

Geometrische Methoden sind von Natur aus *relative Methoden* und führen nicht zu geozentrischen Koordinaten. Einige Aufgaben der Satellitengeodäsie lassen sich folglich mit geometrischen Methoden nicht lösen.

Wenn das Kräftemodell für die Satellitenbewegung eine Rolle spielt, spricht man von *dynamischen Methoden* der Satellitengeodäsie. Hierbei muß die Satellitenbahn entweder aus externen Quellen bekannt sein, also beispielsweise durch einen Ephemeridendienst, oder die Bahnen müssen ganz oder bis zu einem gewissen Grad im Rahmen des Auswerteprozesses mitbestimmt werden. Hierbei sind graduell unterschiedliche Konzepte im Gebrauch.

Bei Simultanbeobachtungen von wenigstens 2 Stationen aus können im Zuge des Auswerteprozesses für ein kurzes Bahnstück einzelne Bahnparameter oder "Freiheitsgrade" (1 bis 6) mitgeschätzt werden. Man nennt dies auch Ausgleichung mit gelockerter Bahn oder *Semi-Short-Arc Methode*. Hierbei spielen Kräfte keine Rolle; es werden vielmehr zugelassene Parameter (Freiheitsgrade) für die Satellitenbahn auf geometrischem Wege eliminiert. Als weiterer Schritt können aufgrund eines vorgegebenen Potentialfeldes für ein kurzes Bahnstück die Bahnelemente aus der Beobachtung als Parameter bestimmt werden. Dies ist die *Short-Arc-Methode*. Dehnt man den Prozeß auf mehrere Umläufe und längere Bahnstücke aus, spricht man von *Long-Arc-Methode*. Hierbei muß eine große Zahl von Parametern für die gestörte Bahn und für das Kräftefeld mitbestimmt werden (vgl. Abb. 4.2). Mit Hilfe der Long-Arc-Methode gelingt es, u.a. Parameter für Polbewegung, Erdrotation und Erdgezeiten sowie Parameter des anomalen Schwerefeldes der Erde zu schätzen.

Long-Arc-Methoden finden mehr für wissenschaftliche Fragestellungen Anwendung. Bei praktischen Aufgaben der Satellitengeodäsie wird entweder die Bahn als bekannt vorausgesetzt, oder es wird eine begrenzte Zahl von Parametern für Bahnverbesserungen im Auswerteprozeß mitgeführt.

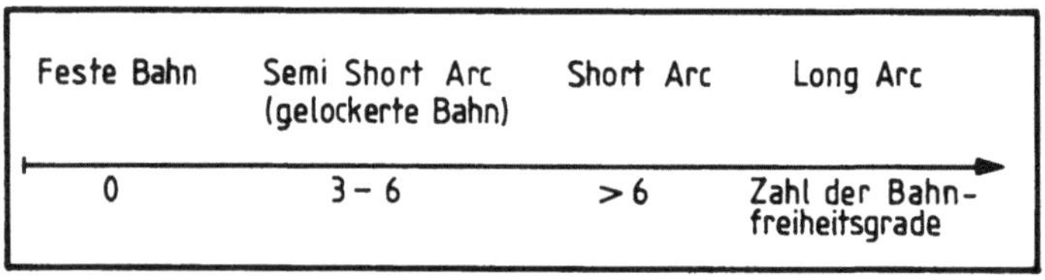

Abb. 4.2. Rolle der Satellitenbahn im Parameterbestimmungsprozeß

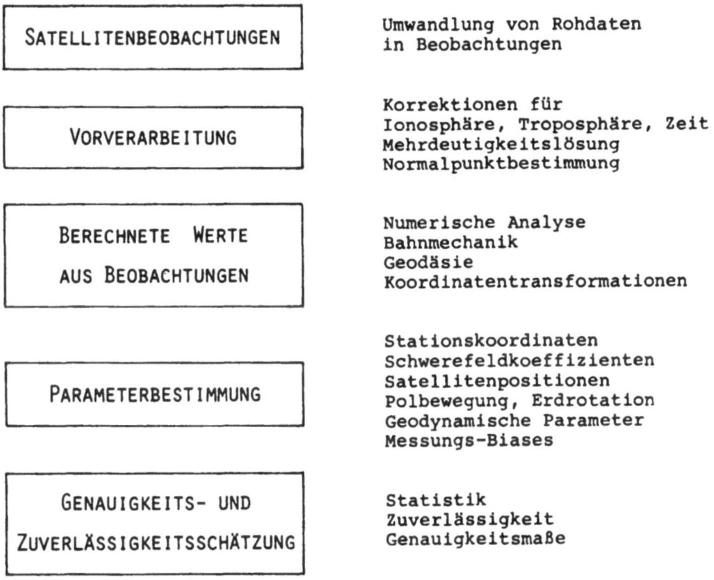

Abb. 4.3. Ablaufschema bei der Nutzung von Satellitenbeobachtungen

Wenn nur Beobachtungen von einer Station vorliegen, können in der Regel lediglich Stationskoordinaten als Parameter bestimmt werden. Bei mehreren simultan beobachtenden Stationen kann die Zahl der Parameter erhöht werden, um Verbesserungen der Satellitenbahn und Beobachtungsbiases zu schätzen. Zur Lösung eines umfassenden Parameterbestimmungsproblems sind Beobachtungen auf global verteilten Stationen zu möglichst vielen Satelliten erforderlich.

Eine schematische Darstellung zum Beobachtungs- und Parameterbestimmungsablauf ist in Abb. 4.3 gegeben.

4.2 Messungsgrößen und Meßverfahren

Die in der Satellitengeodäsie gebräuchlichen Meßverfahren können nach verschiedenen Gesichtspunkten eingeteilt werden. In [1.2] wurde eine Einteilung nach dem Ort vorgenommen, an dem die Messungsgrößen gewonnen werden

- Bodengebundene Meßverfahren (Bodenstation → Satellit)
- Satellitengetragene Meßverfahren (Satellit → Bodenstation)
- Messungen zwischen Satelliten (Satellit → Satellit)

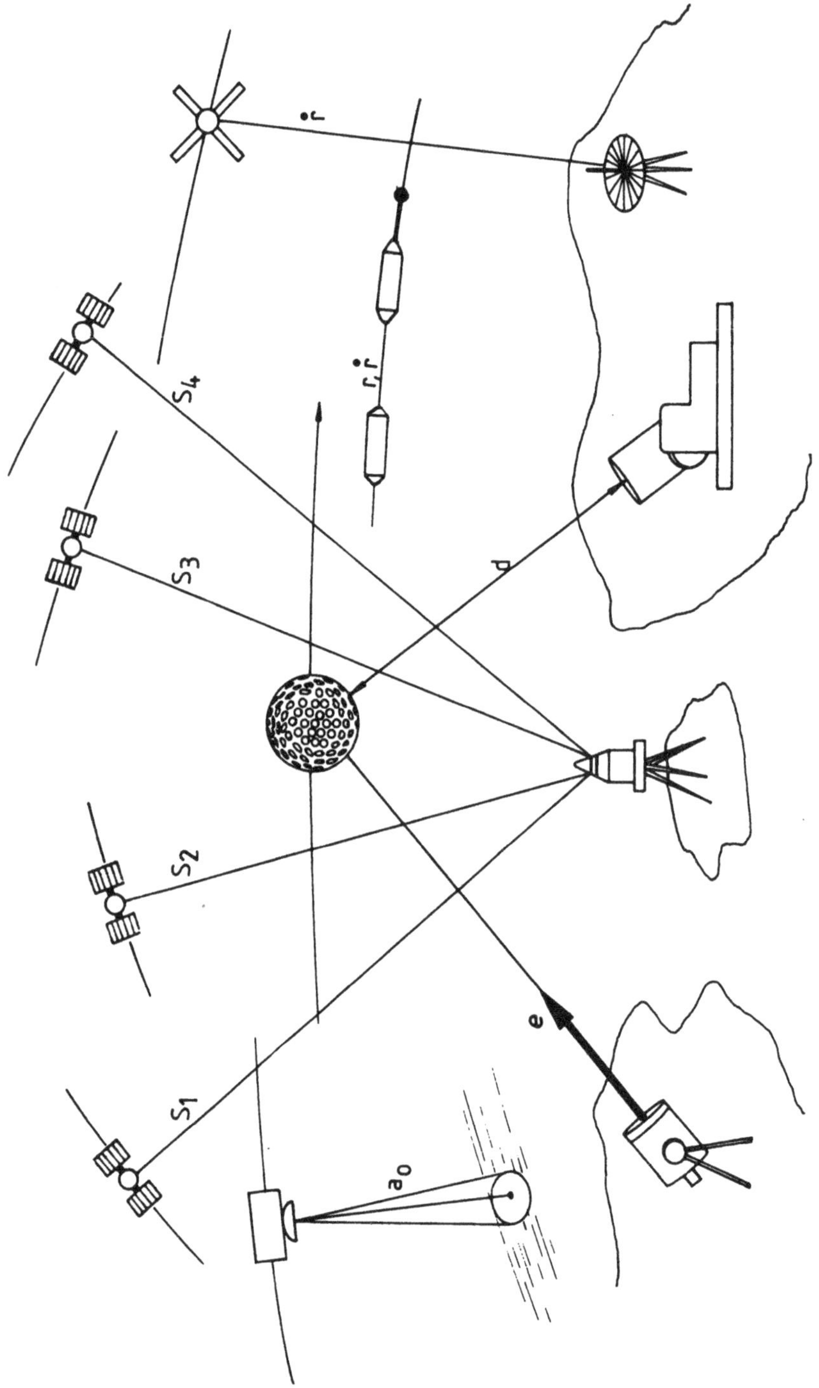

Abb. 4.4. Bildliche Zusammenschau von Beobachtungsverfahren in der Satellitengeodäsie

Eine andere Einteilung kann nach den Messungsgrößen erfolgen. Hierzu soll nachstehend eine Übersicht im Zusammenhang mit den heute wichtigsten operationellen Verfahren gegeben werden. Zugleich wird ein Hinweis auf die jeweils nutzbaren Satelliten eingefügt. Mit Abb. 4.4 wird eine bildliche Zusammenschau vorgestellt. Die einzelnen Methoden werden dann verfahrens- und systemorientiert in gesonderten Kapiteln behandelt.

4.2.1 Richtungsmessungen

Es kommen nahezu ausschließlich photographische Methoden in Betracht. Hierbei wird ein von der Sonne beleuchteter, selbstleuchtender oder durch Laserblitze ausgeleuchteter Satellit vor dem Sternhintergrund photographiert. Auf der Beobachtungsstation muß Dunkelheit herrschen. Die auf derselben photographischen Platte oder auf Film abgebildeten Sterne und Satelliten werden gemeinsam in einem Koordinatenmeßgerät ausgemessen und gestatten die Bestimmung der topozentrischen Richtung von der Beobachtungsstation zum Satelliten im Bezugssystem des Sternkataloges (Äquatorsystem, CIS).

Zwei von verschiedenen Beobachtungsstationen aus simultan bestimmte Richtungen spannen eine räumlich orientierte Ebene auf, die neben den beiden Bodenstationen die gemeinsam beobachtete Satellitenposition enthält. Der Schnitt mehrerer solcher durch unterschiedliche Satellitenpositionen festgelegter Ebenen bestimmt den Interstationsvektor zwischen den Beobachtungsstationen (Abb. 4.5). Die Erweiterung mit zusätzlichen Beobachtungssta-

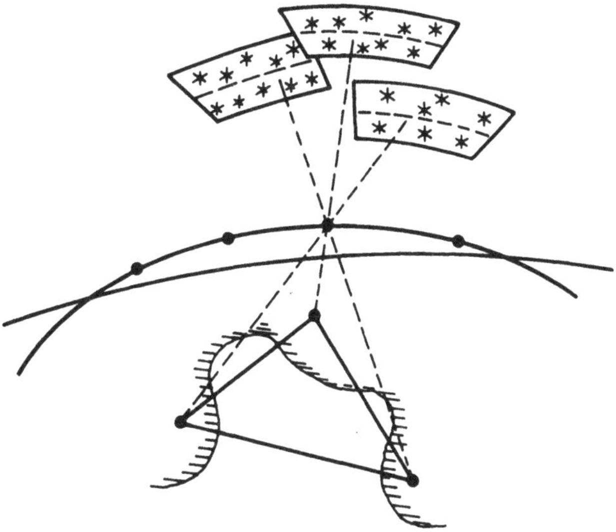

Abb. 4.5. Nutzung von Richtungsbestimmungen mit Satellitenkameras

tionen führt zu großräumigen, kontinentalen und globalen, rein geometrisch bestimmten Satellitennetzen [5.1].

Weiterhin können Richtungsmessungen in umfassende Lösungen für Erdmodelle [11.2] sowie zur Bahnbestimmung einbezogen werden. Bei Satelliten mit Laserreflektoren können Richtungsmessungen gemeinsam mit Entfernungsmessungen durchgeführt werden und gestatten die direkte Bestimmung des Beobachtungsvektors $\boldsymbol{\rho}(t)$.

Als Zielpunkte wurden ursprünglich passive Ballonsatelliten benutzt, z.B. die Fernmeldeversuchssatelliten ECHO 1 und ECHO 2. Für die Beobachtung des BC4 Weltnetzes [5.1.5] wurde 1966 ein spezieller, geodätischer Ballonsatellit gestartet, der *P*assive *G*eodätische *S*atellit PAGEOS, mit 30 m Durchmesser und etwa 3000–5000 km Bahnhöhe. Der Satellit war etwa für 6 Jahre nutzbar. Für genaue Richtungsmessungen können heute Laserechos an Satelliten mit Laserreflektoren erzeugt werden. Die erzielbare Genauigkeit bleibt aber weit hinter modernen Streckenmeßverfahren zurück, so daß Richtungsmessungen zu Satelliten heute nur eine untergeordnete Rolle spielen. Möglicherweise führt der Start des japanischen geodätischen Satelliten EGS im August 1986 zu einem wieder stärkeren Einsatz von Kameras in der Satellitengeodäsie. Der rotierende Satellit erzeugt durch reflektiertes Sonnenlicht helle, gut definierte Lichtblitze [4.3.2].

Richtungsmessungen zwischen Bodenstation und Satellit können auch durch Empfang elektromagnetischer Signale vorgenommen werden Die bisher realisierten Meßverfahren haben aber nur eine geringe Genauigkeit gebracht [5.3]. Richtungsmessungen zu Radioquellen mit Hilfe der Very Long Baseline Interferometry (VLBI) gehören zu den genauesten Meßverfahren der Geodäsie (vgl. [10.2]).

4.2.2 Entfernungsmessungen

Entfernungsmessungen zwischen Bodenstation und Satelliten erfolgen durch Laufzeitmessung elektromagnetischer Signale. Je nach verwendetem Spektrum geschieht dies durch

- optische Systeme
- Radar-Systeme.

Optische Systeme sind wetterabhängig. Um die erforderliche Signalstärke und -schärfe zu erreichen, verwendet man ausschließlich Laserlicht. Radarsysteme sind wetterunabhängig; hier werden Zentimeter- und Dezimeterwellen verwendet. Die Ausbreitungseigenschaften unterliegen jedoch den atmosphärischen Refraktionseinflüssen.

Bei Entfernungsmessungen wird zwischen Einweg- und Zweiwegeverfahren unterschieden. Die Laufzeit im *Zweiwegeverfahren* wird mit der Uhr des

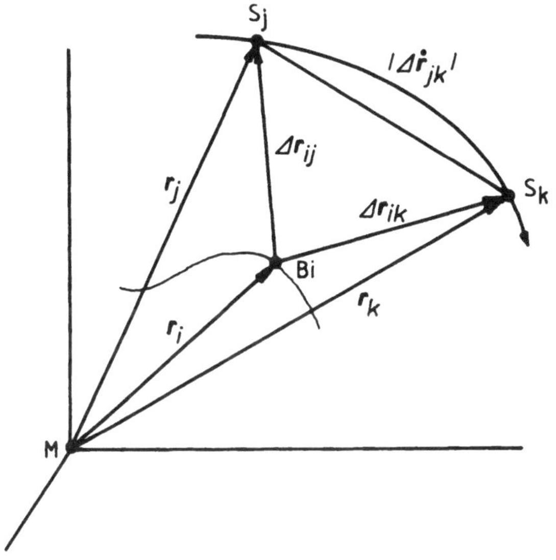

Abb. 4.6. Konzept der Distanzmessung zu Satelliten

Beobachters gemessen. Das Signal verläßt zur Zeit t_j den Beobachtungsort, wird zur Zeit $t_j + \Delta t_j'$ am Satelliten reflektiert und wird zur Zeit $t_j + \Delta t_j$ am Beobachtungsort wieder aufgefangen. Die gemessene Größe ist die Gesamtlaufzeit Δt_j. Wenn von relativistischen Korrekturen abgesehen wird, ist $\Delta t_j = 2\Delta t_j'$. Die gesuchte Entfernung ergibt sich mit der Signalausbreitungsgeschwindigkeit c nach Abb. 4.6 zu

$$|\boldsymbol{r}_j - \boldsymbol{r}_i| = |\Delta \boldsymbol{r}_{ij}| = \tfrac{1}{2} c \cdot \Delta t_j. \tag{4.8}$$

Ein typisches Zweiwegeverfahren ist die Laserdistanzmessung zu Satelliten.

Beim *Einwegverfahren* muß vorausgesetzt werden, daß die Uhren im Satelliten und in der Bodenempfangsanlage miteinander synchronisiert sind oder daß ein verbleibender Synchronisationsfehler durch entsprechende Meßanordnung bestimmt werden kann. Dies ist beispielweise beim GPS-Verfahren der Fall [7.]. Gleichung (4.8) vereinfacht sich dann zu

$$|\Delta \boldsymbol{r}_{ij}| = c \cdot \Delta t_j. \tag{4.9}$$

Weiterhin wird zwischen Impuls- und Phasenmeßverfahren unterschieden. Bei einem eindeutig identifizierbaren Impuls, wie beispielsweise bei der Laserdistanzmessung, ergibt sich die Entfernung über die Laufzeitmessung nach Gleichung (4.8). Bei den *Phasenmeß*verfahren wird als Meßgröße die Phasenlage einer kontinuierlichen Welle genutzt. Beim Zweiwegeverfahren wird die Phasenlage der ausgehenden Welle mit der der zurückkehrenden Welle verglichen. Beim Einwegverfahren erfolgt der Vergleich zwischen der empfangenen Welle und einer im Empfänger generierten Welle. In beiden Fällen wird eine Phasendifferenz Φ gemessen, die dem Reststück $\Delta\lambda$ einer Wellenlänge entspricht [2.3]. Die gesamte Anzahl N von vollen Wellenzügen in der Distanz Beobachter-Satellit bleibt zunächst unbekannt. Dies ist das *Mehrdeutigkeitsproblem*. Es gilt für die Entfernung bei der Zweiwegemessung

$$|\Delta \boldsymbol{r}_{ij}| = \tfrac{1}{2}(\Delta\lambda + N\lambda). \tag{4.9-3}$$

Bei der Einwegmessung entfällt der Faktor $\frac{1}{2}$. Um die Mehrdeutigkeiten zu lösen werden unterschiedliche Methoden angewandt

- Messung mit mehreren Frequenzen (z.B. SECOR)
- Bestimmung von Näherungswerten der Entfernung mit einer Genauigkeit besser als $\lambda/2$ (z.B. GPS mit P-Code und Trägerphasen)
- Ausnutzen von veränderlicher Satellitengeometrie (z.B. GPS bei Trägerphasenmessung).

Die verschiedenen Möglichkeiten werden im Zusammenhang mit den jeweiligen Meßverfahren behandelt.

Impuls- und Phasenmeßverfahren unterscheiden sich auch hinsichtlich der Ausbreitungseigenschaften in der hohen Atmosphäre. Die Distanz aus Phasenmessungen hängt von der Phasengeschwindigkeit v_p der benutzten Frequenz ab. Die Distanz aus Impulsmessungen hängt entsprechend von der Gruppengeschwindigkeit v_g ab. Die Ionosphäre ist ein dispersives Medium, bei der die Phasengeschwindigkeit größer ist als die Gruppengeschwindigkeit [2.3.1.2].

Je nach Entfernungsmeßverfahren werden unterschiedliche Satelliten genutzt. Für Laserdistanzmessungen sind Satelliten mit entsprechenden Reflektoren ausgerüstet. Herausragende Laser-Satelliten sind LAGEOS (Laser Geodynamic Satellite, ca. 5900 km Bahnhöhe) und STARLETTE (ca. 800 km Bahnhöhe). Insgesamt tragen mehr als 30 Satelliten geeignete Reflektoren [8.2].

Für den Radiowellenbereich müssen die Satelliten geeignete aktive Baugruppen und Antennen tragen. Beim Zweiwegeverfahren nennt man diese auch *Transponder*.

Durch simultane Entfernungsmessung von drei bekannten Bodenstationen aus zu mindestens 3 Satelliten können die Relativkoordinaten eines Neupunktes bestimmt werden (vgl. Abb. 1.2). Dieses Verfahren wurde standardmäßig bei SECOR angewandt [5.2] und kann auch bei Laserdistanzmessungen genutzt werden, wenn günstige Wetterbedingungen vorliegen. Umgekehrt können von drei bekannten Satellitenpositionen aus im Zweiwegeverfahren und von 4 Positionen aus im Einwegeverfahren (z.B. GPS) Koordinaten von Bodenstationen durch simultane Streckenmessung abgeleitet werden (vgl. Abb. 7.2).

4.2.3 Entfernungsdifferenzmessungen (Doppler)

Das geometrische Prinzip der Positionsbestimmung aus Entfernungsdifferenzen zwischen einer Beobachtungsposition und je zwei Satellitenpositionen ist aus Abb. 4.7 erkennbar. Dabei werden die aufeinanderfolgenden Satellitenpositionen t_1, t_2, t_3 als bekannt vorausgesetzt.

Die jeweils beobachteten Entfernungsdifferenzen $\overline{Bt}_1 - \overline{Bt}_2$ und $\overline{Bt}_2 - \overline{Bt}_3$ definieren Hyperboloide im Raum, in deren gemeinsamen Schnitt mit der Erdoberfläche sich der Beobachter (Schiff) befindet. Bei Beobachtung mehrerer solcher Satellitenbahnstücke ist eine dreidimensionale Positionsbestimmung für den Beobachter möglich.

Die Entfernungsdifferenzen werden aus beobachteten Frequenzverschiebungen aufgrund der Entfernungsänderung zwischen Beobachter und Satellit abgeleitet [6]. Der beobachtete Satellit sendet ein periodisches Signal bekannter Frequenz f_s aus, das vom Empfänger registriert wird. Nur wenn Sender und Empfänger keine Relativbewegung aufweisen, ist die empfangene Frequenz $f_r(t) = f_s = \text{const}$. Durch die tatsächlich erfolgte gegenseitige Bewegung ds/dt wird aufgrund des *Dopplereffekts* [6.1] eine veränderliche Frequenz empfangen

$$f_r(t) = f_s\left(1 - \frac{1}{c}\frac{ds}{dt}\right). \tag{4.10}$$

Die Frequenzänderung während eines bestimmten Zeitintervalls t_j, t_k wird gemessen und in eine Entfernungsänderung Δr_{ijk} skaliert (vgl. Abb. 4.6). Es gilt damit die Beobachtungsgleichung

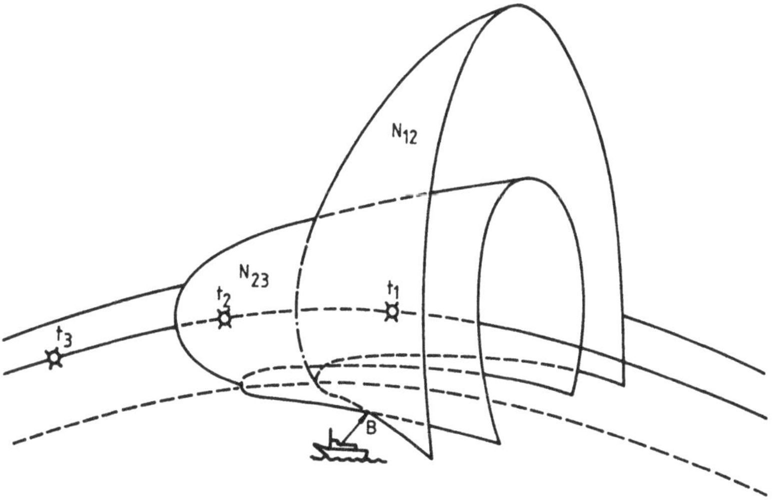

Abb. 4.7. Grundprinzip der Positionsbestimmung durch Entfernungsdifferenzmessungen

$$|\boldsymbol{r}_k - \boldsymbol{r}_i| = |\boldsymbol{r}_j - \boldsymbol{r}_i| = |\Delta \boldsymbol{r}_{ik} - \Delta \boldsymbol{r}_{ij}| = |\Delta \boldsymbol{r}_{ijk}|. \tag{4.11}$$

Die Beobachtung des Dopplereffekts wird in der Satellitengeodäsie häufig mit herangezogen. Sie ist immer dann möglich, wenn ein Satellit stabile Frequenzen abstrahlt. Auf diese Weise konnten Bahnelemente für die ersten künstlichen Satelliten abgeleitet werden. Die bislang wichtigste Anwendung in der Geodäsie hat die Dopplerbeobachtung der Navigationssatelliten des NNSS-Systems (TRANSIT) gefunden [6].

Der Dopplereffekt kann auch genutzt werden, um Entfernungsänderungen $|\Delta \dot{\boldsymbol{r}}_{jk}|$ zwischen Satelliten mit hoher Genauigkeit zu bestimmen. Dieses als *Satellite to Satellite Tracking* (SST) bekannte Verfahren wird zur hochauflösenden Erfassung des Erdschwerefeldes verwendet [10.1], [11.2].

4.2.4 Flughöhenmessungen (Altimetrie)

Eine Sonderform der Entfernungsmessung besteht darin, daß vom Satelliten aus der vertikale Abstand zur Erdoberfläche, insbesondere zur Meeresoberfläche gemessen wird. Es handelt sich dabei bislang um das einzige operationelle satellitengetragene Meßverfahren der Satellitengeodäsie. Der Satellit muß mit einem Radar-Altimeter ausgestattet sein; eine Gegenstation auf der Erde ist nicht erforderlich. Aus der Laufzeit eines vom Altimeter abgestrahlten und auf der Meeresoberfläche reflektierten Radarpulses wird die Flughöhe a_0 im Satelliten gemessen und in geeigneter Weise an den Nutzer übertragen. Aus der Kenntnis der Satellitenbahn und damit der Höhe h des Satelliten über dem Ellipsoid kann dann über die vereinfachte Beziehung

$$M = h - a_0 \tag{4.12}$$

die Höhe des mittleren Meeresspiegels M über den Ellipsoid abgeleitet werden (Abb. 4.8). M entspricht näherungsweise der Geoidhöhe, so daß dieses Meß-

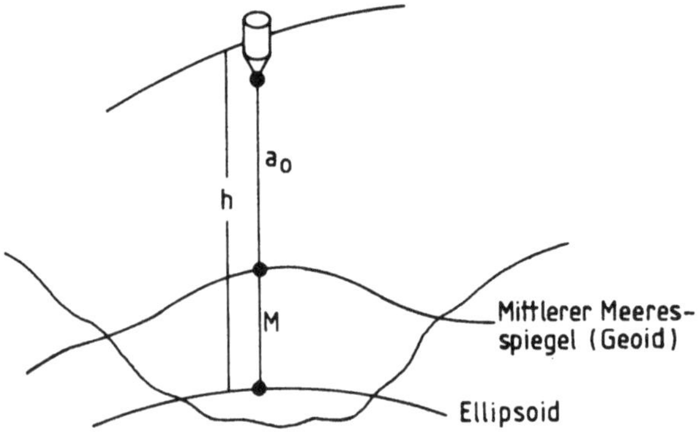

Abb. 4.8. Prinzip der Satellitenaltimetrie

verfahren insbesondere zur Geoidbestimmung in ozeanischen Bereichen eingesetzt werden kann. Zur genaueren Auswertung müssen noch Korrekturen angebracht werden, insbesondere zur Modellierung der Abweichungen zwischen aktuellem Meeresniveau und dem Geoid und zur Abweichung der tatsächlichen von der angenommenen Satellitenbahn. Mit GEOS C und SEASAT-A wurden zwei für bisherige geodätische Arbeiten wichtige Satelliten gestartet, die Radar-Altimeter tragen. Mit dem Start weiterer Satelliten ist zu rechnen [9.2].

4.2.5 Entfernungs- und Entfernungsänderungsmessungen

Dieses Verfahren wird zur hochauflösenden Erfassung des Erdschwerefeldes eingesetzt und ist unter der englischen Bezeichnung *Satellite to Satellite Tracking* (SST) bekannt [10.1.2].

Gemessen wird die Entfernung und die kontinuierliche Entfernungsänderung, also die Relativgeschwindigkeit zwischen zwei Satelliten, wobei der Dopplereffekt genutzt wird. Verschiedene Konzepte wurden erprobt und vorgeschlagen. In der *Low-High-Konfiguration* wird ein niedrigfliegender Satellit (wenige 100 km) mit einem hochfliegenden Satelliten (z.B. geostationär) kombiniert. Vorteil ist, daß längere Bahnbögen des vom Erdschwerefeld besonders beeinflußten niedrigen Satelliten von dem hochfliegenden Satelliten aus "beobachtet" werden können (Abb. 4.9).

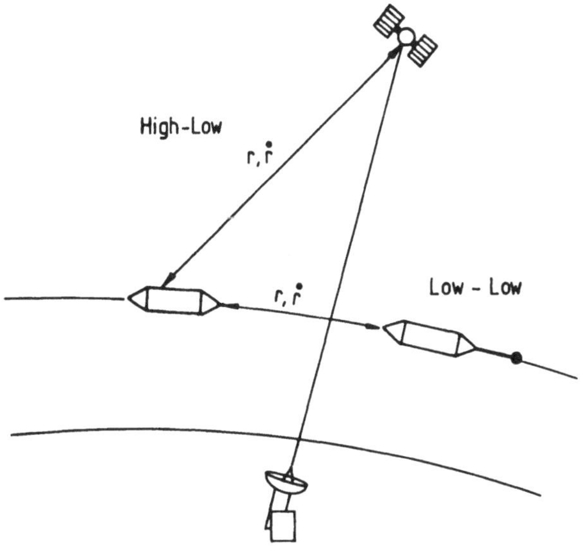

Abb. 4.9. High-Low und Low-Low Konfiguration beim Satellite to Satellite Tracking

In der *Low-Low Konfiguration* folgen einander zwei niedrigfliegende Satelliten im Abstand von 100–300 km. Hierbei wird eine größere Auflösung erwartet.

4.2.6 Interferometrische Messungen

Die grundsätzlichen Zusammenhänge für interferometrische Messungen können aus Abb. 4.10 entnommen werden.

A_1 und A_2 sind Empfangsantennen. Der Satellit S sei im Vergleich zur Basis b soweit entfernt, daß die Richtung zu S in A_1 und A_2 als parallel angenommen werden kann. Aus der Geometrie gilt

$$d = \overline{A_1 P} = b \cdot \cos\theta. \tag{4.13}$$

Wenn der Satellit ein kontinuierliches Wellensignal der Wellenlänge λ abstrahlt, ergibt sich aufgrund des Wegunterschiedes d an den beiden Antennen eine Phasendifferenz Φ. Zur Umrechnung von Φ in die Weglänge d muß berücksichtigt werden, daß die gemessene Phasendifferenz nur innerhalb einer Wellenlänge eindeutig ist und daß noch ein bestimmtes Vielfaches N von ganzen Wellenlängen addiert werden muß. Es gilt die interferometrische Grundgleichung

$$d = b \cdot \cos\theta = \frac{1}{2\pi}\Phi\lambda + N\lambda. \tag{4.14}$$

Die interferometrische Meß- und Auswertetechnik kann in sehr unterschiedlicher Weise realisiert werden. Gleichung (4.14) macht deutlich, daß als abgeleitete Beobachtungsgrößen

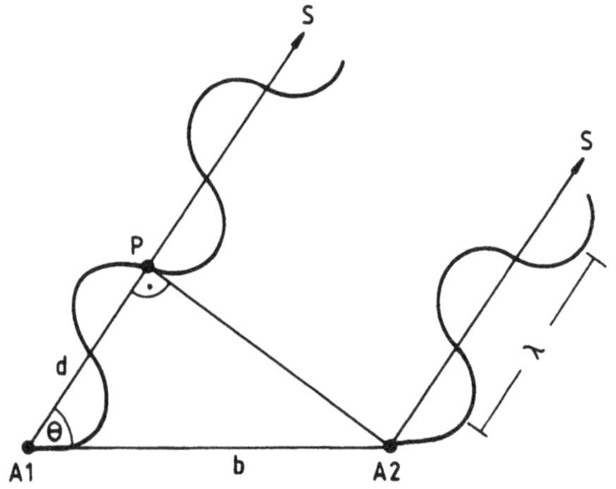

Abb. 4.10. Interferometrische Messungen

- die Richtung θ zum Satelliten
- das Reststück d in der Entfernung Antenne-Satellit
- die Basisentfernung b zwischen den Antennen

bestimmt werden können. In allen Fällen ist es notwendig, die ganzzahlige Mehrdeutigkeit N zu kennen oder zu bestimmen. Dies kann durch Nutzung bestimmter Antennenanordnungen, durch Messungen in verschiedenen Frequenzen oder durch besondere Beobachtungsstrategien erfolgen.

Die Richtungsbestimmung zu Satelliten durch interferometrische Messungen wurde beispielsweise durch das *Minitrack-System* [5.3] realisiert, wobei die einzelnen Antennenelemente durch Kabel verbunden sind. Die hierbei erzielbare Genauigkeit genügt aber nicht modernen Anforderungen der Satellitengeodäsie.

Bei größeren Basislängen können die Antennen nicht mehr direkt verbunden werden. Die Phasenbeziehung zwischen den Antennen muß dann durch Nutzung hochpräziser Oszillatoren (Atomfrequenznormale) gewährleistet sein. Dieses Prinzip wird beispielsweise bei der *Radiointerferometrie auf langen Basen* (VLBI) verwendet [10.2].

Bei VLBI-Beobachtungen von natürlichen Radioquellen wird der Wegunterschied d nicht über Phasenvergleichsverfahren sondern durch Korrelation der an beiden Antennen eintreffenden Signale bestimmt. Die gemeinsam mit Zeitmarken aufgezeichneten Signalströme werden in einem Korrelator bis zum Erreichen maximaler Korrelation zeitlich gegeneinander verschoben. Das zeitliche Verschiebungsmaß τ entspricht der Signallaufzeit zwischen P und A_1 und kann über

$$d = \tau \cdot c \tag{4.15}$$

in eine Entfernungsdifferenz umgerechnet werden.

Bei der Langbasisinterferometrie mit künstlichen Erdsatelliten kann nicht mehr davon ausgegangen werden, daß die einfallenden Signalrichtungen parallel zueinander sind. Es muß vielmehr die tatsächliche Geometrie durch geometrische Korrekturen berücksichtigt werden; beispielweise muß von einem Modell gekrümmter Wellenfronten ausgegangen werden [10.2.3].

Verbreitete Anwendung hat das interferometrische Meßprinzip für die geodätische Nutzung von Signalen des GPS-Systems gefunden. Hierbei sind beide bereits genannten Methoden zur Bestimmung des Wegunterschiedes d möglich.

(a) Analog zur VLBI mit natürlichen Radioquellen können die Signalströme der GPS-Satelliten ohne Kenntnis der Signalstruktur an beiden Empfangsstationen aufgezeichnet und miteinander zur Bestimmung des Laufzeitunterschiedes τ korreliert werden. Hierzu ist jedoch ein hoher instrumenteller

Aufwand erforderlich, so daß diese Methode nicht für den operationellen Einsatz geeignet ist.

(b) Die Phasenlage des Trägersignals auf beiden Empfangsstationen wird zur Differenz gebracht. Diese sogenannten einfachen Phasendifferenzen werden als eigentliche Beobachtungsgrößen genutzt. Diese Methode hat sich zum Standardmodell der Auswertung von GPS-Beobachtungen entwickelt [7.3].

In der Fachliteratur ist umstritten, inwieweit die unter (b) genannte Nutzung von Phasendifferenzen als interferometrisches Meßverfahren bezeichnet werden darf. Es werden die Bezeichnungen interferometrische Meßverfahren und Phasendifferenzverfahren bei GPS oft als Synonyme gebraucht.

4.2.7 Sonstige Meßverfahren

Neben den genannten Messungsgrößen und Meßmethoden sind weitere Möglichkeiten vorgeschlagen worden oder in Gebrauch. Vielfach werden Kombinationen mehrerer Messungsgrößen verwendet. Zu den vorgeschlagenen Konzepten gehört die *Satellitengradiometrie* [10.1.3]. Ein Gradiometer mißt direkt die zweiten Ableitungen des Schwerefeldes. Die erforderliche Auflösung ist aber instrumentell nur sehr schwer zu realisieren. Ähnliches gilt für *Beschleunigungsmesser* im Satelliten.

Erderkundungssatelliten tragen eine Vielzahl von Sensoren im optischen und im Mikrowellenbereich. Derartige Meßverfahren sind nicht Gegenstand dieses Buches (vgl. z.B. *Konecny*, *Lehmann* 1984).

4.3 Geodätisch nutzbare Satelliten

4.3.1 Allgemeine Anforderungen

Die meisten der in der Satellitengeodäsie genutzten Satelliten wurden nicht eigens für die Lösung geodätischer Aufgaben gestartet, sondern dienen primär anderen Zielen. Typische Vertreter dieser letztgenannten Gruppe sind die Navigationssatelliten des TRANSIT- und des GPS-Systems. Ausschließlich oder vorrangig für geodätische und/oder geodynamische Zwecke wurden insbesondere die Satelliten

PAGEOS (*Pa*ssive *Geo*detic *S*atellite)	USA 1966
STARLETTE	Frankreich 1975
GEOS 1–3 (*Geo*detic *S*atellite 1–3)	USA 1965, 1968, 1975
LAGEOS (*La*ser *Geo*dynamic *S*atellite)	USA 1976
EGS (*E*xperimental *G*eodetic *S*atellite)	Japan 1986

in eine Bahn gebracht. Hinzu kommen noch eine Reihe von Satelliten aus den ersten Jahren der Satellitenära, die mit vergleichsweise geringer Genauigkeit für geodätische Datumsverbindungen eingesetzt wurden (z.B. SECOR [5.2], ANNA 1B (1962)). Die für die jeweiligen Meßmethoden verwendeten Satelliten werden in den zugehörigen Kapiteln vorgestellt. Hier sollen einige allgemeine Gesichtspunkte behandelt werden.

Die Bahnhöhe richtet sich nach der Aufgabenstellung. Ein Satellit für die *Schwerefeldbestimmung* muß vorzugsweise in sehr niedriger Bahn fliegen (~200 km) und ein hochkomplexes Instrumentarium tragen. Ein Satellit für die *präzise Positionsbestimmung* soll vorzugsweise in einer hohen Bahn fliegen und ist technisch weniger aufwendig. Aus diesem Grunde sind dedizierte Missionen zur Schwerefeldbestimmung erst für die Zukunft geplant. Um gravitative Einflüsse von nichtgravitativen Kräften zu trennen, müssen die Satelliten entsprechend ausgelegt sein. Eine Möglichkeit besteht darin, die Oberflächenkräfte durch ein günstiges Massen/Oberflächenverhältnis zu minimieren. Beispiele sind die Satelliten LAGEOS und STARLETTE.

Die zweite Möglichkeit besteht darin, die Oberflächenkräfte durch Nachsteuerung zu kompensieren. Hierbei wird ein frei schwebender Prüfkörper durch einen steuerbaren Hüllsatelliten gegenüber den nichtgravitativen Störkräften abgeschirmt. Ein Beispiel ist die DISCOS-Einrichtung im Navigationssatelliten NOVA [6.2].

Eine oft gebrauchte Einteilungsmöglichkeit ist die in passive und aktive Satelliten. Die wichtigsten in der Geodäsie genutzten und/oder noch nutzbaren Satelliten sind nach dieser Einteilung in Tab. 4.1 zusammengestellt.

Tab. 4.1. Geodätisch genutzte Satelliten

passive Satelliten	aktive Satelliten
ECHO I, II	ANNA I B
PAGEOS	GEOS-3
STARLETTE	SEASAT-1
LAGEOS	NNSS-Satelliten
EGP	NAVSTAR-GPS Satelliten

4.3.2 Ausgewählte Satelliten und Teilsysteme

Nachfolgend werden einige für geodätische Aufgaben nutzbare Satelliten und Teilsysteme beschrieben, soweit sie mehreren Meßverfahren zuzuordnen sind und nicht im Zusammenhang mit den einzelnen Verfahren näher behandelt werden.

GEOS-3

Der dritte Satellit der GEOS-Serie wurde am 9.4.1975 von der NASA gestartet. Seine Ausgangsbahnelemente und die physikalischen Abmessungen waren

Umlaufzeit	102 Minuten
Apogäumshöhe	844 km
Perigäumshöhe	837 km
Bahnneigung	115°
Gewicht	340 kg
Durchmesser	132 cm
Höhe	81 cm

Die Ausrichtung der Antennen auf die Erde erfolgte mit einer Schweregradientenstabilisierung mittels einer in 19,5 m Entfernung vom Satelliten angeordneten 45 kg Endmasse. Abb. 4.11 vermittelt einen Eindruck vom Aussehen des Satelliten und der Anordnung der Meßelemente. Zur Ausrüstung gehören

- *Radaraltimeter* zur Messung des Abstandes zur Meeresoberfläche [9.2] Meßgenauigkeit ±60 cm, ~5.7 GHz
- *C-Band-Transponder* zur Entfernungs-, Entfernungsänderungs- und Richtungsmessung von geeignet ausgerüsteten Bodenstationen [5.3]
- *S-Band-Transponder*, ~2,1 und 2,2 GHz zur Durchführung von Messungen zwischen Satelliten (Satellite to Satellite Tracking) [10.1.2].
- *Laser Reflektoren*, 270 Einzelreflektoren auf einem Ring angeordnet; Designgenauigkeit 10 cm [8.2].

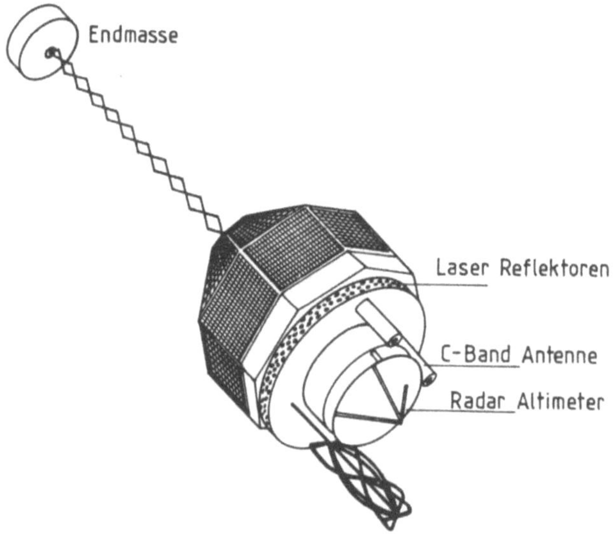

Abb. 4.11. GEOS-3

- *Dopplersendeantennen* für die Frequenzen 162 und 324 MHz, um genaue Positionen und Positionsänderungen von Bodenstationen aus messen zu können [6.].

GEOS-3 ist mit seinen verschiedenen geodätischen Meßsystemen zum geodätischen Satelliten "par excellence" geworden. Zahlreiche wissenschaftliche und praktische Aufgaben konnten mit seiner Hilfe gelöst werden (vgl. [11.]). Das für die Geodäsie wichtigste Meßelement war das Radaraltimeter, das bis Ende 1978 ohne nennenswerte Ausfälle arbeitete. Die Laserreflektoren sind auch weiterhin nutzbar.

SEASAT-1

Der *ozeanographische Satellit* SEASAT 1 (Abb. 9.3) wurde am 26. Juni 1978 gestartet und hatte ähnliche Bahndaten wie GEOS-3. Es galten (vgl. [9.2])

Umlaufzeit	109 Minuten
Bahnhöhe	800 km
Bahnneigung	108°.

Neben vielen für die Ozeanographie wichtigen Sensoren besaß SEASAT-1 auch ein Altimeter, das mit einer Meßgenauigkeit von ± 10 cm die Entwurfsgenauigkeit von GEOS-3 weit übertraf. Durch einen Defekt im Energieversorgungssystem konnte SEASAT 1 nur etwa während 5 Monaten Altimeterdaten liefern. Aufgrund der wesentlich höheren Datenrate konnte SEASAT jedoch insgesamt etwa gleichviel Daten liefern wie GEOS-3. Die Ergebnisse der SEASAT Mission haben die Geodäsie weit vorangebracht [9.].

Japanischer Geodätischer Satellit EGS

Am 12. August 1986 wurde der Satellit GS-1 (EGS) von Japan gestartet. Er wird auch inoffiziell mit dem Namen AJISAI (Wasserschlange) bezeichnet. Dieser Satellit ist sowohl für Laserentfernungs- als auch für photographische Richtungsmessungen ausgelegt. Es handelt sich um eine Polyfläche, die in eine Kugel von 2,15 m Durchmesser einbeschrieben ist. Das Gewicht beträgt 685 kg. Die Oberfläche ist von 318 verspiegelten Flächenstücken und 120 Reflektorgruppen für Laserlicht belegt (Abb. 4.12). Die Bahn ist nahezu kreisförmig und hat eine Höhe von ca. 1500 km sowie eine Neigung von $i = 50°$ bei einer Umlaufzeit von 115,7 Minuten. Der Satellit besitzt eine Eigenrotation von etwa 40 Umdrehungen/Minute. Hierdurch wird das Sonnenlicht für einen im Dunkeln befindlichen Beobachter in der Weise reflektiert, daß etwa zwei Lichtblitze pro Sekunde von 5 ms Dauer und mit einer scheinbaren Sternhelligkeit von $1{,}^{\mathrm{m}}5$ bis $3{,}^{\mathrm{m}}5$ erzeugt werden. Diese Lichtblitze können gemeinsam mit dem Sternhintergrund photographiert werden.

Die 120 Reflektorengruppen enthalten insgesamt 1436 Einzelreflektoren. Die Reflektoren sind auf eine erzielbare Entfernungsmeßgenauigkeit von 1–2 cm ausgelegt [8] (*Sasaki* 1986).

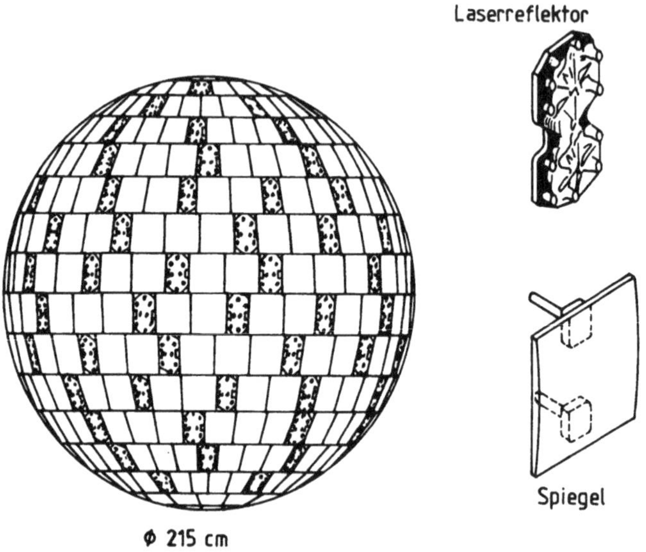

Abb. 4.12. Experimental Geodetic Satellite EGS (AJISAI), Japan

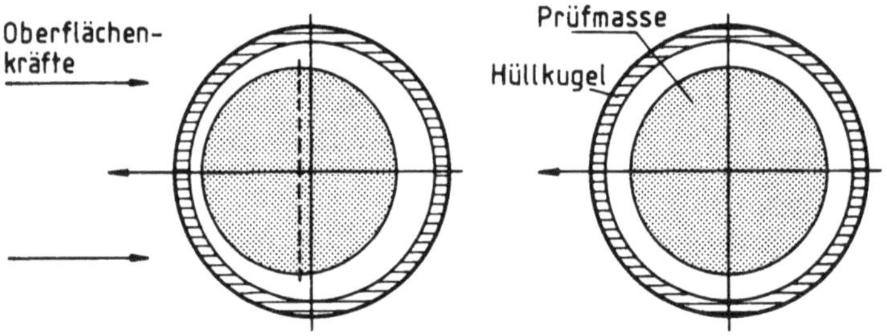

Abb. 3.13. Displacement Compensation System (DISCOS)

DISCOS zur Erfassung von Oberflächenkräften

Die Abkürzung DISCOS steht für *Dis*placement (*Dis*turbance) *Co*mpensation *S*ystem. Es handelt sich um eine massive Kugel als Prüfmasse, die freischwebend in einer Hüllkugel angeordnet ist. Die Hüllkugel ist fest mit dem Satelliten verbunden und erfährt damit alle Positionsänderungen aufgrund von Oberflächenkräften, die auf den Satelliten wirken. Die Prüfmasse unterliegt allein gravitativen Kräften. Durch Messung der Lageveränderung zwischen Hüllkugel und Prüfmasse lassen sich Oberflächenstöreinflüsse von gravitativen Kräften trennen (Abb. 4.13). Hierdurch lassen sich zwei Ziele erreichen:

a) Durch Kompensation der Lageveränderung kann der Satellit auf einer stabileren Bahn gehalten werden. Dies ist insbesondere für niedrigfliegende

Navigationssatelliten von Bedeutung, da durch Oberflächenkräfte (Strömungswiderstand, Strahlungsdruck) die vorhergesagten Bahnen von den tatsächlichen Bahnen erheblich abweichen können. Nach Erprobungen im 1972 gestarteten Navigationssatelliten TRIAD wurde DISCOS auch in die neuen NNSS-Satelliten vom Typ NOVA eingebaut [6.] (*Eisner* u.a. 1982).

b) Die Auswirkung des Schwerefeldes auf Satellitenbahnen kann zutreffend studiert werden. Dies ist für niedrigfliegende Satelliten zur hochauflösenden Schwerefeldbestimmung von Bedeutung. Für die *Geopotential Research Mission* GRM (vgl. [10.1.2]) ist deshalb ein DISCOS-Subsystem eingeplant (*Keating* u.a. 1986).

Das für GRM vorgeschlagene DISCOS System besteht aus einer Prüfmasse von 140 mm Durchmesser in einer Hüllkugel aus Beryllium von 160 mm Innendurchmesser. Die gegenseitige Lageveränderung wird kapazitiv mit 0,1 μm/s gemessen. Durch feindosierte Antriebssysteme kann die Kugel freischwebend gehalten werden, ohne die Hülle zu berühren.

4.3.3 Geplante Satelliten und Systeme

Von der Planung bis zur Realisierung eines Satellitenstarts vergehen oft mehr als 10 Jahre. Während dieser Zeit werden die Satellitenkonzepte in mehrstufigen Planungen ausgearbeitet, verfeinert und verändert. Nur wenige der in der Literatur und in Studien beschriebenen Planungen kommen schließlich zur Realisierung. In diesem Kapitel sollen einige Planungen angesprochen werden, die gute Realisierungschancen haben.

Im Jahre 1990 soll der *Europäische Erderkundungssatellit ERS1* (Abb. 9.3) in eine sonnensynchrone Bahn von 98°,5 Neigung und 777 km Höhe gestartet werden. Vorrangige Zielsetzung sind Erderkundungsaufgaben. Für die Geodäsie sind vor allem zwei Bordsysteme interessant (*Duchossois* 1983). Das *Radar Altimeter* wird im Ku-Band (2 cm Wellen) arbeiten und eine Höhenauflösung von 0,1 m über den Meeren und 0,4 m über Eis liefern [9.2].

Das *PRARE (Precise Range and Range Rate Experiment)* soll eine Bahngenauigkeit von 10 cm gewährleisten und wird auch für die Bestimmung genauer Bodenstationen nutzbar sein. Hierbei werden auf zwei Frequenzen (X/S-Band) im Zweiwegeverfahren Entfernungen und Entfernungsänderungen zu speziellen Bodentranspondern gemessen. Die PRARE-Ausrüstung wiegt 17 kg, ist in einem kleinen Kasten untergebracht und kann auf beliebigen Raumfahrzeugen als Beifracht (Payload) installiert werden (*Hartl, Reigber* 1985).

Für die kommenden Jahre ist der Start weiterer *Altimetersatelliten* geplant, z.B. TOPEX (etwa 1991) als gemeinsames Projekt von NASA und der französischen Weltraumbehörde CNES. Hauptziel ist eine genaue Erfassung der ozeanischen Oberflächendynamik. Es ist eine Bahnhöhe von 1330 km mit 63°

Bahnneigung vorgesehen, wobei alle 10 Tage dasselbe Gebiet überflogen werden soll. Die Satellitenposition soll mit GPS und einer französischen Entwicklung unter dem Namen DORIS (*Doppler Orbitography and Radiopositioning Integrated by Satellite*) auf 10 cm genau bestimmt werden (*Dorrer u. Lefebvre*, 1985).

Für geodätisch-geodynamische Fragestellungen wurde ein europäischer Satellit POPSAT (*Precise Orbit Positioning Satellite*) in einer Bahnhöhe von etwa 7000 km und $98{,}^{\circ}6$ Bahnneigung vorgeschlagen (*ESA* 1982). Anwendungsgebiete wären eine genaue Positionsbestimmung von Punkten an der Erdoberfläche mit dem PRARE-System, die Bestimmung von Erdrotations- und Polbewegungsparametern und hochgenaue Zeitübertragungen. Die Realisierungschancen von POPSAT sind jedoch sehr ungewiß.

5. Klassische Beobachtungsverfahren

Die in den ersten Jahren nach 1957 benutzten Methoden zur Satellitenbahnverfolgung stammen aus der Zeit vor dem Start des ersten künstlichen Erdsatelliten oder beruhen auf bereits vorhandenen Methoden. Dies gilt für die aus der Astronomie übernommenen Verfahren zur *Hochzieltriangulation* (Mondmethoden) und für visuelle, photographische und elektronische Methoden der Bahnüberwachung von Raketen. Erst die Laserdistanzmessung zu Satelliten kann als originäre Entwicklung des Satellitenzeitalters betrachtet werden (*Henriksen* 1977)

Nach dem Start von SPUTNIK I am 4.10.1957 konnten die auf 20 und 40 MHz abgestrahlten kontinuierlichen Satellitensignale überall auf der Welt mit vorhandenen Antennen aufgefangen werden. Mit Hilfe von Lissajou-Figuren auf Oszillographen ließ sich die *Dopplerverschiebung* messen und zur Bahnverfolgung nutzen. Als Vorbereitung auf das amerikanische Weltraumprogramm waren genauere Radio-Bahnverfolgungseinrichtungen im Aufbau (z.B. Minitrack), die ab 1958 für zahlreiche Satelliten zur Bahnüberwachung eingesetzt wurden. Zur Verfolgung von "passiven" nicht-sendenden Satelliten wurden im Rahmen des *Internationalen Geophysikalischen Jahres* (1957–1958) im Auftrage des *Smithsonian Astrophysical Observatory* (SAO) leistungsfähige sogenannte *Tracking-Cameras* entwickelt, die Baker- Nunn Kameras, die ab Anfang 1958 zur Photographie von sonnenbeleuchteten Satelliten eingesetzt werden konnten (*Pearlman* 1983). Zur Unterstützung der photographischen Arbeiten wurden weltweit Amateurgruppen ins Leben gerufen, die im *Moonwatch-Programm* mit Hilfe von leistungsfähigen Feldstechern und kleinen astronomischen Teleskopen Näherungspositionen von Satelliten in bezug auf benachbarte Sterne bestimmten und an das SAO meldeten. Auf diese Weise konnten zahlreiche "verlorengegangene" Satelliten wieder aufgefunden werden. Die Arbeit der Moonwatch – Gruppen war insbesondere deshalb sehr wichtig, weil der Einfluß der hohen Atmosphäre auf Satellitenbahnen zunächst erheblich unterschätzt worden war und deshalb bis zur Entwicklung eines leistungsfähigen Atmosphärenmodells durch *Jacchia* (1971) die Bahnvorhersagen bis zu 20 Minuten falsch sein konnten.

In den ersten Jahren der Beobachtung künstlicher Erdsatelliten ging es vorrangig darum, bessere Modelle für die Satellitenbewegung zu entwickeln und im Zusammenhang hiermit insbesondere zutreffende geometrische und physikalische Erdmodelle zu bestimmen. Hierzu wurden in großem Umfange Beobachtungen zu zahlreichen Satelliten durchgeführt, die in die Bestimmung der Erdmodelle Eingang fanden [11.2]. Auch in den heute verwendeten Erdmodellen sind diese Daten der "klassischen Beobachtungsperiode" mit enthalten, so daß die damals angewendeten Methoden aus dieser Sicht auch für die Zukunft bedeutsam sind und deshalb hier kurz behandelt werden. Als Beobachtungsverfahren selbst haben sie aber keine oder nur noch geringe Bedeutung.

5.1 Photographische Richtungsbestimmung

Es geht darum, durch Photographie eines beleuchteten oder selbstleuchtenden Satelliten vor dem Sternhintergrund die räumlich orientierte Richtung zwischen der Beobachtungsstation und dem Satelliten herzuleiten [4.2.1]. Damit besteht die Grundaufgabe der photographischen Satellitenbeobachtungsmethode darin, in ein bekanntes Paßpunktfeld (Fixsternhimmel) eine Folge von Neupunkten (Satellitenspur) einzurechnen. Hierzu werden als Hilfsmittel geeignete Satelliten, geeignete Aufnahmekameras, genaue Koordinaten von Fixsternen sowie entsprechende Ausmeß- und Auswerteverfahren benötigt. Wichtig ist die gleichzeitige Beobachtung von wenigstens zwei Stationen aus. Deshalb muß in der Regel eine genaue Zeitzuordnung gegeben sein.

5.1.1 Satelliten zur photographischen Richtungsbestimmung

Es werden Satelliten benötigt, die entweder von der Sonne beleuchtet sind, während sich die Beobachtungsstation im Erdschatten befindet, die selbst aktiv eine Folge von Lichtsignalen aussenden oder die von der Erde aus durch Laserlicht angestrahlt werden. Dabei muß die Helligkeit groß genug sein, um auf der photographischen Schicht in der Kamera eine Schwärzung hervorzurufen.

Ursprünglich wurden *passive Ballonsatelliten* benutzt, z.B. die ersten Fernmeldeversuchssatelliten

ECHO 1 (1960–1968), $d = 30$ m, $h = 1600$ km, Helligkeit $-1\overset{m}{,}0$
ECHO 2 (1964–1969), $d = 40$ m, $h = 1200$ km, „ $-1\overset{m}{,}5$.

Beobachtungen mit diesen Satelliten sind u.a. in das *Westeuropäische Satellitentriangulationsprogramm* WEST eingeflossen [5.1.5]. Für die Beobachtung des *BC4-Weltnetzes* des U.S. Coast and Geodetic Survey (später National Geodetic Survey) [5.1.5] wurde am 24.6.1966 ein spezieller passiver geodätischer Ballonsatellit gestartet

PAGEOS (1966–1972), $d = 30$ m, $h = 2800$–5600 km, $i = 87°$, $e = 0{,}1356$, Helligkeit bei 3000 km $+1\overset{m}{,}6$.

Der Satellit hat nach etwa 6 Jahren durch Meteoriteneinflüsse seine Form verloren und sich später in Einzelteile aufgelöst. Nutzbar waren auch schwächere Ballonsatelliten wie

EXPLORER 19 (1963), $d = 3$ m, $h \approx 1300$ km
EXPLORER 39 (1968), $d = 3{,}6$ m, $h \approx 700$–2500 km.

Aktive Satelliten, die eine Serie von 6–8 kurzen Lichtblitzen von ca. 1 Millisekunde Dauer aussenden konnten, waren

ANNA 1B (1962), $h \approx 1140$ km, $i = 51°$
GEOS 1 (1965), $h \approx 1100$–2300 km, $i = 59{,}^{\circ}5$
GEOS 2 (1968), $h \approx 1100$–1600 km, $i = 106°$.

Heute werden, soweit noch Kamerabeobachtungen durchgeführt werden, vor allem Laserechos von Satelliten mit Laserreflektoren photographiert. Vorrangig kommen hierbei gut definierte Zielobjekte in Betracht

STARLETTE (1975), $h \approx 810$–1100 km, $i = 49{,}^{\circ}8$, $d = 24$ cm
LAGEOS (1976), $h \approx 5900$ km, $i = 110°$, $d = 60$ cm.

Besonders geeignet ist der japanische Satellit EGS, der aufgrund seiner Rotation Sonnenlicht in Form kurzer Lichtblitze von 5 Millisekunden Dauer mit einer scheinbaren Helligkeit von $1{,}^{m}5$–$3{,}^{m}5$ und einer Folge von 2 pps (Puls pro Sekunde) erzeugt. Außerdem trägt er Laserreflektoren, so daß gleichzeitig Entfernungsmessungen durchgeführt werden können [4.3.2].

EGS (1986), $h \approx 1500$ km, $i = 50°$, $d = 2{,}15$ m.

5.1.2 Satellitenkameras

Für die Satellitenphotographie sind spezielle Kameras erforderlich, die in der Regel eine Zerlegung von Stern- und Satellitenspuren durch einen Spezialverschluß in ausmeßbare Spurstücke ermöglichen. Die optischen Elemente müssen hinsichtlich Geometrie (Verzeichnung) und Lichtstärke hohen Ansprüchen genügen. Folgende unterschiedliche Konzeptionen sind realisiert:

(1) *Azimutale Montierung:* Die Kamera wird fest aufgestellt und weder Sternen noch Satelliten nachgeführt. Die Sterne bilden sich als Spuren ab und müssen durch einen Verschluß “zerhackt” werden. Spezielle Kennungen sind für die Orientierungsbestimmung vor und nach dem Satellitendurchgang erforderlich (Beispiel IGN-Kamera, Wild BC4)
(2) *Äquatoriale Montierung:* Die Kamera wird dem Sternhimmel durch Kompensation der täglichen Erdrotation nachgeführt. Die Sterne bilden sich durch Punkte ab. Die Satellitenspur muß (wie im Fall (1)) durch einen Rotationsverschluß in ausmeßbare Spurstücke zerlegt werden. Es bestehen hohe Anforderungen an die Nachführgenauigkeit. Bei aktiven Satelliten, Laserechos oder EGS-Satellit wird kein Spezialverschluß benötigt. Es muß jedoch die Identität der Lichtblitze (z.B. durch Ausblenden einzelner Punkte) sichergestellt werden (Beispiel: Ballistische Meßkammer BMK, Zeiss Oberkochen)
(3) *Dreiachsige Montierung:* Die Kamera kann den Satelliten nachgeführt werden (sogenannte *Tracking Kamera*). Hierdurch können schwache Satelliten abgebildet werden. Sie ist jedoch für Laserechos und EGS nicht geeignet. (Beispiel: Baker-Nunn-Kamera)

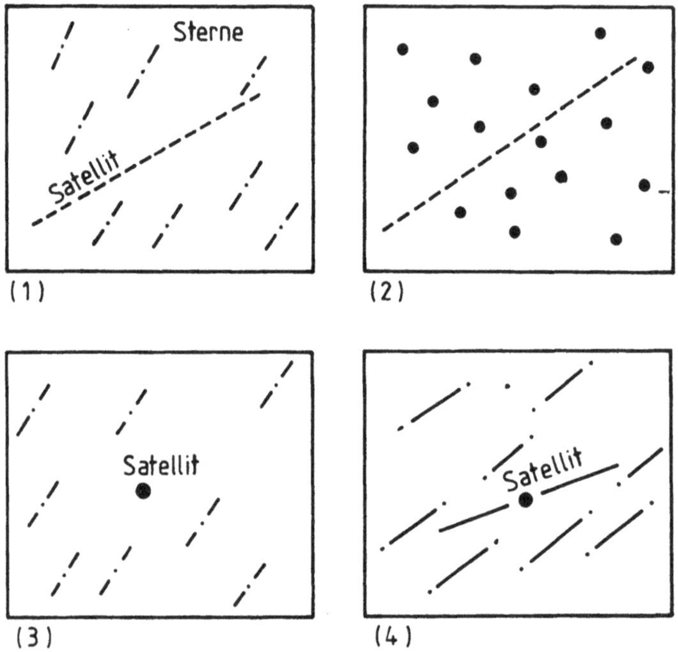

Abb. 5.1. Konzepte für Satellitenkameras

(4) *Kombinierte Ausführung:* Hier wird die Kamera wechselweise Satelliten und Sternen nachgeführt, so daß sich schwache Satelliten in einem Feld schwacher Sterne identifizieren lassen. Es werden extrem hohe Anforderungen an die instrumentelle Realisierung gestellt, so daß die erzielbare Richtungsgenauigkeit begrenzt ist (Beispiel: Satellitenbeobachtungsgerät SBG von Zeiss Jena).

Eine schematische Übersicht der einzelnen Konzepte ist in Abb. 5.1 gegeben.

Im folgenden sollen einige der häufig eingesetzten Kameratypen näher beschrieben werden.

(1) *BC-4 Kamera.* Diese Kamera wurde auf der Grundlage vorhandener Luftbildkameras von der Firma Wild (Heerbrugg/Schweiz) entwickelt. Als Montierung wurde der Unterbau des Theodolits Wild T4 genutzt. Das Objektiv Astrotar 305 mm, Kosmotar 450 mm wurde neu entwickelt; das Bildformat beträgt 18 cm × 18 cm, entsprechend 24° × 24° beim Kosmotar. Der Spezialvorsatzverschluß von Henson (USA) erlaubt es, vorgegebene Belichtungszeiten mit ±50 μsec einzuhalten. Die Richtungsgenauigkeit der einzelnen Satellitenaufnahmen liegt bei $\pm 0\overset{''}{.}2$ bis $\pm 0\overset{''}{.}5$. Die BC4-Kameras wurden weltweit eingesetzt, insbesondere für das

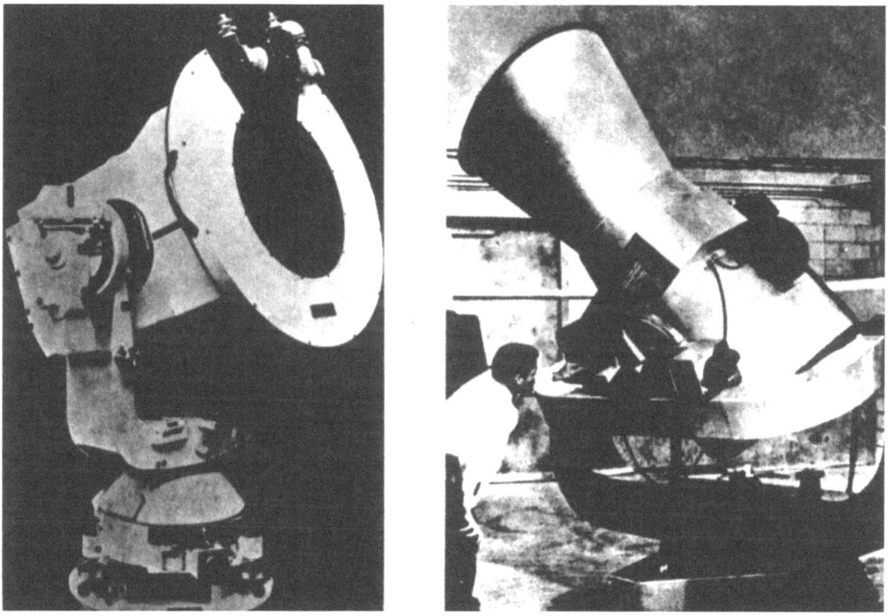

a b

Abb. 5.2. Satellitenkameras, links BC4, rechts Baker Nunn

geometrische Weltnetz des US National Geodetic Survey (*Schmid* 1977, *Böhler* 1972).

(2) *Ballistische Meßkammer BMK.* Von Carl Zeiss, Oberkochen, wurden mehrere Versionen dieser äquatorialen Satellitenkamera hergestellt, nämlich mit 45 und 75 cm Brennweite und dem Öffnungsverhältnis 1:2 und 1:4,5. Das eigens entwickelte Hochleistungsobjektiv Astro-Topar hat eine Nennverzeichnung an den Bildrändern von $< 5\ \mu m$. Ein induktiver Mitt-Öffnungsgeber für den Rotationslamellenverschluß liefert Belichtungsimpulse, die mit 0,1 ms Auflösung registriert werden. Ein sehr variables Belichtungsprogramm ist möglich. Das Bildformat von 18 cm × 18 cm entspricht bei der BMK 45 etwa 22° × 22°. Bei 5 minütiger Nachführung werden Sterne bis zur 8. Helligkeitsklasse abgebildet. Die Genauigkeit der reduzierten Satellitenrichtung liegt bei $\pm 0\overset{''}{.}1$ bis $0\overset{''}{.}2$ (*Seeber* 1972). Nähere Angaben zu dem System findet man bei *Schwebel* (1970) *Seeber* (1973), *Wolf*, E. (1976).

(3) *Baker-Num-Kamera.* Diese vorrangig vom Smithsonian Astrophysical Observatory (SAO) eingesetzte Kamera ist nach dem Konstrukteur der Optik (J. Baker) und dem der Mechanik (J. Nunn) benannt. Es handelt sich um eine dreiachsige azimutale Montierung mit Spiegeloptik. Die Brennweite beträgt 50 cm, das Öffnungsverhältnis 1:1 und das Gesichtsfeld 5° × 30°. Der Verschluß ist durch einen rotierenden Zylinder mit Schlitz realisiert. Als Aufnahmematerial wird Film ver-

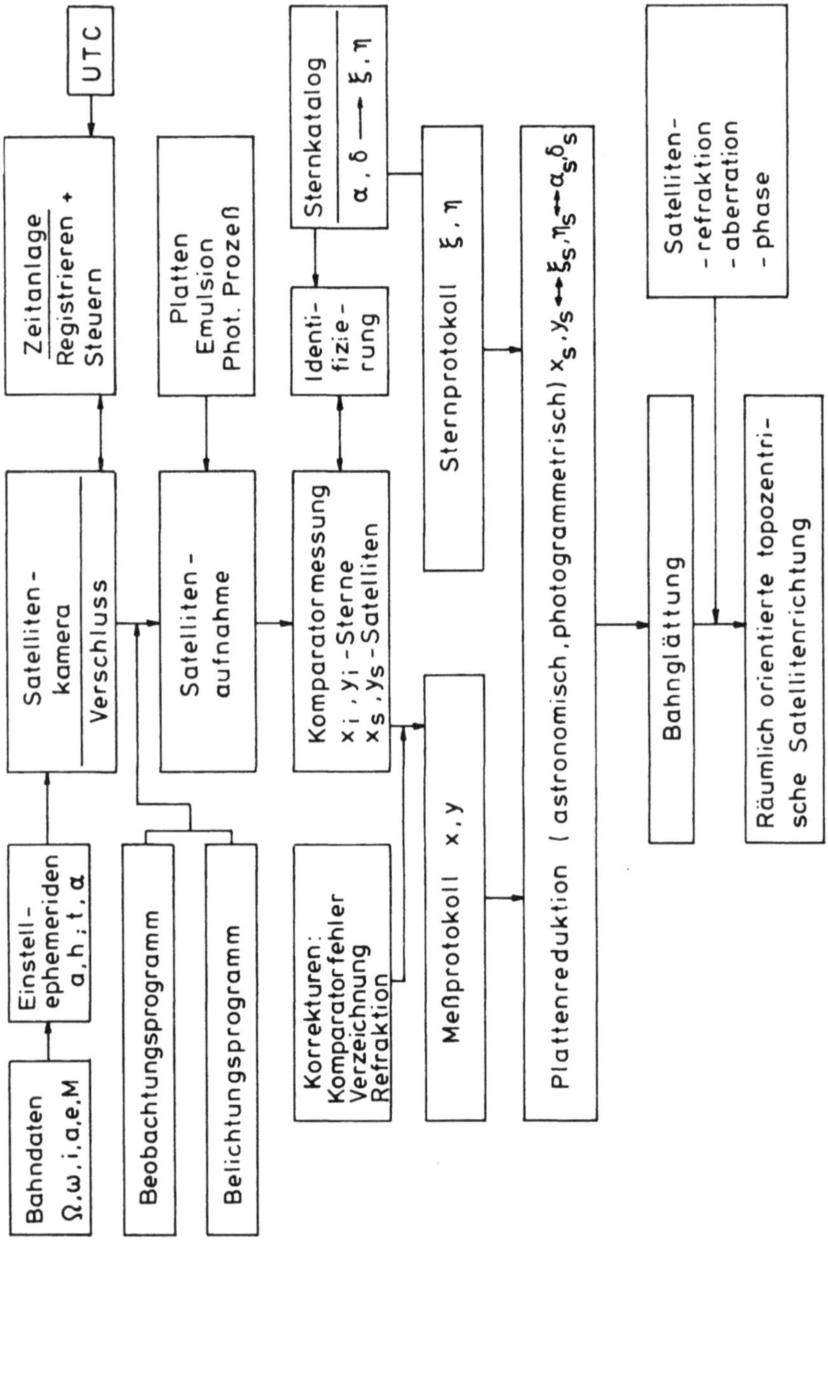

Abb. 5.3. Beobachtungs- und Auswertungsablauf bei Kamerabeobachtungen

wendet, der bei Anpressen auf eine Kugelkalotte deformiert wird; aus diesem Grunde werden Sterne nur in unmittelbarer Nähe der Satellitenspur ausgewertet. Die Richtungsgenauigkeit beträgt $\pm 2''$. Die Kameras wurden im wesentlichen im Netz des SAO (12 Stationen längs des Äquators) eingesetzt. Die Beobachtungen haben Eingang in die Erdmodelle "SAO Standard Earth" [11.2] gefunden. Nähere Angaben findet man u.a. bei *Veis* (1963), *Pearlman* u.a. (1977), *Pearlman* (1983).

(4) *Satellitenbeobachtungsgerät SBG*. Das von Zeiss-Jena gebaute Gerät kann wechselweise dem Sternhimmel oder einem Satelliten nachgeführt werden. Auf einer 4-achsigen Montierung ist ein Schmidtspiegel von 760 mm Brennweite, dem Öffnungsverhältnis 1:1,8 und einem Gesichtsfeld $11\overset{\circ}{,}3$ angeordnet (*Steinbach* 1968). Das Bildfeld ist geebnet, so daß Photoplatten verwendet werden können. Die photographische Platte wird abwechselnd mit Stern- oder Satellitengeschwindigkeit nachgeführt. Bei 1 Sekunde Belichtungszeit können Satelliten bis 10^m Helligkeit registriert werden. Die erreichbare Richtungsgenauigkeit beträgt etwa $\pm 1'' \dots 2''$.

5.1.3 Beobachtungs- und Auswerteablauf

Die Durchführung und Auswertung der photographischen Satellitenbeobachtungen ist außerordentlich aufwendig und wird hier nur in den wesentlichen Schritten dargestellt. Für nähere Informationen wird auf das sehr ausführliche, auch deutschsprachige Schrifttum verwiesen, z.B. *Schulz* (1968), *Deker* (1969), *Brokof* (1974), *Schnürer* (1974) *Seeber* (1972). Die kompetenteste Darstellung zum Gesamtkomplex findet man bei *Schmid* (1977). Der Beobachtungs- und Auswerteablauf ist in Abb. 5.3 in den wichtigsten Schritten schematisch dargestellt.

5.1.3.1 Satellitenaufnahme

Ein geeigneter *Beobachtungszeitpunkt* wird aufgrund von *Bahnvorhersagen* und *Sichtbarkeitsberechnungen* für die beteiligten Stationen ermittelt. Es müssen mindestens zwei Stationen gemeinsam beobachten. Bei mehr als zwei Stationen wächst die Beobachtungsausbeute; es wächst aber auch die Schwierigkeit, auf allen beteiligten Stationen gleichzeitig günstige Witterungsbedingungen anzutreffen. Bei passiven Satelliten, die Sonnenlicht reflektieren (z.B. EGS) muß sich der Satellit außerhalb des Erdschattens befinden (Abb. 5.4), während für die Beobachtungsstation die Sonne mindestens 18° unter dem Horizont steht (Astronomische Dunkelheit). Der Satellit muß für alle beteiligten Stationen genügend hoch ($>30°$ wegen der Refraktionseinflüsse) über dem Horizont stehen. Die Sichtbarkeitsbereiche sind eine Funktion der Satellitenbahnhöhe.

In Abb. 5.5 sind für eine Konfiguration B_1, B_2, B_3 der Beobachtungsstationen die jeweiligen Sichtbarkeitsbereiche für Zenitdistenzen $z < 60°$ gemeinsam mit der Subsatellitenbahn eingetragen. Es zeigt sich, daß nur ein geringes Teilstück der Satellitenbahn (S_A bis S_E) auf allen drei Stationen gemeinsam sichtbar ist. Die Sichtbarkeitsbedingungen werden mit zunehmender Satellitenbahnhöhe und mit abnehmendem

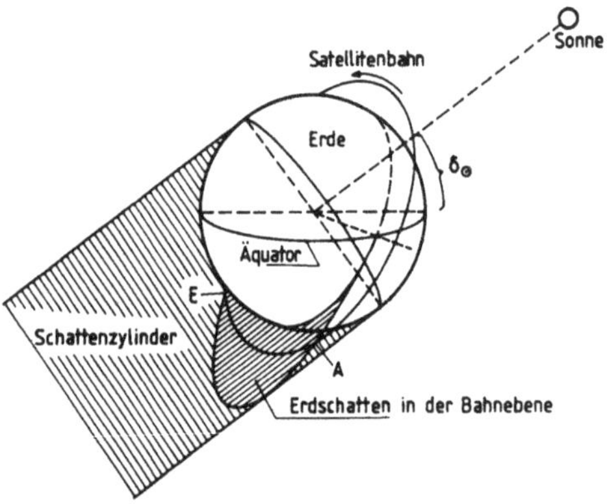

Abb. 5.4. Sichtbarkeitsbedingungen für passive Satelliten

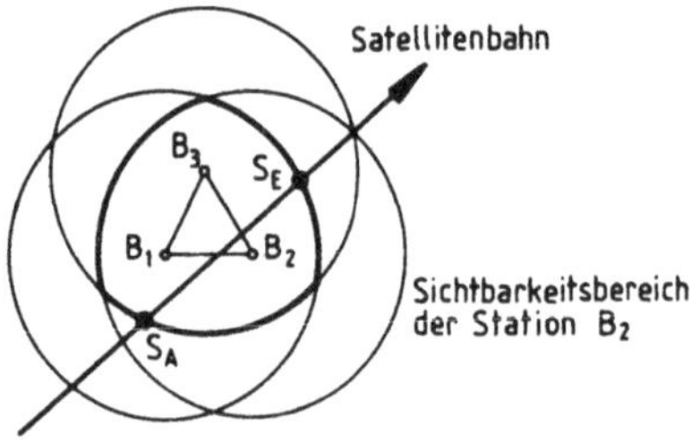

Abb. 5.5. Sichtbarkeitsbereiche für beteiligte Beobachtungsstationen

Stationsabstand günstiger. Aus geometrischen Gründen liegen günstigste Schnittbedingungen für die Bestimmungsebenen dann vor, wenn der Stationsabstand etwa der Satellitenbahnhöhe entspricht [5.1.4]. Die gelungene Beobachtung auf wenigstens 2 Stationen wird ein Ereignis (*event*) genannt.

Die vorstehenden Kriterien machen die Schwierigkeiten deutlich, die mit der Durchführung eines Beobachtungsprogrammes verbunden sind, zumal auf allen beteiligten Stationen gleichzeitig gutes Wetter herrschen muß. Aus diesen Gründen haben die bisher realisierten größeren Projekte jeweils mehrere Jahre in Anspruch genommen. Beim BC4-Weltnetz waren nur 18% Dreierereignisse und 1,3% Viererereignisse.

Für den vereinbarten Beobachtungszeitpunkt müssen *Kameraeinstellwerte* gerechnet werden und zwar Azimut und Elevation für azimutale Kameras und Deklination und Stundenwinkel für parallaktische Kameras. Hierzu können die in [3.3.1] abgeleiteten Formeln verwendet werden, wobei darauf geachtet werden muß, daß topozentrische Satellitenpositionen benötigt werden. Vollständige Formelentwicklungen zur Sichtbarkeits- und Einstellwertberechnung findet man u.a. bei *Deker* (1969).

Bei kontinuierlich leuchtenden passiven Satelliten muß je nach topozentrischer Winkelgeschwindigkeit des Satelliten die für die spätere Ausmessung geeignete *Belichtungsdauer* ermittelt werden. Für PAGEOS betrug diese beispielsweise 1/8 Sekunde. Für Laserechos und beim japanischen Satelliten EGS entfällt diese Überlegung. Weiterhin werden wegen der sehr geringen vom Satelliten kommenden Lichtmenge *hochempfindliche Photomaterialien* benötigt.

5.1.3.2 Plattenmessung und Korrekturen

Die belichteten und entwickelten Platten (bzw. Filme) werden an einem *Koordinatenmeßgerät* (Komparator) ausgemessen. Hier genügt ein Einbildkomparator, z.B. der Zeiss PK1 (*Seeber* und *Wissel* 1979). Durch diesen Meßvorgang wird die zunächst analoge Bildinformation digitalisiert. Als Ergebnis liegen rechtwinklige x, y – Koordinaten für Sterne und Satelliten vor. Zur Verringerung von persönlichen und instrumentellen Fehlern werden die Photographien in mehreren Lagen wiederholt ausgemessen. Bei gut definierten Stern- und Satellitenpunkten liegt die Koordinatenmeßgenauigkeit bei etwa $\pm 1\ \mu$m (Mittel aus 2 Doppelmessungen in 2 Lagen). Dies entspricht bei kurzbrennweitigen Satellitenkameras einer Richtungsgenauigkeit von etwa $\pm 0\overset{''}{,}5$. Eventuelle *Maßstabs- und Rechtwinkelfehler* des Komparators können im nachfolgenden Plattenreduktionsprozeß mitberücksichtigt werden.

Für die weitere Auswertung müssen die auf der Platte abgebildeten und am Komparator ausgemessenen Sterne mit den zugehörigen Positionen eines geeigneten *Sternkataloges* in Beziehung gesetzt werden. Ein solcher Katalog muß möglichst viele gleichverteilte Sterne hoher Genauigkeit enthalten und an das astronomische Fundamentalsystem angeschlossen sein. Speziell für Aufgaben der Satellitengeodäsie wurde der SAO-Katalog zusammengetragen. Mit seinen Positionen wurde das BC4-Weltnetz berechnet. Für die Nordhalbkugel bietet der AGK3 (3. Katalog der Astronomischen Gesellschaft) eine gute Grundlage. Detaillierte Auskünfte über Entstehung und Genauigkeit von Sternkatalogen findet man bei *Eichhorn* (1974). Die Zuordnung von gemessenen Sternkoordinaten und Katalogpositionen kann über Rechenprogramme automatisch erfolgen.

Vor der Plattenreduktion können noch verschiedene Korrektionen an die gemessenen Koordinaten angebracht werden

- radiale und tangentiale Verzeichung des Kameraobjektivs
- astronomische Refraktion
- Satellitenrefraktion
- Satellitenaberration und Satellitenphase.

Verzeichungskorrekturen sind dann angezeigt, wenn signifikante Koeffizienten K_i eines Verzeichungspolynoms bekannt sind. Es gilt dann für die Auswirkung der *radialen Verzeichung* auf die Meßwerte

$$\begin{aligned} \Delta x_R &= x(K_0 + K_1 r^2 + K_2 r^4 + K_3 r^6) \\ \Delta y_R &= y(K_0 + K_1 r^2 + K_2 r^4 + K_3 r^6) \end{aligned} \tag{5.1}$$

und für die Auswirkung der *tangentialen Verzeichung*

$$\begin{aligned} \Delta x_T &= K_4 r^2 + 2K_4 x^2 + 2K_5 xy \\ \Delta y_T &= K_5 r^2 + 2K_5 y^2 + 2K_4 xy. \end{aligned} \tag{5.2}$$

Die *astronomische Refraktion*

$$\begin{aligned} &\Delta z \mathrel{\underset{-}{=}} R = A \tan z + B \tan^3 z \\ &A = 58\overset{''}{,}294 \left(\frac{p}{760}\right)\left(\frac{283}{273 + t}\right) \qquad \text{und } B = 0\overset{''}{,}0668 \end{aligned} \tag{5.3}$$

(p: Luftdruck in mm, t: Temperatur in °C)

wirkt bei großen Bildformaten auf die verschiedenen Bereiche einer Aufnahme unterschiedlich. Es kommt nicht auf den Absolutbetrag sondern auf die relativen Ände-

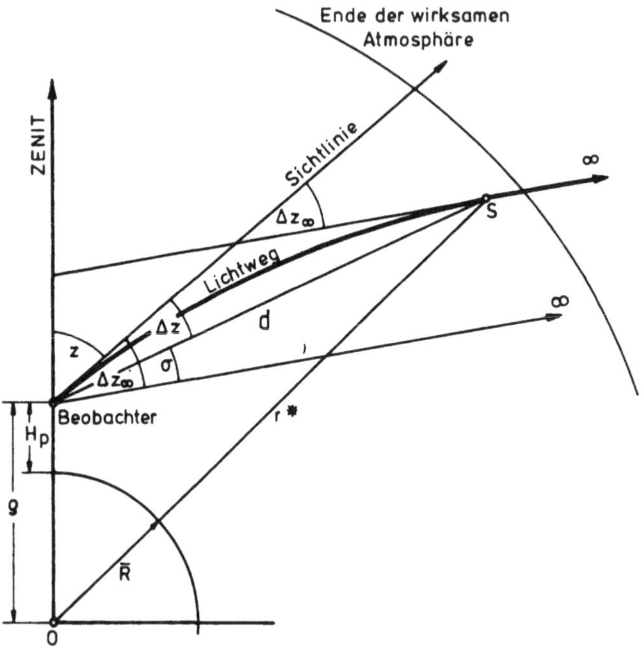

Abb. 5.6. Satellitenre fraktion

rungen innerhalb einer Satellitenaufnahme an. Formeln dieser sogenannten *Restfraktion* findet man in der astronomischen Literatur und bei *Seeber* (1972).

Da sich Sterne im Unendlichen, Satelliten aber oft noch im Bereich der wirksamen Atmosphäre befinden, unterscheiden sich die astronomische Refraktion und der auf das vom Satelliten kommende Licht wirkende Refraktionsanteil um die *Satellitenrefraktion* σ (Abb. 5.6).

Für σ gilt die Beziehung (*Schmid* 1977)

$$\sigma = \frac{\rho s \Delta z}{d \cos z} \qquad (5.4.4)$$

mit

ρ geozentrische Distanz der Beobachtungsstation
s Konstante = 0,00125
d Distanz Beobachter-Satellit.

Durch die *Aberrationkorrektion* werden die beobachteten Signalzeiten für alle beteiligten Stationen auf den Satelliten reduziert, und durch die *Phasenkorrektion* wird das reflektierte Spiegelbild der Sonne auf den Satellitenmittelpunkt bezogen. Gebrauchsformeln hierfür sind u.a. auch bei *Schmid* (1977) nachgewiesen. Es sei darauf hingewiesen, daß die beiden letztgenannten geometrischen Korrekturen auch für die Auswertung von Laserdistanzmessungen zu Satelliten von Bedeutung sind [8.3].

5.1.3.3 Plattenreduktion

Durch die photographische Aufnahme wird ein Teil der Himmelskugel auf eine ebene Platte oder einen Film projiziert. Unter der Annahme einer strengen Zentralperspektive lassen sich aus den äquatorialen Katalogkoordinaten α, δ der Sterne in bezug auf die als bekannt vorausgesetzte Aufnahmerichtung α_0, δ_0 ebene *Tangentialkoordinaten* ξ, η berechnen, die sich von den gemessenen Plattenkoordinaten x, y lediglich um zufällige Meßfehler v_x, v_y unterscheiden.

In der Praxis liegen diese idealisierten Beziehungen nicht vor. Aufgabe der *Plattenreduktion* ist es, ein der Wirklichkeit möglichst nahe kommendes funktionales Modell zu finden, mit dessen Hilfe die Tangentialkoordinaten ξ, η und die gemessenen Koordinaten x, y bestmöglich zur Deckung gebracht werden. Mit Hilfe der Parameter dieses Modells lassen sich dann die gemessenen Satellitenkoordinaten x_s, y_s über die zugehörigen Tangentialkoordinaten ξ_s, η_s in äquatoriale Satellitenrichtungen α_s, δ_s umrechnen. Üblicherweise werden die Reduktionsverfahren in astrometrische und photogrammetrische Methoden unterteilt, da sie jeweils auf Entwicklungen in der Astrometrie und der Photogrammetrie beruhen. Die Unterschiede sind jedoch mehr im Ansatz als im Ergebnis zu sehen. Man kann nachweisen, daß beide Ansätze gleichwertig sind (*Schnürer* 1974).

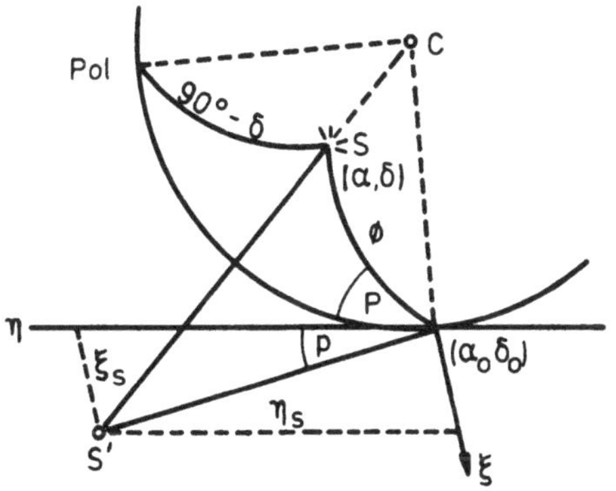

Abb. 5.7. Tangentialkoordinaten

In der *astrometrischen Vorgehensweise* verzichtet man darauf, die bei der Abbildung wirksamen Einflüsse explizit im Modell zu formulieren, sondern man verknüpft Tangentialkoordinaten ξ, η und Plattenkoordinaten x, y durch ein Transformationspolynom. Die Tangentialkoordinaten werden nach den Formeln der gnomonischen Projektion ermittelt. Nach Abb. 5.7 gilt (z.B. *Seeber* 1972), wenn eine Hilfsgröße q mit

$$q = \cot\delta \cos(\alpha - \alpha_0)$$

definiert wird

$$\xi = \frac{\tan(\alpha - \alpha_0)\cos q}{\cos(q - \delta_0)} \qquad \eta = \tan(q - \delta_0). \tag{5.5}$$

Für einen einfachen affinen Ansatz, bei dem genaue Kenntnis der Aufnahmerichtung vorausgesetzt wird, gilt die Beobachtungsgleichung

$$\begin{aligned} v_x &= Ax + By + C - (\xi - x) \\ v_y &= A'x + B'y + C' - (\eta - y). \end{aligned} \tag{5.6}$$

Eine Erweiterung auf die vollständige quadratische Form führt zu

$$\begin{aligned} v_x &= Ax + By + C + Dx^2 + Exy + Fy^2 - (\xi - x) \\ v_y &= A'x + B'y + C' + D'x^2 + E'xy + F'y^2 - (\eta - y). \end{aligned} \tag{5.7}$$

Die Parameter $A, B, C\ldots$ werden im Zuge der Plattenreduktion durch Ausgleichung bestimmt. Um sogenannte *sphärische Einflüsse*, wie z.B. Refraktionsanomalien erfassen zu können, werden auch Ansätze mit kubischen Gliedern verwendet.

In der *photogrammetrischen Vorgehensweise* wird versucht, die bei der photographischen Abbildung und der Ausmessung wirksamen Parameter möglichst zutreffend im funktionalen Modell zu erfassen und Korrektionen zu den Parametern durch Ausgleichung zu bestimmen. Ausgangspunkt sind die Formeln der *schiefachsigen gnomonischen Projektion* (Zentralperspektive). Sind nämlich gemäß Abb. 5.8

t_0, δ_0, κ_0 die Parameter der äußeren Orientierung für Aufnahmerichtung und Hauptpunktlage

f_0, x_{H_0}, y_{H_0} die Parameter der inneren Orientierung für Kammerkonstante und Hauptpunktlage,

dann können über die Beziehungen der Zentralperspektive Tangentialkoordinaten ξ, η für alle Sterne berechnet werden

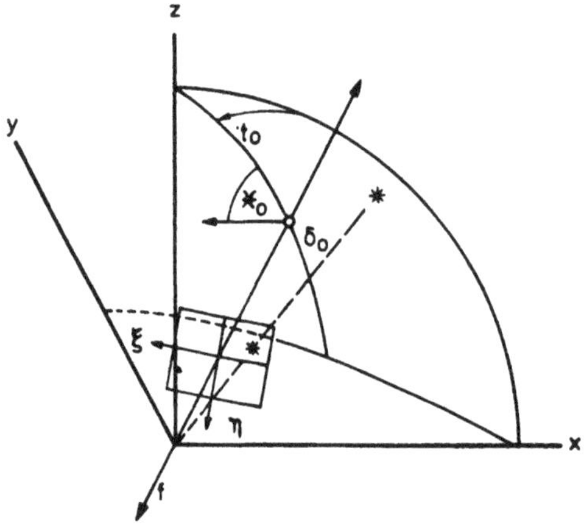

Abb. 5.8. Zentralperspektive bei der Stern- und Satellitenphotographie

$$\begin{aligned} \xi &= f_1(t_0, \delta_0, \kappa_0, f_0, x_{H0}, y_{H0}) \\ \eta &= f_2(t_0, \delta_0, \kappa_0, f_0, x_{H0}, y_{H0}). \end{aligned} \tag{5.8}$$

Das einfachste Modell für Beobachtungsgleichung mit 6 Parametern als Zuschläge für die Näherungswerte in (5.8) lautet dann

$$\begin{aligned} v_x &= \frac{\partial \xi}{\partial \delta}\Delta\delta + \frac{\partial \xi}{\partial t}\Delta t + \frac{\partial \xi}{\partial \kappa}\Delta\kappa + \Delta x_H + \frac{\partial \xi}{\partial f}\Delta f - (x - \xi) \\ v_y &= \frac{\partial \eta}{\partial \delta}\Delta\delta + \frac{\partial \eta}{\partial t}\Delta t + \frac{\partial \eta}{\partial \kappa}\Delta\kappa + \Delta y_H + \frac{\partial \eta}{\partial f}\Delta f - (y - \eta). \end{aligned} \tag{5.9}$$

Ausdrücke für die Differentialquotienten in (5.9) und die expliziten Formeln (5.8) findet man beispielsweise bei *Kuntz* (1967). Da die Beziehungen in (5.9) nicht linear sind, muß in Iterationen gerechnet werden. Die Modelle können weiterhin mit Parametern für Komparatorfehler, Verzeichungskoeffizienten, Refraktionseinflüsse usw. ergänzt werden. Zur Auswertung der Beobachtungen des BC4-Weltnetzes wurden Ansätze mit mehr als 20 Parametern benutzt (*Schmid* 1977).

Die notwendige Anzahl von Parametern hängt sehr eng mit der Qualität der eingesetzten Beobachtungs- und Auswertegeräte zusammen. Eine Überparametrisierung sollte vermieden werden. Für die Zeiss BMK haben sich Ansätze mit 6–8 Parameter als ausreichend erwiesen (*Seeber* 1972).

Um nicht alle abgebildeten Satellitenspurpunkte für weitere Berechnungen mitzuführen, wird die Information durch einen Glättungsansatz verdichtet. In der Regel wird ein Polynom in x und y als Funktion der Zeit aufgestellt

$$x' = a_0 + \sum_{i=1}^{k} a_i t^i \qquad y' = b_0 + \sum_{i=1}^{k} b_i t^i. \tag{5.10}$$

Der Polynomgrad k hängt von der Satellitenbahn und der jeweiligen Kamera ab. Bei PAGEOS und Zeiss BMK hat sich der Grad 5 bis 6 als geeignet herausgestellt.

Die *Satellitenspurglättung* wirkt wie eine Mittelbildung und führt zu erhöhter Genauigkeit für die ausgeglichenen Spurpunkte, da die Einflüsse der Szintillation weitgehend herausfallen. Außerdem wird die Berechnung eines oder mehrerer *fiktiver Satellitenpunkte* zu einem vorgegebenen allen beteiligten Stationen gemeinsamen Zeitpunkt $\bar{t}_i$ möglich. Einem Vorschlag von *Wolf* (1970) folgend, kann die Spurglättung für alle beteiligten Stationen im Rahmen der Datenweiterbearbeitung durch *räumliche Glättung* gemeinsam erfolgen.

Die interpolierten Satellitenspurpunkte werden über die nach der Plattenreduktion bestimmten Modellparameter durch Umkehrung der Abbildungsgleichungen in Tangentialkoordinaten und dann in topozentrische sphärische Satellitenrichtungen $\bar{\alpha}_s$, $\bar{\delta}_s$ transformiert.

Die auf die photographische Richtungsbestimmung wirkenden Einflüsse können weitgehend korrigiert werden oder sie werden im Modell aufgefangen. Die verbleibenden nicht modellierbaren Hauptfehlerquellen im Genauigkeitsbudget sind

- Fehler der Sternpositionen im Katalog
- Zeitfehler für Stern- und Satellitenbelichtungen

- zufällige Fehler in der Koordinatenmessung von Sternen und Satelliten
- Szintillation
- unregelmäßiger Schichtverzug.

Untersuchungen an weit über 1000 Satellitenaufnahmen im BC4 Weltnetz ergaben für die Einzelrichtung im Meßbild eine Genauigkeit von $\pm 1\overset{\prime\prime}{,}6$ und für die durch ein Polynom geglättete Zentralrichtung $\pm 0\overset{\prime\prime}{,}35$. Bei verbesserten Sternkatalogen, verbesserter Ausmessung am Komparator und sorgfältiger Analyse aller wirksamen Fehlerkomponenten dürfte die maximal erzielbare Richtungsgenauigkeit bei $\pm 0\overset{\prime\prime}{,}1 \ldots \pm 0\overset{\prime\prime}{,}2$ liegen. Dies entspricht bei einem Satelliten in 1500 km Höhe (EGS) einer tangentialen Lagegenauigkeit von 0,7 ... 1,5 m. Eine wesentlich weitergehende Genauigkeitssteigerung erdgebundener photographischer Richtungsbestimmung ist wegen der Szintillationseffekte nicht zu erwarten.

5.1.4 Weiterverwendung der Richtungen

Als Ergebnis der Plattenreduktion liegen räumlich orientierte Richtungen als Funktion der Zeit von der Bodenstation zu Satellitenpositionen vor. Da die Richtungen aus Sternpositionen abgeleitet sind, beziehen sie sich auf das raumfeste stellare Bezugssystem CIS [2.1.2]. Gemäß Abbildung 5.9 gilt für die durch Einheitsvektoren e_{ij} repräsentierten Richtungen

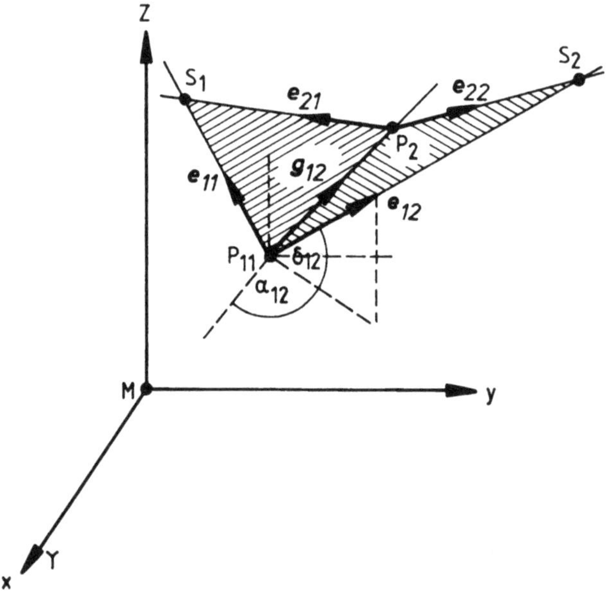

Abb. 5.9. Satellitennetzaufbau aus Richtungen

$$\boldsymbol{e}_{ij} = \begin{pmatrix} \Delta x_{ij} \\ \Delta y_{ij} \\ \Delta z_{ij} \end{pmatrix} = \begin{pmatrix} \cos\delta\cos\alpha \\ \cos\delta\sin\alpha \\ \sin\delta \end{pmatrix}. \tag{5.11}$$

Die Richtungen können als Beobachtungsgrößen in Bahnberechnungen und Bahnanalysen eingehen [3.3] und damit einen Beitrag zur dynamischen Satellitengeodäsie und zur Bestimmung von Erdmodellen leisten [11.2]. Sie können aber auch zum Aufbau rein geometrischer Satellitennetze genutzt werden (vgl. [11.1]). Diese geometrische Methode der *Hochzieltriangulation* geht auf den finnischen Geodäten Väisälä zurück, der das Verfahren erstmalig 1959 anwandte und dabei als Träger von Lichtsignalen Ballons für Radiosonden nutzte. Unter der Bezeichnung *Stellartriangulation* wurde das Verfahren bis in die jüngste Zeit vereinzelt eingesetzt (*Rehse* 1984, *Rinner* u.a. 1985) Mit Hilfe künstlicher Erdsatelliten gelang es nach diesem Grundprinzip erstmalig, ein weltumspannendes geodätisches Netz einzurichten [5.1.5].

Nach Abb. 5.9 schneiden sich bei simultanen Beobachtungen $\boldsymbol{e}_{11}$ und $\boldsymbol{e}_{21}$ in S_1 und spannen eine Ebene auf, die durch den Normalenvektor

$$\boldsymbol{n}_1 = \boldsymbol{e}_{11} \times \boldsymbol{e}_{21} \tag{5.12}$$

gegeben ist. Für eine zweite Beobachtungssituation mit S_2 (derselbe Satellit in einer anderen Position oder ein anderer Satellit) wird eine weitere räumlich orientierte Ebene aufgespannt

$$\boldsymbol{n}_2 = \boldsymbol{e}_{12} \times \boldsymbol{e}_{22}. \tag{5.13}$$

Mit

$$\boldsymbol{g}_{12} = \frac{\boldsymbol{n}_1 \times \boldsymbol{n}_2}{|\boldsymbol{n}_1 \times \boldsymbol{n}_2|} \tag{5.14}$$

ist der Einheitsvektor und damit die räumlich orientierte Richtung zwischen den Beobachtungsstationen P_1 und P_2 gegeben.

Der Vektor $\boldsymbol{g}_{12}$ liefert damit das Azimut zwischen zwei weit entfernten Stationen. Auf diese Weise konnten frühzeitig für bestehende terrestrische Netze Azimutkontrollen über große Distanzen durchgeführt werden (z.B. *Arnold*, *Schöps* 1965). Die Richtungsmessung zu Satelliten ist das einzige Verfahren, bei dem bereits zwei von zwei Bodenstationen aus durchgeführte Simultanmessungen zu einem geodätischen interessanten Ergebnis führen, ohne daß Kenntnisse der Satellitenbahn erforderlich sind.

Durch Weiterführung und Ergänzung des Verfahrens mit weiteren Bodenstationen (Abb. 5.10) lassen sich größere und schließlich globale Netze aufbauen. Zur Genauigkeitssteigerung werden von jedem Paar von Bodenstationen aus mehrere "Ereignisse" beobachtet. Soll die Berechnung des

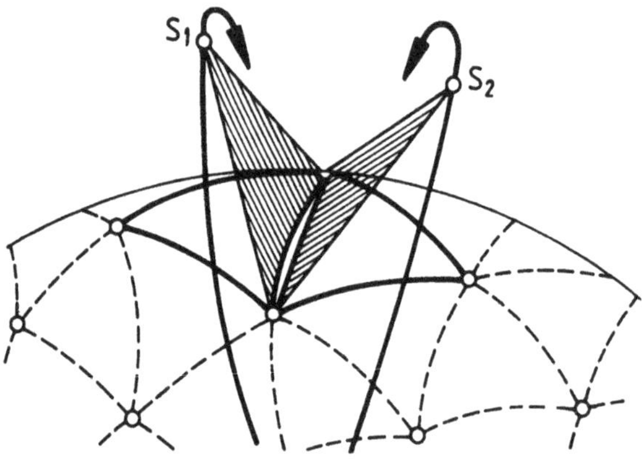

Abb. 5.10. Satellitentriangulation

Satellitennetzes im terrestrischen System erfolgen, muß eine Transformation der Satellitenrichtungen gemäß (2.16) erfolgen.

Ein ausschließlich aus Richtungen aufgebautes Netz ist im Maßstab und in der Festlegung des Koordinatenursprungs unbestimmt (*Datumsdefekt*). Zur Maßstabsfestlegung muß entweder mindestens eine Distanz Bodenstation-Satellit gemessen werden – beispielsweise durch Laserdistanzmessung – oder es muß der Abstand zwischen zwei Bodenstationen mit terrestrischen Methoden bestimmt werden. In der Praxis der Satellitengeodäsie wurde der letztgenannte Weg beschritten, wobei Langstreckenpolygonzüge auf ausgewählten Linien zur Anwendung kamen (*Schmid* 1977).

Zur Beseitigung des Datumsdefekts müssen die Koordinaten eines Punktes entweder willkürlich festgehalten werden, oder es werden geozentrische Koordinaten durch andere Meßverfahren bestimmt, beispielsweise durch Dopplerbeobachtungen bei vorgegebener Satellitenbahn [11.1]. Die rein geometrischen Verfahren müssen folglich zur Datumsfestlegung durch "dynamische" Informationen ergänzt werden [4.1].

Nähere Ausführungen zur *Satellitentriangulation* findet man beispielsweise bei *Ehrnsperger* (1976) und bei *Schmid* (1977).

5.1.5 Ergebnisse

Zwischen 1964 und 1975 wurden Richtungsmessungen zu Satelliten im Rahmen zahlreicher nationaler und internationaler Vorhaben zur Bestimmung regionaler, kontinentaler und globaler Satellitennetze eingesetzt. Unter den zahlreichen Vorhaben seien nur 3 beispielhaft genannt. Vom französischen Institut Geographique National (IGN) wurde mit einfachen Mitteln unter

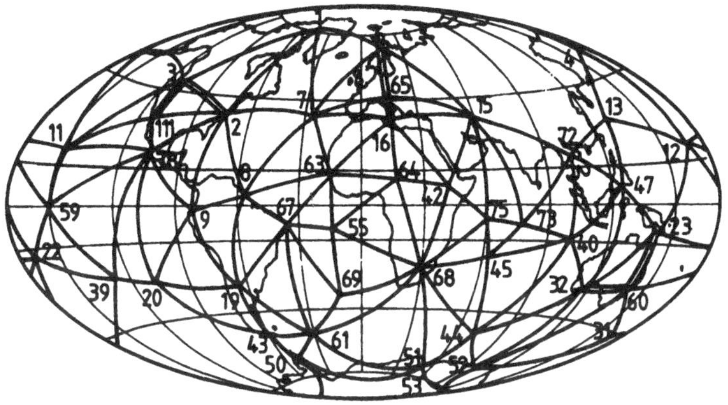

Abb. 5.11. Satellitenweltnetz mit BC4 Kameras, terrestrisch gemessene Grundlinien sind doppelt gezeichnet

Nutzung der Satelliten ECHO 1 und ECHO 2 eine Verbindung zwischen Frankreich und Nordafrika sowie Frankreich und den Azoren hergestellt (*Levallois* 1971). Von bleibender Bedeutung ist das *Satellitenweltnetz* des früheren US Coast Geodetic Survey, heute National Geodetic Survey (NGS) (*Schmid* 1977). Mit dem eigens hierfür gestarteten Satelliten PAGEOS wurden von Mitte 1966 bis Mitte 1970 auf 45 global verteilten Stationen Satellitenbeobachtungen mit BC4 Kameras durchgeführt (Abb. 5.11). Die mittlere Stationsentfernung betrug 3000 bis 4000 km. 16 Meßtrupps kamen zum Einsatz, darunter auch eine deutsche Gruppe (*Böhler* 1972). Neben PAGEOS wurden auch ECHO 1, ECHO 2 und GEOS 2 beobachtet. Die Beobachtungsdauer je Station betrug bis zu einem Jahr, teils auch noch länger, um genügend Simultanereignisse zu erzielen. Es wurden insgesamt 2350 Platten ausgewertet, davon waren

856	2-Stationsereignisse
194	3 "
14	4 "

Diese Zahlen machen deutlich, wie schwierig es ist, gleichzeitig günstige Beobachtungsbedingungen auf weit entfernten Stationen vorzufinden.

Der Maßstab wurde durch terrestrische Messung von 7 Grundlinien mit dem Laser-Geodimeter bestimmt. Eine dieser Linien wurde in Europa zwischen Tromsø und Catania gemessen. Als Ergebnis liegen für die 45 Stationen dreidimensionale Koordinaten in einem einheitlichen globalen Bezugssystem mit einer mittleren Standardabweichung

$$\sigma_p = \sqrt{\sigma_\varphi^2 + \sigma_\lambda^2 + \sigma_n^2} = 4{,}53 \text{ m}$$

vor. Für diese Lösung wurden die Koordinaten der Station Beltsville in

Maryland festgehalten. Der Übergang in ein geozentrisches System konnte über identische Stationen erfolgen, für die Ergebnisse aus Dopplerbeobachtungen [6.] vorlagen. Aus der rein geometrischen Lösung ergab sich ein mittlerer Äquatorradius (große Halbachse) zu

$$a = 6378130 \text{ m}.$$

Die besondere historische Bedeutung des BC4-Weltnetzes ist darin zu sehen, daß hiermit erstmalig eine Lösung für das geometrische wissenschaftliche Ziel der Geodäsie, nämlich die Bestimmung eines weltumspannenden Polyeders gegeben wurde (*Brunscher Käfig*) [1.2]. Darüber hinaus sind zwei Gesichtspunkte hervorzuheben, die auch für die Zukunft Bedeutung haben

- Das BC4 Weltnetz wurde mit einheitlichen Geräten, einheitlichen Methoden und einer gemeinsamen Ausgleichung bestimmt.
- Es ist das einzige Meßverfahren der Satellitengeodäsie, das auf globaler Basis eine Richtungsbeziehung zwischen dem terrestrischen Bezugssystem und dem durch die Astronomie gegebenen Inertialsystem gewährleistet.

Etwa gleichzeitig mit dem BC4 Weltnetz wurde in Europa das *Westeuropäische Satelliten-Triangulationsprogramm* WEST unter Beteiligung von 17 Ländern auf 40 Stationen realisiert (*Ehrnsperger* 1978). Hier kamen sehr unterschiedliche Beobachtungssysteme und Modelle der Plattenauswertung zum Einsatz. Die Beobachtungen wurden fast 6 Jahre lang (1966–1972) zu fünf Satelliten durchgeführt. In die Schlußausgleichung konnten 31 Stationen einbezogen werden. Der Maßstab wurde aus 4 terrestrischen Traversen abgeleitet. Die Koordinatengenauigkeit war aufgrund des sehr heterogenen Datenmaterials unterschiedlich und variierte von $\pm 3 \ldots 10$ m. Im Vergleich zu vorhandenen terrestrischen Ergebnissen (ED50) konnten Koordinatenverschiebungen im Mittel von 10 m und in den Randbereichen erheblich höher festgestellt werden.

Entsprechende größere Meßvorhaben wurden auch in anderen Teilen der Welt durchgeführt. Wegen des in der Endphase dieser Projekte aufkommenden leistungsfähigen Dopplermeßverfahrens [6.] wurden die Ergebnisse zumeist nicht mehr zur Verbesserung terrestrischer Netze herangezogen.

5.1.6 Heutige Bedeutung der Richtungsmessung

Die Berechnung von Satellitentriangulationen aus photographisch bestimmten Richtungen nimmt in der Entwicklung der Satellitengeodäsie einen wichtigen Platz ein, hat aber heute wegen des

- sehr hohen Beobachtungsaufwandes und der
- verhältnismäßig geringen Genauigkeit

keine Bedeutung mehr.

Für Bahnbestimmungen können Richtungsmessungen nach wie vor einen Beitrag leisten, da hierdurch eine Orientierung in einem fundamentalen Bezugssystem möglich wird. Hier bietet sich die Photographie von Laserechos an Satelliten und die Nutzung des japanischen Satelliten EGS an, insbesondere wenn simultan Richtungs- und Entfernungsmessungen vorgenommen werden. Auch zur Bahnüberwachung mit geringeren Genauigkeitsansprüchen werden Richtungsbeobachtungen weiterhin eingesetzt.

5.2 Elektronische Entfernungsmessung (SECOR)

Um die mit optischen Methoden verbundenen Sichtbarkeitseinschränkungen zu überwinden, wurde frühzeitig mit der Entwicklung von elektronischen Distanzmeßverfahren zu Satelliten begonnen. Um Zweiwege-Distanzmessungen durchführen zu können, mußten die Satelliten mit besonderen Empfangs- und Sendeeinrichtungen, sogenannten *Transpondern* ausgestattet werden. Vorrangig für geodätische Anwendungen wurde das SECOR-Verfahren entwickelt (SECOR = *Se*quential *Co*llation of *R*anges). Ein erster SECOR-Transponder wurde auf ANNA1B (1962) geflogen. Von 1964 bis 1970 wurden insgesamt 16 Satelliten mit SECOR Ausrüstung in vorrangig polnahe Bahnen mit 1000 km bis 4000 km, Bahnhöhe gestartet (*NGSPI*, 221, 1977), darunter auch GEOS-1 und GEOS-2.

Der Grundgedanke von SECOR besteht darin, daß jeweils vier Bodenstationen und ein Satellit eine Beobachtungsgruppe (Quad) bilden. Drei Bodenstationen werden als bekannte Festpunkte, eine als Neupunkt betrachtet. Auf diese Weise ist durch *Trilateration* im Prinzip eine rein geometrische Koordinatenbestimmung des Neupunktes möglich (vgl. Abb. 1.2). Von den drei Beobachtungsstationen werden durch simultane Entfernungsmessung mindestens drei geeignet verteilte Satellitenpositionen bestimmt. Durch räumlichen Rückwärtsschnitt können ausgehend von den drei bekannten Satellitenpositionen die Koordinaten des Neupunktes bestimmt werden. Durch Aneinanderfügen weiterer Vierergruppen von Bodenstationen kann die Punktkonfiguration erweitert und bis zu einem weltumspannenden Punktgürtel ausgedehnt werden.

Neben der rein *geometrischen Simultanmethode* kam auch die *Bahnmethode* zum Einsatz (vgl. Abb. 1.3). Über mindestens drei bekannten Bodenstationen wurde ein kurzes Bahnstück (Short Arc) gerechnet und zur Bestimmung von Neupunkten extrapoliert. In der Praxis der Datenauswertung wurden auch kombinierte Ansätze angewendet.

Es sei darauf hingewiesen, daß die für SECOR entwickelten grundsätzlichen Überlegungen der Punktbestimmung durch Entfernungsmessung auch für moderne Meßverfahren gelten

Die Entfernungsmessung beruht auf einem Phasenvergleichsverfahren. Die Bodenstationen senden modulierte Signale auf Trägerfrequenzen von 420,9 MHz zum Satelliten, die über einen Transponder auf zwei unterschiedlichen Frequenzen (449 MHz und 224,5 MHz zur ionosphärischen Laufzeitkorrektur) zurückgesandt werden. Das Meßsignal hat eine Frequenz von 585 MHz, entsprechend einer Auflösung von 25 cm. Zur Bestimmung der Mehrdeutigkeiten werden drei weitere Modulationsfrequenzen verwendet. Zur Steuerung der zeitlichen Zuordnung wird jeweils eine der vier Bodenstationen als Masterstation genutzt. Ein Fragezyklus für 4 beteiligte Stationen beträgt 50 ms.

Hauptziel der SECOR Beobachtungen war die Verbindung von isoliert liegenden geodätischen Bezugssystemen (*Rutscheid* 1972) und damit die geodätische Verbindung von Nordamerika, Australien, Japan und einer Anzahl pazifischer Inseln. Von 1964 bis 1966 wurde hierzu ein äquatoriales Netz von 37 Stationen beobachtet. Die reine SECOR Lösung erwies sich als geometrisch schwach und war mit systematischen Fehlern behaftet. Als innere Genauigkeit ergab sich eine Standardabweichung für die Einzelentfernung zu ± 3 m; die systematischen Abweichungen zu anderen Lösungen (Doppler, BC4) erreichten jedoch bis zu 50 m. Eine kombinierte Schlußausgleichung mit Short Arc Ansatz und Richtungskontrollen durch BC4 Azimute führte zu einer Positionsgenauigkeit von $\pm 10 \ldots 15$ m (*NGSPI*, 203, 1977).

5.3 Sonstige frühe Meßverfahren

In den frühen Jahren der Satellitenbeobachtung kamen weitere elektronische Meßverfahren zur Bahnüberwachung und Bahnbestimmung zum Einsatz, deren Ergebnisse auch Eingang in geodätische Arbeiten fanden. Es handelt sich hierbei vorrangig um die Systeme

GRARR (Goddard Range and Range Rate) zur Entfernungsbestimmung
MINITRACK zur interferometrischen Richtungsbestimmung
C-Band-Radar zur Richtungs- und Entfernungsbestimmung.

Viele der in den Jahren 1960–1970 gestarteten Satelliten trugen hierzu geeignete Ausrüstungen.

GRARR ist eine Zwei-Wege-Verfahren, bei dem eine phasenmodulierte Trägerfrequenz von 2,27 GHz zum Satelliten gesandt und über einen Transponder auf 1,70 GHz zur Bodenstation zurückgeschickt wurde. Das System wurde vom Goddard Space Flight Center (NASA) betrieben und auf dem Satelliten GEOS-2 erfolgreich genutzt. Die Entfernung wird aus Phasenmessungen an bis zu 8 Modulationsfrequenzen abgeleitet (λ von 0,6 ... 37500 km); die Entfernungsänderung aus der Dopplerverschiebung des Trägersignals. Die Entfernungsgenauigkeit beträgt etwa ± 10 m, die der Entfernungsänderung 3 cm/s. Die Ergebnisse haben Eingang in die Goddard Erdmodelle (GEM) gefunden, wobei Bahnbögen von bis zu 7 Tagen Länge beobachtet wurden (NGSP1, 433, 1977).

Das *PRIME MINITRACK* System ist ein Einwegverfahren, das von der NASA zur Bahnbestimmung zahlreicher Satelliten eingesetzt wurde. Vom Satelliten wird ein kontinuierliches Trägersignal auf 136 MHz abgestrahlt, das von zwei kreuzweise angeordneten Antennenpaaren aufgefangen wird. Es werden jeweils interferometrische Phasendifferenzen gemessen [4.2.6] und in Richtungsinformationen umgewandelt. Wegen der verhältnismäßig großen Wellenlänge ($\lambda \sim 2{,}2$ m) gegenüber der Basislänge des Interferometers (~ 125 m) ist die Richtungsauflösung nur etwa $\pm 20''$. Minitrack Beobachtungen einzelner Bahnbögen sind mit in die GEM-Berechnung eingeflossen.

Das *C-Band-Radar* arbeitet im 5–6 GHz Bereich ($\triangleq 5$ cm). Es handelt sich um ein bodengestütztes Zweiwegeverfahren, wobei die Radarsignale auch ohne Transponder auf der Satellitenoberfläche reflektiert werden können. Das System ist deshalb besonders gut zur Bahnüberwachung von Satelliten- und Raketenteilen geeignet. Durch einen Transponder auf dem Satelliten (z.B. GEOS-3) kann die Reichweite (bis 60000 km) sowie die Genauigkeit gesteigert werden. Die Bodenstation ist sehr aufwendig ausgestattet und enthält eine 8,8-m Parabolantenne. Die Entfernung wird aus der Laufzeit von Pulsen abgeleitet. Die Richtung wird an der zweiachsigen Antennen-Montierung abgegriffen. Die Entfernungsmeßgenauigkeit wurde zu ± 2–5 m, die Richtungsgenauigkeit zu $\pm 20''$ ermittelt. In einer modifizierten Ausführung sind auch Phasen- und Phasenänderungsbeobachtungen an kohärenten Signalen möglich. Das C-Band-Radar wurde sehr intensiv zur Bestimmung von GEOS-3 Bahnen eingesetzt.

6. Dopplermessungen (TRANSIT)

Unter dem *Dopplereffekt*, benannt nach dem österreichischen Physiker Christian Doppler (1803–1853) versteht man die Frequenzänderung einer Schwingung in Abhängigkeit von der relativen Bewegung zwischen Sender und Empfänger. Allgemein bekannt ist dieser Effekt bei der Tonhöhenänderung eines signalgebenden Fahrzeugs. Bei gegenseitiger Annäherung empfängt der Beobachter eine höhere Frequenz als bei gleichbleibender Entfernung; bei zunehmender Entfernung verringert sich die Frequenz (Abb. 6.1). Es besteht offensichtlich ein Zusammenhang zwischen der Relativgeschwindigkeit und der Frequenzänderung.

Meßverfahren, die auf dem Doppler-Prinzip beruhen, finden in Wissenschaft und Technik verbreitete Anwendung, um Geschwindigkeiten zu bestimmen. In der Astronomie wird aus der Dopplerverschiebung von Spektrallinien die Radialgeschwindigkeit von astronomischen Objekten bestimmt (Rotverschiebung entfernter Galaxien); in der Navigation wird mit Hilfe des Dopplereffekts die Geschwindigkeit über Grund abgeleitet. In der Raumfahrt und in der Satellitengeodäsie haben Dopplermessungen sehr frühzeitig eine herausragende Rolle gespielt, da die meisten Satelliten auf stabilen Frequenzen senden, so daß aus der Frequenzverschiebung des empfangenen Signals mit vergleichsweise einfachem Instrumentarium auf Geschwindigkeitsänderungen und damit auf die Bahnelemente geschlossen werden konnte. Auf diese Weise ließen sich auch ohne nähere Informationen die Bahnelemente der ersten künstlichen Satelliten ableiten (*Priester und Hergenhahn* 1958).

Trägt man die Frequenzänderung als Funktion der Zeit auf, dann besitzt die Dopplerkurve für einen künstlichen Erdsatelliten einen typischen Verlauf, der etwa zwischen den Kurven 2 und 3 in Abb. 6.2 liegt. Befände sich der Empfänger in der Satellitenbahn, dann würde im Moment des Vorbeigangs ein scharfer Frequenzsprung (Kurve 4) von $f + \Delta f$ zu $f - \Delta f$ auftreten, wobei Δf die Dopplerverschiebung aufgrund der Relativbewegung bedeutet. Bei zunehmender Entfernung des Beobachters von der Bahn nimmt die Kurve eine flachere *s*-förmige Gestalt an. Der Wendepunkt der Kurve entspricht dem Zeitpunkt der größten Annäherung des Satelliten an die Empfangsstation (*"time of closest approach" TCA*).

Es wurde frühzeitig erkannt (*Guier und Weiffenbach* 1958), daß das Verfahren der Bahnbestimmung aus Messungen des Dopplereffekts bei bekannter Beob-

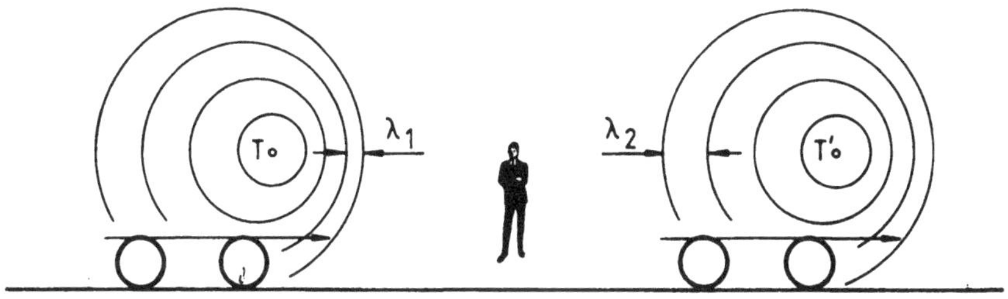

Abb. 6.1. Dopplereffekt

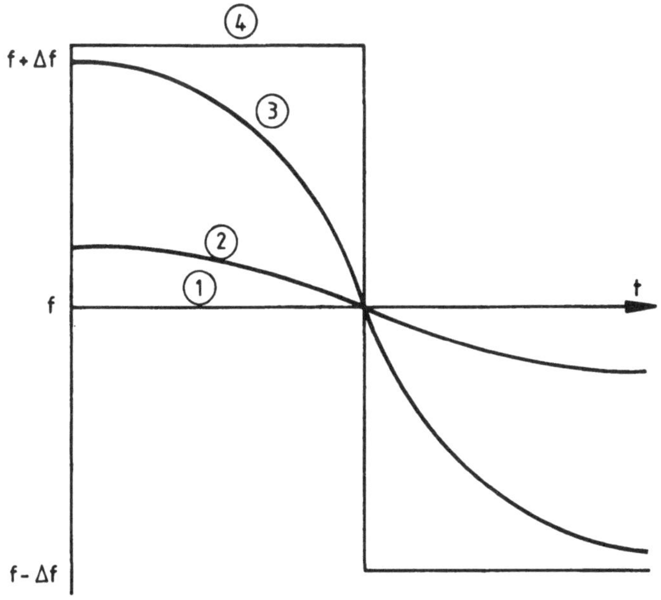

Abb. 6.2. Dopplerverschiebung bei unterschiedlicher Entfernung der Frequenzquelle ((2) Beobachter sehr weit entfernt; (4) Beobachter in der Bahn)

achtungsstation auch umkehrbar sein müsse, nämlich zur Bestimmung der Beobachterposition aus der Messung der Dopplerverschiebung bei bekannter Satellitenposition. Dies führte zur Entwicklung eines globalen satellitengestützten Navigationssystems, des Navy Navigation Satellite Systems NNSS, das auch unter dem Namen TRANSIT bekannt ist [6.2]. Das System wurde 1958 konzipiert, war 1964 für die amerikanische Marine operabel und wurde 1967 für den zivilen Gebrauch freigegeben. Etwa seit 1970 wurde das System wegen der gesteigerten Genauigkeit auch für geodätische Anwendungen interessant. Eine geometrische Interpretation des Grundprinzips wurde in [4.2.3] vorgestellt.

6.1 Dopplereffekt und Prinzip der Positionsbestimmung

Für eine elektromagnetische Welle lautet der Dopplereffekt (z.B. *Schneider* 1975)

$$\frac{f_r}{f_s} = \frac{1 - \frac{v}{c}\cos\theta}{\sqrt{\left(1 - \frac{v^2}{c^2}\right)}}. \tag{6.1}$$

Hierin bedeuten (Abb. 6.3)

- f_s vom Satelliten S abgestrahlte stabile Sendefrequenz
- f_r empfangene (veränderliche) Frequenz an der Empfangsstation P
- v Betrag der Satellitengeschwindigkeit
- c Lichtgeschwindigkeit
- θ Winkel zwischen Satellitengeschwindigkeitsvektor und Verbindungslinie Beobachter-Satellit
- r Entfernung zwischen Beobachter und Satellit.

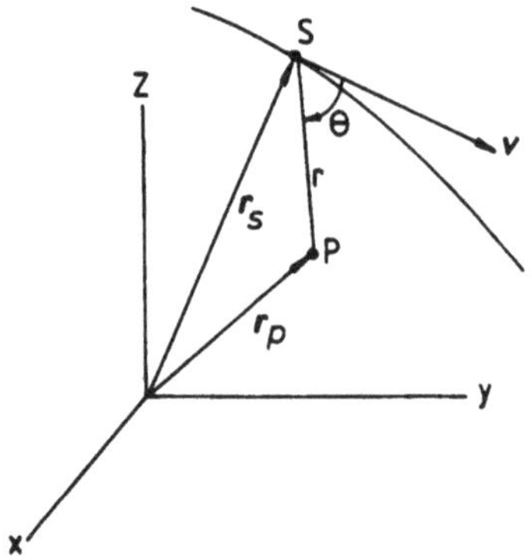

Abb. 6.3. Zur Ableitung des Dopplereffekts

Die Relativgeschwindigkeit ist

$$\dot{r} = \frac{dr}{dt} = -v\cos\theta. \tag{6.2}$$

Damit ergibt sich aus (6.1)

$$f_r = f_s\left(1 - \frac{\dot{r}}{c}\right)\left(1 + \frac{v^2}{2c^2} + \frac{v^4}{8c^4} + \cdots\right). \tag{6.3}$$

Unter Vernachlässigung von Gliedern höherer Ordnung gilt

$$f_r = f_s\left(1 - \frac{1}{c}\frac{dr}{dt}\right). \tag{6.4}$$

Diese Vereinfachung ist zulässig für $v \ll c$ und wird zunächst den weiteren Betrachtungen zugrundegelegt. Der vernachlässigte Term

$$\Delta_R = \frac{v^2}{2c^2} + \frac{v^2}{8c^4} + \ldots$$

ist ein Maß für den transversalen Dopplereffekt (z.B. *Kleusberg* 1984), der zum Ausdruck bringt, daß nach der Relativitätstheorie der Dopplereffekt auch dann nicht verschwindet, wenn die Bewegung senkrecht zur Blickrichtung stattfindet. Für sehr hohe Genauigkeitsforderungen müssen relativistische Korrekturen mit berücksichtigt werden [6.5.4].

Nach Gleichung (6.4) läßt sich im Prinzip die Dopplerverschiebung aus der Differenz der ausgesandten und der gemessenen Frequenz bestimmen. Dies ist aber technisch schwierig zu realisieren, da der Augenblickswert einer Frequenz nicht gemessen werden kann. Statt dessen wird die Änderung der empfangenen Frequenz f_r im Vergleich zu einer im Empfänger erzeugten stabilen Bezugsfrequenz über ein bestimmtes Zeitintervall gemessen. Konkret werden die Nulldurchgänge der Differenzfrequenz $(f_g - f_r)$ gezählt und führen zum integrierten *Dopplercount*

$$N_{jk} = \int_{T_j}^{T_k} (f_g - f_r)dT. \tag{6.5}$$

Hierin bedeuten

f_g eine stabile Vergleichsfrequenz im Empfänger
T_j, T_k Anfangs- und Endzeitmarken des Zählintervalls
N_{jk} integrierter Dopplercount zwischen T_j und T_k.

Die Differenzfrequenz $(f_g - f_r)$ wird auch *Beatfrequenz* f_b genannt. Sie wurde aus technischen Gründen für das TRANSITsystem so gewählt, daß $(f_g - f_r)$ nicht negativ werden kann (vgl. Abb. 6.4).

Die TRANSITsatelliten senden zu jeder geraden Weltzeitminute ein Zeitsignal [6.3.1]. Diese Zeitsignale können genutzt werden, um das Zählintervall in (6.5) zu definieren. Entsprechend Abb. 6.5 sei der Satellit zum Zeitpunkt t_j an der Stelle S_j und sende ein Zeitsignal aus. Dieses Signal trifft zum Zeitpunkt T_j im Empfänger ein und startet das Zählintervall. Entsprechendes gilt mit t_k, S_k und T_k zum Ende des Zählintervalls. Es gilt die Beziehung

$$T_j = t_j + \frac{r_{ij}}{c}; \qquad T_k = t_k + \frac{r_{ik}}{c}, \tag{6.6}$$

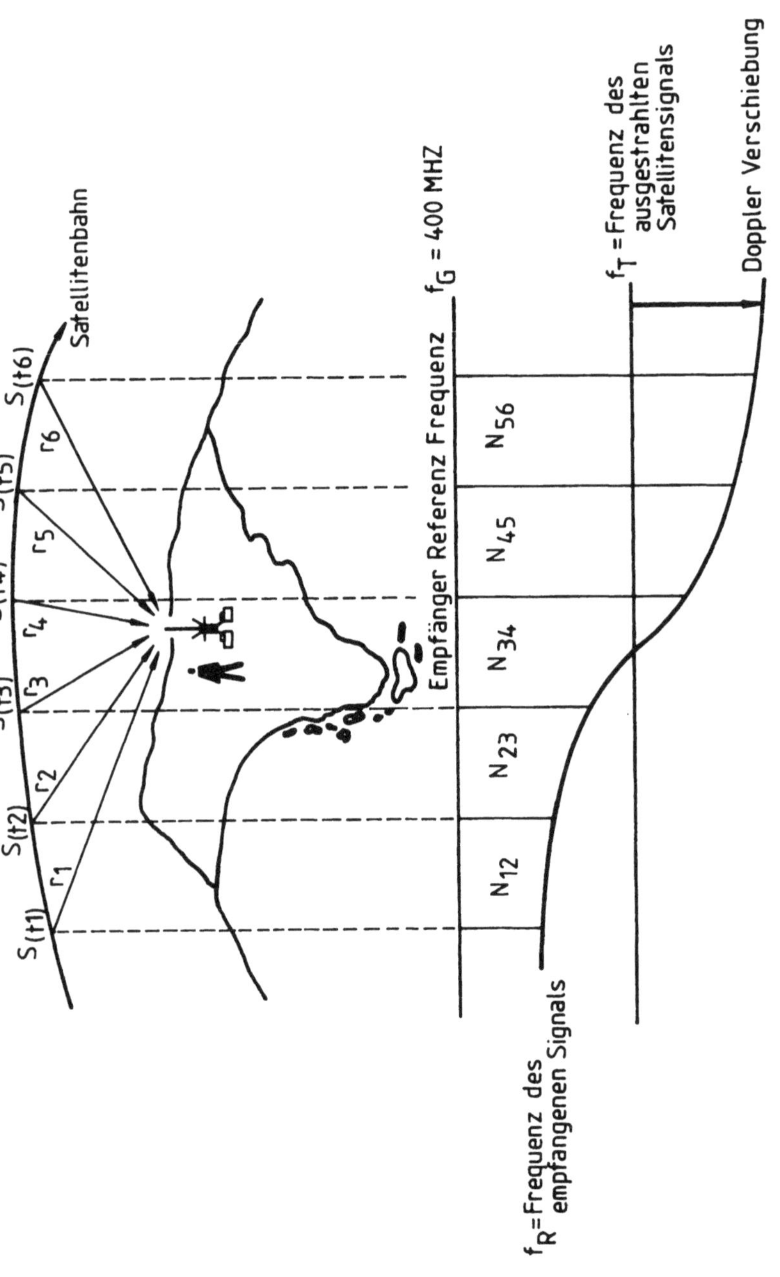

Abb. 6.4. Messung der Dopplerverschiebung im TRANSIT System

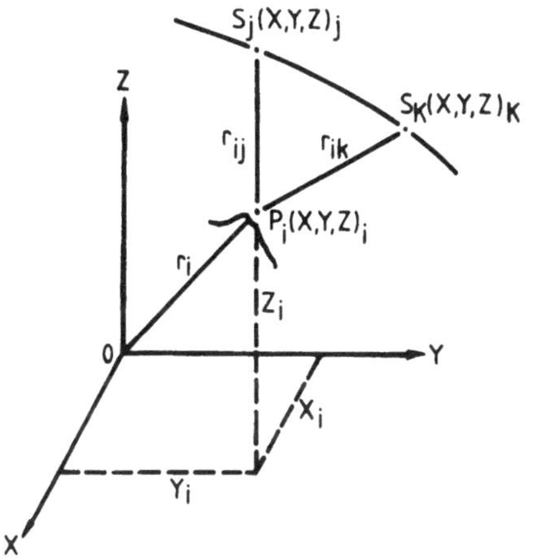

Abb. 6.5. Koordinatenbestimmung aus Dopplermessungen

wenn von Ausbreitungsverzögerungen und relativistischen Effekten abgesehen wird. Folglich wird aus (6.5)

$$N_{jk} = \int_{t_j+\frac{r_{ij}}{c}}^{t_k+\frac{r_{ik}}{c}} (f_g - f_r)dt. \tag{6.7}$$

Damit wird über die Integrationsgrenzen der Zusammenhang zwischen der Beobachtungsgröße N_{jk} und der Entfernungsänderung hergestellt.

Da die vom Satelliten im Zeitintervall $(t_k - t_j)$ abgestrahlte Zahl der Schwingungen der Sendefrequenz f_s gleich der im Zeitintervall $(T_k - T_j)$ empfangenen Zahl von Schwingungen der Empfangsfrequenz f_r sein muß, also

$$\int_{t_j}^{t_k} f_s\,dt = \int_{t_j+\frac{r_{ij}}{c}}^{t_k+\frac{r_{ik}}{c}} f_r\,dt, \tag{6.8}$$

gilt für die Lösung der Gleichung (6.7) als Beobachtungsgleichung

$$N_{jk} = (f_g - f_s)(t_k - t_j) + \frac{f_g}{c}(r_{ik} - r_{ij}). \tag{6.9}$$

Die geometrische Interpretation dieser Gleichung ist in Abb. 4.7 gegeben.

Nach Abb. 6.5 kann die Beziehung zu den Satelliten- und Stationskoordinaten hergestellt werden. Mit

$$r_{ik}^2 = (X_k - X_i)^2 + (Y_k - Y_i)^2 + (Z_k - Z_i)^2$$

$$r_{ij}^2 = (X_j - X_i)^2 + (Y_j - Y_i)^2 + (Z_j - Z_i)^2$$

folgt als vereinfachte Beobachtungsgleichung für die Satelliten-Dopplerpositionsbestimmung

$$N_{jk} = \frac{f_g}{c}(\{(X_k - X_i)^2 + (Y_k - Y_i)^2 + (Z_k - Z_i)^2\}^{\frac{1}{2}} - \{(X_j - X_i)^2 + (Y_j - Y_i)^2 + (Z_j - Z_i)^2\}^{\frac{1}{2}}) + (f_g - f_s)(t_k - t_j). \tag{6.10}$$

Eine erweiterte Beobachtungsgleichung wird in [6.5.] und [6.6] diskutiert.

6.2 Entwicklung und Status des Navy Navigation Satellite Systems (TRANSIT)

Dopplermessungen können zu allen Satelliten durchgeführt werden, die hochstabile kontinuierliche Wellensignale abstrahlen. Derartige Satelliten wurden in sehr großer Zahl gestartet (*NGSPI*, S. 61, 1977). Die Beobachtungen fanden Eingang in Bahnanalysen und Erdmodellberechnungen. Sollen die Satelliten ein echtzeitfähiges, global verfügbares und genaues Navigations- und Positionsbestimmungssystem bilden, dann müssen mindestens folgende Voraussetzungen gelten

(1) globale Überdeckung der Satellitenbahnen
(2) Informationsübertragung bezüglich Satellitenpositionen und Zeit an den Nutzer in Echtzeit.

Weiterhin ist es vorteilhaft, wenn wenigstens zwei verschiedene Sendefrequenzen genutzt werden, um ionosphärische Laufzeitkorrekturen zu ermöglichen. Um die Nutzerausrüstung einfach zu halten, muß es sich um ein Einwegverfahren handeln, d.h. nur die Satelliten sind aktive Sender.

Das einzige für die geodätische Praxis nutzbare System, das auf dem Dopplerprinzip beruht, ist das TRANSIT-System. Es wurde in Zusammenarbeit zwischen dem Applied Physics Laboratory der Johns Hopkins Universität (APL) und dem amerikanischen Verteidigungsministerium entwickelt. Auch wenn das System inzwischen überwiegend zivil genutzt wird, liegt die alleinige Verantwortung für Betrieb und Kontrolle bei der US Navy (*Sentman* und *Danchik* 1986). Zielsetzung für Entwurf und Entwicklung des Systems war die Forderung, daß auf globaler Basis im zeitlichen Abstand von etwa 2 Stunden eine Navigationsgenauigkeit von etwa 200 m (0,1 nm) in Echtzeit ohne aktive Empfangsstationen erzielbar sein sollten (*Guier* 1962). Die Sowjetunion hat ein ähnliches System aufgebaut, über das aber nur sehr wenig Informationen vorliegen.

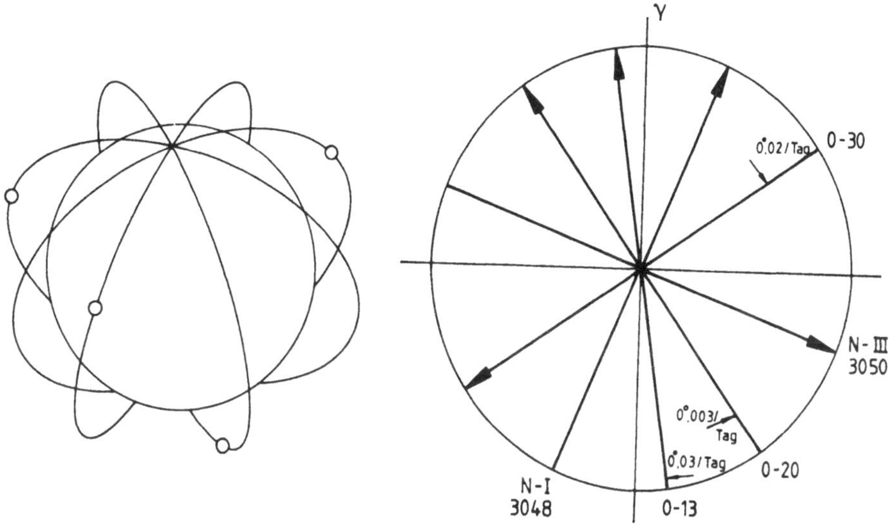

Abb. 6.6. Verteilung der TRANSIT Satellitenbahnen, (a) globale Sicht, (b) Schnitt der Bahnebenen mit der Äquatorebene

Dem Konzept des TRANSITsystems liegt der technologische Stand von 1960 zugrunde. Ein 1967 gestarteter Satellit war 1987 noch nutzbar. Umso bemerkenswerter ist die Tatsache, daß die ursprüngliche Entwurfsgenauigkeit für geodätische Anwendungen um den Faktor 1000 auf etwa 20 cm gesteigert werden konnte [6.8].

Um globale Überdeckung zu erzielen, wurden und werden TRANSIT-Satelliten in polnahe Bahnen von etwa 1000 km Bahnhöhe gebracht. Es sind jeweils etwa 4–6 Satelliten nutzbar, wobei die Anzahl 4 vom Betreiber als Minimum angesehen wird. Je nach Verteilung der Bahnebenen (Abb. 6.6(a)) beträgt die Wartezeit zwischen zwei Satellitendurchgängen (= beobachtbarer Bahnbogen von einer Beobachtungsstation aus) aufgrund der Erdrotation zwischen 2 Stunden am Äquator und 30 Minuten in Polargebieten. Der einzelne Durchgang dauert je nach Bahnerhebung über dem Horizont 16–20 Minuten.

TRANSITsatelliten werden mit Feststoffraketen (Scout) in den Orbit gebracht. Die Zielgenauigkeit dieser Raketen liegt bei $\pm 0.5°$, so daß die Bahnneigung nicht streng 90° beträgt. Als Folge hiervon unterliegen die Bahnen einer unterschiedlich starken Knotenbewegung (vgl. [3.2.2]), so daß sich die Bahnebenen im Laufe der Zeit gegeneinander verlagern (Abb. 6.6(b)). Hierdurch kommt es gelegentlich zu größeren Überdeckungslücken, die in Äquatorregionen bis zu 6 Stunden erreichen können. Andererseits führen nahezu identische Bahnebenen zweier Satelliten zu gegenseitigen Störungen, so daß einzelne Satelliten vorübergehend abgeschaltet werden müssen. Von den

Satelliten werden drei Arten von Informationen ausgesandt

- zwei stabile Frequenzen, deren Dopplerverschiebungen gemessen werden
- zweiminütige Zeitsignale
- vorausberechnete Bahnelemente (Broadcast Ephemeriden), aus denen die Satellitenpositionen zum Aussendezeitpunkt abgeleitet werden können.

Die Kontrolle und Überwachung der Satellitenfunktionen sowie die Vorausberechnung der Satellitenpositionen [6.3] erfolgt durch die "*Navy Astronautics Group*" (NAG).

Es sind zwei Satellitentypen verfügbar, der ältere Typ OSCAR und die neuen NOVA-Satelliten. Aussehen und Funktionsdiagramm der OSCAR-Satelliten ist in Abb. 6.7 gegeben.

Hauptkomponenten der OSCAR-Satelliten sind ein 5 MHz Oszillator (Quarz), von dem die beiden Sendefrequenzen ~400 MHz und ~150 MHz abgeleitet werden, ein Empfänger mit Datendecoder für die Informationen der Bodenüberwachung sowie ein Speicherelement (Memory) zum Speichern und Bereitstellen der Navigationsdaten. Die Navigationsinformationen werden phasenmoduliert auf beiden Trägerfrequenzen übertragen. Die Energie wird aus Nickel-Cadmium-Batterien bezogen, die durch Sonnenzellen nachgeladen werden.

Die OSCAR Satelliten haben sich als außerordentlich zuverlässig erwiesen (Tab. 6.1) Der Satellit O-13 wurde 1967, der Satellit O-20 im Jahre 1973 gestartet. Da die Startmöglichkeiten für Scoutraketen nach 1989 nicht mehr bestehen, werden die restlichen verfügbaren Satelliten jeweils zu zweit in Parkbahnen als Reservesatelliten gestartet (Tab. 6.1). Dieses Programm ist unter dem Namen "Stacked OSCAR on Scout" SOOS 1985 angelaufen

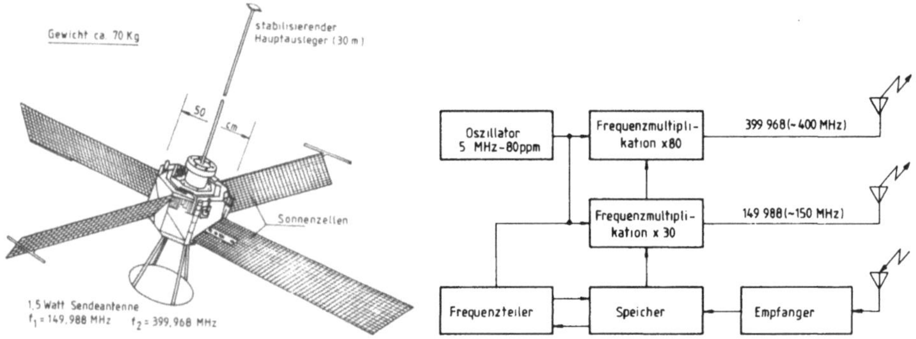

Abb. 6.7. Aussehen (links) und Funktion (rechts) von TRANSIT Satelliten (Typ OSCAR)

Tab. 6.1. Satelliten des TRANSIT-Systems

Satellit	Start	Status
O-11	1982	operabel
O-13	1967	"
O-20	1973	"
O-30 } SOOS 1	1985	Parkbahn
O-24 } SOOS 1	1985	"
NOVA I	1981	operabel
NOVA III	1984	"

Verfügbare TRANSIT Satelliten (Mai 1986)

SOOS 2	2. Quartal 1987
SOOS 3	2. " 1988
SOOS 4	1. " 1989
NOVA II	4. " 1988
OSCAR	2. " 1989
OSCAR	4. " 1989

Geplante TRANSIT Starts (*Sentmann* u.a. 1986)

Die NOVA-Satelliten sind als neue Generation von TRANSIT-Satelliten aus dem "*TRANSIT Improvement Program*" TIP hervorgegangen. Ursprünglich sollten sie die OSCAR Satelliten vollständig ersetzen und zu einer weiteren Genauigkeitssteigerung des TRANSITsystems führen. Durch die gleichzeitige Entwicklung des GPS Systems und der beschlossenen Ersetzung von TRANSIT durch GPS nach 1994 wurden nur 3 NOVA-Satelliten hergestellt. Zwei davon sind bereits im Orbit (Tab. 6.1). Ein weiterer (NOVA II) soll Ende 1988 gestartet werden. NOVA-Satelliten haben gegenüber den älteren OSCAR-Satelliten einige Vorteile, die wichtigsten sind

- stärkeres Signal (5 bzw. 3 W gegenüber 2 und 1 W)
- programmierbarer Computer an Bord mit größerer Speicherfähigkeit
- höhere Oszillatorgenauigkeit
- Kompensationssystem für Oberflächenkräfte (DISCOS)
- Möglichkeiten zur Bahnausgleichung und -erhaltung
- längere Gültigkeitsdauer der Bahnephemeriden.

Das DISCOS-System [4.3.2] (*Disturbance Compensation System*) eliminiert Effekte des atmosphärischen Reibungswiderstandes. Dadurch erhalten die vorhergesagten Bahnephemeriden eine wesentlich längere Gültigkeitsdauer. Die Aufdatierung erfolgt gegenwärtig 1mal täglich, gegenüber 2mal täglich bei den OSCAR-Satelliten [6.3].

Die geplanten Satellitenstarts sollen sicherstellen, daß das TRANSITsystem bis 1994 voll aufrecht erhalten bleibt, wobei mindestens 2 OSCAR und zwei

NOVA-Satelliten verfügbar sein sollen. Nach diesem Zeitpunkt wird das TRANSIT-Programm nicht mehr unterstützt werden. Ein Übergang auf zivile Stellen ist nicht vorgesehen.

6.3 Bahnbestimmung und Bahnrepräsentation

Es sind zwei Arten von Bahninformation zu unterscheiden, die vorausberechneten (extrapolierten) *Broadcast Ephemeriden*, abgeleitet von Beobachtungen auf 4 Stationen und die nachträglich berechneten (interpolierten) *Präzisen Ephemeriden*, abgeleitet von Beobachtungen auf etwa 20 Stationen.

6.3.1 Broadcast Ephemeriden

Die Broadcast Ephemeriden werden dem Nutzer in Form der *Navigation Message* mitgeteilt. Jeder Satellit des TRANSITsystems sendet binäre Informationen mit einer Rate von 6103 Bits in zwei Minuten aus. Sie bilden 156 Wörter zu je 39 Bits und ein Wort mit 19 Bits. Nur ein Teil der übermittelten Informationen, die Navigation Message im jeweils 6. Datenwort ist für die Positionsbestimmung von Bedeutung und kann vom zivilen Nutzer decodiert werden. Der gesamte Datenstrom ist in Abb. 6.8 dargestellt. Er kann in Form einer Matrix strukturiert werden, wobei 25 "normale" Datenzeilen und eine "besondere" Datenzeile (Zeile 26) entstehen. Diese letzte Zeile ist wichtig für die Zeitsynchronisation. Der Übergang von Wort 2 zu Wort 3 definiert eine Zwei-Minuten-Zeitmarke. Diese wird durch Veränderung der Bitrate bestmöglich ($\pm 200\ \mu s$) mit UTC in Übereinstimmung gehalten. Jede Zeile hat eine Länge von 4,6 Sekunden und definiert damit eine kürzest mögliche Integrationszeit für die Dopplerzählung (*Short Doppler Count*).

Innerhalb der Navigationsmessage enthalten die ersten 8 Wörter die variablen oder *Ephemeridenparameter* und die folgenden 14 Wörter die konstanten oder *Bahnparameter*. Die konstanten Parameter beschreiben eine mittlere präzedierende Keplerellipse, die für 12 Stunden zwischen zwei Injektionsepochen (s.u.) Gültigkeit behält. Die variablen Parameter beschreiben für alle 2 Minuten die Abweichungen der Broadcast-Bahn von der mittleren Keplerbahn durch drei Korrekturgrößen, und zwar für den Aussendemoment selbst sowie für die drei vorhergehenden und die vier nachfolgenden Zweiminutenmarken. Bei den drei Größen handelt es sich in einem begleitenden Dreibein um die (vgl. [3.3.3.1])

- Verbesserung in Bahnbewegungsrichtung $\Delta E(t)$
- Verbesserung in radialer Richtung $\Delta a(t)$
- Komponente senkrecht zur Bahnebene $\eta(t)$.

Beep word								
3	4	5	6	7	8		1st variable word	8 ephemeral words
9	10	11	12	13	14		2nd variable word	
15	16	17	18	19	20			
21	22	23	24	25	26			
27	28	29	30	31	32			
33	34	35	36	37	38			
39	40	41	42	43	44			
45	46	47	48	49	50		8th variable word	
51	52	53	54	55	56		1st fixed word	17 orbital words
57	58	59	60	61	62		2nd fixed word	
63	64	65	66	67	68			
69	70	71	72	73	74			
75	76	77	78	79	80			
81	82	83	84	85	86			
87	88	89	90	91	92			
93	94	95	96	97	98			
99	100	101	102	103	104			
105	106	107	108	109	110			
111	112	113	114	115	116			
117	118	119	120	121	122			
123	124	125	126	127	128			
129	130	131	132	133	134			
135	136	137	138	139	140			
141	142	143	144	145	146			
147	148	149	150	151	152		17th fixed word	
153	154	155	156	157	1	2		
					Timing words			

Abb. 6.8. Struktur der Broadcastephemeriden

Die Angaben für die variablen Elemente entsprechen in der letzten Einheit 10 m, so daß bei den Broadcast Ephemeriden mit Rundungsfehlern von 5 m gerechnet werden muß.

Konstante Bahnparameter sind

t_p	Perigäumsdurchgangszeit
n	mittlere Winkelgeschwindigkeit
$\omega(t_p)$	Argument des Perigäums zur Zeit t_p
$\dot{\omega}$	zeitliche Änderung von ω
e	Exzentrizität der Bahnellipse

a	mittlere große Halbachse der Bahnellipse
$\Omega(t_p)$	Rektaszension des aufsteigenden Knotens zur Zeit t_p
$\dot{\Omega}$	zeitliche Änderung von Ω
$\cos i$	Kosinus der Bahnneigung
$\mathrm{GAST}(t_p)$	scheinbare Sternzeit Greenwich zur Zeit t_p.

Die Bedeutung der Bahnelemente ist aus Abb. 3.4 ersichtlich. Die Umrechnung in das erdfeste System (CTS, vgl. [2.1.2]) erfolgt über Standardformeln, die nachstehend zusammengestellt sind (*Wells* 1974). Für einen beliebigen Zeitpunkt t gilt

$$\begin{aligned} M(t) &= n(t - t_p) && \text{Mittlere Anomalie} \\ E(t) &= M(t) + e\sin M(t) + \Delta E(t) && \text{Exzentrische Anomalie} \\ a(t) &= a + \Delta a(t) && \text{Verbesserte Halbachse.} \end{aligned} \tag{6.11}$$

Die Satellitenkoordinaten im Bahnkoordinatensystem sind dann (vgl. (3.5))

$$\boldsymbol{X}_0(t) = \begin{pmatrix} x(t) \\ y(t) \\ z(t) \end{pmatrix} = \begin{pmatrix} a(t)(\cos(E(t) - e) \\ a(t)(\sin(E(t))) \\ \eta(t) \end{pmatrix} \tag{6.12}$$

Der Übergang in das mittlere erdfeste System erfolgt durch drei Rotationen (3.152)

$$\boldsymbol{X}_T(t) = \begin{pmatrix} x_T(t) \\ y_T(t) \\ z_T(t) \end{pmatrix} = \boldsymbol{R}(t)\boldsymbol{X}_0(t) \tag{6.13}$$

mit

$$\boldsymbol{R}(t) = \boldsymbol{R}_3(\alpha_3(t))\boldsymbol{R}_2(\alpha_2)\boldsymbol{R}_3(\alpha_1(t)), \tag{6.14}$$

wobei

$$\begin{aligned} \alpha_1(t) &= -\omega(t) = -\omega(t_p) + |\dot{\omega}|(t - t_p) \\ \alpha_2 &= -i = -\arctan(\sin i/\cos i) \\ \alpha_3(t) &= -\Omega(t) + \mathrm{GAST}(t) = -\Omega(t_p) + \mathrm{GAST}(t_p) \\ &\quad + (\omega_e - \dot{\Omega})(t - t_p) \end{aligned} \tag{6.15}$$

$\omega_e = 4{,}37\,52695 \cdot 10^{-3}$ (rad/min) = Erdumdrehungsrate. Die Rotationsmatrizen wurden in [2.1.1] definiert.

Ein geeignet ausgestatteter Beobachter kann für jede gerade Weltzeitminute die Bahninformationen dekodieren, in erdfeste Koordinaten umwandeln und mit Hilfe der Beobachtungsgleichung (6.10) zur Positionsbestimmung nutzen. Sofern Bahnpositionen zu Zwischenzeiten benötigt werden, sind geeignete Glättungsalgorithmen [3.3.3.2] anzuwenden.

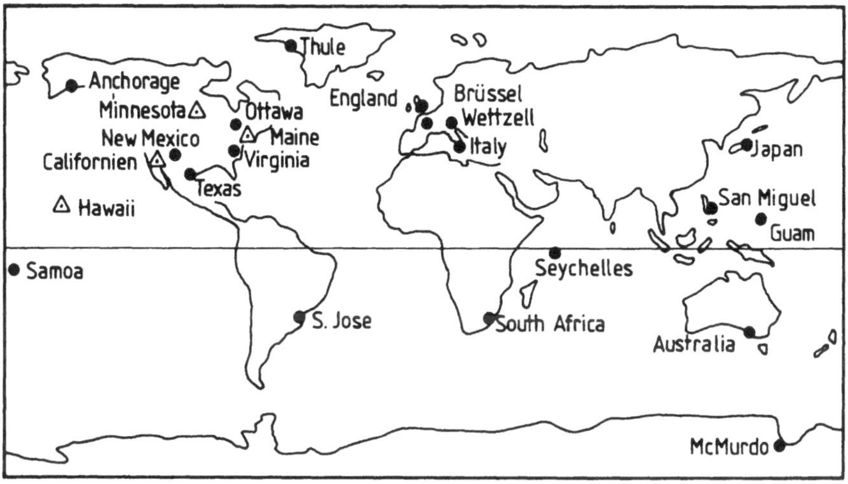

Abb. 6.9. Stationen des OPNET (Dreiecke) und des TRANET Systems

Die Broadcastephemeriden werden durch eine Bahnintegration aufgrund von Beobachtungen auf 4 Stationen des *Op*erational *Ne*twork (OPNET: Maine, Minnesota, California, Hawaii (Abb. 6.9)) erzeugt [3.3.2.2]. Die Bahnberechnung erfolgt einmal täglich auf der Basis von 36 Stunden Beobachtungsmaterial. Dabei werden die Bahndaten für weitere 36 Stunden extrapoliert. Diese vorausberechnete Bahn wird zweimal täglich (bei NOVA einmal täglich) über *Injektionsstationen* in den Speicher der Satelliten eingespeist.

Zwischen den letzten Beobachtungen und der Injektion liegen etwa 6 Stunden, so daß die verwendete Bahninformation zwischen 6 und 36 Stunden alt sein kann. Die Genauigkeit der Bahnvorhersage hängt ab von

- den Stationskoordinaten der OPNET Stationen
- den benutzten Schwerefeldparametern
- der zutreffenden Modellierung nichtgravitativer Kräfte
- Polbewegungskorrektur, Erdrotation, Konstanten.

Die Schwerefeldparameter wurden erst im Laufe der Entwicklung des TRANSITsystems, zum Teil aus Beobachtungen der experimentellen TRANSITsatelliten bestimmt. Abb. 6.10 gibt einen Eindruck von der Entwicklung der Bahnvorhersagegenauigkeit. Ein großer Fortschritt gelang 1969 mit der Einführung des Erdschwerefeldes APL 4.5 bis zum Grad und zur Ordnung 15. Ende 1975 wurde das Schwerefeld des World Geodetic System 1972 (WGS72) mit einer Entwicklung bis (20,20) eingeführt. Bei jedem Datumsübergang wurden auch die Koordinaten der Trackingstation geändert. Beim Übergang zu WGS72 traten Verschiebungen bis zu 6 m auf. Für Stationen außerhalb des amerikanischen OPNET konnte dies zu Veränderungen der geozentri-

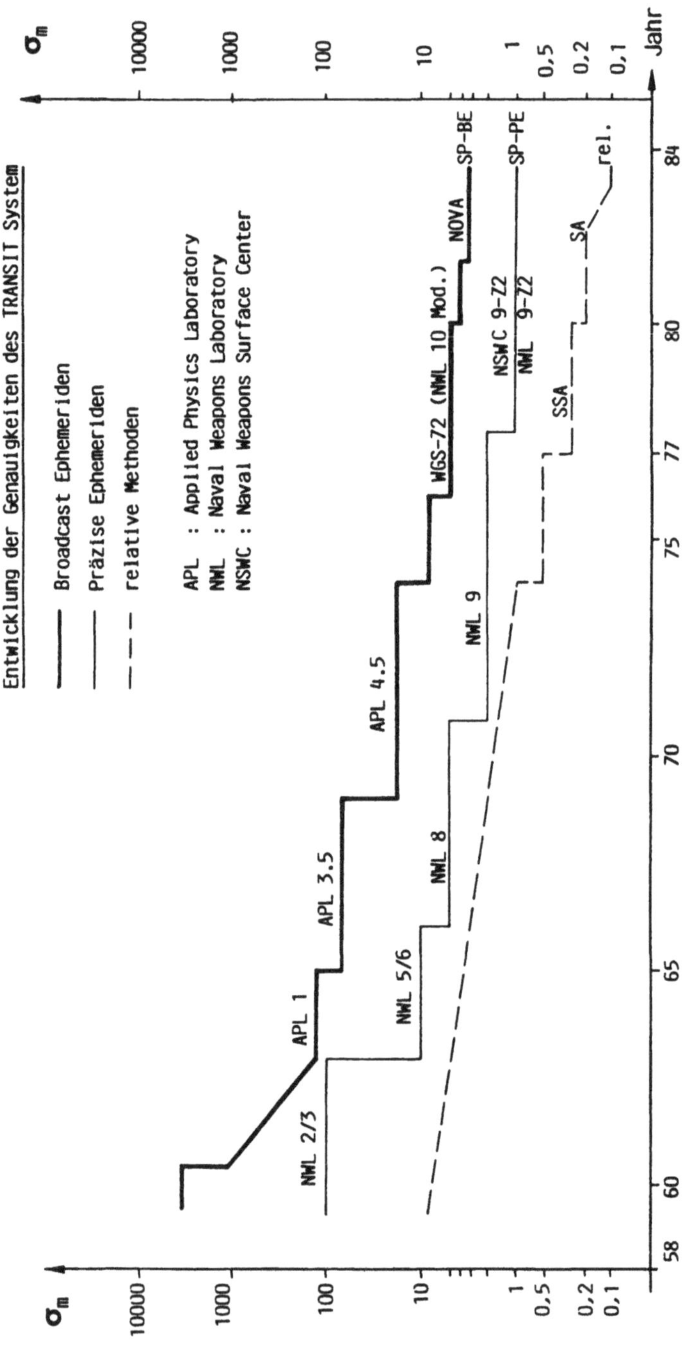

Abb. 6.10. Entwicklung der Genauigkeit des TRANSIT Systems (in m)

schen Koordinaten von über 10 m führen (*Black* 1976). Die Polbewegung wird bei der Bestimmung der Broadcastephemeriden als bekannt eingeführt. Benutzt werden extrapolierte Werte des Bureau International de l'Heure (BIH).

Die Broadcast-Ephemeriden werden oft als Ephemeriden im WGS72 Datum bezeichnet. Dies ist nicht vollständig korrekt, da zwar das WGS72 Schwerefeld benutzt wird, die Koordinaten des OPNET aber nicht im WGS72 gegeben sind. Es ist deshalb korrekter, die Bezeichnung "System der Broadcast-Ephemeriden" zu benutzen. Aufgrund der Unsicherheit des WGS72 Schwerefeldes ist eine Bahnvorhersage auf 4–6 m möglich.

Der Hauptfehlereinfluß in den vorhergesagten Ephemeriden rührt nicht vom Schwerefeld, sondern von nicht modellierten Oberflächenkräften, Strahlungsdruck der Sonne und atmosphärischem Reibungswiderstand her. Insbesondere bei starker Sonnenaktivität können vorhergesagte und tatsächliche Bahn erheblich voneinander abweichen. Im Mittel beträgt die Bahnvorhersagegenauigkeit $\pm 10 \ldots 25$ m. Um die Genauigkeit der Positionsbestimmung zu steigern, werden deshalb je Station 30 bis 50 Satellitendurchgänge registriert. Dennoch gelingt es nicht, mit Hilfe der Broadcast-Ephemeriden geozentrische Koordinaten mit einer höheren Genauigkeit als etwa $\pm 3 \ldots 5$ m zu bestimmen. Der Grund liegt darin, daß das Bezugssystem der Ephemeriden nicht genauer definiert ist. In den über einen längeren Zeitraum mit Broadcast-Ephemeriden bestimmten geozentrischen Koordinaten finden sich periodische Anteile von mehreren Hundert Tagen und Amplituden von ± 3 m (z.B. *Schlüter* u.a. 1982, *Paquet*, *Dehant* 1982). Aus diesem Grunde sind die aus Beobachtungen weniger Tage abgeleiteten Genauigkeitsmaße zu optimistisch.

Später ist zur Bahnberechnung der Übergang in das Geodätische Weltsystem 1984 (WGS84) vorgesehen. Die Genauigkeit geozentrischer Koordinaten im WGS84 wird bei ± 2 m liegen (*Decker* 1986). Das Schwerefeld im WGS84 beruht auf einer Potentialentwicklung bis zum Grad und Ordnung (41,41). Über eventuelle periodische Anteile in den Stationsergebnissen ist noch nichts bekannt.

6.3.2 Präzise Ephemeriden

Aufgrund von Beobachtungen auf etwa 20 global verteilten Stationen werden nachträglich für einzelne der TRANSIT-Satelliten sogenannte "Precise Ephemerides" gerechnet. Da es sich nicht um vorhergesagte, sondern um aus tatsächlichen Messungen abgeleitete Bahnen handelt, ist die Genauigkeit wesentlich höher als bei den Broadcast-Ephemeriden. Sie stehen aber nur einem eingeschränkten Nutzerkreis für wissenschaftliche und amtliche Zwecke zur Verfügung. Das Netz von 20 Beobachtungsstationen wird unter der Bezeichnung *TRANET(Transit Network)* von der Defense Mapping Agency betrieben (Abb. 6.9).

Die Daten werden täglich an die zentrale Rechenstelle übermittelt. Für zweitägige Bahnbögen wird eine numerische Integration durchgeführt. Als Parameter werden unter anderem auch 2 Komponenten für die Polbewegung mitgeschätzt. Für die Berechnung der präzisen Ephemeriden wurden verschiedene Erdmodelle benutzt, die sich von den Modellen für die Broadcastephemeriden geringfügig unterscheiden. Ende 1986 waren für das Schwerefeld das Modell NSWC-10E-1 und für die Koordinaten das Modell NSWC-9Z-2 in Gebrauch. Der Übergang in das WGS 84 ist vorgesehen.

Die Genauigkeit der präzisen Bahnephemeriden liegt bei etwa 1–2 m. Die Ephemeriden werden in Form von dreidimensionalen Koordinaten und Geschwindigkeiten der Satelliten für jede volle Minute mitgeteilt. Für dazwischenliegende Zeitpunkte sind Bahnglättungsalgorithmen erforderlich [3.3.3]. Abgeleitete geozentrische Koordinaten lassen sich etwa mit einer Genauigkeit von ±0,5 ... 1,0 m bestimmen.

6.3.3 Beziehungen zwischen Dopplerbezugssystemen

Sowohl das System der Broadcastephemeriden als auch das System der präzisen Ephemeriden ist vom Konzept her geozentrisch. Aufgrund der unterschiedlichen Modelle, Koordinaten von Tracking-Stationen, Schwerefeldparameter, Konstanten und Rechenalgorithmen ergeben sich aber für eine bestimmte Beobachtungsstation unterschiedliche Koordinatenergebnisse. Durch die häufigen Änderungen der zugrundeliegenden Erdmodelle sind die Verhältnisse in der Vergangenheit sehr unübersichtlich geworden. Geeignete Literaturstellen zum Nachvollziehen der Entwicklung sind beispielsweise *Black* (1976), *Anderle* (1976), *Jenkins* und *Leroy* (1979), *Kumar* (1982).

Bei der Nutzung von geozentrischen (absoluten) Koordinaten aus früheren Beobachtungen ist genau zu untersuchen, worauf sich die Beobachtungen und Auswertungen beziehen, um die Ergebnisse zu bewerten. Dabei ist es hilfreich, die jeweiligen Beobachtungsergebnisse als eine *Realisation des verwendeten Bezugssystem* im Arbeitsgebiet zu betrachten. Jede solche Realisation ist mit einer bestimmten Unsicherheit behaftet; ±3 ... 5 m bei den Broadcastephemeriden und ±0,5 ... 1,0 m bei den präzisen Ephemeriden.

Die Realisationen sind orts- und zeitabhängig. Es ist deshalb wenig sinnvoll, global ermittelte Transformationsformeln zum Übergang zwischen den Systemen zu nutzen, zumal die Differenzen zwischen den Bezugssystemen nicht allein durch Koordinatenunterschiede zu beschreiben sind. Die in der Literatur mitgeteilten globalen Transformationsparameter (z.B. *Anderle* (1976), *Jenkins, Leroy* (1979), *Kumar* (1982)) geben jeweils einen guten Einblick in die Konsistenz der Datensätze und Modelle und haben für die verwendeten Daten auch Gültigkeit. Sie sind aber nicht dazu geeignet, hiervon unabhängige (neue) Beobachtungen von einem System in ein anderes zu transformieren. Aufgrund der Unsicherheit der jeweiligen Systemrealisationen ist jede Transformation mit Fehlern in derselben Größenordnung (3...5 m bzw. 0,5...1 m) behaftet. Höhere Genauigkeiten sind nur durch Relativmessungen auf bereits als bekannt angenommene Punkte zu erzielen (vgl. [6.8], [11]).

Die Situation wird übersichtlicher, wenn später generell das geodätische Weltsystem 1984 genutzt wird. Auch hier muß jedoch beachtet werden, daß die Realisation des WGS84 durch die 4 OPNET Stationen in Form der Prädiktion und durch die 20 TRANET Stationen in Form der Interpolation nur im Rahmen einer bestimmten Unsicherheit möglich ist und zu jeweils unterschiedlichen Ergebnissen führt. Die Realisationsunsicherheit wird jedoch geringer sein als bei WGS 72.

In der praktischen Anwendung muß man folglich stets unterscheiden zwischen der

Bestimmung absoluter Koordinaten = Realisation des Bezugssystems mit zugehöriger Genauigkeit (z.B. ± 2–4 m)

Bestimmung relativer Koordinaten = Anschluß an ein im Arbeitsgebiet realisiertes und festgehaltene Bezugssystem mit entsprechender Relativgenauigkeit (z.B. $< \pm 0{,}2$ m).

Beide Vorgehensweisen können miteinander verknüpft werden, wenn z.B. ein Punktfeld im Rahmen eines größeren Projektes mit hoher Relativgenauigkeit (innere Genauigkeit) und gleichzeitig geringerer Absolutgenauigkeit zur lokalen Festlegung (Realisation) des Bezugssystems bestimmt wird.

Der Unterschied zwischen absoluten und relativen Beobachtungen spielt in der praktischen Satellitengeodäsie eine entscheidende Rolle und führt im Zusammenhang mit der Interpretation der jeweils benutzten Bezugssysteme leicht zu Mißverständnissen. Dieser wichtige Tatbestand wird deshalb in den zugehörigen Kapiteln mehrfach aufgegriffen [6.6], [6.8], [11.1] Er gilt in gleicher Weise für die geodätische Nutzung des Global Positioning Systems GPS.

6.4 Satellitenempfangsanlagen

6.4.1 Grundsätzlicher Aufbau eines Dopplerempfängers

Eine vollständige Doppler-Satellitenempfangsanlage besteht aus Antenne mit Vorverstärker, Empfänger mit Datenprozessor, Datenregistriereinheit, Stromversorgung und ggf. Meßfühler für meteorologische Daten. Einige der

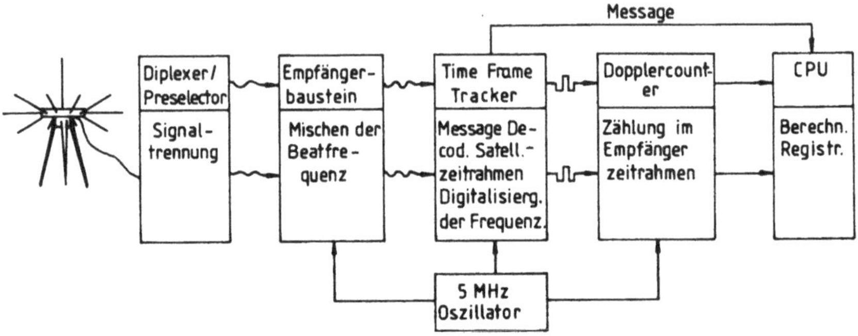

Abb. 6.11. Schematischer Aufbau einer geodätischen Dopplerempfangsanlage

Komponenten können integriert sein. In neueren Empfängern sind in der Regel Mikroprozessoren eingebaut, die verschiedene Funktionen übernehmen können, beispielsweise eine vollständige Datenauswertung im Felde.

Eine erste Grobunterscheidung erlaubt die Einteilung in Einkanal- und Zweikanalempfänger. Einkanalgeräte, die nur eine der Trägerfrequenzen (400 MHz) empfangen können und etwa 90% des Marktes ausmachen, werden vorrangig für die Navigation eingesetzt. Geodätisch interessant sind ausschließlich Zweikanalempfänger, da hiermit eine Schätzung der ionosphärischen Refraktionskorrektur möglich wird.

Der schematische Aufbau einer geodätischen Dopplerempfangsanlage ist am Beispiel des CMA 751 [6.4.2] in Abb. 6.11 dargestellt. Um die Beziehungen zur gängigen Literatur herzustellen, werden die englischen Fachausdrücke mit verwendet, zumal es oft keine gebräuchliche deutsche Übersetzung gibt.

Als *Antenne* werden vertikal polarisierte Stabantennen ohne horizontale Richtcharakteristik verwendet. Wichtig ist die Stabilität des Antennenphasenzentrums, da dieses den Bezugspunkt für die Positionsbestimmung darstellt. In detaillierten Untersuchungen wurden Variationen des Phasenzentrums von mehreren Dezimetern festgestellt (*Becker* 1983), die insbesondere in der Höhe auftreten [6.5]. In der Antenne erfolgt eine Verstärkung des Signals. Zur Verbindung mit dem Empfänger sind Kabellängen zwischen 30 und 100 m gebräuchlich. Damit ist eine Antennenaufstellung auf Masten, Türmen und Exzentren möglich. Im Empfangsgerät werden die ankommenden Signale im *Diplexer/Preselector* aufgenommen und in das 400 MHz und 150 MHz Signal getrennt. Im *Empfängerbaustein* wird jede der beiden Empfangsfrequenzen mit der aus dem empfängereigenen Oszillator gewonnenen Referenzfrequenz gemischt. Es entsteht die dopplerverschobene Differenzfrequenz (Beatfrequenz) $f_b(t) = f_g - f_r(t)$. Sie erreicht die Größenordnung 32 KHz.

Beide Differenzfrequenzen werden dem *Time Frame Tracker* zugeführt, wo die Satelliteninformationen (Message) dekodiert werden und wo aus den

Satellitenzeitmarken der Satellitenzeitrahmen generiert wird. Die Differenzfrequenzen werden digitalisiert und zum *Doppler-Zähler* (Doppler Counter) weitergeführt.

Die Dopplerzählung kann entweder im Satellitenzeitrahmen, gegeben durch die Satellitenzeitmarken, geschehen oder im Empfängerzeitrahmen, gegeben durch den internen 5 MHz Oszillator. In modernen Empfängern werden beide Konzepte verfolgt, wobei eine Beziehung zwischen beiden Zeitrahmen herzustellen ist; dies geschieht ebenfalls im Schaltkreis des Doppler-Zählers. Da die Dekodierung der Satellitenzeitmarken im "Time Frame Tracker" länger dauert als die übrigen Operationen, entsteht ein Synronisierungsfehler zwischen Empfänger- und Satellitenzeitrahmen. Dieser sogenannte *Receiver Time Delay* muß bei der Auswertung mit berücksichtigt werden.

Der eingebaute *Mikroprozessor* (Central Processing Unit CPU) steuert den gesamten inneren Meß- und Signalverarbeitungsprozeß. Weiterhin kann ein vorgegebenes Beobachtungsprogramm abgearbeitet werden. Die meisten modernen Empfänger sind auch in der Lage, in Echtzeit eine Koordinatenberechnung vorzunehmen und aufeinanderfolgende Satellitendurchgänge zu einer Gesamtlösung zu akkumulieren. Die Ergebnisse werden auf einem Display angezeigt.

Herzstück des Empfängers ist der *5 MHz Präzisionsoszillator*. Von der Qualität dieses Oszillators hängt die erreichbare Genauigkeit entscheidend ab, da Instabilitäten während des Satellitendurchgangs (16–18 Minuten) unmittelbaren Eingang in die Dopplerzählung finden [6.5.3]. Es werden in der Regel Präzisionsquarze verwendet. Generell besteht die Möglichkeit, einen externen Oszillator anzuschließen (Rubidium, Cäsium). Bei hohen Genauigkeitsanforderungen sollte der Oszillator bereits einige Tage vor Beginn der Messungen in Betrieb genommen werden.

Zur *Sicherung der Daten* (Dopplercounts, Message, Ergebnisse, Meteorologie und Zusatzinformationen) werden heute meist Bandaufzeichnungsgeräte (Kassettenlaufwerk) mit handelsüblichen Datenkasseten verwendet.

Die *Stromversorgung* erfolgt standardmäßig über 12V-Batterien, die ggf. über Netz oder transportable Generatoren nachgeladen werden. Eine interne Spannungsquelle heizt den Oszillator auch im "Standby" Modus, z.B. zwischen den Satellitendurchgängen oder auf Transporten. Die Stromaufnahme der Empfänger liegt zwischen 1 und 3 Ampère bei 12 V Betriebsspannung.

6.4.2 Zeitmessung und Dopplerzählung

Beobachtungsgröße ist der integrierte Dopplercount N_{jk}, (vgl. 6.5), der durch die Satellitenzeitsignale begrenzt wird. Die Beziehung zwischen einem am Satelliten ausgesandten Zeitsignal t_j und dem Beginn bzw. Ende des Zählvor-

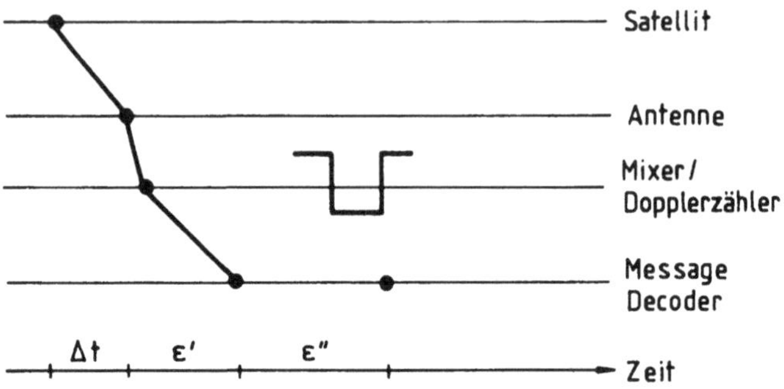

Abb. 6.12. Zeitmessung in der Doppleremfangsanlage

gangs im Empfänger T_j unterscheidet sich aufgrund empfängerspezifischer Eigenschaften von der einfachen Beziehung (6.6). Es gilt nach Abb. 6.12

$$T_j = t_j + \Delta t_j + \varepsilon_j' + \varepsilon_j''. \qquad (6.16)$$

Hierin bedeuten

- Δt_j Signallaufzeit zwischen Satellit und Antenne
- ε_j' Verzögerung in der Empfangselektronik
- ε_j'' Zeitdifferenz zwischen der Erkennung des Zeitsignals und dem nächsten positiven Nulldurchgang der Beatfrequenz.

Ausbreitungs-, Zeitsystem- und relativistische Effekte sind hierbei noch nicht berücksichtigt.

Das zum Zeitpunkt t_j am Satelliten ausgesandte Zeitsignal (Bitmuster) erreicht die Antenne zur Zeit $t_j + \Delta t_j$. Die Laufzeit zwischen Antenne und Mixer kann vernachlässigt werden (*Hatch* 1982). Die Ausbreitung des Zeitsignals in der Empfängerelektronik zeigt Verzögerungen zwischen 500 und 1500 Mikrosekunden und hängt von der Bandbreite des Empfängers ab. Bei sorgfältigem Empfängerdesign soll dieser Empfängerdelay ε_j' während eines Satellitendurchgangs konstant bleiben, um als Korrektur berücksichtigt werden zu können. Variationen der Verzögerung, der sogenannte *Jittereffekt* soll 10 Mikrosekunden nicht übersteigen (*Blaha* 1977).

Nach der Erkennung des Zeitsignals beginnt die Dopplerzählung nach dem nächsten positiven Nulldurchgang der Dopplerfrequenz $f_b(t)$. Diese Zählverzögerung ε_j'' kann maximal 45 Mikrosekunden erreichen. Bei einigen Empfängern (z.B. MX1502) wird ε_j'' direkt gemessen, bei anderen (z.B. CMA751/761) durch Vervielfachung von $f_b(t)$ vernachlässigbar klein gehalten.

Ältere Empfänger nutzen zur Dopplerzählung ausschließlich die Satellitenzeitsignale (Satellitenzeitrahmen). Dies hat den Nachteil, daß sich Laufzeitschwankungen unmittelbar auf die Dopplerzählung auswirken. Moderne Empfänger nutzen die hochstabile Zeitbasis des eingebauten Oszillators (Empfängerzeitrahmen). Die Beziehung zwischen beiden Konzepten kann dadurch hergestellt werden, daß beim ersten Satellitenzeitsignal der interne Zeitrahmen gestartet wird und daß nachfolgend nur im Empfängerzeitrahmen gearbeitet wird (*Constant Bit Rate*). Eine andere Lösung besteht darin (z.B.

CMA 751/761), die Satellitenzeitsignale im Empfängerzeitrahmen zu messen und damit beide Informationsquellen voll auszunutzen. Je nach Art der Zeitmessung kommen unterschiedliche Auswertealgorithmen zum Ansatz. Die notwendigen Informationen sind der Literatur zu entnehmen (*Hatch* 1982, *Blaha* 1979). Zu den relativistischen Effekten siehe [6.5.4].

Durch die Satellitenzeitsignale wird ein Zweiminutenzeitraum als Zählintervall definiert. Bei geodätischen Empfängern wird eine höhere Auflösung durch Nutzung der 4,6-Sekunden Wortlänge erzielt (*Short Dopplercount*). Die Auflösung eines einzelnen Wellenzuges der Dopplerfrequenz f_b heißt *Fractional Doppler Count*.

Die Aufaddierung des Dopplercounts während eines Durchgangs kann in zwei unterschiedlichen Weisen erfolgen. Wird der Zähler bei jedem 2-Minuten Zeitsignal auf Null gesetzt, spricht man vom *unterbrochen integrierten Dopplercount* (IID = Intermittently Integrated Dopplercount). Bei fortlaufendem Zähler und jeweiligen Zählerablesungen entsteht der *kontinuierlich integrierte Dopplercount* (CID = Continuously Integrated Dopplercount). Die beiden Versionen entsprechen den Unterschieden zwischen der terrestrischen Winkel- und Richtungsmessung (Abb. 6.13). Die unterschiedliche Betrachtung der Dopplercounts führt zu Unterschieden im Auswertemodell. Bei den CID-Counts läßt sich der Dopplercount nämlich auch als "Pseudostrecke" mit einem konstanten Nullpunktsfehler interpretieren. Das stochastische Modell ist ebenfalls unterschiedlich, da benachbarte Dopplercounts im IID-Modus algebraisch zu −0,5 korreliert sind. Aufgrund der Tatsache, daß mit demselben Oszillator gemessen wird, ergeben sich jedoch in der Realität durch die positive Korrelation benachbarter Uhrablesungen in der Summe starke positive Korrelationen benachbarter IID-Dopplercounts (*Kouba, Orosz* 1982), vgl. [6.5.3].

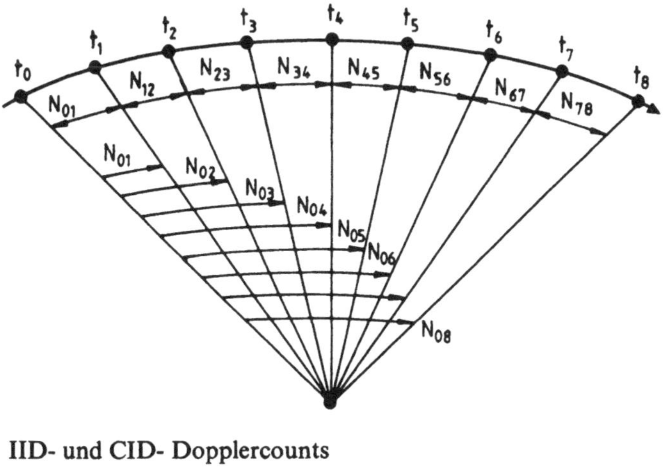

Abb. 6.13. IID- und CID- Dopplercounts

Dopplermethoden haben gegenüber Streckenmeßmethoden den Vorteil, daß sie wesentlich unempfindlicher gegenüber Fehlern in der Signallaufzeiterfassung sind. Es wirkt sich nämlich nicht die Signalausbreitungsgeschwindigkeit selbst aus, sondern lediglich die Relativgeschwindigkeit zwischen Sender und Empfänger. Für das Transitsystem wird damit die Auswirkung eines Zeitfehlers um den Faktor $\sim 5 \cdot 10^4$ verkleinert (*Hatch* 1982).

6.4.3 Dopplerempfänger

Die Geräteentwicklung für geodätische Dopplerempfänger kann als abgeschlossen betrachtet werden. Für geodätische Anwendungen werden vorrangig Geräte nordamerikanischer Hersteller eingesetzt, nämlich Magnavox, Marconi, JMR und Motorola, wobei Marconi die Produktion eingestellt hat. Alle vier Hersteller haben moderne, mikroprozessorgesteuerte Systeme auf den Markt gebracht, die weitgehend automatisiert sind und erheblichen Bedienungskomfort bieten.

Magnavox hatte im Jahre 1967 mit dem *GEOCEIVER* AN/PRR-14 den entscheidenden Durchbruch zur geodätischen Anwendung von Dopplermessungen erreicht. Seither ist der Name GEOCEIVER gleichsam zum Synonym für präzise Dopplerempfangssysteme geworden. Das Gerät wurde vornehmlich in Nordamerika von militärischen und staatlichen Stellen eingesetzt. Es erlaubt nur die Verwendung der präzisen Bahnephemeriden [6.3], da die Broadcast-Ephemeriden im Empfänger nicht dekodiert und aufgezeichnet werden. Weiterhin entwickelte Magnavox einige kommerzielle Versionen des Geoceiver, die im Jahre 1977 in dem Typ *MX1502 Satellite Surveyor* (*Stansell* 1979) Abb. 6.14(a) ihren Abschluß gefunden haben. Das Gerät ist sehr robust und kompakt gebaut, wiegt etwa 19 kg und enthält eine integrierte Datenregistriereinheit für Bandkassetten. Die Betriebsprogramme sind auf Einschüben integriert und brauchen nicht eingelesen zu werden; dies hat den Vorteil einfacher Startprozeduren. Die Bedienung erfolgt über ein Tastenfeld; Ergebnisse werden alphanumerisch auf einem Leuchtfeld aufgezeigt. Mit zusätzlichen Einschüben ist die Auswertung von Simultanbeobachtungen zweier Instrumente im Felde möglich. Die Antenne ist sehr leicht; das Gesamtsystem ist damit einfach zu transportieren. Der Beobachtungsablauf erfolgt nach bestimmten eingebbaren Kriterien (minimale Satellitenhöhe, Ausschluß bestimmter Satelliten) vollautomatisch. Eine Vorauswahl bestimmter Satellitendurchgänge ist allerdings nicht möglich.

Canadian Marconi brachte 1977 die mikroprozessorgesteuerte Empfangsanlage CMA751 und 1979 als letzte Entwicklungsstufe den nahezu baugleichen aber kompakter konfigurierten Empfänger CMA761 heraus. Die Betriebsprogramme werden hier über eine Datenkassetteneinheit eingelesen und gestatten unter anderem eine gezielte Vorauswahl von Satellitendurchgängen sowie bei entsprechender Ausbaustufe eine Datenauswertung im Felde. Der Beobachtungsablauf erfolgt vollautomatisch, wenn die Stromversorgung gesichert ist.

Die Daten werden mit einer gesonderten Kassetteneinheit CMA749 auf Datenkassetten gespeichert. Eine Kassette faßt je nach Schreibdichte 30–50 Satellitendurchgänge.

Abb. 6.14. Geodätische Doppler-Satellitenempfangsanlage MX 1502 (Magnavox) links, CMA 751 (Marconi) rechts

Über eine Zusatzeinheit, die Environmental Sensor Unit (ESU) können atmosphärische Parameter mit auf die Datenkassetten geschrieben werden. Die Datenregistriereinheit kann auch zur Übertragung der Meßdaten auf ein Minicomputersystem genutzt werden. Eine typische Gerätekonfigurierung für den Feldgebrauch ist in Abb. 6.14(b) dargestellt.

Der Hersteller JMR brachte 1973 ein erstes kompaktes Gerät, das JMR-1 System auf den Markt, das nach wie vor genutzt wird. Endstufe in einer weiteren Entwicklung ist der JMR 2000 "Global Surveyor" (ab 1982), der sich durch besonders geringes Gewicht, integrierte Funktionen und geringen Stromverbrauch auszeichnet. Die Daten können auf Festkörperspeichern oder alternativ auf Kassetten gespeichert werden. Die interne Batterie reicht für einen 5tägigen Feldbetrieb. In der umfassendsten Ausbaustufe kann ein Mehrstationsauswerteprogramm im Felde abgearbeitet werden (*Rodgers* 1983).

Von *Motorola* wurde 1981 das *Mini-Ranger Satellite Survey System* vorgestellt, das wegen seiner kompakten und leichten Bauweise sowie seines leistungsfähigen Auswerteprogramms weite Verbreitung gefunden hat. Besonders vorteilhaft ist, daß auch Daten von JMR-oder Magnavoxempfängern in der Mehrstations-Feldauswertung mit verwendet werden können (*Kennedy* 1983).

Alle modernen Empfangssysteme verfügen über umfassende Hilfsprogramme wie Koordinatentransformationen, Vorhersage von Satellitendurchgängen (Alerts) sowie Einzel- und Mehrstationsberechnungen im Feldbetrieb. Je nach Anwendungsgebiet zeigen sich geringfügige Vor- und Nachteile. Insgesamt handelt es sich aber um gleichermaßen hochwertige und ausgereifte Geräte, die bis zum Auslaufen des TRANSIT-Programms (ab 1994) allen Ansprüchen gerecht werden.

6.5 Fehlereinflüsse und Korrekturen

Die in [6.1] entwickelte Beobachtungsgleichung (6.9), (6.10) setzt idealisierte Verhältnisse voraus. Die reale Beobachtungssituation unterscheidet sich hiervon vor allem aus folgenden Gründen

- die vorhergesagten Ephemeriden zeigen gegenüber den tatsächlichen Satellitenpositionen Abweichungen [6.5.1]
- die Signalausbreitung erfolgt nicht im Vakuum [6.5.2]
- die Signalverarbeitung im Empfängersystem ist nicht stabil [6.5.3].

Weiterhin muß berücksichtigt werden, daß die Erde mit der Empfangsantenne während der Signallaufzeit rotiert (Aberrationseffekt) und daß Sender und Empfänger auf unterschiedlichem Gravitationsniveau zueinander bewegt sind (relativistische Effekte) [6.5.4].

Befindet sich der Beobachter auf einem Fahrzeug, muß schließlich noch die Eigenbewegung der Antenne berücksichtigt werden [6.5.5].

Ein Teil der genannten Einflüsse kann durch Korrekturen an den Beobachtungen erfaßt werden. Einige verbleibende Einflüsse können modelliert und im Auswertemodell durch Parameter aufgefangen werden. Die nicht modellierbaren Einflüsse werden als Meß- und Systemrauschen aufgefaßt, die das Fehlerbudget für einen einzelnen Satellitendurchgang prägen [6.5.6].

6.5.1 Bahnephemeriden

Die vorhergesagten Bahnpositionen der Satelliten (Broadcast Ephemeriden) weichen von den tatsächlichen Bahnpositionen vor allem aus drei Gründen ab (vgl. [6.3])

- Unsicherheit des verwendeten Gravitationsmodells
- begrenzte Darstellungsgenauigkeit der Ephemeriden im Satelliten
- unkorrekt modellierte Oberflächenkräfte.

Der Zusammenhang zwischen Entwicklungsgrad des Erdschwerefeldes und zugehörigem Positionsfehler eines Satelliten in 1100 km Höhe ist nach *Kaulas "Daumenregel"* in Abb. 6.15 dargestellt. Für einen Entwicklungsgrad 20 liegt die zugehörige Positionsunsicherheit bei 4–6 m. Dies entspricht auch der in Abb. 6.10 dargestellten Auswirkung von WGS72 auf die Position eines TRANSITsatelliten. Mit Einführung des WGS84 Schwerefeldes voraussichtlich 1988 wird die Auswirkung der Unsicherheit des Gravitationsfeldes auf die Bahnposition weiter zurückgehen.

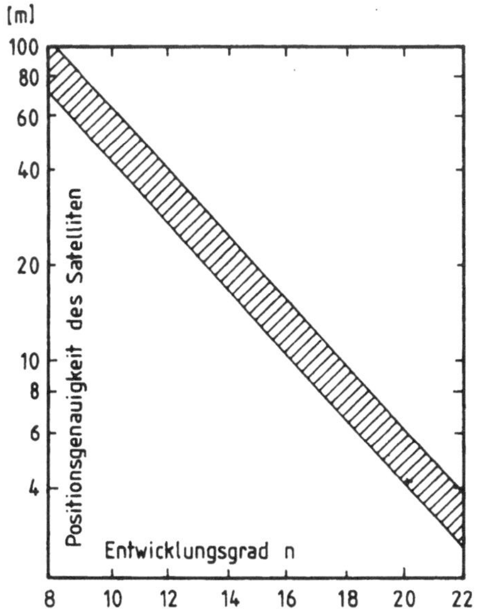

Abb. 6.15. Kaulas "Daumenregel"; Abhängigkeit der Bahnvorhersagegenauigkeit von der Potentialentwicklung für einen Satelliten in 1000 km Höhe

Zur Zeit der Entwicklung des TRANSITsystems hat niemand die heute erreichbare hohe Genauigkeit bei geodätischen Anwendungen vorausgesehen. Deshalb wurde im Format der variablen Bahnparameter $\Delta e(t)$ $\Delta a(t)$ und $\eta(t)$ [6.3.1] nur die Übermittlung in 10-m Einheiten vorgesehen. Es können deshalb Rundungsfehler von bis zu ± 5 m auftreten.

Der weitaus größte Anteil in den Bahnvorhersagefehlern wird durch unkorrekt modellierte *Oberflächenkräfte* hervorgerufen, nämlich Strahlungsdruck der Sonne [3.2.3.4] und Reibungswiderstand der Hochatmosphäre [3.2.3.3]. Der letztgenannte Anteil spielt bei TRANSITsatelliten wegen der vergleichsweise niedrigen Bahn und des ungünstigen Oberflächen-Massenverhältnisses eine große Rolle. Die Kräfte wirken vor allem in Bahnbewegungsrichtung und können im Mittel 10–30 m erreichen (*Black* 1976). Zu Zeiten starker Sonnenaktivitäten können sie erheblich größer werden.

Um systematische Einflüsse auf das Ergebnis zu verringern, empfiehlt es sich, auf jeder Station etwa die gleiche Anzahl von nordgehenden und südgehenden Satellitendurchgängen zu beobachten. Bei starker Verletzung dieser Regel können Breitenfehler von bis zu 10 m auftreten (*Jenkins* u. *Leroy* 1979).

Wesentlich günstigere Verhältnisse liegen vor, wenn Satelliten des Typs NOVA beobachtet werden, die über ein Kompensationssystems für Oberflächenkräfte (DISCOS) verfügen [4.3.2], [6.2]. Die verbleibenden Abweichungen von der vorhergesagten Bahn aufgrund der Oberflächenkräfte betragen hier nur 2–5 m. Im Vergleich der gesamten Bahnvorhersagefehler fanden *Eisner* u.a. (1982) bei OSCAR 5–70 m und bei NOVA 5–15 m während des gleichen Beobachtungszeitraumes. Unter bestimmten Voraussetzungen können Bahnverbesserungen als unbekannte Parameter im Auswertemodell mitgeführt werden [6.6].

6.5.2 Ionosphärische und troposphärische Refraktion

Die *Ionosphäre* ist für den Radiofrequenzbereich ein dispersives Medium, das heißt, der Brechungsindex ist von der Frequenz abhängig [2.3.3.1]. Der Effekt auf die Dopplerverschiebung eines Satellitensignals kann damit in 1. Ordnung eliminiert werden, wenn zwei phasenkohärente Signale auf verschiedenen Frequenzen ausgesandt und entsprechend kombiniert werden.

Nach *Wells* (1974) gilt für den ionosphärischen Refraktionseinfluß auf den Dopplercount

$$N(f) = N - N_b(f) = \frac{a_1}{f} + \frac{a_2}{f^2} + \frac{a_3}{f^3}, \tag{6.17}$$

wobei N_b der beobachtete und N der korrigierte Dopplercount ist. Die Koeffizienten a_i sind unabhängig von der Frequenz, sie hängen jedoch vom Zustand der Atmosphäre ab.

- a_1/f ist der Beitrag 1. Ordnung der ionosphärischen Refraktion
- a_2/f^2 ist der Beitrag 2. Ordnung; der a_2 Term beträgt typischerweise etwa 1% des a_1 Terms
- a_3/f^3 ist der Beitrag 3. Ordnung; er umfaßt u.a. die Differenz zwischen dem Signalweg und der Schrägverbindung Satellit – Beobachter (*NGSP I*, S. 98, 1977).

Der Term 2. Ordnung kann vernachlässigt werden. Der Term 3. Ordnung beträgt für die 150 MHz-Frequenz bei TRANSIT etwa 10% des Terms 1. Ordnung. Für höhere Frequenzen wird der Einfluß noch geringer. Aufgrund dieses Sachverhaltes beschränkt man sich bei der Auswertung von TRANSITbeobachtungen meist auf die Korrektion des Refraktionsterms 1. Ordnung. Bei Beschränkung auf das erste Glied und Messung auf den beiden TRANSIT-frequenzen 400 MHz und 150 MHz folgt nach einigen Umformungen (vgl. *Egge* 1985) für den korrigierten Dopplercount

$$N = \frac{24}{55}\left(\frac{8}{3}N_b(400) - N_b(150)\right). \tag{6.18}$$

Bei einigen modernen Empfängern wird auf dem 150 MHz-Kanal ein skalierter Dopplercount

$$N_b^*(150) = \frac{8}{3}(N_b(150))$$

ausgegeben. Damit wird aus (6.18)

$$N = N_b(400) - IC \tag{6.19}$$

mit dem *ionosphärischen Korrekturterm*

$$IC = \frac{9}{55}(N_b^*(150) - N_b(400)). \tag{6.20}$$

Der vernachlässigte Effekt des Refraktionsterms 3. Ordnung ist für niedrige Elevationswinkel am höchsten und kann in Zeiten hoher Sonnenaktivität einige Meter erreichen. Es empfiehlt sich deshalb, Beobachtungen unter 10° nicht zu nutzen.

Zur Korrektur des Effekts 3. Ordnung aus gemessenen Daten wäre eine 3. Frequenz erforderlich, die für TRANSITsatelliten aber nicht zur Verfügung steht. Nach einem Vorschlag von *Clynch und Altenburg* (1979) ist eine Abschätzung des Terms 3. Ordnung aus dem Term 1. Ordnung möglich. Durch Anbringen dieser Korrektur kann eine Höhenverschiebung der Stationskoordinaten von etwa 1 m erfolgen (*Schenke* 1984). Da aber weder bei der Berechnung der Broadcast- noch der präzisen Ephemeriden ein Korrektionsterm 3. Ordnung verwendet wird, sollte auch bei der Auswertung von Dopplerbeobachtungen davon abgesehen werden, um keine systematischen Effekte in die Ergebnisse hineinzutragen.

Die vernachlässigten Effekte der Ionosphäre wirken sich auf die Ergebnisse des einzelnen Satellitendurchgangs mit 1–5 m aus. Bei erhöhter Sonnenaktivität können sie wesentlich größer werden.

Bei Einfrequenzempfängern, die keine Korrektur 1. Ordnung ermöglichen, wird der Ionosphäreneinfluß sich vorrangig als Fehler in der Längenbestimmung zeigen, da die Auswirkung auf Δf gleich ist (*Feen und Ebert* 1979).

Die *troposphärische Refraktion* wirkt verzögernd auf die Wellenausbreitung und damit wegverlängernd. Der Gesamteinfluß wird in einen trockenen und feuchten Term zerlegt (2.92)

$$\Delta r = \Delta r_d + \Delta r_w.$$

Modelle zur Berechnung von Δr sind ausführlich in [2.3.3.2] dargestellt. Die Auswirkung auf den Dopplercount zwischen zwei aufeinanderfolgenden Zeitpunkten t_j und t_{j+1} ist

$$TC = \frac{1}{\lambda_s}(\Delta r_{j+1} - \Delta r_j), \tag{6.21}$$

wobei λ_s die Sendewellenlänge ist. Der Betrag des troposphärischen Refraktionseinflusses ist von den meteorologischen Daten und von der Länge des Laufweges durch die Troposphäre abhängig. Insofern sind niedrige Satellitendurchgänge erheblich stärker beeinflußt als hohe. Durchgänge unter 10° Elevation sollten deshalb nicht genutzt werden. In Fällen, in denen auch auf niedrige Durchgänge $5° < E < 10°$ nicht verzichtet werden kann, muß ein leistungsfähiges Refraktionsmodell benutzt werden [2.3.3.2].

In vielen Fällen reicht die Einführung eines "Standardwetters" in die Reduktionsmodelle aus. Der Gebrauch aktueller Wetterdaten kann von Vorteil sein, wenn es gelingt, repräsentative Werte für das Beobachtungsgebiet zu ermitteln. Für kleinere Arbeitsgebiete (100 km × 100 km) hat sich hier die Verwendung von Glättungsalgorithmen (Prädiktion nach kleinsten Quadraten) bewährt (*Schenke* 1984).

Eine Vernachlässigung der troposphärischen Refraktionskorrektur wirkt sich vor allem auf die Längenbestimmung aus (Abb. 6.16). Dabei kommt es nicht so sehr auf die korrekte Erfassung von lokalen meteorologischen Parametern sondern auf die konsequente Nutzung eines zutreffenden Modells an. Der Gesamteinfluß verbleibender Restfehler in der Refraktionskorrektur liegt bei ±1–15 m. Auf Vorschlag von *Fell* (1975) wird in einigen neuen Auswertemodellen für die troposphärische Refraktion ein linearer Maßstabsfaktor k als Parameter mitgeführt [6.6.1].

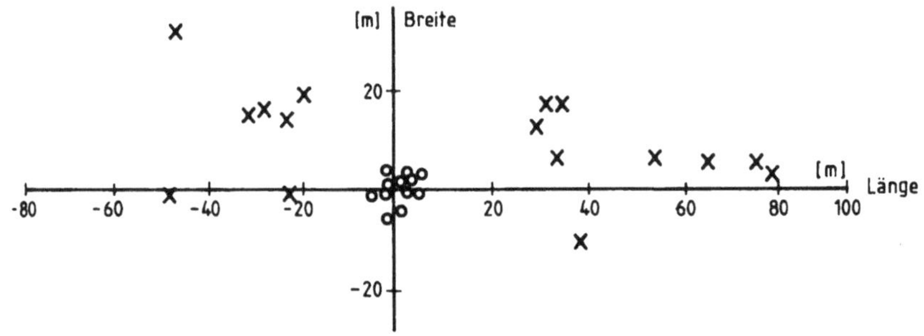

Abb. 6.16. Auswirkung der troposphärischen Refraktion auf die Längenbestimmung; (○) mit Korrektur, (×) ohne Korrektur

6.5.3 Empfangssystem

Während der Signalverarbeitung im Empfangssystem spielen im wesentlichen drei Fehlereinflüsse eine Rolle

- die Variation des Antennenphasenzentrums
- die unterschiedliche Dauer der Signallaufzeit in der Elektronik (time jitter)
- die Instabilitäten des benutzten Oszillators.

Bezugspunkt für die Beobachtungen ist ein vom Hersteller angegebener Punkt in der Vertikalachse der Antenne, der die *Lage des Phasenzentrums* im Mittel repräsentieren soll. Die aktuelle Lage des Phasenzentrums ist während des Meßvorgangs nicht stabil. Es treten Abhängigkeiten von der Satellitenelevation, der Signalstärke und von den Reflexionseigenschaften der Umgebung auf.

Die Variationen erfolgen vor allem in der Höhe; horizontale Lageveränderungen des Phasenzentrums wurden bisher nicht festgestellt (*Schlüter u. Lohmar* 1981). Bei Beobachtungen einer größeren Zahl von Satellitendurchgängen mitteln sich die Variationen für die Gesamtlösung weitgehend heraus; es wird jedoch insgesamt das Beobachtungsrauschen erhöht. Das Rauschen kann gesenkt werden, wenn die Antenne zur Vermeidung von Reflexionen und Umwegsignalen mit einer großen horizontalen Grundplatte (large ground plane) versehen wird (*Seeber u. Egge* 1981).

Systematische Abweichungen des mittleren Phasenzentrums von dem angenommenen Bezugspunkt lassen sich nur schwer feststellen. Sofern mit gleichen Gerätekonfigurationen gemessen wird, fallen bei Relativbeobachtungen derartige systematische Anteile weitgehend heraus [6.6.3]. Werden in einem Mehrstationsprojekt Geräte unterschiedlicher Hersteller oder mit unterschiedlichen Antennentypen verwendet, dann empfiehlt sich eine Kalibrierungsmessung, bei der alle Systeme in enger Nachbarschaft aufgebaut werden [6.7].

Bei Satellitenempfängern, die im Empfängerzeitrahmen messen, spielt die unterschiedliche *Signallaufzeit* in der Empfängerelektronik eine Rolle. Die Empfängerverzögerung ε_j (vgl. [6.4.2]) ist nicht konstant, sondern kann zwischen 500 und 1500 μs variieren. Die Auswirkung einer mittleren Verzögerung

$$\varepsilon_m = \frac{\varepsilon_0 + \varepsilon_1}{2} \tag{6.22}$$

auf den Dopplercount, wenn ε_0 und ε_1 die Empfängerverzögerung am Anfang und Ende eines Dopplercounts betragen, ist (*Egge* 1985)

$$DC = \frac{\dot{r}_1 - \dot{r}_0}{\lambda_s} \varepsilon_m . \tag{6.23}$$

$\dot{r}_0$ und $\dot{r}_1$ sind die zugehörigen Relativgeschwindigkeiten zwischen Satellit und Empfänger. Die Größe ε_m kann in der Beobachtungsgleichung als Parameter mitgeführt werden [6.6.1].

Die Streuungen während eines Satellitendurchgangs um die jeweiligen Mittelwerte können bis zu $\pm 50\mu s$ ausmachen. Dieser *Jittereffekt* kann sich je nach Größe der Dopplerverschiebung auf die Position in Richtung (along track) der Satellitenbahn mit 0,2 m bis 1,0 m auswirken (*Hatch* 1976).

An die *Oszillatorqualität* müssen vergleichsweise hohe Anforderungen gestellt werden, da das Oszillatorverhalten während des gesamten Satellitendurchgangs von etwa 18 Minuten Dauer von Bedeutung ist. Um die Frequenzdrift gering zu halten, soll der Oszillator vor Beginn der Beobachtungen mindestens einige Stunden eingeschaltet sein. Nach Möglichkeit sollte auch während der Gerätetransporte zwischen den Stationen der Oszillator geheizt bleiben.

Für höhere Genauigkeitsansprüche ist es sinnvoll, einen Parameter für Frequenzdrift ΔF im Auswertemodell mitzuführen. Um das Beobachtungsrauschen gering zu halten, kann ein externer Oszillator hoher Qualität verwendet werden. Abb. 6.17 zeigt, daß bei einem Oszillator der Stabilitätsklasse 1×10^{-12} der Einfluß beim Einzeldurchgang unter 10 cm bleibt. Abb. 6.17 zeigt

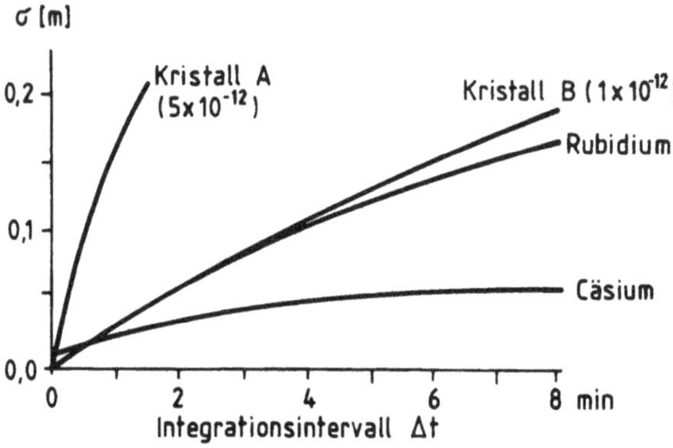

Abb. 6.17. Auswirkung der Oszillatorstabilität auf das Genauigkeitsbudget des Einzeldurchgangs

weiterhin, daß für Quarzoszillatoren, wie sie standardmäßig in Satellitenempfängern genutzt werden, benachbarte Dopplercounts über die Zeitbasis hoch miteinander korreliert sind. Dies hat Auswirkungen auf das stochastische Modell. Entgegen früherer Auffassungen sind die unterbrochen integrierten IID Dopplercounts [6.4.2] nicht negativ sondern sigifikant positiv korreliert (*Kouba* und *Orosz* 1982).

6.5.4 Erdrotation und relativistische Einflüsse

In allgemeinem Fall ist der integrierte Dopplercount eine "Vierpunktfunktion", das heißt er hängt von den Ortsvektoren

$\boldsymbol{r}_S(t_j), \boldsymbol{r}_S(t_k)$ der Satellitenantenne und
$\boldsymbol{r}_i(T_j), \boldsymbol{r}_i(T_k)$ der Empfangsantenne ab.

Wenn ein erdfestes Koordinatensystem eingeführt und eine feststehende Empfangsantenne vorausgesetzt wird, entfällt die Zeitabhängigkeit des Ortsvektors der Empfangsantenne und es gilt

$$\boldsymbol{r}_i(T_j) = \boldsymbol{r}_i(T_k) = \text{const.}$$

Der Dopplercount wird damit zur Dreipunktfunktion (vgl. Abb. 6.5), und das Auswertemodell vereinfacht sich. In einem erdfesten Koordinatensystem ist der Effekt der Erdrotation während der Signallaufzeit

$\Delta t = r/c$ zu berücksichtigen.

Es verändert sich nämlich die Schrägstrecke r zwischen Satelliten-und Empfangsantenne um den Aberrationseffekt (*Egge* 1985)

$$\delta_S = \frac{1}{c}(\boldsymbol{\omega}_e \times \boldsymbol{r}_S)(\boldsymbol{r}_S - \boldsymbol{r}_i) \tag{6.24}$$

mit $\boldsymbol{\omega}_e = (0 \;\; 0 \;\; \omega_e)^T$ als Erdrotationsvektor. Hieraus ergibt sich nach Anwendung der Vektoroperationen und mit den Ortsvektoren im erdfesten geozentrischen kartesischen System

$$\boldsymbol{r}_S = (X_S, Y_S, Z_S)^T, \qquad \boldsymbol{r}_i = (X_i, Y_i, Z_i)^T$$

für die Satellitenposition S_j (und analog für S_k) sowie für die Empfangsantenne i als Änderung der Schrägstrecken r_{ij} bzw. r_{ik}

$$\delta r_{ij} = \frac{\omega_e}{c}(X_{S_j}(Y_{S_j} - Y_i) - Y_{S_j}(X_{S_j} - X_i)). \tag{6.25}$$

Hieraus kann eine entsprechende *Aberrationsreduktion* des Dopplercounts abgeleitet werden

$$AC = \frac{1}{\lambda_s}(\delta r_{ik} - \delta r_{ij}). \tag{6.26}$$

Die Größenordnung der Streckenreduktion (6.25) beträgt nur wenige Zentimeter.

Relativistische Einflüsse beruhen auf zwei Ursachen (*Schlüter* und *Pesec* 1982)

- aufgrund der Relativbewegung wird die Frequenz des Senders vom Beobachter aus gesehen erniedrigt (spezielle Relativitätstheorie)

– der Sender befindet sich in einem Gebiet unterschiedlichen Gravitationspotentials; für den erdgebundenen Beobachter erhöht sich damit die Frequenz (allgemeine Relativitätstheorie).

Beide Einflüsse können zusammengefaßt werden und ergeben die relativistische Frequenzkorrektur

$$\Delta f_{s_{\mathrm{rel}}} = f_s\left(\frac{1}{2}\frac{v_s^2}{c^2} + \frac{GM}{c^2}\left(\frac{1}{|\boldsymbol{r}_S|} - \frac{1}{|\boldsymbol{r}_i|}\right)\right), \tag{6.27}$$

wobei v_S die Relativgeschwindigkeit des Senders gegenüber der Empfangsantenne bedeutet. Für die Auswirkung auf den integrierten Dopplercount findet man (*Boucher* 1978) den Ausdruck

$$RC = \left(-GM\left(\frac{1}{|\boldsymbol{r}_i|} - \frac{1}{|\boldsymbol{r}_S|}\right) - \frac{|\dot{\boldsymbol{r}}_S|^2 - |\dot{\boldsymbol{r}}_i|^2}{2}\right)\frac{t_k - t_j}{c\lambda}. \tag{6.28}$$

Der Streckendifferenzfehler aufgrund des relativistischen Einflusses beträgt für einen 4.6 *s*-Dopplercount

$$\Delta r_{\mathrm{rel}} = 0{,}28 \text{ m}$$

und summiert sich nach 6 Minuten bereits auf etwa 21 m auf (*Schlüter* und *Pesec* 1982).

Der Einfluß wird aber im mathematischen Modell durch Einführung der Frequenzdifferenz $(f_g - f_s) = \Delta F$ als Unbekannte nahezu vollständig aufgefangen. Die verbleibenden Restfehler aufgrund von Geschwindigkeits- und Höhenänderungen des Satelliten betragen nur wenige Zentimeter, so daß eine Berücksichtigung im Auswertemodell unterbleiben kann.

6.5.5 Bewegung der Empfangsantenne

Der integrierte Dopplercount kann nur dann als Dreipunktfunktion aufgefaßt werden, wenn die Antenne als erdfest gelten darf. Bei navigatorischen Anwendungen, aber auch beim Einsatz des Dopplerverfahrens auf bewegtem Untergrund wie Schelf- oder Gletschereis, gilt diese Voraussetzung nicht. Der gemessene integrierte Dopplercount enthält auch Einflüsse aus der Antennenbewegung.

Wenn die relativen Positionsänderungen der Antenne von einem unabhängigen sekundären Meßverfahren bereitgestellt werden können, z.B. durch Doppler-Sonar in der Meeresanwendung, dann ist es möglich, die gemessenen Dopplercounts vor der Auswertung entsprechend zu korrigieren. Ein geeigneter Ansatz ist beispielsweise mit der Navigatorentabelle gegeben [6.8.3], [11.3].

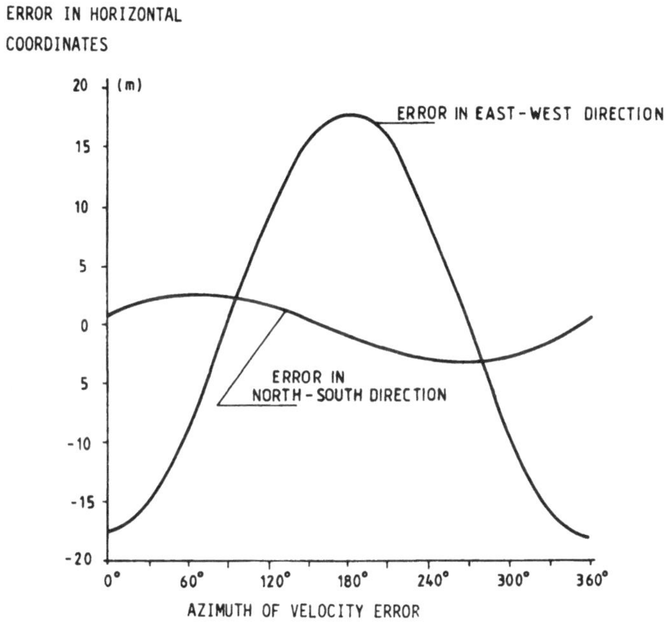

Abb. 6.18. Auswirkung eines Geschwindigkeitsfehlers auf die Positionsbestimmung beim Einzeldurchgang

Wenn jedoch keine ausreichenden Informationen über die Bewegung vorliegen, dann sind die gemessenen Dopplercounts mit unbekannten systematischen Effekten behaftet, die zu systematischen Positionsfehlern führen. In Abb. 6.18 ist dargestellt, wie sich ein Geschwindigkeitsfehler des Beobachters von 1 m/min. auf die Position auswirkt. Es wird deutlich, daß für navigatorische Anwendungen bei ungenügender Kenntnis der Eigengeschwindigkeit erhebliche Positionsfehler auftreten können. Als ein Durchschnittswert für die Positionsbestimmungsgenauigkeit mit einem Satellitendurchgang auf See kann die Angabe ± 150 m angenommen werden.

Mit geeigneten Modellen gelingt es, die Geschwindigkeitskomponente in Bahnbewegungsrichtung als zusätzlichen Parameter mitzuführen. Die Geschwindigkeitskomponente des Beobachters quer zur Bahnrichtung läßt sich von anderen Parametern nicht oder nur schwer trennen (*Egge* 1982).

6.5.6 Fehlerbudget für den Einzeldurchgang

Für die in diesem Kapitel behandelten nicht erfaßten Restfehlereinflüsse auf den einzelnen Satellitendurchgang läßt sich folgende Tabelle aufstellen

Tab. 6.2. Fehlerbudget für einen einzelnen TRANSIT Satellitendurchgang

Angaben in m	OSCAR	NOVA	OSCAR	NOVA
Ursache	WGS72		WGS84	
1. *Ephemeridenfehler*				
– Unsicherheit des Erdmodells	5–10		2–3	
– Rundungsfehler der Ephemeriden	5		5	
– Oberflächenkräfte	10–25	2–5	10–25	2–5
2. *Refraktionsfehler*				
– Ionosphäre (3. Ordnung)	1–5		1–5	
– Troposphäre				
3. *Empfängerfehler*				
– Variation Phasenzentrum				
– "Jitter" effekt	1–6		1–6	
– Oszillator				
	12–30	7–15	12–27	6–11

Es handelt sich hierbei nur um Abschätzungen und Mittelwerte. Es wird jedoch deutlich, daß der weitaus größte Fehlereinfluß von unkorrekt modellierten Oberflächenkräften bei den OSCAR-Satelliten herrührt. Die Einführung von WGS84 bringt für den einzelnen Durchgang bei OSCAR-Satelliten keinen Gewinn, wohl aber bei den NOVA-Satelliten. Der verbleibende zufällige Anteil in den Restfehlern läßt sich durch Beobachtungshäufung, also durch Beobachten einer größeren Zahl von Durchgängen herabdrücken. Unter Annahme der in Tab. 6.2 zusammengestellten Zahlenwerte (ungünstigster Fall) und Vernachlässigung von Korrelationen zwischen aufeinanderfolgenden Durchgängen sowie systematischen Fehleranteilen lassen sich die empirischen Faustformeln für die Positionsgenauigkeit nach n Satellitendurchgängen aufstellen

OSCAR:

$$\sigma_p = \frac{30}{\sqrt{n}}\,[\mathrm{m}]$$

NOVA: (9.29)

$$\sigma_p = \frac{15}{\sqrt{n}}\,[\mathrm{m}].$$

Eine graphische Darstellung dieser Funktion ist in Abb. 6.19 gegeben.

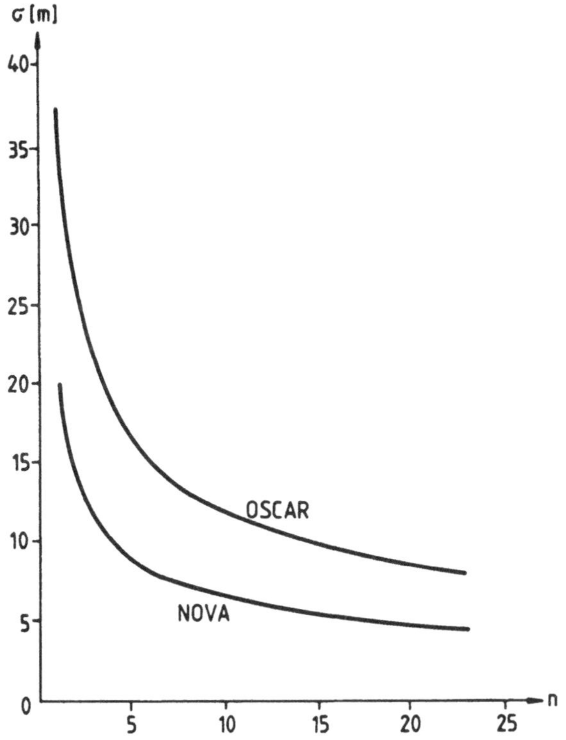

Abb. 6.19. Genauigkeit der Einzelpunktbestimmung nach n Durchgängen

Die hier gefundenen Zahlenwerte geben jedoch nur eine "innere" Genauigkeit der Positionsbestimmung mit TRANSIT-Dopplermessungen an. In Wahrheit sind aufeinanderfolgende Durchgänge korreliert, und es sind langperiodische systematische Einflüsse enthalten, die sich erst nach mehreren Monaten Beobachtungsdauer herausmitteln. Die wesentlichen begrenzenden Einflüsse sind in der Realisierungsgenauigkeit des Erdmodells zu finden, die bei WGS72 etwa 3–5 m und bei WGS82 etwa 1–2 beträgt (vgl. [6.3]).

6.6 Beobachtungsstrategien und Auswertemodelle

6.6.1 Erweiterte Beobachtungsgleichung

Eine vereinfachte Beobachtungsgleichung war in (6.9) mit (vgl. Abb. 6.5)

$$N_{jk} = (f_g - f_s)(t_k - t_j) + \frac{f_g}{c}(r_{ik} - r_{ij})$$

angegeben worden. Diese Form der Beobachtungsgleichung wird in der Regel in der Navigation verwendet. Sie kommt der Konstruktion einfacher Empfänger entgegen, da das Zeitintervall des Dopplercounts $(t_k - t_j)$ vom System vorgegeben ist und weil deswegen auf eine interne Zeitmessung im Empfänger verzichtet werden kann. Zur Skalierung der Streckendifferenz $(r_{ik} - r_{ij})$ wird die satellitenunabhängige und konstant angenommene Referenzfrequenz des Empfängers verwendet. Die geodätische Form der Beobachtungsgleichung erfordert einige Verfeinerungen und Ergänzungen, die bereits in den vorherigen Kapiteln [6.4] und [6.5] behandelt worden sind.

Vor allen Dingen muß in einem geodätischen Empfänger die höhere Stabilität der Zeitmessung mit Bezug auf den internen Oszillator genutzt werden. Dies erfordert einen Übergang in den Empfängerzeitrahmen und die Berücksichtigung einer variablen Empfängerverzögerung ε zu Beginn und Ende des Dopplercounts. Gleichung (6.9) wird damit erweitert zu (*Egge* 1985)

$$N_{jk} = (f_g - f_s)(t_k - t_j) + \frac{f_g}{c}(r_{ik} - r_{ij}) + \left((f_g - f_s) + \frac{\dot{r}_m}{\lambda_s}\right)\Delta\varepsilon + \frac{\dot{r}_{ik} - \dot{r}_{ij}}{\lambda_s}\varepsilon_m. \tag{6.30}$$

Hierin bedeuten

$$\Delta\varepsilon = \varepsilon_k - \varepsilon_j \quad \text{die Verzögerungsdifferenz}$$
$$\varepsilon_m = \frac{\varepsilon_k - \varepsilon_j}{2} \quad \text{die mittlere Empfängerverzögerung} \tag{6.31}$$
$$\dot{r}_m = \frac{\dot{r}_{ij} + \dot{r}_{ik}}{2} \quad \text{die mittlere Relativgeschwindigkeit}$$

während des betrachteten Integrationsintervalls.

$$\lambda_s = \frac{c}{f_s} \quad \text{ist die Wellenlänge der Trägerfrequenz.}$$

Mit $\Delta F = (f_g - f_s)$ kann das zweite Glied in (6.30) durch

$$\frac{1}{\lambda_s}(r_{ik} - r_{ij}) + \frac{\Delta F}{c}(r_{ik} - r_{ij}) \tag{6.32}$$

ersetzt werden. Mit $\Delta T_s = (t_k - t_j)$ ergibt sich dann aus (6.30) eine strukturierte Darstellung der Beobachtungsgleichung, die als Funktion der vom Satellitenkontrollsegment überwachten Wellenlänge λ_s formuliert ist

$$N_{jk} = \Delta F \Delta T_s + \frac{1}{\lambda_s}(r_{ik} - r_{ij}) + FC + PC + DC. \tag{6.33}$$

Hierin bedeutet

$$FC = \frac{\Delta F}{c}(r_{ik} - r_{ij}) \tag{6.34}$$

die *Frequenzreduktion*, die auf der Frequenzdifferenz zwischen Satellit und Empfänger beruht.

$$PC = \left(\Delta F + \frac{\dot{r}_m}{\lambda_s}\right)\Delta\varepsilon \tag{6.35}$$

ist die *Partialzyklusreduktion*, durch die die Verbindung vom Empfängerzeitrahmen zum Satellitenzeitrahmen hergestellt wird.

$$DC = \frac{\dot{r}_{ik} - \dot{r}_{ij}}{\lambda_s}\varepsilon_m \tag{6.36}$$

ist die bereits in (6.23) eingeführte *Verzögerungsreduktion*, die den Einfluß der Empfängerverzögerung auf den Dopplercount ausdrückt. Werden weiterhin die bereits behandelten Korrektionen

(6.26) Aberrationsreduktion AC
(6.28) Relativistische Reduktion RC
(6.20) Ionosphärische Refraktionsreduktion IC
(6.21) Troposphärische Refraktionsreduktion TC

hinzugefügt, dann läßt sich die folgende erweiterte Beobachtungsgleichung formulieren (*Egge* 1985)

$$\begin{aligned} N_{jk} = {} & \Delta F \Delta T_s + \frac{1}{\lambda_s}(r_{ik} - r_{ij}) + FC + PC + DC + IC \\ & + TC + AC + RC. \end{aligned} \tag{6.37}$$

Durch Umgruppierung folgt

$$\begin{aligned} N_{jk} &= N_b(400) - IC - TC - FC - PC - AC - RC \\ &= \Delta T_s \Delta F + \frac{1}{\lambda_s}(r_{ik} - r_{ij}) + \frac{1}{\lambda_s}(\dot{r}_{ik} - \dot{r}_{ij})\varepsilon_m. \end{aligned} \tag{6.38}$$

Hier sind in der ersten Zeile alle Reduktionen aufgeführt, die aus dem beobachteten Dopplercount $N_b(400)$ den idealisierten Dopplercount N_{jk} erzeugen, der wiederum dem Modell in der zweiten Zeile genügt. Das Modell ist durch zufällige Beobachtungsfehler v_{jk} zu ergänzen (Beobachtungsrauschen). Die Korrektionen lassen sich aus a priori Kenntnissen berechnen oder empfängerintern messen. Soweit unbekannte Anteile verbleiben, können sie als Modellparameter in die Beobachtungsgleichung aufgenommen werden; dies gilt beispielsweise für einen troposphärischen Maßstabsfaktor k, der für jeden Satellitendurchgang neu bestimmt wird.

Mit (6.38) ist die Beobachtungsgleichung in Form eines zentralen Modells mit mehreren Reduktionstermen formuliert. Diese Form entspricht beispielsweise dem Modell des häufig verwendeten Auswerteprogrammes DOPPLR (*Smith* u.a. 1976, *Jenkins* u.a. 1976).

Zahlreiche alternative Formulierungen der Beobachtungsgleichung sind in Gebrauch. Beispielsweise kann der Dopplercount statt als Streckendifferenz auch als “Pseudostrecke”, d.h. als Streckenmessung mit konstantem Nullpunktsfehler interpretiert werden. Dies entspricht dem Modell des kontinuierlich integrierten Dopplercounts (CID) [6.4.2] und wurde bereits von *Brown* (1970) als präzises Auswertemodell für Dezimetergenauigkeit vorgeschlagen.

Schließlich sei noch das sehr verbreitete Modell von *Kouba* (1983a) kurz erläutert, das im GEODOP-Programmsystem genutzt wird. Hier wird die Ausgangsgleichung (6.9) um das systematische Fehlermodell S_{jk} erweitert.

Weiterhin bedeuten

$\bar{N}_{jk}$ Dopplercount nach ionosphärischer, troposphärischer, relativistischer und Aberrationskorrektur

v_{jk} zufällige Beobachtungsfehler.

Damit gilt

$$\bar{N}_{jk} + v_{jk} = (f_g - f_s)(t_k - t_j) + \frac{f_g}{c}(r_{ik} - r_{ij}) + S_{jk}. \tag{6.39}$$

Das Fehlermodell S_{jk} hat die Form

$$S_{jk} = \overbrace{\frac{\partial}{\partial r}(r_{ik} - r_{ij})dr}^{\text{Satellitenbahn}} + \overbrace{\frac{\partial}{\partial t}(r_{ik} - r_{ij})d\varepsilon_m}^{\text{Zeitfehler}} + \overbrace{\frac{TC}{100}dk}^{\text{Troposphäre}} + \overbrace{(t_k - t_j)(t - t_0)d\dot{f}}^{\text{Oszillatordrift}} \tag{6.40}$$

Der erste Term enthält eine vektorielle Bahnverbesserung dr bis zu 6 Komponenten, der zweite Term eine Korrektion $d\varepsilon_m$ für die mittlere Zeitverzögerung im Empfänger, der dritte Term stellt eine prozentuale Korrektion des troposphärischen Refraktionseinflusses dar, und im letzten Term wird eine Oszillatordrift während des Satellitendurchgangs abgefangen. Dabei ist t_0 der Zeitpunkt der größten Satellitenannäherung.

Die Parameter im Modell S_{jk} der systematischen Fehler werden auch zur Unterscheidung von den vorrangig interessierenden Koordinatenparametern *Biasparameter* genannt.

Die bisher genannten Möglichkeiten zur Parametrisierung sind nachstehend tabellarisch zusammengefaßt. Dabei wird zwischen Anwendungen in der Geodäsie (feste Empfangsantenne) und in der Navigation (bewegte Empfangsantenne) unterschieden (Tab. 6.3)

Tab. 6.3. Parametrisierungsmöglichkeiten in geodätischer und navigatorischer Anwendung × × = in der Regel verwendeter Parameter; × = möglicher Parameter (nach: *Egge* 1984)

Parametersatz	Symbol	GEODÄSIE Auftreten 1 × pro Station	GEODÄSIE Auftreten 1 × pro Durchgang	NAVIGATION Auftreten 1 × pro Station	NAVIGATION Auftreten 1 × pro Durchgang	Bedeutung
(1) Position	$\delta\Phi$	× ×		× ×	× ×	ellipsoidische Breite
	$\delta\lambda$	× ×		× ×	× ×	ellipsoidische Länge
	δh	× ×		×	×	ellipsoidische Höhe
(2) Geschwindigkeit	δV_N			×	×	Nord- Komponente
	δV_E			×	×	Ost- der Geschwin-
	δV_h			×	×	Vertikal- digkeit
(3) Systematische Fehler der Satellitenbahn	δa		× ×		×	große Halbachse
	$a\delta M$		× ×		×	mittlere Anomalie
	$a\delta i$		× ×		×	Inklination
	$a\delta\Omega$		× ×		×	Rektaszension des aufsteigenden Knotens
	$a\delta e$		×		×	Exzentrizität
	$a\delta\omega$		×		×	Argument des Perigäums
(4) Empfängerseitige systematische Fehler	$\delta\Delta F$	× ×	× ×	× ×	× ×	Frequenz-Offset
	$\delta\varepsilon_m$	× ×	× ×	×	×	mittlere Empfängerverzögerung
	δk	× ×	× ×	×	×	trop. Refr. maßstab
	$\delta\dot{\Delta}F$	×	×	×	×	Frequenzdrift

Die Parameter sind nicht ohne weiteres voneinander zu trennen, da sich manche Effekte auf mehrere der aufgeführten Parameter auswirken. So ist es beispielsweise nicht möglich, aus einem einzelnen Satellitendurchgang Stationskoordinaten abzuleiten, wenn die Satellitenbahn (Parametersatz 3) als veränderlich angenommen wird. Auch lassen sich Zeitfehler nur schlecht von bestimmten Bahnfehlern trennen.

In der *Geodäsie* interessiert primär nur die Position (Parametersatz 1). Um zu einer vollständigen Lösung zu gelangen, müssen auf die anderen Parameter bestimmte Zwänge ausgeübt werden. So wird die Geschwindigkeit der Empfangsantenne zu Null angenommen, und der Satellitenbahn werden nur in bestimmten Grenzen Variationsmöglichkeiten zugestanden. Zur Stabilisierung der Lösung kann auch von der Tatsache Gebrauch gemacht werden, daß für mehrere gleichzeitig beteiligte Beobachtungsstationen der Parametersatz 3 identisch sein muß (Translocationslösung [6.6.3]).

In der *Navigation* wird versucht, die Empfangsantennengeschwindigkeit anderweitig zu ermitteln. Ist die Information nur unzulänglich, dann empfiehlt sich die Einführung eines möglichst einfachen Modells mit nur drei Parametern (Länge, Breite, Frequenzoffset), um die Lösung zu stabilisieren.

Um den jeweiligen Informationsgehalt von Dopplerbeobachtungen bestmöglichst auszunutzen, haben sich unterschiedliche Beobachtungs- und Auswertestrategien herausgebildet. Eine Hauptuntergliederung ist üblich in

- Einzelstationsverfahren
- Mehrstationsverfahren

Die Mehrstationsverfahren werden klassischerweise in

- Translocationsverfahren
- Semi-Short-Arc-Verfahren
- Short-Arc-Verfahren

untergliedert. Die Einzelstations- oder Einzelpunktverfahren werden auch als *absolute Positionsbestimmung* und die Mehrstationsverfahren als *relative Positionsbestimmung* bezeichnet. Diese Unterscheidung ist insofern nicht vollständig richtig, als auch bei Mehrstationsbeobachtungen absolute Koordinaten (in einem geozentrischen System) bestimmt werden können. Die Absolutgenauigkeit ist jedoch wesentlich geringer als die Relativgenauigkeit (vgl. [11.1.1]).

6.6.2 Einzelpunktbestimmung

Dies ist das klassische Verfahren der Dopplerpositionsbestimmung. Die Satellitenbahnkoordinaten werden im allgemeinen als bekannt und unveränderlich in die Berechnung eingeführt. Als Ergebnis werden geozentrische Koordinaten im Bezugssystem der jeweiligen Satellitenephemeriden erhalten. Bei Broadcastephemeriden ist dies das WGS 72. Der Übergang in das WGS 84 ist vorgesehen.

Zur Erhöhung der Genauigkeit werden im allgemeinen 30–50 Satellitendurchgänge beobachtet; dies entspricht in mittleren Breiten einer Beobachtungsdauer von etwa 1 Woche. Die erzielbare absolute Genauigkeit liegt bei etwa 3–6 m (WGS72) und 1–2 m (WGS84). Diese Genauigkeit ist auch bei längerer Beobachtungsdauer nicht wesentlich zu erhöhen, da die Bezugssysteme nicht genauer definiert sind (vgl. [6.3]). Die in der Regel weitaus höhere innere Genauigkeit der jeweiligen Einzelpunktbestimmung darf darüber nicht hinwegtäuschen [6.3.1]. Es ist deswegen auch nicht sinnvoll, ältere auf WGS72 bezogene Ergebnisse von Einzelpunktbestimmungen durch Transformationsformeln in WGS84 zu transformieren, da die ältere Systemunsicherheit auch in den transformierten Koordinaten erhalten bleibt.

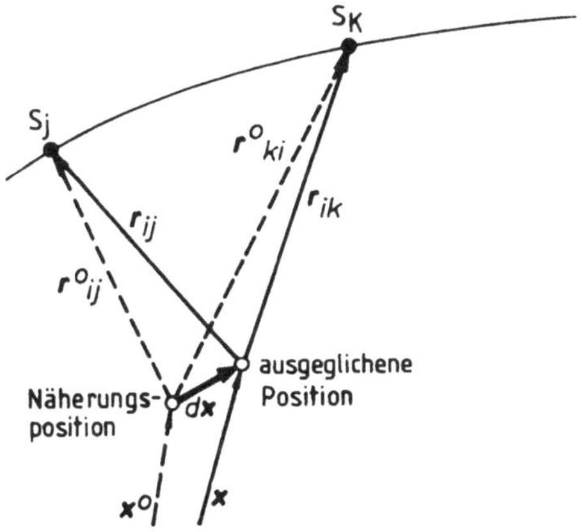

Abb. 6.20. Einzelpunktbestimmung

Bei Verwendung präziser Ephemeriden kann mit Einzelpunktbestimmungen eine absolute Genauigkeit von ±1 m im System der präzisen Ephemeriden erreicht werden. Möglicherweise wird diese Genauigkeit nach Einführung des WGS84 ab 1988 erhöht. In vielen Ländern bilden Einzelpunktfestlegungen mit präzisen Ephemeriden die Grundlage für ein nationales Punktfeld. Bei Einzelpunktbestimmungen wird nur ein Teil der Parameter aus Tabelle 6.3 mitgeführt, in der Regel der Parametersatz 1 und einzelne Parameter aus Satz 2. Ausgehend von einer Näherungsposition X_0 wird ein Korrektionsvektor dX durch Ausgleichung aller Beobachtungen bestimmt (Abb. 6.20). Dazu wird die ursprüngliche (nicht-lineare) Beobachtungsgleichung (beispielsweise 6.39)

$$F_{ik}: (r_{ik} - r_{ij})\frac{f_g}{c} + (f_g - f_s)(t_k - t_j) + S_{jk} - \bar{N}_{jk} = \mathrm{v}_{jk}$$

durch eine Taylor-Reihenentwicklung linearisiert, wobei gute Näherungswerte für die Unbekannten vorliegen müssen.

Die linearisierte Beobachtungsgleichung lautet, wenn eine Zerlegung in Koordinatenunbekannte dX und Parameter des Fehlermodells dY vorgenommen wird (z.B. *Kouba* 1983)

$$\boldsymbol{A}d\boldsymbol{X} + \boldsymbol{B}d\boldsymbol{Y} + \boldsymbol{w} - \boldsymbol{v} = \boldsymbol{0}. \tag{6.41}$$

Hierin bedeuten

$$\boldsymbol{A} = \left.\frac{\partial F}{\partial \boldsymbol{X}}\right|_{X=X_0} \quad \text{und} \quad \boldsymbol{B} = \left.\frac{\partial F}{\partial \boldsymbol{X}}\right|_{Y=Y_0} \tag{6.42}$$

die sogenannten Designmatrizen. Der Vektor dX enthält die Verbesserungen für die Näherungskoordinate X_0 und der Vektor dY die Verbesserungen für die Fehlermodellparameter Y_0. $\boldsymbol{w}$ ist der Absolutgliedvektor, der mit den Näherungswerten X_0, Y_0 und dem gemessenen und korrigierten Dopplercount $\bar{N}$ nach

$$\boldsymbol{w} = F(X_0, Y_0, \bar{N}) \tag{6.43}$$

berechnet wird.

Die partiellen Ableitungen für das linearisierte funktionale Modell der Beobachtungen (6.41) findet man in der einschlägigen Literatur (z.B. *Kouba* und *Boal* 1976, *Kouba* 1983a, *Egge* 1985). Die Matrix $\boldsymbol{B}$ für das Fehlermodell kann entsprechend der Situation mehr oder weniger aufwendig gewählt werden.

Neben dem funktionalen Modell (6.41) muß noch ein zutreffendes stochastisches Modell eingeführt werden, in dem die Dopplercounts, die Näherungskoordinaten der Stationen und die Parameter des Fehlermodells entsprechend gewichtet werden. Hierzu gehört auch eine Abschätzung der Korrelationen zwischen benachbarten Dopplercounts. Derartige Korrelationen können durch den Empfängeroszillator erzeugt werden [6.5.3], vgl. auch [6.6.3]).

Wegen der vergleichsweise schwachen Geometrie von Streckendifferenzmessungen und des unter Umständen umfassenden Fehlermodells mit gegenseitigen Parameterkorrelationen sind die Ergebnisse des Ausgleichungsprozesses sehr sensitiv gegenüber den gewählten Gewichten. Dies gilt insbesondere, wenn wie beispielsweise bei *Kouba* (1983a) eine phasenweise Ausgleichungsmethode benutzt wird, bei der ein vorliegendes Ergebnis durch jeden hinzukommenden Satellitendurchgang verbessert wird. Dies gilt in noch stärkerem Maße für Mehrstationsauswertungen [6.6.3]. Man muß deshalb bei der Wahl der Gewichtung behutsam vorgehen und oft durch mehrfache Probeberechnungen zutreffende Gewichtsansätze herausfinden. Vor allem müssen auch fehlerhafte Meßgrößen im Dopplercount durch statistische Prüfverfahren vorab herausgefiltert werden. Die Bearbeitung von Präzisionsdopplerbeobachtungen erfordert deshalb umfassende Erfahrungen. Hierzu vergleiche *Kouba* (1983a), *Egge* (1985), *Schenke* (1984), *Schlüter* und *Pesec* (1982).

6.6.3 Mehrstationsverfahren

Aus der Überlegung, daß ein erheblicher Teil der Fehlereinflüsse auf benachbarten Stationen gleich wirkt und damit bei der Differenzbildung weitgehend herausfällt, hat sich als Standardverfahren der Doppler-Satellitenmessungen die gleichzeitige Beobachtung auf zwei oder mehr Stationen herausgebildet. Im Falle von zwei Stationen spricht man auch von *Translokationsverfahren.* Tabelle 6.4 verdeutlicht den Genauigkeitsgewinn, der dabei auf Grund der hohen Korrelation zwischen benachbarten Stationen entsteht.

Tab. 6.4. Genauigkeitsgewinn bei Translokationsmessungen. Gegenüberstellung der Standardabweichungen für Einzelstations- und Translokationslösungen; r = empirischer Korrelationskoeffizient

Station	m_x	m_y [m]	m_z	Akzeptierte Durchgänge		Dauer der Beobachtung
Forschungs-	21,4	11,8	15,4	1		16 min.
plattform	11,8	7,7	7,3	2		1 Stunde
Nordsee	7,1	5,0	4,7	3		2 Stunden
FPN	1,2	0,7	0,7	199		10 Tage
Kampen	30,0	21,6	28,0	1		16 min.
	15,2	10,6	9,7	2		1 Stunde
	9,7	7,3	6,6	3		2 Stunden
	1,4	0,8	0,8	176		10 Tage
Translokation	$m_{\Delta x}$	$m_{\Delta y}$	$m_{\Delta z}$		r	
FPN-Kampen	21,6	10,2	14,8	1	0,30	16 min.
	1,5	2,8	1,2	2	0,95	1 Stunde
	1,4	2,1	1,1	3	0,95	2 Stunden
	0,2	0,3	0,2	114	0,98	5 Tage
	0,1	0,2	0,1	228	0,98	10 Tage

Wenn ausschließlich Bahnstücke verwendet werden, die auf beiden beteiligten Stationen beobachtet wurden, spricht man von *strenger Translokation.* Bei größer werdender Stationsentfernung (> 100 km) wird es zunehmend schwierig, einen strengen Translokationsansatz zu wählen, da die gemeinsamen Bahnstücke immer kürzer werden. Der strenge Ansatz wird deshalb nur wenig verwendet; er bietet wegen des größeren Datenverlustes gegenüber dem allge-

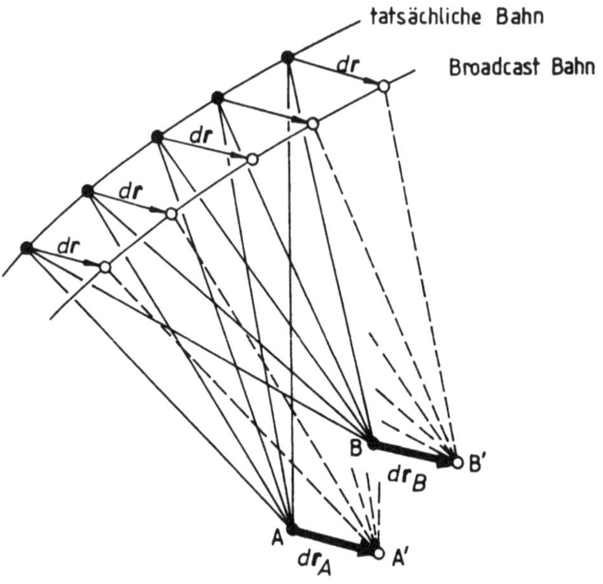

Abb. 6.21. Translokationsverfahren; die Bahnfehler fallen durch Differenzbildung heraus

meinen Translokationsansatz auch keine Vorteile. Die Korrelation nimmt mit zunehmender Entfernung ab. Es hat sich jedoch gezeigt, daß zumindest in Nord-Süd-Richtung auch über sehr große Entfernungen (> 1000 km) ein Genauigkeitsgewinn entsteht (*Seeber* und *Hinze* 1984), selbst dann wenn sich die beobachteten Bahnstücke nur wenig oder nicht mehr überlappen.

Durch die Translokationsmethode werden im Grundsatz Parameter eliminiert statt geschätzt (vgl. Abb. 6.21). Dies gilt insbesondere für die Satellitenbahnfehler (Gruppe 3, Tab. 6.3) aber auch für gemeinsame Auswirkungen von Refraktionseinflüssen. Es wird deutlich, daß der Genauigkeitsgewinn ausschließlich für Relativkoordinaten zwischen den Beobachtungsstationen A und B gilt. Die Absolutkoordinaten beider Stationen bleiben davon unberührt. Das Translokationsverfahren ist folglich insbesondere dazu geeignet, an einen vorgegebenen Punkt A einen Punkt B durch räumliches polares Anhängen anzuschließen.

Um größere Flexibilität und Anpassung an die tatsächlichen Verhältnisse zu erreichen, können die Parameter aus Gruppe (3) und (4) in Tab. 6.3 geschätzt statt eliminiert werden. Dies wird insbesondere dann möglich, wenn auf mehr als zwei Stationen zur gleichen Zeit in einem Meßgebiet beobachtet wird.

In einem ersten Schritt können jedem beobachteten Bahnstück innerhalb vorgegebener Grenzen drei Freiheitsgrade gegeben werden, wodurch das

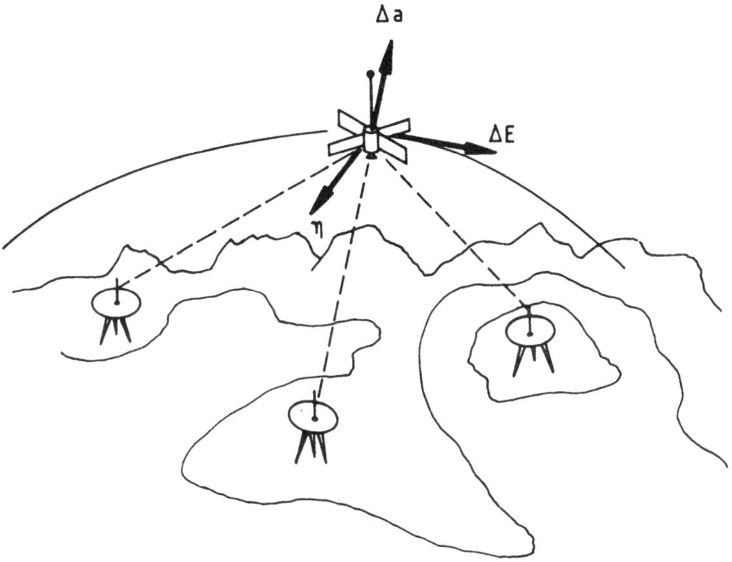

Abb. 6.22. Freiheitsgrade für die Satellitenbahn bei der Mehrstationsauswertung

Broadcast-Bahnstück als Ganzes parallel im Raum verschoben wird, ohne daß Orientierungsänderungen oder Verbiegungen zugelassen sind (Abb. 6.22). Diese Methode wird gelegentlich als Verfahren mit *gelockerter Bahn* (relaxed orbit) bezeichnet. In Anpassung an die variablen Bahnelemente [6.3.1] der Broadcast-Ephemeriden werden den drei Komponenten dabei üblicherweise folgende Spielräume gegeben (*Kouba* u. *Boal* 1976)

längs der Bahn (along track)	$\Delta E \sim 16$ m
quer zur Bahnebene (out of plane)	$\eta \sim 8$ m
radiale Komponente (across track)	$\Delta a \sim 4$ m.

Diese Werte haben sich für OSCAR Satelliten bewährt. Für NOVA-Satelliten müssen entsprechend kleinere Spielräume gewählt werden.

In neueren Modellen werden Korrektionen an den 6 Keplerschen Bahnelementen in der Größenordnung von je 10 m zugelassen. Andere Vorschläge beinhalten 3 Translationen und 3 Geschwindigkeitskomponenten für die Satellitenposition. Derartige Ansätze heißen *Semi-Short-Arc-Methoden.* Diese Wortwahl steht im Zusammenhang mit den *Short-Arc-Verfahren,* bei denen die Bahnstücke im Zuge der Auswertung vollständig neu berechnet werden. Die Broadcast-Ephemeriden dienen hier lediglich als Anfangswerte, um mit Hilfe der Beobachtungen aller beteiligten Stationen und einer vorgegebenen Gravitationsfeldentwicklung die Bahn numerisch zu integrieren (*Brown* 1976, *Hauck* 1982). Short-Arc-Methoden sind mit einem sehr hohen Rechenaufwand verbunden, der bis zum 10-fachen über dem Aufwand für Semi-Short-Arc Methoden liegt. Die Verwendung eines Short-Arc Ansatzes ist dann angezeigt, wenn in sehr großen Arbeitsgebieten von der Größe eines Kontinents die Modellierung der Bahnstücke allein durch Bahnparameterverbesserungen nicht mehr zutreffend gelingt. Bei kleinen Einsatzgebieten bis zu etwa 1000 km Ausdehnung haben sich jedoch Semi-Short-Arc-Methoden als gleichwertig erwiesen. Mit Vorteil kann auch ein von *Kouba* (1983) vorgeschlagener vereinfachter Short-Arc-Ansatz verwendet werden [3.3.3.3], der sich durch geringen Rechenzeitbedarf auszeichnet.

Für die Auswertung von Mehrstationsbeobachtungen findet das bereits für Einzelstationen eingeführte Beobachtungs- und Ausgleichungsmodell (6.40)–(6.43) Anwendung. Durch die große Zahl beteiligter Stationen wird es jedoch möglich, sämtliche 10 Biasparameter des systematischen Fehlermodells (6.40) (Parametersatz (3) und (4) in Tab. 6.3) mitzuschätzen.

Die Auswertung von Simultanbeobachtungen auf mehreren Stationen führt sehr rasch zu Problemen der Datenbehandlung. Dies soll an einem Beispiel verdeutlicht werden. Für eine Einzelstation führen 100 Satellitendurchgänge mit je 20 Beobachtungen (30^s – Dopplercounts) zu

N = 2000 Beobachtungen
U = 1003 Unbekannten, nämlich
3 Positionsunbekannte
100 × 10 Biasparameter (6 Bahnparameter, 4 Stationsparameter).

Für eine Mehrstationslösung mit 10 beteiligten Stationen ergibt dies

N = 20000 Beobachtungen
U = 4630 Unbekannte, nämlich
10 × 3 Positionsunbekannte
+ 10 × 100 × 4 Stationsunbekannte
+ 100 × 6 Bahnunbekannte.

Dies führt zu sehr großen Normalgleichungsmatrizen, die hauptsächlich Nullen enthalten. Durch besondere Strukturierung der Matrizen in *globale Parameter* (Stationskoordinaten) und *Biasparameter* (systematische Fehleranteile), vgl. Abb. 6.23 und durch Verwendung von geeigneten Algorithmen wie sie auch in der Photogrammetrie entwickelt wurden (*Brown* 1976), gelingt die Inversion der Matrizen.

Das Anwachsen der Parameterzahl durch Hinzunahme weiterer Durchgänge kann durch den Ansatz der *phasenweisen Ausgleichung* begrenzt werden (*Kouba* 1983, *Egge* 1985). Hierbei wird für jeden gemeinsam beobachteten Satellitendurchgang eine gesonderte Inversion durchgeführt. Die globalen Parameter (Stationskoordinaten) werden jeweils aufdatiert.

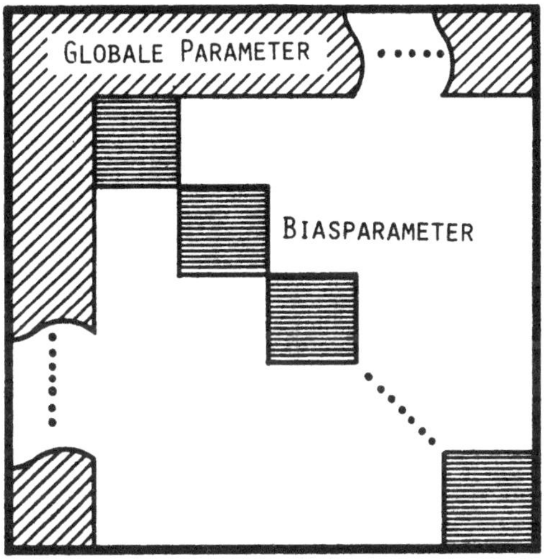

Abb. 6.23. Strukturierung der Normalgleichungsmatrix in globale Parameter und Biasparameter

Bei sorgfältiger Beobachtungsdurchführung und sorgfältiger Kontrolle des Auswerteprozesses kann mit Mehrstationsverfahren eine Relativgenauigkeit von $\pm 0{,}2 \ldots \pm 0{,}5$ m erreicht werden. Die besten erzielten Ergebnisse für kleinere Netze liegen bei $\pm 0{,}1 \ldots \pm 0{,}2$ m (*Schenke* 1984).

6.6.4 Auswerteprogramme

Moderne Dopplersatellitenempfänger [6.4] verfügen über ein residentes oder einlesbares Betriebs- und Auswerteprogramm, mit dem eine Einzelstationsauswertung durchgeführt werden kann. Über die zugrundeliegenden mathematischen Modelle ist zumeist wenig bekannt; sie dürften aber die in [6.6.2] beschriebene Struktur haben. Insbesondere werden zur Einsparung von Speicherplatz Schätzverfahren mit Parameteraufdatierung verwendet. Der jeweils letzte Stand der akkumulierten Lösung kann dann am Anzeigefeld des Empfängers abgerufen werden.

Für die gegenwärtig am meisten gebräuchlichen Empfangsanlagen von Magnavox, JMR und Motorola sind auch Translokationsprogramme verfügbar, mit denen im Mikroprozessor des Empfängers nach Einlegen der Datenkassetten einer Nachbarstation die Zweistationslösung berechnet wird. Die im Empfänger erzeugten Einzelpunktlösungen können in der Regel durch Nachprozessieren mit aufwendigeren Programmen auf leistungsfähigeren Rechnern nicht wesentlich verbessert werden. Eine Ausnahme liegt dann vor, wenn nur wenige Satellitendurchgänge beobachtet wurden und durch sorgfältiges Editieren der Beobachtungen mehr Durchgänge als in der Empfängerlösung genutzt werden können.

Bei Translokations- und Mehrstationsbeobachtungen ist ein nachträgliches Berechnen (*Post-Processing*) mit leistungsfähigen Programmen auf Minicomputern oder Großrechnern angezeigt, um alle Möglichkeiten der Parametrisierung auszuschöpfen. Auch hierfür werden von einzelnen Herstellern Programme angeboten. Das *MAGNET-Programmpaket* von Magnavox (*Ross* 1982) gestattet beispielsweise die simultane Bearbeitung von bis zu 10 Stationen und führt als Lösungsparameter neben den je drei Stationskoordinaten 3 Verbesserungen in den Satellitenpositionen und 4 Stationsparameter mit. Ähnliches gilt für die Programme anderer Hersteller (z.B. *Brunell* 1982).

Zahlreiche Programmpakete wurden von Anwendern entwickelt. Sehr verbreitet und auch aus wissenschaftlicher Sicht sehr leistungsfähig ist das in Kanada entwickelte und bereits mehrfach zitierte *GEODOP Programmpaket* (*Kouba* u. *Boal* 1976), das bis in die Version GEODOP V aufdatiert wurde (*Kouba* 1983).

Beispielhaft sollen an diesem Programmpaket die einzelnen Rechenschritte für eine Mehrstationsdatenverarbeitung summarisch dargestellt werden. Eine kurzgefaßte Dokumentation zu GEODOP findet man bei *Schlüter* und *Pesec* (1982).

Die Datenbearbeitung erfolgt in vier Stufen

1. Datenaufbereitung	MAJORITY VOTE
2. Datenüberprüfung	PREDOP
3. Datenorganisation	MERGE
4. Koordinatenberechnung	GEODOP

Im *ersten Schritt* wird geprüft, ob

- der Satellitendurchgang länger als 6 Minuten dauert
- beide Frequenzen empfangen werden
- die Broadcast Ephemeriden eindeutig sind.

Da die Ephemeriden in 2-Minuten Intervallen wiederholt werden, liegen redundante Informationen vor. Bei widersprüchlichen oder unvollständigen Daten wird eine Entscheidung zugunsten der am häufigsten auftretenden Zahlenwerte getroffen (*Majority Voting*). Die geprüften Ephemeridendaten werden zu einem Datensatz je Durchgang zusammengefaßt; die kurzen 4,6 Sekunden Dopplercounts werden zu 30-Sekunden Counts aufsummiert.

Im *zweiten Schritt* erfolgt

- die Korrektion wegen ionosphärischer Refraktion
- die Berechnung der Satellitenposition im erdfesten System
- das Verwerfen von
  - Dopplercounts für Satellitenpositionen $< 7{,}5^{\circ}$ Elevation
  - Dopplercounts, die statistischen Gütetests nicht genügen

  - Durchgängen mit maximalen Höhen $<15°$
  - Durchgängen, die kürzer als 6 Minuten sind
- das Erzeugen von Symmetrie zum Zeitpunkt der größten Annäherung
- die Ausgabe von Daten und meteorologischen Daten je Station.

Im *dritten Schritt* werden die Daten nach gewünschten Kriterien zusammengestellt

- für die Einzelpunktlösungen
- für bestimmte Zeitdauer
- für bestimmte Satelliten
- für bestimmte Ephemeriden
- für bestimmte Mehrstationslösungen.

Im *vierten Schritt* erfolgt nach der troposphärischen Refraktionskorrektur die Berechnung

- der Stationskoordinaten
- der Biases
- der Genauigkeitsmaße (Varianz-Kovarianz-Matrix)

im Einzel- und Mehrstationsmodus.

6.7 Durchführung von Feldbeobachtungen

Vor Beginn einer Beobachtungskampagne können aus einem beliebigen vollständigen Satz von registrierten Satellitendaten die Bahnvorhersagen für das Beobachtungsgebiet gerechnet werden. Für diese sogenannte *Alert-Berechnung* liegen von allen Herstellerfirmen Programme für den im Empfänger eingebauten Mikroprozessor oder für externe Rechner vor. Eigene Vorhersageprogramme können in einfacher Weise mit den Formeln aus Kap. [6.3.1] entwickelt werden. Grundlegende Formelzusammenstellungen findet man auch bei *Dove* (1974). Typische Alert-Ausgaben enthalten Auf- und Untergangszeiten der Satelliten, den Zeitpunkt der größten Annäherung, Satellitennummer, höchste Erhebung über den Horizont, Bewegungsrichtung und ggf. weitere Angaben.

Mit Hilfe der Vorausberechnungsergebnisse kann ein Beobachtungsprogramm aufgestellt werden. Die meisten Empfänger gestatten zwar einen vollautomatischen Beobachtungsablauf; zum Erzielen einer ausgeglichenen Verteilung von ost- und westliegenden sowie nord- und südgehenden Satellitendurchgängen können Eingriffe des Beobachters erforderlich werden. Zu starke Ungleichgewichtigkeiten in der Durchgangs-Verteilung können systematische Fehler zur Folge haben. Satelliten mit zu geringen Elevationen ($<10°$) sollten von der Beobachtung ausgeschlossen werden, da die troposphärische Refraktion nicht genügend genau modelliert werden kann und da in den meisten Auswerteprogrammen zu niedrige Satellitendurchgänge ohnehin zurückgewiesen werden. Manuelles Eingreifen des Beobachters kann auch dann wichtig werden, wenn bei kurz nacheinander erfolgenden Satellitenaufgängen der zweite Satellit günstiger ist.

Für die Auswahl von Antennenstandpunkten gelten andere Kriterien als bei den klassischen Vermessungspunkten. Gegenseitige Sichtverbindung ist selbstverständlich nicht erforderlich. Statt dessen wird Horizontfreiheit oberhalb von 10° gefordert. Weitergehende Horizontfreiheit < 10° erleichtert den Empfang eines Satelliten zu einem möglichst frühen Zeitpunkt. Da bei der Auswertung Symmetrie zum Punkt der größten Annäherung angestrebt wird, hat ein spätes *Einlocken* (Empfang und Erkennen des Satellitensignals) einen insgesamt kurzen verwertbaren Bahnbogen zur Folge.

In Waldgebieten muß die Antenne auf einem entsprechend hohen Mast installiert werden. Ein leichtes Schwingen des Mastes im Wind ist wenig schädlich und beeinflußt das Koordinatenergebnis nicht; lediglich das Beobachtungsrauschen wird leicht erhöht (*Seeber*, *Egge* 1981). Andererseits führt das Verkürzen der beobachteten Bahnbögen im horizontnahen Bereich durch Hindernisse zu erheblichen Dateneinbußen im Auswerteprozeß. Wenn nur Bahnstücke oberhalb von 40° Elevation meßbar sind, kann dies zu 90% Datenverlust (*Hoyer* 1979) führen. In der Regel reichen die aufgezeichneten Satellitendurchgänge dann nicht mehr aus, um eine gesicherte Lösung zu erzielen.

Die Beobachtungsdauer richtet sich nach dem Beobachtungsmodus und der gewünschten Genauigkeit. Es ist bei der Planung zu berücksichtigen, daß im Auswerteprozeß aufgrund bestimmter Gütekriterien nur ein Teil der beobachteten und ggf. aufgezeichneten Durchgänge *akzeptiert* wird. Bei günstigen Beobachtungsbedigungen und guter Datenqualität liegt dieser Satz etwa bei 80%. Sofern im Einzelpunktmodus mit präzisen Ephemeriden gearbeitet wird, benötigt man in mittleren Breiten für 40 akzeptierte Durchgänge etwa 5 bis 6 Tage, falls für zwei Satelliten präzise Ephemeriden verfügbar sind. Längere Beobachtungsdauer bringt keinen merklichen Genauigkeitsgewinn.

Bei Mehrstationsprogrammen mit Broadcast-Ephemeriden genügen je Station 6–8 Tage (= 60–100 akzeptierte Durchgänge), um eine relative Koordinatengenauigkeit von $\pm 0{,}2$ bis $\pm 0{,}5$ m zu erzielen.

Wegen der verhältnismäßig langen Beobachtungsdauer müssen die entsprechenden logistischen Voraussetzungen für die Unterbringung von Gerät und Beobachter geschaffen werden. Vor allen Dingen muß für eine leistungsfähige Stromversorgung gesorgt werden, da Stromausfälle zum Erkalten des Oszillators und damit zu einer erheblichen Beeinträchtigung der Datenqualität führen. Erfahrungsgemäß ist die Hauptursache von Datenverlusten in mangelhafter Stromversorgung zu sehen. Es empfiehlt sich, ein Stationslogbuch zu führen, in dem die Stationsbeschreibung, die Einmessung der Antenne einschließlich Bestimmung der Antennenhöhe, ein Verzeichnis der verwendeten Datenträger (Kassetten), die gemessenen meteorologischen Daten und besondere Vorkommnisse wie Energieverlust oder Antennenumbauten enthalten sind.

Für Meßprojekte, bei denen höchste Genauigkeit angestrebt wird und bei denen auch unterschiedliche Geräte zum Einsatz kommen, sollte vor und möglichst auch nach dem Hauptprojekt eine *Vor- und Nachkalibrierungskampagne* von 1–2 Tagen Dauer vorgesehen und durchgeführt werden. Hierzu müssen dieselben Geräte/Antennenkombinationen wie in der Hauptkampagne in naher Nachbarschaft auf gut bestimmten Vergleichspunkten eingesetzt werden, um eventuelle systematische Fehler zwischen den einzelnen Anlagen aufzudecken. Derartige Differenzen können vor allem in der Höhenbestimmung auftreten. Gleichzeitig kann die Qualität der Geräte überwacht und beurteilt werden.

6.8 Anwendungen von Dopplerbeobachtungen

Satelliten-Dopplerbeobachtungen gehören zu den ausgereiften Verfahren der Satellitengeodäsie. Dies hat dazu geführt, daß diese Methode seit Mitte der siebziger Jahre zunehmende Verbreitung bei geodätischen Arbeiten gefunden hat und in vielen Ländern zu einem der wichtigsten Meßverfahren in der Grundlagenvermessung geworden ist. Letzteres gilt insbesondere für Länder mit unzureichenden geodätischen Grundlagen. Ohne erschöpfend sein zu wollen, werden nachstehend nur die Hauptanwendungsgebiete skizziert (vgl. auch [11.1])

- Grundlagenvermessung
- Paß- und Kontrollpunkte in Photogrammetrie, Inertialvermessung, Hydrographie, Geophysik
- Meeres- und Glazialgeodäsie
- Polbewegung.

6.8.1 Anwendungen in der Grundlagenvermessung

Hier sind verschiedene Stufen und Zielsetzungen zu unterscheiden

- vollständige Neuanlage eines Punktfeldes
- Verdichtung oder Erweiterung eines vorhandenen Punktfeldes
- Kontrolle, Analyse und Verbesserung eines bestehenden Punktfeldes
- Beitrag zur Geoidbestimmung.

(1) Die erstgenannte Aufgabe enthält die *Festlegung eines geodätischen Datums* und eines einheitlichen *Basisgrundnetzes*. Diese sehr reizvolle Aufgabe wird aber nur sehr selten gestellt, da die meisten Länder bereits über ein – wenn auch unzureichendes – Grundlagennetz verfügen und dieses in der Regel nicht aufgeben wollen.

Als geodätisches Datum wird sinnvollerweise das Geodätische Weltsystem WGS84 gewählt. Zur Realisierung dieses Datums in dem betreffenden Land [11.1] sind gleichzeitige Messungen auf möglichst vielen über das Land verteilten Beobachtungsstationen durchzuführen und möglichst mit präzisen Ephemeriden in einer Mehrstationslösung auszuwerten. Die Datumsfestlegung im geozentrischen System erfolgt dadurch mit einer Absolutgenauigkeit von etwa $\pm 0{,}5$ m. Stehen nur Broadcast-Ephemeriden zur Verfügung, dann ist die absolute Datumsfestlegung nur mit geringer Genauigkeit möglich (± 1–2 m bei WGS84; ± 3–5 m bei WGS72). Die Relativgenauigkeit inner-

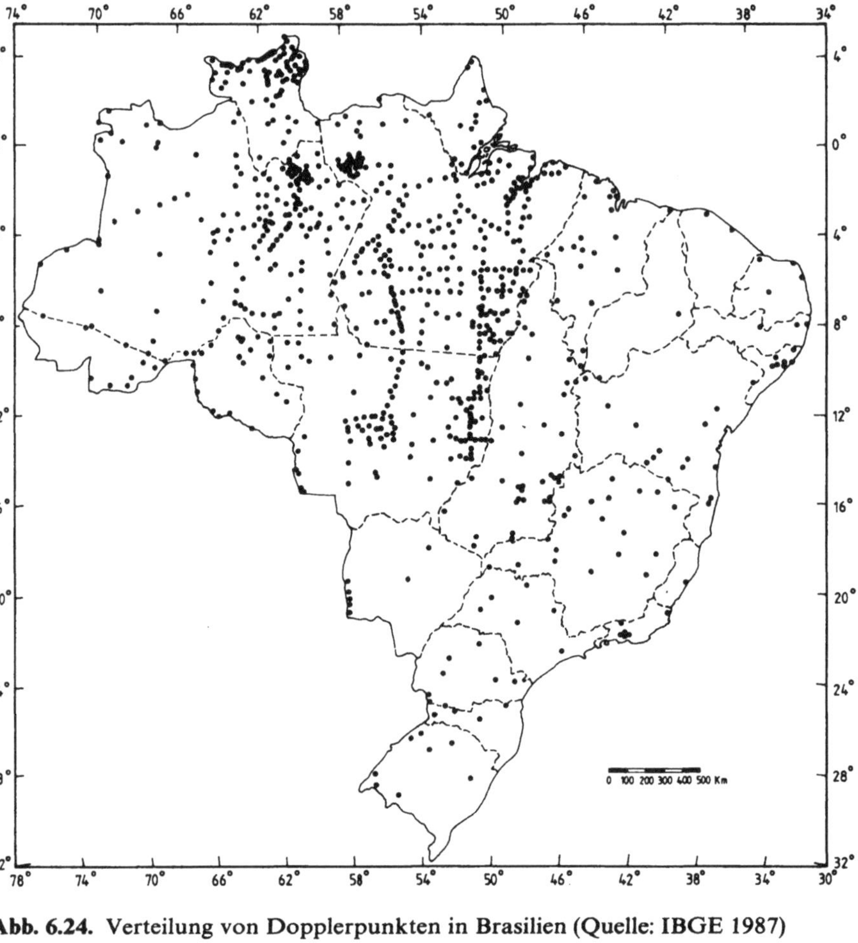

Abb. 6.24. Verteilung von Dopplerpunkten in Brasilien (Quelle: IBGE 1987)

halb des Punktfeldes ist durch die Mehrstationsbearbeitung aber wesentlich höher und kann bei 50–100 verwertbaren Simultandurchgängen $\pm 0{,}2$ m erreichen.

Wichtig ist, daß die einmal festgelegten Absolutkoordinaten für Nachfolgearbeiten festgehalten werden und daß genügend Satellitendurchgänge zur Erzielung einer hohen Relativgenauigkeit beobachtet werden. Unter Umständen kann es sinnvoll sein, die Punktfeldberechnung mit Broadcastephemeriden vorzunehmen, die für alle Satelliten vorliegen, und das fertige Ergebnis über alle Punkte in das Datum der präzisen Ephemeriden zu transformieren.

(2) Zur *Erweiterung und Verdichtung* eines vorhandenen Punktfeldes sind verschiedene Vorgehensweisen in Gebrauch. Aus logistischen Erwägungen besonders einfach ist die Bestimmung von Einzelpunkten unter Verwendung von präzisen Ephemeriden. Diese Vorgehensweise hat sich für die geodätische Erschließung großer Gebiete, z.B. im Amazonasbecken (Abb. 6.24) bewährt. Die im Satellitendatum bestimmten Koordinaten werden über allgemein akzeptierte Transformationsformeln [2.1.5] in das nationale Landesdatum, z.B. SAD69 überführt. Je nach Beobachtungs- und Auswerteaufwand liegt die erreichbare Genauigkeit bei $\pm 0{,}5 \ldots 1{,}0$ m. Die auf diese Weise bestimmten Koordinaten realisieren in dem neu erschlossenen Gebiet das Geodätische Datum. Bei höheren Genauigkeitsansprüchen muß nach der unter (1) beschriebenen Weise im Mehrstationsmodus vorgegangen werden.

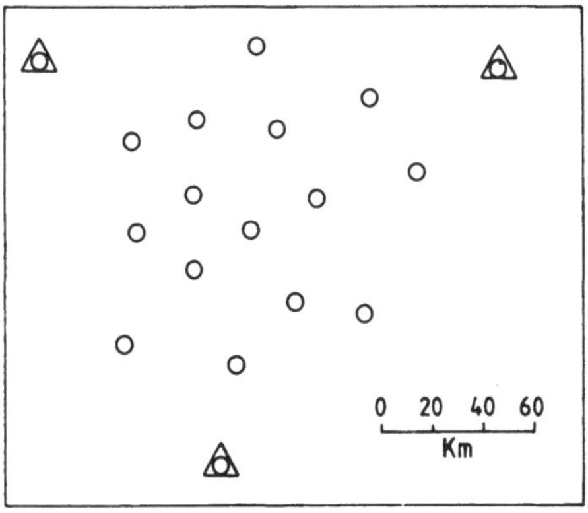

Abb. 6.25. Punktverdichtung durch Dopplermessungen; Referenzbeobachtungen auf 1 bis 3 vorhandenen Festpunkten

Sofern nur Broadcast-Ephemeriden verfügbar sind oder wenn eine höhere Genauigkeit angestrebt wird, sind Relativverfahren angezeigt. Dazu muß simultan auf Neupunkten und auf mindestens einem Punkt des vorhandenen Netzes beobachtet werden, um lokale Transformationsparameter ableiten zu können (Abb. 6.25). Je nach der angestrebten Genauigkeit und der Qualität des vorhandenen Netzes kann ein einzelner Referenzpunkt für ein Gebiet von 50–300 km Ausdehnung repräsentativ sein. Bei größeren Gebieten oder bei höchsten Genauigkeitsansprüchen kann ein vollständiger Satz von 7 Transformationsparametern durch Beobachtung auf drei Stationen ermittelt werden. Mit diesem Verfahren läßt sich eine Relativgenauigkeit von wenigen Dezimetern erzielen. Eventuell vorhandene Orientierungs-, Lage- und Maßstabsfehler des terrestrischen Netzes werden jedoch in das neue bestimmte Punktfeld übertragen.

(3) Sehr häufig werden Dopplerbeobachtungen dazu benutzt, um vorhandene Netze zu *kontrollieren*, zu *analysieren* und ggf. zu *verbessern*. In Europa seien die Europäischen Dopplerkampagnen EDOC 1, 2 (*Boucher* u.a. 1979), die Deutsch-Österreichische Dopplerkampagne DÖDOC (*Rinner* u.a. 1982, *Rinner* 1984) und die Dopplerkampagne für das Europäische Dreiecksnetz RETDOC (*Wolf* 1984) genannt. In Afrika wurde in internationaler Kooperation das umfassende Projekt "African Doppler Survey" ADOS (*Chodota* 1987) durchgeführt. Für Gebiete kleinerer Ausdehnung seien Arbeiten im Deutschen Hauptdreiecksnetz (*Seeber*, *Seeger* 1984), in Venezuela (*Hoyer* 1982) und in Süd-Brasilien (*Campos* 1987) zitiert. Die Möglichkeiten zur Analyse werden an zwei Beispielen erläutert (Abb. 6.26, Abb. 6.27). Es können beispielsweise Maßstabsunterschiede, Orientierungsfehler und lokale Deformationen des terrestrischen Netzes aufgedeckt werden. Hierzu wird eine 7-Parameter Transformation der Mehrstations-Dopplerlösung auf das terrestrische Netz durchgeführt. Die Restklaffungen in den identischen Punkten geben Aufschluß über globale und individuelle Punktgenauigkeit.

Bei der Deutsch-Österreichischen Dopplerkampagne (Abb. 6.26) ergab die Mehrstationsauswertung (GEODOP V) eine durchschnittliche Standardabweichung der Koordinaten (innere Genauigkeit, Tab. 6.5)

Tab. 6.5. Standardabweichung der Koordinaten bei DÖDOC

	m_x	m_y	m_z
Präzise Ephemeriden	±12 cm	±16 cm	±10 cm
Broadcast 〃	±32 cm	±36 cm	±28 cm

Im Vergleich mit terrestrischen ellipsoidischen Koordinaten ergaben sich folgende mittlere Abweichungen in Nord- und Ostkomponenten (Tab. 6.6)

Tab. 6.6. Vergleich terrestrischer Koordinaten mit Dopplerlösungen bei DÖDOC (*Rinner* u.a. 1982)

	Nord	Ost		Nord	Ost
PM-DHDN	±85 cm	±105 cm	BM-DHDN	±85 cm	±104 cm
-ED50	36	26	-ED50	40	35
-ED79	26	27	-ED79	26	24

PM: Präzise Ephemeriden – Mehrstationsauswertung
BM: Broadcast 〃 〃
DHDN: Deutsches Hauptdreiecksnetz (Gebrauchsnetz)
ED50: Ausgleichung Europäisches Datum 1950
ED79: 〃 〃 1979

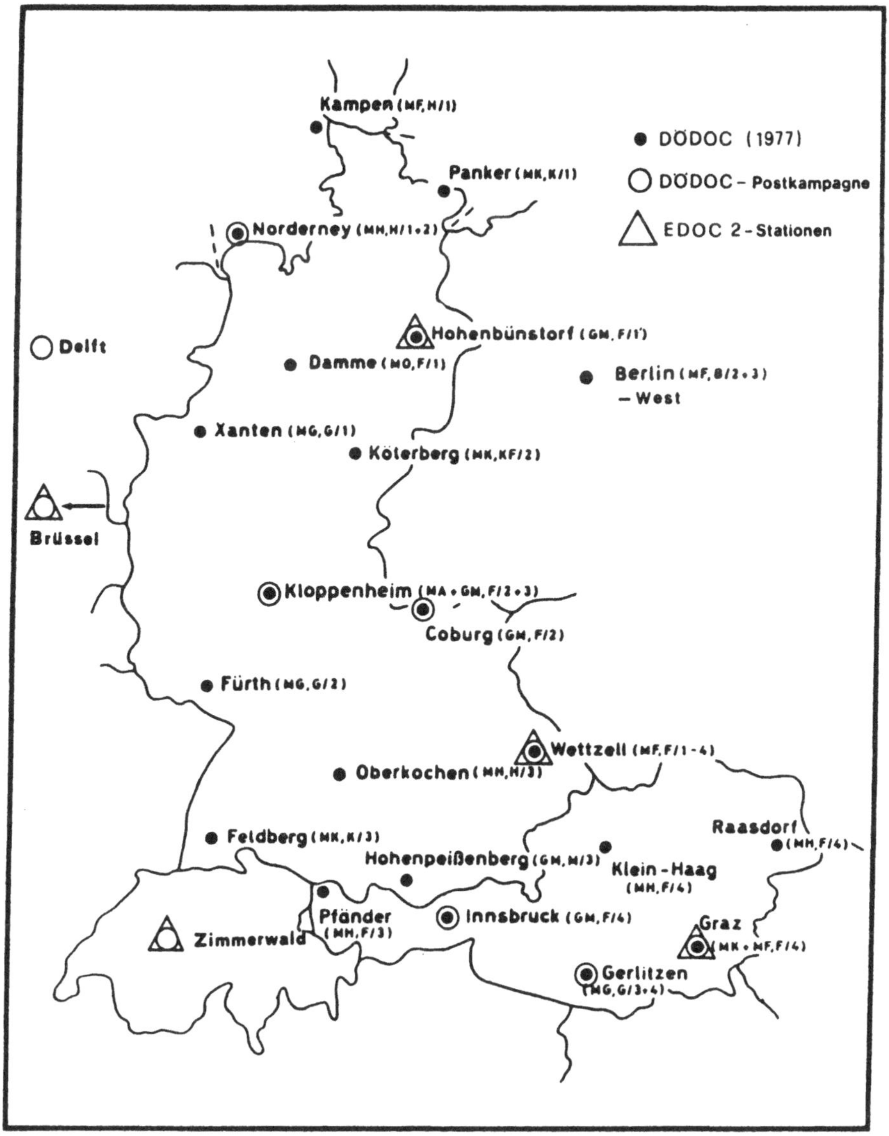

Abb. 6.26. DÖDOC – Netz

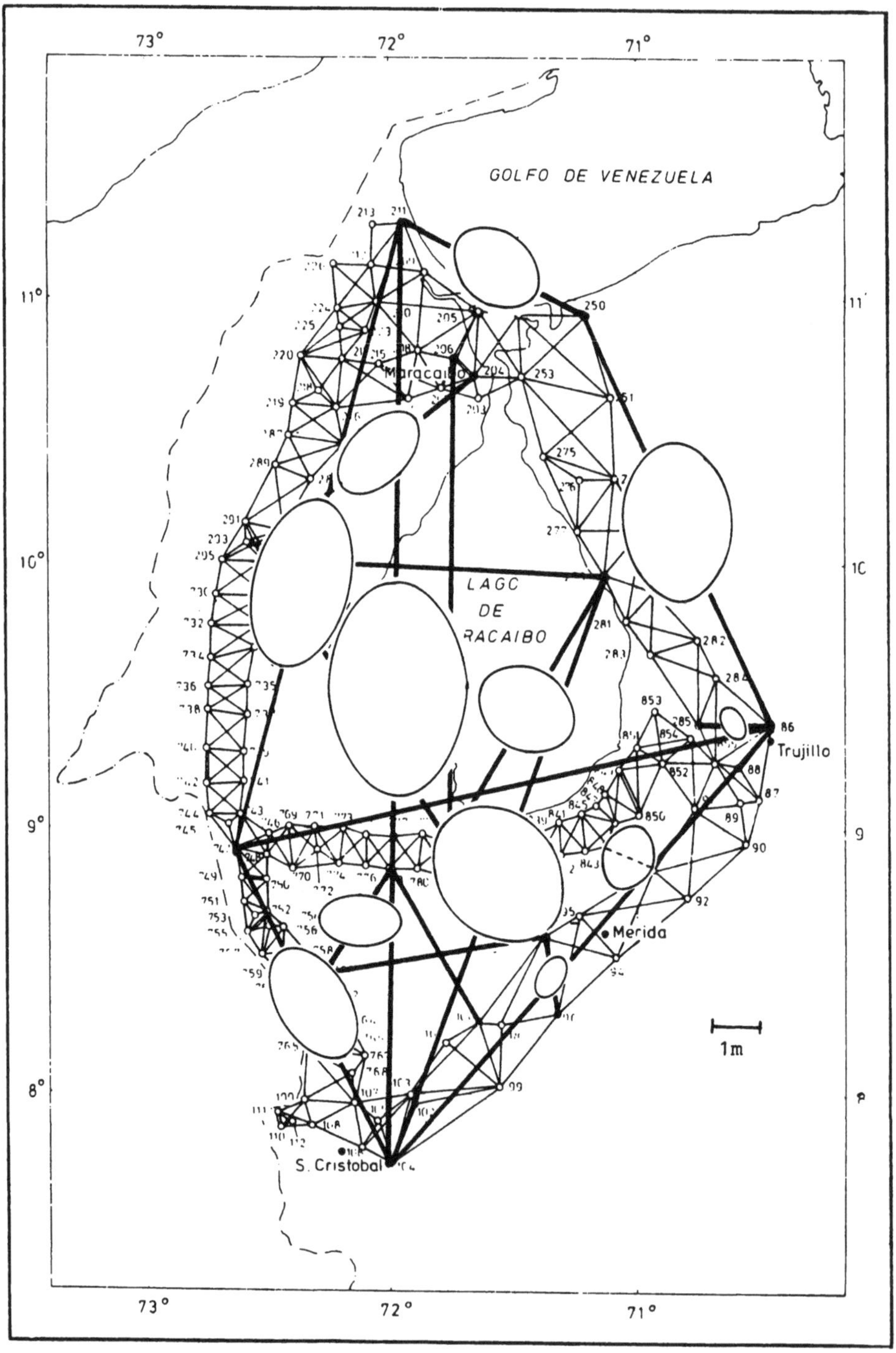

Abb. 6.27. Relative Fehlerellipsen des terrestrischen Netzes ohne (links) und mit Einbeziehung (rechts) von Dopplerbeobachtungen (Hoyer 1982)

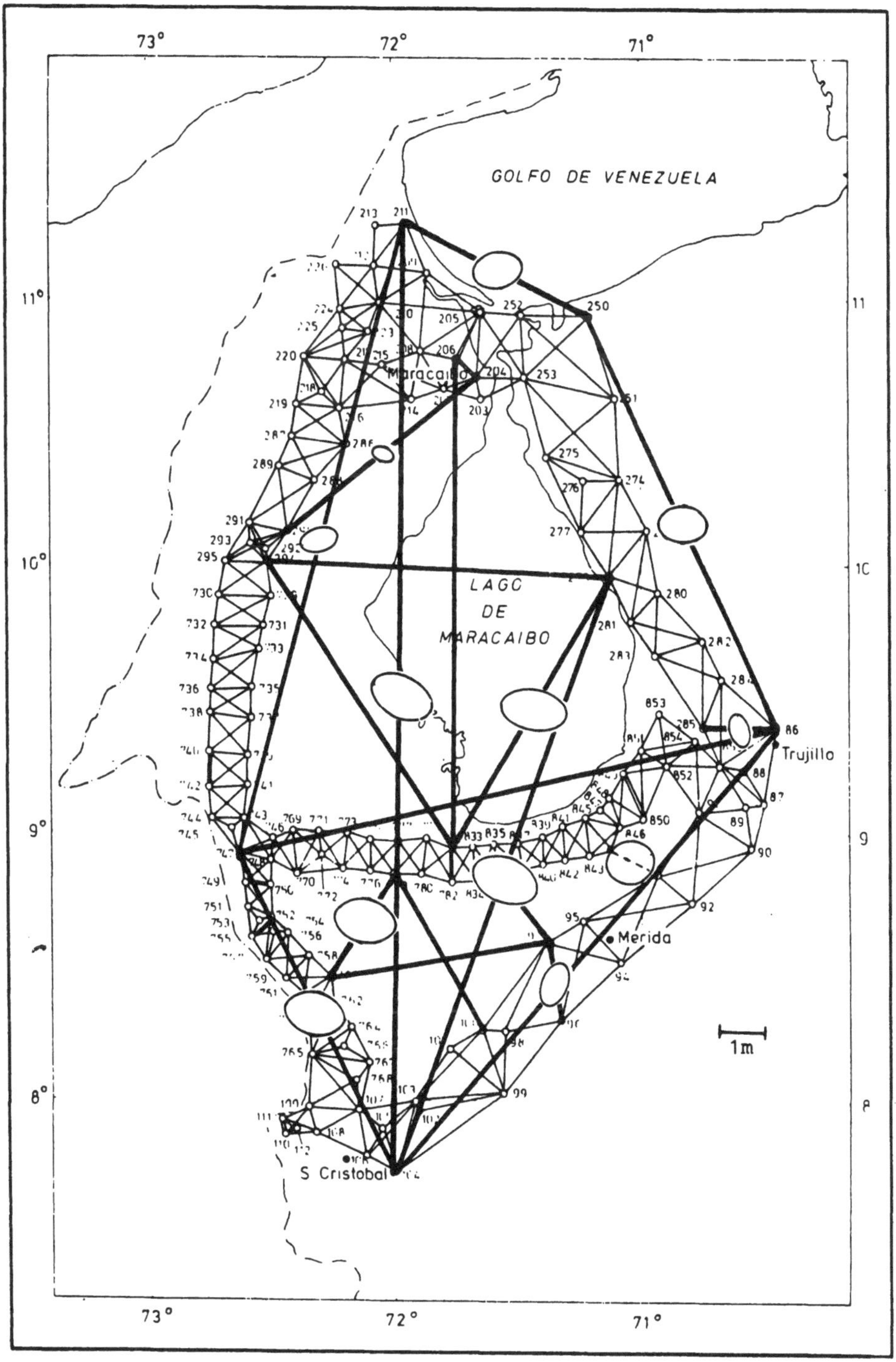
73°
72°
71°
GOLFO DE VENEZUELA
Maracaibo
LAGO DE MARACAIBO
Trujillo
Merida
S Cristobal
1m
11°
10°
9°
8°

Dieses Beispiel zeigt, daß Dopplerbeobachtungen im Entfernungsbereich über mehrere 100 km hinweg den Genauigkeitsstandard herkömmlicher Triangulationsnetze erreichen und übertreffen können. Es wird weiterhin deutlich, daß die Relativgenauigkeit mit Broadcast-Ephemeriden ebenso gut ist wie mit präzisen Ephemeriden. Wenn es nicht um die Festlegung eines absoluten Datums geht und wenn Mehrstationsbeobachtungen möglich sind, dann ist ein Zugang zu den präzisen Ephemeriden nicht erforderlich.

Dopplernetz und terrestrisches Netz können gemeinsam ausgeglichen werden [11.1]. Zur Abschätzung des Genauigkeitsgewinns sind relative Fehlerellipsen für ausgewählte Punktverbindungen ein anschauliches Maß. Dies wird in Abbildung 6.27 deutlich. Für einen Teil des venezolanischen Grundlagennetzes Zulia-Anden wurden relative Fehlerellipsen vor und nach der Kombination mit Dopplerbeobachtungen gerechnet (*Hoyer* 1982, *Seeber* u.a. 1982). Obwohl die Mehrstations-Dopplerlösung in diesem Fall wegen ungünstiger Beobachtungsbedingungen eine Standardabweichung der Koordinaten von $\pm 0{,}5$ m bis $\pm 1{,}0$ m aufwies, führte die Kombinationslösung zu erheblichen Verbesserungen. Es ist zu beachten, daß die relativen Fehlerellipsen von der Wahl der Datumspunkte mit beeinflußt werden.

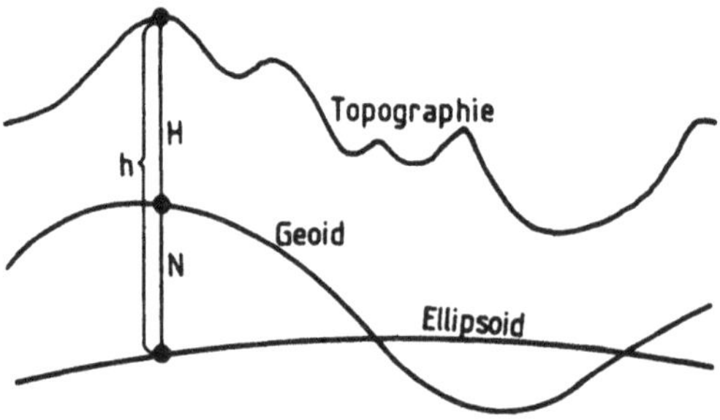

Abb. 6.28. Geoidhöhenbestimmung durch Dopplerbeobachtungen

(4) Durch Satelliten-Dopplermessungen werden dreidimensionale Koordinaten bestimmt, die in ellipsoidische Lagekoordinaten und die ellipsoidische Höhe h transformiert werden können. Bei bekannten nivellierten Höhen H läßt sich über die einfache Beziehung

$$N = h - H$$

die *Geoidundulation N* im Beobachtungspunkt bestimmen (Abb. 6.28). Für viele Länder sind diese Informationen in regionale Geoidberechnungen eingegangen. Ein umfassendes wissenschaftliches Projekt wurde von 1980–1983 unter dem Namen ALGEDOP im Gebiet der europäischen Alpen durchgeführt. Die Standardabweichung der aus Dopplermessungen abgeleiteten Höhen lag bei $\sigma_h \sim 0{,}15 - 0{,}20$ m. Im Vergleich zu anderen Geoidlösungen traten Abweichungen von maximal 1–2 m auf (*Seeger* 1984).

6.8.2 Bestimmung von Paß- und Kontrollpunkten

Für die *Paßpunktbestimmung in der Photogrammetrie* zum Zwecke der Kartenherstellung reicht oft eine geringe Genauigkeit aus. Je nach Aufgabenstellung kann hier im Einzelstationsmodus oder auch mit sehr kurzen Beobachtungszeiten im Translokationsmodus gearbeitet werden. Da solche Einsätze oft in schwer zugänglichen oder auch bewaldeten tropischen Gebieten stattfinden, ist unbedingt darauf zu achten, daß genügend "akzeptierte" Durchgänge aufgezeichnet werden, um das gesteckte Ziel zu erreichen. Insbesondere bei Horizontverdeckungen muß mit einem größeren Datenausfall im Zuge des Auswerteprozesses gerechnet werden. Bei photogrammetrischen Arbeiten wird für eine größere Anzahl von Punkten nicht die Lage-, sondern nur die Höheninformation verlangt. Es bietet sich dann beispielsweise eine Kombination aus zweitägigen Doppler-Translokationsmessungen und barometrischen Höhenübertragungen an (Abb. 6.29). Für barometrisch bestimmte Höhen kann auch unter schwierigen logistischen Voraussetzungen eine Genauigkeit von $\pm 1 \ldots 3$ m erzielt werden (*Seeber* u.a. 1982).

Ähnliche Anforderungen treten in der *Geophysik* für die Lagebestimmung von Schußpunkten oder die Höhenbestimmung von gravimetrischen Meßpunkten auf. Um die erforderliche Meßdauer zu verkürzen, empfiehlt sich die Nutzung des Translokationsverfahrens.

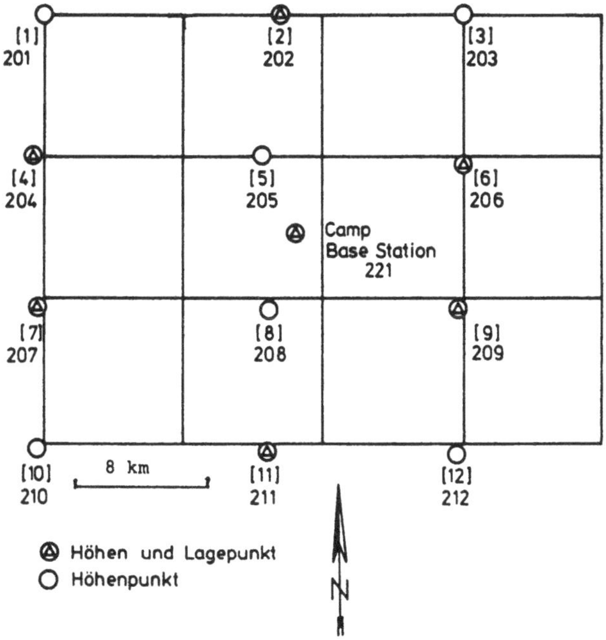

Abb. 6.29. Punktverdichtung für photogrammetrische Arbeiten

Für *hydrographische Vermessungen* im Küstenbereich oder auch bei größeren Binnengewässern (Stauseen) müssen in der Regel Antennenpositionen von Nahbereichs-Radionavigationseinrichtungen festgelegt werden (z.B. Syledis, Hifix, Miniranger, Trisponder). Die Genauigkeitsanforderungen liegen meist bei $\pm 1-3$ m. Auch hier bietet sich das Translokationsverfahren in bezug auf einen bekannten Referenzpunkt an. Da die Vermessungsergebnisse in vielen Fällen im nationalen Bezugssystem gefordert werden, sollte als Referenzpunkt ein Punkt des nationalen Netzes gewählt werden, oder es sollte über Translokationsmessungen die Beziehung zum nationalen Netz hergestellt werden. Entsprechendes gilt für die Einrichtung von Kontrollpunkten bei größeren *Ingenieurprojekten*, wie Straßenbau, Dammbau, Pipelineabsteckung etc.

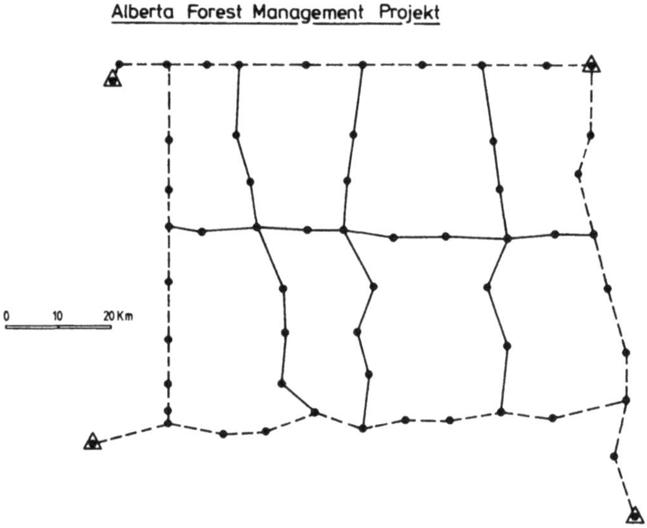

Abb. 6.30. Kontrollpunkte für die Inertialvermessung

Ein sehr weites Einsatzgebiet findet sich im Zusammenhang mit *Inertialvermessungen* (*Seeber* 1979). Durch Dopplerbeobachtungen werden hierbei im Abstand von etwa 100 bis 150 km Kontrollpunkte eingerichtet, die anschließend durch inertiale Meßverfahren verdichtet werden. Insbesondere in Kanada wurden auf diese Weise sehr große Gebiete erstmalig mit einem Festpunktfeld überzogen (*Webb* u. *Penney* 1981). Da mit Inertialverfahren eine relative Koordinatengenauigkeit von $\pm 0{,}1 \ldots 0{,}2$ m erreichbar ist, muß für die Dopplerlösung im Mehrstationsmodus gearbeitet werden. Abb. 6.30 zeigt ein typisches Beispiel. Bei Inertial-Trassenvermessung von Pipelines kann vorteilhaft der Translokationsmodus genutzt werden.

6.8.3 Anwendungen in der Meeres- und Glazialgeodäsie

Im Zusammenhang mit der zunehmenden wirtschaftlichen Bedeutung des Meeres und des Meeresbodens wachsen hier die Genauigkeitsanforderungen. Für die Festlegung von Abbaugrenzen und Bohrpositionen und bei der Förderung von marinen Kohlenwasserstoffen liegt die absolute Genauigkeitsforderung bei etwa ± 1 m in bezug auf ein globales Datum. Zur Einmessung fester *Meeresplattformen* kommen dieselben Beobachtungsmethoden in Betracht wie auf dem Land. Es sind auch entsprechend hohe Genauigkeiten zu erzielen (*Seeber* u.a. 1982). Im Nordseebereich werden deshalb seit etwa 1970 vorrangig Dopplermethoden zur Plattformpositionierung eingesetzt (*Leppard* 1980), siehe auch Abb. 11.10.

Bei *bewegten Objekten* (Schiffe, Meßbojen) stellen sich wegen des genauigkeitsverringernden Bewegungseinflusses größere Probleme (*Egge* 1982, *Seeber, Egge* 1981) [6.5.5]. Durch Translokationsmessungen mit einem festen Referenzpunkt läßt sich eine Genauigkeitssteigerung für den Einzeldurchgang auf etwa ± 10 m erzielen (*Seeber* 1983). Sehr nachteilig ist jedoch, daß die Genauigkeit zwischen den einzelnen Satellitendurchgängen schnell verloren geht. Dennoch ist TRANSIT-Doppler ein wesentliches Element jeder integrierten Navigationsanlage [11.3].

Sehr erfolgreich können Doppplerbeobachtungen für die Bestimmung von *Eisbewegungsraten* eingesetzt werden. Seit 1980 wird das Verfahren regelmäßig zur Überwachung von Bewegungen des Schelfeises in der Antarktis verwendet (*Seeber* u. *Hinze* 1984). Die Bewegungsraten liegen zwischen etwa 3m/Tag im Küstenbereich und etwa 0,1 m/Tag bei Inlandeis. Sofern in Jahresabständen Wiederholungsbeobachtungen möglich sind, genügt eine Einzelpunktbestimmung mit Broadcastephemeriden. Sollen die Bewegungsparameter aus der mehrtägigen Beobachtungsreihe einer Expedition abgeleitet werden, dann sind Referenzbeobachtungen auf einer festen Station (Felsuntergrund) und sehr sorgfältige Datenanalysen erforderlich [11.3.4]. Eine erfolgreiche Lösungsstrategie besteht darin, die gesamte Beobachtungsreihe in Gruppen von etwa eintägiger Dauer aufzuteilen und aus den Gruppenmittelwerten durch Regression die Bewegungsgrößen abzuleiten (*Hinze* 1986).

6.8.4 Bestimmung von Polbewegungsparametern

Die Berechnung von Satellitenbahnen erfolgt in einem inertialen Bezugssystem, die Beobachtungen beziehen sich jedoch auf ein erdfestes Bezugssystem. Beide Bezugssysteme unterscheiden sich unter anderem durch den Einfluß der Polbewegung [2.1.2]. Um die Satellitenbeobachtungen für die Bahnberechnung nutzen zu können, müssen sie also entweder wegen der Polbewegung korrigiert werden, oder die Komponenten der Polbewegung x,

y müssen als zusätzliche Parameter im Bahnberechnungsprogramm mitgeschätzt werden. Die letztgenannte Vorgehensweise wird seit 1969 (*Anderle* 1973) erfolgreich bei der Berechnung von präzisen Ephemeriden der TRANSIT-satelliten praktiziert. Die Ergebnisse werden wöchentlich vom U.S. Naval Observatory publiziert.

Aufgrund von Beobachtungen auf weltweit verteilten Stationen des TRANET-Netzes [6.3.2] werden durch numerische Integration zweitägige Bahnbögen gerechnet, aus denen für alle zwei Tage Polpositionen mit einer Standardabweichung von ± 40 cm abgeleitet werden können (*Anderle* und *Oesterwinter* 1980). Die Ergebnisse mit NOVA-Satelliten sind deutlich besser als die mit OSCAR Satelliten (*Colquitt* u.a. 1984).

Im Prinzip würde die Beobachtung mehrerer Bahnbögen von einer Station aus für die Bestimmung der Komponenten x, y sowie der Erdrotationsveränderung DUT1 = UTC − UT1 ausreichen. Wegen der geometrischen Beziehungen müssen jedoch Stationen unterschiedlicher geographischer Länge genutzt werden, um die Komponenten zu trennen. Auch besteht eine starke Korrelation zwischen DUT1 und bestimmten Bahnparametern, so daß nur die Orientierung der Erdrotationsachse mit genügender Genauigkeit aus Dopplerbeobachtungen abgeleitet werden kann (*Kouba* 1981). Langjährige Vergleiche haben eine gute Übereinstimmung mit den anderweitig bestimmten Ergebnissen des BIH gezeigt (*Colquitt* u.a. 1984). Polbewegungsparameter aus Dopplerbeobachtungen sind zwar nicht so genau wie z.B. aus Lasermessungen zu Satelliten [8.5.2], [11.4.2], sie haben aber den Vorteil der Wetterunabhängigkeit, und sie sind etwa um den Faktor 2 bis 3 genauer als die Ergebnisse der klassischen astronomischen Verfahren.

6.8.5 Die zukünftige Rolle von Satelliten-Dopplerbeobachtungen

Das TRANSIT-Satellitensystem wird bis 1994 aufrechterhalten. Weltweit wurden für 1986 etwa 80000 Doppleremplangsanlagen geschätzt (*Sentmann* u.a. 1986) wobei etwa 10% für geodätische Zwecke geeignet sein dürften. Es liegen ausgereifte und leistungsfähige Auswerteprogramme vor, und es gibt ein sehr umfassendes internationales Schrifttum für die Nutzung von TRANSIT für geodätische Zwecke. In vielen Ländern beruht ein großer Teil der neugeschaffenen geodätischen Grundlagen auf TRANSITbeobachtungen. Aus allen diesen Gründen kann erwartet werden, daß die TRANSIT-Dopplermessungen noch bis in den Anfang der neunziger Jahre hinein ihre Bedeutung behalten werden. Dies gilt insbesondere für Entfernungsbereiche von 100 bis 1000 km und für Länder, in denen das Instrumentarium vorhanden ist und wo die Genauigkeitsanforderungen durch TRANSIT erfüllt werden.

Aufgrund der höheren Genauigkeit und Leistungsfähigkeit wird in zunehmendem Maße für geodätische Positionsbestimmungsaufgaben das Global

Positioning System (GPS) genutzt werden [7]. Wegen der kontinuierlichen Verfügbarkeit und Echtzeitfähigkeit gilt dies insbesondere für Anwendungen in der Meeresgeodäsie. Aufgrund der sehr hohen Genauigkeit bei der Nutzung von Trägerphasenmessungen im Relativmodus und der kurzen Meßzeit wird GPS zunehmend in Anwendungsbereichen eingesetzt werden, die bislang der Satellitengeodäsie noch nicht offenstanden, beispielsweise im Entfernungsbereich unter 10 km.

Ergebnisse von TRANSIT- und GPS-Beobachtungen sind untereinander kompatibel, da es sich bei beiden um geozentrische 3D Koordinaten in einem globalen Bezugssystem handelt. Die Methoden der Verknüpfung und Vereinigung mit terrestrischen Messungen sind in beiden Fällen dieselben. Punktfelder aus TRANSITbeobachtungen lassen sich mit GPS verdichten. Insofern werden beide Methoden für einige Jahre nebeneinander bestehen.

Insbesondere wegen der sehr großen Zahl vorhandener Dopplerpunkte in vielen Ländern ist es auch in Zukunft wichtig, die Entstehung, Natur und Qualität dieser Koordinaten hinsichtlich einer weiteren Nutzung sachgerecht zu bewerten. Der im Laufe von etwa 20 Jahren angesammelte Erfahrungsschatz für die Behandlung von Dopplermessungen kann weitgehend auf die Nutzung des GPS übertragen werden.

7. Das Global Positioning System GPS

7.1 Grundprinzip

7.1.1 Allgemeines

Das NAVSTAR GPS (*NAV*igation *S*ystem with *T*ime and *R*anging *G*lobal *P*ositioning *S*ystem) ist ein satellitengestütztes Radionavigationssystem, das für entsprechend ausgerüstete Nutzer genaue dreidimensionale Positions- und Navigations- sowie Zeitinformationen vorhält. Das System soll auf weltweiter Basis kontinuierlich und unabhängig von meteorologischen Bedingungen verfügbar sein (*Janiczek* 1980, 1984, 1986). GPS wird in den USA seit 1973 entwickelt und kann seit etwa 1983 für die Bearbeitung geodätischer Aufgaben in begrenztem Umfang eingesetzt werden. Nach dem vollständigen Ausbau, der für 1990 erwartet werden kann [7.1.2], wird das System aus 18 Satelliten in Bahnen von etwa 20,000 km Höhe über der Erde bestehen (Abb. 7.1). Die Verteilung der Satelliten ist in der Weise geplant, daß an jeder Stelle der Erdoberfläche jederzeit mindestens 4 Satelliten über dem Horizont stehen.

GPS ist primär ein Navigationssystem. Das grundlegende Navigationsprinzip beruht auf der Messung sogenannter *Pseudoentfernungen* [7.1.4, 7.3.1] zwischen dem Nutzer und vier Satelliten (Abb. 7.2). Ausgehend von bekannten Satellitenkoordinaten in einem geeigneten Bezugssystem können dann die Koordinaten der Nutzerantenne abgeleitet werden. Im Prinzip sind drei Entfernungsmessungen ausreichend. Die vierte Messung ist erforderlich, um die Differenz zwischen der Satellitenuhr und der Empfängeruhr zu bestimmen. Dieser *Synchronisationsfehler* ist auch der Grund für die Bezeichnung "Pseudoentfernung".

Im Gegensatz zum TRANSIT-System NNSS [6] wird GPS in der Lage sein, auf weltweiter Basis Echtzeitnavigationsdaten bereitzustellen. Aufgrund einer etwa 20jährigen technologischen Weiterentwicklung wird auch eine wesentlich höhere Genauigkeit als bei TRANSIT erzielt. Einige charakteristische Merkmale von NNSS und GPS sind in Tabelle 7.1 gegenübergestellt.

GPS wurde mit dem Ziel entwickelt, als Navigationssystem innerhalb der höchsten Genauigkeitsstufe eine Echtzeitnavigationsgenauigkeit von ± 10–15 m zu erreichen. Es wurde jedoch bereits frühzeitig erkannt, daß mit Hilfe von GPS auch sehr genaue geodätische Positionsbestimmung möglich ist. So sagte *Anderle* (1979) auf einem Symposium über Satellitengeodäsie in

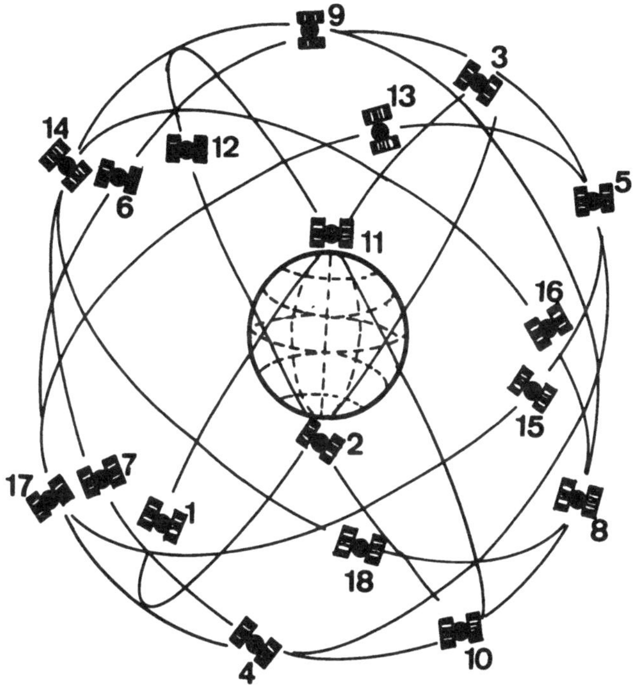

Abb. 7.1. Das Global Positioning System im Endausbau

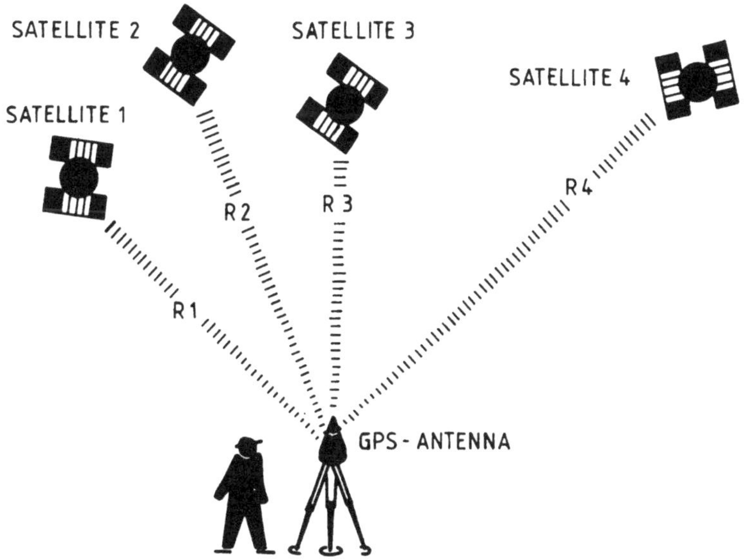

Abb. 7.2. Grundprinzip der Positionsbestimmung mit GPS

Tab. 7.1. Charakteristische Merkmale von GPS und TRANSIT

Merkmale	GPS	NNSS (TRANSIT)
Bahnhöhe	20200 km	1000 km
Periode	12 h	105 min
Sendefrequenzen	1575 MHz 1228 MHz	150 MHz 400 MHz
Navigationsdaten	4D, X, Y, Z, t Geschwindigkeit	2D Φ, λ
Verfügbarkeit	kontinuierlich	je 15–20 min. je Durchgang
Genauigkeit	15 m(P-Code) 0,1 Knoten	30–40 m, abhängig vom Geschwindigkeitsfehler
Satellitenkonstellation	18–21	4–6
Geometrie	wiederholend	veränderlich
Uhren im Satelliten	Rubidium, Cäsium	Quarz

Athen voraus, daß eine Relativgenauigkeit von ± 10 cm über eine Distanz von 2000 km erreichbar sein würde. Dieses Ziel ist gegenwärtig noch nicht erreicht; bisherige Untersuchungen haben aber gezeigt, daß man mit GPS bereits jetzt und vor allem nach seinem vollständigen Ausbau in der Lage sein wird, viele Aufgaben aus Geodäsie und Geodynamik zu lösen. Aus Abb. 1.5 ist ersichtlich, daß durch GPS eine Lücke zwischen terrestrischen Meßtechniken und sonstigen Satellitentechniken gefüllt werden kann.

Die Beschreibung des Satellitensystems folgt der für Navigationssatelliten üblichen Einteilung

- *Raumseqment* mit aktiven Satelliten [7.1.2]
- *Kontrollsegment* zur System- und Zeitkontrolle sowie zur Bahnüberwachung und -vorhersage [7.1.3]
- *Nutzersegment* mit unterschiedlichen Empfängerausrüstungen [7.2].

Zu GPS und zur geodätischen Nutzung von GPS existiert bereits sehr umfassende Literatur. Technische Informationen findet man in den drei Sammelbänden mit Einzelbeiträgen des amerikanischen *Institute of Navigation* (*Janiczek* 1980, 1984, 1986). Geodätische Aspekte werden in den Proceedings einschlägiger Symposien behandelt, z.B. *Goad* (1985). Zusammenfassende Übersichten findet man bei *Scherrer* (1985), *King* u.a. (1985) sowie in dem ausführlichen Handbuch "Guide to GPS Positioning" (*Wells* u.a. 1986).

Wegen der nahezu ausschließlich englischsprachigen Literatur werden in diesem Kapitel verstärkt die englischen Fachausdrücke mit aufgenommen.

7.1.2 Raumsegment

Nach vollem Ausbau wird das Raumsegment 18 Satelliten und zusätzlich 3 aktive Ersatzsatelliten in 6 Bahnebenen mit je 3 Satelliten enthalten (Abb. 7.1). Eine Erweiterung auf 24 Satelliten wird diskutiert, um kurzzeitige Überdeckungslücken zu vermeiden. Die Satelliten sind in nahezu kreisförmigen Bahnen von 20000 km Höhe und einer Bahnneigung von 55° angeordnet. Dies entspricht einer Umlaufzeit von 12 Stunden (Sternzeit). Als Konsequenz wiederholt sich eine identische Konstellation jeden Tag, jedoch 4 Minuten früher mit Bezug auf Weltzeit. Die Satellitenverteilung mit den zugehörigen Positionszahlen ist in Abb. 7.3 dargestellt.

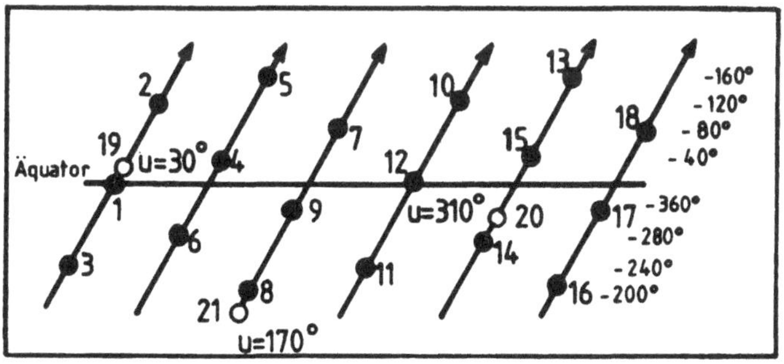

Abb. 7.3. Anordnung der Satelliten im Endausbau

Die Abbildung zeigt die Bahnposition relativ zur Position des Satelliten 1, wenn dieser durch den Äquator läuft. Die Position innerhalb der Bahn wird durch das Argument der Breite

$$u = \omega + v \tag{3.81}$$

festgelegt. Der Breitenunterschied zwischen zwei Satelliten derselben Bahnebene beträgt 120°. Der Rektaszensionsunterschied zwischen zwei Bahnebenen 60°. Die Breiten der Ersatzsatelliten sind in Abb. 7.3 eingetragen.

Die gegenwärtig verfügbaren Prototypsatelliten (Block I) sind in zwei Ebenen von 63° Bahnneigung angeordnet.

Die operationellen Satelliten (Block II) haben eine Entwurfslebensdauer von 7.5 Jahren. Abb. 7.4 gibt eine schematisierte Darstellung. Die Stromversorgung wird durch zwei Kollektorplatten für Sonnenenergie gewährleistet. Jeder Satellit hat ein Gewicht von 845 kg und verfügt über ein Antriebssystem zur Lagestabilisierung und Erhaltung der Bahnposition.

GPS-Satelliten sind mit hochpräzisen Oszillatoren der Genauigkeitsklasse $1 \cdot 10^{-12}$ bis $1 \cdot 10^{-13}$ ausgestattet (Rubidium, Cäsium), um hochgenaue Zeit-

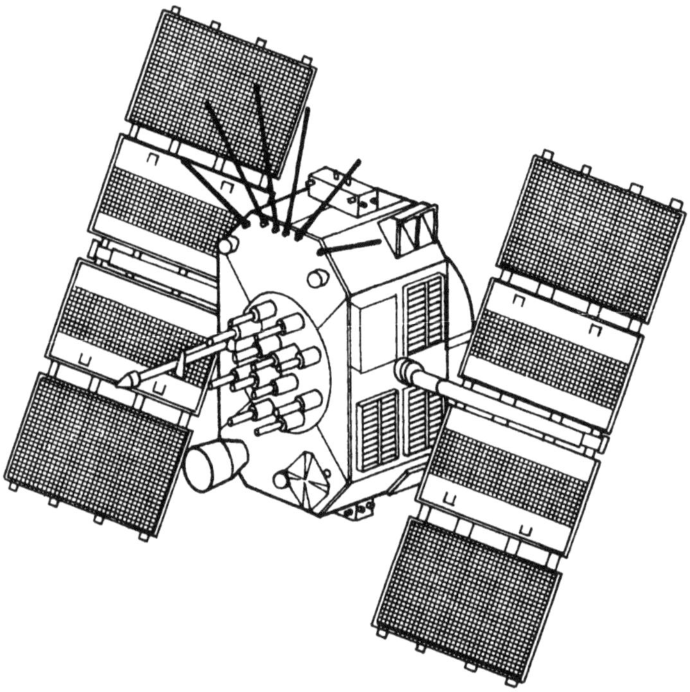

Abb. 7.4. Schematische Darstellung eines GPS Satelliten

informationen übermitteln zu können. Aus der Grundfrequenz 10,23 MHz werden durch Multiplikation zwei Trägerfrequenzen in L-Band abgeleitet

L1: $154 \times 10{,}23$ MHz = 1575,42 MHz ($\triangleq$ 19,05 cm)
L2: $120 \times 10{,}23$ MHz = 1227,60 MHz ($\triangleq$ 24,45 cm).

Jeder Satellit sendet beide Trägerwellen aus, denen Navigationssignale (Codes) und Navigations-sowie Systemdaten (Message) überlagert sind. Die Codes sind den Trägerwellen als sogenannte PRN-Sequenzen (Pseudo Random Noise) aufmoduliert. Das L1-Signal enthält sowohl den genauen P-Code und den weniger genauen C/A-Code. Das L2 Signal enthält ausschließlich den P-Code. Eine ausführliche Behandlung der Signalstruktur erfolgt in Kap. [7.1.5].

7.1.3 Kontrollsegment

Die Aufgaben des Kontrollsegmentes sind (*Russel, Schaibly* 1978)

- Kontrolle des Satellitensystems
- Bestimmung der GPS Systemzeit

- Vorausberechnung der Satellitenephemeriden und des Satellitenuhrverhaltens
- Einspeisen der Satelliten-Navigationsdaten in den Datenspeicher jedes Satelliten.

Zum Kontrollsegment gehören die Hauptkontrollstation (*Master Control Station* MCS), eine bestimmte Zahl von *Monitorstationen* sowie weltweit verteilte Bodenantennen (*Ground Antennas*). Das operationelle Kontrollsegment (OCS) für GPS besteht aus der Hauptkontrollstation in Colorado Springs (USA), drei Monitorstationen und Bodenantennen in Kwajalein, Ascension und Diego Garcia sowie zwei weiteren Monitorstationen in Colorado Springs und Hawaii (Abb. 7.5).

Die Monitorstationen empfangen alle Satellitensignale, bestimmen daraus Entfernungsdaten und übertragen diese gemeinsam mit meteorologischen Daten zur Hauptkontrollstation. In der Hauptkontrollstation werden aus diesen Daten Satellitenephemeriden und das Verhalten der Satellitenuhren vorausberechnet sowie die Navigationsdaten (Message) formuliert.

Diese Daten werden über eine Datenleitung an die Bodenantennen weitergegeben und von dort zu den Satelliten übertragen. In Abb. 7.6 ist dieser Vorgang schematisch dargestellt.

Die GPS-Systemzeit [2.2.4] wird durch den Cäsium-Oszillator einer ausgewählten Monitorstation definiert. Für diese Station werden keine Uhrparameter bestimmt. Durch die globale Verteilung der Stationen können täglich wenigstens drei Kontakte zwischen jedem Satelliten und dem Kontrollsegment vorgenommen werden.

Die Stationsverteilung genügt den Anforderungen an ein operationelles Navigationssystem; sie genügt aber nicht in allen Fällen höheren Genauigkeitsanforderungen an die Bahnbestimmung bei geodätischen und insbesondere geodynamischen Anwendungen. Hierzu sind umfassendere Netze von Beobachtungsstationen, z. Teil auf ziviler Basis in der Planung bzw. im Aufbau [7.5.2]. Für weitere Einzelheiten der Bahnberechnung und Bahnrepräsentation siehe [7.1.5], [7.4.3].

7.1.4 Beobachtungsprinzip und Signalstruktur

Bei NAVSTAR-GPS handelt es sich um ein *Einweg-Entfernungsmeßverfahren* [4.2.2]. Wesentliche Beobachtungsgröße ist die Laufzeit eines Signals von der Satellitenantenne zur Empfangsantenne. Diese Signallaufzeit wird über die Signalausbreitungsgeschwindigkeit in eine Entfernung umgewandelt.

Beim Einwegverfahren werden Uhrablesungen im Sender mit Uhrablesungen im Empfänger verglichen. Im allgemeinen kann nicht vorausgesetzt werden,

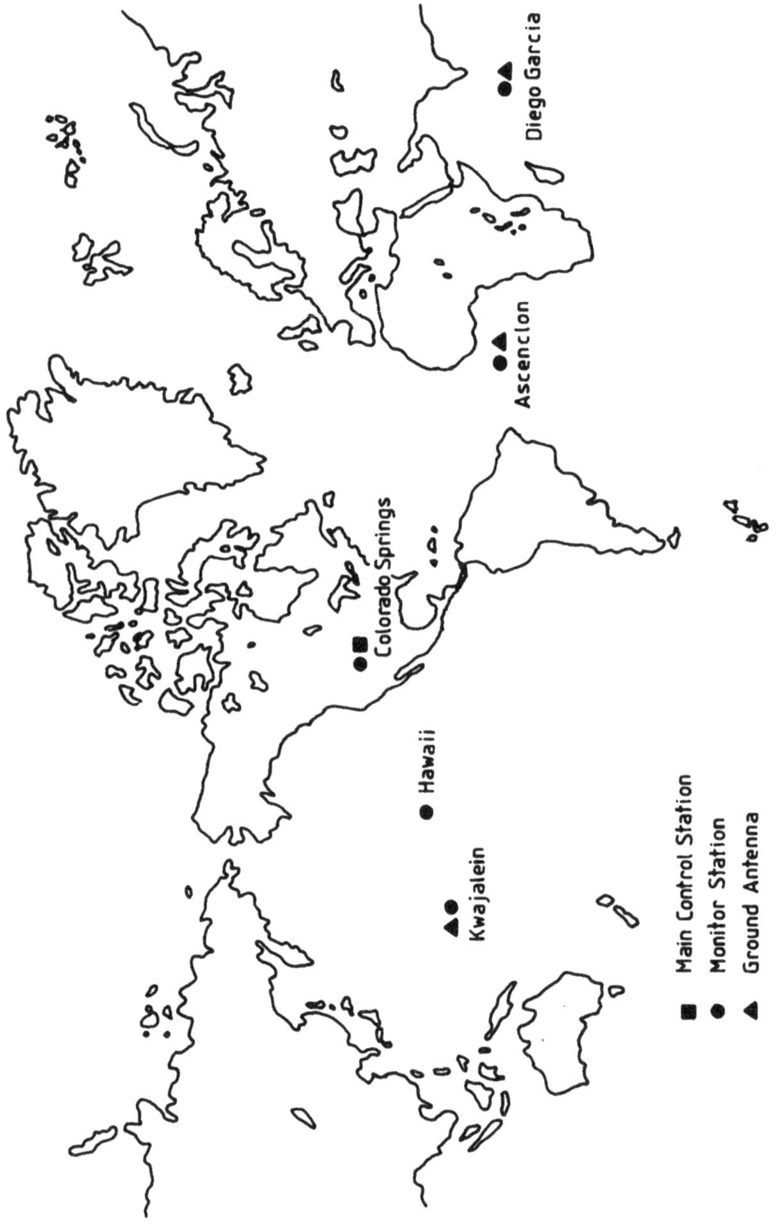

Abb. 7.5. Kontrollsegment, Beobachtungsstationen

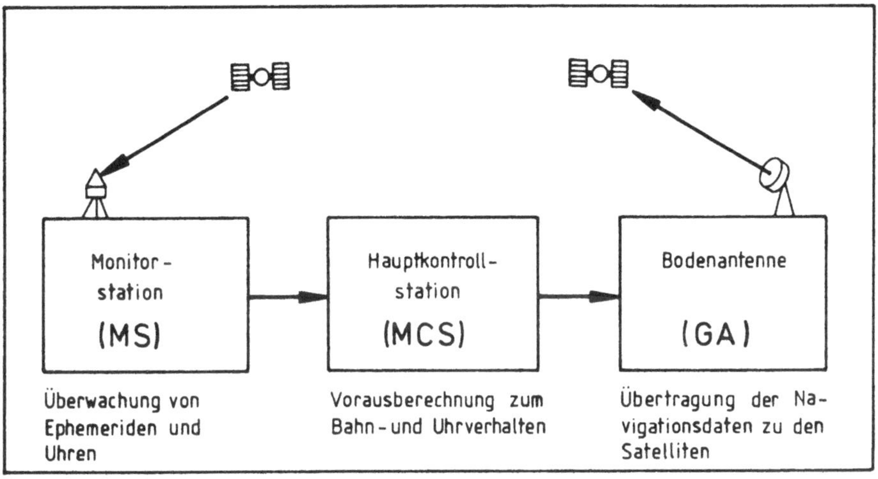

Abb. 7.6. Datenfluß zur Ephemeridenbestimmung

daß beide Uhren streng synchronisiert sind. Die gemessenen Laufzeiten enthalten folglich einen systematischen Synchronisationsfehler (time bias). Die hieraus errechneten Entfernungen werden *Pseudoentfernungen* (pseudoranges) genannt. Das grundlegende Meßprinzip von GPS besteht also in der Bestimmung von Pseudoentfernungen. Aus Abb. 7.2 ist ersichtlich, daß die gleichzeitige Messung von 4 Pseudoentfernungen zur Bestimmung der Koordinaten der Beobachterantenne sowie des Uhrsynchronisationsfehlers führt. Hierzu ist als weitere Voraussetzung die Kenntnis der Satellitenpositionen und der Satellitenzeit erforderlich (vgl. [7.3.1]).

Da GPS als Echtzeit-Navigationsverfahren konzipiert ist, werden Pseudoranges aus der Laufzeit von eindeutig identifizierbaren codierten Signalen abgeleitet. Es handelt sich um sogenannte PRN Codes (Pseudo Random Noise), einer Folge von + 1 und − 1 mit zufallsähnlichem Chrakter. Zwei Codes sind in Gebrauch; der *P-Code* (Precise) hat eine Länge von 267 Tagen mit einer Frequenz von 10,23 MHz und ist beiden Trägerwellen aufmoduliert. Jeder Satellit enthält ein 7 Tage langes Stück dieses Codes. Zu Beginn jeder GPS-Woche um 0 h UT in der Nacht von Sonnabend auf Sonntag wird das Segment auf den Anfang zurückgesetzt.

Der *C/A Code* (Clear/Acquisition) hat eine Länge von nur 1 Millisekunde bei einer Frequenz von 1,023 MHz und wird nur auf dem Träger L1 übertragen. Detaillierte Informationen über Struktur und Erzeugung der Codes findet man u.a. bei *Spilker* (1978).

Zur Bestimmung der Signallaufzeit benötigt der Nutzer eine Kopie des Codes in seinem Empfänger. Die Codesequenz im Empfänger wird schrittweise phasenverschoben und mit dem empfangenen Codesignal korreliert, bis maximale Korrelation erreicht ist. Die notwendige Phasenverschiebung ist ein Maß für die Laufzeit (vgl. [7.3.2]).

Für genaue geodätische Anwendungen werden Pseudoranges aus Messungen der Phasenlage des Trägersignals abgeleitet. Hierbei tritt jedoch das Problem der Mehrdeutigkeitsbestimmung auf. Dieses wird ausführlich in [7.3.4] behandelt.

Bei GPS-Beobachtungen hat man es dementsprechend mit drei Typen von Signalen zu tun, den Träger-, Code- und Datensignalen. Die wesentlichen Merkmale dieser Signale sind in Tabelle 7.2 zusammengestellt. Die Signalstruktur erlaubt sowohl die Messung der Phasenlage und der Phasenverschiebung (Dopplereffekt) als auch der direkten Signalausbreitung. Die erforderliche Bandbreite wird durch Phasenmodulation (0° bzw. 180°) des PRN Codes erzielt (Abb. 7.7).

Tab. 7.2. GPS Satellitensignale (bps = Bit pro Sekunde)

Atomuhr (Cs, Rb) Grundfrequenz	10,23 MHz
L1-Trägersignal	154 × 10,23 MHz
Frequenz	1575,42 MHz
Wellenlänge	19,05 cm
L2-Trägersignal	120 × 10,23 MHz
Frequenz	1227,60 MHz
Wellenlänge	24,45 cm
P-Code	
Frequenz	10,23 MHz (Mbps)
Wellenlänge	29,31 m
Zykluslänge	267 Tage; 7 Tage/Satellit
C/A-Code	
Frequenz	10,23 MHz (Mbps)
Wellenlänge	293,1 m
Zykluslänge	1 Millisekunde
Datensignal Frequenz	50 bps
Zykluslänge	30 s

Das Spektrum des P-Codes hat eine Bandbreite von etwa 20 MHz; dies entspricht bei gutem Signal/Rauschverhältnis einer Zeitauflösung von 1 ns ≙ 30 cm. Für den C/A Code beträgt die Bandbreite etwa 2 MHz, entsprechend einer 10-fach geringeren Auflösung. Insgesamt hat das L1-Signal die folgende Struktur

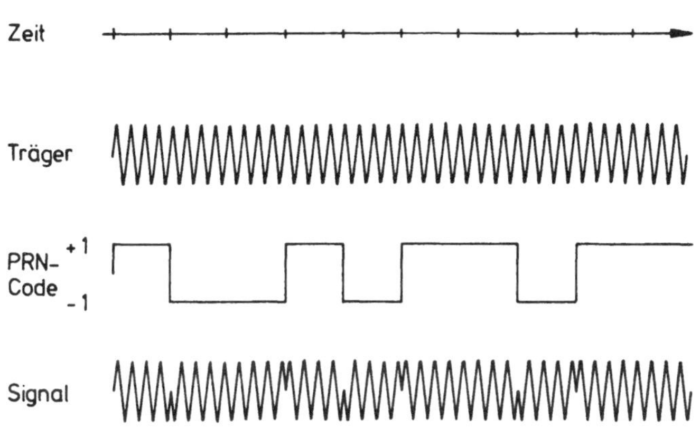

Abb. 7.7. Struktur der GPS Satellitensignale

$$S_{L1}(t) = A_p P_i(t) D_i(t) \cos(\omega_1 t + \Phi) + A_c C_i(t) D_i(t) \sin(\omega_1 t + \Phi) \quad (7.1)$$

mit

A_p	Amplitude des P-Codes
$P_i(t)$	P-Code mit Status ± 1
$D_i(t)$	Datenstrom mit Status ± 1
A_c	Amplitude des C/A-Codes
$C_i(t)$	C/A-Code mit Status ± 1
$\cos(\omega_1 t + \Phi) = \text{L1}$	Trägersignal.

Der Index i gilt für den i-ten Satelliten.

Das L2-Signal besitzt eine einfachere Struktur, da es nicht den C/A-Code enthält

$$S_{L2}(t) = B_p(t) P_i(t) D_i(t) \cos(\omega_2 t + \Phi), \quad (7.2)$$

wobei B_p die Signalamplitude am Satelliten darstellt. $P_i(t)$ ist wiederum der P-Code für den i-ten Satelliten und zeitlich mit den L1-Codes synchronisiert. Träger und Code sind ebenfalls synchron zueinander.

Der direkte Zugang zum P-Code ist nur für solche Empfänger möglich, die sehr genau mit der GPS-Systemzeit synchronisiert sind und deren Antennenposition näherungsweise auf 3–6 km bekannt ist. Im allgemeinen wird der Zugang zum P-Code mit Hilfe des wesentlich kürzeren C/A-Codes realisiert. Hierzu dient das *Übergangswort* HOW (Hand Over Word). Dieses enthält den sogenannten *Z-Count* und erscheint in jedem Unterrahmen des Datensignals (vgl. [7.1.5]). Der *Z*-Count ist als ganze Anzahl von 1,5 Sekunden-Perioden seit Beginn der GPS-Woche definiert und identifiziert damit den Beginn eines Datensatzes in GPS-Zeit. Mit Hilfe des *Z*-Counts ist der Zugang zum P-Code innerhalb der folgenden 6 Sekunden möglich. Näheres hierzu siehe (*van Dierendonck* u.a. 1978, *Spilker* u.a. 1978).

7.1.5 Bahnbestimmung und Bahnrepräsentation

7.1.5.1 Bestimmung der Broadcast-Ephemeriden

Zur Lösung der Navigationsaufgabe müssen Satellitenpositionen und Satellitenzeit in Echtzeit dem Nutzer verfügbar sein. Dies wird durch die im Datensignal enthaltenen Bahninformationen, die *Navigation Message* ermöglicht, die durch das Kontrollsegment bestimmt und über die Satelliten den Nutzern zugänglich gemacht werden.

Diese *Broadcast-Ephemeriden* werden in zwei Schritten erzeugt (*Swift* 1985). Im ersten Schritt ("off-line") wird aufgrund 7-tägiger Beobachtungen auf 5 Monitorstationen eine *Referenzephemeride* mit Hilfe eines leistungsfähigen Bahnberechnungsprogramms erzeugt (vgl. [3.3.2.2]). Im zweiten ("on-line") Schritt dienen die Abweichungen zwischen aktuellen Beobachtungen der Monitorstationen und der Referenzephemeride dazu, Korrekturwerte für die Bahn im Zuge eines linearen Kalmanfilterprozesses zu ermitteln und zu prädizieren.

Hierzu werden auf allen Monitorstationen im Abstand von 6 Sekunden Pseudoentfernungs- und integrierte Dopplerbeobachtungen zu allen sichtbaren Satelliten durchgeführt. Die Daten werden wegen bekannter Effekte korrigiert (z.B. Ionosphäre, Troposphäre, relativistische Effekte), über 15 Minuten Intervalle geglättet und erzeugen für jedes Intervall 2 Beobachtungen je Station und Satellit. Diese Beobachtungen finden Eingang in den Kalmanfilterprozeß und dienen zur Schätzung für

- 6 Bahnparameter je Satellit
- 3 Uhrparameter je Satellit
- 3 Parameter für Strahlungsdruck je Satellit
- 2 Uhrparameter je Monitorstation
- 1 troposphärischer Maßstabsfaktor je Monitorstation
- 3 Polbewegungsparameter.

Die geschätzten Elementenstörungen werden genutzt, um die Referenzephemeride zu verbessern und die Broadcastephemeriden zu erzeugen. In entsprechender Weise wird das Satellitenuhrverhalten prädiziert und in Form eines Zeitpolynoms 2. Grades in das Datensignal der Satelliten eingespeichert. Der gesamte Ablauf ist in Abb. 7.6 schematisch dargestellt. Die Berechnung der Satellitenbahnen erfolgt mit den Schwerefeldparametern und den Koordinaten der Monitorstationen im geodätischen Weltsystem 1984 (WGS84).

7.1.5.2 Bahnrepräsentation

Die aktuellen Satellitenpositionen werden als Ergebnis des Kalmanfilterprozesses in Form einer Keplerellipse mit zusätzlichen Störparametern dargestellt. In Tabelle 7.3 sind die Parameter nachgewiesen, durch die die Ephemeriden und das Satellitenuhrverhalten beschrieben werden. Die Parameter beziehen sich jeweils auf eine bestimmte Referenzepoche t_{0e} bzw. t_{0c} und beschreiben die Satellitenbahn für ein Zeitintervall von etwa 2 Stunden vor und 2 Stunden nach dem Referenzzeitpunkt. Auf diese Weise geschieht die Bahnrepräsentation durch eine Folge verschiedener gestörter Keplerbahnen.

Da alle 60 Minuten ein neuer Datensatz verfügbar ist, entstehen kleine Sprünge zwischen den Repräsentationen im Überlappungsbereich (Abb. 7.8). Diese Sprünge können wenige Dezimeter erreichen und durch geeignete Approximationstechniken, beispielsweise Tschebyscheff Polynome, geglättet werden [3.3.3.2]. Wenn sich die prädizierte Broadcastephemeride auf ver-

Tab. 7.3. Parameter für die Repräsentation der Bahnephemeriden

Zeitangaben	
t_{0e}	Referenzzeit für die Ephemeriden
t_{0c}	Referenzzeit für die Uhrparameter
a_0, a_1, a_2	Polynomkoeffizienten für die Uhrkorrektion (Bias, Drift, Ageing)
AODE	Verstrichene Zeit seit der letzten Aufdatierungsmessage (Age of Data, Ephemeris)
AODC	Age of Data Clock
Keplerparameter	
$\sqrt{A}$	Wurzel aus der großen Halbachse
e	Exzentrizität
i_0	Inklination zur Referenzzeit
Ω_0	Rektaszension des aufsteigenden Knotens zur Referenzzeit
ω	Argument des Perigäums
$\overline{M}$	Mittlere Anomalie zur Referenzzeit
Störungsparameter	
Δn	Differenz der mittleren Bewegung zum berechneten Wert
$\dot{\Omega}$	Änderungsrate der Rektaszension
$\dot{i}$	Änderungsrate der Inklination
C_{us}	Amplitude der Sinusharmonischen zur Korrektur des Arguments der Breite
C_{uc}	Amplitude der Cosinusharmonischen zur Korrektur des Arguments der Breite
C_{is}	Amplitude der Sinusharmonischen zur Korrektur der Inklination
C_{ic}	Amplitude der Cosinusharmonischen zur Korrektur der Inklination
C_{rs}	Amplitude der Sinusharmonischen zur Korrektur des Bahnradius
C_{rc}	Amplitude der Cosinusharmonischen zur Korrektur des Bahnradius

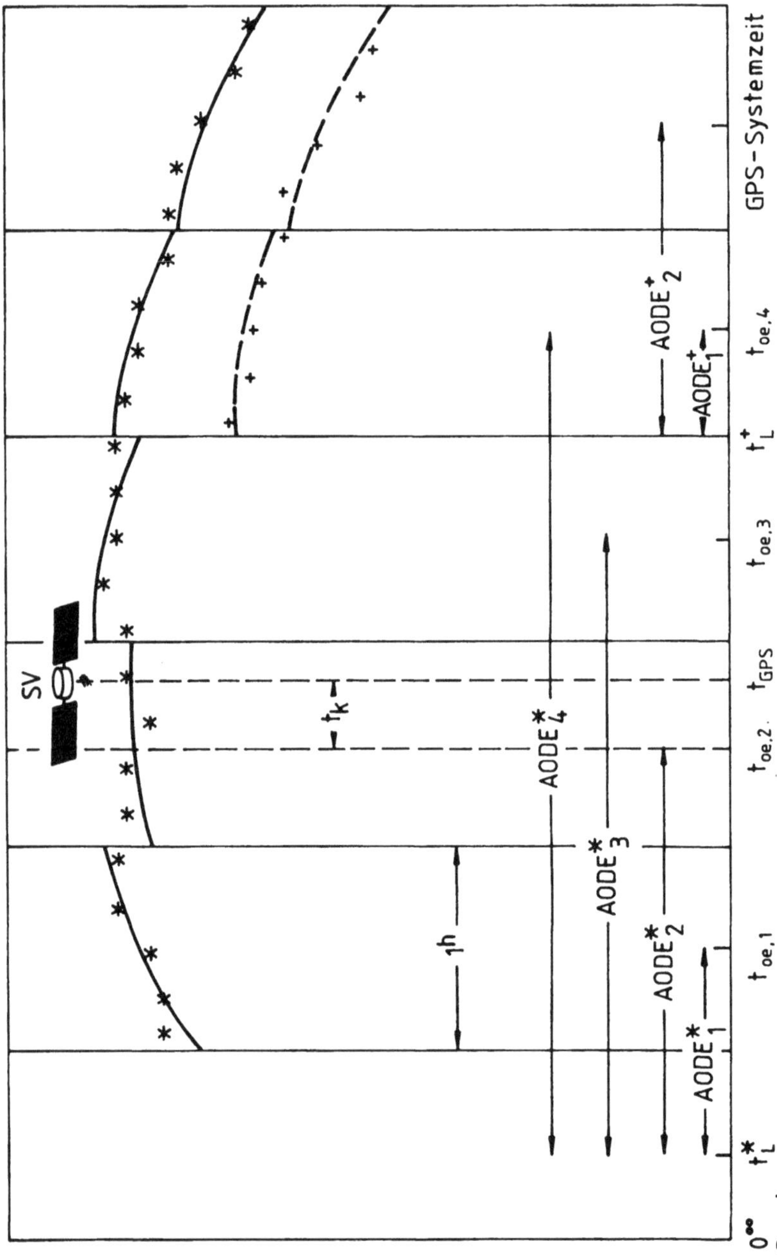

Abb. 7.8. Teilsegmente der Broadcastmessage

schiedene Aufdatierungsdatensätze bezieht, können die Sprünge noch größer werden.

Die Parameter der Tabelle 7.3 werden genutzt, um die Satellitenzeit und die Satellitenkoordinaten zu berechnen. Die erste Gruppe von Parametern dient zur Zeitkorrektur. Die zweite Gruppe beschreibt eine Keplerellipse zur Referenzzeit, und die dritte Gruppe enthält 9 Störparameter. Diese sind

Δn	säkulare Drift $d\omega/dt$ aufgrund der 2. zonalen Harmonischen (C_{20}). Absorbiert auch Effekte der Sonnen- und Mondgravitation und des Sonnen-Strahlungsdrucks während des Glättungsintervalls
$\dot{\Omega}$	Säkulare Drift in der Rektaszension des Knotens aufgrund von C_{20}; enthält auch Anteile der Polbewegung
C_{us}, C_{uc}	Kurzperiodische Effekte von C_{20}. Enthalten auch Effekte höherer
C_{is}, C_{ic}	Ordnung und kurzperiodische Effekte der Mondgravitation (bei
C_{rs}, C_{rc}	kürzester Mondentfernung) sowie andere Störungen.

In Abbildung 7.9 sind die Kepler- und Störparameter verdeutlicht. Es muß beachtet werden, daß der Parameter Ω_0 der Satelliten-Message nicht vom Frühlingspunkt ϒ sondern vom Nullmeridian X_T aus gezählt wird. Es handelt sich streng genommen also nicht um einen Rektaszensionswert sondern um einen Längenwert.

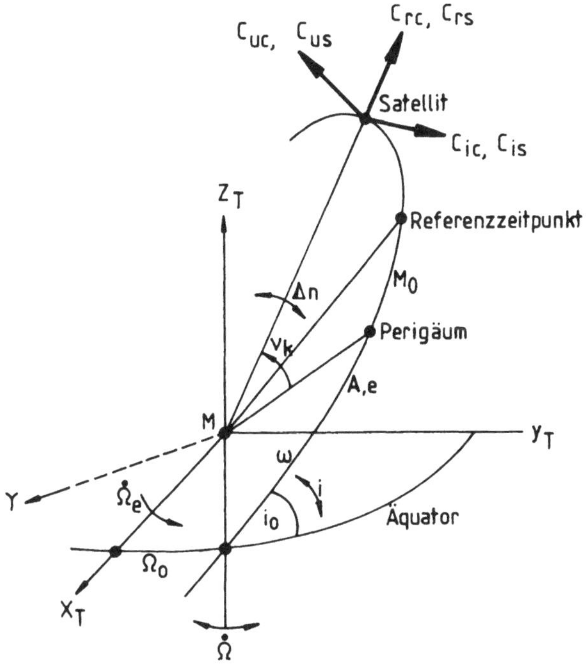

Abb. 7.9. Kepler- und Störparameter in der Broadcastmessage

7.1.5.3 Berechnung der Satellitenzeit und der Satellitenkoordinaten

Die GPS-Systemzeit wird durch eine Wochennummer und die Zahl der Sekunden innerhalb der Woche angegeben; damit kann die GPS-Zeit Werte zwischen 0 am Wochenanfang und 604 800 am Wochenende annehmen. Anfangsepoche ist der 5. Januar 1980, 0 UTC. Deswegen startet die GPS-Woche um Mitternacht zwischen Sonnabend und Sonntag. GPS-Systemzeit ist eine kontinuierliche Zeitskala und wird durch die Hauptuhr in der Master Control Station definiert. Wegen der Schaltsekunden in der UTC Zeitskala und der Drift in der Hauptuhr sind GPS-Systemzeit und UTC nicht identisch [2.2.4]. Die Differenz wird kontinuierlich vom Kontrollsegment berechnet und mit der Navigationsmessage verbreitet. Anfang 1987 betrug die Differenz etwa 4 Sekunden (GPS Zeit voraus).

Aufgrund konstanter und unregelmäßiger Frequenzfehler der Oszillatoren in den Satelliten unterscheidet sich die individuelle Satellitenuhr von der GPS Systemzeit. Das Uhrverhalten wird vom Kontrollsegment überwacht und in Form eines Polynoms 2. Grades prädiziert. Die Koeffizienten sind in der ersten Parametergruppe der Tabelle 7.3 enthalten. Die Korrektur der Satellitenzeit t_{SV} auf GPS Systemzeit t erfolgt nach

$$t = t_{SV} - \Delta t_{SV} \tag{7.3}$$

mit

$$\Delta t_{SV} = a_0 + a_1(t - t_{0c}) + a_2(t - t_{0c})^2 \tag{7.4}$$

t_{0c} ist die Referenzzeit für die Koeffizienten a_0, a_1, a_2.

Im Rechenprozeß kann t ohne Genauigkeitsverlust durch t_{SV} ersetzt werden. Für die Drift der Satellitenuhr folgt durch Differentiation von (7.4)

$$\Delta\dot{t}_{SV} = a_1 + 2a_2(t - t_{0c}). \tag{7.5}$$

Der Parameter AODC (Age of Data Clock) und entsprechend AODE gibt an, wieviel Zeit seit der letzten Aufdatierungsmessung verstrichen ist und eröffnet damit eine Möglichkeit zur Gewichtung im Ausgleichungsalgorithmus.

Die Berechnung der Satellitenkoordinaten X_k, Y_k, Z_k für einen gegebenen Zeitpunkt t erfolgt im erdfesten geozentrischen Koordinatensystem X_T, Y_T, Z_T (vgl. [2.1.2]). Die seit der Referenzepoche t_{0e} verstrichene Zeit t_k ist

$$t_k = t - t_{0e}. \tag{7.6}$$

Hierbei muß ein eventueller Wochenübergang beachtet werden.

Weiterhin werden benötigt

$GM = 3{,}986005 \cdot 10^{14}\ \text{m}^3/\text{s}^2$ WGS 84 Wert für die Geozentrische Gravitationskonstante (7.7)

$\dot{\Omega}_e = 7{,}292115 \cdot 10^{-5}$ rad/s — WGS 84 Wert für die Erdrotationsgeschwindigkeit (7.8)

Es gilt ferner

$A = (\sqrt{A})^2$ — Große Halbachse (7.9)

$n_0 = \sqrt{\frac{GM}{A^3}}$ — Berechnete mittlere Bewegung (7.10)

$n = n_0 + \Delta n$ — Korrigierte mittlere Bewegung (7.11)

$\overline{M}_k = \overline{M}_0 + nt_k$ — Mittlere Anomalie. (7.12)

Keplers Gleichung für die exzentrische Anomalie

$$E_k = \overline{M}_k + e \sin E_k \tag{7.13}$$

muß iterativ gelöst werden. Wegen der sehr kleinen Exzentrizität der GPS Bahnen ($e < 0{,}01$) genügen in der Regel zwei Schritte

$$\begin{aligned} E_0 &= \overline{M} \\ E_i &= \overline{M} + e \sin E_{i-1}, \qquad i = 1, 2, 3 \ldots \end{aligned} \tag{7.14}$$

Die weitere Koordinatenberechnung erfolgt nach den Formeln (7.15) bis (7.29).

$$\cos \nu_k = \frac{\cos E_k - e}{1 - e \cos E_k} \tag{7.15}$$

Wahre Anomalie

$$\sin \nu_k = \frac{\sqrt{1 - e^2} \sin E_k}{1 - e \cos E_k} \tag{7.16}$$

$\Phi_k = \nu_k - \omega$ — Argument der Breite (7.17)

$\delta u_k = C_{uc} \cos 2\Phi_k + C_{us} \sin 2\Phi_k$ — Breitenkorrektion (7.18)

$\delta r_k = C_{rc} \cos 2\Phi_k + C_{rs} \sin 2\Phi_k$ — Radiuskorrektion (7.19)

$\delta i_k = C_{ic} \cos 2\Phi_k + C_{is} \sin 2\Phi_k$ — Inklinationkorrektion (7.20)

$u_k = \Phi_k + \delta u_k$ — Korrigiertes Argument der Breite (7.21)

$r_k = A(1 - e \cos E_k) + \delta r_k$ — Korrigierter Radius (7.22)

$i_k = i_0 + \dot{i} t_k + \delta i_k$ — Korrigierte Inklination (7.23)

$X'_k = r_k \cos u_k$ — Koordinaten in der (7.24)

$Y'_k = r_k \sin u_k$ — Bahnebene (7.25)

$$\Omega_k = \Omega_0 + (\dot{\Omega} - \dot{\Omega}_e)t_k - \dot{\Omega}_e t_{0e}$$ Korrigierte Länge des aufsteigenden Knotens (7.26)

$$X_k = X_k' \cos\Omega_k - Y_k' \sin\Omega_k \cos i_k$$ geozentrische, (7.27)

$$Y_k = X_k' \sin\Omega_k + Y_k' \cos\Omega_k \cos i_k$$ erdfeste (7.28)

$$Z_k = Y_k' \sin i_k$$ Satellitenkoordinaten (7.29)

In der Gleichung (7.26) wird die Beziehung zwischen dem Frühlingspunkt ϒ und der aktuellen Lage des Nullmeridians aufgrund der Erdrotation implizit berücksichtigt.

7.1.5.4 Struktur der GPS Navigationsdaten

Die Struktur der GPS Navigationsdaten, der sogenannten *Message*, ist in Abbildung 7.10 dargestellt. Durch Dekodierung des Datensignals (vgl. [7.1.4]) erhält der Nutzer Zugang zu den Navigationsdaten. Für empfängerinterne Navigationslösungen wird die Dekodierung empfängerseitig vorgenommen. Bei Entwicklung unabhängiger Auswerteprogramme ist in der Regel auch ein Dekodierungsprogramm erforderlich.

Bei einer Bitrate von 50 bps und einer Zykluszeit von 30 Sekunden beträgt der gesamte Informationsgehalt des Navigationsdatensatzes 1500 Bit. Der Datenrahmen ist in 5 Unterrahmen von je 6 Sekunden Dauer (≙ 300 Bit) eingeteilt. Jeder Unterrahmen enthält 10 Worte von je 30 Bit Länge, wobei je 6 Prüfbits sind. Die ersten beiden Worte eines jeden Unterrahmens sind das *Telemetriewort* TLM und das C/A-P-Code *Übergangswort* HOW (Hand Over Word). Das TLM Wort enthält ein Synchronisationsmuster, durch das der Zugang zu den Navigationsdaten erleichtert wird.

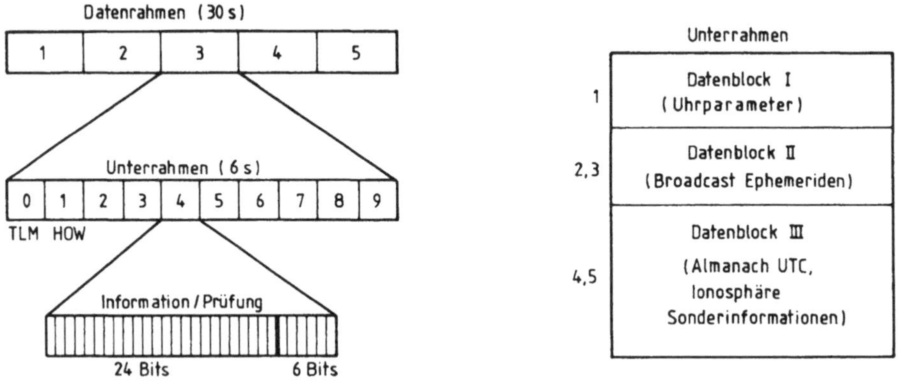

Abb. 7.10. Struktur der GPS Navigationsdaten

Der Navigationsdatensatz kann in 3 Datenblöcke unterteilt werden.

Datenblock I erscheint im 1. Unterrahmen und enthält Koeffizienten zum Satellitenuhrverhalten.

Datenblock II erscheint im 2. und 3. Unterrahmen und enthält die Parameter zur Berechnung der Broadcast Ephemeriden.

Datenblock III erscheint im 4. und 5. Unterrahmen und enthält die Almanachdaten mit Uhr- und Ephemeridenparametern für alle Satelliten des Systems, sowie Korrekturparameter zur ionosphärischen Laufzeitverzögerung. Weiterhin sind spezielle alphanumerische Informationen für zukünftige Systemnutzer vorgesehen, die jedoch für zivile Nutzer weitgehend unzugänglich sein werden.

Die Unterrahmen 4 and 5 werden im Gegensatz zu den anderen Blöcken nicht alle 30 Sekunden wiederholt. Es gibt insgesamt 25 Seiten der Unterrahmen 4 und 5, die aufeinanderfolgend erscheinen, so daß der gesamte Informationsgehalt nach 12,5 Minuten übermittelt wird. In diesen Seiten sind die *Almanachdaten* jeweils eines Satelliten der gesamten Konstellation nachgewiesen. Dies sind Parameter für die Ephemeridenrepräsentation, Satellitenuhrkorrektionen, Identifikationsnummer und den Satellitenzustand. Mit Hilfe der weniger genauen Almanachdaten kann der Nutzer Satellitenvorhersagen rechnen und die Satellitensignale schneller erfassen.

Eine detaillierte Darstellung des Datenformats der GPS Navigationsdaten findet man bei *Van Dierendonck* u.a. (1978) sowie *Payne* (1982). Diese Literaturstellen enthalten die wichtigsten Informationen, um Rechenprogramme für die Dekodierung der Satellitendaten zu entwickeln.

7.1.6 Systementwicklung

Bei den bis Ende 1985 gestarteten Satelliten handelt es sich um *Prototypsatelliten* für Testzwecke (Block I Satelliten). Von insgesamt 10 erfolgreich gestarteten Satelliten waren Mitte 1987 noch 6 Satelliten nutzbar; ein weiterer Satellit zeigt Uhrprobleme und ist eingeschränkt nutzbar. Die Satelliten sind in 2 Bahnebenen von 63° Neigung angeordnet. In den meisten Teilen der Erde führt dies zu einer mehrstündigen Überdeckung mit wenigstens 4 Satelliten täglich, so daß eine Beobachtungsphase täglich möglich ist.

Der aktuelle Status der verfügbaren GPS Satelliten (Stand Mitte 1987) ist in Tabelle 7.4 nachgewiesen. Die Überdeckung für Hannover ist beispielsweise in Abb. 7.11 gezeigt.

Ursprünglich war geplant, die *operationellen Satelliten* (Block II) vollständig bis Ende 1988 mit Hilfe des Space Shuttle in den Orbit zu bringen. Aufgrund der aufgetretenen Probleme im amerikanischen Shuttleprogramm wird sich

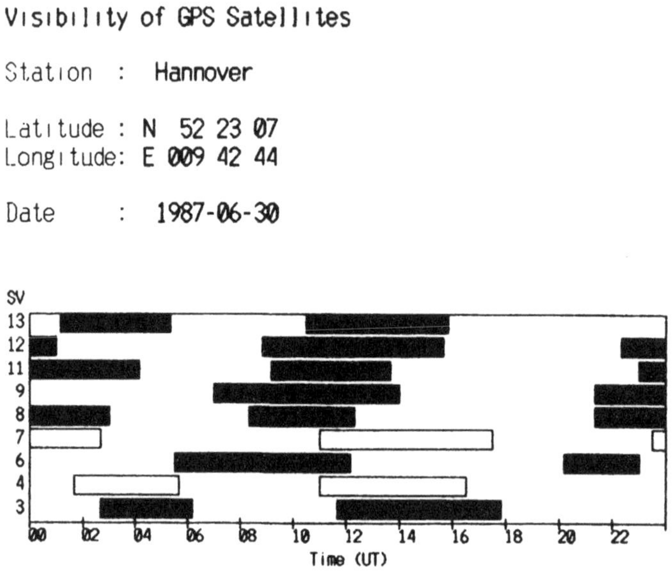

Abb. 7.11. Überdeckung mit Prototypsatelliten für Hannover (Mitte 1987)

dieser Zeitplan deutlich nach hinten verschieben; voraussichtlich wird ein Teil der Satelliten mit Raketen gestartet werden. Mit dem Beginn der Starts ist nicht vor Ende 1988 zu rechnen. Der vollständige Ausbau wird voraussichtlich 1990/1991 erreicht sein (vgl. Abb. 7.2). Da keine weiteren Prototypsatelliten mehr gestartet werden, wird sich bis zum Beginn der operationellen Phase die

Tab. 7.4. Prototyp GPS Satelliten (Block I)

Startfolge	PRN Code Satelliten	Startdatum	Status (Mitte 1987)
1	4	2/78	nicht operabel
2	7	5/78	nicht operabel
3	6	10/78	operabel
4	8	12/78	eingeschränkt operabel
5	5	2/80	nicht operabel
6	9	4/80	operabel
7	–	12/81	Fehlstart
8	11	7/83	operabel
9	13	6/84	operabel
10	12	9/84	operabel
11	3	11/85	operabel

Überdeckungssituation bei Ausfall einzelner Satelliten möglicherweise verschlechtern. Ab 1989 ist mit einer sich rasch verbessernden Situation zu rechnen.

7.2 GPS Empfänger (Nutzersegment)

Um Satellitensignale für die Navigation oder für geodätische Positionsbestimmung verwenden zu können, muß der Nutzer mit geeigneten Empfangsanlagen ausgestattet sein. Da sich GPS in der Aufbauphase befindet, schreitet die Empfängerentwicklung sehr rasch voran; Geräte der ersten Generation werden schnell wieder vom Markt verschwinden. In diesem Kapitel sollen deshalb vorrangig grundsätzliche Gesichtspunkte behandelt werden. Gegenwärtig aktuelle Gerätesysteme werden kurz und summarisch vorgestellt.

7.2.1 Empfängerkonzepte und Komponenten

Die Hauptkomponenten einer Empfangsanlage sind (Abb. 7.12)

- Antenne mit Vorverstärker
- Hochfrequenzteil für Signalidentifizierung und Signalverarbeitung
- Mikroprozessor für Empfängerkontrolle, Datenerfassung und Navigationslösung
- Nutzerkommunikation, Bedienungs- und Anzeigefeld, Datenspeicherung
- Präzisionsoszillator
- Stromversorgung.

Entsprechend den verschiedenen Datentypen und Signalverarbeitungsstrategien lassen sich GPS-Empfänger nach unterschiedlichen Gesichtspunkten in Gruppen einteilen. Die wichtigste Untergliederung erfolgt in

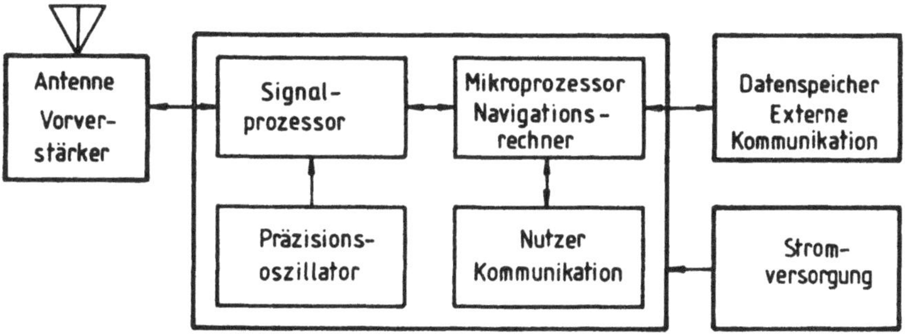

Abb. 7.12. Schematischer Aufbau eines GPS Empfängers

- codeabhängige und
- codefreie Empfänger.

Codeabhängige Empfänger sind für die Navigation unverzichtbar, da nur sie den unmittelberen Zugang zu den Broadcast Navigationsdaten ermöglichen. *Codefreie Empfänger* werden unter der Annahme entwickelt und propagiert, daß nach Fertigstellung des GPS Systems möglicherweise nicht mehr alle Codes frei zugänglich sein werden. Vom Meßprinzip her ist dieser Einteilung die folgende Untergliederung weitgehend äquivalent [7.2.2, 7.2.3]

- Empfänger mit Korrelationstechnik
- Empfänger mit Quadriertechnik.

Eine weitere Einteilungsmöglichkeit nach Datentypen führt zu Empfängern mit

- C/A-Code
- C/A-Code + L1 Trägerphase
- C/A-Code + L1, L2 Trägerphase
- C/A-Code + P-Code + L1, L2 Trägerphase
- L1 Trägerphase
- L1, L2 Trägerphase.

Weitere Kombinationen, einschließlich Doppler- und Zeitmessungen sind möglich. Im Hinblick auf die technische Realisierung erfolgt eine Einteilung in

- Mehrkanalempfänger
- sequentielle Empfänger
- Multiplexempfänger.

Schließlich läßt sich eine Einteilung nach dem Anwenderkreis finden

- militärische Empfänger
- zivile Empfänger
- Navigationsempfänger
- Zeitempfänger
- geodätische Empfänger.

Alle genannten Einteilungen werden im Schrifttum und im Sprachgebrauch nebeneinander verwendet. Im Rahmen dieses Buches erfolgt eine Behandlung nach codeabhängigen und codefreien Empfängern.

Für geodätische Anwendungen ist es zwingend erforderlich, daß die Trägerphasen als Meßgrößen verfügbar sind [7.3.1]. Wenn größere Stationsentfernungen (> 10 km) überbrückt werden sollen, ist außerdem der Zugang zur zweiten Frequenz (L2) wesentlich [7.4.4].

Angesichts des hohen Genauigkeitspotentials muß in zunehmendem Maße auf die Qualität des Antennendesigns geachtet werden. Für GPS wurden bislang vorrangig vier Antennentypen verwendet (Abb. 7.13)

Monopole oder Dipole
Vierfache Helix
Spiralhelix
Microstrip.

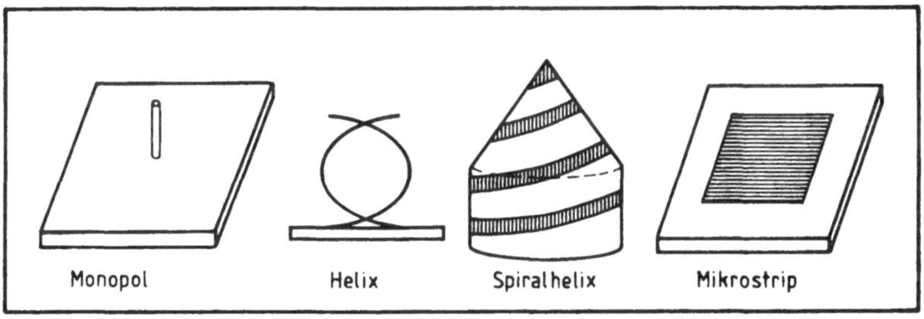

Abb. 7.13. Antennentypen

GPS Antennen müssen wegen der Signalstruktur circular polarisiert sein. Sie müssen Empfang aus allen Richtungen der sichtbaren Hemisphäre gestatten. Um Mehrwegereflexionen (Multipath) auszuschalten, müssen sie entsprechend abgeschirmt sein, beispielsweise durch eine Grundplatte. In der Regel enthalten die Antennen direkt einen Vorverstärker, um Signalverluste zu minimieren und Störeinflüsse zu verhindern.

Die Antennen der ersten Empfängergenerationen sind noch nicht in allen Fällen optimal für geodätische Anwendungen geeignet. Möglicherweise wird es in Zukunft auswechselbare Antennen für unterschiedliche Aufgabenstellungen geben. Vor allem ist es von Bedeutung, das Antennenphasenzentrum scharf zu definieren, wenn Koordinaten und Höhen mit einer Genauigkeit < 1 cm bestimmt werden sollen. Variationen der Phasenzentren müssen erfaßt werden [7.4.5].

7.2.2 Codeabhängige Empfänger

7.2.2.1 Grundsätzlicher Aufbau

Wesentliche Beobachtungsgröße eines codeabhängigen Empfängers ist die Pseudoentfernung aus Codemessungen. Dabei wird die Phasenlage des empfangenen Codes mit der Phasenlage einer Kopie des Codes im Empfänger durch Korrelationstechnik verglichen [7.3.2]. Die Meßgröße wird deshalb auch als *Codephase* bezeichnet. Der Nutzer muß eine a priori Kenntnis über den Code besitzen und den Code im Empfänger erzeugen. Empfangener und generierter Code werden miteinander korreliert und solange schrittweise gegeneinder phasenverschoben, bis maximale Korrelation erreicht ist. Die zugehörige Zeitverschiebung (time delay) wird über die Signalausbreitungsgeschwindigkeit in eine Entfernung skaliert. Die Pseudorangemessungen können sowohl mit dem C/A-Code als auch mit dem P-Code erfolgen.

Der Korrelationsprozeß erfolgt in einer Regelschleife (Code tracking loop) in einem *Empfangskanal*. GPS Empfänger haben einen oder mehrere Kanäle. Ein Kanal besteht aus der Hardware (Hochfrequenzteil und digitale Komponenten) und aus der Software, mit deren Hilfe die Signale eines GPS Satelliten auf einer oder beiden Trägerfrequenzen verfolgt werden. Wenn das empfangene Codesignal mit dem generierten Code in der Regelschleife übereinstimmt, dann steht die Ablesung der Satellitenuhr für den Zeitpunkt der Signalaussendung als Information zur Verfügung. In einer zweiten Regelschleife (carrier tracking loop) wird die Bitinformation der Satellitenmessage entnommen, und es wird durch Trennung von Code und Träger die Trägerphasenmessung ermöglicht [7.3.1]. Die Technik wird auch *Rekonstruktion des Trägers* genannt. Als Regelschleife wird hier häufig eine sogenannte *Costasloop* verwendet. Ein hochentwickelter Korrelations-Empfangskanal liefert folglich an Ausgaben

- Codephasen
- Trägerphasen
- Änderung der Trägerphasen (Dopplerfrequenz)
- Satellitenmessage.

Zwei unterschiedliche Typen von Empfangskanälen finden Verwendung.

Ein *Kanal mit Multiplextechnik* schaltet sehr schnell zwischen verschiedenen Satelliten und ggf. den beiden Frequenzen L1, L2. Die Umschaltrate ist synchron mit der Rate der Navigationsmessage, nämlich 50 bps oder 20 ms pro Bit; dabei wird eine komplette Sequenz nach 20 ms oder bei Zweifrequenzempfängern nach 40 ms abgeschlossen. Die Navigationsmessage wird kontinuierlich erfaßt. Auf diese Weise können mit einem einzelnen hardwaremäßig realisierten Kanal in sehr kurzer Zykluszeit alle sichtbaren Satelliten auf beiden Frequenzen angemessen werden. Wegen der kurzen Schaltrate gelingt es, den Träger kontinuierlich zu verfolgen und kontinuierliche Trägerphasenmessungen vorzunehmen.

Bei einem *Kanal mit Umschalttechnik* werden die Satellitensignale der Reihe nach in wesentlich langsamerer Sequenz verfolgt. Die Umschaltrate ist asynchron mit der Datenrate; dadurch kann die vollständige Satellitenmessage (Datensignal) erst nach mehreren Sequenzen erfaßt werden. Gelegentlich wird deshalb ein Extrakanal für die Aufnahme des Datensignals genutzt. Die Phasenbeziehung des Trägers geht nach einem kompletten Umschaltzyklus, der einige Minuten dauern kann, verloren. Deshalb sind Empfangskanäle dieses Typs nicht für Trägerphasenmessungen geeignet.

Wenn die Umschaltrate so kurz ist, daß die Trägerphasenbeziehung durch Prädiktion erhalten bleibt, spricht man von einem *Kanal mit schneller Umschalttechnik* (fast switching channel). Die Zykluszeit darf hierbei wenige Sekunden nicht übersteigen. Bei bewegter Antenne kann es leicht zu Schwierigkeiten kommen, denen aber durch Veränderung der Bandbreite des Empfangssignals entsprochen werden kann.

Die verschiedenen Typen von GPS-Empfangskanälen sind in Abb. 7.14 gegenübergestellt.

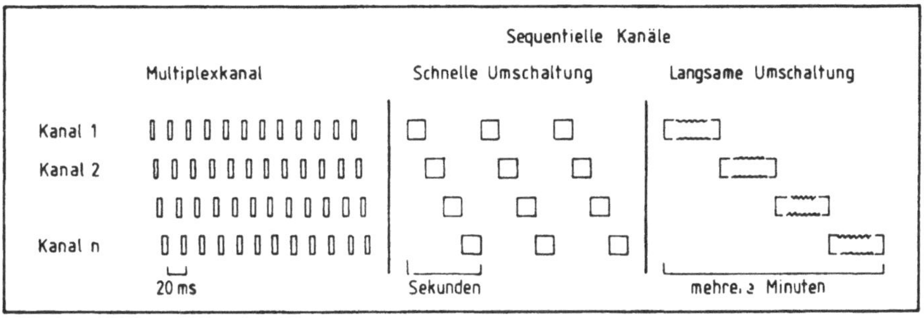

Abb. 7.14. GPS-Empfangskanäle für Codephasenmessung

Ein Satellitenempfänger verfügt über einen oder mehrere hardwaremäßig ausgebildete Kanäle. *Einkanalempfänger* verwenden sequentielle oder Multiplextechnik, um mehrere Satelliten zu erfassen. Bei vier oder mehr parallel ausgebildeten Kanälen entfällt die Notwendigkeit des Umschaltens. Diese Empfänger heißen auch *Mehrkanalempfänger*. Überwiegend spricht man auch bei Multiplexempfängern, bei denen mehrere Kanäle (Pseudokanäle) softwaremäßig realisiert sind, von Mehrkanalempfängern.

7.2.2.2 Beispiele für codeabhängige Empfänger

Bereits während der Probe- und Entwicklungsphase mit Prototypsatelliten wurden mehrere Empfangssysteme hergestellt, die für zivile geodätische Zwecke operationell eingesetzt werden können. Drei solcher Empfänger sollen beispielhaft kurz vorgestellt werden.

Beim *TI4100 GPS Navigator* von Texas Instruments (Abb. 7.15) handelt es sich um einen Multiplexempfänger, der auf beiden Trägerfrequenzen arbeitet. Meßgrößen sind

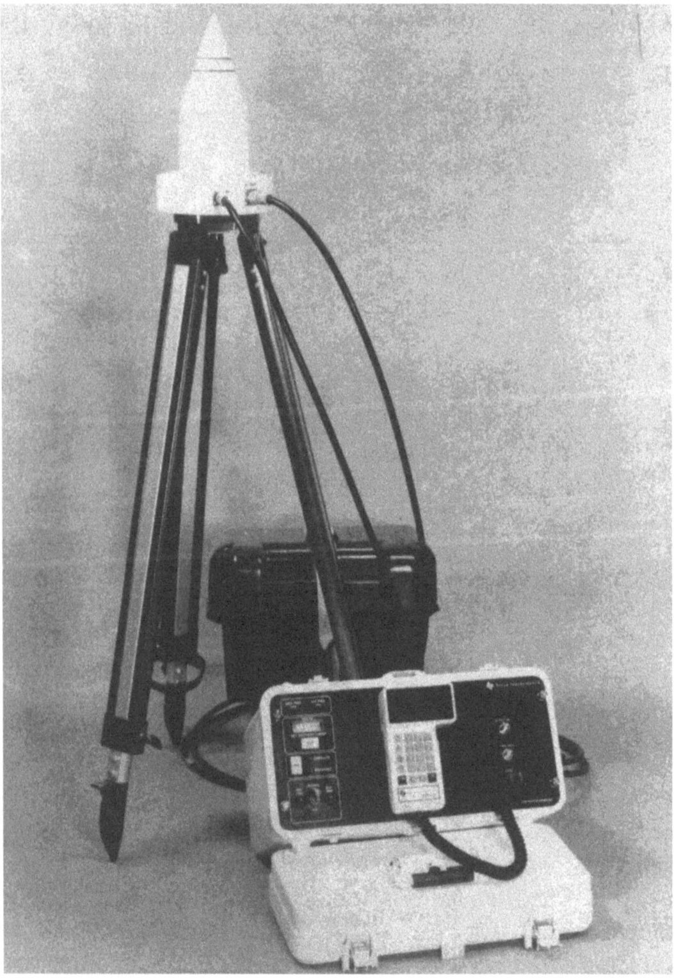

Abb. 7.15. TI 4100 (Texas Instruments)

P-Code Pseudoentfernungen auf L1 und L2
C/A Code Pseudoentfernungen auf L1
Trägerphasen auf L1 und L2.

Etwa alle drei Sekunden werden für 4 Satelliten auf 2 Frequenzen Meßdaten ausgegeben. Weiterhin stehen die Bahninformationen (Message) zur Verfügung. Das Instrument ist in einer PROM- und RAM-Version verfügbar. In der PROM-Version ist das Betriebs- und Auswerteprogramm im Empfänger fest installiert. In der RAM-Version muß das Betriebsprogramm über den zugehörigen Datenrecorder von einer Programmkassette (load tape) in den Programmspeicher eingelesen werden. Die Kommunikation zwischen Beobachter und Instrument erfolgt über die als Handgerät ausgelegte Kontroll- und Anzeigeeinheit (Control Display Unit CDU).

Das Gerät ist sowohl für Navigations- als auch für geodätische Anwendungen geeignet. Der eingebaute Mikroprozessor stellt für etwa alle 3 Sekunden in Echtzeit Positionen und Geschwindigkeiten zur Verfügung (User Solution). Die Echtzeitlösung sowie die Originalmeßdaten können über genormte Schnittstellen (RS232) an andere Systeme weitergeleitet oder auf dem zugehörigen Datenrecorder mit Datenkassetten registriert werden (vgl. auch [7.5]). Die konische Spiralantenne ist über ein 60 m-Kabel mit dem Empfänger verbunden. Zur gesamten Ausrüstung gehören

Antenne/Vorverstärker	1,7 kg	17 × 28 cm
Empfänger/Prozessor	24 kg	37 × 44 × 21 cm
Recorder	7 kg	36 × 21 × 20 cm
Anzeigeeinheit (CDU)	0,5 kg	18 × 11 × 5 cm.

Hinzu kommen noch zwei Transportkisten. Als Energiequelle werden 22...32 V Gleichstrom benötigt (88 W maximal im Operationsmodus, 15 W im Wartemodus).

Die Geräte werden seit 1984 weltweit in wissenschaftlichen und anwendungsorientierten Projekten eingesetzt [7.6]. Aus Meßdaten wurden folgende Werte für das Meßrauschen gefunden

P-Code	0,6...1 m
C/A-Code	6...10 m
Träger	2...3 mm

Weiterführende Literaturstellen zum TI4100 sind *Ward* (1982), *Henson* u.a. (1985). Zu Meßergebnissen siehe *Seeber* u.a. (1985).

Die Hersteller Wild (Heerbrugg/Schweiz) und Magnavox (Torrance/Californien) brachten 1986 einen gemeinsam entwickelten geodätischen Empfänger, den *Wild-Magnavox WM101* heraus (Abb. 7.16). Es handelt sich um einen 4-Kanal, C/A-Code, L1 Empfänger. Die Nutzung von L2 ist in einer weiteren Ausbaustufe vorgesehen (WM102). Beobachtungsgrößen sind Pseudoranges aus Code und Trägerphasenmessungen. Drei Kanäle dienen als Datenkanäle und können bis zu sechs Satelliten in einer schnellen sequentiellen Umschalttechnik (2 Sekunden/Zyklus) zugeordnet werden. Ein Kanal (housekeeping channel) erfaßt die Satellitenbahndaten und führt periodisch Kalibrierungsmessungen zwischen den Kanälen durch. Die Beobachtungen können auf einer eingebauten Datenkassette abgespeichert oder über Schnittstellen weiterge-

Abb. 7.16. Wild Magnavox WM 101

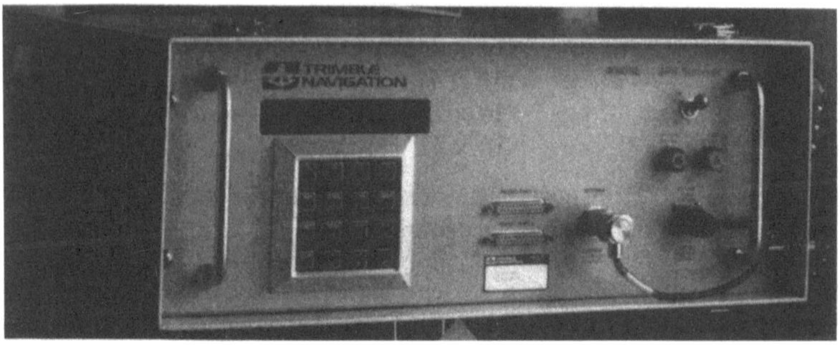

Abb. 7.17. Trimble 4000 SL GPS Surveyor

führt werden. Die Kommunikation mit dem Gerät erfolgt über ein alphanumerisches Anzeige- und Tastenfeld. Das Gerätesystem ist verhältnismäßig leicht, klein und robust. Der Empfänger wiegt 17 kg einschließlich interner Batterie und hat die Abmessungen 51 × 39 × 17 cm. Die Antenne wiegt lediglich 1,2 kg und hat die Abmaße 18 × 21 cm. Der durchschnittliche Energieverbrauch beträgt 23 W (voller Betrieb) und 3,5 W (Wartebetrieb). Die Meßgenauigkeit entspricht der des TI4100. Weiterführende Literaturstellen zu WM101 sind *Stansell* u.a. (1985), *Scherrer* (1985).

Der *Trimble 4000SL GPS Surveyor* (Abb. 7.17) besitzt 5 parallele Kanäle und kann bis zu 5 Satelliten simultan verfolgen. Meßdaten sind Pseudoentfernungen aus C/A-Code Messungen und Trägerphasendaten auf L1. Weiterhin ist die Satellitenmessage verfügbar. Das Gerät kann für Navigationszwecke eingesetzt werden und zeigt dazu Echtzeitpositionen an. Für geodätische Zwecke werden die Meßdaten auf einem eingebauten 1 MByte Festkörperspeicher registriert und können einer Mehrstationsauswertung zugeführt werden. Aufgrund von Messungen in Testgebieten hat sich gezeigt, daß für kürzere Entfernungen entsprechende Genauigkeiten erreicht werden wie bei TI4100 und WM101 (*Mc Arthur 1987*).

Weitere Empfänger, die auch für geodätische Anwendungen interessant sein dürften, sind in der Entwicklung. Tabelle 7.5 gibt eine kurze Übersicht über den Empfängermarkt (Stand Mitte 1987).

7.2.3 Codefreie Empfänger

7.2.3.1 Grundsätzlicher Aufbau

Codefreie GPS-Empfänger nutzen Satellitensignale ohne Kenntnis der Codes. Der Vorteil dieses Konzepts liegt darin, daß die Empfangssysteme von möglichen Codeveränderungen oder Zugangseinschränkungen in der operationellen Phase des GPS-Systems unbeeinfluß bleiben. Ein wesentlicher Nachteil des Konzepts besteht darin, daß die Broadcastephemeriden nicht aus den Satellitensignalen entnommen werden können und daß auch keine Zeitinformation genutzt werden kann. Zur Beobachtungsplanung und Datenauswertung müssen andere Ephemeridenquellen herangezogen werden; gleichzeitig eingesetzte Empfänger müssen für die Beobachtungen zuvor synchronisiert werden.

Eine der Möglichkeiten, GPS Signale ohne Codekenntnisse zu nutzen, ist die Quadriertechnik. Ein *Kanal mit Quadriertechnik* multipliziert das empfangene Signal mit sich selbst und erzeugt damit eine zweite Harmonische des Trägers, die keine Codemodulationen enthält. Durch Quadrierung des Codesignalanteils in (7.1) bzw. (7.2)

$$y = A(t)\cos(\omega t + \Phi) \tag{7.30}$$

folgt

$$y^2 = A^2\cos^2(\omega t + \Phi) = A^2(1 + \cos(2\omega t + 2\Phi))/2. \tag{7.31}$$

Da $A(t)$ eine Folge von $+1$ und -1 Werten ist, die den Code repräsentieren, muß $A(t)^2 = A^2$ immer gleich $+1$ sein und fällt damit aus Gleichung (7.31) heraus. Mit y^2 ergibt sich ein reines Trägersignal, aber mit der doppelten Originalfrequenz. Dabei ist zu beachten, daß auch das Meßrauschen quadriert wird. Überlicherweise wird die empfangene dopplerverschobene Frequenz zunächst mit der Frequenz eines internen Oszillators zur Differenz gebracht, so daß eine wesentlich geringere Differenzfrequenz (Beatfrequenz) erzeugt wird. Die Quadrierungstechnik wurde von *Counselman* (1982) entwickelt und hat Anwendung im Macrometer [7.2.3.2] gefunden.

Ein anderes Konzept nutzt das aus der Langbasisinterferometrie (VLBI) bekannte *interferometrische Meßprinzip*. Es wurde erstmalig von *Mc Doran*

(1979) vorgeschlagen. Nach diesem Konzept werden die GPS Signale ohne Kenntnis der Codesequenz an zwei Beobachtungsstationen gemeinsam mit hochstabilen Zeitmarken registriert und anschließend korreliert.

Beobachtungsgröße ist die Differenz in der Ankunftszeit desselben Signalzustandes an den beiden Empfangsantennen (vgl. [7.3.1]). Aufgrund des sehr hohen erforderlichen instrumentellen Aufwandes wurde das reine interferometrische Prinzip bisher nicht realisiert. In einer Abwandlung des Verfahrens werden bestimmte periodische Signalstrukturen genutzt, um die Bitrate der Satellitenuhr zu identifizieren und damit Phasen der Codes zu rekonstruieren. Das Verfahren wird auch als *nichteindeutige Codephasenmessung* bezeichnet (*Wells* u.a. 1986). Realisiert wurde diese Methode im SERIES Konzept (*S*atellite *E*mission *R*ange *I*nterferred *E*arth *S*urveying) und im ISTAC Empfänger (*Collins* 1985). Die Nutzung der Bitstrukturen des Codes hat gegenüber dem erstgenannten Verfahren den Nachteil eines höheren Beobachtungsrauschens.

In Zukunft werden hybride Empfänger gebaut werden, die sowohl Kanäle mit codeabhängiger als auch codeunabhängiger Technik nutzen. Der codeabhängige Kanal wird dazu verwendet, Zeit- und Ephemerideninformationen in Echtzeit zu beschaffen, wohingegen die codefreie Technik zur Messung präziser Trägerhasen genutzt wird und insbesondere den Zugang zum L2 Träger eröffnet.

7.2.3.2 Beispiele für codefreie Empfänger

Bereits 1982 wurde als erster GPS-Empfänger für geodätische Anwendungen das *Macrometer V1000* eingeführt. Dieses Gerätesystem hat wesentlich dazu beigetragen, das mit Trägerphasenmessungen verbundene hohe Genauigkeitspotential von GPS bekanntzumachen. Das Gerätesystem (Abb. 7.18) besteht aus 3 Einheiten, einem Empfänger/Recorder mit Stromversorgung, einer Antenne mit Rundumcharakteristik auf einer Grundplatte sowie dem P-1000 Prozessor. Aufgabe des Prozessors ist es unter anderem, Almanachdaten für die Erfassung der Satellitensignale vorzuhalten und die registrierten Daten vorzuprozessieren. Die Gesamtausrüstung ist vergleichsweise umfangreich und erfordert Fahrzeugtransporte. Gewicht und Größe sind

V-1000 Antenne	9 kg	90 × 90 × 20 cm
V-1000 Elektronik	30 kg	55 × 55 × 49 cm
Energieanforderung V-1000:		12 VDC, 12 A
P-1000:		120 VAC, 12 A.

Das Macrometer V-1000 ist ein Einfrequenzgerät und kann auf der L1-Frequenz bis zu 6 Satelliten simultan auf 6 parallelen Kanälen verfolgen. Für jeden Kanal wird zu festgelegten Epochen die Phasendifferenz zwischen dem empfangenen (quadrierten) Trägersignal und einem im Empfänger erzeugten Referenzsignal gemessen. Üblicherweise werden 60 gleichverteilte Epochen über das Beobachtungsintervall von einer bis zu mehreren Stunden gelegt. Zahlreich vorliegende Ergebnisse haben bei Basislinien bis zu 100 km eine Relativgenauigkeit von 1...2 ppm bestätigt. Seit 1985 gibt es eine

Abb. 7.18. Macrometer V1000 (Antenne)

Zweifrequenzversion, das *Macrometer II*, dessen Architektur weitgehend mit dem V-1000 übereinstimmt, das aber wesentlich kompakter in zwei Gehäusen von 28 × 53 × 71 cm und 19 kg bzw. 30 kg Gewicht untergebracht ist (*Ladd* u.a. 1985) und auch geringeren Stromverbrauch besitzt. Durch die Zweifrequenzoperation und die damit verbundene Möglichkeit zur ionosphärischen Ausbreitungskorrektur können größere Interstationsentfernungen in kürzerer Zeit und mit höherer Relativgenauigkeit bestimmt werden.

Als hybride Version wurde die Integration des Zweifrequenz-Macrometerprinzips mit einem einfachen C/A – Codeempfänger (Litton Modell LGS-200) unter der Bezeichnung *MINI-MAC* entwickelt (Ladd 1986).

Ausgehend von dem ursprünglichen SERIES Konzept eines rein interferometrischen Meßverfahrens wurde am Jet Propulsion Laboratory (JPL) der *SERIES-X* Empfänger entwickelt, bei dem als Meßergebnis ohne Codekenntnis mehrdeutige Codephasen bestimmt werden [7.2.3.1]. SERIES-X wurde für den Einsatz auf Satelliten (z.B. TOPEX) entworfen; bei erfolgreichen Testmessungen auf der Erde wurde ein sehr umfangreiches Instrumentarium benötigt (*Melbourne* 1985).

Nach demselben Prinzip wurden unter dem Herstellernamen ISTAC zwei feldverwendungsfähige Versionen entwickelt, der *GPS Land Surveyor* Modell 1991 sowie 2002 (*Collins* 1985). Die Geräte bestehen jeweils aus drei Komponenten, der Antenne mit integriertem Empfänger, einer Prozessor/Recorder Einheit sowie einer Zeit- und Kontrolleinheit. Herzstück ist eine präzise Rubidiumuhr. An jedem Beobachtungstag muß eine Uhr mit UTC synchronisiert werden (beispielsweise über einen einfachen Code-Empfänger), und sodann müssen die Uhren aller beteiligten Geräte untereinander synchronisiert werden. Eine Kenntnis der Satellitenbahnen vor Beobachtungsbeginn ist nicht erforderlich. Zur späteren Beobachtungsauswertung müssen Bahndaten verfügbar gemacht werden. Das Modell 2002 wurde zunächst nur für die L1 Frequenzen ausgelegt, soll aber zukünftig auch Zugang zu L2 erhalten.

Ein Hauptnachteil des ISTAC Konzepts besteht darin, daß nur Codephasen genutzt werden. Dadurch ist das Beobachtungsrauschen vergleichsweise hoch und liegt für kurze Basislinien bei ± 10 cm nach etwa 15–30 Minuten Meßzeit. Hauptvorteil ist, wie beim Macrometer, die Unabhängigkeit von jeder Kenntnis des Codes.

7.2.4 Empfängerübersicht

Neben den genannten GPS-Empfangsanlagen gibt es noch zahlreiche weitere Entwicklungen. Vor allem codeabhängige Einfrequenzempfänger werden in großer Zahl auf den Markt kommen, so daß die Preise in Zukunft deutlich sinken werden. Der weitaus größte Markt für GPS-Empfänger liegt auf dem Navigationssektor. Für diese Aufgabe ist im allgemeinen die Trägerphase als Meßgröße nicht erforderlich, so daß Empfängerkonzepte einfacher gestaltet werden können. Für geodätische Anwendungen ist der Zugang zu den Trägerphasen zwingend notwendig. Soll der Einsatz über Punktentfernungen > 10 km vorgesehen werden, dann ist der Zugang zur zweiten Frequenz ebenfalls erforderlich, um eine Genauigkeit von besser als $1:10^6$ der Entfernung zu gewährleisten. Bei Entfernungen unter < 10 km kann auch mit Einfrequenzgeräten eine Relativgenauigkeit in den Koordinaten $\leq \pm 1$ cm erreicht werden. Tabelle 7.5 gibt eine Übersicht zur Situation des Empfängermarkts Mitte 1987, ohne Anspruch auf Vollständigkeit zu erheben.

Tab. 7.5. Übersicht zu GPS Empfängern (Stand Mitte 1987) (*) = angekündigt

Gerät	Gleichzeitige Messung zu Satelliten	Codephase		Tägerphase	
		P	C/A	L1	L2
Macrometer V-1000	6	–	–	×	–
Macrometer II	6	–	–	×	×
TI 4100	4	×	×	×	×
WM 101	6		×	×	
WM 102 (angekündigt)	6	×	×	×	×
Trimble 4000 SL	5		×	×	(*)
Minimac	8		×	×	(*)
Motorola Eagle	4		×		
Prakla PS8700	5		×	×	
SEL	4		×	(*)	
Sercel TR5S	5		×	×	

7.3 Datenbehandlung und Auswertung

7.3.1 Beobachtungsgrößen

Aus "klassischer" Sicht werden bei GPS vier Beobachtungsgrößen (Observable) unterschieden (*Fell* 1980, *Seeber* 1984)

- Pseudoentfernungen aus Codemessungen
- Pseudoentfernungsdifferenzen aus integriertem Dopplercount
- Trägerphasen oder Trägerphasendifferenzen
- Signallaufzeitdifferenzen aus interferometrischen Messungen.

Eine *Pseudoentfernung aus Codemessungen* ist gleich der Zeitverschiebung, die zur Korrelation des empfangenen GPS-Codes mit einer im Empfänger generierten Codekopie erforderlich ist, multipliziert mit der Lichtgeschwindigkeit [7.1.4].

Mit den Bezeichnungen der Abb. 7.19

R_i Geometrische Distanz zwischen Satellit S_i und Empfangsantenne B

$\underline{X}_i$ Ortsvektor des Satelliten im CTS-System [2.1.2] mit den Komponenten X_i, Y_i, Z_i

$\underline{X}_B$ Ortsvektor der Empfangsantenne B im CTS-System mit dem Komponenten X_B, Y_B, Z_B

τ_i Beobachtete Signallaufzeit zwischen dem Satelliten S_i und der Empfangsantenne B

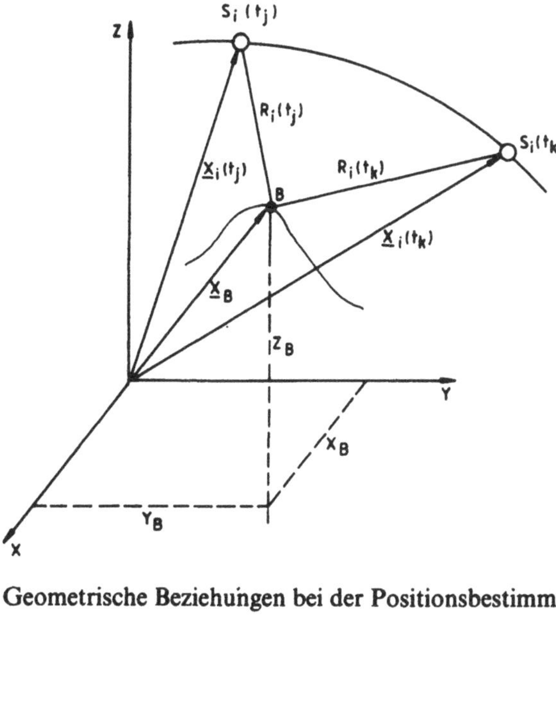

Abb. 7.19. Geometrische Beziehungen bei der Positionsbestimmung

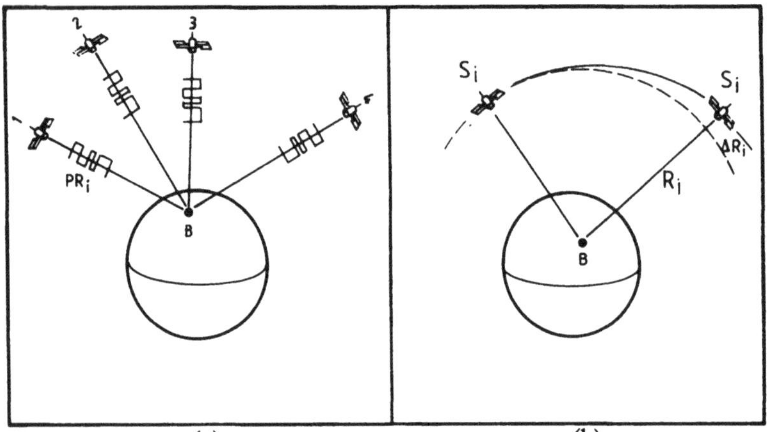

(a) (b)

Abb. 7.20. Beobachtungskonzept mit Pseudoentfernungen (a) und Pseudoentfernungsdifferenzen (b)

Δt_u Uhrsynchronisationsfehler zwischen GPS Systemzeit und Empfängeruhr
c Signalausbreitungsgeschwindigkeit

gilt für die Beobachtungsgleichung die Grundformel

$$\begin{aligned} PR_i &= |X_i - X_B| + c\Delta t_u = c\tau_i \\ &= ((X_i - X_B)^2 + (Y_i - Y_B)^2 + (Z_i - Z_B)^2)^{\frac{1}{2}} + c\Delta t_u. \end{aligned} \tag{7.32}$$

Die Antennenkoordinaten können durch simultane Messungen zu 4 Satelliten bestimmt werden (Abb. 7.20(a)).

Pseudoentfernungsdifferenzen können aus Messungen des Dopplereffekts der empfangenen Trägerwelle in ähnlicher Weise bestimmt werden wie bei dem älteren TRANSIT System NNSS (Abb. 7.20(b), vgl. [6.], [4.2.3].) Die Frequenzverschiebung der empfangenen Trägerwelle f_r mit Bezug auf eine im Empfänger generierte Referenzfrequenz f_g wird im Zeitintervall t_j, t_k beobachtet und führt zum integrierten Dopplercount

$$N_{jk} = \int_{t_j}^{t_k} (f_g - f_r)\, dt. \tag{7.33}$$

N_{jk} ist ein Maß für die Entfernungsdifferenz zwischen der Empfangsantenne und zwei Bahnpositionen desselben Satelliten S_i zu zwei verschiedenen Zeitpunkten t_j, t_k (vgl. Abb. 7.19) und führt zur Beobachtungsgleichung (siehe (6.9))

$$\Delta R_i = |X_i(t_k) - X_B| - |X_i(t_j) - X_B| = \frac{c}{f_0}(N_{jk} - (f_g - f_s)(t_k - t_j)) \tag{7.34}$$

Es bedeuten

f_g eine im Empfänger generierte Frequenz
f_s die vom Satelliten abgestrahlte Frequenz
f_r die empfangene Frequenz.

Es ist auch möglich, die Dopplerverschiebung des Codes zu messen. Wegen der geringen Frequenz des Codes gegenüber dem Träger ist jedoch die erzielbare Auflösung entsprechend geringer.

Die integrierte Dopplermessung nach (7.34) darf nicht mit der instantanen Dopplermessung zur Bestimmung der Antennengeschwindigkeit bei Navigationsempfängern verwechselt werden. Insbesondere bei sequentiellen Empfängern geben die hieraus aktuell ermittelten Geschwindigkeitswerte nur das momentane Bewegungsverhalten der Antenne an und können nicht zu längeren Dopplercounts akkumuliert werden.

Zur Messung der *Trägerphase* wird das empfangene dopplerverschobene Trägersignal mit einer im Empfänger erzeugten (nominal konstanten) Referenzfrequenz verglichen. Die eigentliche Beobachtungsgröße ist damit die gemessene Phasendifferenz

$$\Phi_B = \Phi_{CR} - \Phi_0. \qquad (7.35)$$

Mit

λ Trägerwellenlänge
N_{B_i} ganze Anzahl von vollständigen Trägerwellenzügen in der Entfernung R_i
Δt_u Uhrsynchronisationsfehler

folgt die Beobachtungsgleichung für die Trägerphasenmessung (vgl. Abb. 7.21a)

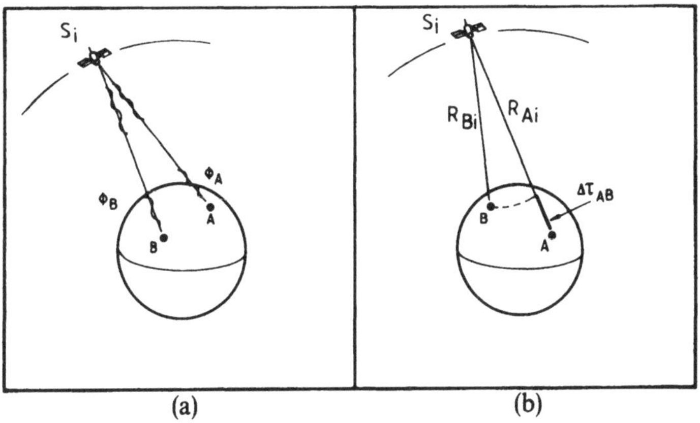

Abb. 7.21. Beobachtungskonzept mit Phasendifferenz (a) und interferometrischen Laufzeitdifferenzen (b)

$$\Phi_{B_i} = \frac{2\pi}{\lambda}(|X_i - X_B| - N_{B_i}\lambda + c\Delta t_u). \tag{7.36}$$

Die Hauptschwierigkeit dieser Methode liegt in der Bestimmung der Mehrdeutigkeit N_{B_i} der Phasenmessung, da die Beobachtungsgröße nur die Auflösung innerhalb einer Wellenlänge angibt. Die Vielfachen N_{B_i} müssen durch geeignete Methoden bestimmt werden [7.3.4], oder die Entfernung muß a priori mit der Genauigkeit einer halben Wellenlänge ($\sim$ 10 cm) bekannt sein.

Häufig geht man von beobachteten Phasendifferenzen derselben Satellitensignale auf zwei Stationen A und B aus. Die Beobachtungsgleichung dieser sogenannten *Einzel-Phasendifferenzen* (Single Difference) lautet

$$\begin{aligned}\Delta\Phi_{AB_i} = \Phi_{B_i} - \Phi_{A_i} = \frac{2\pi}{\lambda}(&|X_i - X_B| - |X_i - X_A| \\ &- (N_{B_i} - N_{A_i})\lambda + c(\Delta t_{u_B} - \Delta t_{u_A}).\end{aligned} \tag{7.37}$$

Zur Unterscheidung wird die Beobachtungsgröße in (7.36) auch gelegentlich *undifferenzierte Phasenmessung* oder *Nullphasendifferenz* genannt (*Wübbena* 1985).

Bei reinen *interferometrischen* Beobachtungen (Abb. 7.21b) werden die GPS-Signale ohne Kenntnis der Signalstruktur genutzt (vgl. [7.2.3]). Die Signale werden mindestens auf zwei Stationen A und B zusammen mit genauen Zeitmarken registriert und anschließend korreliert. Beobachtungsgröße ist die Differenz $\Delta\tau_{A,B_i}$ der Signalankunftszeiten auf den Stationen A und B in bezug auf einen bestimmten Satelliten S_i. Diese Beobachtungsgröße kann in eine Entfernungsdifferenz $R_{B_i} - R_{A_i}$ skaliert werden. Die Beobachtungsgleichung ist dann

$$\Delta\tau_{A,B_i} = \frac{(R_{B_i} - R_{A_i})}{c} = \frac{(|X_i - X_B| - |X_i - X_A|)}{c} + (\Delta t_{u_B} - \Delta t_{u_A}) \tag{7.38}$$

Zwei der genannten vier Beobachtungsgrößen werden in der praktischen Geodäsie nicht oder kaum genutzt. Die integrierte Dopplermessung verlangt eine sehr lange Beobachtungsdauer (mehrere Stunden), um genügend Veränderungen der Geometrie zu erreichen und erfordert über diesen Zeitraum einen hochstabilen Empfängeroszillator. Die interferometrische Beobachtung würde ein sehr aufwendiges Instrumentarium und eine aufwendige Datenverarbeitung verlangen.

In der Praxis werden deshalb nur zwei grundlegende Beobachtungsgrößen genutzt, die beide als Messung von Pseudoentfernungen betrachtet werden können

- Codephasen (Pseudoentfernungen aus Codebeobachtungen)
- Trägerphasen (Pseudoentfernungen aus Trägerbeobachtungen).

7.3.2 Code- und Trägerphasen

Die Haupteigenschaften und Unterschiede der beiden Beobachtungsgrößen sind in Tabelle 7.6 zusammengestellt.

Tab. 7.6. Haupteigenschaften von Code- und Trägerphasen

	Code	Träger
Wellenlänge	P-Code 29,3 m C/A-Code 293 m	L1 19,05 cm L2 24,45 cm
Meßrauschen	P-Code 0,6–1 m C/A-Code 10 m	2–3 mm
Ausbreitungseffekte	Verzögerung in der Ionosphäre $+\Delta T_{\mathrm{ION}}$	Beschleunigung in der Ionosphäre $-\Delta T_{\mathrm{ION}}$
Mehrdeutigkeit	eindeutig	mehrdeutig

Nachstehend wird die Signalausbreitung und der Beobachtungsprozeß mehr im Detail behandelt. Abb. 7.22 verdeutlicht die Signalausbreitung für Code- und Trägerphasen.

T bedeutet Satellitenzeit (Zeitsystem des einzelnen Satelliten mit Index SV)
t bedeutet Empfängerzeit (RCV)
Index t bedeutet ausgesendetes Signal (transmitted)
Index r bedeutet empfangenes Signal (received).
f_{CD} ist die Frequenz des Codes
f_{CR} ist die Frequenz des Trägers.

Die Signalzustände (Phasen) im Aussendemoment sind für

$$\begin{aligned} &\text{Code} \quad \Phi_{CD}(T_t) = T_{t(SV)} f_{CD} \\ &\text{Träger} \quad \Phi_{CR}(T_t) = T_{t(SV)} f_{CR} \end{aligned} \tag{7.39}$$

Die Phasen der empfangenen Signale sind identisch mit den Phasen der ausgesendeten Signale.

Der Prozeß der *Codephasenmessung* ist in Abb. 7.23 dargestellt. Der Zeitpunkt maximaler Korrelation führt zur Codephase $\Phi_{CD}(T_t)$ und damit zur Aussendeepoche T_t des Codesignals im Satellitenzeitrahmen. Der zugehörige Zeitpunkt maximaler Korrelation t_r im Empfängerzeitrahmen ermöglicht die Bestimmung der Pseudoentfernung

$$PR = c(t_r - T_t). \tag{7.40}$$

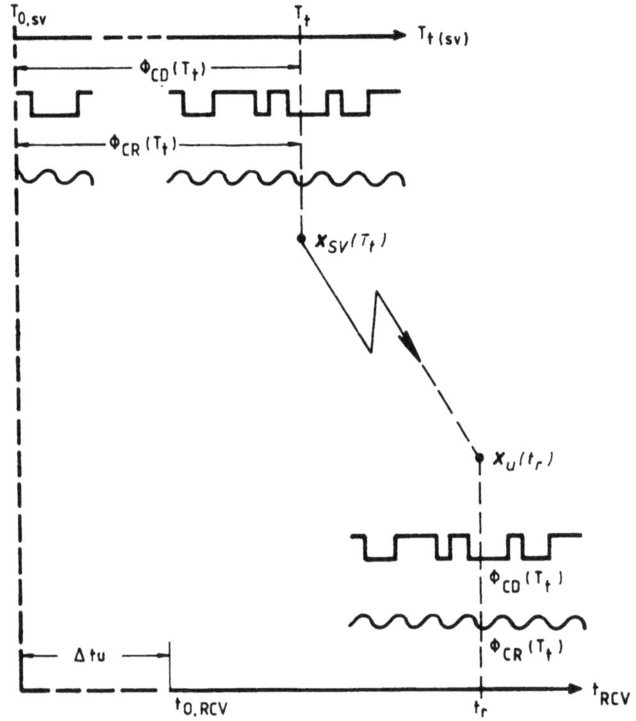

Abb. 7.22. Signalausbreitung für Code- und Trägerphasen

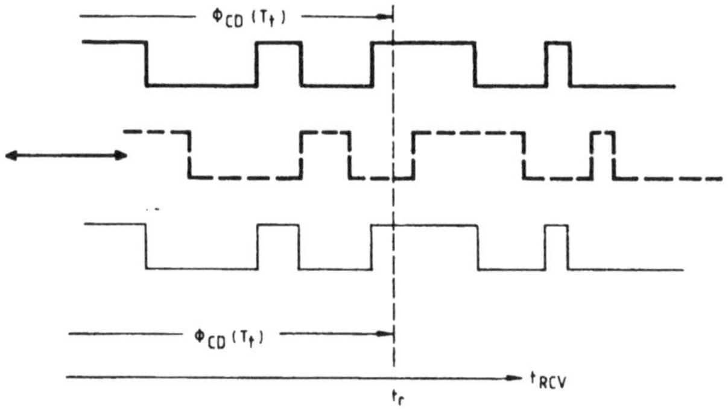

Abb. 7.23. Codephasenmessung

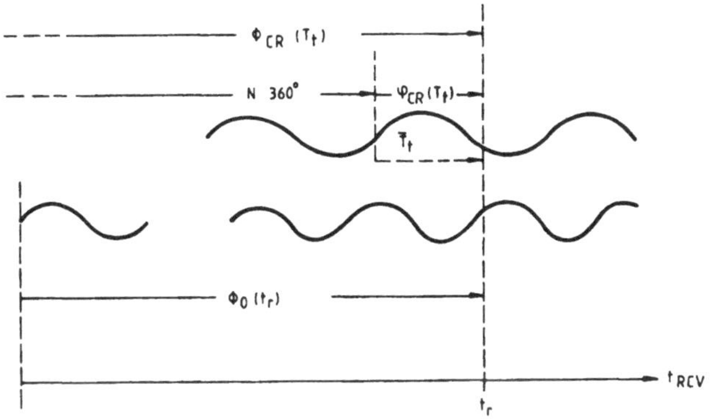

Abb. 7.24. Trägerphasenmessung

Mit

Δt_s Fehler der Satellitenuhr gegenüber GPS Systemzeit
Δt_u Uhrsynchronisationsfehler
Δt_a Atmosphärische Ausbreitungsverzögerung
ε_R Meßrauschen
R geometrische Entfernung

gilt die ausführlichere Beobachtungsgleichung (vgl. 7.32)

$$PR = c(t_r - T_t) = R + c\Delta t_u + c\Delta t_a - c\Delta t_s + \varepsilon_R. \tag{7.41}$$

Der Prozeß der *Trägerphasenmessung* ist in Abb. 7.24 dargestellt. Beobachtungsgröße ist die Differenz zwischen der ausgesendeten Trägerphase $\varphi_{CR}(T_t)$, definiert im Satellitenzeitrahmen und der Phase des Referenzsignals $\Phi_0(t_r)$, definiert im Empfängerzeitrahmen. Die gemessene relative Phase ist

$$\varphi_m(t_r) = \varphi_{CR}(T_t) - \Phi_0(t_r). \tag{7.42}$$

Für die Trägerphase gilt

$$\varphi_{CR}(T_t) = \varphi_m(t_r) + \Phi_0(t_r) = \varphi_m(t_r) + t_r f_0. \tag{7.43}$$

Mit der Substitution (Abb. 7.24)

$$\Phi_{CR}(T_t) = N \cdot 360^\circ + \varphi_{CR}(T_t), \tag{7.44}$$

wobei N die ganzzahlige Mehrdeutigkeit bedeutet, erhält man für den Aussendezeitpunkt des Trägerphasensignals im Satellitenzeitrahmen

$$T_t = \frac{\Phi_{CR}(T_t)}{f_{CR}} = \frac{\varphi_{CR}(T_t) + N}{f_{CR}} = \bar{T}_t + \frac{N}{f_{CR}} \tag{7.45}$$

und schließlich für die Pseudoentfernung aus Trägerphasenmessungen

$$PR_{CR} = c(t_r - \bar{T}_t). \tag{7.46}$$

Mit

$$c \cdot \frac{N}{f_{CR}} = N \cdot \lambda_{CR}$$

als Mehrdeutigkeitsterm wird die ausführlichere Beobachtungsgleichung entsprechend (7.41)

$$PR_{CR} = R + c\Delta t_u + c\Delta t_a + c\Delta t_s - c\frac{N}{f_{CR}} + \varepsilon_R. \tag{7.47}$$

7.3.3 Auswertekonzepte

Codephasen- und Trägerphasenmessungen führen zur gleichen Beobachtungsgröße, nämlich zu Pseudoentfernungen zwischen der Beobachterantenne und einer bestimmten Zahl (meist vier) von Satelliten. Statt Pseudoentfernung wird auch häufig der englische Ausdruck *biased range* (Entfernung mit systematischen Fehlereinflüssen) verwendet. Der wesentliche Unterschied zwische beiden Beobachtungstypen in den Gleichungen (7.41) und (7.47) ist der Mehrdeutigkeitsterm. Die Lösung des Mehrdeutigkeitsproblems führt zu unterschiedlichen Auswertekonzepten. Es lassen sich zwei Hauptvorgehensweisen unterscheiden

- Parameterschätzung (a)
- Parameterelimination (b).

(a) Alle systematischen Einflüsse (biases), die eine stabile und gut beschreibbare Struktur besitzen, werden zusammen mit den Stationsparametern als sogenannte *Störparameter* (nuisance parameter) *geschätzt*. Hierzu gehören beispielsweise Bahnverbesserungen, Uhrparameter, Mehrdeutigkeitsterme, troposphärische Maßstabsfaktoren. Diese Parameter können entweder durch zusätzliche Beobachtungen direkt gemessen werden (z.B. ionosphärische Verzögerung) oder in einem erweiterten Modell erfaßt werden (z.B. troposphärische Verzögerung). Als Originalbeobachtungen werden undifferenzierte Phasenmessungen genutzt [7.3.1].

(b) Der überwiegende Teil der systematischen Einflüsse wird durch Differenzbildung der Datensätze *eliminiert*. Dabei wird vorausgesetzt, daß diese Störterme in den verschiedenen Datensätzen miteinander linear verbunden sind; das trifft beispielsweise für Uhrfehler, Bahnfehler und Mehrdeutigkeiten bis zu einem bestimmten Grad zu. Beobachtungsgrößen sind dann sogenannte *einfache Differenzen*, *doppelte Differenzen* und *dreifache Differenzen* (single, double, triple differences) der Trägerphasenmessungen.

Beide Vorgehensweisen haben Vor- und Nachteile. Hauptvorteil des erstgenannten Konzepts ist seine Flexibilität und Unabhängigkeit von der Forderung nach simultanen Beobachtungen. Es werden Koordinaten eines

Punktfeldes bestimmt und nicht abgeleitete Größen wie Basislinien. Das Verhalten bestimmter Parameter (so das Uhrverhalten) kann kontrolliert werden. Die hochstabilen Satellitenoszillatoren können zur Verbesserung der Lösung genutzt werden.

Das unter (b) genannte *Basislinienkonzept* wurde aus den Erfahrungen der Langbasisinterferometrie (VLBI) eingeführt. Sein Hauptvorteil liegt darin, daß die Beobachtungen durch Differenzbilding von vielen gemeinsamen Fehlereinflüssen befreit werden und daß damit die Parameterschätzung vereinfacht wird. Bei größeren Stationsentfernungen wirkt der Eliminationsprozeß jedoch nicht mehr streng; die Mehrdeutigkeiten lassen sich nicht mehr auf ganze Zahlen (integers) festlegen. Auch wird die Zahl der Beobachtungen durch Differenzbildung erheblich herabgesetzt.

Das Prinzip der Positionsbestimmung mit GPS im Konzept der *Parameterschätzung* folgt den Gleichungen (7.41) und (7.47) und ist in Abb. 7.25 verdeut-

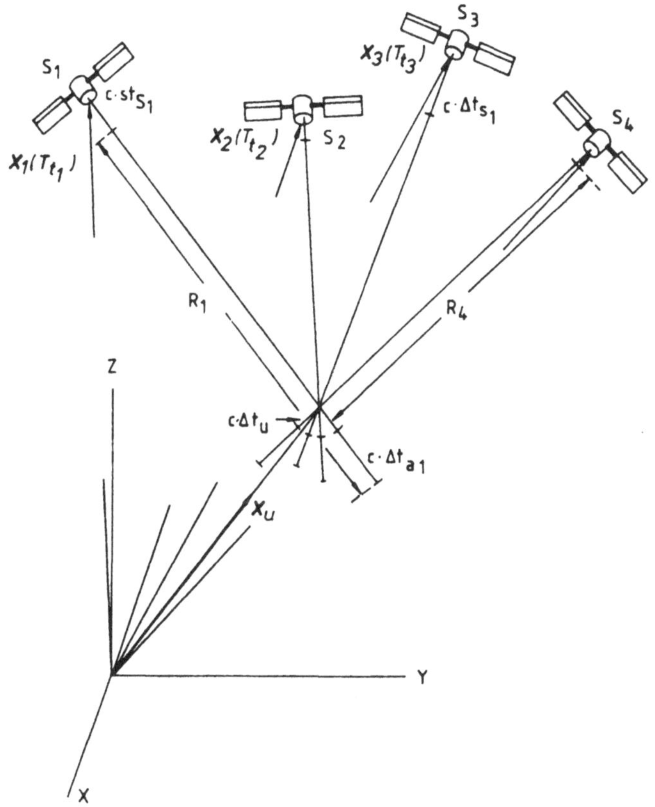

Abb. 7.25. Wichtigste Lösungsparameter bei der Positionsbestimmung mit Pseudoentfernung

lich. Hier bedeutet T_{t_i} den Signalaussendezeitpunkt im Zeitsystem des individuellen Satelliten S_i. Die Beziehung zum Satellitenzeitsystem (GPS-Systemzeit) erfolgt über

$$T_t = T_{t_i} - \Delta t_{s_i}. \tag{7.48}$$

Beobachtungen sind

t_r Zeitpunkt des Signalempfangs im Empfängerzeitrahmen.
T_{t_i} Zeitpunkt der Signalaussendung im individuellen Satellitenzeitsystem des Satelliten S_i.

Bekannt sind

$X_i(T_t)$ Koordinaten des Satelliten SV_i zum Zeitpunkt T_t im CTS Koordinatensystem.

Im grundlegenden vereinfachten Ansatz werden die Beobachtungsgleichungen (7.41), (7.47) nach vier Unbekannten aufgelöst, nämlich

X_u drei Koordinaten der Nutzerantenne X_u, Y_u, Z_u im CTS Koordinatensystem
Δt_u Uhrsynchronisationsfehler (Beobachteruhr-GPS Systemzeit).

Der Parametervektor der linearisierten Beobachtungsgleichung ist dann

$$X = (X_u, Y_u, Z_u, \Delta t_u). \tag{7.49}$$

Für ein ausführlicheres Modell der Parameterschätzung können weitere Parameter eingeführt werden, beispielsweise

3 Uhrparameter je Station
3 Uhrparameter je Satellit
6 Bahnparameter je Satellit
1 troposphärischer Parameter je Station und Satellit
1 Mehrdeutigkeitsparameter je Station und Satellit.

Der Parameter für die troposphärische Laufzeitverzögerung Δt_{a_i} ist in Abb. 7.25 und der Beobachtungsgleichung (7.41), (7.47) schon enthalten.

Das Uhrverhalten kann durch ein Polynommodell mit Uhrstand, Uhrgang und Alterung beschrieben werden (vgl. (7.4))

$$\begin{aligned} \Delta t_u &= a_{0u} + a_{1u}(t - t_0) + a_{2u}(t - t_0)^2 \\ \Delta t_s &= a_{0s} + a_{1s}(t - t_0) + a_{2s}(t - t_0)^2 \end{aligned} \tag{7.50}$$

Die Beobachtungsgleichung muß entsprechend ergänzt werden.

Die zu (7.49) gehörige linearisierte Beobachtungsgleichung ist, wenn die unbekannten Parameter im Unbekanntenvektor $\boldsymbol{X}$ zusammengefaßt werden und die Beobachtungen im Beobachtungsvektor $\boldsymbol{PR}$ (vgl. Literatur der Ausgleichungsrechnung z.B. *Höpcke* (1980), *Pelzer* (1985))

$$\boldsymbol{l} = \boldsymbol{PR} - \boldsymbol{PR}(\boldsymbol{X}_0). \tag{7.51}$$

Hierin bedeuten $\boldsymbol{X}_0$ den Näherungsvektor der Unbekannten und $\boldsymbol{l}$ den gekürzten Beobachtungsvektor.

Mit

$$\boldsymbol{x} = \boldsymbol{X} - \boldsymbol{X}_0 \tag{7.52}$$

und der Designmatrix $\boldsymbol{A}$, die die partiellen Ableitungen der Beobachtungen nach den Unbekannten enthält

$$\boldsymbol{A} = (\partial \boldsymbol{PR}/\partial \boldsymbol{X}) \tag{7.53}$$

folgt

$$\boldsymbol{l} = \boldsymbol{Ax} \tag{7.54}$$

Die Lösung des Systems ist

$$\boldsymbol{x} = \boldsymbol{A}^{-1}\boldsymbol{l}. \tag{7.55}$$

Mit $\boldsymbol{\varepsilon}_R$ als Meßrauschen der Pseudoentfernungen (vgl. (7.41)) erhält man den Fehler der Unbekannten zu

$$\boldsymbol{\varepsilon}_x = \boldsymbol{A}^{-1}\boldsymbol{\varepsilon}_R. \tag{7.56}$$

Bei dem unter(b) genannten Prozeß der *Parameterelimination* werden unterschiedliche Kombinationen von Differenzen gebildet, um gemeinsam wirkende Fehlereinflüsse zu eliminieren oder zu reduzieren, nämlich Differenzen

- zwischen Empfängern
- zwischen Satelliten
- zwischen Zeitpunkten (Epochen)
- zwischen Frequenzen (L1 und L2).

Entsprechend Abb. 7.26 werden eingeführt

2 Empfänger i, j
2 Satelliten, Epoche t_1: Positionen 1 der Satelliten p, q
Epoche t_2: Positionen 2 der Satelliten p, q
8 Trägerphasenmessungen:

$$R^p_{1i},\ R^p_{2i},\ R^q_{1i},\ R^q_{2i};\ R^p_{1j},\ R^p_{2j},\ R^q_{1j},\ R^q_{2j}.$$

Einfache Differenzen (zwischen Empfängern) entstehen, wenn Trägerphasendaten einer Station von den simultan zu denselben Satelliten gemessenen Trägerphasendaten einer zweiten Station subtrahiert werden. Durch die Bildung von Einfach-Differenzbeobachtungen werden gemeinsame Fehler eliminiert bzw. verringert, nämlich Fehler in der Satellitenuhr, in ionosphä-

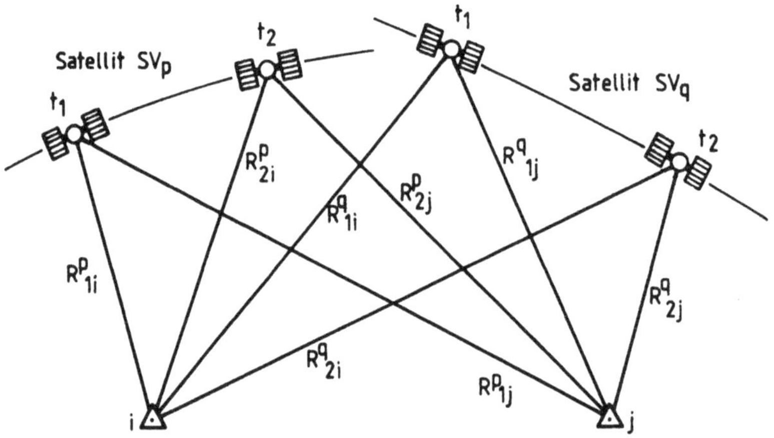

Abb. 7.26. Differenzbildung zwischen Empfängern und Satelliten

rischen und troposphärischen Signallaufzeiten sowie in der Bahnvorhersage. Die Beobachtungsgrößen sind

$$((R^p_{1i} - R^p_{1j}), (R^p_{2i} - R^p_{2j}), (R^q_{1i} - R^q_{1j}), (R^q_{2i} - R^q_{2j})). \qquad (7.57)$$

Zweifache Differenzen (zwischen Satelliten) entstehen, wenn die Einfachdifferenzen (7.57) eines Satelliten SV_p von den Einfachdifferenzen eines anderen Satelliten SV_q für dieselbe Referenzzeit subtrahiert werden. Durch diese Differenzbildung werden Empfängeruhrfehler und (gemeinsame) Signallaufzeitverzögerungen in den Empfängerkanälen beseitigt. Die Beobachtungsgrößen sind

$$((R^p_{1i} - R^p_{1j}) - (R^q_{1i} - R^q_{1j})), ((R^p_{2i} - R^p_{2j}) - (R^q_{2i} - R^q_{2j})). \qquad (7.58)$$

Dreifache Differenzen (zwischen Epochen) entstehen, wenn eine Zweifachdifferenz zur Zeit t_2 von einer Zweifachdifferenz zur Zeit t_1 abgezogen wird. Hierdurch werden Einflüsse von Satelliten- und Empfängeruhrfehlern sowie die Phasenmehrdeutigkeit erfaßt.

Bei der *Differenzbildung zwischen Frequenzen* werden die auf beiden Trägern an einer Station gemessenen Phasenwerte untereinander linear kombiniert. Hierdurch wird der Effekt der Ionosphäre eliminiert bzw. reduziert.

7.3.4 Lösung von Mehrdeutigkeiten

Trägerphasenmessungen werden von der Mehrdeutigkeit N (vgl. 7.47) beeinfluß, d.h. von einer unbekannten ganzen Zahl von Wellenzügen zwischen der Empfangs- und der Satellitenantenne. Die Lösung dieses *Mehrdeutigkeits-*

problems stellt eine der wichtigsten Aufgaben in der geodätischen Auswertetechnik von GPS Beobachtungen dar. Andererseits begründet die ganzzahlige Natur dieser Mehrdeutigkeit die hohe Genauigkeit bei der relativen Positionsbestimmung. Die beste und einfachste Möglichkeit zur Bestimmung der Mehrdeutigkeiten wäre gegeben, wenn GPS Satelliten auf einer dritten Trägerfrequenz senden würden. Da dies nicht möglich ist, wurden Strategien zur Lösung des Mehrdeutigkeitsproblems entwickelt. Die beiden Hauptvorgehensweisen sind

- geometrische Methode zur Eliminierung der Mehrdeutigkeiten
- Bestimmung der Mehrdeutigkeiten mit Hilfe von Codemessungen.

Die *geometrische Methode* nutzt die zeitabhängige Veränderung in der geometrischen Beziehung zwischen Empfänger und Satelliten. Wenn die Satellitensignale vom Empfänger einmal identifiziert sind, dann wird die gesamte Zahl von Schwingungen gemessen und gezählt. Die beim Beobachtungsstart vorhandene unbekannte Zahl N von Zyklen in der Entfernung bleibt folglich über die gesamte Beobachtungsdauer erhalten und kann durch einen einzelnen Parameter (Bias) repräsentiert werden. Falls der Empfänger das Satellitensignal verliert, muß ein neuer Parameter für die Mehrdeutigkeitsbestimmung eingeführt werden. Dies ist das sogenannte *Cycle-Slip* Problem.

Bei der geometrischen Methode der Mehrdeutigkeitslösung treten zwei Schwierigkeiten auf. Zunächst ist eine gewisse Mindestbeobachtungsdauer erforderlich, um genügend geometrische Strenge für die Lösung zu erhalten (Abb. 7.27). Je nach Stationsentfernung kann die erforderliche Beobachtungsdauer zwischen einer und mehreren Stunden liegen.

Die zweite Schwierigkeit entsteht dadurch, daß Trägerphasen- und Einfachdifferenzbeobachtungen immer unbekannte konstante Anteile aufgrund der unvollkommenen Satelliten- und Empfängeruhren enthalten. Diese Terme sind von den unbekannten Zyklusvielfachen nicht zu trennen und zerstören die ganzzahlige Natur der Mehrdeutigkeitsbestimmung. Es wurden deshalb einige alternative Algorithmen entwickelt, bei denen versucht wird, die Mehrdeutigkeitslösung auf ein ganzzahliges Ergebnis zu zwingen. Beispielsweise werden mit Doppeldifferenzen die Mehrdeutigkeitsparameter gemeinsam mit den geodätischen Parametern bestimmt (*Gurtner* u.a. 1985).

Für größere Stationsentfernungen muß der Einfluß der Ionosphäre möglichst durch Korrektur der Meßwerte aufgrund von Zweifrequenzmessungen berücksichtigt werden. Hierdurch wird jedoch ebenfalls die ganzzahlige Natur der Mehrdeutigkeit zerstört, da die Mehrdeutigkeit der korrigierten Trägerphasenmessungen aus einer Linearkombination der Mehrdeutigkeiten der L1 und L2 Träger besteht. Vorschläge für Algorithmen zur Nutzung derartiger Linearkombinationen findet man beispielsweise bei *Bender* (1985).

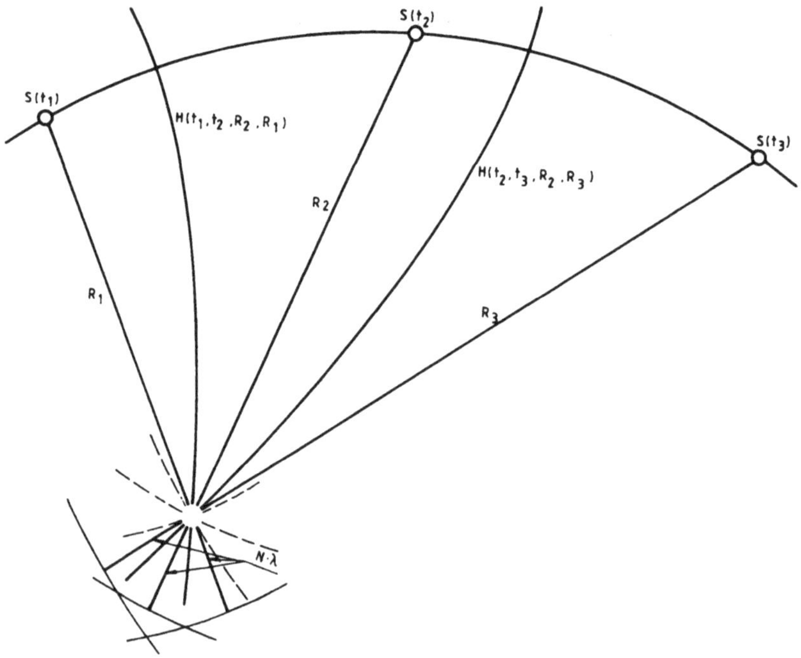

Abb. 7.27. Geometrische Methode der Mehrdeutigkeitslösung

Bei der *zweiten Methode* zur Mehrdeutigkeitslösung werden Code- und Trägerphasenmessungen herangezogen. Die Codes werden als zusätzliche Welle zur Bestimmung der Gesamtstrecke genutzt. Der Grundgedanke besteht darin, Codemessungen solange durchzuführen, bis das Rauschniveau der Codelösung kleiner ist als die halbe Wellenlänge der Trägerwelle, also etwa 10 cm. Es ist offensichtlich, daß die Methode nur anwendbar ist, wenn Zugang zum P-Code mit seinem geringen Rauschniveau besteht. Die Konvergenzgeschwindigkeit der Lösung kann erhöht werden, wenn eine aus Kombination beider Träger erzeugte zusätzliche Wellenlänge von 86 cm mitgenutzt wird (*Wübbena* u.a. 1986).

Ein Hauptvorteil dieses Lösungsweges liegt darin, daß die ganzzahlige Natur der Mehrdeutigkeit nicht durch Ausbreitungs- und Uhreffekte beeinflußt wird und daß damit die Lösung unabhängig von der Basislänge ist und auch für kinematische Anwendungen genutzt werden kann. Ein weiterer Vorteil besteht darin, daß Mehrdeutigkeitslösungen bereits nach sehr kurzer Zeit (ggf. < 1 Minute) gefunden werden können und die erforderliche Beobachtungsdauer damit verkürzt wird. Alternative Lösungswege werden von *Delikaraoglou* (1986) angegeben.

7.3.5 Auswertestrategien und Konzepte von Rechnerprogrammen

Alle während einer Überdeckungsphase im Zuge eines GPS-Projektes gleichzeitig durchgeführten Beobachtungen nennt man eine *Session.* Während der Phase mit Prototypsatelliten umfaßt eine Session Beobachtungen von etwa 1–3 Studenden Dauer.

Folgende Auswertestrategien sind gebräuchlich

(a) Bearbeitung einzelner Basislinien (Raumvektoren) und nachfolgende Kombination zu Netzen mit Einbeziehung der Varianz-Kovarianz-Matrizen
(b) Bearbeitung aller gleichzeitig beobachteten Daten in einer gemeinsamen Ausgleichung (Mehrstationsauswertung einer Session)
(c) Kombination mehrerer Sessionlösungen kleinerer Teilnetze zu einer strengen Gesamtlösung (Multi-Session Auswertung).

Einzelstationsauswertungen sind für geodätische Anwendungen weniger interessant. Sie entsprechen der Navigationslösung (7.32).

Die ersten Auswerteprogramme für GPS beruhten auf dem *Basislinienkonzept* (a). Die simultanen Beobachtungen auf je zwei Stationen werden – zumeist in Form von Zweifachdifferenzen [7.3.3] – einer gemeinsamen Auswertung unterzogen. Als Ergebnisse stehen die Komponenten des Basisvektors sowie die zugehörige Varianz-Kovarianz-Matrix zur Verfügung.

Die einzelnen Basisvektoren können als Eingangsgrößen für ein Netzausgleichungsprogramm dienen und zu größeren Netzen kombiniert werden. Wenn jeweils nur 2 GPS Empfänger simultan beobachten und wenn die gesamte stochastische Information der Varianz-Kovarianz-Matrix genutzt wird, ist das Verfahren streng. Wenn jedoch die Stationspaare aus einer größeren Zahl gleichzeitig operierender Empfänger ausgewählt werden, dann bleibt bei der Basislinienauswertung die stochastische Information zwischen gleichzeitig beobachteten Basislinien unberücksichtigt, so daß eine Netzkombination nicht streng erfolgen kann. Dies gilt auch dann, wenn bei drei gleichzeitig besetzten Stationen nur zwei Basisvektoren in die Netzberechnung eingeführt werden.

Im einfachsten Fall des Basislinienkonzeptes wird lediglich der Betrag des Basisvektors genutzt, und GPS wird als Methode der Streckenmessung verwendet. Diese Betrachtungsweise war in den ersten Jahren der geodätischen Nutzung von GPS weit verbreitet. Das Verfahren ist korrekt, verzichtet aber auf die in GPS enthaltene Orientierungsinformation.

Einige Gerätehersteller bieten Auswertesoftware an, die auf dem Basislinienkonzept beruht (z.B. GEOMARK für TI4100, TRIMVEC für Trimble).

Bei einer *Mehrstationsauswertung* werden alle gleichzeitig in einem Projekt beobachteten Daten einer gemeinsamen Netzausgleichung zugeführt. Es werden keine Basislinien sondern Koordinaten eines Punktfeldes mit der zugehörigen gesamten Varianz-Kovarianz-Matrix bestimmt. Damit handelt es sich um eine strenge Ausgleichung der Beobachtungen unter Nutzung sämtlicher gegenseitiger stochastischer Beziehungen. Für geodätische Aufgaben ist die strenge Mehrstationsauswertung der einzelnen Basislinienberechnung vorzuziehen, da das Genauigkeitspotential voll ausgeschöpft und die Zuverlässigkeit erhöht wird. Sofern es sich um Beobachtungen aus einer Beobachtungssession handelt, spricht man von einer *Sessionlösung*.

Bei Punktfeldern, die an mehreren Beobachtungstagen bei teilweise doppelter Punktbesetzung beobachtet wurden, können die einzelnen Sessionlösungen über ein geeignetes Netzausgleichungsprogramm streng zusammengeführt werden; dies ist eine *Multistations- Multisession-Lösung*. Das Ergebnis ist einer Gesamtausgleichung in einem Zuge äquivalent; die Bearbeitung in Teillösungen von je einer Session erfordert aber eine geringere Rechnerkapazität und ist deshalb vorzuziehen.

Neuere Auswerteprogramme beruhen auf einem Mehrstationskonzept. Auch Gerätehersteller bieten Mehrstationsprogramme an (z.B. PoPS für Wild-Magnavox (*Frei* u.a. 1986). Da die Programmentwicklungen sehr dynamisch verlaufen, sollen nachstehend nur einige grundsätzliche Angaben gemacht werden.

Programmpakete zur GPS-Mehrstationsauswertung bestehen aus mehreren Teilen, beispielsweise einem

- Vorprogramm zur Datenerfassung und Datenvorverarbeitung, in der Regel empfängerabhängig
- Hauptprogramm zur Datenkorrektur, Parameterschätzung und ggf. Parameterelimination
- Nachprogramm zur Datenausgabe und ggf. zur Netzkombination.

In Abb. 7.28 ist eine vereinfachte Programmstruktur dargestellt. Ausgehend von den Rohdaten aller an einer Session beteiligten Stationen müssen diese Daten erfaßt, dekodiert und geprüft werden. Diese Vorprogramme sind empfänger- und wegen der Datenstruktur teilweise auch rechnerabhängig.

Im Zuge der Datendekodierung kann die Broadcastmessage von den Codephasen und Trägerphasen getrennt werden. Im Vergleich redundanter Messageinformationen (von verschiedenen Stationen) können fehlerhafte Daten erkannt und korrigiert werden. Die Bahninformationen können in geeigneter Weise geglättet werden [3.3.3.2]. Auf dieser Stufe kann auch die Möglichkeit eingeführt werden, aus externen Quellen Bahninformationen in die Auswertung einfließen zu lassen.

Auf der Stufe des Hauptprogramms erfolgt in der Regel eine Datenkontrolle, ein Erkennen und Korrigieren von Cycleslips (Verlust der Phasenbeziehung) und ggf. eine

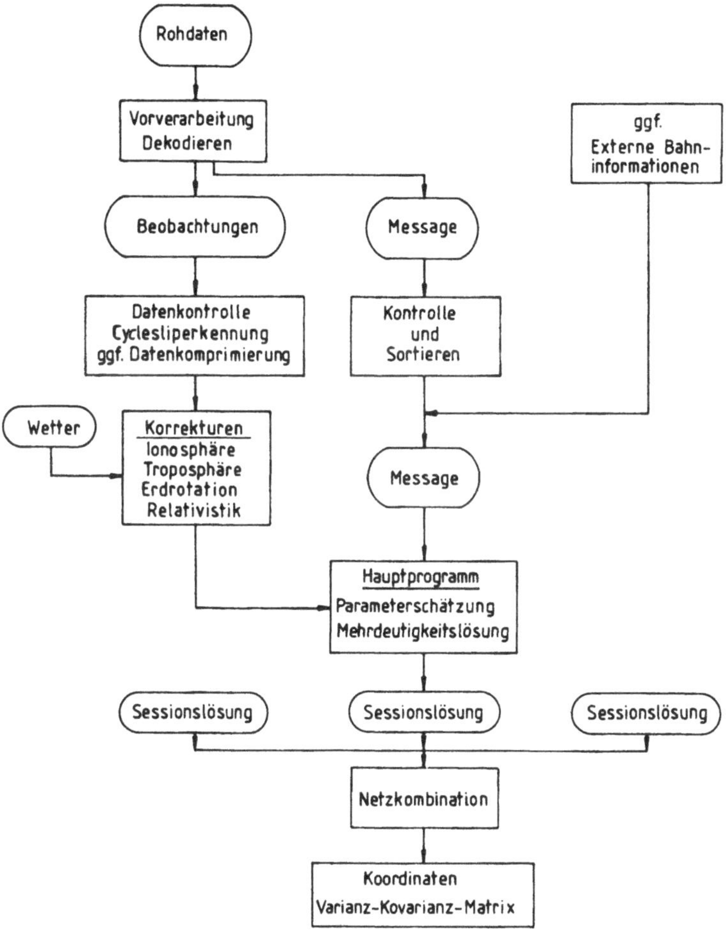

Abb. 7.28. Programmstruktur zur GPS Datenauswertung

Datenkomprimierung auf Normalpunkte (vgl. [3.3.3.2]). Je nach Auswertekonzept können hier Einfachdifferenzen oder Mehrfachdifferenzen gebildet werden. Aufgrund bekannter Algorithmen können Korrekturen für die ionosphärische Ausbreitungsverzögerung, für die Erdrotation, relavistische Korrekturen und troposphärische Ausbreitungskorrekturen mit Standard- oder aktuellen Wetterdaten angebracht werden.

Im eigentlichen Hauptprogramm erfolgt dann die Parameterschätzung, wobei neben Stationskoordinaten und Zeitbias u.a. noch Parameter für Bahnverbesserungen, für Verhalten von Satelliten- und Nutzeruhr, für die Troposphäre und für die Mehrdeutigkeit eingeführt werden können. Ergebnis einer solchen Sessionlösung sind die Koordinaten sowie die Varianz-Kovarianz-Matrix aller gleichzeitig beteiligten Stationen. Weitere geschätzte Parameter und Informationen lassen sich wunschgemäß aus[g]
oder auf andere Datenträger weiterleiten.

In der letzten Stufe können sodann alle Sessionlösungen in einem Netzausgleichungsprogramm streng vereinigt werden, sofern dies nicht schon im Hauptprogramm erfolgt ist. Die Ergebnisse können in weiteren Optionen beispielsweise in ein lokales Datum transformiert werden und mit vorhandenen terrestrischen Ergebnissen verglichen werden [7.6].

Aus der Vielzahl der Literaturstellen sei auf einige aktuelle Programmentwicklungen hingewiesen. Für den Geodetic Survey of Canada wurde das Programm DIPOP (*D*ifferential *P*ositioning *P*rogramm) entwickelt (*Vanicek* u.a. 1985). Weite Verbreitung haben das an der Universität Bern entwickelte Programmsystem der Berner Software (*Gurtner* u.a. 1985) sowie das am National Geodetic Survey entwickelte PHASER (*Phase Re*duction Programm) (*Goad* 1985) gefunden. Das an der Universität Hannover entwickelte Programmsystem TIPOSIT (*T*exas *I*nstruments *Posit*ioning) (Wübbena 1986) nutzt die besonderen Vorteile von P-Code Empfängern mit aus und verwendet undifferenzierte Trägerphasen sowie eine direkte Lösung der Mehrdeutigkeiten.

Zu den in [7.3] behandelten Fragen existiert eine Fülle von Literatur. Ein umfassendes Verzeichnis findet man u.a. bei *Wells* u.a. (1986).

7.4 Genauigkeitsbeeinflussende Effekte

7.4.1 Allgemeines und Übersicht

Allgemein betrachtet werden Fehler in den Prozeß der Parameterschätzung eingeführt, wenn ein zu einfaches Modell verwendet wird, das den physikalischen Realitäten nicht entspricht. Das einfache Konzept der Pseudoentfernungsmessung und Navigation in Abb. 7.2, Abb. 7.19 berücksichtigt eine Anzahl physikalischer Umstände nicht oder nicht genügend

- das erdfeste geozentrische Bezugssystem CTS ist kein inertiales System
- die Newtonsche Mechanik trifft im strengen Sinne nicht zu
- die Signalausbreitung erfolgt nicht im Vakuum.

Es ist deshalb erforderlich, die Satellitenkoordinaten, die Satellitenuhren und die Beobachtungen aufgrund von

- Erdrotation
- relativistischen Effekten
- ionosphärischen und troposphärischen Ausbreitungseffekten

zu korrigieren. Weiterhin können Korrektionen wegen unvollkommener Bahnmodellierung, Signalausbreitungsverzögerungen innerhalb des Empfängers und Mehrwegeausbreitung erforderlich werden. Schließlich wirkt sich die geometrische Verteilung der Satelliten auf die Fehlerfortpflanzung aus.

Die meisten genauigkeitsbeeinflussenden Aspekte wurden bereits an anderer

Stelle dieses Buches ausführlich behandelt, so daß die Darstellung in diesem Kapitel summarisch erfolgen kann. Wenn Korrekturen aufgrund von Messungen oder Modellannahmen angebracht werden, dann verbleibt ein gewisses Fehlerbudget, das in allgemein akzeptierter Größenordnung in Tab. 7.7 für das operationelle GPS zusammengestellt ist. Für das Prototypsystem können höhere Werte, insbesondere bei den Bahnfehlern auftreten. Andererseits kann durch verfeinerte Modellierung und durch zusätzliche Beobachtungen das Fehlerbudget gesenkt werden.

Die einzelnen Fehlerbeiträge werden im allgemeinen in ihrer Auswirkung auf die Entfernungsbestimmung betrachtet. Diese Projektion des jeweiligen Fehlerbetrages auf die Verbindungslinie Beobachter-Satellit heißt User Equivalent Range Error UERE und ist in Tabelle 7.7 nachgewiessen.

Wie auch beim TRANSIT-System üblich [6.5], werden die einzelnen Fehlerursachen drei Hauptgruppen zugeordnet, nämlich

- Satellitenposition
- Signalausbreitung
- Empfängereigenschaften.

Tab. 7.7. Hauptfehlereinflüsse bei der GPS Messung

Ursache	Auswirkung auf die Entfernungsmessung
Satelliten	
- Bahnfehler	1,5–15 m
- Uhrfehler	
Signalausbreitung	
- Ionosphäre	
- Troposphäre	1,5–15 m
- Mehrwegeausbreitung	
Empfänger	
- Rauschen	
- Phasenzentrum	1,5–5 m
- Temperatureffekte	

Diese Fehlerbeiträge führen zu einer

- absoluten Positionsgenauigkeit
  - P-Code Echtzeit 10 m
  - längere Beobachtung 3–5 m
- relative Positionsgenauigkeit
  - P-Code 1–2 m
  - Trägerphasen 0,5 cm + $1 \cdot 10^{-6}$ (Distanz).

Die *Erdrotationskorrektion* ist erforderlich, wenn Satellitenkoordinaten zur Epoche der Signalaussendung in einem erdfesten System berechnet werden. Während der Signallaufzeit rotiert das CTS Koordinatensystem in bezug auf den Satelliten; folglich ändert sich die Position der Sendeantenne im rotierten CTS-System. Die ursprünglichen Satellitenkoordinaten müssen um die Z-Achse um einen Winkel α gedreht werden, der sich als Produkt aus der Ausbreitungszeit τ und der Rotationsgeschwindigkeit $\dot{\Omega}_e$ der Erde bestimmt

$$\alpha = \dot{\Omega}_e \tau. \tag{7.59}$$

Wenn X', Y', Z' die ursprünglichen und X, Y, Z die korrigierten Koordinaten der Satellitenposition sind, gilt

$$\begin{aligned} X &= X' \cos\alpha + Y' \sin\alpha \\ Y &= Y' \cos\alpha - X' \sin\alpha \\ Z &= Z' \end{aligned} \tag{7.60}$$

Der Drehwinkel α ist $< 1\overset{''}{,}5$. Deswegen können die trigonometrischen Funktionen in (7.60) durch die ersten Elemente einer Reihenentwicklung ersetzt werden.

Eine *relativistische Korrektion* ist erforderlich, da sich die Satellitenuhr und die Hauptuhr, durch die die GPS-Zeit definiert wird, an Orten unterschiedliche Gravitationspotentials befinden und mit unterschiedlicher Geschwindigkeit bewegen. Der relativistische Effekt verursacht eine scheinbare Frequenzverschiebung des Satellitenoszillators. Der Hauptanteil wird durch eine Verringerung der nominalen Frequenz des Satellitenoszillators (10,23 MHz) um 0,00455 Hz berücksichtigt (*Van Dierendonck* u.a. 1978). Es verbleibt ein kleiner konstanter Anteil aufgrund unterschiedlicher Bahnhöhe und ein periodischer Anteil. Der konstante Anteil wird durch den Driftparameter a_1 der Satellitenuhr aufgefangen. Der periodische Anteil muß für die Satellitenzeitablesung um (vgl. [7.1.5.3])

$$\Delta t_r[\mathrm{s}] = -4{,}443 \cdot 10^{-10} e \sqrt{A}[\mathrm{m}] \sin E \tag{7.61}$$

und für die Drift der Satellitenuhr um

$$\Delta \dot{t}_r[\mathrm{s}] = -4{,}443 \cdot 10^{-10} \sqrt{A}[\mathrm{m}] \cos E \frac{dE}{dt} \tag{7.62}$$

korrigiert werden.

Die Auswirkung der Korrektion nach (7.61) auf die Satellitenzeit ist für einen Umlauf in Abb. 7.29 dargestellt. Der Maximalwert kann 70ns in der Zeit und 0,01 ns/s für die Uhrdrift erreichen.

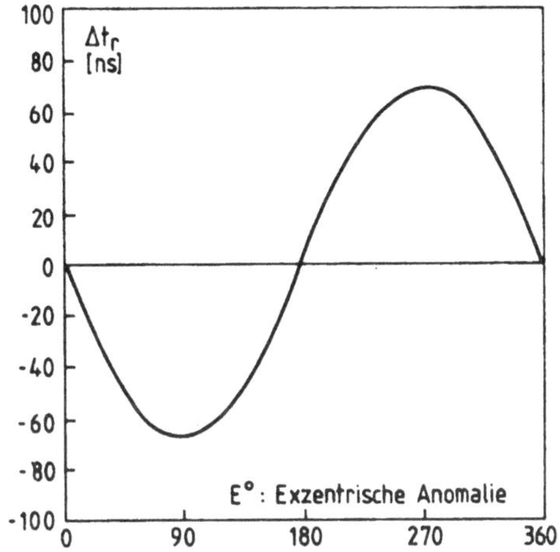

Abb. 7.29. Relativistische Korrektur

7.4.2 Satellitengeometrie

Die Genauigkeit der Positionsbestimmung mit GPS hängt von zwei Faktoren ab nämlich von

- der Genauigkeit der einzelnen Pseudorangemessung, ausgedrückt durch den UERE oder durch die zugehörige Standardabweichung σ_r
- der geometrischen Konfiguration der benutzen Satelliten.

Der Zusammenhang zwischen σ_r und der zugehörigen Standardabweichung der Positionsbestimmung σ^* wird durch eine skalare Größe beschrieben, die in der Navigationsliteratur mit DOP (*Dilution of Precision*) bezeichnet wird

$$\sigma^* = \mathrm{DOP}\,\sigma_r. \tag{7.63}$$

Verschiedene DOP-Bezeichnungen sind in Gebrauch

$$\begin{aligned} \sigma_H &= \mathrm{HDOP}\,\sigma_r && \text{für die horizontale Positionsbestimmung} \\ \sigma_V &= \mathrm{VDOP}\,\sigma_r && \text{für die vertikale Positionsbestimmung} \\ \sigma_P &= \mathrm{PDOP}\,\sigma_r && \text{für die 3D-Positionsbestimmung} \\ \sigma_T &= \mathrm{TDOP}\,\sigma_r && \text{für die Zeitbestimmung.} \end{aligned} \tag{7.64}$$

Der kombinierte Effekt für Position und Zeit heißt

$$\mathrm{GDOP} = \sqrt{(\mathrm{PDOP})^2 + (\mathrm{TDOP})^2}. \tag{7.65}$$

Es läßt sich zeigen, daß PDOP als reziproker Wert des Volumens V eines

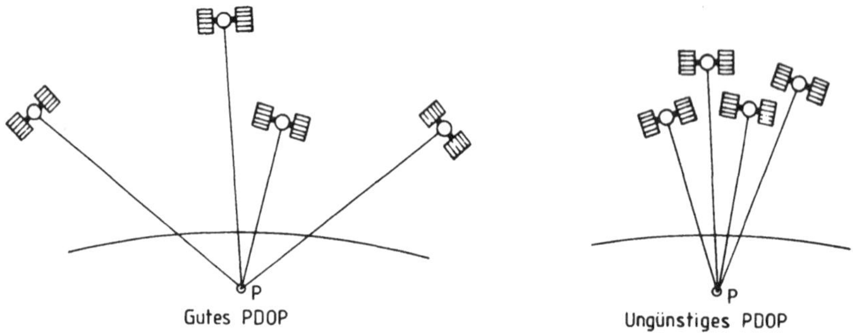

Abb. 7.30. Satellitengeometrie und PDOP

Tetraeders gedeutet werden kann, das aus Satelliten- und Nutzerposition gebildet wird (*Milliken* u. *Zoller* 1978).

$$\mathrm{PDOP} = \frac{1}{V} \tag{7.66}$$

Dies läßt sich auch aus Abb. 7.30 geometrisch leicht einsehen. Die beste geometrische Situation ist gegeben, wenn das Volumen zum Maximum und damit PDOP in (7.66) zum Minimum wird.

Zum gleichen Ergebnis kommt man nach den Regeln der Ausgleichungsrechnung und Fehlerfortpflanzung (z.B. *Pelzer* 1985). In Fortführung der Formelentwicklungen (7.51) bis (7.56) erhält man für die Kovarianzmatrix bei der Positionsbestimmung mit GPS

$$C_{XX} = \sigma_r^2 (A^T A)^{-1} \tag{7.67}$$

mit den Elementen

$$C_{XX} = \sigma_r^2 \begin{pmatrix} q_{XX} & q_{XY} & q_{XZ} & q_{Xt} \\ q_{YX} & q_{YY} & q_{YZ} & q_{Yt} \\ q_{ZX} & q_{ZY} & q_{ZZ} & q_{Zt} \\ q_{tX} & q_{tY} & q_{tZ} & q_{tt} \end{pmatrix}. \tag{7.68}$$

Aus der Kovarianzmatrix folgt der mittlere Positionsfehler zu

$$\sigma_P^2 = \sigma_r^2 (q_{XX} + q_{YY} + q_{ZZ}) \tag{7.69}$$

oder

$$\sigma_P = \sigma_r \,\mathrm{PDOP}. \tag{7.70}$$

Wenn als Unbekannte die Koordinaten eines lokalen kartesischen Koordinatensystems eingeführt werden, bei dem die x-Achse nach Norden, die y-Achse nach Osten und die z-Achse zum Zenit zeigt, dann folgt für den horizontalen

Positionsfehler

$$\sigma_H^2 = \sigma_r^2(q_{xx} + q_{yy}) \tag{7.71}$$

oder

$$\sigma_H = \sigma_r \,\mathrm{HDOP}$$

und für den vertikalen Positionsfehler

$$\sigma_V^2 = \sigma_r^2 q_{zz} \tag{7.72}$$

oder

$$\sigma_V = \sigma_r \,\mathrm{VDOP}.$$

Der vierte Parameter t enthält vor allem den Zeitfehler. Damit wird

$$\sigma_t^2 = \sigma_r^2 q_{tt} \tag{7.73}$$

oder

$$\sigma_t = \sigma_r \,\mathrm{TDOP}.$$

Allgemein gilt

$$\mathrm{GDOP} = \sqrt{\mathrm{Spur}(A^T A)^{-1}}. \tag{7.74}$$

Je nach Zielsetzung der Beobachtungen kann eine Satellitenkonfiguration mit geeignetem DOP-Wert ausgewählt werden. Während der Aufbauphase mit Prototypsatelliten werden die DOP-Werte zeitweilig sehr ungünstig. Je nach Satellitenkonfiguration kann auch eintreten, daß sich die Lageparameter mit unterschiedlicher Genauigkeit bestimmen zu lassen. Nach dem vollständigen Satellitenausbau wird es möglich sein, durch rechtzeitiges Wechseln der gewählten Konfiguration immer günstige DOP-Werte zu erreichen.

7.4.3 Bahnen und Uhren

Abweichungen der vorherberechneten und dem Nutzer verfügbar gemachten Satellitenephemeride von der tatsächlichen Bahn wirken sich auf die von den Bahnen abgeleitete Positionsbestimmung der Empfangsantenne aus. Es ist offensichtlich (Abb. 7.31), daß sich bei der Einzelpunktbestimmung die radiale Komponente der Bahnfehler unmittelbar auf die Entfernungsbestimmung auswirkt und damit in wesentlich stärkerem Maße die Position beeinflußt als bei der relativen Positionsbestimmung. Wenn die beteiligten Stationen nicht zu weit voneinander entfernt sind, wird der größte Teil der Bahnfehler bei der Differenzbildung und der Ableitung relativer Koordinaten herausfallen. Als Faustregel gilt für die Auswirkung db des Bahnfehlers dr auf die Bestimmung der Basislänge b

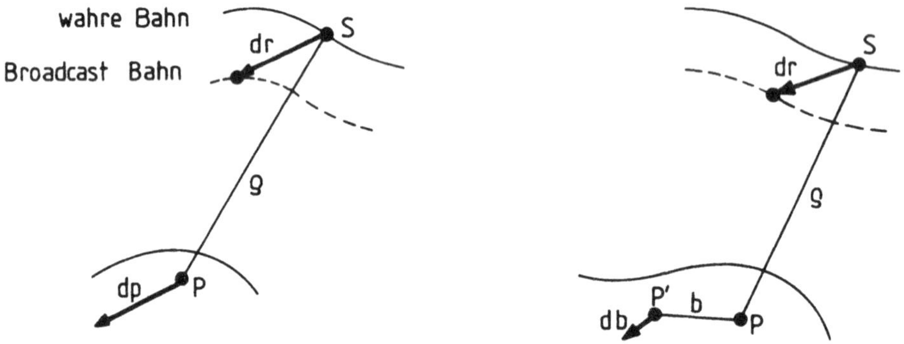

Abb. 7.31. Auswirkung eines Bahnfehlers auf die Einzelpunktbestimmung (links) und die Basislinienbestimmung (Näherung)

$$\frac{db}{b} = \frac{dr}{\rho}. \tag{7.75}$$

Der Bahnfehler wirkt sich damit in erster Näherung nach dem Verhältnis Basislänge zu Satellitenentfernung ρ aus. Dies ist geometrisch aus Abb. 7.31 einsichtig. Eine ausführliche Ableitung der Näherungsformel (7.75) ist beispielsweise bei *Vanicek* u.a. (1985, S. 55ff) gegeben.

Die maximale Entfernung eines GPS-Satelliten vom Beobachter beträgt 25000 km. Wenn ein Basislinienfehler von 1 cm zulässig ist, dann folgt daraus für bestimmte Basislängen ein zulässiger Bahnfehler (Tab. 7.8)

Tab. 7.8. Zulässiger Bahnfehler bei zugehörigem 1 cm-Basislinienfehler

Basislänge	Zulässiger Bahnfehler dr
0,1 km	2500,0 m
1,0 km	250,0 m
10,0 km	25,0 m
100,0 km	2,5 m
1000,0 km	0,25 m

Die Tabelle zeigt deutlich, daß für relative Koordinatenbestimmung über kurze Distanzen die geforderte Bahngenauigkeit keinen kritischen Faktor darstellt. Andererseits entspricht die Forderung nach 1 cm-Genauigkeit über sehr große Entfernungen, beispielsweise bei geodynamischen Anwendungen über 1000 km, einer nur schwer erfüllbaren Bahngenauigkeit im Submeterbereich.

Sehr häufig werden Fehler in der Basislinienbestimmung in ein Verhältnis zur Basislänge gesetzt. Tabelle 7.9 zeigt dazu einige Angaben als Abschätzung.

Tab. 7.9. Relativgenauigkeit und Bahnfehler

Relativgenauigkeit	Zulässiger Bahnfehler
5 ppm	125 m
1 ppm	25 m
0,5 ppm	12,5 m
0,1 ppm	2,5 m

Wegen der vergleichsweise großen Bahnhöhe von GPS-Satelliten wirken sich Oberflächenkräfte und Potentialkoeffizienten höherer Ordnung des Erdschwerefeldes nur wenig auf GPS Bahnen aus [3.2.4]. Für die Berechnung kurzer Bahnbögen genügt eine Schwerefeldentwicklung bis zum Grad und Ordnung (4,4). Erforderlich ist es, Gravitationseffekte von Sonne und Mond sowie den Strahlungsdruck der Sonne in die Bahnberechungsmodelle einzubauen. Insbesondere der letztgenannte Störeinfluß muß besonders sorgfältig modelliert werden (*King* u.a. 1985).

Erfahrungen mit der Genauigkeit von Bahnen der Prototypsatelliten (Stand 1987) weisen auf einen durchschnittlichen Bahnfehler von ± 20 m hin. Entsprechend Tab. 7.8 ist für Arbeiten mit Punktentfernungen < 10 km demnach keinerlei Bahnverbesserung erforderlich.

Es muß jedoch damit gerechnet werden, daß viele Nutzer des operationellen GPS-Systems nur Zugang zu weniger genauen Bahndaten haben werden. Auch bei größeren Punktentfernungen, verbunden mit hohen Genauigkeitsanforderungen, reicht die Genauigkeit der Broadcastephemeriden in der Regel nicht aus, so daß Bahnverbesserungstechniken erforderlich werden. Eine Möglichkeit besteht darin, auf der Grundlage weltweit verteilter Beobachtungsstationen nachträglich präzise Ephemeriden zu berechnen. Auf derartigen sogenannten *Tracking Stationen* müssen Zweifrequenzgeräte installiert sein, die sowohl Codephasen als auch Trägerphasen von allen beobachtbaren Satelliten messen können. Durch Verwendung hochgenauer Oszillatoren (Wasserstoffmaser, Cäsium) können Bahnfehler von Zeitfehlern der Stationsuhr getrennt werden. Durch Wasserdampfradiometer lassen sich troposphärische Laufzeitkorrekturen erfassen. Es kann damit gerechnet werden, daß derartige Tracking-Netze auf ziviler, kommerzieller oder wissenschaftlicher Basis eingerichtet werden (*Bossler* 1985).

Für regionale Arbeiten kann es ausreichend sein, die Satellitenbahnen im Ausgleichungsprozeß durch Einführen von bis zu 6 Korrekturparametern zu den Keplerschen Elementen (orbital biases) zu verbessern [7.3.3]. Dieses Verfahren kann zusätzlich verfeinert werden, wenn während einer Beobachtungskampagne Referenzbeobachtungen auf bereits gut bestimmten Kontrollpunkten durchgeführt werden. Derartige Kontrollpunkte (*Fiducial Points*) stehen weltweit mit Laser- bzw. VLBI-Stationen zur Verfügung oder werden eingerichtet (vgl. [8], [10.2]). Insbesondere für geodynamische Untersuchungen von regionaler Ausdehnung ist das letztgenannte Konzept von Bedeutung [7.6.2], [11.4]. Zur Bahnbestimmung vergleiche weiterhin [3.3].

GPS-Zeit wird operationell als die Zeitskala definiert, die vom GPS-System genutzt wird (vgl. [2.2.4]). Jeder GPS-Satellit enthält Uhren, die als Zeit- und Frequenzbasis für die Realisierung der Systemzeit im jeweiligen Satelliten gelten und die Aussendeepochen der Navigations- und Trägersignale festlegen. GPS-Zeit wird durch die Hauptkontrollstation MCS überwacht [7.1.3]. Die Beziehung zu den sonstigen Atomzeitskalen ist in Abb. 2.11 dargestellt.

Die Satellitenuhren laufen um 38500 ns/Tag zu schnell; diese Korrektion erfaßt mehr als 99,6% des relativistischen Uhreffekts. Soweit erforderlich, werden weitere Abstimmungen durch das MCS vorgenommen, um die individuellen Satellitenuhren innerhalb ± 1 ms in der Zeit und $\pm 1 \cdot 10^{-9}$ in der Frequenz mit der Systemzeit in Übereinstimmung zu halten (*Mc Caskill, Buisson* 1985).

Um Echtzeitnavigation zu ermöglichen, müssen die Satellitenuhren genügende Frequenzstabilität aufweisen und mit GPS-Zeit synchronisiert sein. Aus diesem Grunde werden in den Satelliten Rubidium- und Cäsiumoszillatoren genutzt [2.2.5]. Die *Nutzeruhr* im Empfänger muß nur stabil genug sein, um die Pseudoentfernungsmessungen mit Codephasen durchführen zu können. Hierzu genügt ein guter Quarzoszillator. Bei einigen geodätischen Auswerteprogrammen werden durch doppelte Differenzbildung der Trägerphasenbeobachtungen Fehler in den Empfängeruhren eliminiert [7.3.3]. Die Verwendung einer genaueren (externen) Empfängeruhr, beispielsweise eines Rubidium-Oszillators verbessert aber die Positionslösung, da sich dann Fehlerquellen (beispielsweise Bahnfehler) besser von Zeitfehlern trennen lassen. Wenn kein Zugang zur Satellitenzeit besteht, wie bei codeunabhängigen Empfängern, muß die Zeitbasis für die Bodenstationen über einen externen Präzisionsoszillator bereitgestellt werden. Alle gemeinsam beteiligten Oszillatoren sind dabei zu synchronisieren. Die Genauigkeit dieser Oszillatoren geht in das Positionsergebnis ein.

Das Verhalten der *Satellitenuhren* wird dem Nutzer in Form eines Polynommodells 2. Ordnung mitgeteilt, dessen Koeffizienten a_0, a_1, a_2 vom Kontrollsegment vorhergesagt werden [7.1.5.3]. Das tatsächliche Verhalten der Uhren unterscheidet sich jedoch hiervon aufgrund unvorhersagbarer, korrelierter Frequenzfehler. In Mehrstationsauswerteprogrammen können folglich Korrektionsparameter für a_0, a_1, a_2 bestimmt werden (7.50).

Bei höchsten Genauigkeitsansprüchen kann ein angemessenes Korrelationsmodell für das Anwachsen der zufälligen Fehlerfrequenz mit der Zeit in das Auswertemodell mit aufgenommen werden (vgl. [2.2.5]).

7.4.4 Ausbreitungseffekte

Auf dem Wege von der Satelliten- zu Empfangsantenne unterliegen die Signale folgenden Ausbreitungseffekten

- Ausbreitungsverzögerung in der Ionosphäre
- Ausbreitungsverzögerung in der Troposphäre
- Mehrwegeausbreitung am Satelliten und in der Umgebung der Empfangsantenne.

Die atmosphärischen Ausbreitungseffekte werden in Kapitel [2.3.3] ausführlich behandelt. An dieser Stelle wird deshalb nur auf einige wichtige Zusammenhänge hingewiesen.

Die *Ausbreitungsverzögerung in der Ionosphäre* (etwa 50 km bis 1000 km oberhalb der Erdoberfläche) hängt vom Elektronengehalt entlang des Signalweges und von der verwendeten Frequenz ab. Beeinflussende Parameter sind u.a. die Sonnenaktivität und das Erdmagnetfeld; damit ist die ionosphärische Refraktion frequenz-, orts- und zeitabhängig. Für die GPS-Frequenzen kann die Auswirkung auf gemessene Entfernungen zwischen 5 und 150 m variieren (*Wells* u.a. 1986). Zweifrequenzempfänger nutzen die Tatsache aus, daß die L1 und L2 Signale in der Ionosphäre unterschiedliche Laufzeitverzögerungen erfahren. Weiterhin ist zu berücksichtigen, daß die Ionosphäre ein dispersives Medium ist und daß damit die Phasengeschwindigkeit (Ausbreitung der Träger) anders ist als die Gruppengeschwindigkeit (Ausbreitung der Codes).

Für Trägerphasenmessungen gilt [2.3.3.1] der Brechungskoeffizient

$$n_p = 1 - 40{,}3\frac{n_e}{f^2} \tag{2.83}$$

mit

n_e Elektronengehalt längs des Ausbreitungsweges
f Trägerfrequenz.

Der ionosphärische Effekt auf die Codeausbreitung (Gruppengeschwindigkeit) ist gleich groß wie auf Trägerphasenausbreitung, besitzt aber das umgekehrte Vorzeichen. Es gilt

$$n_g = 1 + 40{,}3\frac{n_e}{f^2}. \tag{2.87}$$

Für die Auswirkung der ionosphärischen Refraktion auf die Pseudoentfernungsmessung R mit Codephasen gilt dann durch Integration über den gesamten Ausbreitungsweg s

$$\delta R_{\mathrm{ION}} = \int_s (n_g - 1)\,ds \tag{7.76}$$

$$\delta R_{\mathrm{ION}} \approx \frac{40{,}3}{f^2}\int_s n_e\,ds. \tag{7.77}$$

Das unbekannte Integral kann durch Messungen der Entfernungen $R_1 = R(\mathrm{L1})$ und $R_2 = R(\mathrm{L2})$

auf beiden Frequenzen bestimmt werden.

$$\begin{aligned} R &= R_1 - \delta R_{1,\mathrm{ION}} \\ R &= R_2 - \delta R_{2,\mathrm{ION}} \end{aligned} \tag{7.78}$$

Durch Einsetzen von (7.77) in (7.78) folgt

$$\delta R_{1,\mathrm{ION}} = \frac{R_1 - R_2}{1 - \left(\frac{f_1^2}{f_2^2}\right)}. \tag{7.79}$$

Diese Gleichung heißt wegen der Näherung in (2.87) ionosphärische Refraktionskorrektur 1. Ordnung. Die verbleibenden Modellfehler erreichen nur wenige cm. Deshalb kann der ionosphärische Effekt bei GPS durch Messung in 2 Frequenzen weitestgehend erfaßt werden. Für Trägerphasenmessungen können entsprechende Beziehungen abgeleitet werden (vgl. *Wells* u.a. 1986)

$$\delta\Phi_{\mathrm{ION}}(L1) = \frac{f_2^2}{f_2^2 - f_1^2}\left(\Phi(L1) - N(L1) - \frac{f_1}{f_2}(\Phi(L2) - N(L2))\right), \tag{7.80}$$

wobei $N(L1)$ und $N(L2)$ die jeweiligen Mehrdeutigkeitsterme bedeuten.

Sofern nur Einfrequenzempfänger verfügbar sind, ist eine Korrektur gemäß (7.79) oder (7.80) nicht möglich. Es kann dann versucht werden, den Einfluß mit Modellannahmen oder Informationen über die Ionosphäre aus anderen Quellen zu erfassen. In Betracht kommen die Modellparameter nach Klobuchar, die im Datensignal der Satelliten enthalten sind [7.1.5.4] oder Parallelbeobachtungen mit TRANSIT-Empfängern [6.5.2] (*Lohmar* 1985). Die Wirksamkeit dieser Methode wird noch studiert.

Durch Relativbeobachtungen auf 2 Stationen fällt der Fehler aufgrund ungenau modellierter ionosphärischer Ausbreitungseffekte weitgehend heraus, da die Satelliten nahezu durch dieselbe Atmosphäre beobachtet werden. Diese Beziehung verringert sich etwa linear mit zunehmender Stationsentfernung. Der verbleibende Fehler wird mit 1–2 ppm der Entfernung abgeschätzt, d.h. 1–2 cm auf 10 km (*Campbell* u.a. 1984). Wenn 1 cm Genauigkeit gefordert ist, können folglich Einfrequenzgeräte nur im Entfernungsbereich <10 km eingesetzt werden. Es muß weiterhin damit gerechnet werden, daß die Situation in Zeiten hoher Sonnenaktivität ungünstiger wird.

Die *Ausbreitungsverzögerung in der Troposphäre* ist für genaue Positions- und Basislinienbestimmung kritischer als in der Ionosphäre, da die troposphärischen Effekte über größere Distanzen weniger miteinander korreliert sind. Für Frequenzen im Radiospektrum [2.3] ist die troposphärische Refraktion unabhängig von der Frequenz; sie ist folglich aus Mehrfrequenzmessungen nicht bestimmbar. Es müssen vielmehr Modellannahmen über den Aufbau der erdnahen Atmosphäre getroffen werden, und es müssen ggf. aktuelle Meßdaten über Druck, Temperatur und Wasserdampfgehalt längs des Ausbreitungsweges in die Modelle einfließen. Die gegenwärtig vorwiegend genutzten Modelle werden in [2.3.3.2] ausführlich behandelt.

Allgemein wird der troposphärische Einfluß auf die Entfernungsmessung in eine trockene und eine feuchte Komponente zerlegt. Die feuchte Komponente ist von der Verteilung des Wasserdampfes in der Atmosphäre abhängig und damit schwieriger zu modellieren. Sie macht aber nur etwa 10% des gesamten troposphärischen Refraktionseinflusses aus. Der Gesamteinfluß in Zenitrichtung beträgt etwa 2,3 m und steigt in Horizontnähe (10° Elevation) auf etwa 20 m an. Der trockene Anteil wird durch die bekannten Modelle weitgehend erfaßt. Der feuchte Anteil kann durch meteorologische Oberflächendaten bis auf etwa ±3–4 cm modelliert werden (*Wells* u.a. 1986). Bei nahe benachbarten Stationen wird der troposphärische Restfehler durch Differenzbildung weitgehend herausfallen.

Bei größeren Stationsentfernungen (etwa >50 km) ist der Zustand der lokalen Atmosphäre nicht mehr genügend miteinander korreliert. Bei höheren Genauigkeitsanforderungen, beispielsweise zur Erfassung geodynamischer Vorgänge über Entfernungen >50...100 km, stellt die Modellierung der troposphärischen Refraktion bei GPS einen der kritischen genauigkeitsbegrenzenden Faktoren dar.

Es wird vorgeschlagen, hierzu den Wasserdampfgehalt der Atmosphäre längs des Ausbreitungsweges mit *Wasserdampf-Radiometern* (water vapor radiometer) direkt zu messen (*Elgered* u.a. 1985). Gegenwärtig sind derartige Geräte aber noch sehr aufwendig und teuer.

Mehrwegeausbreitung (Multipath) bedeutet, daß neben dem direkten Signal noch ein reflektiertes Umwegsignal die Antenne erreicht. Spiegelungen können an horizontalen, vertikalen und geneigten Flächen erfolgen (Abb. 7.32). Das Mehrwegesignal kann sich dem direkten Signal überlagern und Phasenfehler erzeugen, die sich in fehlerhaften Entfernungsmessungen niederschlagen. Diese Effekte haben einen periodischen Charakter und können Amplituden von einigen cm erreichen (*Bletzacker* 1985).

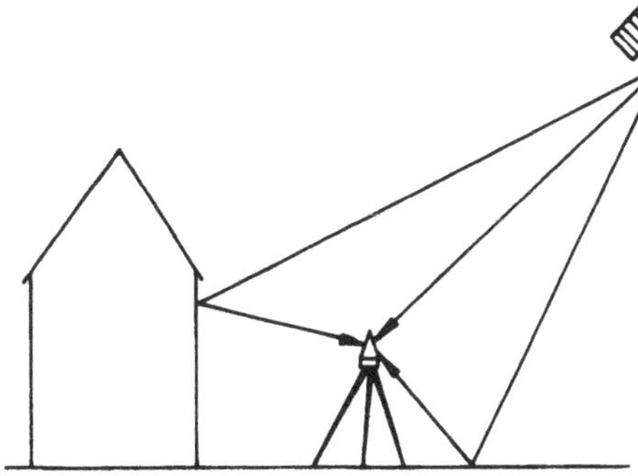

Abb. 7.32. Mehrwegeausbreitung (Multipath)

Bei längerer Meßdauer mitteln sich die Effekte heraus, sie können jedoch das Meßrauschen merklich erhöhen und sollen deshalb vermieden werden. Möglichkeiten zur Minimierung von Multipatheffekten sind

(a) Abschirmung der Antennen, z.B. durch größere Grundplatten
(b) Verwendung von absorbierendem Material in der Antennenumgebung
(c) Vermeidung von reflektierenden Flächen in der Antennenumgebung.

Es wird von Multipatheffekten am Satelliten berichtet (*Young* u.a. 1985). Die Energie des reflektierten Signals beträgt jedoch nur etwa 1% des direkten Signals.

Mehrwegeeffekte sind von Tag zu Tag bei derselben Antennenaufstellung und Satellitenkonfiguration reproduzierbar. Sie fallen durch kurzfristige Wiederholungsmessungen an mehreren aufeinanderfolgenden Tagen also nicht heraus.

7.4.5 Empfangssystem

Hauptfehlerquellen im Empfangssystem sind

- Empfängerrauschen (receiver noise)
- Signallaufzeitunterschiede in dem Empfangskanälen (interchannel bias)
- Signallaufzeitvariationen (phase delay variation)
- Oszillatorinstabilitäten
- Variationen des Antennenphasenzentrums (phase center variation)
- Verlust der Phasenbeziehung (cycleslip).

Das *Empfängerrauschen* hängt vom Signal/Rauschverhältnis des GPS Signals ab. Vom elektronischen Design her kann das Phasenrauschen als weißes Rauschen modelliert werden und entspricht einem Entfernungsmeßrauschen von $\pm 1 \ldots 3$ mm.

Mehrkanalempfänger weisen *Unterschiede in den Phasenverzögerungen* für jeden Hardwarekanal auf, da jedes Satellitensignal unterschiedliche elektrische Wege zurücklegt. Die Gerätehersteller versuchen, diese Laufzeitunterschiede zu kalibrieren und zu kompensieren. Ein verbleibender Phasenfehler von 5° entspricht etwa 2,5 mm und kann durch geometrische Effekte um eine Mehrfaches vergroßert werden. Bei Multiplex- und sequentiellen Einkanalempfängern treten keine Fehler dieser Art auf.

Signallaufzeitvariationen hängen vom jeweiligen Satellitensignal ab. Sie lassen sich durch mehrfachen Wechsel der Satellitenkonstellation herausmitteln.

Oszillatorinstabilitäten [7.4.3] spielen bei sorgfältig entworfenen Empfängern nur eine geringe Rolle. Sie können im Auswerteprozeß mit modelliert werden. Bei extremen Genauigkeitsanforderungen empfiehlt sich die Nutzung externer Präzisionsoszillatoren (Rubidium, Cäsium).

Ein weiterer kritischer Fehlereinfluß im Empfangssystem bei Präzisionsanwendungen ist die *Variation des Antennenphasenzentrums.* Die Positionsbestimmung bei der Navigation und bei der geodätischen Punktbestimmung bezieht sich auf das scheinbare elektrische Phasenzentrum. Dieses variiert mit der Intensität und Richtung der einfallenden Signale. Bei sorgfältig entworfener Antenne ist die Variation minimiert und reproduzierbar. Abschließende Untersuchungen über Art und Größe der Phasenzentrumsvariation bei GPS-Antennen stehen noch aus. Für TI4100 Antennen wurden 1...2 cm gefunden (*Sims* 1985). Wenn es gelingt, Antennen desselben Typs identisch zu bauen, dann wirken sich die Effekte bei gleicher Satellitenkonfiguration für nicht zu weit voneinander entfernte Stationen etwa gleich aus und fallen bei der Differenzbildung heraus. Dazu kann es erforderlich sein, die Antennen in gleicher Weise im Azimut auszurichten. Manche Antennen haben für diesen Zweck eine Azimutmarke, die nach magnetisch Nord ausgerichtet wird.

Cycleslips, d.h. der Verlust der Phasenbeziehung bei der Trägerphasenmessung, sind keine eigentlichern instrumentellen Fehler sondern Fehler der Signalerfassung. Sie werden durch die Antennenumgebung beeinflußt und treten häufig unter verrauschten Bedingungen auf. Im Auswerteprozeß muß dieser Fehler erkannt und behoben werden. Dazu sind Algorithmen entwickelt worden, bei denen Phasenwerte prädiziert und mit beobachteten Phasenwerten verglichen werden. Gelingt die Korrektur nicht, dann muß nach dem "Cycleslip" mit dem Auswertealgorithmus neu begonnen werden; dies kann für Empfänger, bei denen die Mehrdeutigkeiten nur geometrisch gelöst werden können [7.3.4], ein empfindlicher Nachteil sein.

Besonders kritisch sind Phasenunterbrechungen bei kinematischen Anwendungen der Trägerinformationen. Hier muß nach jeder Unterbrechung erneut mit den Messungen begonnen werden, wenn nicht ein geeignetes Sekundärmeßgerät (z.B. Inertialplattform) zur Überbrückung der Datenlücken verfügbar ist (vgl. [7.6.] [11.3]).

7.5 Durchführung von Feldbeobachtungen

Die Durchführung von Beobachtungsprojekten mit GPS entspricht in vielen Beziehungen der Durchführung von Dopplerprojekten mit TRANSIT [6.7]. Erfahrungen, die bei der Vorbereitung, Organisation und Durchführung von Dopplerprojekten gewonnen wurden, lassen sich somit weitgehend auf GPS-Vorhaben übertragen. Nachstehend werden die wichtigsten Gesichtspunkte mit Bezug auf GPS dargestellt.

7.5.1 Aufstellung eines Beobachtungsplanes

Dieser vorbereitende Arbeitsschritt ist insbesondere wichtig, solange das vollständige GPS-System noch nicht installiert ist. Sobald die 3D-Überdeckung von GPS realisiert sein wird (etwa ab 1990), werden jederzeit wenigstens 4 Satelliten über dem Horizont stehen. Beobachtungen sind dann ständig möglich, so daß Meßeinsätze unabhängig von der Konstellation geplant werden können. Es wird lediglich notwendig sein, die vier aus geometrischen Gründen günstigsten Satelliten (minimales PDOP [7.4.2]) auszuwählen. Diese Auswahl kann automatisch im Prozessor des Empfängers erfolgen. Um strenge Simultanität bei gemeinsam operierenden Empfängern zu erreichen, empfiehlt sich aber auch nach Vollausbau des Satellitensystems eine vorausschauende Einsatzplanung.

Solange noch mit Prototypsatelliten gearbeitet werden muß, stehen nur für einige Stunden pro Tag geeignete Beobachtungsbedingungen zur Verfügung. Deshalb ist eine Vorausberechnung der Satellitenüberdeckung für die Einsatzplanung unerläßlich. Die Berechnung dieser sogenannten ALERT-Listen (vgl. [6.7]) kann mit den Daten des Satellitenalmanachs erfolgen.

Almanachdaten, d.h. Bahndaten geringerer Genauigkeit für alle verfügbaren Satelliten, werden im 4. und 5. Unterrahmen der Navigationsmessage mitgeteilt [7.1.5.4]. Diese Unterrahmen haben 25 "Seiten" von je 30 Sekunden Dauer, so daß die vollständige Almanachinformation in 12.5 Minuten gelesen werden kann.

Mit Hilfe der Almanachdaten können Satellitenpositionen über mehrere Monate hinweg mit genügender Genauigkeit für Planungszwecke vorausberechnet werden. Bei den Prototypsatelliten muß jedoch gelegentlich mit größeren Bahnmanövern gerechnet werden, so daß sich eine regelmäßige Kontrolle der Almanachdaten empfiehlt. Wenn Almanachdaten verfügbar sind, können Sichtbarkeitsdiagramme und PDOP-Werte [7.4.2] erzeugt werden. Die meisten Gerätehersteller bieten entsprechende Programme für Tischrechner an. Almanachdaten sind für jeden Satelliten

t_{0a} Referenzzeit für Almanachdaten
a_0 Uhrkorrektion
a_1 Drift der Uhrkorrektion
M_0 Mittlere Anomalie
e Bahnexzentrizität
$\sqrt{A}$ Wurzel der großen Halbachse
Ω_0 Rektaszension des aufsteigenden Knotens
ω Argument des Perigäums
$\dot{\Omega}$ Knotenverlagerung
δ_i Differenz zu 60° Bahnneigung.

Hieraus lassen sich mit Hilfe der Formeln in [7.1.5.3] die aktuellen Positionsvektoren der Satelliten im CTS-Koordinatensystem berechnen. Bei bekannten Beobachterkoordinaten (φ, λ, h) lassen sich mit Standardformeln Azimut und Elevation des Satelliten in Abhängigkeit der Zeit ermitteln und für Sichtbarkeitsdiagramme verwenden. Tabelle 7.10 zeigt eine Liste von Almanachdaten der Prototypsatelliten (Stand Mitte 1987).

Tab. 7.10. Satellite Almanac

SV PRN CODE	3	4	6	7	8
SV HEALTH	0	98	0	92	92
ECCENTRICITY	.010770	.008721	.004930	.013290	.005282
SQ ROOT A	5153.8	5153.6	5153.7	5153.7	5153.8
RT ASCENSION	−139.885	−138.219	99.261	102.518	−138.304
ARG PERIGEE	148.731	−162.649	116.865	35.683	−28.648
MEAN ANOMALY	76.486	53.107	−60.762	−110.897	26.270
T OF ALMANAC	32768.0	32768.0	32768.0	32768.0	32768.0
INCL OFFSET	9.4953	9.3483	10.1641	10.5737	9.3466
RATE RT ASCN	−.0003490	−.0003503	−.0003850	−.0003818	−.0003523
CLK PHASE BIAS	.0	.0	.0	.0	.0
CLK FREQ BIAS	.000	.000	.000	.000	.000
GPS WEEK	388	388	388	388	388
SV PRN CODE	9	11	12	13	
SV HEALTH	0	0	0	0	
ECCENTRICITY	.012853	.011745	.008770	.002667	
SQ ROOT A	5153.7	5153.8	5153.6	5153.7	
RT ASCENSION	99.085	−139.388	99.230	−139.902	
ARG PERIGEE	66.962	−150.980	−51.860	−24.164	
MEAN ANOMALY	−52.236	110.525	26.175	−69.629	
T OF ALMANAC	32768.0	32768.0	32768.0	32768.0	
INCL OFFSET	9.9694	8.9672	9.4747	8.6926	
RATE RT ASCN	−.0003883	−.0003562	−.0003936	−.0003589	
CLK PHASE BIAS	.0	.0	.0	.0	
CLK FREQ BIAS	.000	.000	.00	.000	
GPS WEEK	388	388	388	388	

Ein zugehöriges Sichtbarkeitsdiagramm in stereographischer Projektion ist in Abb. 7.33 nachgewiesen. Ein entsprechendes Balkendiagramm ist in Abb. 7.11 gegeben.

Zusätzliche Informationen zur Satellitenauswahl werden durch die Berechnung der jeweiligen PDOP-Werte und die Bestimmung der günstigsten Satellitenkonfiguration gegeben [7.4.2]. Die Almanachdaten sind völlig ausreichend, um nach einem Kriterium der minimalen Spur der Designmatrix vorzugehen. Bei einem optimalen Algorithmus müßten sämtliche möglichen Kombinationen von 4 Satelliten über einen längeren Zeitraum untersucht werden. Dies führt zu sehr langen Rechenzeiten, so daß in der Praxis suboptimale Algorithmen verwendet werden.

Weitere Auswahlkriterien sind eine minimale Satellitenelevation von 10°. Die

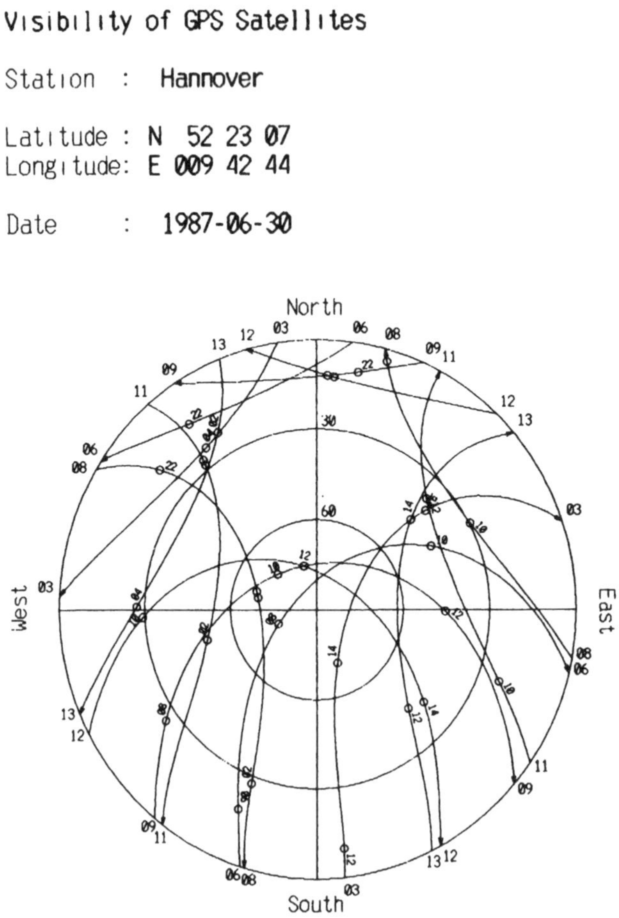

Abb. 7.33. Sichtbarkeitsdiagram der Prototypsatelliten (Hannover, Mitte 1987)

einmal gewählte Konfiguration sollte, auch bei verändertem PDOP, nicht zu häufig gewechselt werden, um möglichst lange Beobachtungszeiten für denselben Satelliten zu gewährleisten.

Die erforderliche Beobachtungsdauer hängt vom Gerätetyp, der angestrebten Genauigkeit und von logistischen Aspekten ab. Bei codeunabhängigen Empfängern werden je nach Interstationsentfernung bis zu mehreren Stunden Beobachtungsdauer benötigt, um die Mehrdeutigkeiten zu lösen [7.3.4]. Bei P-Code und Zweifrequenz Empfängern kann die erforderliche Beobachtungsdauer wesentlich kürzer ausfallen [7.3.5]. Bei kurzen Basislängen und guten logistischen Bedingungen kann auch bei eingeschränkter Überdeckungsdauer mit Prototypsatelliten ein Stationswechsel während der Überdeckungsphase möglich werden. Für höchste Genauigkeitsansprüche, beispielsweise zur Erfassung von Krustenbewegungen, empfiehlt sich die Ausnutzung des gesamten Beobachtungsfensters (2–3 Stunden mit günstigem PDOP bei Prototypsatelliten), um redundante Beobachtungen zu erzielen.

7.5.2 Praktische Gesichtspunkte bei Feldbeobachtungen

Vorherige örtliche Erkundung trägt zu erfolgreichen Beobachtungen bei. Dies gilt insbesondere für die Aufbauphase des GPS-Systems mit sehr eingeschränkten Beobachtungszeiten und teurem Instrumentarium. Die Punkte sollen möglichst frei von Sichthindernissen sein und möglichst Fahrzeugzugang erlauben. Als allgemeine Regel wird freie Sicht in allen Richtungen bis zum Horizont verlangt. Diese Forderung wird nach dem Vollausbau des Systems weniger streng sein. In bewaldeten Gegenden oder in der Nähe von Gebäuden hilft ein Satelliten-Sichtbarkeitsdiagramm bei der Punktauswahl. Wenn die Punkte auch für spätere Beobachtungen mit anderen Satellitenkonstellationen nutzbar bleiben sollen, empfiehlt sich jedoch generelle Horizonfreiheit wenigstens oberhalb 10° Höhenwinkel.

Die GPS-Technik verlangt und erlaubt andere Auswahlkriterien als die klassischen Triangulationstechniken. Festpunkte müssen nicht mehr auf topographischen Erhebungen oder Kirchtürmen mit gegenseitiger Stationssicht eingerichtet werden sondern dort, wo sie gebraucht werden, auf gut zugänglichen Stellen und mit möglichst freier Horizontsicht. Auch die Nähe von Kirchen, Fernsehtürmen und starken Antennen ist nicht geeignet. Nahe Hauswände können Mehrwegeeffekte erzengen [7.4.4]. In stark bewaldeten Gebieten können die Antennen auf leichten Masten montiert werden. Bei exzentrischen Standpunkten und Hochpunkten sind jedoch Zentrierungen und Ablotungen mit derselben Genauigkeit erforderlich, mit der die GPS-Messungen ausgewertet werden können, also beispielsweise $\leq \pm 1$ cm. Im Interesse eines zukünftigen wirtschaftlichen Einsatzes für Zwecke der Landesvermessung sollten Punkte ausgewählt werden, auf denen zentrisch beobachtet werden kann.

Codefreie Empfänger, beispielsweise das Macrometer, erfordern, daß alle beteiligten Geräte täglich untereinander auf ± 1 μs synchronisiert werden und auf wenige ms mit UTC übereinstimmen. Die erste Forderung kann durch physikalisches Zusammenbringen aller Empfänger an einen Ort, beispielsweise im Basiscamp erfüllt werden. Die zweite Forderung läßt sich mit Hilfe eines einfachen C/A-Code GPS Empfängers erfüllen, der zugleich als Quelle für Bahndaten zur Beobachtungsvorbereitung dienen kann. Diese Forderungen sind bei der logistischen Projektplanung zu berücksichtigen. Codeempfänger benötigen keinen Synchronisierungsvergleich, da sie die Zeitinformationen über die Satellitensignale erhalten.

Eines der Hauptprobleme bei praktischen Feldprojekten ist eine zuverlässige Stromversorgung. Für Empfänger mit vergleichsweise hohem Stromverbrauch wie der TI4100 kann eine Stromversorgungskette wie in Abb. 7.34 aufgebaut werden. Es werden in zunehmendem Maße Geräte mit geringeren Energieanforderungen gebaut, bei denen ein täglicher Batteriewechsel ausreicht.

Bei den meisten geodätisch nutzbaren Empfängern werden die Daten für eine nachträgliche Mehrstationsberechnung auf digitalen Datenkassetten gespeichert. Alterna-

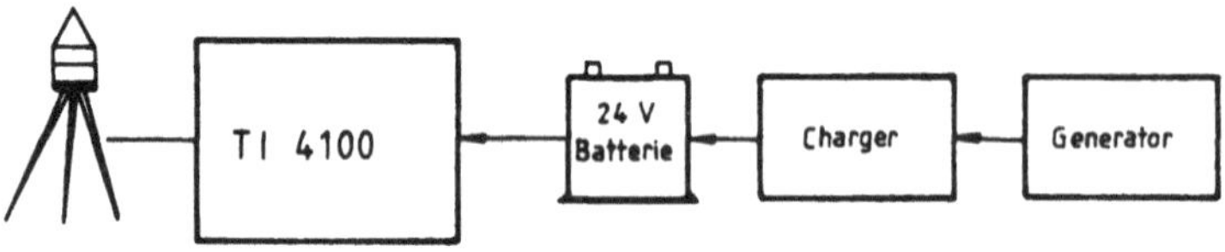

Abb. 7.34. Stromversorgungskette

tiv bietet sich die Aufzeichnung über einen Rechner auf Daten-Disketten oder Festkörperspeichern an. Bei einigen Empfängertypen ist der Datenanfall enorm hoch.

Bei der Standardoperation mit dem TI4100 wird eine Daten-Kassette (und entsprechend eine Diskette) in ca. 30 Minuten vollgeschrieben, so daß für eine größere Mehrstationskampagne ein entsprechender Kassettenvorrat erforderlich ist. Es empfiehlt sich in solchen Fällen, im Beobachtungsgebiet eine Datenübertragung auf geeignete Massenspeicher vorzunehmen, wobei gleichzeitig eine Datenkontrolle erfolgen kann. Neuere Empfangsanlagen, beispielsweise der WM101, erlauben bereits während der Beobachtungen eine starke Datenkomprimierung im Empfangsgerät, so daß eine Kassette für einen längeren Beobachtungsabschnitt ausreicht.

Soll eine nachträgliche Mehrstationsauswertung mit aktuellen Wetterdaten ermöglicht werden, dann müssen während der Beobachtungszeit die meteorologischen Daten Druck (± 1 mm), Temperatur (± 1°C), relative Luftfeuchtigkeit (± 1%) gemessen und registriert werden. Es ist ferner ratsam, ein Stationsbuch zu führen, in das neben den meteorologischen Daten eine Stationsbeschreibung, der Beobachtungsplan, die gemessenen Satelliten, die Identifizierungscodes der Datenkassetten sowie weitere für die spätere Datenbearbeitung wichtigen Informationen einzutragen sind.

7.5.3 Beobachtungsstrategien und Netzentwurf

Drei grundlegende Beobachtungsstrategien können unterschieden werden (vgl. [7.3.5])

- Einzelempfängerbeobachtungen (point positioning)
- Relativbeobachtung auf 2 Stationen (baseline concept)
- Mehrstationsbeobachtungen (multistation concept)

Innerhalb der letzten Kategorie können verschiedene Vorgehensweisen gewählt werden.

Die Wahl des Beobachtungskonzepts hängt von der geforderten Genauigkeit, der Zahl der verfügbaren Empfänger und von logistischen Bedingungen ab. Deshalb ist eine allgemeine Einteilung schwierig. Hinsichtlich der erforderlichen Genauigkeit lassen sich folgende Nutzerklassen definieren (*Rizos* u.a. 1984), wobei die Übergänge fließend sind.

Tab. 7.11. Nutzerklassen für GPS

Kategorie	durchschnittliche geforderte Genauigkeit	Entsprechende relative Genauigkeit (in m)
1: Explorationsgeophysik	$1:10^4$	1...50
2: Großräumige Ingenieurprojekte und Kartenaufnahme	$1:10^5$	0,5...5
3: Geodäsie	$1:10^6$	0,01...0,2
4: Geodynamik	$1:10^7$	0,001...0,03

Wenn nur 2 Empfänger verfügbar sind, kann ein Punktfeld durch Beobachtung von *Basislinien* aufgebaut werden. Eine Möglichkeit besteht darin, jeweils benachbarte Punkte zu besetzen und durch Beobachtung aller Seiten Dreiecke zu bilden (Abb. 7.35). Dieses Verfahren führt zu einer hohen Relativgenauigkeit; es ist aber sehr aufwendig. Eine andere Möglichkeit besteht darin, jeweils

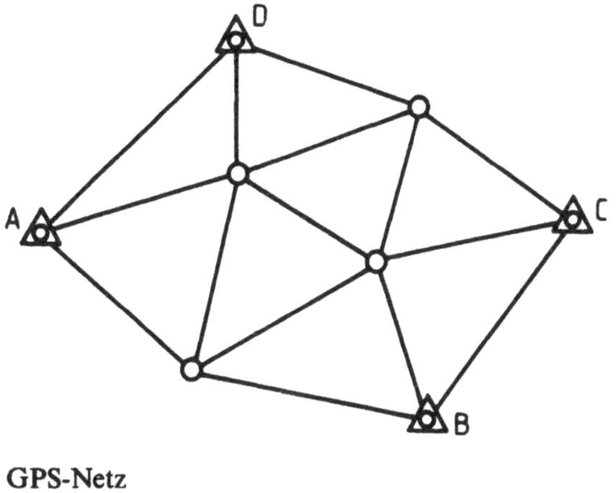

Abb. 7.35. GPS-Netz

ein Gerät auf einer Zentralstation zu betreiben und mit einem zweiten Gerät die benachbarten Punkte sternförmig zu besetzen (Abb. 7.36). Die Basislinien zwischen nicht simultan besetzten Stationen können dann rechnerisch abgeleitet werden. Zwischen beiden Alternativen gibt es weitere Varianten; so können einige der in Abb. 7.36 offen gebliebenen Verbindungen zur Kontrolle mit einer Basislinie geschlossen werden.

Es wird deutlich, daß der Einsatz von mehr als 2 Geräten erheblich wirtschaftlicher ist. Die Konfiguration in Abb. 7.36 kann mit 2 Geräten in 14 Beobachtungssessions und mit 3 Geräten in 7 Sessions bearbeitet werden.

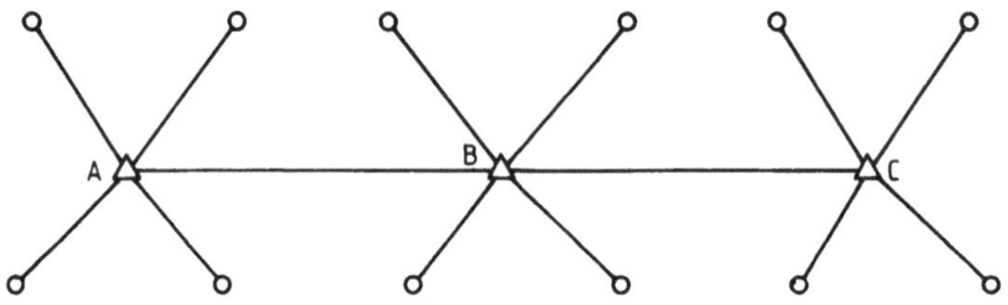

Abb. 7.36. Punktbestimmung mit 2 Empfängern

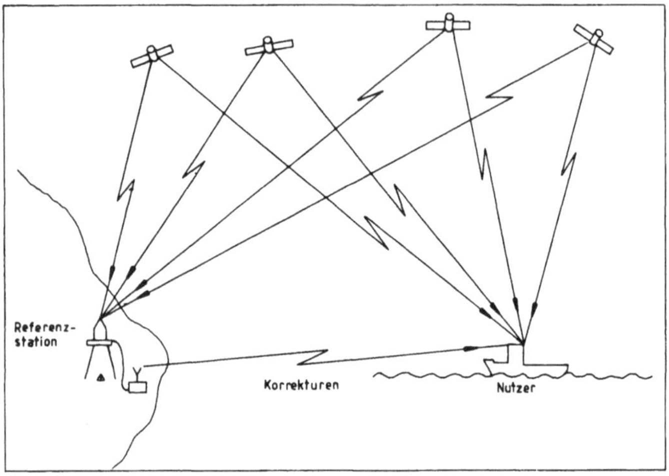

Abb. 7.37. Relativmessungen zu einer Referenzstation

Mit einem *einzelnen Empfänger* läßt sich eine absolute Positionsbestimmung nach wenigen Minuten Beobachtungszeit mit einer Genauigkeit von $\pm 5\ldots$ 10 m erzielen. Im Navigationsmodus sind 10–15 m in Echtzeit erreichbar, wenn ein P-Code Empfänger verfügbar ist. Für einen statischen Empfänger ist jedoch auch nach mehrtägiger Beobachtungsdauer die erreichbare absolute Genauigkeit nicht besser als $\pm 3\ldots 5$ m (vgl. [7.4.1]). Dies entspricht der mit dem TRANSIT-Dopplersystem [6] erzielbaren Genauigkeit. Wenn nur ein einzelner Empfänger verfügbar ist, kann mit GPS folglich keine höhere Genauigkeit erzielt werden als mit TRANSIT; lediglich die erforderliche Beobachtungsdauer ist wesentlich kürzer. Deshalb lassen sich nur Aufgaben der Gruppe 1 mit einem einzelnen GPS Empfänger lösen.

Für Anwendungen in Geodäsie und Geodynamik kommen grundsätzlich nur *relative Beobachtungstechniken* mit mindestens zwei simultan eingesetzten GPS-Empfängern in Betracht. Äquivalent werden auch die Bezeichnungen differentielle Beobachtung und Translokationsbeobachtungen gebraucht.

Das Konzept der Relativbeobachtungen ist in Abb. 7.37 für einen bewegten

Nutzer illustriert (vgl. [11.3]). Es gilt aber ebenso für eine statische Antenne. Die wesentliche Stärke der Relativverfahren beruht auf der Tatsache, daß ein Teil der Fehlereinflüsse auf benachbarten Stationen stark korreliert ist und sich damit bei einer Differenzbildung heraushebt. Dies trifft insbesondere für Bahnfehler, Fehler der Satellitenuhr und Modellfehler in der Ionosphäre zu.

Ein Vergleich der Tabellen 7.7. und 7.6 macht deutlich, daß die systematischen Modellfehler und das Beobachtungsrauschen des Codes mit 1 ... 10 m etwa in der gleichen Größenordnung liegen. Im Navigationsmodus gelingt es damit, unter Verwendung von Codephasenmessungen und Korrekturinformationen der Referenzstation eine relative Navigationsgenauigkeit von $\pm 2 \ldots 3$ m zu erreichen [11.3]. Bei einem statischen Empfänger kann das extrem geringe Beobachtungsrauschen der Trägerphasenmessung, das um 3 Größenordnungen unter den systematischen Fehlereinflüssen liegt, nur dann ausgenutzt werden, wenn die systematischen Anteile durch Relativmessungen beseitigt werden.

Auf diese Weise gelingt im geodätischen Relativmodus mit wenigstens zwei gleichzeitig operierenden Empfängern gegenüber dem Einzelempfangsmodus eine Genauigkeitssteigerung um den Faktor 10^3. Relativverfahren sind insbesondere dann wirksam, wenn die Stationsentfernung gegenüber der Satellitenentfernung ($\sim$20000 km) klein ist. Der Betrag der Korrelation nimmt mit wachsender Entfernung ab; er ist aber auch über einige Tausend km wirksam. Die Auswertemodelle für Relativbeobachtungen sind in [7.3.3] behandelt.

Wenn beispielsweise im Punktfeld der Abb. 7.35 statt Linien mit 2 Geräten jeweils mit drei Geräten Dreiecke beobachtet werden, erhöht sich bei gesteigerter Wirtschaftlichkeit weiterhin die Zuverlässigkeit, da einige der Punktverbindungen doppelt besetzt werden.

Bei Einsatz von *drei und mehr Empfängern* wird der Entwurf eines Beobachtungsplanes zu einer Optimierungsaufgabe zwischen Effizienz, Genauigkeit und Zuverlässigkeit. Für drei und vier Empfänger wurden hierzu bereits Strategien entwickelt (*Snay* 1986), bei denen die Stationsbesetzung nach bestimmten Algorithmen ermittelt wird. Bei mehr als vier simultan arbeitenden Empfängern wird die Optimierungsaufgabe schwieriger zu lösen; allgemein anerkannte Strategien stehen noch aus. Im Hinblick auf logistische und praktische Einschränkungen wird sich die Entscheidung für eine Beobachtungsstrategie in Zukunft oft nach den Erfahrungen richten, wobei formale Optimierungskriterien eine wertvolle Hilfe darstellen können. Als Beispiel für eine rein empirisch festgelegte Beobachtungsanordnung mit 12 Empfängern bei 50 Stationen kann das DÖNAV-Netz dienen ([11], Abb. 11.2).

Wichtig ist, zu beachten, daß bei Einsatz von mehr als zwei Empfängern nicht alle möglichen Punktverbindungen unabhängig von einander bestimmt werden. Generell gilt

r	Zahl der simultan beobachtenden Empfänger	
$r(r-1)/2$	Zahl der möglichen Punktverbindungen	(7.81)
$(r-1)$	Zahl der unabängigen Punktverbindungen	

Es ist in solchen Fällen empfehlenswert, die Auswertung des Punktfeldes nicht in Form von Basislinien sondern mit einem strengen Mehrstationsprogramm vorzunehmen [7.3.3].

Der als Ergebnis eines GPS-Auswerteprogrammes vorliegende Datensatz besitzt eine hohe Relativgenauigkeit. Die absoluten Koordinaten sind jedoch aufgrund der Datumsunsicherheit mit Standardabweichungen von mehreren Metern behaftet (vgl. [6.8.1] und [11.1.1]). Neue Punktfelder müssen deshalb in der Regel mit bereits vorhandenen bekannten Punkten verknüpft werden, sei es im jeweiligen nationalen Kontrollnetz oder mit Stationen, die durch genaue globale Techniken wie VLBI und Laser kontrolliert werden. Die Verknüpfung kann über einen oder mehrere identische Punkte erfolgen, beispielsweise *A*, *B*, *C*, *D* in Abb. 7.35. Für kleinere Arbeitsgebiete reicht meist ein einzelner identischer Punkt. Bei der Planung von GPS-Einsätzen ist die Verbindung zu vorhandenen Punkten mit bekannten Koordinaten mit zu beachten. Nähere Ausführungen zur Verknüpfung von vorhandenen mit neuen Punkten sind in [11.1] gegeben. Die erforderlichen Transformationsgleichungen sind in [2.1.5] behandelt.

7.6 Anwendungsmöglichkeiten und Anwendungsbeispiele von GPS Beobachtungen

Da GPS ein wetterunabhängiges, echtzeitfähiges, kontinuierlich verfügbares und sehr genaues Positionsbestimmungsverfahren ist, eröffnen sich nahezu unbegrenzte Einsatzmöglichkeiten in Geodäsie und Nachbargebieten. Hierzu gehören u.a. die

- Grundlagenvermessung
- Geodynamik
- Überwachungs- und Ingenieuraufgaben
- Meeres- und Glazialgeodäsie
- Präzisionsnavigation.

Die Einsatzfelder decken sich weitgehend mit den in [6.8] behandelten Anwendungen des TRANSIT-Verfahrens. GPS zeichnet sich jedoch durch kürzere Meßdauer und höhere Genauigkeit aus. Die Nutzung von Satellitenmethoden wird weiterhin in [11.] behandelt. Nachstehend werden einige typische Anwendungsbeispiele für GPS erläutert.

7.6.1 Grundlagenvermessung

Wie bei den TRANSIT-Methoden [6.8.1] sind folgende Zielsetzungen möglich

- vollständige Neuanlage eines Punktfeldes
- Verdichtung oder Erweiterung eines Punktfeldes
- Kontrolle, Analyse und Verbesserung eines bestehenden Punktfeldes
- Beitrag zur Höhen- und Geoidbestimmung.

Die hierbei auftretenden Aufgaben der Datumstransformation entsprechen vollständig den in [6.8.1] und [11.1] erläuterten Lösungswegen. Wegen der hohen Genauigkeit bei kurzer Beobachtungsdauer kann GPS auch bei sehr kleinen Punktabständen (1 bis 10 km) wirtschaftlich zur Netzverdichtung eingesetzt werden. Für die Zukunft zeichnen sich Einsatzfelder zur ländlichen und städtischen Detailvermessung ab. Dabei wird man mit Vorteil eine Gerätekombination von GPS-Empfänger und elektronischem Tachymeter einsetzen können (Abb. 7.38).

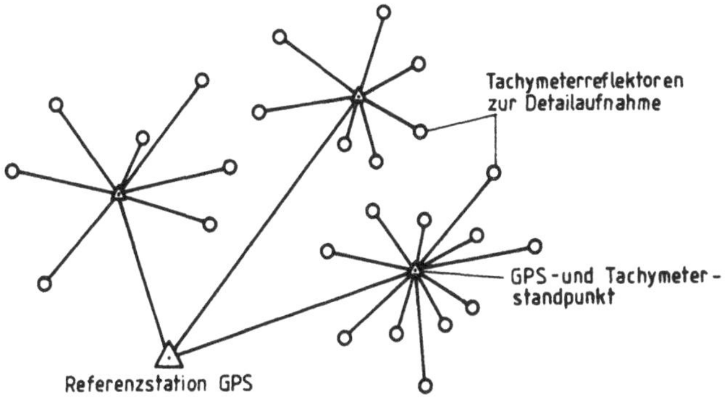

Abb. 7.38. Einsatz von GPS zur Detailaufnahme

In Abb. 7.39 und 7.40 sind als Beispiel zwei GPS Netze in Niedersachsen angegeben, die mit TI4100 Empfängern beobachtet wurden. Bei HANNAC wurde für Punktabstände von 2–4 km eine Koordinatengenauigkeit $< \pm 1$ cm gefunden (*Seeber* u.a. 1986). Bei NIENAC ergaben sich für Punktabstände von 100–250 km Koordinatengenauigkeiten $< \pm 10$ cm (*Seeber* u.a. 1987), vgl. Tab. 7.12.

Diese Werte wurden im Vergleich mit unabhängigen terrestrischen Ergebnissen bestätigt. Als Beispiel für ein großräumiges GPS-Netz, das den Bereich eines ganzen Landes abdeckt, siehe das DÖNAV-Netz (Deutsch-Österreichische NAVSTAR-Kampagne) [11.], Abb. 11.2.

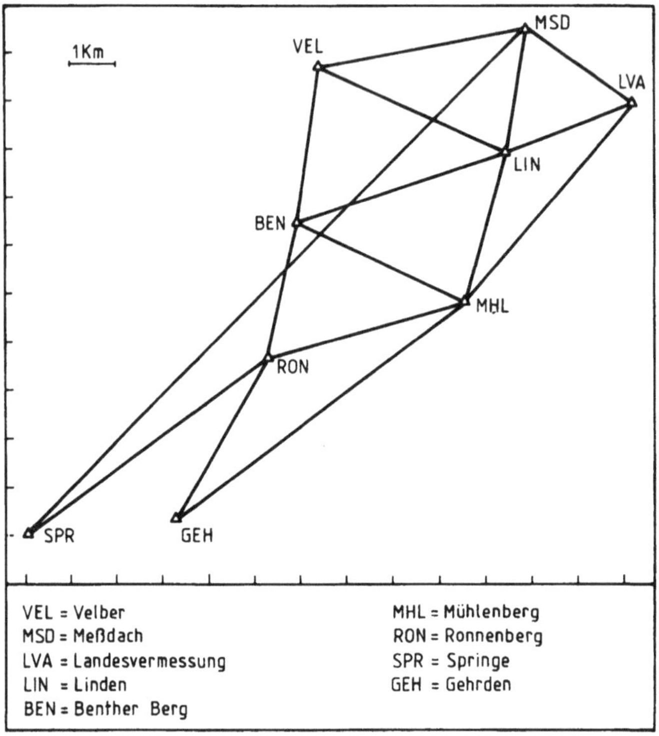

Abb. 7.39. Hannoversche NAVSTARKampagne HANNAC; Punktentfernung 2–4 km

Tab. 7.12. Standardabweichungen in den Koordinaten nach der GPS Netzausgleichung für das örtliche Netz HANNAC und das regionale Netz NIENAC. Die Stationen LIN bzw. BRM wurden jeweils festgehalten.

HANNAC				NIENAC			
Station	$m_\varphi[m]$	$m_\lambda[m]$	$m_h[m]$	Station	$m_\varphi[m]$	$m_\lambda[m]$	$m_h[m]$
LIN	0,000	0,000	0,000	BRM	0,000	0,000	0,000
MSD	0,002	0,002	0,005	PIL	0,046	0,023	0,051
VEL	0,003	0,002	0,007	HBG	0,042	0,020	0,047
BEN	0,003	0,002	0,007	HHB	0,049	0,023	0,055
RON	0,002	0,002	0,006	SPR	0,049	0,025	0,059
MHL	0,003	0,002	0,007	BTM	0,042	0,021	0,046
LVA	0,003	0,004	0,008	KTW	0,070	0,037	0,081
GEH	0,005	0,004	0,011	BRO	0,057	0,026	0,059
				WEN	0,101	0,045	0,105
				KTB	0,096	0,044	0,100

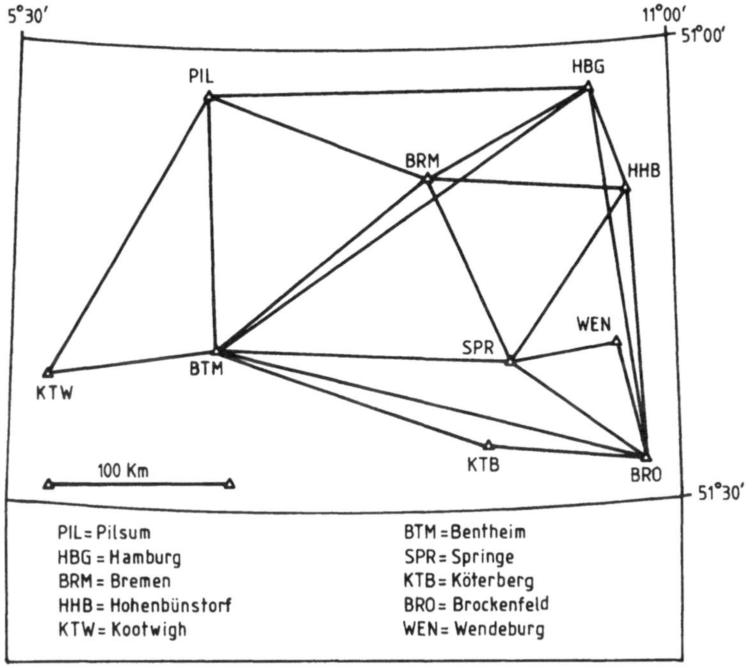

Abb. 7.40. Niedersächsische NAVSTARKampagne NIENAC; Punktentfernung 100–250 km

Aus den angeführten Beispielen wird deutlich, daß alle in der Grundlagenvermessung geltenden Genauigkeitsvorgaben durch GPS erfüllt werden können.

GPS liefert, ebenso wie TRANSIT, dreidimensionale Koordinaten, die in ellipsoidische Länge λ, Breite φ und Höhe h transformiert werden können. Wie aus der Tab. 7.12 ersichtlich ist, wird die Höhenkomponente mit etwa gleicher Genauigkeit bestimmt wie die Lagekomponenten. Damit kann GPS zur lokalen und großräumigen Kontrolle des Nivellements herangezogen werden, wenn Geoidinformationen vorliegen und umgekehrt zur Bestimmung präziser Geoidhöhen bei bekannten Nivellementsergebnissen. (vgl. auch Abb. 6.28)

Unter Annahme einfacher Fehlerfortpflanzungsgesetze läßt sich über eine GPS Traverse eine Höhenübertragungsgenauigkeit von wenigen dm über mehrere 1000 km erwarten (*Seeber* 1986). Eine Steigerung auf < 0,1 m erscheint möglich zu sein. Damit kann GPS zur großräumigen Pegelverbindung dienen. Auch ohne präzise Kenntnis des Geoids können Höhenveränderungen aus dem Vergleich ellipsoidischer Höhen abgeleitet werden.

7.6.2 Geodynamik

Das sehr hohe Genauigkeitspotential, verbunden mit vergleichsweise leicht transportabler Ausrüstung, macht GPS zu einem geeigneten Verfahren für die Bestimmung rezenter Erdkrustenbewegungen [11.4]. Bislang erfolgte die Analyse von Erdkrustenbewegungen hauptsächlich mit Langbasisinterferometrie (VLBI) [10.2] und Lasermessungen zu Satelliten [8]. Mit VLBI lassen sich sehr lange Basislinien präzise bestimmen; wenige cm über mehrere 1000 km sind erreichbar. Hauptnachteil des VLBI-Verfahrens ist der enorme technische Aufwand und die Beschränkung auf einzelne Fundamentalstationen. Mit Satelliten-Lasergeräten wurden aus langjährigen Beobachtungen sehr genaue und zuverlässige Bewegungsraten abgeleitet, beispielsweise im Bereich der San Andreas Verwerfung (*Christodoulidis* u. *Smith* 1987). Inzwischen sind auch transportable Lassersysteme im Einsatz [8.2]; dennoch bleibt die Verwendung von Satellitenlasertechnik mit hohen Kosten und langen Umsetzzeiten verbunden. Für viele Einsatzgebiete, insbesondere wenn eine größere Zahl von Punkten mit nicht zu großen Abständen bestimmt werden soll, bietet GPS erhebliche Vorteile.

Bei der Planung von Einsätzen für die Bestimmung von Krustenbewegungen muß allerdings beachtet werden, daß mit GPS-Techniken eine Relativ-Genauigkeit von $1 \cdot 10^{-6}$ bis $1 \cdot 10^{-7}$ der Punktdistanz erzielt werden kann. Für eine 100 km Basislinie entspricht dies 10...1 cm und bei einer 1000 km Basislinie 100–10 cm. Mit Hinblick auf die bekannten Bewegungsraten von wenigen cm/Jahr sollten die Punktabstände nicht wesentlich größer als 100 km sein, oder es müssen längere Zeiträume betrachtet werden. Wichtigste genauigkeitsbegrenzende Faktoren sind die

- Bahngenauigkeit
- Oszillatorstabilität
- Erfassung der troposphärischen Refraktion.

Um eine Relativgenauigkeit von $1 \cdot 10^{-7}$ zu erreichen, müssen die Bahnen auf ± 2 m bestimmt werden. Die Broadcastbahnen sind etwa um den Faktor 10 ungenauer. Um die erforderliche Bahngenauigkeit zu erzielen, muß entweder auf nachträglich berechnete präzise Ephemeriden zurückgegriffen werden [7.1.6], wenn solche verfügbar sind, oder es muß parallel während eines Beobachtungsprojekts auf gut bestimmten Referenzstationen mitbeobachtet werden, um über dem Arbeitsgebiet Bahnverbesserungen zu bestimmen [3.3]. Diese letztgenannte Vorgehensweise wird auch als *Fiducial Concept* (*Kroger* u.a. 1985) bezeichnet. Die Paßpunkte (fiducial points) sollten mit hoher Genauigkeit bekannt sein – beispielsweise aus Laser- oder VLBI-Beobachtungen – und regelmäßig überprüft werden.

Die gewünschte Oszillatorstabilität kann mit Atomfrequenznormalen (Rubidium [2.2.5]) erzielt werden. Wenn Restfehler der troposphärischen

Refraktionskorrektur [2.3.3.2] in der Größenordnung von 1–5 cm für die Pseudoentfernungen nicht toleriert werden können, muß versucht werden, durch Einsatz von Wasserdampfradiometern das Genauigkeitsniveau zu erhöhen.

7.6.3 Überwachungs- und Ingenieuraufgaben

Hier sind nahezu unbegrenzte Einsatzmöglichkeiten denkbar (vgl. [6.8.2])

- Bestimmung von Paß- und Kontrollpunkten für
  - Photogrammetrie
  - Kartographie
  - geophysikalische Vermessung
  - Antennenstandpunkte bei hydrographischen Vermessungen
  - Inertialvermessung
  - Expeditionen aller Art
- Überwachung von Punktbewegungen durch Wiederholungsmessungen bei
  - Dammbauten
  - Bodensenkungsgebieten (Bergbau)
  - Böschungen (Tagebau)
  - absinkenden Offshorebauwerken
  - Bauwerkssetzungen
- Anlage und Einrichtung von Sondernetzen für Ingenieur- und Baumaßnahmen
  - Teilchenbeschleuniger
  - Tunnelbau
  - Brückenbau
  - Straßenbau
  - Pipelinetrassen
  - Wasserstraßen.

Im kinematischen Modus (vgl. [11.3]) kann an Echtzeitüberwachung und Steuerung von Fahrzeugen gedacht werden, beispielsweise

- Baufahrzeuge
- Großbagger im Tagebau
- Stapelfahrzeuge in offenen Lagern (z.B. Containerlagerplätze).

GPS kann bei Nutzung zweier Antennen auch als Methode der Richtungsbestimmung genutzt werden. Die Richtung wird dabei aus den Koordinaten der beiden Antennenstandpunkte abgeleitet. Sofern die Basislänge nicht zu groß gewählt werden kann, müssen Trägerphasenbeobachtungen verwendet werden, um eine ausreichende Genauigkeit zu erzielen. Dabei tritt das Problem der Mehrdeutigkeitslösung auf.

Bei bekanntem Antennenabstand können hierzu besondere Algorithmen herangezogen werden. Aus Beobachtungen mit 2 TI Empfangsanlagen ergaben sich folgende Ergebnisse (*Schuchardt* 1987)

Tab. 7.13. Richtungsbestimmung mit GPS

	Länge der Basislinie					
	1 m	10 m	100 m	1000 m	2000 m	5000 m
statisch	7′–2′	40″–10″	5″–2″	0″,6–0″,3		
kinematisch			3′,5	0′,35	11″	5″

7.6.4 Präzisionsnavigation, Meeres- und Glazialgeodäsie

Durch die Echtzeitfähigkeit, kontinuierliche Verfügbarkeit und hohe Genauigkeit werden die in [6.8.3] genannten Einsatzmöglichkeiten wesentlich verbessert.

Wenn mit einem Einzelempfänger an Bord eines Schiffes gearbeitet wird, steht die operationelle Genauigkeit von GPS kontinuierlich zur Verfügung, also

±10...15 m P-Code

30...100 m C/A-Code.

Dies reicht für viele Aufgaben der Meeresforschung aus. Wichtige Einsatzgebiete sind beispielsweise [11.3]

- Positionszuordnung bei flächenhaften Tiefenvermessungen (SEABEAM, HYDROSWEEP)
- Positions- und Geschwindigkeitsbestimmung bei gravimetrischen, magnetischen und seismischen Messungen
- Kalibrierung von Transpondersystemen
- Positionierung von Unterwassersensoren und Probenehmern in der rohstoffbezogenen Meeresforschung.

Bei höheren Genauigkeitsanforderungen kann im Relativmodus zu Referenzpunkten an der Küste, auch Inseln oder festen Meereskonstruktionen gemessen werden. Sofern Echtzeiterfordernis vorliegt, können Korrekturwerte übertragen werden [11.3]. Unter Nutzung der Trägerphasenbeobachtungen lassen sich auf See im Relativmodus Genauigkeiten im Submeterbereich erzielen (*Seeber* u.a. 1986). Dies ermöglicht beispielsweise die Durchführung von hydrographischen Vermessungen oder die detaillierte Untersuchung von Meeresbodenstrukturen im küstennahen Raum.

In der Glazialgeodäsie und Antarktisforschung kann GPS erfolgreich zur Eisbewegungsbestimmung eingesetzt werden (*Hinze* 1986). Sofern Bewegungsparameter aus Jahreswiederholungsmessungen abgeleitet werden sollen, genügt eine quasi-on-line Ablesung, während mit Motorschlitten eine Trasse abgesteckt wird oder ein Helikopter kurzzeitig landet. Im Relativmodus zu einer festen Station läßt sich bei Beobachtungszeiten $\leq 1^h$ Dezimetergenauigkeit erreichen, so daß eine Wiederholungsmessung noch in derselben Saison auch bei langsamen Bewegungsraten zutreffende Ergebnisse erwarten läßt. Wegen der kurzen Meßzeit ist oft ein Helikopteranflug vertretbar.

Gegenüber der TRANSIT methode [6.8.3] bietet GPS die Möglichkeit, auch während der kurzen Sommersaison ein größeres Gebiet und entlegene Punkte glaziologisch zu erfassen.

Mit GPS ist es weiterhin möglich, nach Sollkoordinaten Punkte wieder aufzusuchen oder anzufliegen.

GPS kann auch im Flugzeug zur Navigation oder für Meßzwecke eingesetzt werden (*Hartl*, *Wehr* 1986). Dies kann beispielsweise für Fluggravimetrie und für Bildflüge von Bedeutung sein. Im Relativmodus lassen sich die Koordinaten des Kameraaufnahmezentrums sowie die Orientierungsparameter mit hoher Genauigkeit bestimmen, so daß bei der Blockausgleichung Bodenpaßpunkte eingespart werden können. Bei Verwendung mehrerer Antennen an der Flugzeugoberfläche bzw. auf Schiffen kann das räumliche Lageverhalten überwacht werden.

8. Laserdistanzmessung

8.1 Grundprinzip und Allgemeines

Bei der Laserdistanzmessung zu Satelliten (engl. Satellite Laser Ranging SLR) wird aus der Laufzeit eines Laserimpulses die Distanz zwischen einer Bodenstation und einem Satelliten gemessen. Es handelt sich um ein Zweiwegemeßverfahren [4.2.2]. Im Sendeteil der Bodenstation wird ein kurzer Laserimpuls erzeugt und über ein optisches System zum Satelliten gerichtet. Gleichzeitig wird ein elektronischer Zeitintervall-Zähler gestartet. Der angezielte Satellit muß geeignete Reflektoren tragen. Der reflektierte Impuls wird über eine Empfangsoptik im Empfangsteil der Bodenstation registriert, verstärkt, analysiert und dem Zähler als Stoppimpuls zugeführt (Abb. 8.1). Aus der Differenz der abgelesenen Zeiten ergibt sich die Laufzeit Δt des Laserimpulses und über die Ausbreitungsgeschwindigkeit c die Entfernung d mit (vgl. (4.8))

$$d = \frac{\Delta t}{2} c. \tag{8.1}$$

Wesentliche Komponenten des Distanzmeßsystems am Boden sind dementsprechend

- Generator und Sender der Laserimpulse einschließlich optischem System und Montierung
- Detektor und Analysator für zurückkehrende Impulse einschließlich des Empfangssystems
- Zeitmeßeinrichtung für die Laufzeitbestimmung.

Zur Steuerung und Überwachung des Systems sowie zur Festlegung der Beobachtungsepochen sind noch weitere Sub-Systeme erforderlich (Rechner, Atomuhren). Als Weltraumsegment werden Satelliten mit geeigneten Reflektoren benötigt.

Die Arbeit an gepulsten Lasern für die Bahnverfolgung von künstlichen Satelliten begann in den USA bereits um 1961/62, um frühzeitig für höhere Genauigkeitsanforderungen vorbereitet zu sein. 1964 wurde ein erster Satellit mit Laserreflektoren ausgestattet (BEACON-Explorer-B (BE-B)) und am 9.10.1964 in eine Bahn von etwa 1000 km Höhe und 80° Bahnneigung gebracht. Die ersten Laserdistanzmessungen gelangen 1965 mit einer Genauigkeit von wenigen Metern (*Vonbun* 1977).

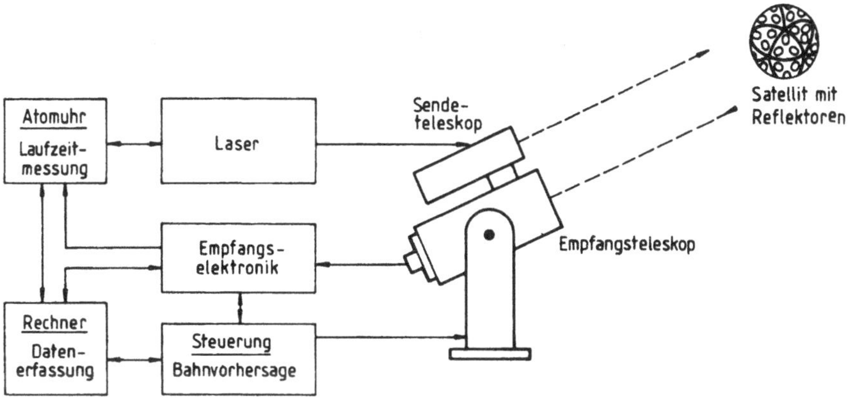

Abb. 8.1. Prinzip der Laserdistanzmessung zu Satelliten

In der Folgezeit wurden sehr rasche Fortschritte gemacht. Es gelang, die Meßgenauigkeit von wenigen Metern auf wenige Zentimeter zu steigern. An vielen Orten der Welt wurden Laserdistanzmeßsysteme zu Satelliten entwickelt und installiert. Oft handelte es sich dabei um Eigenentwicklungen in Arbeitsgruppen von Observatorien. 1986 waren weltweit etwa 50 leistungsfähige Systeme im Einsatz (*Gaignebet* 1984). Die erzielbare Distanzmeßgenauigkeit hängt eng mit der zeitlichen Dauer und Auflösung der Laserimpulse zusammen. Dabei gilt (vgl. Abb. 8.3)

$$1 \text{ Nanosekunde (ns)} \mathrel{\hat{=}} 15 \text{ cm}. \tag{8.2}$$

Es ist üblich, die verwendeten Lasersysteme je nach Konzept und Leistungsfähigkeit in Gruppen (Generationen) einzuteilen, wobei die Übergänge fließend sind.

I. *Generation*, Impulslängen von 10 bis 40 ns entsprechen 1 bis 6 m Distanzmeßenauigkeit. Meist Rubin-Laser mit *Q*-Switch [8.3].
II. *Generation*, Verkürzung der Impulslänge auf 2–5 ns entsprechend 30–100 cm. Verwendung ausgefeilter Pulsanalyseverfahren [8.4].
III. *Generation*, Pulslängen im Subnanosekundenbereich von 0,1 bis 0,2 ns (100 bis 200 Pikosekunden) entsprechend 1–3 cm. Häufig modengekoppelte Nd:YAG Laser [8.3]. Fähigkeit zu Einzelphotonennutzung.

Mit der Genauigkeitssteigerung der Meßsysteme ergeben sich erweiterte Anwendungsmöglichkeiten. Insbesondere bei Meßgenauigkeiten um $\pm 1 \dots 3$ cm können Beiträge zu geodynamischen Fragestellungen, zur Bestimmung genauer Satellitenbahnen und bei der Bahnanalyse geleistet werden [8.5]. Laserdistanzmessungen zählen zu den genauesten Meßverfahren der Satellitengeodäsie; sie werden deshalb langfristig für die Lösung wichtiger Aufgaben kontinuierlich herangezogen. Herausragende Vorteile der Laserdistanzmessung sind

- sehr hohes Genauigkeitspotential, insbesondere aufgrund der gut erfaßbaren Ausbreitungseigenschaften von Licht
- Satelliten hoher Lebensdauer ohne aktive Elemente.

Nachteilig können sich folgende Eigenschaften auswirken

- starke Wetterabhängigkeit der Beobachtungen
- vergleichsweise hohe Bau- und Unterhaltungskosten des Bodensegments
- keine oder nur erschwerte Transportierbarkeit des Bodensegments, damit Erschwernis für operationelle Einsätze.

Umfassende Literaturstellen zu instrumentellen Fragen sind die Proceedings "International Workshop on Laser Ranging Instrumentation" (z.B. *Wilson* 1982a, *Gaignebet* 1985). Zur Anwendung in Geodäsie und Geodynamik siehe beispielsweise das Sonderheft JGR zur Nutzung von LAGEOS Daten (*Cohen* 1985).

8.2 Satelliten mit Laserreflektoren

Laserdistanzmessungen können nur zu solchen Satelliten durchgeführt werden, die mit geeigneten Reflektoren ausgerüstet sind. Die Reflektoren haben die Aufgabe, das Licht in dieselbe Richtung zurückzustrahlen, aus der es einfällt. Solche Reflektoren werden auch *Retroreflektoren* genannt; sie werden meist aus Glasprismen gefertigt. Man kann sich Reflektoren auch in der Weise entstanden denken, daß von einem Würfel die Ecken in Pyramidenform abgeschnitten werden. Aus dieser Betrachtung ist die häufig genutzte Bezeichnung *Corner Cube Reflector* hergeleitet (*Henriksen* 1977).

Um die gewünschte Meßgenauigkeit zu erzielen, müssen Reflektoren für jede Satellitenform und Bahnhöhe sehr sorgfältig entworfen werden. Insbesondere muß die Energiebilanz ausgewogen sein (*Plotkin* 1973). Der Reflektor muß eine ausreichende Größe haben, um genügend Licht zurückzustrahlen. Hierzu werden zumeist mehrere Einzelreflektoren von 2–4 cm Durchmesser zu bestimmten Anordnungen (Arrays) zusammengefaßt. An die korrekte gegenseitige Zuordnung der Einzelreflektoren werden sehr hohe Anforderungen gestellt, um Impulsverformungen durch Signalüberlagerungen möglichst gering zu halten.

Der Lichtweg im Reflektor muß bekannt sein. Bei Satelliten, die verschiedene Aufgaben erfüllen und bei denen die Reflektoren deshalb nicht konzentrisch zum Massenzentrum angeordnet werden können, muß ferner eine eindeutige

Beziehung zwischen dem jeweils angemessenen Reflektor und dem Satellitenzentrum aufgestellt werden können [8.4].

Da es sich bei Retroreflektoren um passive Systeme handelt, die sich verhältnismäßig einfach als zusätzliche Komponenten an Satelliten installieren lassen, sind heute eine größere Zahl von Raumflugkörpern mit Laserreflektoren ausgestattet. Tab. 8.1 gibt hierzu eine Übersicht. Bei den meisten Satelliten geht es darum, mit Hilfe von Laserdistanzmessungen genaue Bahninformationen für die eigentlichen Satellitenmissionen zu erhalten (z.B. bei Altimetersatelliten [9]). Es gibt deshalb Vorschläge, alle Raumflugkörper, deren Bahn genau verfolgt werden soll, grundsätzlich mit Reflektoren auszustatten.

Bei einzelnen Satelliten steht die Aufgabe im Vordergrund, mit Hilfe von Lasermessungen genaue Bahnanalysen vorzunehmen, um daraus bestimmte Aussagen abzuleiten. Diese Satelliten konnten für ihre Aufgaben nach Design und Bahn optimiert werden. Ausgesprochene Lasersatelliten dieser Art sind STARLETTE, LAGEOS und EGS. Sie werden nachstehend näher beschrieben.

Tab. 8.1. Satelliten mit Laserreflektoren

Satellitenname	Start Bezeichn.	Urspr. Land	Apogäum [Mm]	Perigäum [Mm]	Bahnneigung Grad
BEACON-B	1964-064A	USA	1,09	0,89	79,7
BEACON-C	1965-032A	USA	1,32	0,94	41,2
GEOS-1	1965-089A	USA	2,27	1,12	59,4
DIADEME-1	1967-011A	Frankreich	1,35	0,53	40,0
DIADEME-2	1967-014A	Frankreich	1,85	0,58	39,4
GEOS-2	1968-002A	USA	1,61	1,08	105,8
PEOLE	1970-109A	Frankreich	0,75	0,52	15,0
NTS-1	1974-054A	USA	13,77	13,45	125,1
STARLETTE	1975-010A	Frankreich	1,14	0,81	49,8
GEOS-3	1975-027A	USA	0,85	0,84	115,0
CASTOR D5-B	1975-039B	Frankreich	1,28	0,27	29,9
LAGEOS	1976-039B	USA	5,94	5,84	109,9
NTS-2	1977-053A	USA	20,24	20,12	64,0
INTERCOSMOS-17	1977-096A	UdSSR	0,51	0,46	82,9
SEASAT-1	1978-064A	USA	0,80	0,78	108,0
TANSEI-4	1980-015A	JAPAN	0,60	0,52	38,7
INTERCOSMOS-22	1981-075A	UdSSR	0,89	0,79	81,2
EGS	1986-061A	JAPAN	1,50	1,48	50,0
ERS1	(1990)	ESA	0,78		98,5
TOPEX	(1991)	USA	1,33		63,0

Am 6.2.1975 wurde der Satellit *STARLETTE* von der französischen Weltraumbehörde CNES (Centre National d'Etudes Spatiales) mit folgenden Bahndaten und Charakteristika gestartet [*CNES* 1975]

Perigäumshöhe	810 km
Apogäumshöhe	1105 km
Bahnneigung	49,8°
Perigäumsperiode	~110 Tage
Knotenperiode	~91 Tage
Radius	12 cm
Masse	47,295 kg
Reflektoren	60 mit je 33 mm Durchmesser
Oberflächen/Massenverhältnis	$0{,}956 \cdot 10^{-2}$ cm^2/g.

Es handelt sich um den ersten Satelliten, der entworfen wurde, um Oberflächenkräfte zu minimieren und höchstmögliche Genauigkeit für die Laserdistanzmessung zu erlauben. Der Kern besteht aus einem Isokaeder mit 20 Dreiecksoberflächen aus Uranium 238 mit einer Dichte von 18,7. Auf jedes der 20 Dreiecke ist als Außenhaut eine sphärische Schale aus Aluminium mit je 3 Reflektoren angebracht.

Aufgrund des extrem günstigen Oberflächen/Massenverhältnisses sind die Einflüsse vom Atmosphärenwiderstand (Drag) und Strahlungsdruck der Sonne (Radiation Pressure) minimiert und lassen sich sehr genau modellieren. Hierdurch lassen sich gravitative Störungen besonders gut studieren und analysieren.

Hauptanwendungsgebiete sind die Bestimmung von [8.5]

Erd- und Meeresgezeiten (Hauptziel)
geozentrischen Stationskoordinaten
tektonischen Bewegungen
Erdschwerefeld
Polbewegung und Erdrotation
Gezeitenreibung.

Wegen der vergleichsweise niedrigen Bahn lassen sich insbesondere die Gezeiten der festen Erde und im Zusammenhang damit Elastizitätsmodelle der Erde studieren.

Am 4.5.1976 wurde der Satellit *LAGEOS* von der amerikanischen Weltraumbehörde NASA mit folgenden Bahndaten und Charakteristika gestartet (*Cohen* u. *Smith* 1985).

Perigäumshöhe	5858 km
Apogäumshöhe	5958 km
Bahnneigung	109,8°
Perigäumsperiode	~1682 Tage
Knotenperiode	~1050 Tage
Radius	30 cm

Masse	407 kg
Reflektoren	422 mit je 38 mm Durchmesser
Oberflächen/Massenverhältnis	$0{,}688 \cdot 10^{-2}$ cm^2/g.

Ebenso wie STARLETTE wurde LAGEOS entworfen, um Oberflächenkräfte zu minimieren und genaue Beziehungen zwischen jeweils genutztem Reflektor und Satellitenmassenzentrum zu ermöglichen. Durch die größere Bahnhöhe wirken sich Atmosphärenwiderstand (Drag) und kurzwellige Anteile des Erdschwerefeldes geringer aus als bei STARLETTE. Ein zylindrischer Messingkern ist von zwei Aluminiumhalbschalen umgeben, in die die Reflektoren eingelassen sind. 422 Siliziumreflektoren dienen zur Impulsdistanzmessung. 4 Reflektoren aus Germanium wurden speziell entworfen, um Entfernungsänderungsbeobachtungen durch Messung des optischen Dopplereffekts zu ermöglichen (Abb. 8.2).

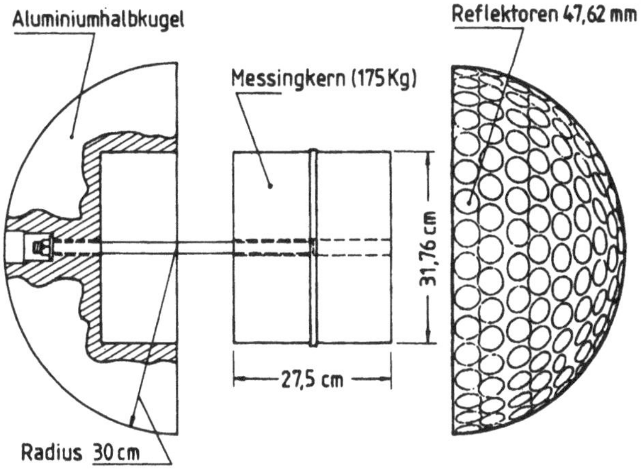

Abb. 8.2. LAGEOS (Laser Geodynamics Satellite; Strukturzeichnung)

Der Satellitenname LAGEOS steht für *Laser Geodynamic Satellite* (ursprünglich Laser Geodetic Satellite). Damit sind die Hauptanwendungsgebiete umrissen [8.5]

- Bestimmung von tektonischen Plattenbewegungen und regionalen Krustenverschiebungen
- Bestimmung von Polbewegung und Erdrotationsparameter
- Festlegung eines geodätischen Bezugssystems
- Studium von Schwerefeldparametern.

Die Lebensdauer von LAGEOS wird auf mehrere Million Jahre geschätzt. Deshalb wurde als "Botschaft an die Zukunft" eine Stahlplakette mit der Darstellung der Kontinentaldrift mit eingebaut.

Es bestehen Pläne, in einem Gemeinschaftsvorhaben der NASA und der italienischen Weltraumbehörde einen weiteren Lageos Satelliten, LAGEOS II mit entsprechenden physikalischen Eigenschaften und Bahncharakteristika in einem Orbit unterschiedlicher Bahnneigung ($i = 51° \ldots 53°$) zu befördern. Damit würden sich zahlreiche geodynamische Fragestellungen zuverlässiger und genauer lösen lassen (*Christodoulidis* u. *Zerbini* 1985). Ursprünglich war beabsichtigt, den Satelliten 1988 mit dem Space Shuttle in den Weltraum zu transportieren. Aufgrund des Shuttleunglücks werden sich die Pläne verzögern.

Der japanische experimentelle geodätische Satellit EGS-1 (auch AJISAI genannt) wurde am 12. August 1986 in eine Kreisbahn von etwa 1500 km Bahnhöhe bei $i = 50°$ transportiert [4.3.2]. Mit einem Radius von 107 cm und einer Masse von 685 kg ist das Oberflächen/Massenverhältnis nicht so günstig wie bei STARLETTE und LAGEOS, so daß die Bahnen sich weniger genau modellieren lassen. Durch die unterschiedliche Bahncharakteristik wird EGS-1 jedoch Beiträge zur Lösung geodätischer und geodynamischer Fragestellungen liefern. Die Reflektoren sind für eine Meßgenauigkeit von 1–2 cm ausgelegt. Haupteinsatzgebiet in Japan soll die Koordinatenbestimmung isoliert liegender Punkte sein (*Komaki* u.a. 1985).

8.3 Lasermeßsysteme und Komponenten

8.3.1 Laseroszillatoren

Herzstück eines Laserdistanzmeßsystems ist der Laseroszillator selbst. Das Kunstwort LASER (*L*ight *A*mplification by *S*timulated *E*mmission of *R*adiation) bezeichnet Anordnungen zur kohärenten Verstärkung elektromagnetischer Schwingungen im (optischen) Spektralgebiet durch induzierte Emission (*Francke* 1969). Dabei tritt die elektromagnetische Welle in einem optischen Resonator mit angeregter Materie in Wechselwirkung.

In der Satellitengeodäsie nutzt man neben der Kohärenz, d.h. der festen Phasenbeziehung zwischen den einzelnen Teilstrahlen, noch zwei weitere Eigenschaften der Laserstrahlung aus, nämlich die hohe Bündelungsschärfe und die hohe Energiedichte. Auf diese Weise gelingt es, extrem kurze Impulse hoher Energiedichte über große Entfernungen zu transportieren. Für den Impulsbetrieb eignen sich am besten Festkörperlaser. Zur Lasertechnologie vgl. u.a. *Kahmen* (1978). In der Satellitengeodäsie haben zwei Lasertypen weite

Verbreitung gefunden, der Rubinlaser und der Neodymium-YAG-Laser. Die Systeme der 1. und 2. Generation sind fast ausschließlich mit Rubinlasern bestückt, die der 3. Generation weitgehend mit Nd:YAG Lasern.

Rubin ist die klassische Substanz des *Festkörperlasers*. Es handelt sich um einen Kristall, der grünes und blauviolettes Licht absorbiert und scharfe rote Spektrallinien von 694,3 nm emittiert. Durch Veränderung der Resonatorgüte und Freigabe des Resonators im festgelegten Maximum der Energieaufnahme können einzelne Laserimpulse von ca. 10 bis 50 nsec Dauer und einer Spitzenleistung bis zu 1 GWatt erzeugt werden. Diese Steuerung erfolgt über einen sogenannten *Q*-Switch (*Q* steht für Quality). Durch spezielle Anordnung des *Q*-Switch im Resonator ist es möglich, die Impulslänge auf 2–5 ns zu verringern (*Wilson* u.a. 1974). Damit sind jedoch die Leistungsgrenzen des Rubinlasers erreicht.

Eine andere Möglichkeit zur Erzeugung kurzer Impulse besteht darin, longitudinale Resonatorschwingungen (Moden) über aktive Modulatoren aneinander zu koppeln, so daß eine definierte Folge kurzer Lichtimpulse hoher Impulsleistung entsteht (*Kahmen* 1978). Für diese Modenkopplung eignen sich insbesondere *Neodymium-YAG-Laser* (YAG = Yttrium-Aluminium-Granat). Bei dieser Technik ist eine Verringerung der Impulslänge auf 100–200 ps erreichbar. Da eine geringere Pumpergie erforderlich ist, entsteht eine höhere Betriebssicherheit und eine kürzere Impulsfolge. Schließlich wirkt sich durch Frequenzverdopplung der Übergang von 1060 nm Wellenlänge (Infrarot) auf 530 nm (grün) günstig auf die Empfangsbedingungen der Rückkehrimpulse aus (*Nottarp* 1975).

Beispielhaft seien die technischen Daten des in der Satellitenstation Wettzell installierten Nd:YAG Lasers der 3. Generation angegeben (*Sigl* 1984a, *Nottarp* 1975)

Tab. 8.2. Systemdaten des Nd:YAG Lasers der Station Wettzell

Lasertyp	Nd: YAG von GTE Sylvania/USA modengekoppelter Oszillator mit 4 Verstärkerstufen und einem Frequenzverdoppler
Laserfrequenz	1064 nm, verdoppelt auf 532 nm
Impulshalbwertsbreite	0,2 ns
Impulsfolgefrequenz	3 Hz
Energie	0,25 Joule
Ausgangsleistung	1,25 GW
Meßdistanz	350 km bis <20000 km
Divergenz des ausgesendeten Strahls	$2{,}5 \cdot 10^{-3}$ bis 10^{-4} Radian
Empfänger	60 cm Cassegrain

8.3.2 Sonstige Systemkomponenten

(a) *Montierung*
Um die Entfernung zu veränderlichen Zielen messen zu können, muß der Lasersendeteil beweglich aufgestellt werden. Dies kann auf einer in Azimut und Höhe verstellbaren Montierung geschehen. Es bietet sich an, den Empfangsteil auf derselben Montierung zu installieren oder Sende- und Empfangsteleskop zu integrieren.

Bei Geräten der 1. Generation ist es üblich, den Laseroszillator mit auf der Montierung zu befestigen. Laser der 3. Generation sind sehr empfindlich und müssen in klimatisierter, staubfreier Umgebung aufgebaut sein. Bei stationären Lasern wird dazu ein gesonderter Raum (Clean Raum) genutzt. Die Laserimpulse werden über optische Leiter in das Sendeteleskop geleitet. Die Montierung muß mit genügender Genauigkeit auf das bewegliche Ziel ausgerichtet sein, damit der Laserimpuls den Satelliten trifft. Bei geringeren Genauigkeitsansprüchen (1. Generation) kann die Nachführung durch visuelle Kontrolle manuell erfolgen. Bei Lasern der dritten Generation, die auch im Tagbetrieb arbeiten, geschieht die Nachführung automatisch aufgrund vorausberechneter Satellitenephemeriden.

Während des Satellitendurchgangs können durch Vergleich von Soll- und Istpositionen Korrekturen vorgenommen werden. Wünschenswert ist eine Zielgenauigkeit von etwa $\pm 1''$, um auch bei weiter entfernten Satelliten eine hohe Trefferquote zu erzielen. Dies stellt regelungstechnisch ein erhebliches Problem dar (*Bieker* und *Kuhn* 1984). Zum Auffinden von Satelliten sowie zum Anpassen an unterschiedliche Satellitenentfernungen läßt sich die Divergenz des ausgehenden Laserstrahls zumeist verändern.

(b) *Lichtempfänger*
Die Energie des Laserimpulses pro Flächeneinheit nimmt auf dem Weg zum Satelliten und zurück jeweils mit dem Quadrat der Entfernung ab. Weiterhin wird das Signal durch die Atmosphäre geschwächt. Trotz der sehr hohen Ausgangsenergie und starken Bündelung kommt folglich sehr wenig Energie zurück, so daß für größere Satellitenentfernungen eine sehr leistungsfähige Empfangseinrichtung benötigt wird. Der Empfangsteil besteht aus einem optischen und einem elektronischen Lichtempfänger (*Egger* 1985). Als optische Lichtempfänger kommen Spiegelteleskope (Reflektoren) oder Linsenteleskope (Refraktoren) in Betracht. Wegen der größeren Lichtstärke werden Reflektoren großer Öffnung bevorzugt, zumal es auf die Messung schwacher Helligkeiten und nicht auf geometrische Qualität ankommt. Zur Vermeidung von Störlicht, wird ein Filter geringer Bandbreite ($\Delta\lambda \sim 1$ nm) für den Frequenzbereich des Laserlichtes verwendet.

Als elektronische Lichtempfänger werden Photomultiplier sehr kurzer Anstiegszeit verwendet. Zur Reduktion von Störsignalen wird das Element nur für eine kurze vorausberechnete Zeitspanne $\Delta t(0,1 \ldots 10\ \mu s)$ aktiviert. Die Anstiegszeit sollte 100 bis 300 ps nich übersteigen. Die erforderliche Verstärkung liegt bei etwa 10^5. Lasersysteme der 3. Generation arbeiten auf der Basis der Registrierung von einzelnen Photonen.

(c) *Impulsanalyse*
Der ausgehende Impuls hat die in Abb. 8.3a gezeigte wohldefinierte Form, wobei die Energieverteilung in Ausbreitungsrichtung dargestellt ist. Der Abstand zwischen den beiden Punkten H_1, H_2, an denen die Hälfte der maximalen Impulsamplitude erreicht

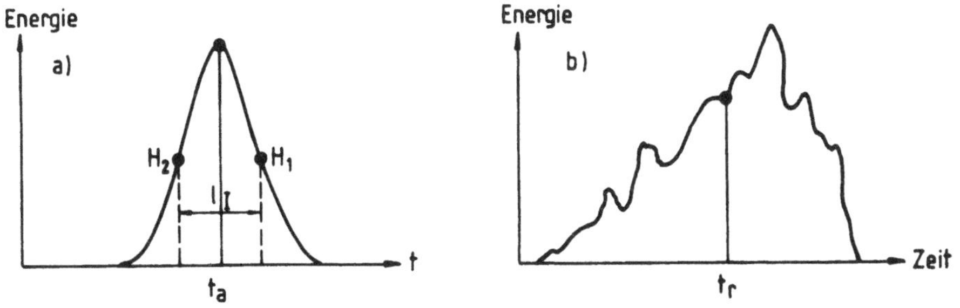

Abb. 8.3. Form der ausgesendeten (a) und zurückkehrenden (b) Impulse bei der Laserdistanzmessung

wird, heißt Impulslänge oder *Impulshalbwertbreite*. Der Aussendezeitpunkt t_a der Impulsmitte kann in einfacher Weise durch Triggerung (*Kahmen* 1978) festgelegt werden, wenn zum Triggersignal die Hälfte der gemessenen oder bekannten Impulslänge l_I addiert wird.

Das zurückkehrende Signal ist aufgrund zahlreicher Störeinflüsse deformiert (Abb. 8.3b). Ursachen sind u.a. atmosphärische Störungen, Überlagerungen durch Reflexion an mehreren Reflektoren, Relativbewegung von Sender und Reflektor. Zur Festlegung der Impulsmitte ist eine sorgfältige Impulsanalyse erforderlich. Mehrere Verfahren sind möglich (*Egger* 1985). Bewährt hat sich die Festlegung des Schwerpunktes (Centroid) durch Ausmessen der Fläche unter dem Signalverlauf.

Sofern auf der Basis von Einzelphotonen gearbeitet wird (Lasermessung zum Mond oder Einsatz transportabler Geräte) entfällt die Pulsanalyse. Es müssen dann Verfahren verwendet werden, die ein Erkennen des einzelnen Photons erlauben.

(d) *Zeitbasis*
Zur Laufzeitmessung werden elektronische Zähler verwendet, deren Auflösung 10 ps betragen kann (*Egger* 1985). Die Zähler werden von Atomfrequenznormalen gesteuert, die sich durch hohe Kurz- und Langzeitstabilität auszeichnen. In Betracht kommen Rubidium- und Cäsiumnormale sowie Wasserstoffmaser [2.2.6]. Die Atomfrequenznormale definieren auch die Stationszeit zur Epochenfestlegung und müssen dann regelmäßig mit übergeordneten Zeitdiensten verglichen werden.

(e) *Prozeßrechner*
Zur Vorausberechnung der Einstellwerte, Nachführung der Montierung, Systemüberwachung, Eichung und Überprüfung der Systemparameter sowie zur Datenaufbereitung und Kontrolle ist ein leistungsfähiger Prozeßrechner sowie umfassende Systemsoftware erforderlich.

(f) *Flugzeugdetektor*
In dicht besiedelten Gebieten und in der Nähe von Flughäfen werden gelegentlich Vorkehrungen verlangt, um das Durchfliegen eines Flugzeuges durch den Laserstrahl zu vermeiden. Hierzu kann ein optisches System zur Flugzeugortung eingebaut werden, das automatisch den Laserbetrieb abschaltet (*Rinner* u.a. 1983).

8.3.3 Verfügbare Systeme, Transportable Laser

Ende 1986 waren weltweit etwa 50 Lasermeßsysteme für die Entfernungsmessung zu Satelliten im Einsatz. Die überwiegende Zahl ist der 1. oder 2. Generation zuzuordnen. Mit wenigen Ausnahmen handelt es sich um fest installierte Systeme, mit denen Beiträge zur globalen Geodäsie und zur Geodynamik geleistet werden [8.5]. Eine Übersicht hierzu findet man beispielsweise im wissenschaftlichen Bericht der MERIT Ergebnisse (*Mueller* 1985) und in den jährlichen Berichten des NASA-Geodynamikprogramms (*NASA*, jährlich).

Die geographische Verteilung der fest installierten Lasersysteme entspricht den jeweiligen nationalen Möglichkeiten und Zielsetzungen und ist für die Analyse regionaler und lokaler geodynamischer Phänomene oft nicht ausreichend. So gibt es eine starke Konzentration in Nordamerika und Europa, während nur wenig oder keine Geräte in den meisten Gebieten Asiens, Südamerikas und Afrikas installiert sind.

Um flexible Einsätze, insbesondere zur Bestimmung von Krustenbewegungen [8.5.1] [11.4] zu ermöglichen, werden in verstärktem Maße transportable Lasermeßsysteme der 3. Generation entwickelt. Zwei dieser Entwicklungen (TLRS sowie MTLRS) sind bereits im Einsatz.

Von der NASA (Goddard Space Flight Center GSFC) wurde eine Bauserie *Transportable Laser Ranging Station TLRS* begonnen. Die Systemspezifikationen von TLRS2 sind in Tab. 8.3 zusammengestellt. Die Geräte sind modular konstruiert und können in einem Container in normalen Passagierflugzeugen transportiert werden. Sie arbeiten mit geringer Energie auf der Basis der Einzelphotonenerkennung. Hauptaufgabe ist die Messung zu LAGEOS im Rahmen des NASA "Crustal Dynamics Program". Die Verweildauer auf einer Station beträgt je nach Aufgabenstellung einige Monate.

Tab. 8.3. Systemdaten transportabler Laserentfernungsmeßsysteme

TLRS 2			MTLRS 1/MTLRS 2	
Teleskopöffnung		25 cm		40 cm
Gesamtgewicht		750 kg		500 kg
Laser:	Nd:YAG	532 nm	Nd:YAP	539 nm
Pulsenergie		4 mJ		10 mJ
Pulslänge		400 ps		200 ps
Wiederholungsrate		10 pps		10 pps
Zeitbasis		Cäsium		Cäsium
		Einzelphotonenerkennung		Einzelphotonenerkennung

In einer Kooperation deutscher und niederländischer Gruppen (*Wilson* 1982b) wurden zwei identische Systeme unter der Bezeichnung *Modulares Transportables Laserentfernungsmeßsystem MTLRS* entwickelt und Ende 1984 fertiggestellt (Abb. 8.4), Tab. 8.3. Die Abmessungen der Komponenten erlauben die Integration des Lasers zusammen mit Montierung, Teleskop und Empfängereinheit in einen fahrbaren Transportbehälter, der für Lufttransport geeignet ist. Die abweichende Wellenlänge gegenüber dem Nd: YAG Laser beruht auf der Verwendung von Nd: YAP Kristallen als laseraktivem Material (YAP: *Y*ttriumortho*a*luminat, ein Kristall vom Typ des Minerals *P*etrowskit). Bei der Einzelphotonentechnik wird für LAGEOS nur etwa jeder 3. bis 4. reflektierte Impuls registriert, so daß durch die Impulsfolge von 10 Hz im Mittel mit 1 bis 3 Ereignissen (Impulsrückkehr) je Sekunde gerechnet werden kann. Sende- und Empfangsteleskop sind integriert. Zur Ausstattung gehört auch noch ein Sonnendetektor, der die Photomultiplier vor zu starker Einstrahlung schützen soll und ein Flugzeugdetektorsystem. Für die Einzelmessungen wurde eine Standardabweichung von ± 5 cm erreicht. Die Normalpunktgenauigkeit [8.4.2] beträgt $\pm 1 \ldots 2$ cm (*Schneider* 1984). Einsatzgebiete sind internationale geodynamische Projekte, beispielsweise im Mittelmeerraum [11.4] (*Sigl* 1984a, b, 1985).

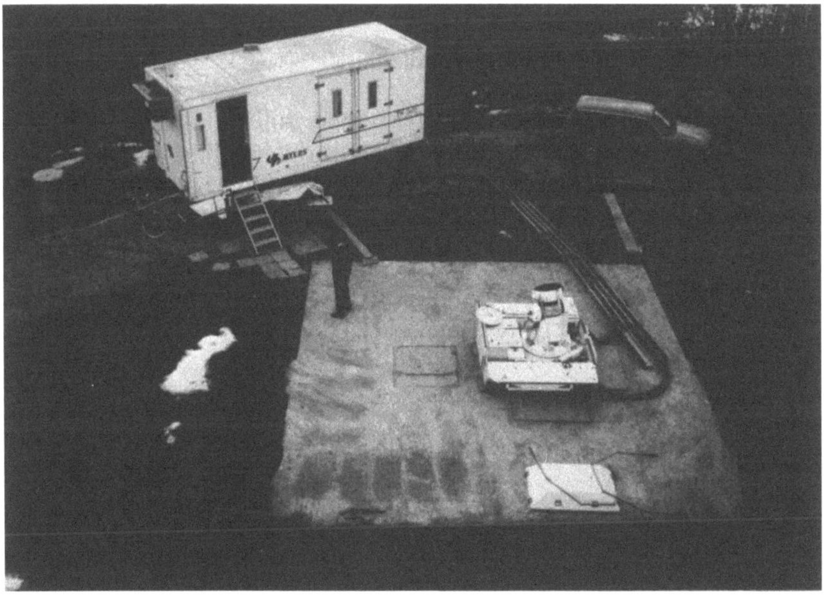

Abb. 8.4. Modulares transportables Laserentfernungsmeßsystem MTLRS (Quelle: Institut für Angewandte Geodäsie, Frankfurt)

Wegen der geringen Energie des Lasers, die weit unter der Gefahrengrenze für das menschliche Auge liegt, sind auch Messungen zu weitentfernten terrestrischen Zielen möglich. Dabei tritt aber das Problem der bodennahen Refraktion auf (*Silverberg* 1982).

8.4 Korrektionen, Datenbehandlung und Genauigkeit

8.4.1 Erweiterte Distanzgleichung

Die mit (8.1) eingeführte einfache Beobachtungsgleichung für die Laserdistanzmessung zu Satelliten muß um Korrektionen und zusätzliche Parameter erweitert werden, um den tatsächlichen Meßvorgang zu beschreiben. Entsprechend Abb. 8.5 gilt für die wichtigsten Anteile (*Tapley* u.a. 1982, *Aardoom* u.a. 1982)

$$d = \tfrac{1}{2}c\Delta t + \Delta d_0 + \Delta d_S + \Delta d_b + \Delta d_r + \eta. \tag{8.2}$$

Hierin bedeuten

- Δt gemessene Laufzeit des Laserimpulses zwischen Start und Stoppsignal
- Δd_0 Zentrierungskorrektion am Boden
- Δd_S Zentrierungskorrektion am Satelliten
- Δd_b Signalverzögerung im System
- Δd_r Refraktionskorrektur
- η systematische und zufällige Meßfehler.

Geometrische und physikalische Korrektionen sollten generell um eine Größenordnung genauer angebracht werden als die jeweilige Meßauflösung beträgt. Für Laserdistanzmeßsysteme der 3. Generation bedeutet dies, daß Korrektionen möglichst mit 2–3 mm Genauigkeit zu bestimmen sind.

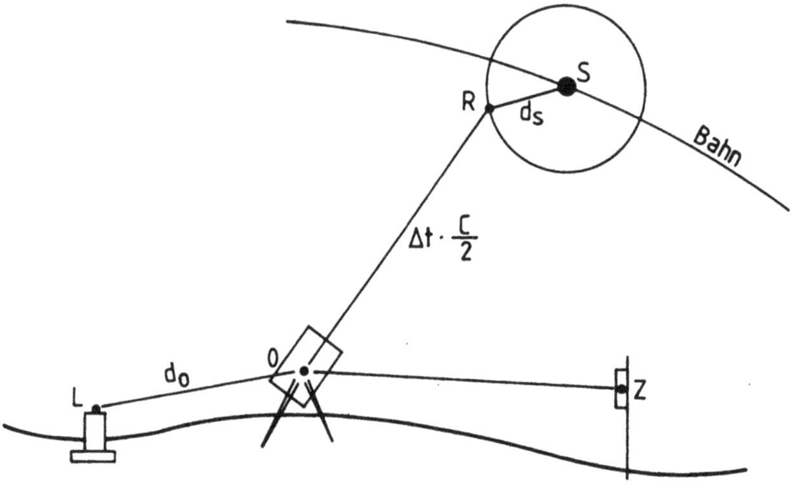

Abb. 8.5. Geometrische Zusammenhänge bei der Laserdistanzmessung zu Satelliten

(a) *Zeitmessung* Δt

Wegen der Satellitenbewegung relativ zur Erde müssen die gemessenen Entfernungen an die Universalzeit UTC angeschlossen werden. Die für alle Anwendungen ausreichende Genauigkeit von 1 μs stellt kein besonderes Problem für moderne Verfahren der Stationszeithaltung und Zeitübertragung dar [2.2.6]. Die Zuordnung von aus- und eingehendem Laserimpuls zur Zeitskala, d.h. die eigentliche *Flugzeitmessung* Δt des Signals ist von Unsicherheiten der Signalerkennung beeinflußt. Die Qualität dieser Messung im Sender und Empfänger stellt einen wesentlichen genauigkeitsbegrenzenden Anteil im Gesamtfehlerbudget dar.

(b) *Zentrierungskorrektionen* Δd_0 Δd_S

Bezugspunkt für die Entfernungsmessung im Lasersystem ist allgemein der Schnittpunkt 0 von Horizontal- und Vertikalachse der Montierung. Die Lage von 0 muß mit wenigen mm Genauigkeit an die Stationsmarke *L* angeschlossen werden. Hierzu müssen erforderlichenfalls Konstruktionszeichnungen der Montierung herangezogen werden. Die Stabilität von 0 muß überprüft werden. Gebrauchsformeln für die Berechnung der Zentrierungskorrektion für ein transportables Lasersystem findet man bei *Vermaat* (1984).

Die geometrische Beziehung zwischen dem optischen Zentrum des angezielten Reflektors *R* und dem Massenzentrum des Satelliten *S* (*Massenzentrumskorrektion*) kann für sphärische Satelliten wie LAGEOS und STARLETTE sehr genau berechnet werden (wenige mm). Bei anderen mit Laserreflektoren ausgestatteten unregelmäßig geformten Satelliten, deren Massenzentrum möglicherweise variabel ist, treten ggf. wesentlich größere Unsicherheiten auf (einige cm). Hier können Kalibrierungsmessungen vor dem Start helfen (*Aardoom* u.a. 1982).

(c) *Ausbreitungskorrektion* Δd_r

Der Laserimpuls breitet sich nicht nur im Vakuum sondern auf einem Teil seines Weges in der Atmosphäre aus. Hierdurch wird die Signalausbreitung verzögert. Da der atmosphärische Zustand nicht längs des gesamten Ausbreitungsweges gemessen werden kann, muß man auf Atmosphärenmodelle zurückgreifen, die durch am Boden gemessene Wetterdaten gestützt werden. Bei dem betrachteten Frequenzbereich (Laserlicht) läßt sich die atmosphärische Refraktion für Elevationen über 10° sehr zutreffend modellieren, zumal die Korrektur sehr unempfindlich gegenüber dem Wasserdampfgehalt ist. Der gesamte Refraktionseinfluß beträgt in

Zenitrichtung	2,4 m
20° Elevation	7,0 m
10° Elevation	13 m.

Eine einfache Korrekturformel, die den Einfluß bei 20° Elevation bis auf

± 5 cm modelliert, ist (*Smith* u.a. 1983)

$$\Delta d_r = \frac{2{,}238 + 0{,}0414\ \mathrm{PT}^{-1} - 0{,}238\ \mathrm{H}}{\sin E + 10^{-3} \cot E} \tag{8.3}$$

mit

Δd_r Entfernungskorrektur in m
P Druck am Beobachtungsort in Millibar
T Temperatur am Beobachtungsort in Grad Kelvin
H Höhe des Beobachtungsortes in m
E Elevation des Satelliten.

Eine entsprechende Korrekturformel nach Marini und Murray wird bei *Angus-Leppan* (1984) diskutiert. Die Ausbreitungskorrektur stellt keinen kritischen Faktor des Fehlerbudgets dar (*Aaardoom* u.a. 1982).

(d) *Verzögerungskorrektur* Δd_b
Der geometrische Bezugspunkt 0 im Lasersystem fällt nicht zwingend mit dem elektrischen Nullpunkt der Messung zusammen. Dies kann als ein systematischer Zeitfehler (delay) im Meßinstrument aufgefaßt werden, der durch Kalibrierungsmessungen zu bestimmen ist. Zur Kalibrierung wird häufig die bekannte Entfernung zu einem nahen terrestrischen Ziel Z gemessen. Bei neueren Geräten erfolgt die Kalibrierung auf einem Vergleichslichtweg innerhalb des Instrumentes.

Unmodellierte Einflüsse sind in η zusammengefaßt. Hierzu gehören auch Instabilitäten des Meßsystems (*Plotkin* 1973). Wegen weitergehender Fehlerdiskussion siehe *Egger* (1982), *Pearlman* (1984).

Die wirkungsvollste Methode zur Überprüfung von Laserdistanzmeßsystemen besteht in Parallelbeobachtungen neben anderen Systemen, die bereits länger in Betrieb sind (Collocation Test).

8.4.2 Datenprüfung und Datenverdichtung, Normalpunkte

Die gemessenen Rohentfernungen werden einem Filter- und Datenverdichtungsprozeß unterzogen, um

- grob fehlerhafte Daten zu erkennen und zu eliminieren
- die Genauigkeit der Beobachtungen zu überprüfen
- den Datenumfang für die Weiterverwendung zu reduzieren.

Grobe Fehler entstehen beispielsweise, wenn Störsignale aufgefangen werden; dies kann insbesondere bei Tageslichtmessungen auftreten. Durch Vergleich der Einzelmessungen mit einer geglätteten Kurve läßt sich die Qualität der Einzelbeobachtungen beurteilen. Eine Datenverdichtung gewinnt zunehmend an Bedeutung, da Geräte der 3. Generation bei einer Pulswiederholungsrate von 10 Hz je Satellitendurchgang 2000 bis 3000 Datenpunkte erzeugen können, die wegen instrumenteller und meteorologischer Effekte stark miteinander korreliert sind. Für Folgearbeiten werden aber nur etwa 30 Entfernungsmittelwerte je Station und Durchgang benötigt (*Hauck* u. *Lelgemann* 1982).

Datenprüfung und Datenverdichtung können operationell in einem gemeinsamen, mehrstufigen Arbeitsgang erfolgen. Verschiedene Methoden sind im Gebrauch; im Zuge zunehmender internationaler Kooperation werden einheitliche Vorgehensweisen angestrebt (*Pearlman* 1982).

Im ersten Schritt werden die beobachteten Entfernungen d_0 den berechneten Referenzentfernungen d_p gegenübergestellt, um eine Folge von Residuen d_r zu erzeugen (Abb. 8.6)

$$d_r = d_0 - d_p. \tag{8.4}$$

Die Referenzentfernungen können aus einer Bahnberechnung unter Verwendung aller Beobachtungen hervorgehen, beispielsweise aus einer Short-Arc oder Long-Arc Approximation des beobachteten Bahnstückes [3.3.3.3]. Diese Vorgehensweise ist sehr rechenaufwendig und kann zu numerischen Schwierigkeiten führen (*Beutler* 1982). Alternativ können genaue Bahnvorausberechnungen oder für kurze Bahnstücke auch Polynomapproximationen verwendet werden (*Masters* u.a. 1983). Grobabweichende Daten werden eliminiert.

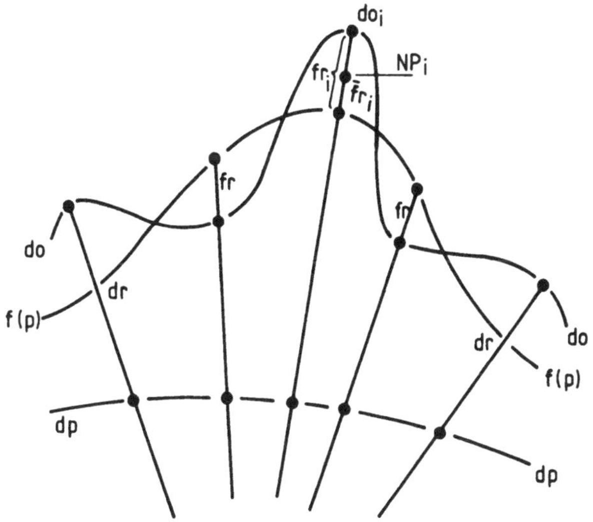

Abb. 8.6. Bildung von Normalpunkten

Im zweiten Schritt werden die Residuen d_r durch eine geeignete Trendfunktion $f(p)$ approximiert. Dies kann ein Polynom sein oder ein Satz von Bahnparametern. Viele Autoren bevorzugen Tschebyscheffpolynome [3.3.3.2] (*Masters* u.a. 1983, *Carpino* u.a. 1984). Die Glättungsresiduen

$$f_r = d_r - f(p) \tag{8.5}$$

werden nach einem 3σ-Kriterium auf verbleibende Ausreißer untersucht. Das Approximationsverfahren kann in mehreren Schritten iterativ wiederholt werden.

Im dritten Schritt wird der beobachtete Bogen in Intervalle, sogenannte *BINS*, geteilt. Als Intervallgrößen werden bei

LAGEOS	2 Minuten
STARLETTE	30 Sekunden

vorgeschlagen. Für jedes Intervall wird ein Mittelwert aller Abweichungen f_r gebildet und in Intervallmitte der Trendfunktion zugeschlagen. Dieser Punkt NP_i (Abb. 8.6) heißt *Normalpunkt* und repräsentiert alle Einzelmessungen in dem betreffenden Intervall i. Die zugehörige geglättete Laserdistanzmessung, die dieser mittleren Epoche i am nächsten liegt, ist dann

$$d_{NP_i} = d_{0_i} - (f_{r_i} - \bar{f}_{r_i}). \tag{8.6}$$

Aus den Abweichungen der Einzelresiduen f_r gegenüber dem Mittelwert $\bar{f}_r$ kann das Beobachtungsrauschen als Maß für die innere Meßgenauigkeit einer einzelnen Distanzmessung berechnet werden. Die Genauigkeit des Mittelwertes für die Laserdistanz im Normalpunkt (8.6) gilt als charakteristisches Maß für die innere Instrumentengenauigkeit. Sie wird *Normalpunktgenauigkeit* genannt. Bei neueren Geräten der 3. Generation beträgt sie etwa $\pm 1 \ldots$ 2 cm. Systematische Anteile werden hierbei nicht berücksichtigt, sondern müssen im nachfolgenden Auswertemodell mitgeschätzt werden.

Zusammenfassend sind folgende Gesichtspunkte bei der Bildung von Normalpunkten zu beachten (*Hauck* u. *Lelgemann* 1982)

- die wesentlichen Informationen des ursprünglichen Datenmaterials müssen erhalten bleiben
- die verbleibende Korrelation zwischen den Normalpunkten soll vernachlässigbar klein sein
- Ausreißer sollen durch die Filtermethoden eliminiert werden
- das Meßrauschen soll beseitigt werden.

Unter diesen Voraussetzungen sind Normalpunkte gut dazu geeignet, um unmittelbar nach Abschluß der Beobachtungen im Rahmen eines "Quick-Look"-Datendienstes zur Bahnvorausberechnung an eine Zentralstelle weitergegeben zu werden. Abb. 8.7 zeigt als Beispiel die Residuen für LAGEOS nach einer Polynomglättung.

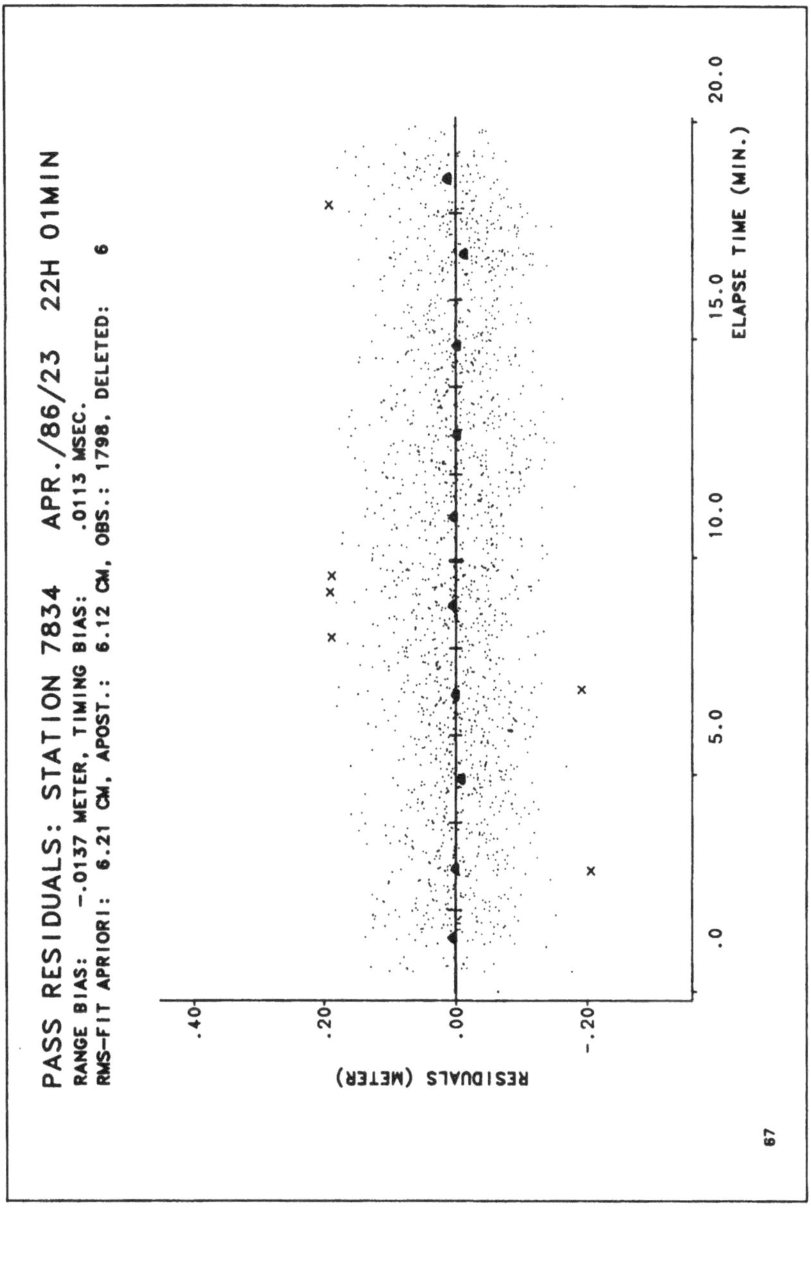

Abb. 8.7. Residuen nach einer Polynomglättung für LAGEOS (Quelle: Institut für Angewandte Geodäsie, Frankfurt)

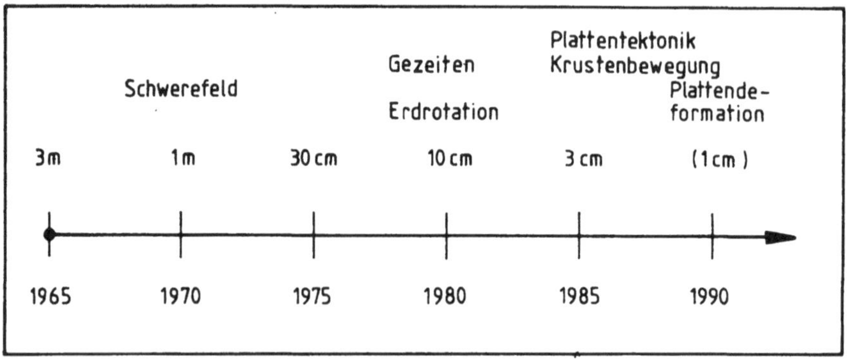

Abb. 8.8. Genauigkeitsentwicklung und Anwendungsgebiete operationeller Lasersysteme

8.4.3 Genauigkeitsentwicklung bei Laserdistanzmeßsystemen

Zur Lösung zahlreicher geodynamischer Fragestellungen [8.5] ist ein Genauigkeitsniveau von etwa 1...3 cm für die Normalpunktentfernung erforderlich.

Abbildung 8.8 zeigt die Genauigkeitsentwicklung seit 1965 und eine Vorausschätzung für 1990 auf der Basis von 1982 (*Pearlman* 1982). Der Trend wurde durch eine Analyse der von der NASA in der MERIT-Kampagne eingesetzten Systeme aus dem Jahre 1984 bestätigt. Tabelle 8.4 zeigt, daß für die Einzelmessung ein Genauigkeitsniveau von etwa ± 7 cm erreicht ist. Für die mit neuen Quantel-Lasern bestückten Systeme MOBLAS 4–8 und HOLLAS zeigte sich für die Einzelmessung eine Standardabweichung von 3 bis 4 cm. Dies entspricht der angestrebten Normalpunktgenauigkeit von etwa 1 cm oder darunter. Die fest installierten Geräte zeigen dabei eine um den Faktor 2 bis 3 höhere innere Genauigkeit als die transportablen Systeme (*Coates* u.a. 1985).

Tab. 8.4. Genauigkeit von Laserdistanzmeßsystemen der NASA im MERIT Projekt

System	Standardabweichung der Einzeldistanzmessung
SAO 1–2	13,3 cm
MOBLAS 1–2	7,7
MOBLAS 4–8	3,5
HOLLAS	4,0
MLRS	6,0
TLRS-1	6,9
TLRS-2	7,5
NLRS	5,6

Zu dem erreichten Niveau haben die folgenden aktuellen Trends in der Entwicklung von Lasersystemen geführt (*Pearlman* 1982)

- Laser mit Pulslängen im Subnanosekundenbereich, um höhere Genauigkeit und geringeres Meßrauschen zu erzielen
- Hohe Wiederholungsrate bei geringer Ausgangsleistung, dadurch erhöhte Zuverlässigkeit und Schutz gegen Augenverletzungen
- Erkennung von Einzelphotonen; Ausnutzen von quanten-statistischen Eigenschaften
- Erhöhte Mobilität durch leichtere Optik
- Höhere Zeitauflösung
- Softwareorientierte Systeme; dadurch geringere Kosten und größere Flexibilität.

8.5 Durchführung und Nutzung von Laserdistanzmessungen zu Satelliten

Durch die steigende Genauigkeit der Laserdistanzmessungen eröffnen sich im zunehmenden Maße Anwendungsmöglichkeiten in Geodäsie und Geodynamik. Abb. 8.8 gibt dazu einen Überblick (*Pearlman* 1982)

Hauptanwendungsgebiete sind

Positionen und Positionsänderungen [8.5.3]	absolut in einem globalen, geozentrischen Koordinatensystem relativ zur Analyse von Plattentektonik und Krustenbewegung
Schwerefeld und Satellitenbahnen [8.5.4]	Präzise Bestimmung der Koeffizienten von niederem Grade und Ordnung Maßgeschneiderte (tailored) Erdmodelle zur genauen Beschreibung individueller Satellitenbahnen
Erdrotation, Richtung und Betrag [8.5.4]	Bestimmung von Polposition und Veränderungen der Erdrotation auf operationeller Basis
Gezeiten der Ozeane und der festen Erde [8.5.6]	Globale Gezeitenmodelle; Erkenntnisse über Erdaufbau
Bahnbestimmung [8.5.7]	Genaue Bahnbestimmung von speziellen Satelliten, z.B. Altimetersatelliten

8.5.1 Operationelle Durchführung von Beobachtungsprogrammen

Die Lösung der vorgenannten Aufgaben ist nur auf internationaler Basis durch Nutzung von Daten global verteilter Beobachtungsstationen möglich.

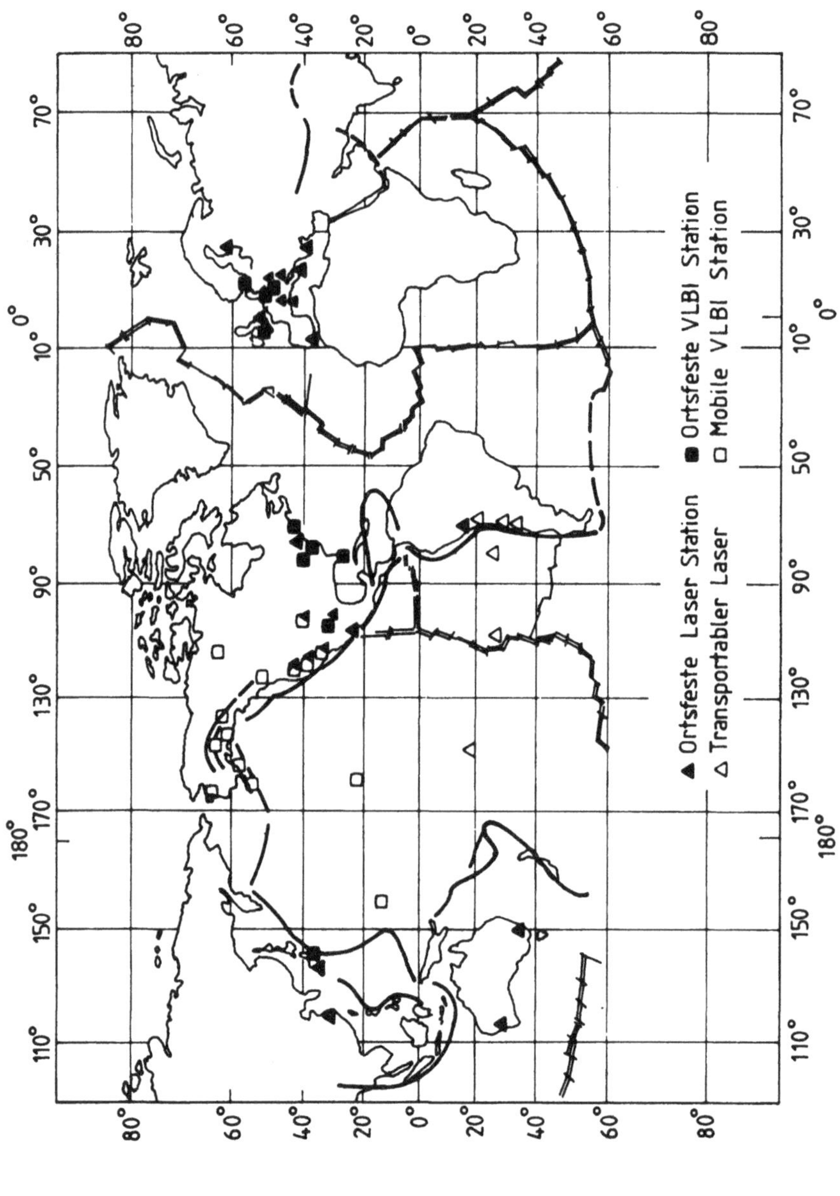

Abb. 8.9. Laserstationen im NASA Crustal Dynamics Program

Unter Federführung der NASA arbeiten etwa 20 Stationen permanent im Rahmen des Crustal Dynamics Project (Abb. 8.9), das durch einige mobile Stationen ergänzt wird (*NASA* jährl.). Im Rahmen der MERIT-Kampagne (*M*onitor *E*arth *R*otation and *I*ntercompare the *T*echniques of observation and analysis) (*Wilkins, Mueller* 1986) beteiligten sich etwa 30 Laserstationen. Der zukünftige Internationale Erdrotations Service (IERS) wird wesentlich auf der permanenten Verfügbarkeit global verteilter Lasermessungen beruhen [8.5.4]. Hierzu sind internationale Standards der Datengewinnung und Datenanalyse erforderlich, beispielsweise die *MERIT-Standards* (*Melbourne* 1983), die je nach Entwicklung der Beobachtungsverfahren fortgeschrieben werden. Für die Durchführung der Beobachtungen selbst ist eine kontinuierliche Qualitätskontrolle der Daten erforderlich. Um bei geringem Energieniveau auch am Tage arbeiten zu können, werden gute Bahnvorhersagen benötigt. In einem zyklischen Prozeß werden die gemessenen Entfernungen für Bahnverbesserungen verwendet, um verbesserte Vorhersagen zu erhalten, die wiederum zu einer höheren Meßgenauigkeit und zu einem verbesserten Signal/Rausch-Verhältnis führen. Die Bahnverbesserung kann on-line während eines Satellitendurchgangs auf der Station oder off-line für den folgenden Satellitendurchgang geschehen. Der Regelkreis kann leistungsfähiger gestaltet werden, wenn sogenannte *Quick-Look -Daten* mehrerer Gruppen zur Bahnverbesserung verfügbar sind. Abb. 8.10 zeigt ein Flußdiagramm für Datengewinnung und Datenanalyse. Um vergleichbare Datensätze von allen beteiligten Stationen zu erhalten, sollen nur solche lokale Korrekturen an die Daten angebracht werden, die nicht Gegenstand eines Modellierungsprozesses sind. Dies sind die [8.4.1]

- Signalverzögerung im System Δd_b
- Zentrierungskorrektion am Boden Δd_0
- die Uhrkorrektion zwischen lokaler Uhr und UTC

nicht aber die

- Refraktionskorrektur Δd_r
- Zentrierungskorrektion am Satelliten Δd_s.

8.5.2 Parameterschätzung

Bei der Nutzung von Laserdistanzmessungen kommen im Grundsatz methodisch unterschiedliche Vorgehensweisen in Betracht, nämlich geometrische oder dynamische Methoden [1.2]. Die *geometrische Methode* kann nur für die Bestimmung von Positionen oder Basislinien verwendet werden. Grundidee ist eine strenge simultane Entfernungsmessung von mindestens 4 Bodenstationen zu geeigneten Satelliten, um nach dem Verfahren der räumlichen Trilateration die Distanzen zwischen den Bodenstationen abzuleiten (vgl. Abb. 1.2) oder Neupunkte in ein Netz bekannter Festpunkte einzuschalten.

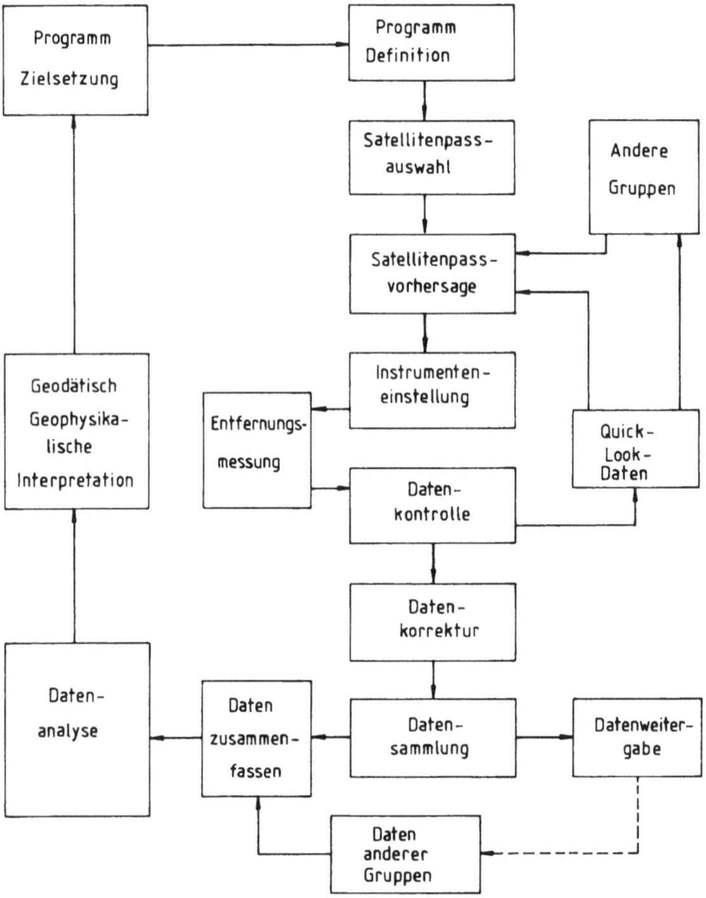

Abb. 8.10. Datengewinnung und Datenanalyse bei der Laserdistanzmessung (nach: Aardom u.a. 1982)

Das Verfahren entspricht damit der klassischen SECOR-Methode [5.2]. Es hat konzeptionelle Vorteile, da es ohne Hypothesen zur Bahnmodellierung auskommt; es ist praktisch aber nicht durchführbar, da aus Witterungsgründen strenge Simultanmessungen auf 4 oder mehr Stationen nicht möglich sind. Insbesondere bei größeren Stationsentfernungen nimmt die Wahrscheinlichkeit für gleichzeitig günstige Wetterbedingungen stark ab. Die Erfahrungen des geometrischen BC-4-Weltnetzes [5.1] zeigen, daß gleichzeitige Beobachtungen auf 3 Stationen sehr selten und auf 4 Stationen nahezu überhaupt nicht auftreten. Die rein geometrische Methode der Laserdistanzmessungen hat damit lediglich theoretisches Interesse und wurde in der Praxis nie angewendet. Für Modellrechnungen siehe *Ehrnsperger* u. *Nähbauer* (1978), *Campbell* u.a. (1973).

Bei der *dynamischen Methode* werden alle gemessenen Entfernungen genutzt, wobei die Beobachtungen über eine Bahnbewegungstheorie zur Beschreibung der zeitabhängigen Satellitenbewegung miteinander verknüpft werden. Um die Genauigkeit der Distanzmessungen auszunutzen, müssen alle Kräfte, die auf den Satelliten wirken, entsprechend genau modelliert werden, und es muß das Rotationsverhalten der Erde in bezug auf die Satellitenbahnebene bekannt sein. Da sich die Satellitenbewegungen auf das Massenzentrum der Erde beziehen, werden geozentrische Koordinaten bestimmt.

Es wird deutlich, daß bei der dynamischen Methode die Bestimmung von Stationskoordinaten nicht isoliert behandelt werden kann, sondern daß in einem allgemeinen Parameterbestimmungsproblem

- geozentrische Stationskoordinaten
- Koeffizienten des Endschwerefeldes
- Polbewegungskomponenten
- Erdrotation
- Modellparameter für Erd- und ozeanische Gezeiten
- sonstige Parameter zur Beschreibung der Satellitenbahn

geschätzt werden müssen.

Man kann nicht aus demselben Datensatz alle interessierenden Parameter ableiten, da die Lösungssysteme sonst unbestimmt werden (vgl. [4.1]). So wird man zur Ableitung von Basislinien beispielsweise die Koeffizienten des Erdschwerefeldes festhalten, oder zur Ableitung der Polbewegungsparameter die Stationskoordinaten. Bei der dynamischen Modellierung gibt es folglich zwei Gruppen von Parametern

a) Parameter im Lösungsansatz
b) Angenommene Parameter, die nicht in der Lösung enthalten sind.

Zur methodischen Vorgehensweise vgl. z.B. *Aardoom* u.a. (1982).

Bei allen Parameterbestimmungsproblemen stellt sich die Aufgabe, aus den beobachteten Daten einen präzisen Bahnbogen zu bestimmen. Für unterschiedliche Aufgaben sind unterschiedliche Bogenlängen geeignet (*Christodoulidis* u.a. 1985). Für regionale Basislinienbestimmungen genügen LAGEOS Bahnbögen von 5–10 Tagen Länge; zur Prüfung der zugrunde gelegten physikalischen Modelle müssen möglichst lange Bahnbogen analysiert werden, beispielsweise aufgrund aller vorliegenden Daten seit dem Satellitenstart. Bei kurzen Bahnbögen ist das Erdschwerefeld die Hauptfehlerquelle; bei langen Bögen (über Wochen und Monate) überwiegen langperiodische Störungen, beispielsweise aus Gezeitenmodellierung und Strahlungsdruck der Sonne (*Stolz*, *Masters* 1983).

Durch mehrjährige Analyse der LAGEOS-Bahnen wurden zwei besondere Effekte entdeckt, eine säkulare Knotenbeschleunigung und eine unerwartete Abnahme der großen Bahnhalbachse um etwa 1 mm/Tag. Die Knotenbeschleunigung ist auf eine Änderung von J_2 und damit auf eine Abnahme der Erdabplattung zurückzuführen. Dieser Effekt läßt sich mit einer Entlastung nach dem Rückgang der letzten Vereisung erklären. Die Abnahme der großen Halbachse ist noch nicht völlig geklärt. Eine Ursache kann in Aufheizeffekten an den Laserreflektoren aufgrund von Infrarotstrahlung der Erde liegen (*Rubincam* 1986).

Seit dem Start der Lasersatelliten wurde die Bahnbestimmungsmöglichkeit ständig verbessert. Ein 30 Tage-Bogen der LAGEOSbahn läßt sich mit etwa 8 cm Genauigkeit berechnen (*Smith* u.a. 1986), wohingegen bei einem Bahnbogen über 8 Jahre die mittleren Restabweichungen der Messungen vom Modell bei etwa 1 m liegen (*Tapley* 1984).

Für den niedriger fliegenden und stärker gestörten Satelliten STARLETTE liegt die Bahnmodellierungsgenauigkeit bei etwa ± 1 m (*Marsh* u. *Lerch* 1985).

Mit zunehmender Datenbelegung und Genauigkeitssteigerung der verfügbaren Lasersysteme wird sich auch die Genauigkeit der berechneten Bahnbögen weiter steigern.

8.5.3 Positionen und Positionsänderungen

Durch die dynamische Auswertung von Satellitenlaserdaten entsteht die Möglichkeit, geozentrische dreidimensionale Positionen zu bestimmen. Wenn gleichzeitig Schwerefeldparameter mit Teil der Lösung sind, dann beziehen sich die Koordinaten konzeptionell auf das Massenzentrum der Erde. Andernfalls beziehen sich die Koordinaten auf ein Referenzsystem, das implizit durch angenommene Stationskoordinaten und Schwerefeldparameter bestimmt ist (vgl. Doppler Broadcast Ephemeriden [6.3]).

Durch die fortlaufende Auswertung langer Bahnbögen werden für die im Crustal Dynamics Projekt der NASA beteiligten Laserstationen auf regelmäßiger Basis geozentrische 3D-Koordinaten mit einer Genauigkeit von ± 5 cm (1σ) berechnet (*Tapley* u.a. 1985). Hierzu werden jeweils 60tägige Teilstücke der LAGEOSbahnen analysiert. Durch Vergleiche mit unabhängigen Lösungen aus STARLETTE-Bahnen läßt sich bestätigen, daß die Koordinaten geozentrischen Charakter haben (*Marsh* u.a. 1985). Aus diesen Koordinaten lassen sich globale Basislinien mit etwa gleicher Genauigkeit rechnen und als Funktion der Zeit darstellen. Analysen aus vierjährigen Beobachtungen zeigen bei einigen globalen Basislinien deutliche Veränderungsraten, die zum überwiegenden Teil mit geologischen Voraussagen übereinstimmen (*Tapley* u.a. 1985b), siehe [11.4]. Mit länger werdendem Beobachtungszeitraum werden diese Ergebnisse zunehmend zuverlässiger.

Für einzelne Basislinien können Vergleiche mit Ergebnissen aus VLBI-Beobachtungen angestellt werden, wobei bislang keine systematischen Unterschiede gefunden wurden (*Smith* u.a. 1985). Hierdurch wird auch die Konsistenz der geozentrischen Gravitationskonstanten *GM* mit dem Zahlenwert der Lichtgeschwindigkeit *c* bestätigt.

Durch die Gesamtheit der geozentrischen Stationskoordinaten wird ein globales Netz von Kontrollpunkten im Genauigkeitsniveau $\pm 5 \ldots 10$ cm realisiert, das fortlaufend verbessert und kontrolliert wird. Dies betrifft auch die vertikale Komponente. Da die Genauigkeit unabhängig von der Entfernung ist, kann ein globales vertikales Kontrollsystem hoher Präzision aufgebaut werden.

Die 3D-Kontrollpunkte können als Stützpunkte für den Einsatz anderer Raummethoden dienen und dort zur Bahnverbesserung beitragen. Dieses Konzept soll operationell für die wesentlich mobileren GPS-Methoden Einsatz finden [7.6.2]. Für zukünftige geodynamische Projekte zur detaillierten Bestimmung von Krustenbewegungen zeichnet sich damit eine Kombination von Laser- und GPS Beobachtungen ab.

Für die Bestimmung einzelner Basislinien in regionalem Rahmen ist eine globale Bahnanalyse nicht erforderlich (*Risoz* u. *Wilson* 1984, *Dietrich* u.a. 1983) Kurze Bahnbögen (<1 Umlauf), die simultan von zwei oder drei Stationen aus beobachtet werden, können mit hoher Relativgenauigkeit modelliert werden. Ähnlich wie bei den Semi-Short Arc Methoden für die Doppleranwendung [6.6.3] wird hier nur ein Teil der Datumsinformation aus der globalen Bahnberechnung verwendet. Verbleibende Restfehler werden durch Differenzbildung eliminiert, so daß eine relative Bahngenauigkeit von ± 1 cm über dem Arbeitsgebiet erreichbar wird (*Christodoulidis* 1985). Nach einem anderen Vorschlag (*Pavlis* 1985) werden gemessene Streckendifferenzen als Beobachtungen genutzt, wobei vereinfachte Bahnmodelle genügen.

Als Beispiel für die kontinuierliche Überwachung einer einzelnen Basislinie durch "lokale" Laserdistanzmessungen sei das Gebiet der San Andreas Verwerfung in Kalifornien genannt, wo sich die nordamerikanische und die pazifische Platte gegeneinander bewegen. Aus etwa 10jährigen Beobachtungen einer etwa 900 km langen Basislinie läßt sich eine jährliche Bewegungsrate von 6–8 cm ableiten, die ebenfalls gut mit geologischen Voraussagen übereinstimmt (*Christodoulidis* 1985) (Abb. 8.11). Im Mittelmeerraum werden mit 3 transportablen Lasersystemen im Rahmen des MEDLAS Projektes Basislinien bestimmt (*Risoz* und *Wilson* 1984). Für die Zeit nach 1990 wird eine globale Koordinaten- und Basisliniengenauigkeit von 1–2 cm nach 2–4 Wochen Beobachtungszeit vorausgesagt (*Smith* 1984).

8.5.4 Bezugssystem, Erdrotation, Polbewegung

Die Stabilität der LAGEOSbahn bietet ein ausgezeichnetes externes Referenzsystem für erdgestützte Messungen der Erdorientierung und der Koordinaten von Beobachtungsstationen (*Smith* u.a. 1985). Erdorientierungs- oder Erdrotationsparameter (ERP) sind dabei die

Polkoordinaten x_p, y_p
Scheinbare Sternzeit Greenwich GAST $= \theta$.

Die Polkoordinaten (vgl. Abb. 2.3) sind als Abweichung der aktuellen Richtung der Erdrotationsachse (instantaner Pol) gegenüber einer mittleren Richtung (Conventional Terrestrial Pole CTP) definiert [2.1.2]. Die Sternzeit Greenwich GAST ist der Weltzeit UT1 äquivalent [2.2.2]. Veränderungen der Erdrotationsdauer können durch die Differenz UT1-UTC beschrieben werden. Sie werden auch durch die jeweilige Dauer einer vollständigen Erdumdrehung ausgedrück (Length of the Day = LOD).

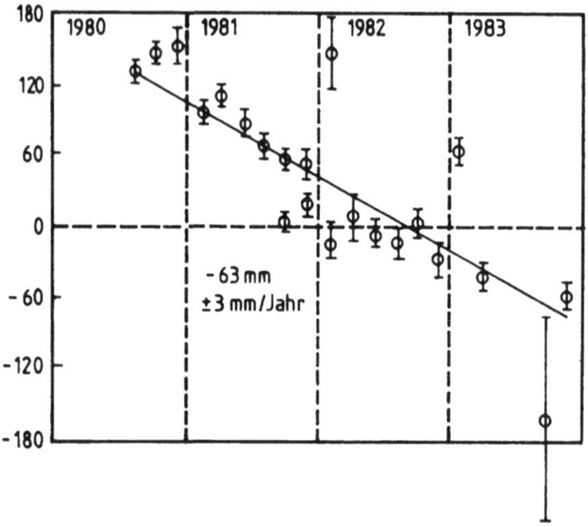

Abb. 8.11. Krustenbewegung an der San Andreas Verwerfung aus Laserdistanzmessungen (Christodoulidis 1985)

Aufgrund der Polbewegung und der täglichen Rotationsschwankungen führt ein mit der Erde fest verbundenes Koordinatensystem (erdfestes System) gegenüber einem raumfesten (inertialen) Bezugssystem, das man sich durch die Satellitenbahnen repräsentiert denken kann, Bewegungen aus, die entsprechend (2.2.1) durch drei Rotationen beschrieben werden können

$$X_{\mathrm{CIS}} = \boldsymbol{R}_3(-\theta)\boldsymbol{R}_1(y_p)\boldsymbol{R}_2(x_p)X_{\mathrm{CTS}} \tag{8.7}$$

mit

$$\boldsymbol{R}_1(y_p)\boldsymbol{R}_2(x_p) = \begin{pmatrix} 1 & 0 & -x_p \\ 0 & 1 & y_p \\ x_p & -y_p & 1 \end{pmatrix}.$$

X_{CIS} und X_{CTS} sind dabei Ortsvektoren beliebiger Punkte im konventionellen raumfesten bzw. erdfesten Koordinatensystem.

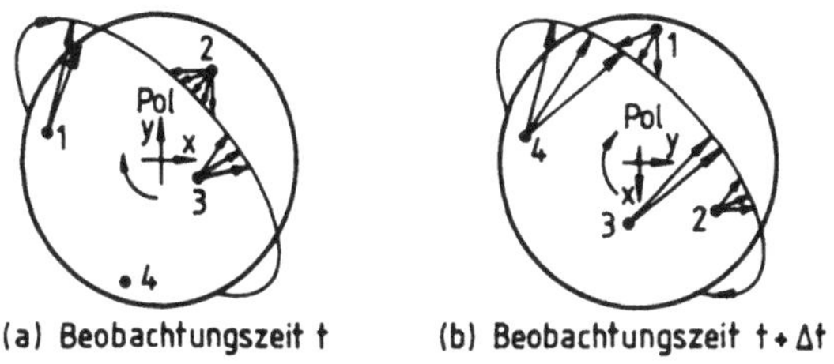

Abb. 8.12. Polbewegungsbestimmung aus Laserdistanzmessungen

Abb. 8.12 verdeutlicht, wie aus Distanzmessungen zu Satelliten die aktuellen Polkoordinaten bestimmt werden können (*Kolenkiewicz* u.a. 1977). Durch Analyse von mehreren Satellitendurçhgängen im Verlauf weniger Tage kann die aktuelle Lages des Poles ermittelt werden, nämlich als der Punkt, um den die Stationen unter der "festen" Satellitenbahn rotieren. In entsprechender Weise lassen sich aus Residuen der Streckenmessungen die Erdrotationsschwankungen analysieren. Für die einzelne Distanzmessung gilt dabei die Bahnbeobachtungsgleichung

$$\begin{aligned} ds = {} & \frac{rR}{s}(\sin\Phi(\cos(\theta - \lambda - \Omega)\cos L + \sin(\theta + \lambda - \Omega)\sin L\cos i) \\ & - \cos\Phi\sin L\sin i)\,d\Phi + \frac{rR}{s}\cos\Phi(\sin(\theta + \lambda - \Omega)\cos L \\ & - \cos(\theta + \lambda - \Omega)\sin L\cos i)(d\theta + d\lambda - d\Omega) \end{aligned} \tag{8.8}$$

mit

$d\Phi = \cos\lambda\, dx_p - \sin\lambda\, dy_p$
Änderung der geographischen Breite

$d\lambda = (\sin\lambda\, dx_p + \cos\lambda\, dy_p)\tan\Phi$
Änderung der geographischen Länge

s Distanz Beobachtungsstation – Satellit
r, R geozentrische Satelliten- bzw. Stationsentfernung
θ Sternzeit
$\Omega, i, L = \omega + v$ Bahnelemente.

Mit Gleichung (8.8) wird die Beziehung zwischen Veränderungen der Erdorientierungsparameter dx_p, dy_p, $d\theta$ und den daraus resultierenden Entfernungsänderungen zu Satelliten gegeben. Zur Ableitung siehe u.a. *Montag* (1984).

Es ist offensichtlich, daß die Bestimmung der Parameter um so genauer erfolgt je mehr Beobachtungsstationen sich beteiligen und je genauer die geozentri-

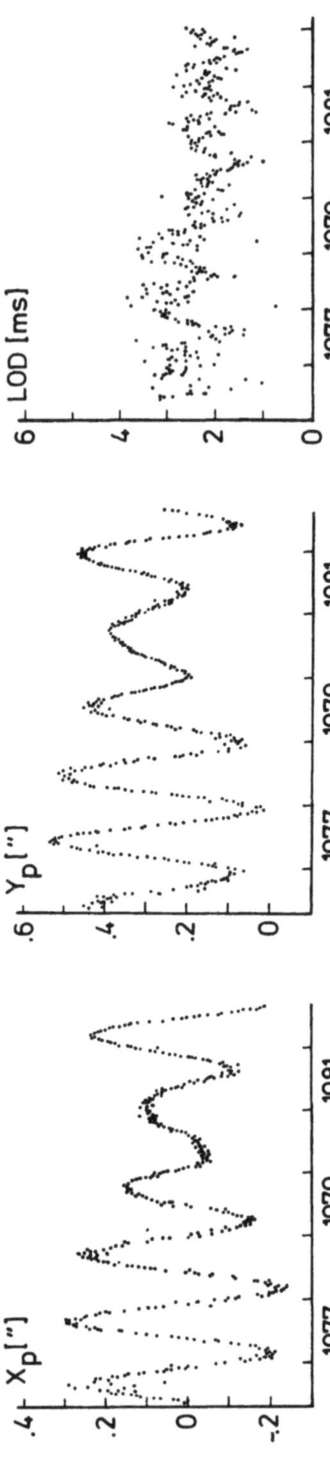

Abb. 8.13. Erdrotationsparameter aus LAGEOS Beobachtungen

schen Stationskoordinaten bekannt sind. Im Rahmen umfassender Lösungen können sowohl Erdrotationsparameter als auch Stationskoordinaten überwacht und fortlaufend in ihrer Genauigkeit verbessert werden. Ab. 1.1.1988 werden diese Aufgaben von einem internationalen Dienst wahrgenommen (Internationaler Erdrotations Service IERS) (vgl. [11.4]), bei dem außer Laserdistanzmessungen zu Satelliten auch Laserdistanzmessungen zum Mond [8.6] und Ergebnisse der Very Long Baseline Interferometrie (VLBI) genutzt werden [10.2.2].

Die allein aus Satellitenlasermessungen erreichbare Genauigkeit liegt für 5 tägige Mittelwerte bei (*Tapley* u.a. 1985a)

$\pm 0{,}''002$ für x_p, y_p

$\pm 0{,}0001 \ldots 0{,}0002$ s für Erdrotation.

Nach Einrichtung des IERS und weiterem Ausbau des globalen Beobachtungsnetzes werden Genauigkeitssteigerungen erwartet. Durch die ständige Kontrolle der Stationskoordinaten und Überwachung von Koordinatenänderungen ist zugleich ein konventionelles terrestrisches Bezugssystem festgelegt.

Abb. 8.13 gibt einen Eindruck von dem Verlauf der aus LAGEOS Messungen (1976–1982) analysierten Erdrotationsparameter (*Smith* u.a. 1985).

Es hat sich gezeigt, daß sich die Polkoordinaten besser aus Lasermessungen zu Satelliten und die Erdrotation besser aus Lasermessungen zum Mond ableiten lassen.

8.5.5 Schwerefeld

Wegen der hohen Beobachtungsgenauigkeit wurden Laserdistanzmessungen zu Satelliten seit dem Start der ersten mit Reflektoren ausgestatteten Satelliten in die Berechnung von Erdmodellen mit einbezogen (vgl. [11.2]). Das letzte vom Goddard Space Flight Center allein aufgrund von Satellitenbahnanalysen gerechnete Schwerefeldmodell GEM9 enthält rund 200000 Laserdistanzmessungen zu 9 Satelliten und wurde bis zum Grad und zur Ordnung 20 entwickelt (*Lerch* u.a. 1979). Für Entwicklungen höheren Grades muß wegen der geringen Empfindlichkeit von Satellitenbahnen gegenüber Schwerefeldanomalien auf Satellitenmethoden zur direkten Aufnahme von Schwerefelddifferenzen (Altimetrie [9], Satellite to Satellite Tracking, Gradiometrie [10]) oder auf Schweremessungen an der Erdoberfläche zurückgegriffen werden. Als allgemeine Regel kann die Auflösungsgrenze von Schwerefeldstrukturen durch Bahnanalysen etwa bei 1000 km Wellenlänge gesehen werden (*Aardoom* u.a. 1982).

Mit zunehmender Bahnhöhe des Satelliten nimmt der Einfluß kurzwelliger

Schwerefeldanteile auf die Satellitenbahnen ab. Um so wichtiger ist die präzise Bestimmung langwelliger Anteile des Schwerefeldes, um für Satelliten wie LAGEOS genügend genaue Bahnen für geodynamische Aufgabenstellungen berechnen zu können. Ein derartiges "*Maßgeschneidertes*" *Schweremodell* (tailored Gravity Modell) ist GEM-L2 (*Lerch* u.a. 1983). Das zugehörige langwellige Geoid kann bis Grad und Ordnung 4,4 mit 8 cm Genauigkeit modelliert werden (*Christodoulidis* u. *Smith* 1983). Entsprechend läßt sich auch ein auf STARLETTE zugeschnittenes Schwerefeld berechnen, beispielsweise das Modell PGS-1331 bis Grad und Ordnung 36 (*Marsh* u.a. 1985). Wegen der vergleichbaren Bahnhöhe werden verfeinerte auf STARLETTE abgestimmte Schwerefeldmodelle auch für geplante Altimetermissionen wie ERS1 und TOPEX [9] von Wichtigkeit sein.

Wegen der vergleichsweise ungestörten Bahn und der hohen Distanzmeßgenauigkeit eignet sich LAGEOS besonders gut zur Bestimmung der geozentrischen Gravitationskonstante GM (vgl. [11.2]). Der Wert für GM wird bei jeder Gesamtausgleichung aller beteiligten Stationen mit ermittelt. Aus 80 monatigen Beobachtungen ergibt sich

$$GM = 398600{,}434 \pm 0{,}002\ [\mathrm{km}^3/\mathrm{s}^2]. \tag{8.9}$$

Die Übereinstimmung mit Ergebnissen aus Mondlasermessungen beträgt $1 \cdot 10^{-7}$ (*Smith* u.a. 1985). Nähere Ausführungen zur Schwerefeldbestimmung aus Satellitendaten siehe [11.2].

8.5.6 Gezeiten der festen Erde und der Meere

Für genaue Satellitenbeobachtungen und Datenanalysen müssen drei Effekte der durch die Gravitationswirkung von Sonne und Mond hervorgerufenen Gezeiten berücksichtigt werden (*Aardoom* u.a. 1982)

(1) direkte Bahnstörungen des Satelliten relativ zum verwendeten terrestrischen Bezugssystem
(2) Gezeitendeformation der festen Erde und der Ozeane
(3) Gravitationseffekt dieser Deformation auf die Satellitenbahn.

Die direkte Bahnstörung (1) des Satelliten ist der weitaus größte Effekt, der aber sehr genau modelliert werden kann [3.2.3.2].

Die "Gezeitenantwort" der Erde auf die angreifenden Kräfte ist wegen der Unkenntnis über den inneren Aufbau der Erde schwierig zu modellieren. Sie wird durch Elastizitätsparameter (*Love'sche Zahlen*) beschrieben.

Die periodische Deformation (2) des Erdkörpers äußert sich rein geometrisch in einer Distanzänderung Station-Satellit. Die radiale Komponente (Gezeitenhub) liegt in der Größenordnung von 30 bis 40 cm und muß als Parameter mit modelliert werden. Sie wirkt auf benachbarten Stationen etwa gleich. Für weiter entfernte Stationen muß der Differenzeffekt berücksichtigt werden.

Der Gravitationseffekt der Gezeitenantwort der Erde (feste Erde und Ozeane) auf die Satellitenbahnen (3) kann bei niedrigfliegenden Satelliten aus präzisen Laserdistanzmessungen durch Bahnanalysen modelliert werden. Insbesondere STARLETTE eignet sich hierzu sehr gut (*Williamson* u. *Marsh* 1985). Die Auswirkung des gezeiteninduzierten Gravitationspotentials auf die Satellitenbahnen kann bis zu 10 m und mehr betragen. Hieraus lassen sich neue Erkenntnisse über die elastischen Parameter des Erdkörpers gewinnen, durch die wiederum die Gezeitenantwort der Erde besser modelliert werden kann. Aus Analysen von STARLETTE-Bahnen ist es gelungen, die Love'sche Zahl k_2 mit etwa 1% Genauigkeit für die wichtigsten Gezeitenglieder zu verifizieren und die Amplituden und Phasen der wichtigsten ozeanischen Gezeitenparameter festzulegen (*Williamson* u. *Marsh* 1985). Gezeitenparameter aus Satellitenbahnanalysen haben globalen Charakter; terrestrische Analysen haben demgegenüber den Nachteil, daß sie durch lokale Effekte beeinflußt sein können.

8.5.7 Sonstige Anwendungen

Weitere Möglichkeiten zur Nutzung von Laserdistanzmessungen zu Satelliten seien kurz genannt.

Für Satelliten mit Erderkundungsaufgaben können dann, wenn sie Laserreflektoren tragen, Bahnen durch Laserdistanzmessungen bestimmt werden. Dies ist besonders wichtig für Altimetersatelliten [9], bei denen die vertikale Bahngenauigkeit möglichst der Meßgenauigkeit des Altimeters (<1 m) entsprechen sollte. Wegen der vergleichsweise niedrigen Bahnen und den bei unregelmäßiger Satellitenform schwierig zu modellierenden Oberflächenkräften stellt die Bahnbestimmung hohe Anforderungen an die Meßgenauigkeit, die Stationsverteilung und die Modellierung.

Über Laufzeitmessungen von Laserimpulsen zwischen zwei Bodenstationen und einem geeignet ausgestatteten Satelliten lassen sich interkontinentale Zeitvergleiche hoher Präzision durchführen. Ein derartiges Experiment wurde unter der Bezeichnung SIRIO-LASSO (*Nottarp* 1980) vorgeschlagen.

Aus Analysen von LAGEOS-Daten können Korrelationen zwischen der Tageslänge (LOD) und dem Momentenaustausch zwischen Atmosphäre und Erde abgeleitet werden (*Christodoulides* und *Smith* 1983). Zahlreiche weitere Fragestellungen aus Geophysik, Astronomie und verwandten Gebieten werden verfolgt oder werden mit zunehmender Meßgenauigkeit untersuchbar. Beispiele hierzu sind in *Cohen* u. *Smith* (1985) gegeben.

8.6 Lasermessungen zum Mond

Seit 1969 besteht die Möglichkeit, aus der Laufzeitmessung von Laserimpulsen genaue Entfernungen zwischen der Erde und dem Mond zu bestimmen. Im Zusammenhang mit drei bemannten amerikanischen Raumfahrtmissionen wurden drei Reflektoranordnungen auf der Mondoberfläche abgesetzt und auf die Erde ausgerichtet (Abb. 8.14), nämlich

Juli 1969	Apollo 11	100	Einzelreflektoren
Februar 1971	〃 14	100	〃
Juli 1971	〃 15	300	〃

Die drei Reflektoren formen ein gut in Länge und Breite verteiltes Dreieck mit Seitenlängen von 1250, 1100 und 950 km und erlauben eine günstige Trennung der Mondlibration. Die Anordnung wird durch zwei von sowjetischen automatischen Mondmissionen abgesetzten französische Reflektoren Luna 17 (Nov. 1970) und Luna 21 (Januar 1973) ergänzt (Abb. 8.14), von denen L21 regelmäßig mit angemessen wird. Der am häufigsten angezielte Reflektor ist A 15.

Der Mond kann als hochstabiler Satellit mit einer sehr gut modellierbaren Bahn angesehen werden. Die Analyse von Laserdistanzmessungen zum Mond (*Lunar Laser Ranging* LLR) erlaubt damit wertvolle Einsichten in die Erddynamik sowie in die Dynamik des Erde-Mond-Systems.

Die Entfernungsmessung zum Mond stellt erheblich höhere Anforderungen an das Lasermeßsystem als die Distanzmessung zu erdnahen Satelliten. Auf-

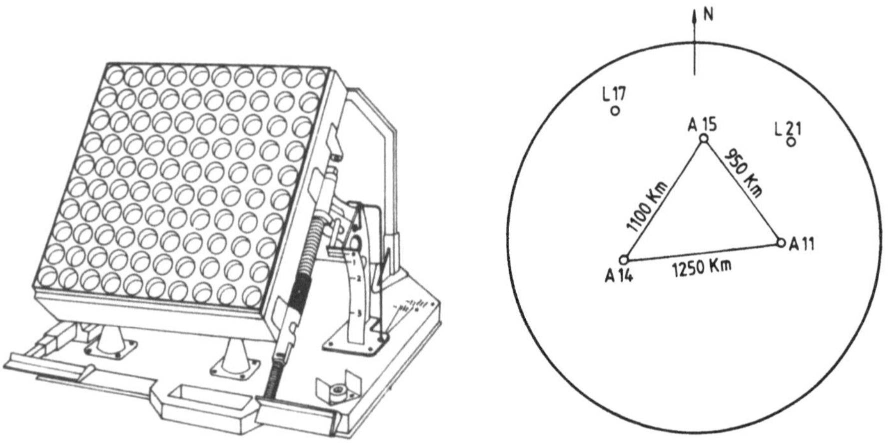

Abb. 8.14. Laserreflektoren auf dem Mond; Apollo 11 Reflektor sowie Punktverteilung

grund der Energiebilanz (*Egger* 1985) kann nur mit der Rückkehr einzelner Photonen gerechnet werden, die aus dem allgemeinen Störhintergrund herausgefiltert werden müssen. Hierzu ist eine hohe Nachführgenauigkeit des Mondziels erforderlich ($\sim 1''$) und ein starkes Einengen des Zeitfensters Δt für das Rückkehrsignal. Für $\Delta t = 200$ ns wird jedoch eine Vorhersagegenauigkeit von ± 15 m für die Mondentfernung gefordert.

Wegen der hohen instrumentellen Anforderungen hat nur ein Observatorium kontinuierlich seit 1970 Distanzmessungen zu 4 Mondreflektoren durchgeführt, nämlich das *Mc Donald Observatorium* (Texas) mit dem 2,7 m Spiegelteleskop, das auch für andere (astronomische) Zwecke benutzt wurde. Bei einer Impulslänge von 2,5 ns wurde für Einzelmessungen eine Genauigkeit von ± 20 cm erreicht. Die über einen Zeitraum von etwa 15 Jahren vorliegenden kontinuierlichen Daten bieten eine hervorragende Möglichkeit zu Langzeitstudien im Erde-Mond-System. Zeitweilig konnten einige andere Observatorien erfolgreich zum Mond messen (Orroral Valley, Australien; Haleakala, Hawaii).

Seit 1984/85 erfolgt eine Umstellung der Mondlasersysteme auf eine höhere Entfernungsmeßgenauigkeit verbunden mit einer besseren geographischen Verteilung. Angestrebt ist eine Normalpunktgenauigkeit von etwa $\pm 1 \ldots$ 3 cm, die u.a. durch eine Verkürzung der Pulslänge auf 200 ps erreicht wird. Die meisten der Systeme, so auch das neue MLRS (*McDonald Lunar/Satellite Laser Ranging System*) sind für Messungen zu LAGEOS und zum Mond (*Dickey* u.a. 1985) ausgelegt. Die Verteilung der LLR-Stationen ist in Abb. 8.15 dargestellt. Auf der Fundamentalstation Wettzell (Bayern) soll mit dem

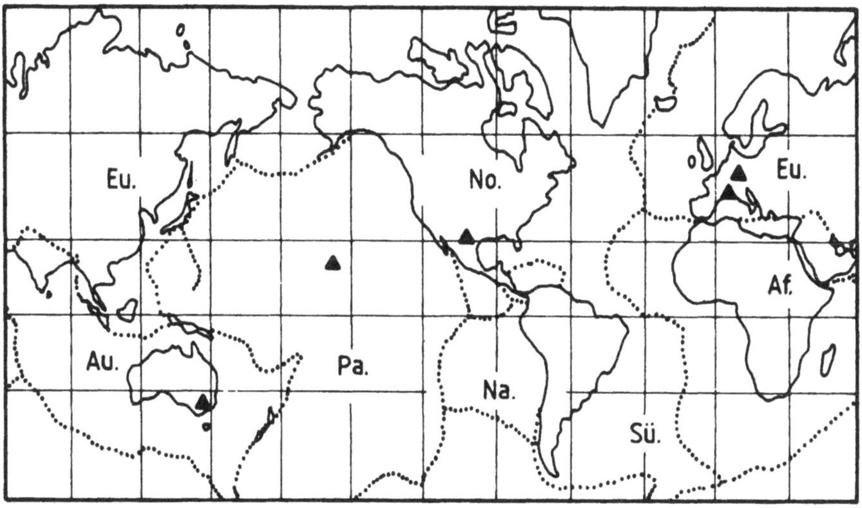

Abb. 8.15. Globale Verteilung von Lunar-Laser-Stationen

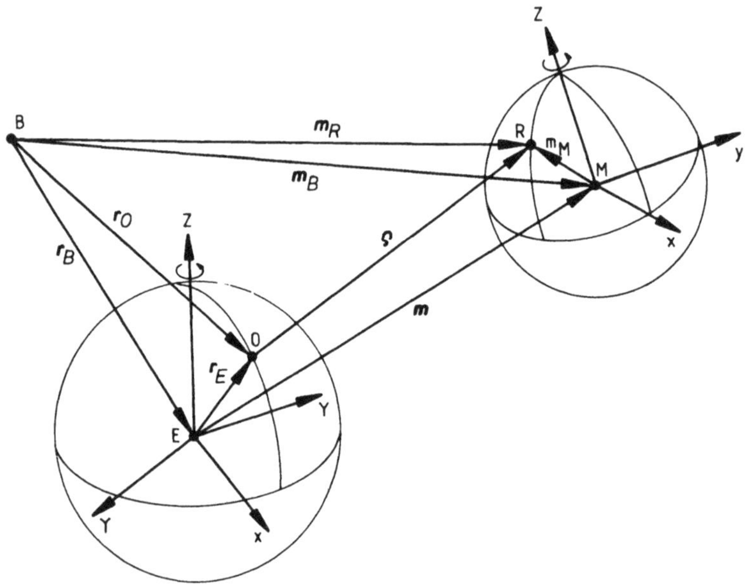

Abb. 8.16. Geometrische Zusammenhänge bei der Laserentfernungsmessung zum Mond

neuen *Wettzell-Laser-Ranging-System* WLRS ebenfalls der Meßbetrieb zum Mond ermöglicht werden (*Dassing* u.a. 1986). Die geometrischen Zusammenhänge bei der Laserdistanzmessung zum Mond sind in Abb. 8.16 dargestellt. (*Ballani* 1982, *Stolz* 1979). In den angegebenen Arbeiten findet man auch ausführliche Beobachtungsgleichungen.

Meßgröße ist die Entfernung $|\rho|$ zwischen dem Observatorium *O* auf der Erde und dem Reflektor *R* auf der Mondoberfläche. *E* und *M* sind die Massenzentren von Erde und Mond, *B* das Baryzentrum des Sonnensystems, auf das sich die Ephemeriden der Erd- und Mondbahn beziehen.

Damit die im mittleren heliozentrischen Äquatorsystem geschriebene Beziehung zwischen Teleskop- und Reflektorkoordinaten

$$\boldsymbol{r}_0 - \boldsymbol{m}_R = \boldsymbol{\rho} \tag{8.10}$$

erfüllt wird, müssen verschiedene Parameterkorrektionen angebracht werden.

Die Teleskop-Koordinaten $\boldsymbol{r}_E$ im erdfesten System unterscheiden sich von den Koordinaten im baryzentrischen System aufgrund von

- Erdrotation
- Polkoordinaten
- Präzession
- Nutation.

Zur Beschreibung der Reflektorkoordinaten im baryzentrischen System sind Korrektionen für die Mondbewegung (z.B. Librationstheorie) erforderlich. Der gemessene Abstand unterliegt ferner Einflüssen der Gezeiten, der Aberration und relativistischen Effekten sowie Veränderungen der Stationskoordinaten aufgrund von Erdkrustenbewegungen.

Die Modellierung des gesamten Prozesses führt folglich zu einem sehr komplexen Parameterbestimmungsproblem, in das über 80 Erde-Mond Parameter eingeführt werden können (*Dickey* u.a. 1983b).

Im einzelnen werden von der Methode der Laserdistanzmessung zum Mond Beiträge zu folgenden Fragestellungen geliefert (*Gleixner* 1986)

- geozentrische Koordinaten der Bodenstationen (Basislinien, Vermarkung eines terrestrischen Bezugssystems)
- großräumige Plattenbewegung
- Polbewegung und Rotationsphase der Erde
- Überprüfung von Präzessions- und Nutationstheorie für eine deformierbare Erde
- selenozentrische Reflektorkoordinaten
- Mondbahn
- Mondrotation (Libration)
- niedere Harmonische des Mondschwerefeldes
- Gezeitenreibung (Drehimpulsaustausch zwischen Erde und Mond)
- Gesamtmasse des Erde-Mond-Systems
- Prüfung relativistischer Gravitationstheorien.

Im einem iterativen Prozeß wird man einige Parameter festhalten oder aus anderen Quellen übernehmen, beispielsweise Erdrotation und Polbewegung, um Parameter des Erde-Mond-Systems lösen zu können. Durch die lange Folge präziser Entfernungsmessungen ist es möglich, mit ständig zunehmender Genauigkeit eine präzise Mondephemeride zu berechnen und daraus geophysikalisch interessante Aussagen abzuleiten. Als Folge der Gezeitenreibung wurde eine jährliche Zunahme des Erde-Mond-Abstandes von 3,7 ± 0,2 cm ermittelt. Für die geozentrische Gravitationskonstante wurde

$$GM = 3986\,00{,}444 \pm 0{,}008 \text{ km}^3/\text{sec}^2 \tag{8.11}$$

gefunden (*Dickey* u.a. 1983).

Mit besonders hoher Genauigkeit läßt sich die Erdrotation (UTO oder UT1) aus LLR-Beobachtungen ableiten, Abb. 8.17 illustriert den Zusammenhang.

Wenn s der Achsabstand der Beobachtungsstation und δ die Deklination des Mondes bedeuten, dann müssen die Entfernungsbeobachtungen ρ einer Kosinusfunktion folgen, deren Amplitude ein Maß für den Achsabstand ist. Der Moment geringster Monddistanz legt die Phase der Kosinusfunktion fest und ist ein Maß für die Stationslänge. Längenvariationen stehen im Zusammenhang mit Erdrotationsschwankungen. Bei guter Beobachtungsmodellierung ist eine Bestimmung von UT1 mit 0,05 ms erreichbar. Wenn mehrere Stationen mit günstiger Längenverteilung in einem Beobachtungsnetz arbeiten, können UT1 Werte mit einer Auflösung < 1 Tag beobachtet werden (*Carter*, *Robertson* 1985).

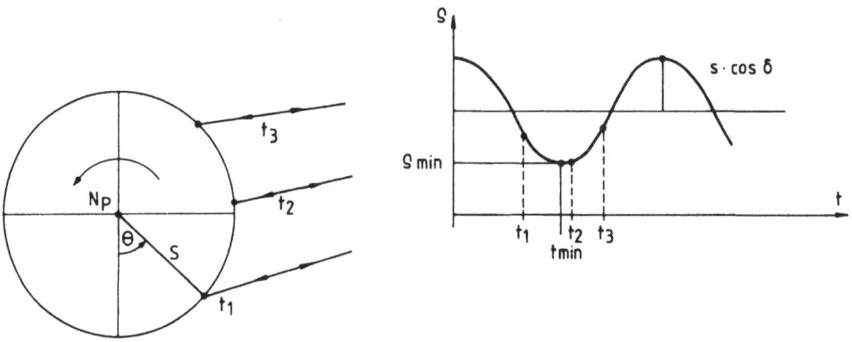

Abb. 8.17. Erdrotationsbestimmung aus Lasermessungen zum Mond

Um beide Polkoordinaten bestimmen zu können, müssen wenigstens 2 geographisch genügend getrennt liegende Laserstationen mitwirken. Dies gilt auch zur Bestimmung von UT1, da bei nur einer Station die Erdrotationsschwankungen nicht von Polbewegungskomponenten getrennt werden können (*Stolz* 1979). Wegen starker Korrelationen mit Fehlern in den Mondephemeriden und Variationen von UT1 sind Lasermessungen zum Mond für die Bestimmung der Polbewegung weniger geeignet als Satellitenlaserbeobachtungen (*Carter*, *Robertson* 1985).

8.7 Satellitengetragene Lasersysteme

Der Einsatz von Laserdistanzmeßsystemen auf Beobachtungsstationen zum Zwecke von präzisen Koordinatenbestimmungen ist sehr teuer und zeitaufwendig. Es hat deshalb verschiedentlich Vorschläge gegeben, das Prinzip umzukehren, das Lasersystem im Satelliten anzuordnen und eine größere Anzahl von Reflektoren auf dem Erdboden zu installieren (z.B. *Mueller* u.a. 1975, *Kahn* u.a. 1980, *Drewes* u. *Reigber* 1982). Dieses Konzept hat viele Vorteile, da beispielsweise in tektonisch aktiven Gebieten ein dichtes Netz von Kontrollpunkten ausgelegt und regelmäßig kontrolliert werden könnte. Durch Einbeziehung von Paßpunkten in tektonisch ruhigen Gebieten ließe sich die Bahn des satellitengetragenen Lasersystems kontrollieren.

Modellstudien haben ergeben, daß ein solches System realisierbar ist und für die Basislinien zu Genauigkeiten im Bereich weniger cm nach etwa 10 tägigen Beobachtungen führt. Als Satellitenbahnhöhe werden 1000 bis 2000 km vorgeschlagen. Die Hauptschwierigkeit wird in einer präzisen Bahnbestimmung gesehen, da für einen lasertragenden Satelliten das Oberflächen/Massenverhältnis ungünstiger ist als bei einem reinen Reflektorsatelliten wie LAGEOS und STARLETTE. Es werden auch Anwendungsmöglichkeiten für präzise Distanzmessungen zwischen Satelliten (Satellite to Satellite Tracking [10.1]) zur Bestimmung eines hochauflösenden Erdschwerefeldes vorgeschlagen (*Cuno* 1984). Bisher ist jedoch keiner der Projektvorschläge in ein Realisierungsstadium getreten.

9. Satellitenaltimetrie (Flughöhenmessung)

9.1 Grundprinzip

Die Satellitenaltimetrie gehört zu den neueren Meßverfahren der Satellitengeodäsie und ist das bislang einzige operationell einsetzbare Verfahren, das der Gruppe (2) in [1.2] zugeordnet werden kann, nämlich den Messungen im Satelliten (Space to Earth). Die Grundidee ist sehr einfach. Ein Satellit wird als bewegte Plattform für einen Sensor genutzt, der Mikrowellenimpulse im Radarfrequenzbereich über eine Antenne aussendet und nach der Reflexion durch die Erdoberfläche wieder empfängt. Durch Messung der Laufzeit Δt kann in erster Annäherung unmittelbar die Höhe a des Satelliten über der Erdoberfläche bestimmt werden

$$a = c\frac{\Delta t}{2}. \tag{9.1}$$

Wegen der günstigen Reflexionseigenschaften liefert das Verfahren insbesondere über Wasseroberflächen gute Ergebnisse. Je nach räumlicher Auflösung des einfallenden Mikrowellenstrahls wird auf der aktuellen Meeresoberfläche eine kreisförmige Fläche von wenigen km Durchmesser beleuchtet, der sogenannte *Footprint*. Die Messungen beziehen sich folglich auf eine mittlere aktuelle Meeresoberfläche, die sich vom Geoid um den Abstand $\bar{H}$ unterscheidet. Wenn die Satellitenbahn in einem geozentrischen Bezugssystem und damit über dem zugehörigen Ellipsoid berechnet wird, dann gilt – wenn von weiteren Korrektionen [9.3.1] zunächst abgesehen wird – die Grundbeziehung (Abb. 9.1., Abb. 9.4)

$$h = N + \bar{H} + a. \tag{9.2}$$

Der Mikrowellensensor im Satelliten heißt *Radaraltimeter* und arbeitet etwa im Frequenzbereich 14 GHz ($\triangleq$ 2,2 cm Wellenlänge). Die Pulslänge beträgt wenige Nanosekunden, die Meßauflösung liegt zwischen 0,1 und 1 m.

Die Prinzipsskizze 9.1 macht deutlich, daß es mit Hilfe eines Radaraltimeters möglich ist, unmittelbar die Meeresoberfläche und damit näherungsweise das Geoid im Bereich der Ozeane abzutasten. Damit ist dem Geodäten eine sehr leistungsfähige Methode zur direkten Geoidbestimmung in die Hand gegeben. Die Bedeutung der Methode liegt in erster Linie in der Möglichkeit, ozeanische

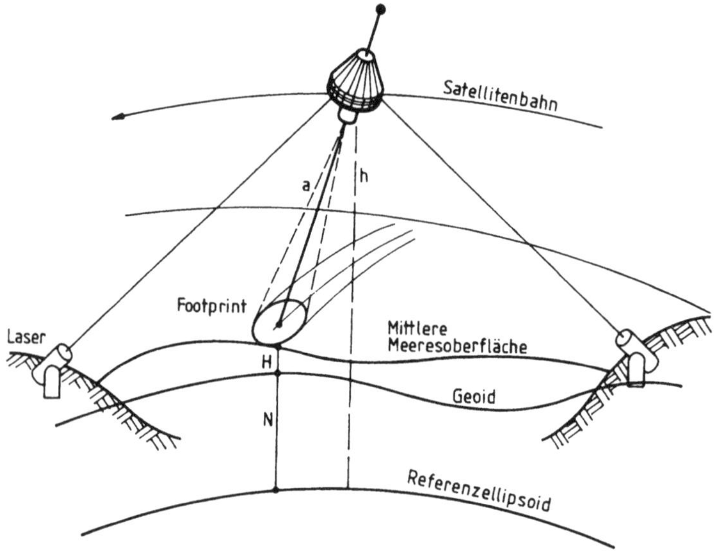

Abb. 9.1. Grundprinzip der Satellitenaltimetrie

Gebiete innerhalb eines kurzen Zeitraumes geschlossen höhenmäßig zu vermessen und damit räumlich und zeitlich hochauflösende Darstellungen der Meeresoberfläche zu erlangen.

Die Satellitenaltimetrie ist andererseits ein besonders gutes Beispiel für den interdisziplinären Charakter der Satellitengeodäsie (*Schneider* 1972). Die Größe $\bar{H}$, Abweichung zwischen Meeresoberfläche und Geoid, ist für den Geodäten eine Störung, die korrigiert werden muß, während sie für den Ozeanographen ein Meßsignal darstellt, aus dem wertvolle Aufschlüsse über die Dynamik der Meeres abzuleiten sind [9.5.3]. Der Geophysiker kann aus großräumigen Betrachtungen dieser Größe Erkenntnisse über die Strukturen des Meeresbodens und des Untergrundes gewinnen [9.5.2].

Aufgrund bisheriger Satellitenmissionen konnte bereits eine Fülle von Daten gewonnen werden, die zu wichtigen wissenschaftlichen Ergebnissen in Geodäsie, Geophysik und Ozeanographie geführt haben. Umfassende Darstellungen hierzu findet man u.a. in drei Heften des *Journal of Geophysical Research* (Vol. 84 B8, 1979; Vol. 87, C5, 1982; Vol. 88, C3, 1983).

Für die kommenden Jahre sind weitere Starts von Satelliten geplant, die ein Radaraltimeter tragen werden [9.6]. Die Methode der Satellitenaltimetrie wird deshalb weiterhin ihre aktuelle Bedeutung als ein leistungsfähiges Verfahren der Satellitengeodäsie behalten.

9.2 Satelliten und Missionen

Satellitenaltimetrie wurde erstmalig während der Skylab-Missionen SL-2, SL-3 und SL-4 (1973–1974) auf Bögen von etwa 750 km Länge erprobt. Die Meßgenauigkeit des Altimeters wurde mit 1 m bis 2 m angegeben. Es ergab sich damit die Möglichkeit, einen direkten Vergleich zwischen einem berechneten detaillierten 5′ × 5′ gravimetrischen Geoid und Höhen aus Altimetermessungen vorzunehmen (*Marsh, Vincent* 1975). Abb. 9.2 zeigt den Vergleich für einen Bogen im Bereich des Puerto Rico Grabens, wo Geoidhöhenänderungen bis zu 20 m über kurze Distanzen auftreten. Die Übereinstimmung liegt bei wenigen Metern; insbesondere treten die charakteristischen Geoidstrukturen auch in den Meßwerten des Skylabaltimeters auf.

Nach dem Erfolg der Skylab-Missionen wurden verbesserte Altimeterversionen auf den Satelliten GEOS-3 (1975) und SEASAT-A (1978) geflogen.

GEOS-3 (Geodynamics Experimental Ocean Satellite) (Abb. 4.11) hatte vielfältige Aufgaben [4.3.2]. Neben dem Altimeter waren noch Laserreflektoren und Dopplersender zur genauen Bahnbestimmung sowie ein "Satellite to Satellite Tracking-System" [10.1.2] auf dem Satelliten installiert. Projektziele waren u.a. eine Verbesserung der Kenntnisse über Erdschwerefeld, Geoid, ozeanische Gezeiten, Strömungen, Struktur der Erdkruste, Dynamik der festen Erde, Fernerkundungstechnologie (*Stanley* 1979). Die Entwurfslebens-

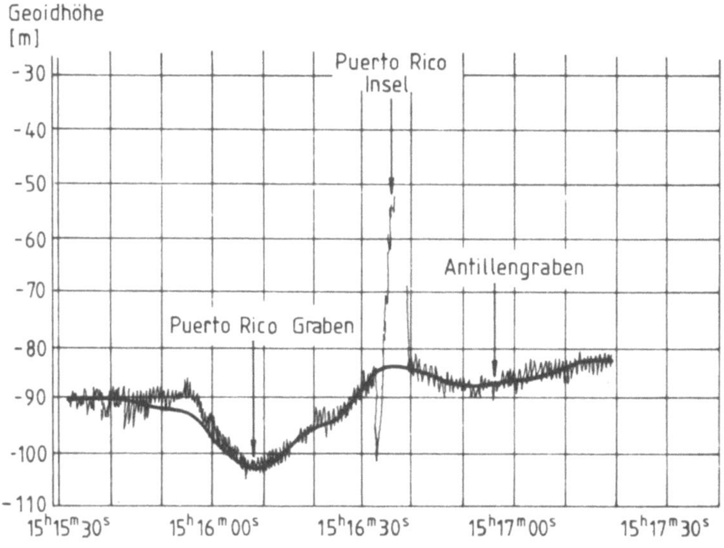

Abb. 9.2. Altimetertest mit SKYLAB über dem Puerto Rico Graben

dauer für das Altimeter betrug 1 Jahr; es wurden aber über 3,5 Jahre lang Daten gewonnen.

SEASAT-A wurde am 26. Juni 1978 gestartet. Aufgabengebiet war die Erfassung ozeanographischer Oberflächendaten durch Fernerkundung. SEASAT trug 5 Sensoren mit folgenden Aufgaben

Altimeter	Höhenmessung Wellenhöhen Windgeschwindigkeit
Scatterometer	Windgeschwindigkeit Windrichtung
Mikrowellen- radiometer	Temperatur der Meeresoberfläche Windgeschwindigkeit Atmosphärischer Wasserdampf
Synthetisches Radar	Wellenlängen Wellenrichtung
Sichtbares und Infrarotes Radiometer	Strukturerkennung.

Am 10. Oktober 1978, nach etwa 3-monatiger Einsatzdauer, entstand ein Kurzschluß im Bordsystem, so daß die meisten Systeme, darunter das Radaraltimeter nicht weiterarbeiten konnten. Dennoch konnten die meisten Projektziele erreicht werden. Insbesondere entsprachen Umfang und Qualität der Altimeterdaten den Anforderungen [9.5.1]. Abb. 9.3(a) vermittelt einen Eindruck der Architektur von SEASAT-A.

Es ist offensichtlich, daß bei Satelliten von entsprechend unregelmäßiger Oberfläche die Genauigkeit der Bahnmodellierung geringer ist als bei kompakten Satelliten.

Einige charakteristische Angaben zu Bahnen und Altimetern sind für GEOS-3 und SEASAT-A in Tab. 9.1 zusammengestellt (*Khan* 1983)

Im März 1985 wurde von der U.S. Navy der Satellit *GEOSAT* (Geodetic Satellite) in eine (dem SEASAT vergleichbare) Bahn von 800 km Höhe und 108° Neigung gebracht (*Cheney* u.a. 1986). Hauptinstrument ist ein Altimeter mit einer Höhenauflösung von ± 2 cm. Dem Satellitennamen entsprechend ist das Hauptziel der Mission eine Verbesserung in der Kenntnis des marinen Schwerefeldes und des Meeresgeoides. Aus diesem Grunde bleiben die originalen Meßdaten der ersten 18 Monate klassifiziert; es werden jedoch gemessene Veränderungen der Meeresspiegelhöhe für ozeanographische Untersuchungen freigegeben [9.5.3]. Die Datenausbeute der ersten 18 Monate ist umfangreicher als alle von GEOS-3 und SEASAT gemessenen Daten zusammen (*Cheney* u.a. 1986).

Im Oktober 1986 wurde GEOSAT in eine etwas veränderte Bahn gebracht, die sich nach 17 Tagen exakt wiederholt und deren Subsatellitenbahnen

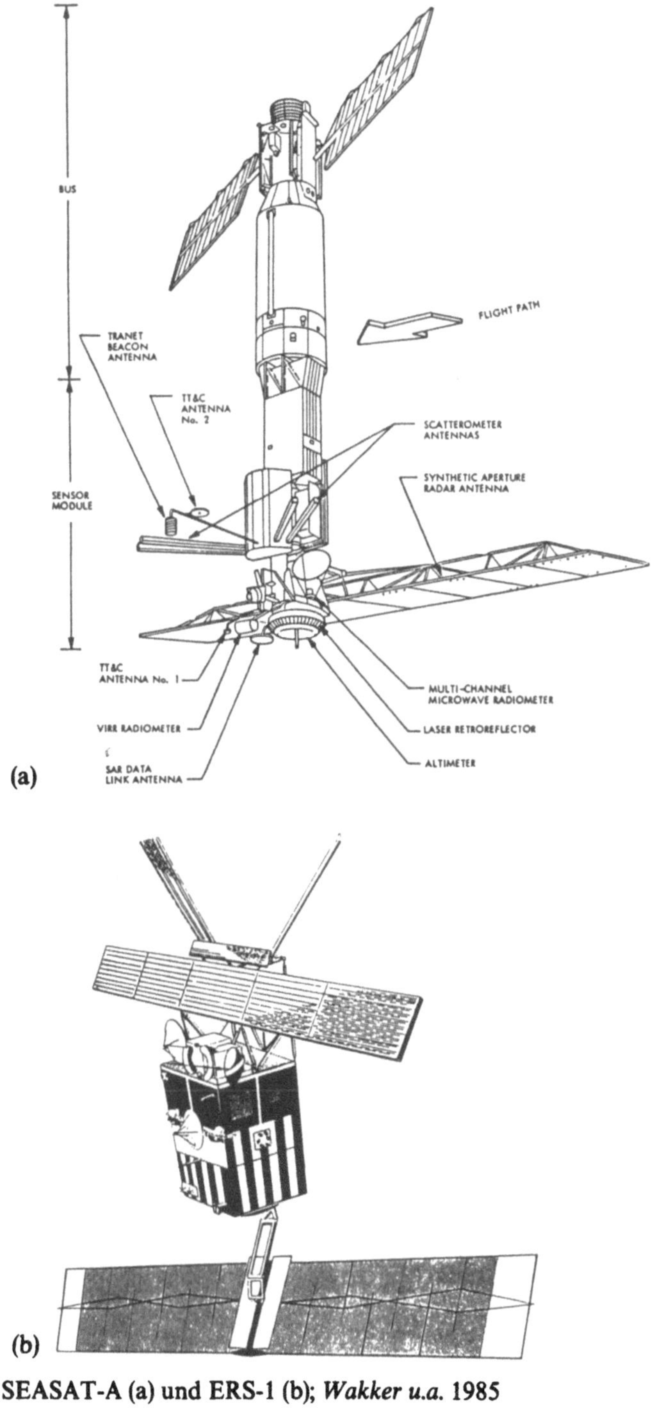

Abb. 9.3. SEASAT-A (a) und ERS-1 (b); *Wakker u.a.* 1985

Tab. 9.1. Charakteristische Angaben für GEOS-3 und SEASAT-A

	GEOS-3	SEASAT-A
Bahn		
Periode	102 min	101 min
Höhe	843 km	800 km
Neigung	115°	108°
Umläufe/Tag	14,1	14,3
Start	9.4.1975	26.6.1978
Lebensdauer	3,5 Jahre	5 Monate
Bahnbestimmung	1–5 m	7–2,5 m
Altimer		
Bündelweite	2,6°	1,5°
Frequenz	13,9 GHz	13,9 GHz
Spitzenleistung	2,5 kW	2,5 kW
Pulsweite	12,5 ns	3 ns
Footprintweite	3,6–14,2 km	1,6–12 km
Höhenmeßgenauigkeit	±60 cm	±10 cm

weitgehend denen von SEASAT entsprechen. Diese sogenannten ERM (*Exact Repeat Mission*) Daten werden für geodätische und ozeanographische Arbeiten frei zugänglich sein. Durch die häufige Wiederholungsrate lassen sich insbesondere Meeresspiegelschwankungen analysieren.

Für 1990 ist der Start des Europäischen Erderkundungssatelliten *ERS1* geplant, der neben anderen ozeanographisch interessanten Sensoren ein Altimeter mit ±10 cm Auflösung tragen wird (Abb. 9.3b).

Für 1991 ist ein Gemeinschaftsprojekt der NASA und der französischen Weltraumbehörde CNES vorgesehen, *TOPEX-POSEIDON*, bei dem ein Zweifrequenzaltimeter mit ±2 cm Auflösung und außerdem eine französische Altimeterentwicklung geflogen werden sollen. Weitere Altimetermissionen sind in der Entwurfsphase, so daß für die Zeit nach 1990 mit der Verfügbarkeit mehrerer Altimetersatelliten gerechnet werden kann. Tabelle 9.2 gibt eine Übersicht.

Tab. 9.2. Gestartete und geplante Altimetersatelliten

GEOS 3	840 km	115°	1975	ALT: ±60 cm
SEASAT-A	800 km	108°	1978	ALT: ±10 cm
GEOSAT	800 km	108°	1985	ALT: ± 3 cm
ERS-1	780 km	98,5°	(1990)	ALT: ±10 cm
TOPEX				ALT: ± 2 cm
POSEIDON	1330 km	63°	(1991)	ALT: ±15 cm
ERS-2	ESA			
SPOT-3	CNES			
MOS-2	Japan			

9.3 Meßwerte, Korrektionen und Genauigkeit

9.3.1 Geometrie der Altimetermessung

Die entsprechend Abb. 9.1 aufgestellte einfache Grundbeziehung (9.2) muß bei detaillierter Betrachtung der Verhältnisse verfeinert werden. Abb. 9.4 zeigt die Zusammenhänge

$$h = N + H + \Delta H + a + d. \qquad (9.3)$$

Hierin bedeuten

h = ellipsoidische Höhe des Satelliten aus der Bahnberechnung
N = Geoidhöhe
H = Meeresflächentopographie, Abweichung der mittleren Meeresoberfläche vom Geoid
ΔH = aktueller Gezeiteneinfluß
a = Altimetermeßwert
d = Abweichung der tatsächlichen von der berechneten Bahn.

Der Altimetermeßwert *a* muß weiterhin noch wegen atmosphärischer Einflüsse korrigiert und auf das Massenzentrum des Satelliten bezogen werden. Auch Korrektionen wegen der Wellenhöhen kommen in Betracht [9.3.2]. Für die Beziehung (9.3) wurden entsprechend weitere Verfeinerungen vorgeschlagen (z.B. *Brennecke* 1980, *Tapley* u.a. 1982a).

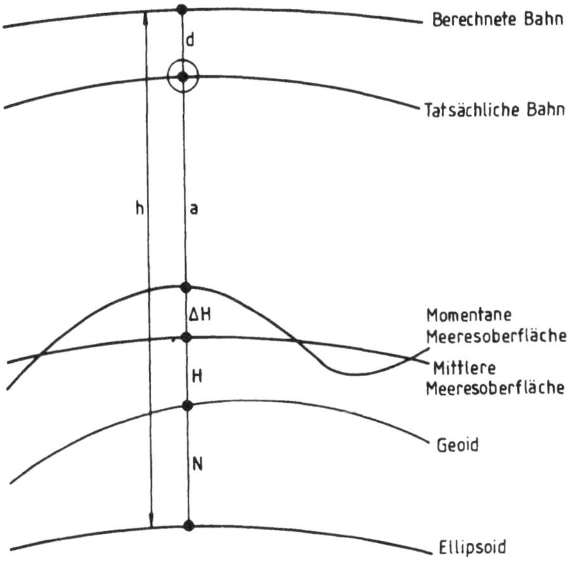

Abb. 9.4. Zusammenhänge bei der Altimetriemessung

Die als *Meeresflächentopographie* (Sea Surface Topography SST) bezeichnete Abweichung zwischen dem Geoid und der mittleren Meeresoberfläche kann 1 bis 2 m erreichen. Als mittlere Meeresoberfläche (Mean Sea Level MSL) wird allgemein die von allen zeitlichen Änderungen befreite (stationäre) Meeresoberfläche angesehen (*Lisitzen* 1974). Die Abweichung vom Geoid wird u.a. durch unterschiedlichen Salzgehalt des Meerwassers, großräumige Luftdruckunterschiede und ausgeprägte Strömungen (z.B. Golfstrom) hervorgerufen. Die häufig benutzte Approximation des Geoids durch den mittleren Meeresspiegel ist bei einer Auflösung <2 m folglich nicht mehr zulässig. Dies führt zu Schwierigkeiten beim Vergleich von Höhensystemen, die an unterschiedliche Pegel angeschlossen sind [9.5.3]. Meßwerte, die an der Meeresoberfläche gewonnen sind, wie beispielsweise Schwereanomalien aus Seegravimetrie, beziehen sich nicht auf das Geoid sondern auf die mittlere Meeresoberfläche (*Sanso* 1983).

9.3.2 Datengewinnung

Von der Altimeterantenne wird ein kurzer Rechteckimpuls ausgesandt, der im Moment der Berührung von der Reflexionsfläche (Wasseroberfläche) zurückgeworfen wird. Die gleichzeitig reflektierende, d.h. vollständig ausgeleuchtete kreisförmige Fläche, der sogenannte *Footprint*, hängt von der Flughöhe h, der Ausbreitungsgeschwindigkeit c und der Länge τ des ausgesandten Pulses ab; der maximale Radius der Kreisfläche beträgt (Abb. 9.5b)

$$R = \sqrt{c\tau h}. \tag{9.4}$$

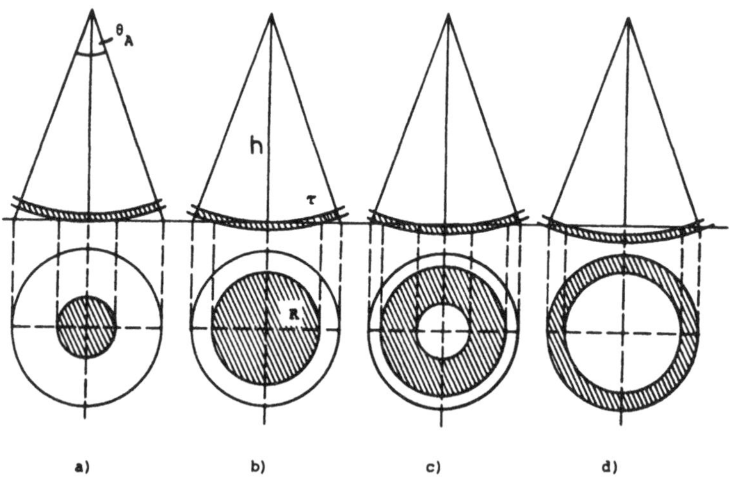

Abb. 9.5. Veränderung der Reflexionsfläche beim Durchgang des Radarimpulses durch die Meeresoberfläche (Monka 1984)

Für GEOS-3 gilt mit $\tau = 12{,}5$ ns und $h = 843$ km, daß der Footprint einen Durchmesser von 3,6 km besitzt.

Da die reflektierte Energie linear von der Größe der reflektierenden Fläche abhängt, nimmt die zurückkehrende Energie solange zu, bis der Impuls vollständig in der reflektierenden Oberfläche "versunken" ist (Abb. 9.5a,b). Sobald das Impulsende die Reflexionsfläche erreicht hat, wird die reflektierende Fläche zu einer Kreisringfläche, deren Flächeninhalt solange nahezu konstant bleibt, bis der Rand des Abstrahlkegels erreicht ist (Abb. 9.5c,d).

Altimetersysteme, bei denen die Größe des Footprints in der beschriebenen Weise von der Länge des ausgesandten Meßpulses abhängt, heißen *Pulse-length-limited* System.

Eine andere Möglichkeit besteht darin, die Footprintgröße durch die Begrenzung θ_A des Abstrahlwinkels zu definieren. Derartige Beamwidth limited Systeme sind wegen der hohen Anforderungen an die Auslegung und Ausrichtung der Antenne bisher nicht eingesetzt worden.

Hieraus ergibt sich die in Abb. 9.6 dargestellte idealisierte Form des Rückkehrimpulses. Er besteht aus einer linear ansteigenden Flanke (leading edge) von der Länge der Impulsdauer (bei GEOS-3 12,5 ns), einem sich daran anschließenden konstanten Niveau und der auslaufenden Flanke.

Zur Entfernungsbestimmung wird die Zeit zwischen der Aussendung des Impulses und dem Erreichen der Hälfte der maximalen Amplitude des zurückkehrenden Signals gemessen. Die Größe der Reflexionsfläche und die tatsächliche Form des Rückkehrimpulses hängen von der Art der reflektierenden Fläche ab (Wasser, Eis, Land) sowie von der Rauhigkeit der Oberfläche (Wellenhöhen). Durch Pulsanalysen können Aussagen über den Oberflächenzustand gefunden werden. Die Verteilung von Wellenbergen und -tälern im Bereich des Footprints führt zu einem Mittelungseffekt. Systematische Effekte in Abhängigkeit des Wellenzustandes müssen durch Kalibrierungsmessungen in Testgebieten bestimmt werden.

Die Datenrate kann sehr hoch sein. Bei GEOS-3 betrug die Pulsfolgerate im *Short Pulse Mode* 100 Pulse pro Sekunde. Die Einzelmessungen werden zu Mittelwerten zusammengefaßt und dem Nutzer verfügbar gemacht. Für

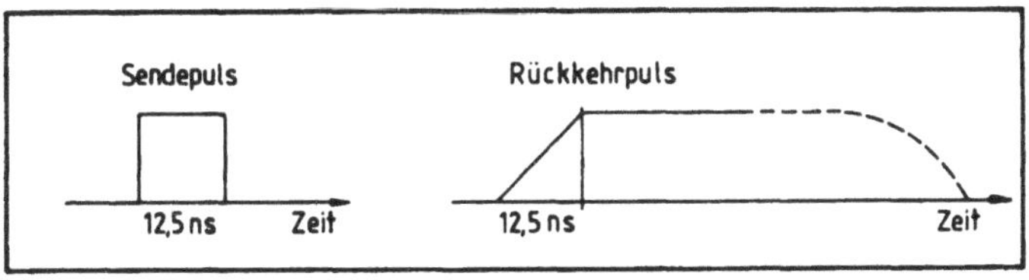

Abb. 9.6. Sendeimpuls und Rückkehrimpuls

GEOS-3 wurden beispielsweise Mittelwerte aus 200 bzw. 320 Einzelmessungen für einen zeitlichen Abstand von 2,055s bzw. 3,285s als geglättete Altimetermessungen mitgeteilt (*Monka* 1984). Diese Mittelwerte haben somit auf der Erdoberfläche längs der Subsatellitenbahn einen Abstand von etwa 15 bis 25 km.

Bei SEASAT-Daten beträgt die volle Datenrate 10 Werte/Sekunde (*Tapley* u.a. 1982), die jeweils aus einem Mittelungsprozeß der Einzelmessungen an Bord des Satelliten entstanden sind. Für die Weiterverarbeitung stehen in der

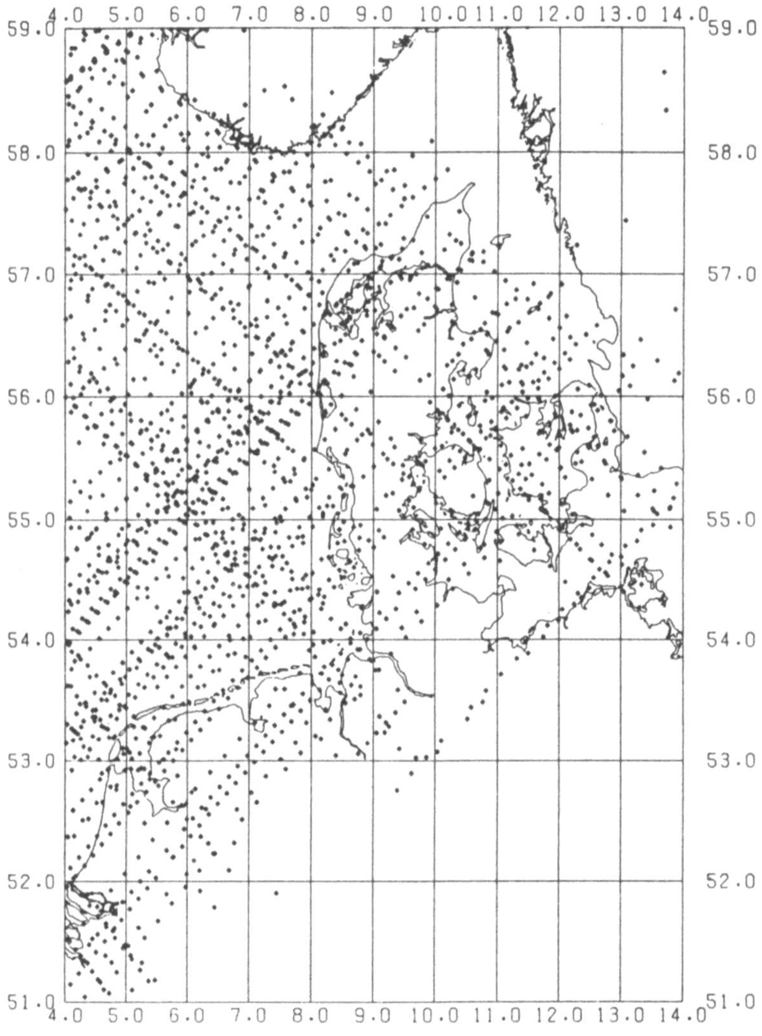

Abb. 9.7. Verteilung von GEOS – 3 Daten im Nordseebereich (Monka 1984)

Regel geglättete Altimetermeßwerte im 1s-Abstand zur Verfügung (z.B. *Schutz* u.a. 1982). Abb. 9.7 zeigt ein Beispiel für die Verteilung von GEOS-3 Daten im Nordseebereich (*Monka* 1984).

Für andere Altimetermissionen kann die räumliche Auflösung je nach Größe der Reflexionsfläche und dem gewählten Datenübertragungsmodus unterschiedlich sein. Beobachtungsgröße ist damit der geglättete Mittelwert einer bestimmten Anzahl von Einzelmessungen, die dem Nutzer in der Regel nicht zugänglich sind. Die zugehörige "Meßgenauigkeit" hängt von der Auflösung des Altimeters und vom verwendeten Glättungsalgorithmus ab. Für GEOS-3 führen Abschätzungen zu 0.4 bis 0.8 m (*Monka* 1984). Für SEASAT zu 0,1 m (*Kolenkiewicz* u. *Martin* 1982).

9.3.3 Korrektionen und Fehlereinflüsse

Drei Gruppen von Korrektionen, die jeweils mit Fehlereinflüssen behaftet sind, spielen eine Rolle

(1) Abweichung der angenommenen von der tatsächlichen Bahn (Bahnfehler)
(2) Einflüsse entlang des Signalweges (Altimeter Meßfehler)
(3) Abweichungen der momentanen Meeresoberfläche vom Geoid.

(1) Die Ursachen von *Bahnfehlern* sind vor allem [3.2]

- Unvollkommenheit des zur Bahnberechnung verwendeten terrestrischen Schwerefeldes
- Fehler in den Koordinaten der Bahnverfolgungsstationen (Tracking Stationen)
- Meßfehler im verwendeten Trackingsystem (Doppler, Laser)
- Modellierungsfehler in der Bahnberechnung.

Der Haupteinfluß kommt in der Regel aus dem terrestrischen Schwerefeldmodell. Da jeder individuelle Satellit gegenüber einer Untergruppe von harmonischen Koeffizienten besonders empfindlich ist, empfiehlt es sich, abgestimmte (tailored) Schwerefeldmodelle zu entwickeln, in die Beobachtungen mit dem betreffenden Satelliten eingeflossen sind. Dies konnte bei GEOS-3 mit dem Schweremodell GEM10 geschehen [11.2]; damit ist es gelungen, die Bahngenauigkeit von anfänglich 10 m auf 1–2 m zu steigern (*Lerch* u.a. 1979).

Für SEASAT wurden abgestimmte Schweremodelle unter der Serienbezeichnung PGS-S1 bis PGS-S4 berechnet, mit denen es gelungen ist, die Bahnbestimmungsgenauigkeit von 5 m auf 1 m zu steigern (Abb. 9.8) (*Wakker* u.a. 1987). Wegen vergleichbarer Bahnelemente dürften die auf SEASAT abgestimmten Modelle auch für den geplanten ERS1 Altimetersatellit geeignet sein.

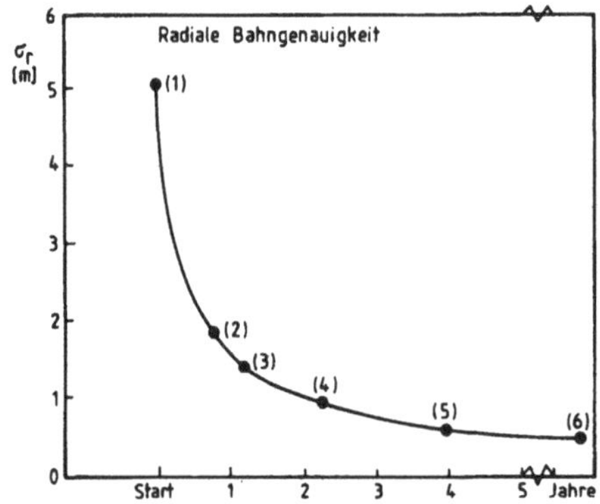

Abb. 9.8. Steigerung der radialen Bahngenauigkeit für SEASAT ((1) vor dem SEASAT Start; (2)...(5) zusätzliche Daten aus SEASAT Laser, GEOS 3 Altimeter, SEASAT Altimeter, TRANET; (6) endgültige Genauigkeit)

Ein zweiter wichtiger Gesichtspunkt zur Bahnbestimmung ist das verwendete Bahnüberwachungssystem. Für operationelle Aufgaben werden vorwiegend allwettertaugliche Verfahren im Radiofrequenzbereich verwendet, beispielsweise Dopplermessungen im Tranet-Netz [6.3]. Bei höheren Genauigkeitsansprüchen, beispielsweise über Test- und Kalibrierungsgebieten oder für gesonderte Projekte, werden Laserdistanzmessungen zu Reflektoren am Altimetersatelliten durchgeführt (*Kolenkiewicz* u. *Martin* 1982).

Die geozentrischen Koordinaten der Bahnverfolgungsstationen sind aufgrund anderer globaler Meßverfahren (Laser, Doppler, VLBI) bekannt. Die Genauigkeit wird durch hinzukommende Beobachtungen fortlaufend verbessert und kann im Subdezimeterbereich liegen [8.5.3]. Für die Ergebnisse von zurückliegenden Missionen wie GEOS-3 und SEASAT muß jedoch noch mit Stationsfehlern von einigen Metern gerechnet werden (*Khan* 1983). Auch unter günstigen Bedingungen bleibt der verbleibende Bahnfehler wesentlich oberhalb der Meßgenauigkeit des Altimeters. Es müssen deshalb andere Methoden zur Bahnverbesserung verwendet werden. Da es ausschließlich auf die radiale Komponente ankommt, lassen sich auch nicht-dynamische Methoden verwenden (*Sandwell* u.a. 1986), die meist mit der *Kreuzungspunktmethode* [9.4] im Zusammenhang stehen.

(2) *Einflüsse längs des Signalweges* lassen sich einteilen in

- instrumentelle Fehler
- Ausbreitungsfehler.

Die wichtigsten *instrumentellen* Einflüsse sind

- der Abstand des Antennenphasenzentrums vom Massenschwerpunkt des Satelliten (Nullpunktsfehler)
- Laufzeitverzögerungen in der Elektronik des Altimeters
- Zeitfehler im Meßsystem.

Diese Einflüsse können beim Bau des Altimeters minimiert und abgeschätzt werden. In ihrem Zusammenwirken werden sie als *Altimeterkalibrierung* über genau vermessenen Testgebieten (*Ground Truth*) ermittelt und kontrolliert. Dabei sind Satellitendurchgänge im Zenit in unmittelbarer Nähe von Laserstationen besonders wirkungsvoll. Für GEOS-3 wurde ein mittlerer Kalibrierungswert von 5,30 m gefunden (*Berbert* u. *Carney* 1979). Bei SEASAT ließ sich kein signifikant von Null abweichender Wert feststellen (*Kolenkiewicz, Martin* 1982).

Ein weiterer instrumenteller Fehlereinfluß entsteht durch die Abweichung der Antennenabstrahlrichtung von der Senkrechten (*Nadirfehler*). Der Einfluß ist abhängig von der Pulslänge und der Abstrahlbreite der Antenne. Er kann durch instrumentelle Maßnahmen minimiert werden. Bei der in Abb. 9.4 dargestellten Methode ("Pulse-length limited system" = Begrenzung des Footprints durch die Pulslänge) ist die Auswirkung zu vernachlässigen (*Monka* 1984).

Ausbreitungsfehler entstehen vorrangig durch den Einfluß der Ionosphäre und der Troposphäre auf die Ausbreitungsgeschwindigkeit [2.3.3]. Bei den verwendeten Frequenzen von etwa 14 GHz wirkt sich die *ionosphärische Refraktion* je nach Iononisierungsgrad mit etwa 5 bis 20 cm aus (*Lorell* u.a. 1982). Der Einfluß kann, wie bei den sonstigen Mikrowellensystemen [6.5.2], [7.4.4], durch Messung auf zwei Frequenzen modelliert werden. Für TOPEX ist deshalb ein Zweifrequenzaltimeter (14,7 und 5,3 GHz) vorgesehen. Der Einfluß der *Troposphäre* beträgt bei den hier ausschließlich vorliegenden Zenitmessungen insgesamt etwa 2,3 m (*Tapley* u.a. 1982b). Er kann durch geeignete Refraktionsmodelle [2.3.3.2] bis auf wenige cm erfaßt werden, insbesondere wenn durch gleichzeitig erfolgende Radiometermessungen vom selben Satelliten aus Informationen über den Wasserdampfgehalt der Atmosphäre längs des Ausbreitungsweges vorliegen. Ein solches Radiometer konnte auf SEASAT genutzt werden (*Chovitz* 1983) und ist beispielsweise für ERS-1 vorgesehen (*Paci* 1983).

Zu den Ausbreitungsfehlern kann auch die Auswirkung des jeweiligen *Zustandes der Meeresoberfläche* auf das reflektierte Signal gezählt werden. Durch die Rauhigkeit der Oberfläche wird die reflektierende Fläche vergrößert. Die ansteigende Flanke des Rückkehrimpulses wird mit zunehmender Wellenhöhe flacher, da die Wellenspitzen Energie früher reflektieren (Abb. 9.9). Aus der Signalanalyse können Wellenhöhen abgeleitet werden. Da Wellentäler stärker reflektieren als Wellenberge werden systematische Korrektionen erforderlich,

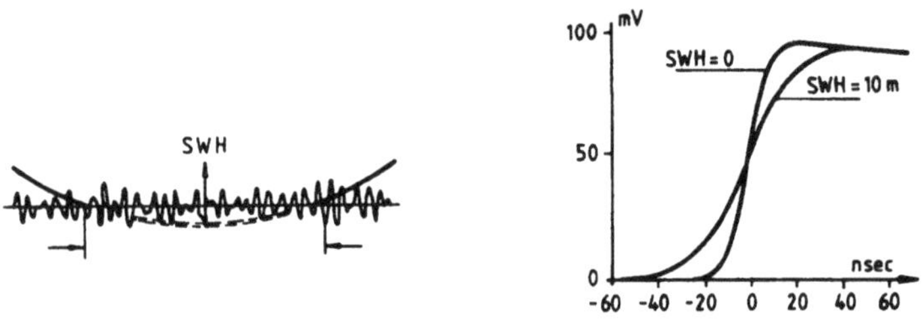

Abb. 9.9. Abflachung der ansteigenden Flanke des Rückkehrimpulses in Abhängigkeit von der Wellenhöhe; SWH = Mittel aus dem Drittel der größten aller auftretenden Wellenhöhen (nach Monka 1984)

die etwa 5% der größten Wellenhöhen erreichen können (*Douglas*, *Agreen* 1983).

(3) Die *Abweichung der aktuellen Meeresoberfläche vom Geoid* läßt sich in einen zeitlich konstanten Anteil H und einen zeitlich variablen Anteil ΔH zerlegen (Abb. 9.4). Die Altimetermessungen müssen um den zeitlich variablen Anteil korrigiert werden, um die Bestimmung der (quasi stationären) mittleren Meeresoberfläche zu erlauben. Wenn von der Rauhigkeit der Meeresoberfläche durch Wellen abgesehen wird (diese werden durch den Altimetermeßvorgang herausgemittel), dann beruhen zeitlich variable Deformationen der Meeresoberfläche vor allem auf dem Einfluß von Gezeiten und Auflasteffekten durch atmosphärische Massen.

Die Verformung durch *globale Luftdruckunterschiede* wird mit $\pm 10 \ldots 50$ cm abgeschätzt; regional liegt die Auswirkung bei wenigen cm, so daß bislang zumeist von einer Korrektur der Altimeterwerte abgesehen wurde (*Monka* 1984). Bei gesteigerter Genauigkeit von Altimetermissionen kann eine Berücksichtigung wichtig werden.

Der Hauptanteil der variablen Deformationen wird durch die *Meeresgezeiten* hervorgerufen. Im freien Ozean weisen die Amplituden Beträge um 1 m und in Küstennähe oder in Randmeeren um 2 m auf. In Einzelfällen treten höhere Beträge auf. Es sind mehrere globale Gezeitenmodelle verfügbar, die eine Berechnung der Gezeitenhöhe mit 1 dm Genauigkeit erlauben. Modellverbesserungen bis zur $+3$ cm sind in der Diskussion (*Schwiderski* 1984). In Randmeeren, wie beispielsweise in der Nordsee, können erhebliche Abweichungen auftreten, so daß regionale oder lokale Gezeitenmodelle anzuwenden sind (Abb. 9.10).

Gezeiten der festen Erde können Deformationen des Erdkörpers bis zu 50 cm bewirken. Die Modellierungsgenauigkeit beträgt ± 1 cm (*Chovitz* 1983). Die Auswirkungen auf gemessene Altimeterprofile sind jedoch großräumig, so daß sie auch im Bahnmodellierungsprozeß mit aufgefangen werden können.

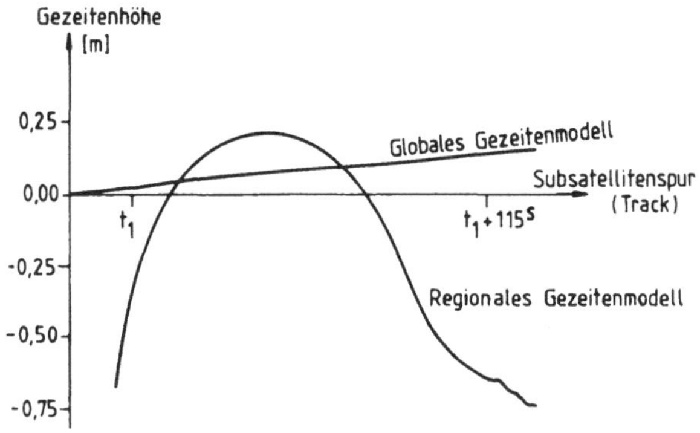

Abb. 9.10. Globale und regionale Gezeitenmodelle

Der konstante Anteil H (Abb. 9.4), die *Meeresflächentopographie*, kann Amplituden bis zu 2 m erreichen [9.3.1], [9.5.3]. Je nach Fragestellung kann H als Korrektion oder als Signal betrachtet werden. Wenn aus den Altimeterergebnissen Aussagen über den Geoidverlauf abgeleitet werden sollen, muß die Meeresflächentopographie als Korrektionswert aus ozeanographischen Modellen bestimmt werden. Dies geschieht beispielweise durch Berechnung dynamischer Höhen in bezug auf eine Fläche gleichen Druckes in 1000 oder 2000 m Tiefe, die als Äquipotentialfläche angesehen wird (*Engelis* 1983). Die Genauigkeit dieser Modelle ist jedoch noch umstritten (*Chovitz* 1983).

9.4 Bestimmung der mittleren Meeresoberfläche

Die Altimetermeßwerte liegen in Form von aufeinanderfolgenden Höhenangaben des mittleren Meeresspiegel längs der Subsatellitenbahn (Satellitentrack) vor (vgl. Abb. 9.11). Der gegenseitige Abstand der Subsatellitenpunkte beträgt je nach Satellit und Meßmodus 7 km bis 25 km. Auch nach Anbringen der in [9.3] behandelten Korrektionen verbleibt noch ein systematischer Fehlereinfluß in vertikaler Richtung, der vor allem auf die radiale Komponente der Bahnfehler [9.3.3] zurückzuführen ist und der auch alle durch die Korrektionen nicht erfaßten Restfehler auffangen kann.

Zur weiteren Datenbehandlung wird die Tatsache ausgenutzt, daß derselbe Meeresbereich wiederholt abgetastet wird und daß in den sogenannten *Kreuzungspunkten* von aufsteigenden und absteigenden Subsatellitenbahnen die berechneten Höhen des mittleren Meeresspiegels $N + H$ gleich sein müssen. Die hierauf beruhende *Kreuzungspunktmethode* hat bei der Auswertung von Altimetermessungen weite Verbreitung gefunden (*Marsh* u.a. 1980).

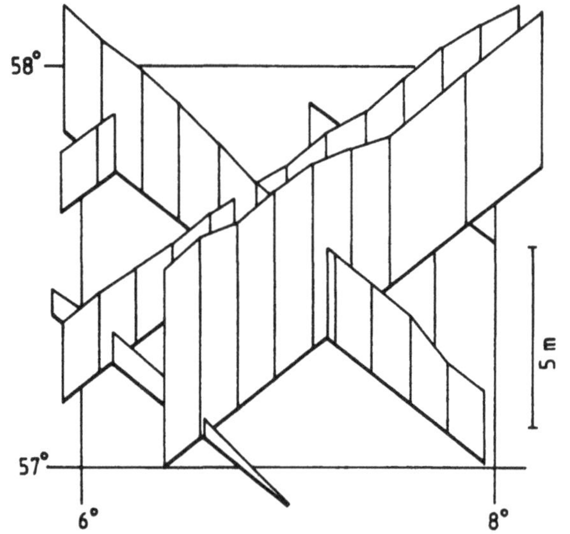

Abb. 9.11. Beispiel für Altimeterdaten im Nordseebereich (Monka 1984)

Abb. 9.11 veranschaulicht die Situation am Beispiel eines kleinen Ausschnittes im Nordseebereich (*Monka* 1984). Die Differenzen in den Kreuzungspunkten sind bei korrigierten Meßwerten weitgehend identisch mit den Differenzen der radialen Bahnfehler der beteiligten Satellitenbahnen.

Im ersten Schritt müssen die Kreuzungspunkte lokalisiert werden. Dies geschieht aufgrund der geographischen Koordinaten der Subsatellitenspuren, ggfs. in einem iterativen Verfahren. Sodann müssen für die Kreuzungspunkte gemessene Höhenwerte interpoliert werden. Hierzu kommen einfache lineare oder quadratische Ansätze oder auch verbesserte Glättungsverfahren wie das Kalman- oder Wienerfilter in Betracht. Für die Differenzen im Kreuzungspunkt gilt dann

$$d_{ij} = \tilde{h}_i - \tilde{h}_j = d_i - d_j + \varepsilon_i - \varepsilon_j \tag{9.5}$$

mit

$\tilde{h}_i, \tilde{h}_j$ interpolierte Meßwerte im Kreuzungspunkt der Subsatellitenspuren i und j

d_i, d_j Bahnfehler der Satellitenbahnen im Kreuzungspunkt

$\varepsilon_i, \varepsilon_j$ Meßfehler.

Der Bahnfehler kann entlang der Satellitenbahn mit Hilfe eines zeit- oder entfernungsabhängigen Polynoms modelliert werden. Im einfachsten Fall genügt eine Verschiebung und Kippung der Bahn. Allgemein kann für jeden Kreuzungspunkt die Beobachtungsgleichung

$$v_{ij} = \sum_{e=0}^{k} \alpha_{ie}(t_i - t_{i0})^e - \sum_{e=0}^{l} \alpha_{je}(t_j - t_{j0})^e - d_{ij} + \varepsilon_i - \varepsilon_j \tag{9.6}$$

mit

- k, l Polynomgrade zur Modellierung der Bahnfehler in den Subsatellitenspuren i und j
- α Polynomkoeffizienten
- $(t - t_0)$ den Kreuzungspunkten zugeordneter Zeitpunkt, relativ zu einem Startzeitpunkt t_0

aufgestellt werden. Mit dem auf diese Weise modellierten Bahnfehler können die Höhenwerte des mittleren Meeresspiegels in den Kreuzungspunkten korrigiert werden.

Diese nichtdynamische Form der Bahnmodellierung ist zulässig, da es sich lediglich um die radiale Komponente und um kurze Bahnstücke handelt. Bei der beschriebenen Methode ist das Höhenniveau der Gesamtlösung noch nicht festgelegt; es besteht ein *Datumsdefekt*. Dieser Defekt kann behoben werden, wenn eine oder mehrere Subsatellitenspuren als fehlerfrei eingeführt werden. Alternativ kann zur Niveaufestlegung ein Mittelwert sämtlicher Subsatellitenspuren verwendet werden.

Ausgehend von der Kreuzungspunktmethode wurden weitere Algorithmen zur Bestimmung der mittleren Meeresoberfläche entwickelt, bei denen auch Informationen außerhalb der Kreuzungspunkte mit einbezogen werden. Zu

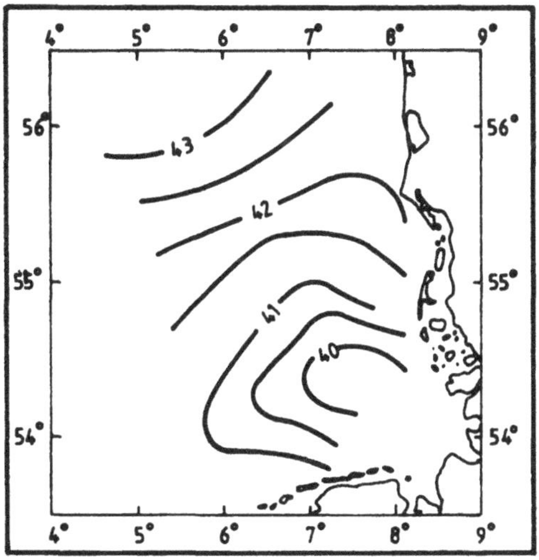

Abb. 9.12. Mittlere Meeresoberfläche aus GEOS – 3 Daten im Nordseebereich (in m); *Monka* 1984

nennen sind hier der Ansatz von Flächenpolynomen und die Interpolation nach kleinsten Quadraten (*Monka* 1984). Für globale und regionale Lösungen wurden Kombinationen von dynamischen Bahnverbesserungsverfahren (u.a. Short Arc) und unterschiedlichen Interpolationsansätzen verwendet (z.B. *Marsh* u.a. 1980, *Delikaraoglou* 1980).

Als Beispiel für eine lokale Berechnung der mittleren Meeresoberfläche ist das Ergebnis der Auswertung von GEOS 3 Beobachtungen im Bereich der Deutschen Bucht gegeben (Abb. 9.12). Zur Modellierung der Bahnfehler wurde ein Flächenpolynom 2. Grades verwendet.

9.5 Anwendungen von Altimetermessungen in Geodäsie, Geophysik und Ozeanographie

9.5.1 Schwerefeld- und Geoidbestimmung

In erster Näherung können die mittlere Meeresoberfläche und das Geoid im Meeresbereich gleichgesetzt werden. Die aus einer Auswertung der Altimetermessungen [9.4] hervorgehenden Höhen der mittleren Meeresoberfläche längs der Subsatellitenbahnen über einer Referenzfläche (Referenzellipsoid) lassen sich somit als Geoidhöhen N auffassen. Die globale Überdeckung mit Subsatellitenbahnen ist am Beispiel von SEASAT in Abb. 9.13 für einen 18-Tage Zeitraum dargestellt. Der vollständige Datensatz ist entsprechend dichter.

Insgesamt liegen sowohl aus der GEOS 3 als auch aus der SEASAT Mission je etwa 5 Millionen Höhenwerte vor (*Rapp* 1983a), von denen nach Datenbereinigung etwa die Hälfte verwertbar sind. Aufgrund der Satellitenbahnneigungen beschränken sich die Daten auf den Bereich zwischen 72° nörd-

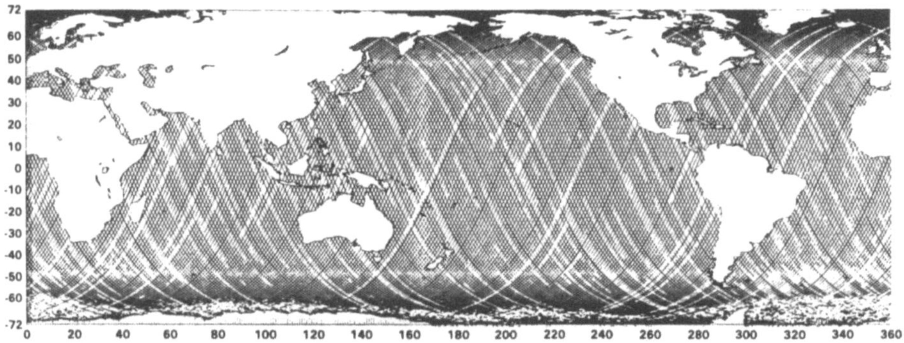

Abb. 9.13. Globale Überdeckung mit SEASAT – A Daten (Marsh u. Martin 1982)

licher und südlicher Breite. Trotz der geringeren Lebensdauer von SEASAT ist der Datenumfang etwa gleich. SEASAT lieferte innerhalb von 3 Monaten für 1684 Stunden und GEOS 3 innerhalb von 3,5 Jahren für 1745 Stunden Daten.

Diese Höhenwerte können genutzt werden, um mit Hilfe geeigneter Interpolationsverfahren ein regelmäßiges Gitter von global verteilten Geoidhöhen zu bestimmen. Zur Anwendung kommen beispielsweise die Interpolation nach kleinsten Quadraten (*Monka* 1984) oder Flächenpolynome (*Marsh* u. *Martin* 1982).

Aus den Gitterpunkten kann eine Isoliniendarstellung abgeleitet werden. Abb. 9.14 zeigt als Beispiel die aus den Daten der Abb. 9.13 entstandene Höhenliniendarstellung der mittleren Meeresoberfläche, die näherungsweise mit dem Geoidverlauf gleichgesetzt werden kann. Gegenüber den nur lückenhaft vorliegenden Daten der Seegravimetrie (*Rapp* 1975, *Lerch* u.a. 1978) ermöglichen die homogenen und vollständigen Daten der Altimetrie eine wesentlich verbesserte Bestimmung des Geoidsverlaufs im Meeresbereich.

Für den mit Seegravimetrie vergleichsweise gut überdeckten Nordatlantik ergeben Abschätzungen der gravimetrischen Geoidgenauigkeit etwa $\pm 2 \ldots$ 3 m (*Zlotnicki* 1984). In weniger gut vermessenen Meeresgebieten liegt die Unsicherheit der Geoidkenntnis erheblich höher.

Für Testgebiete, in denen ein gut bestimmtes gravimetrisches Geoid verfügbar ist, liegen die Differenzen unter 1 m (*Weber* u. *Wenzel* 1981, *Marsh* u.a. 1984). Vergleiche zwischen Ergebnissen aus SEASAT und GEOS 3 Altimetrie zeigen Differenzen in der gleichen Größenordnung (*Rapp* 1983a).

Bei der Nutzung von Altimeterdaten unterschiedlicher Satelliten für eine gemeinsame Geoidberechnung ist darauf zu achten, daß sich die Originaldaten möglicherweise auf Bezugsflächen mit unterschiedlichen Ellipsoiddimensionen beziehen.

Aus den durch Altimetrie bestimmten Geoidhöhen lassen sich unter Verwendung der inversen Stoke'schen Integralformeln Schwereanomalien berechnen, wodurch die Kenntnis des globalen Schwerefeldes insbesondere im Meeresbereich deutlich verbessert wird. *Rapp* (1979, 1983a,b) berechnete unter Verwendung von Kollokationsmethoden $1^\circ \times 1^\circ$ mittlere Freiluftanomalien mit einer Genauigkeit von ± 6 mGal. *Balmino* u.a. (1987) stellten ein Feld von $25' \times 25'$ Freiluftanomalien vor, die aus SEASAT und GEOS 3 Altimeterdaten unter Abzug eines globalen Modells der Meeresflächentopographie entstanden sind. In entsprechender Weise lassen sich auch Lotabweichungsparameter aus Altimeterergebnissen ableiten.

Altimeterdaten haben einen wesentlichen Anteil an allen neueren Lösungen für Erdmodelle [11.2]. Während aus Satellitenbahnanalysen nur die langwel-

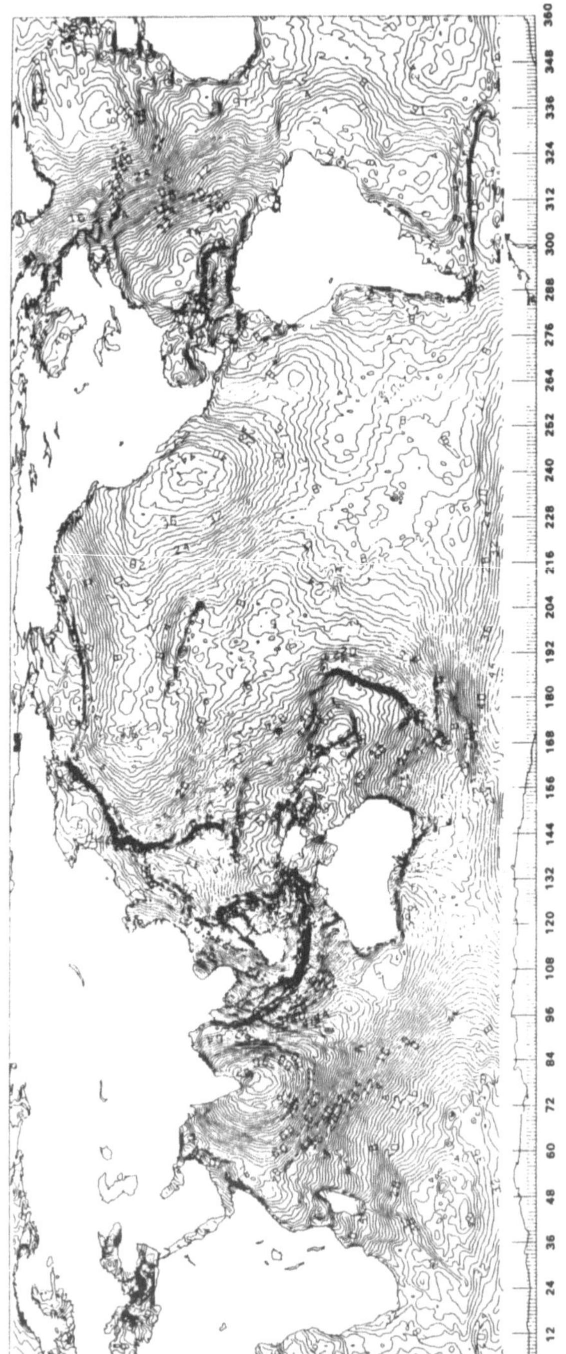

Abb. 9.14. Meeresflächentopographie aus SEASAT - A Daten (Marsh u. Martin 1982)

ligen Anteile der Potentialentwicklung ableitbar sind, etwa bis Grad und Ordnung (20,20), ermöglichen Altimeterdaten eine wesentlich höhere Auflösung, etwa bis Grad und Ordnung (200,200).

9.5.2 Geophysikalische Interpretation

Da die Altimeterergebnisse bis auf die Meeresflächentopographie mit dem Geoid übereinstimmen, spiegeln sich in den Feinstrukturen Geoidsignale wieder, die im Zusammenhang mit Strukturen des Meeresbodens oder des Untergrundes stehen. Bei einer Auflösung von 5 cm (SEASAT) oder 25 cm (GEOS-3) lassen sich durch eine geeignete Darstellung, beispielsweise durch simulierte flache Sonnenbeleuchtung und Schattenwurf des Reliefs (Abb. 9.15), untermeerische Erhebungen (Seamounts), Grabenstrukturen und Bruchzonen erkennen (*Cheney* u.a. 1984). Eine große Zahl bis dahin unbekannter *Seamounts* konnte auf diese Weise entdeckt werden.

Kontinentalränder, Riftgebiete, sowie Orientierung und Ausdehnung von Bruchzonen lassen sich über mehrere Tausend km verfolgen und bieten damit wertvolle geophysikalische Interpretationsmöglichkeiten.

9.5.3 Ozeanographie

Hauptanwendungsgebiet der Altimeterdaten in der physischen Ozeanographie ist das Studium der Veränderungen der Meeresoberfläche in Raum und Zeit mit Bezug auf eine Äquipotentialfläche. Die Meeresflächentopo-

Abb. 9.15. Geophysikalische Interpretation von Meeresflächentopographiedarstellungen (Cheney u.a. 1984)

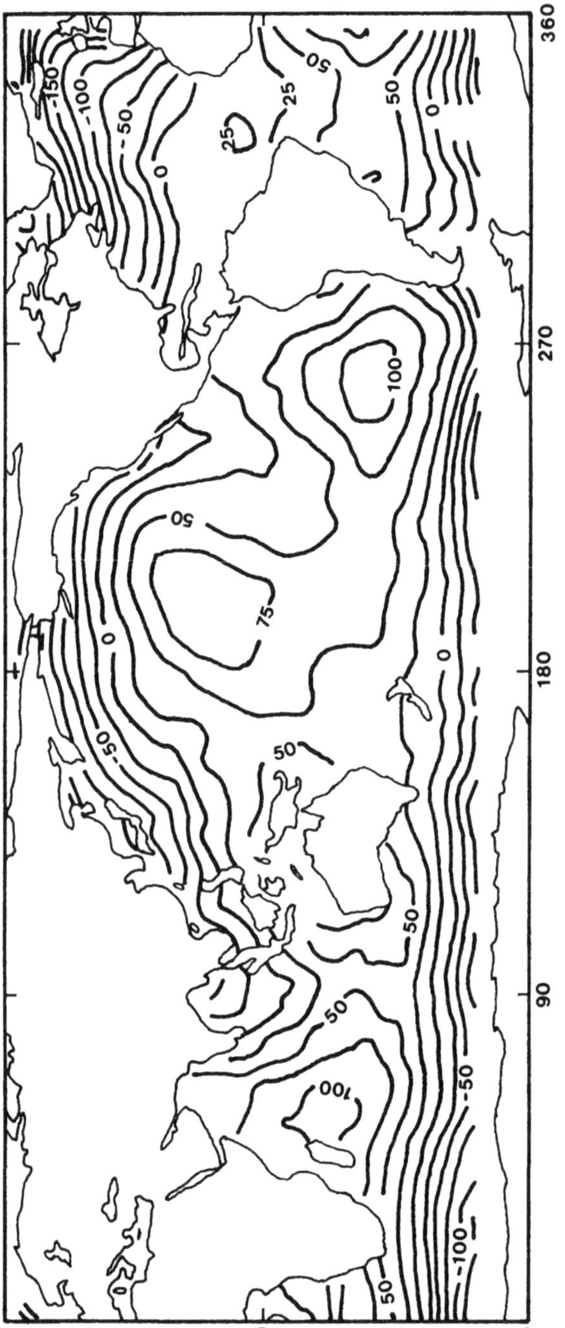

Abb. 9.16. Globale Darstellung der Meeresflächentopographie (Isolinien in cm) nach Cheney (1984)

graphie, die für die präzise Geoidbestimmung als Korrektion beseitigt werden muß, enthält für den Ozeanographen Informationen über großräumige Strömungen und Zirkulationen.

Zur Bestimmung der Meeresflächentopographie muß ein Geoidmodell aufgrund anderweitig bestimmter Daten berechnet und von den Altimeterhöhen abgezogen werden. Die Anforderungen an die Geoidbestimmung sind mit etwa 0,1 m sehr hoch und lassen sich gegenwärtig nur für sehr langwellige Strukturen über einige Tausend km hinweg erfüllen. Wesentliche Verbesserungen sind erst durch weitere Satellitenmissionen zur hochauflösenden Schwerefeldbestimmung [10.1] zu erwarten. Abb. 9.16 zeigt eine globale Darstellung der Meeresflächentopographie, aus der sich großräumige Strömungen ableiten lassen (*Cheney* u.a. 1984). Zur Geoidberechnung wurde ein speziell für SEASATbahnen angepaßtes Schweremodell verwendet (*Lerch* u.a. 1982).

Zeitliche veränderliche Strukturen, wie mäandrierende Strömungen (Golfstrom) und Zirkulationen (Wirbel) lassen sich auch ohne exakte Heraustrennung des Geoids allein durch Vergleich von Altimeterergebnissen mehrerer Epochen erkennen. Hilfreich sind hier Satellitenbahnen, die sich nach einem bestimmten Zeitraum exakt wiederholen. Abb. 9.17 zeigt als Beispiel die Meeresoberfläche, abgeleitet aus zwei GEOS-3 Profilen im Abstand von 5 Monaten. Die durch eine untermeerische Erhebung hervorgerufene Geoidstruktur von 1,5 m bleibt erhalten. Die Veränderung in der Meeresflächen-

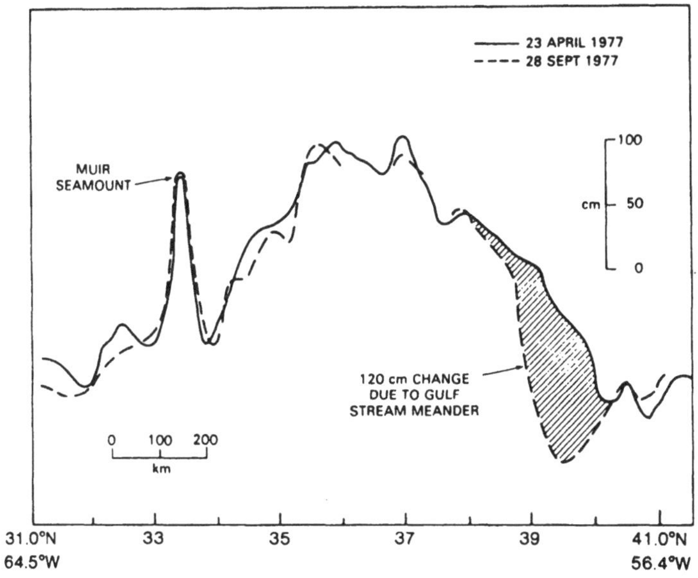

Abb. 9.17. Veränderung der Meerestopographie durch Strömungen (Cheney 1984)

topographie aufgrund des mäandrierenden Golfstroms in der Größenordnung von 1,20 m ist deutlich erkennbar (*Cheney* u.a. 1984).

Insbesondere mit den geplanten Altimetermissionen der kommenden Jahre wird eine regelmäßige Überwachung von Veränderungen ozeanographischer Strukturen möglich sein, wenn derselbe Meeresbereich in regelmäßigen Abständen überflogen wird. In Abb. 9.18 sind Veränderungen des mittleren Meeresspiegels gezeigt, die durch den Satelliten GEOSAT während 14 Monaten bei einer Wiederholungsrate von 3 Tagen erfaßt wurden (*Cheney* u.a. 1986). Bemerkenswert ist die hohe Auflösung im Subdezimeterbereich.

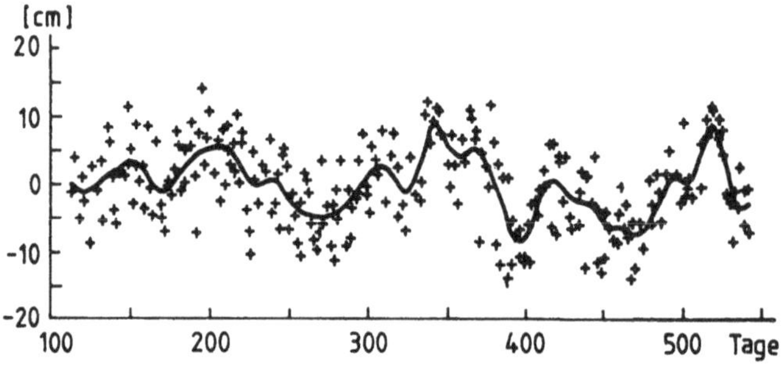

Abb. 9.18. Zeitliche Veränderungen des mittleren Meeresspiegels aus GEOSAT Messungen (nach Cheney u.a. 1986)

Wir können damit unterscheiden

- *absolute Vorgehensweise*: in Verbindung mit einer hochpräzisen Geoidbestimmung aus anderen Datenquellen lassen sich großräumige Strömungen studieren
- *relative Vorgehensweise*: aus regelmäßig wiederholten Altimetermessungen lassen sich Phänomene mit höherer zeitlicher Auflösung erfassen, wie z.B. zirkulare Strömungen und Wasserstandsänderungen.

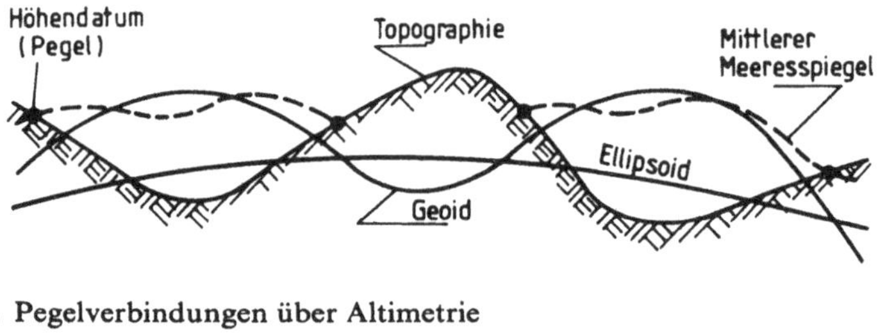

Abb. 9.19. Pegelverbindungen über Altimetrie

Für Ozeanographie und Geodäsie gleichermaßen von Bedeutung ist die Bestimmung der Meeresflächentopographie, um getrennt liegende Pegel und Höhenfestlegungen miteinander zu verknüpfen (Abb. 9.19) und damit ein einheitliches Höhensystem zu schaffen (*Rapp* 1983c). Um den geometrischen Bezug herzustellen, bieten sich Beobachtungen mit GPS-Methoden auf den Pegelstationen an [7.6].

10. Geplante Missionen und Sonderverfahren

10.1 Geplante Missionen zur hochauflösenden Schwerefeldbestimmung

10.1.1 Grundsätzliches

Nach Newtons Gravitationsgesetz ist die Anziehungswirkung zweier Massen aufeinander umgekehrt proportional zum Quadrat der Entfernung [3.1]; entsprechend muß die Auswirkung von Schwereanomalien auf die Bewegung eines erdnahen Satelliten mit wachsender Bahnhöhe quadratisch abnehmen. Die einfache Figur 10.1 verdeutlicht den Zusammenhang (*Rummel* 1986). Eine sphärische Masseninhomogenität in 1 km Tiefe verursacht eine bestimmtes Schweresignal in einem Oberflächenpunkt P. Um dasselbe Signal zu erzeugen, muß eine Masseninhomogenität in 10 km Tiefe einhundert Mal so groß sein. Wenn an einem in 200 km Höhe fliegenden Satelliten dasselbe Signal gemessen werden soll, muß die Inhomogenität wiederum 40000 mal stärker sein. Umgekehrt bedeutet dies, daß der Satellit als Sensor besonders empfindlich sein muß, wenn auch kleinere Inhomogenitäten des Erdschwerefeldes gemessen werden sollen.

Das Gravitationsfeld der Erde wird in der Regel als Kugelfunktionsentwicklung mit Koeffizienten bis zu einem maximalen Grad N dargestellt [3.2.2.1] [11.2], der einer kürzesten räumlichen Wellenlänge entspricht. Es gilt die Beziehung

$$\lambda = \frac{360}{N} [^\circ]. \tag{10.1}$$

Dieser Darstellung kann auch eine bestimmte Blockgröße S auf der Kugel zugeordnet werden, für die repräsentative mittlere Werte verfügbar sind, beispielsweise mittlere Freiluftanomalien (*Torge* 1980). Die Auflösung der Schwerefelddarstellung wird dann häufig in Form der Tabelle 10.1 gegeben (*Rummel* 1986).

Für die Bahnbestimmung hochfliegender Satelliten ist lediglich die Kenntnis der langwelligen Strukturen des Schwerefeldes erforderlich. Umgekehrt lassen sich aus Bahnanalysen von hochfliegenden Satelliten wie LAGEOS nur langwellige Strukturen des Schwerefeldes ableiten. Unter Einbeziehung einer großen Zahl von Satelliten in Höhen von 800 bis 6000 km, deren Bahnen durch

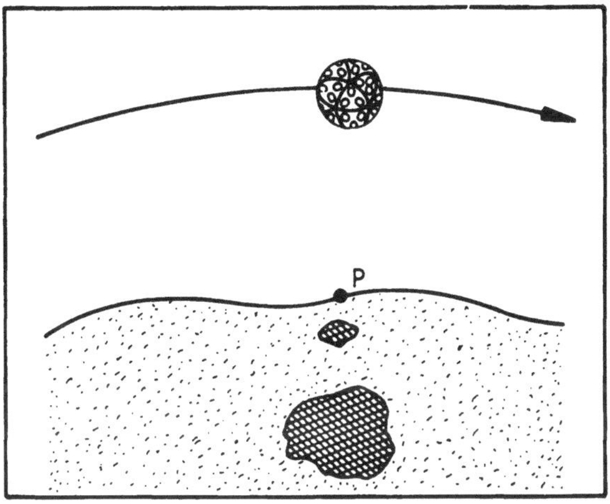

Abb. 10.1. Masseninhomogenitäten und Satellitenbahn

Tab. 10.1. Typische Wellenlängenbereiche für Schwerefeldentwicklungen

Einteilung	lang	mittel	kurz	sehr kurz
Wellenlängen λ [km]	>8000	>1000	>200	<200
Grad (und Ordnung) N der Potentialdarstellung	<5	<36	<200	>200
Blockgröße S (mittlere Anomalien)	>10°	>5°	>1°	<1°

geodätische Meßverfahren verfolgt werden konnten (z.B. Richtung, Laser, Doppler), wurden aus Bahnanalysen Erdmodelle bis zum Entwicklungsgrad 20 bestimmt [11.2]. Dies entspricht einer Auflösung von 2000 km. Das hieraus errechnete Geoid hat in vielen Bereichen der Erde eines Genauigkeit von $\pm 2 \ldots \pm 4$ m, kann jedoch in manchen Gebieten wegen ungünstiger Verteilung der Satellitenbahnen und Beobachtungsstationen auch Fehler bis zu 10... 15 m erreichen (*Rummel* 1986).

Durch Satellitenaltimetrie [9] gelingt es, die mittlere Meeresoberfläche in ozeanischen Gebieten zumeist mit ≤ 1 m Genauigkeit zu bestimmen. Da Geoid und Meeresoberfläche 1–2 m voneinander abweichen können, ist die Genauigkeit der Geoidbestimmung auf globaler Basis aus Altimetermessungen allein ebenfalls nicht höher als 1–2 m.

Terrestrische Schwerewerte sind insbesondere auf den Ozeanen sehr lückenhaft verteilt und global gesehen von sehr unterschiedlicher Qualität. Die Verfügbarkeit von 1° × 1° Schwereanomalien mit einer Genauigkeit besser als 5 mgal (Abb. 10.2) ist im wesentlichen auf Nordamerika, Westeuropa und Aus-

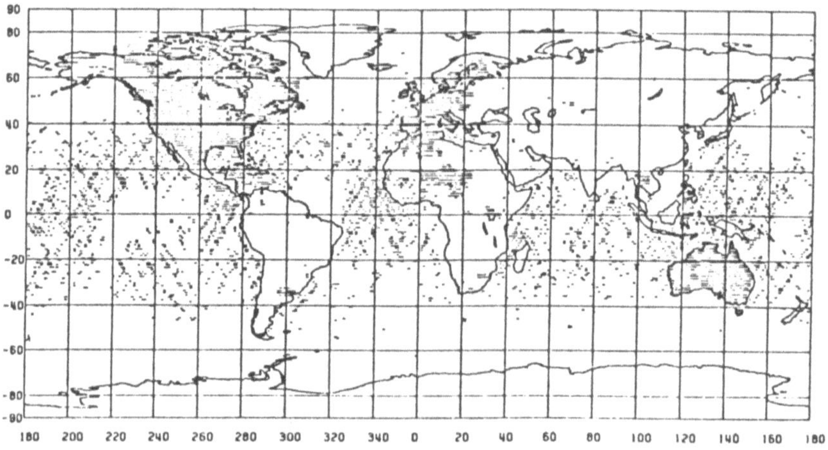

Abb. 10.2. Globale Verteilung von 1° × 1° Schwereanomalien mit einer Genauigkeit besser 5 mgal (Rapp 1980)

tralien beschränkt. Eine wesentliche Verbesserung dieser Situation ist nicht zu erwarten.

Aus den vorgenannten Gründen

- Datenlücken und systematische Fehler bei terrestrischen Schwerewerten
- Beschränkung der Erdmodelle aus Satellitenbahnanalysen auf lange Wellenlängen des Schwerefeldes
- Beschränkung der Altimeterdaten auf die Weltmeere und systematische Abweichungen durch Meeresflächentopographie

kann ein globales Schwerefeld, ausgedrückt in der Genauigkeit der Geoidhöhe, nicht besser bestimmt werden als $\pm 1 \ldots 2$ m, wobei in vielen Regionen mit erheblich höheren Abweichungen gerechnet werden muß. Dies haben Analysen der aus den vorstehend genannten Datenquellen berechneten Erdmodelle bis $N = 200$ gezeigt (*Rummel* 1986).

Seitens Geodäsie, Geophysik und Ozeanographie besteht jedoch die Forderung nach einem globalen feinstrukturierten Schwerefeld mit einer

Auflösung	$N > 200 \triangleq \lambda < 200$ km
Genauigkeit	$< \pm 5$ mgal für Schwereanomalien
	$< \pm 5 \ldots 10$ cm für Geoidhöhen.

Die einzige erkennbare Möglichkeit zur Lösung dieser Forderung besteht darin, ausgewählte Satellitenmissionen zur hochauflösenden Schwerefeldbestimmung in sehr niedrigen Flugbahnen, etwa in 200 km Höhe durchzuführen. Hierzu kommen zwei Konzepte in Betracht, die teilweise auch schon erprobt worden sind

- Satellite-to-Satellite Tracking (Messungen zwischen zwei Satelliten)
- Satellitengradiometrie (Messung der Schwereänderung im Satelliten).

Bei beiden Konzepten geht es darum, die Veränderung von Größen zu messen; man spricht deshalb auch von *Differenzmethoden* (differencing techniques). Im ersten Fall werden die ersten Ableitungen des Schwerepotentials gemessen. Dies geht nicht innerhalb eines im Freifall befindlichen Raumflugkörpers, sondern muß mittelbar mit Bezug auf eine externe Referenz erfolgen. Im zweiten Fall werden die 2. Ableitungen direkt im Raumfahrzeug gemessen. Für beide Konzepte wurden eine größere Zahl von Vorschlägen erarbeitet (GRM, GRADIO). Entscheidungen über ein operationelles System wurden jedoch noch nicht getroffen; in folgendem werden deshalb nur kurz grundsätzliche Gesichtspunkte behandelt. Wegen der Bedeutung einer entsprechenden Mission für die Geowissenschaften ist jedoch in absehbarer Zeit mit der Realisierung mindestens eines Konzeptes zu rechnen.

10.1.2 Satellite-to-Satellite Tracking

Bei diesem Verfahren werden Entfernungsänderungen zwischen zwei Satelliten mit sehr hoher Genauigkeit gemessen. Zwei Versionen kommen in Betrach

(1) *High-Low Anordnung*, beispielsweise zwischen einem geostationären Satelliten und einem vom Shuttle oder einer Raumstation ausgesetzten Satelliten (Abb. 10.5)
(2) *Low-Low Anordnung*, wobei zwei niedrigfliegende Satelliten in der gleichen Bahn hintereinander im Abstand von 150–500 km angeordnet sind (Abb. 10.6).

In beiden Fällen sind die in der niedrigen Bahn fliegenden Raumflugkörper die Sensoren im Erdschwerefeld.

Wesentliche Beobachtungsgröße beim Satellite to Satellite Tracking (SST) ist die Radialgeschwindigkeit (*Rummel* u.a. 1978)

$$\dot{\rho} = \dot{\boldsymbol{X}}_{12}\boldsymbol{e}_{12}, \tag{10.2}$$

wobei $\dot{\boldsymbol{X}}_{12} = \dot{\boldsymbol{X}}_2 - \dot{\boldsymbol{X}}_1$ die Differenz der Geschwindigkeiten beider betrachteter Satelliten S_1 und S_2 ist (Abb. 10.3) und

$$\boldsymbol{e}_{12} = \frac{\boldsymbol{X}_2 - \boldsymbol{X}_1}{|\boldsymbol{X}_2 - \boldsymbol{X}_1|} = \frac{\boldsymbol{X}_{12}}{\rho} \tag{10.3}$$

der Einheitsvektor von S_1 nach S_2 bedeutet.

Für die Änderung der Entfernungsänderung (range rate change) ergibt sich

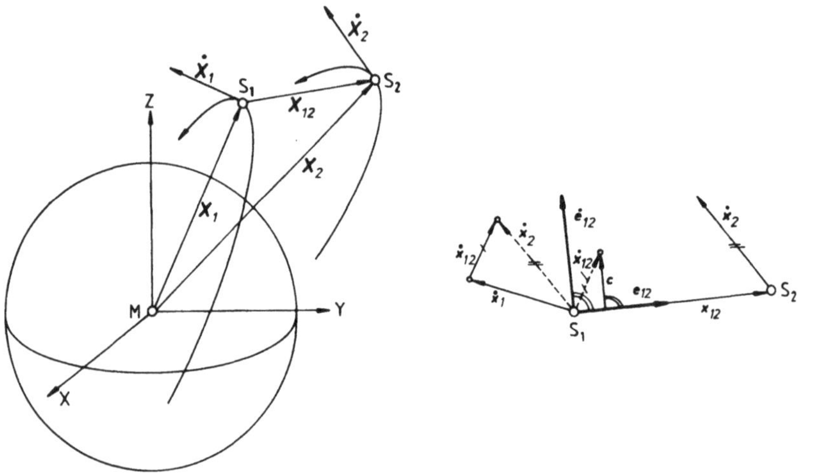

Abb. 10.3. Zusammenhänge beim Satellite-to-Satellite Tracking

(*Reigber* u.a. 1987)

$$\begin{aligned} \ddot{\rho} &= \ddot{X}_{12}e_{12} + \dot{X}_{12}\dot{e}_{12} \\ \ddot{\rho} &= \ddot{X}_{12}e_{12} + \dot{X}_{12}(\dot{X}_{12} - \dot{\rho}e_{12})\rho^{-1} \\ \ddot{\rho} &= \ddot{X}_{12}e_{12} + ((\dot{X}_{12})^2 - (\dot{\rho})^2)\rho^{-1} \end{aligned} \tag{10.4}$$

denn es gilt

$$\dot{e}_{12} = \frac{d}{dt}(X_{12}\rho^{-1}) = (\dot{X}_{12} - \dot{\rho}e_{12})\rho^{-1} = C\rho^{-1}. \tag{10.5}$$

Die Beobachtungsgröße $\ddot{\rho}$ ist besonders dann von Interesse, wenn $\dot{e}_{12}$ sehr klein ist, das heißt wenn nur eine geringe Änderung der gegenseitigen Visurrichtung auftritt. Dies ist bei der "High-Low" Anordnung der Fall.

Zielsetzung bei dem Verfahren des Satellite-to-Satellite Tracking ist es, einen Zusammenhang zwischen Parametern β_n zur Beschreibung des Erdschwerefeldes und den Beobachtungen $\dot{\rho}$ und $\ddot{\rho}$ herzustellen. Als β_n können beispielsweise die sphärischen harmonischen Koeffizienten C_{nm} und S_{nm} der Potentialentwicklung (10.2) gewählt werden. Zur Linearisierung der Beziehungen werden Näherungswerte X^c, $\dot{X}^c$ und $\dot{\rho}^c$, $\ddot{\rho}^c$ für die beiden Satelliten aus Anfangsbedingung und genäherten Feldparametern β_n^c berechnet, also

$$\beta_n = \beta_n^c + \Delta\beta_n, \qquad n = 1 \ldots N. \tag{10.6}$$

Die Linearisierung von (10.2) ergibt

$$\begin{aligned}\Delta\dot{\rho} &= \dot{\rho} - \dot{\rho}^c = \frac{\partial}{\partial\beta_n}(\dot{\boldsymbol{X}}_{12}\boldsymbol{e}_{12})\Delta\beta_n \\ &= \left(\boldsymbol{e}_{12}\frac{\partial\dot{\boldsymbol{X}}_{12}}{\partial\beta_n} + \rho^{-1}\boldsymbol{C}\frac{\partial\boldsymbol{X}_{12}}{\partial\beta_n}\right)\Delta\beta_n.\end{aligned} \tag{10.7}$$

Entsprechend folgt aus (10.4)

$$\begin{aligned}\Delta\ddot{\rho} &= \ddot{\rho} - \ddot{\rho}^c = \frac{\partial}{\partial\beta_n}(\ddot{\boldsymbol{X}}_{12}\boldsymbol{e}_{12} + ((\dot{\boldsymbol{X}}_{12})^2 - (\dot{\rho})^2))\rho^{-1} \\ &= \left(\boldsymbol{e}_{12}\frac{\partial\ddot{\boldsymbol{X}}_{12}}{\partial\beta_n} + 2\rho^{-1}\boldsymbol{C}\frac{\partial\dot{\boldsymbol{X}}_{12}}{\partial\beta_n} + \rho^{-1}(\boldsymbol{a} - 2\dot{\rho}\rho^{-1}\boldsymbol{C}\right. \\ &\quad \left. -\rho^{-1}(C)^2\boldsymbol{e}_{12})\frac{\partial\boldsymbol{X}_{12}}{\partial\beta_n}\right)\Delta\beta_n\end{aligned} \tag{10.8}$$

wobei $\boldsymbol{a} = \ddot{\boldsymbol{X}}_{12} - (\ddot{\boldsymbol{X}}_{12}\boldsymbol{e}_{12})\boldsymbol{e}_{12}$ der Beschleunigungsvektor senkrecht zur Verbindungslinie zwischen den Satelliten ist.

Die weitere numerische Behandlung ist außerordentlich verwickelt. Von verschiedenen Gruppen werden unterschiedliche Lösungswege angegeben und beschritten (vgl. u.a. *Colombo* 1984, *Ilk* 1981, *Rummel* 1978, *Krynski* 1979a, 1983). Die Größen $\dot{\rho}$ und $\ddot{\rho}$ werden nicht direkt gemessen sondern aus Signalverarbeitung abgeleitet.

Abb. 10.4a zeigt beispielhaft (*Douglas* u.a. 1980), wie sich eine 1° × 1° Anomalie von

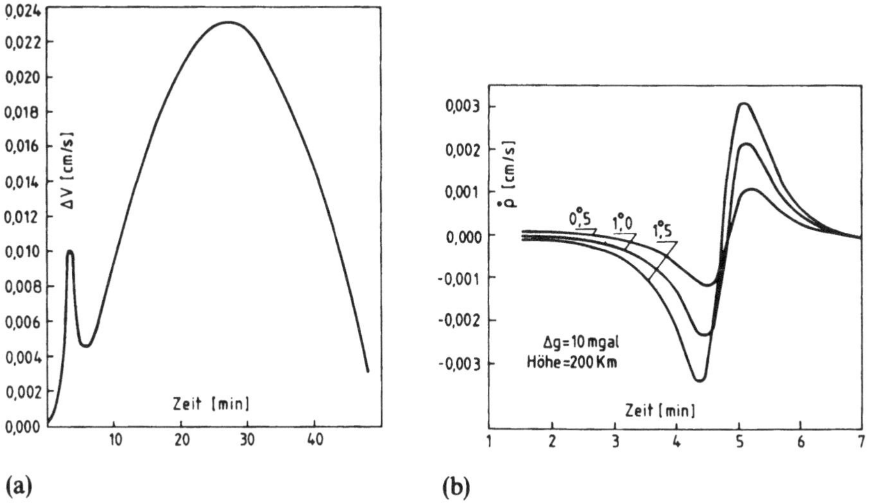

(a) (b)

Abb. 10.4. Auswirkung einer 1° × 1° Anomalie von 10 mgal auf die Geschwindigkeit eines Satelliten in 200 km Höhe (a) sowie auf die Entfernungsänderung zwischen zwei Satelliten in 0°,5, 1°,0 und 1°,5 Abstand (b)

10 mgal als Geschwindigkeitsänderung auf die Längskomponente eines Satelliten in 200 km Höhe auswirkt. Die niederfrequente Störung über fast einen gesamten Umlauf ist kaum trennbar, da alle Blockanomalien in ähnlicher Weise beitragen. Die hochfrequente deutliche Störung ist dann trennbar, wenn der zweite Satellit genügend weit ($>1°$) vom ersten entfernt ist. Abb. 10.4 (b) zeigt, wie sich dieselbe Störung als Entfernungsänderung zwischen zwei in der gleichen Bahn nacheinander fliegenden Satelliten auswirkt. Bei zunehmender Entfernung ($>1° \triangleq 100$ km) wird das durch die Störung hervorgerufene Signal deutlicher.

In den Abbildungen wird das Grundproblem der Methode deutlich. Die Auswirkungen einer $1° \times 1°$ Anomalie von 10 mgal sind sehr klein. Die Effekte benachbarter Blöcke überlagern sich. Um Detailstrukturen des Schwerefeldes <10 mgal mit Wellenlängen <200 km aufzulösen, müssen Entfernungsänderungen mit einer Auflösung von <10 μm/s gemessen und analysiert werden.

Die Methode des Satellite-to-Satellite Tracking wurde bereits frühzeitig vorgeschlagen und erprobt. Während des NASA Apollo-Programms zum Mond wurde *SST im High-Low Modus* zur Überwachung der Mondorbiter vom Erdboden aus eingesetzt (*Vonbun* 1977b). Die Analyse dieser Daten führte später zur Entdeckung starker Anomalien im Gravitationsfeld des Mondes (*Sjögren* u.a. 1972).

Hinsichtlich des Erdschwerefeldes wurde SST im High-Low Modus 1975 aus Messungen zwischen dem geostationären Satelliten ATS 6 sowie GEOS3, Nimbus-6 und Apollo-Soyuz erprobt. In Abb. 10.5 ist die Konfiguration Apollo-ATS dargestellt (*Vonbun* 1977b). Aus dem Vergleich von gerechneten

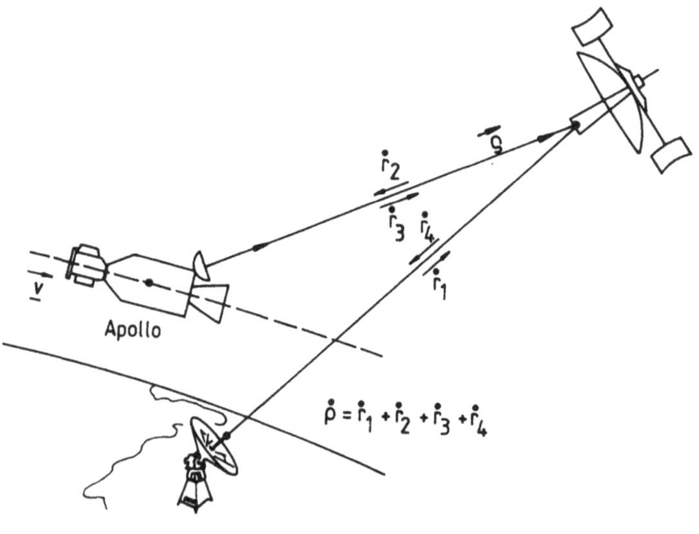

Abb. 10.5. High – Low Modus mit Apollo und ATS 6

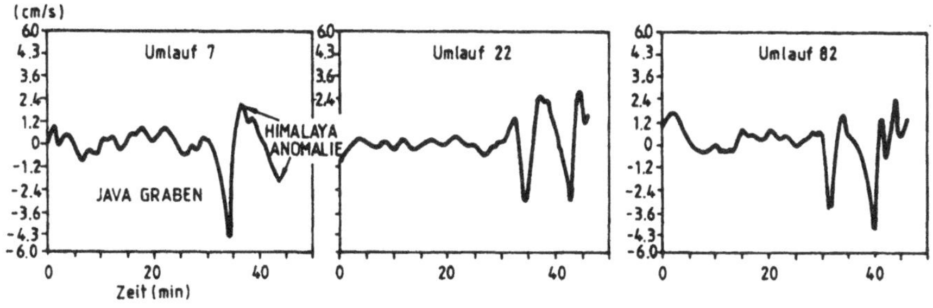

Abb. 10.6. Beispiel zur Erkennung von Anomalienstrukturen aus Entfernungsänderungen im High – Low Modus (nach Vonbun 1977)

Entfernungsänderungen $\dot{\rho}^c$ aufgrund eines globalen Schweremodells (GEM7) und gemessenen Entfernungsänderungen $\dot{\rho}^m$ wurden deutlich Anomalienstrukturen des Java Grabens und des Himalaya erkannt (Abb. 10.6). Damit konnte die Wirksamkeit der Methode nachgewiesen werden. Für eine höhere Auflösung ist jedoch eine gezielt ausgestattete Satellitenmission erforderlich, bei der eine erheblich höhere Meßgenauigkeit der Entfernungsbestimmung gegeben sein muß (<10 μms/s). Mehrere Missionen dieser Art wurden in Europa in den vergangenen Jahren für das ESA-Programm vorgeschlagen (*Reigber* u.a. 1987).

Die Vorteile einer High-Low Kombination sind aus Abb. 10.5 erkennbar

- es kann vom hohen Satelliten aus ein längeres Bahnstück des niedrigen Satelliten überwacht werden
- es können sowohl langwellige als auch kurzwellige Strukturen des Erdgravitationsfeldes analysiert werden.

Ein erstes Experiment im *Low-Low-Modus* wurde ebenfalls im Zusammenhang mit dem Apollo-Soyuz Rendezvous Manöver 1975 ausgeführt (*Vonbun* 1977). Die Ergebnisse waren jedoch wegen der geingen Meßauflösung nicht aussagekräftig. Von der NASA wird seit mehreren Jahren ein Low-Low Projekt unter der Bezeichnung *Geopotential Research Mission* GRM vorbereitet (*Keating* u.a. 1986). Zwei Raumfahrzeuge sollen vom Space Shuttle in koplanare polare Kreisbahnen in einer Höhe von 160 km bei einer gegenseitigen Trennung von 150–550 km angeordnet werden (Abb. 10.7). Die Relativgeschwindigkeit beider Satelliten wird mit einer Auflösung von 1 μm/s gemessen und über 4-Sekundenintervalle gemittelt. Nach Modellrechnungen ließe sich hieraus ein Schwerefeld mit 2,5 mgal Genauigkeit und ein 0,1 m-Geoid mit 100 km Auflösung errechnen. Bei einer Missionsdauer von 6 Monaten würde der durchschnittliche Abstand benachbarter Subsatellitenbahnen am Äquator etwa 7 km betragen. Nach dem Vorschlag der NASA soll die GRM Mission gleichzeitig das Erdmagnetfeld mit hoher Genauigkeit kartieren. Dazu soll einer der beiden Satelliten (GRMA1) an einer 5 m langen Stange eine Magnetometerausrüstung tragen.

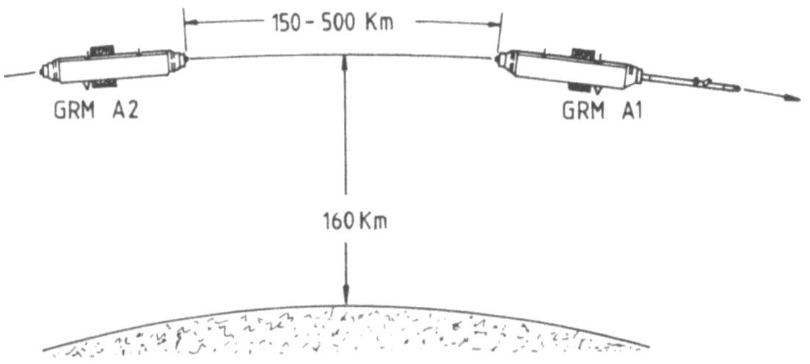

Abb. 10.7. Vorgeschlagene Geopotential Research Mission (GRM)

Die gewählte Bahnhöhe ist ein Kompromiß zwischen technischem Aufwand für die Bahnerhaltungssysteme und der gewünschten Schwerefeldauflösung. Abb. 10.8 zeigt den Zusammenhang für die Bahnhöhen 160 km und 200 km. Es wird deutlich, daß eine Meßgenauigkeit in der Entfernungsänderung von 1 μm/s notwendig ist.

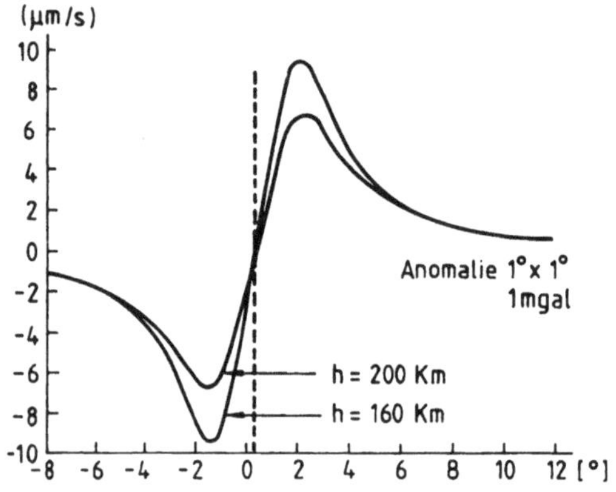

Abb. 10.8. Signale bei der GRM Mission für zwei Bahnhöhen

Wegen der niedrigen Flughöhe sind die Satelliten starken Oberflächenkräften ausgesetzt. Um das Schwerefeld zu bestimmen, müssen sich gemessene Abstandsänderungen jedoch allein auf Gravitationseinwirkungen beziehen. Hierzu muß jeder Satellit über ein *Disturbance Compensation System (DISCOS)* verfügen [4.3.2], durch das Verlagerungen des Raumfahrzeuges aufgrund äußerer Kräfte unmittelbar gemessen und korrigiert werden. Zur Durchführung der Bahnkorrekturen und Erhaltung der Bahnhöhe muß eine größere Menge Treibstoff mitgeführt werden.

Die Entfernungsänderungen werden durch die Bestimmung der Dopplerverschiebung [6] im Zweiwegeverfahren auf zwei Frequenzen im 42 und 91 GHz Band gemessen. Wegen der hohen Frequenzen bleibt der Resteinfluß der Ionosphäre unterhalb der Meßgenauigkeit von 10^{-6} m/s. Die gemessenen Daten werden in Echtzeit (2,6 kb/s) über den Fernmeldesatelliten TDRS (Tracking Data Relay Satellite) übertragen.

Die Anforderungen an die Bahngenauigkeit der GRM-Satelliten ist nicht besonders hoch, da es vorrangig auf die relative Entfernungsänderung ankommt. Zur Bahnbestimmung sind das Tranet Dopplernetz [6] und ggf. zusätzliche Dopplerempfänger geeignet. Vorteile der Low-Low Version gegenüber der High-Low Version sind insbesondere, daß die langwelligen Anteile im Schwerefeldsignal gegenüber dem kurzwelligen Spektrum gedämpft werden. Ob die GRM-Mission in der vorgeschlagenen Form von der NASA realisiert wird, ist noch ungewiß.

10.1.3 Satellitengradiometrie

Gradiometer sind Sensoren, mit denen räumliche Änderungen der Schwerebeschleunigung, die Schweregradienten gemessen werden können. Durch den Vektor der Schwerebeschleunigung $\boldsymbol{g}$ sind die ersten Ableitungen des Erdschwerepotentials $V = V(X, Y, Z)$ gegeben. Mit einem Gradiometer können dementsprechend die zweiten Ableitungen gemessen werden. Die Gesamtheit der 2. Ableitungen

$$V_{ij} = \frac{\partial^2 V}{\partial i \, \partial j}$$

bildet einen Tensor, den Schweregradienten oder *Eötvös-Tensor.*

$$V'' = \begin{pmatrix} V_{XX} & V_{XY} & V_{XZ} \\ V_{YX} & V_{YY} & V_{YZ} \\ V_{ZX} & V_{ZY} & V_{ZZ} \end{pmatrix} \tag{10.9}$$

X, Y, Z bilden ein orthogonales Dreibein.

Von den 9 Elementen des Eötvos-Tensors sind nur 5 voneinander unabhängig.

Es gilt

$$\begin{aligned} V_{XY} &= V_{YX} \\ V_{XZ} &= V_{ZX} \\ V_{YZ} &= V_{ZY} \end{aligned} \tag{10.10}$$

und außerdem die Laplace-Bedingung $V_{XX} + V_{YY} + V_{ZZ} = 0$, d.h. verschwindende Spur des Tensors (*Heller* 1979).

Ein sogenanntes *Volltensor-Gradiometer*, mit dem sämtliche Elemente des Tensors (10.9) gemessen werden, bestimmt folglich das lokale Gravitationsfeld in mehreren Richtungen. Da die 2. Ableitungen einer Funktion deren Krümmungseigenschaften bestimmen, kann durch ein Gradiometer die vollständige Krümmungsstruktur des lokalen Gravitationsfeldes gemessen werden. Hierin liegt eine konzeptionelle Überlegenheit der Gradiometrie gegenüber anderen Sensoren zur Schwerefeldbestimmung.

Die Entwicklung von Gradiometern geht auf den ungarischen Baron Roland von Eötvös zurück, der um die Jahrhundertwende die nach ihm benannte Drehwaage entwickelte, mit der ein Teil der Komponenten der 2. Ableitungen an der Erdoberfläche gemessen werden konnte.

Das Prinzip der *Drehwaage* beruht darauf, zwei in endlichem Abstand in unterschiedlicher Höhe angeordnete Prüfmassen der jeweiligen Schwerkraft auszusetzen und die Differenzen der Kräfte zu messen. Das Gleichgewicht wird dabei über das Drehmoment eines Torsionsfadens hergestellt (*Torge* 1980c). Die Drehwaage wurde im ersten Drittel dieses Jahrhunderts weltweit in der angewandten Geophysik zum Aufsuchen von Lagerstätten eingesetzt, bevor sie von den einfacher zu handhabenden Relativgravimetern abgelöst wurde. Eine Hauptschwierigkeit ist der starke Einfluß topographischer Massen, der sich insbesondere in Instrumentennähe sehr störend auswirkt.

Neue Impulse erhielt die Gradiometrie im Raumfahrtzeitalter, insbesondere als Beitrag zur Richtungsfestlegung im schwerelosen Flug (*Forward* 1974). An mehreren Stellen werden neue Gradiometerkonzepte entwickelt, die – anders als die auf statische Verhältnisse beschränkte Drehwaage – auch kontinuierliche dynamische Messungen erlauben und damit im Flugzeug oder in Satelliten verwendet werden können.

Änderungen der Schwerebeschleunigung werden in der Einheit Eötvös (1 E.U. = 1 Eötvös Unit) gemessen; 1 E.U. ist 10^{-9} s^{-2}. Mit den in der Gravimetrie üblichen Einheiten bedeutet dies eine Änderung von 10^{-9} m s^{-2} über 1 m Distanz, also 0,1 μgal über 1 Meter oder 0,1 mgal über 1 km. Aus Modellrechnungen läßt sich ableiten, daß eine Schwereanomalie von 1 mgal und 100 km × 100 km Ausdehnung an der Erdoberfläche an einem Satelliten in

200 km Höhe ein Signal von 0,01 bis 0,001 E.U. hervorruft (*Balmino, Bernard* 1986). Der Zusammenhang ist in Abb. 10.9 verdeutlicht.

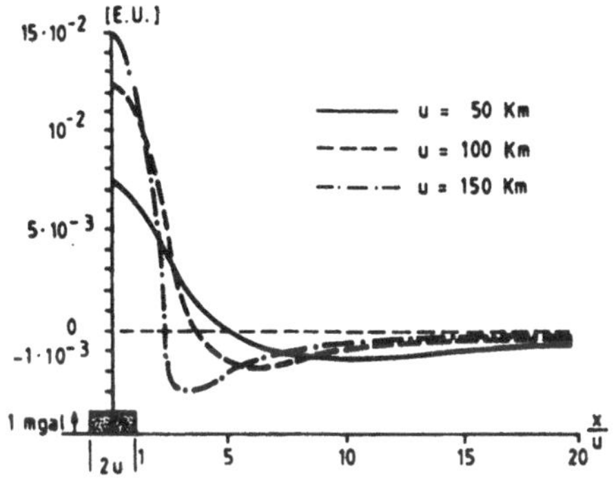

Abb. 10.9. Schweregradientensignal in 200 km Höhe in vertikaler Richtung für eine isolierte Anomalie an der Erdoberfläche (Balmino, Bernard 1986)

Hieraus lassen sich folgende Forderungen für eine satellitengetragene Gradiometermission ableiten (*Rummel, Colombo* 1983)

Bahnhöhe	160–240 km
Bahnneigung	90°
Exzentrizität	0,001
Missionsdauer	>6 Monate
Integrationszeit	1–3 Sekunden
Meßauflösung des Gradiometers	10^{-2} bis 10^{-4} E.U.

Als Ergebnisse einer etwa 6 monatigen Mission wird eine Schwerefeldbestimmung mit ± 3 mgal für $0\overset{\circ}{,}5 \times 0\overset{\circ}{,}5$ Anomalien und ± 5 cm für das Geoid erwartet (*Kahn* 1984). Dies entspräche einer spektralen Auflösung von $N =$ 300 bis 400.

Die für die Satellitengradiometrie angestrebte Meßpräzision von 10^{-2} E.U. bis 10^{-4} E.U., d.h. etwa 10^{-5} bis 10^{-7} relativ zum Meßsignal in 200 km Höhe ist äußerst anspruchsvoll. Wenn der Schweregradient aus der Differenz von zwei Beschleunigungsmessungen im Satelliten über eine Basis von $d \approx 1$ m abgeleitet werden soll, entspricht dies einer Empfindlichkeit gegenüber Schwereunterschieden von nur 1 ngal bis 0,01 ngal (10^{-10} bis 10^{-12} g). Dies ist mit konventionellen Meßmethoden kaum erreichbar; es zeichnen sich jedoch in der gegenwärtigen Entwicklung einige realisierbare Möglichkeiten ab (*Heller* 1979, *Rummel* 1985).

Bei dem französischen GRADIO Vorschlag (*Balmino* u.a. 1984) werden mehrere unabhängige Beschleunigungsmesser zu einem Gradiometer gekoppelt.

Die Beschleunigungsmesser sollen aus dem bereits im Weltraum erprobten CACTUS Systems bis zu einer Meßauflösung von 10^{-12} m $s^{-2}/\sqrt{Hz}$ weiterentwickelt werden. Hierbei wird in einem geschlossenen Behälter eine Prüfmasse elektrostatisch frei schwebend gehalten und von Oberflächenkräften abgeschirmt.

Eine noch höhere Meßauflösung (10^{-13} m $s^{-2}/\sqrt{Hz} \triangleq 10^{-4}$ E.U.) wird vom Vorschlag eines supraleitenden Gradiometers erwartet (*Paik* 1981). Hierbei wird das Magnetfeld in einem supraleitenden Schwingkreis durch eine ebenfalls supraleitfähige Probemasse moduliert. Das Signal wird über ein SQUID (superconducting quantum interference device) abgenommen. Andere Vorschläge beziehen sich auf ein rotierendes Gradiometer (*Forward* 1974) oder das Aussetzen von miteinander verbundenen Prüfmassen vom Raumtransporter (Tethered Satellite, *Gullahorn* u.a. 1984).

Algorithmen zur Integration gemessener Schweregradienten wurden von mehreren Autoren und Gruppen entwickelt (u.a. *Rummel* u. *Colombo* 1985, *Robbins* 1985, *Colombo* u. *Kleusberg* 1983).

Insbesondere wenn mehrere unabhängige Komponenten des Schweretensors simultan gemessen werden, bieten sich leistungsfähige Lösungswege an, bei denen Einflüsse der Verlagerung und Orientierung der Satellitenbahnen von den Parametern des Gravitationsfeldes getrennt werden können (*Rummel* u. *Colombo* 1985). Hierdurch ist die Gradiometrie dem Satellite- to- Satellite Tracking überlegen, das als ein Gradiometer in nur einer Richtung aufgefaßt werden kann.

Bei bekanntem Schwerefeld kann durch Gradiometermessungen der radiale Abstand eines Satelliten vom Geozentrum bestimmt werden (*Colombo, Kleusberg* 1983). Hierdurch eröffnen sich weitere Anwendungen satellitengetragener Gradiometer, beispielsweise zur Bahnverbesserung von Altimetersatelliten und zur Bestimmung radialer Koordinatenkomponenten von Bodenstationen.

10.2 Radiointerferometrie auf langen Basen

Die *Very Long Baseline Interferometry* (VLBI) ist kein Verfahren der Satellitengeodäsie im engeren Sinne. Es soll hier in seinen Grundzügen und Anwendungsmöglichkeiten kurz angesprochen werden,

- da es zu den geodätischen Weltraummethoden gehört und gemeinsam oder in Konkurrenz mit anderen Verfahren der Satellitengeodäsie zur Bestimmung geodätisch-geodynamischer Parameter eingesetzt wird,
- da Beobachtungs- und Auswerteverfahren beim Global Positioning System GPS [7] sehr stark von der VLBI Technologie beeinfluß worden sind und

– da es Vorschläge gibt, die Very Long Baseline Interferometrie auf Satellitensignale anzuwenden.

10.2.1 Grundprinzip und Beobachtungsgleichungen

Die Technik der Langbasisinterferometrie wurde in der Radioastronomie entwickelt, um Strukturen kompakter Radioquellen mit möglichst großer Winkelauflösung untersuchen zu können (*Hey* 1977). Die verwendeten Frequenzen liegen bei etwa 0,5 bis 22 GHz ($\triangleq$ 75 ... 1,3 cm) im Bereich des sogenannten Radiofensters der Erdatmosphäre [2.3.1.3]. Um die geringe Richtwirkung von Radioantennen zu verbessern, wird versucht, den Durchmesser des Empfangsteleskops durch Verbindung von Einzelteleskopen zu vergrößern und damit die Auflösung zu verbessern. Näherungsweise gilt die Beziehung (*Brandstätter* 1985)

$$\varepsilon \approx \frac{\lambda}{D} \tag{10.11}$$

mit

ε Auflösungsvermögen
λ Wellenlänge der untersuchten Strahlung
D Teleskopdurchmesser.

Für die Emissionswellenlänge des kosmischen Wasserstoffs ($\lambda = 21$ cm) führt diese Beziehung bei einer geforderten Auflösung von $\varepsilon = 1''$ zu 42 km. Da derartig lange Kabelverbindungen technisch schwierig zu realisieren sind, ist man dazu übergegangen, die Einzelteleskope unabhängig voneinander zu betreiben und die Synchronisierung über hochpräzise Atomuhren zu erreichen. Da bei diesem Prinzip die Basislänge unerheblich wird, können Einzelteleskope auf verschiedenen Kontinenten miteinander verbunden werden und ergeben damit einen Gesamtteleskopdurchmesser, der maximal dem Erddurchmesser entsprechen kann. Die zugehörige Winkelauflösung liegt bei $0\rlap{.}''001$.

Ein Interferometer (vgl. [4.2.6]) besteht in der einfachsten Form aus zwei Antennen, die in einem festen Abstand *b*, der Interferometerbasis, zueinander angeordnet sind. Führt man die an beiden Antennen registrierten Radiowellen in einem Punkt zusammen, ruft ihre Überlagerung unter gewissen Bedingungen Interferenzerscheinungen hervor (*Campbell*, *Witte* 1978).

Das Grundprinzip eines VLBI Systems ist in Abb. 10.10 dargestellt. Die Radiosignale einer bestimmten Radioquelle in Richtung $\boldsymbol{S}$ werden auf beiden beteiligten Stationen auf leistungsfähigen Datenbändern gemeinsam mit den Zeitmarken eines hochstabilen Oszillators aufgezeichnet. Anschließend werden die auf den Bändern aufgezeichneten Datenströme in einem Prozessor

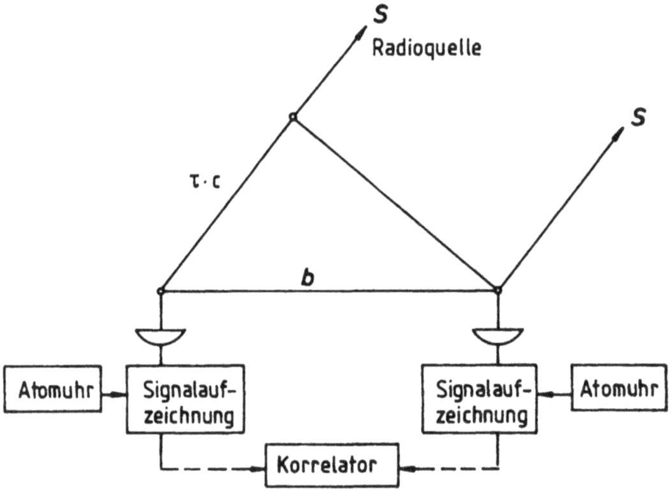

Abb. 10.10. Beobachtungsanordnung zur Very Long Baseline Interferometrie (VLBI)

miteinander korreliert, d.h. gegeneinander phasenverschoben. Wenn die an den beiden Stationen empfangenen Wellenzüge vollkommen übereinstimmen, erzeugt der Korrelator Interferenzen, deren Amplitude maximal wird. Die zugehörige Zeitverzögerung τ entspricht dem Laufzeitunterschied der Wellenfronten zwischen beiden Antennen.

Da sich die Erde mit den Teleskopen im Inertialraum bewegt, ist τ eine Funktion der durch die Stationsnormale gegebenen Zeit t. Die Größe $\tau(t)$ ist für geodätische Anwendungen die wichtigste Beobachtungsgröße der VLBI Technik. Aufgrund der geometrischen Beziehungen in Abb. 10.10 und 10.11 gilt, wenn noch die wichtigsten Korrektionsglieder hinzugefügt werden, die grundlegende Beobachtungsgleichung (*Campbell*, *Witte* 1978)

$$\tau(t) = -\frac{1}{c}\boldsymbol{b}\boldsymbol{s}(t) + \Delta\tau_{\text{Ab}}(t) + \Delta\tau_{\text{Instr}} + \Delta\tau_{\text{Atm}}. \tag{10.12}$$

Hierin bedeuten

$$\Delta\tau_{\text{Ab}}(t) = -\frac{1}{c}(\dot{\boldsymbol{r}}_2\boldsymbol{s})\tau(t) \tag{10.13}$$

eine Korrektion für den Einfluß der täglichen Aberration,

$$\Delta\tau_{\text{Instr.}} = a_1 + a_2 t \tag{10.14}$$

eine Korrektion für Stand- und Gangunterschied der Stationszeitnormale und $\Delta\tau_{\text{Atm}}$ ein Korrektionsglied für den troposphärischen Refraktionseinfluß nach geeigneten Modellen (*Campbell* 1979).

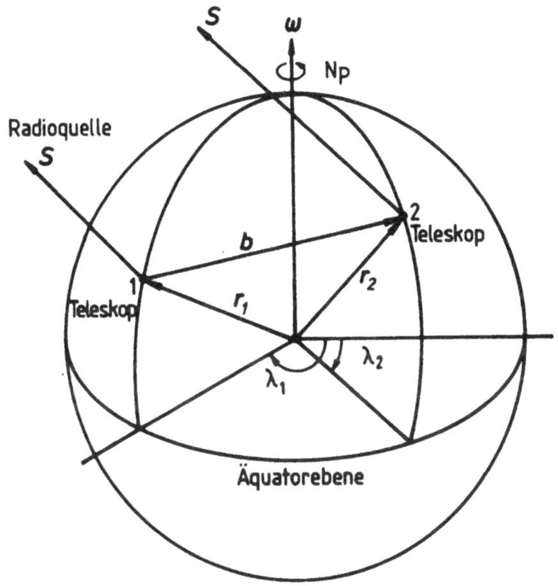

Abb. 10.11. Zusammenhänge bei der VLBI

In einem erdfesten kartesischen Koordinatensystem (momentanes Äquatorsystem) läßt sich das skalare Produkt $\boldsymbol{b} \cdot \boldsymbol{s}(t)$ aus Gleichung (10.12) entsprechend Abb. 10.11 darstellen

$$\boldsymbol{bs}(t) = b_x \cos \delta_S \cos h_S + b_y \cos \delta_S \sin h_S + b_z \sin \delta_s \qquad (10.15)$$

mit

b_x, b_y, b_z	Komponenten des Basisvektors $\boldsymbol{b}$
α_s, δ_s	sphärische äquatoriale Koordinaten der Radioquelle $\boldsymbol{s}$
$h_s = \text{GST-}\alpha_s$	Greenwicher Stundenwinkel der Quelle.

Neben der für Geodäsie und Geophysik wichtigsten Beobachtungsgröße $\tau(t)$ wird noch die Streifenfrequenz $f(t)$ beobachtet. Da sich infolge der Erddrehung die Einfallsrichtung der Quellenstrahlung langsam ändert, durchlaufen die Minima und Maxima der Interferenzamplituden, die sogenannten Interferenzstreifen, den Interferometerausgang mit der Streifenfrequenz (*Campbell, Witte* 1978)

$$f(t) = \frac{1}{2\pi} \frac{d\Phi(t)}{dt}, \qquad (10.16)$$

wobei die Phasendifferenz $\Phi(t)$ mit der Laufzeit $\tau(t)$ und der Empfangsfrequenz ν_0 über

$$\Phi(t) = 2\pi\nu_0\tau(t) \qquad (10.17)$$

verbunden ist. Hieraus folgt

$$f(t) = \nu_0 \frac{d\tau(t)}{dt}. \tag{10.18}$$

Analog zu (10.12) folgt hieraus als Beobachtungsgleichung für die Streifenfrequenz

$$f(t) = -\frac{\nu_0}{c}\boldsymbol{b}\dot{\boldsymbol{s}}(t) + \Delta f_{\mathrm{Ab}}(t) + \Delta f_{\mathrm{Instr}} + \Delta f_{\mathrm{Atm}}. \tag{10.19}$$

Entsprechend (10.15) lautet die Beziehung für das skalare Produkt

$$\boldsymbol{b}\dot{\boldsymbol{s}}(t) = -\omega(b_x \cos\delta_s \sin h_s - b_y \cos\delta_s \cos h_s) \tag{10.20}$$

mit der Rotationsgeschwindigkeit ω der Erde als zeitliche Ableitung von h_s.

Es wird deutlich, daß in (10.20) die Basiskomponente b_z nicht enthalten ist. Die Streifenfrequenz als Beobachtungsgröße liefert folglich nur einen Teil der geodätisch interessanten Information.

Die Beobachtungsgröße $\tau(t)$ wird auch als *Gruppenverzögerung* und $\Phi(t)$ als *Phasenverzögerung* bezeichnet (*Shapiro* 1978). $\Phi(t)$ kann genauer gemessen werden, führt aber zum Problem der Mehrdeutigkeitsbestimmung (vgl. [7.3.4]).

Aufgrund der Beobachtungsgleichungen (10.12) und (10.19) werden in dem Parameterbestimmungsprozeß $3 + 2\,n$ fundamentale Parameter eingeführt, nämlich

3 Komponenten des Basisvektors b_x, b_y, b_z
2 Koordinaten α, δ für jede benutzte Radioquelle.

Im linearisierten Beobachtungsmodell sind dies Zuschläge zu Näherungswerten.

Weiterhin sind eine Reihe von physikalischen und instrumentellen Effekten zu berücksichtigen, um die Beobachtungen mit dem Modell in Übereinstimmung zu bringen. Einschließlich der in den beiden Beobachtungsgleichungen bereits aufgenommenen Hauptterme gehören hierzu nach einer erweiterten Liste (*Campbell* 1979, *Shapiro* 1978)

(1) Tägliche Aberration (10.13), allgemeine und spezielle relativistische Effekte
(2) Eigenbewegungen und Strukturveränderungen der Radioquellen, Präzession, Nutation
(3) Instrumentelle Effekte
    Oszillatorinstabilitäten
    Signallaufzeitunterschiede in der Empfängerelektronik
    Deformationen der Teleskopstruktur

(4) Geophysikalische Effekte
Polbewegung
Erdrotationsvariationen
Erdgezeiten
Erdkrustenbewegungen
(5) Ausbreitungseffekte
Ionosphärische Refraktion
Troposphärische Refraktion.

Zur mathematischen Behandlung einzelner Parameter siehe z.B. *Campbell* (1979). Für geodätische und geodynamische Anwendungen sind insbesondere die unter (4) genannten Parameter von Interesse. Wichtige genauigkeitsbegrenzende Faktoren sind die Zeithaltung und die Erfassung atmosphärischer Parameter. Die erforderliche Zeitkonstanz kann über das Zusammenwirken mehrerer Atomuhren einschließlich von Wasserstoffmasern (*Schlüter, Feil* 1984) gewährleistet werden. Um den Einfluß der Luftfeuchtigkeit auf die Signalausbreitung in der Troposphäre zu modellieren [2.3.3.2], werden Wasserdampfradiometer eingesetzt. Zur Erfassung der ionosphärischen Refraktionseinflüsse wird im Bereich zweier Frequenzen, nämlich 2,3 und 8,4 GHz beobachtet.

Der Korrelations- und Auswerteprozeß erfolgt in einem rechnergestützten Datenanalysesystem. Etwa seit 1980 wird zumeist das sogenannte MARK III System verwendet (*Vandenberg, Clark* 1982).

10.2.2 Nutzung von VLBI in Geodäsie und Geodynamik

Im Rahmen eines Parameterbestimmungsprozesses bei der Auswertung von VLBI Beobachtungen können *Basiskomponenten* und *Erdorientierungsparameter* mit großer Genauigkeit abgeleitet werden. Insbesondere die Möglichkeit, mit Radioteleskopen über große Entfernungen präzise Basislinien zu bestimmen, wurde frühzeitig erkannt und u.a. im Rahmen des NASA *Crustal Dynamics Program* und seiner Vorläufer seit etwa 1972 durchgeführt. Um 1980 begannen Routinebeobachtungen auf mehreren Basislinien, vorrangig in Nordamerika (*Anderle* u.a. 1983). Ein Hauptproblem besteht darin, daß die weitaus größte Zahl der weltweit eingesetzten Radioteleskope vor allem astronomischen Programmen dient, so daß für geodätisch geodynamische Untersuchungen nur wenig und unregelmäßig verteilte Beobachtungszeit verfügbar ist. Aus diesem Grunde wurden einzelne Radioteleskope ausschließlich oder vorrangig für geodätisch-geodynamische Beobachtungen eingerichtet (Dedicated VLBI Telescope). Hierzu gehört auch das 20-m Teleskop in Wettzell (Abb. 10.12), das seit Ende 1983 an internationalen Programmen mitwirkt (*Kilger* 1984).

Abb. 10.12. 20 m Teleskop in der Fundamentalstation Wettzell (Bayr. Wald), (Quelle: Institut für Angewandte Geodäsie, Frankfurt)

Am NASA Crustal Dynamics VLBI Netz sind etwa 10 feste Stationen und 3–5 mobile Stationen beteiligt (Stand 1985). Es wird jeweils über 24 Stunden zu 12 Quasaren gemessen (*Coates* u.a. 1985). Die Genauigkeit der Basislinien liegt bei ± 5 cm in den Vektorkomponenten und <3 cm in den Basislängen. Aus mehrjährigen Beobachtungen läßt sich ein Mittelwert der Basislänge über 6000 km mit einer Präzision von wenigen mm bestimmen. Die wesentliche Genauigkeitsbegrenzung wird gegenwärtig im Restfehler von ± 2 cm im Atmosphärenmodell gesehen (*Robertson*, *Carter* 1984).

Aus einem mehrjährigen Vergleich der Ergebnisse hat sich erwartungsgemäß gezeigt, daß auf der nordamerikanischen Platte keine Veränderungen nachzuweisen sind. Zwischen Nordamerika und Europa deutet sich eine Verschiebungsrate von + 1 cm/Jahr an (Abb. 10.13, *Herring* u.a. 1986). Dies würde mit geologischen Voraussagen übereinstimmen. Der verfügbare Beobachtungszeitraum ist aber noch zu kurz, um definitive Aussagen zu treffen.

VLBI Beobachtungen haben gegenüber sonstigen genauen Weltraummethoden wie beispielsweise Lasermessungen den Vorteil, daß sie wetterunabhängig

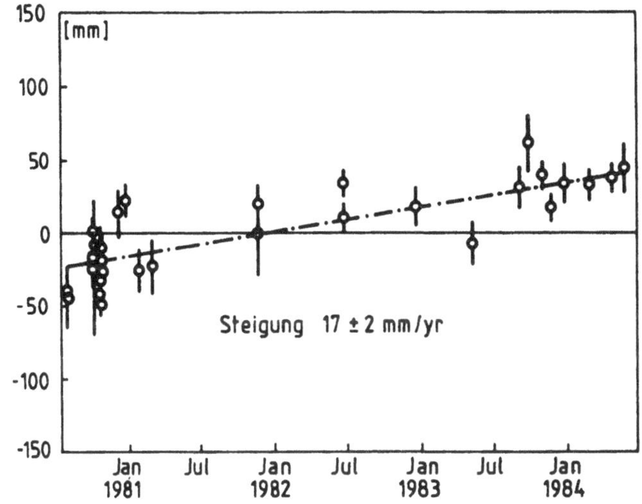

Abb. 10.13. Bewegungsraten zwischen Europa und Nordamerika aus VLBI Beobachtungen (Herring u.a. 1986)

sind, daß sie über interkontinentale Entfernungen einsetzbar sind und daß sie nicht von der Bahngenauigkeit von Satelliten abhängen. Die Positionen der benutzten Radioquellen werden fortlaufend verbessert (*Walter* 1983, *Johnston* u. *Ulvestad* 1982).

Nachteilig ist die sehr kostspielige instrumentelle Ausstattung und die ungünstig globale Stationsverteilung. Hier sind durch den Einsatz mobiler Systeme in naher Zukunft Verbesserungen zu erwarten (*Trask* u.a. 1982). Das sehr hohe Genauigkeitspotential macht VLBI zum aussichtsreichsten Kandidaten, um in den kommenden Jahren ein zutreffendes Bild der globalen rezenten Geotektonik zu erarbeiten.

Im kontinentalen Rahmen liefern VLBI-Stationen die Kontrollpunkte, von denen aus GPS Bahnen zur Punktverdichtung modelliert werden können [7.6.2].

Die für die VLBI-Beobachtungen benutzten Radioquellen (Quasare) bilden wegen ihrer großen Entfernungen ein quasi-inertiales *Bezugssystem hoher Präzision.* Die rotatorischen Bewegungen der Erde im Raum können gegenüber diesem Bezugssystem durch die Erdrotationsparameter (ERP)

Polbewegungskomponenten	x_p, y_p
Erdrotation	$UT1$

gemeinsam mit Präzession und Nutation [2.1.2] durch regelmäßige VLBI-Beobachtungen mit hoher Auflösung und Genauigkeit überwacht werden. Die Leistungsfähigkeit des Verfahrens wurde während der MERIT Kampagnen unter Beweis gestellt (*Robertson* und *Carter* 1985). Ausführliche Formelzusammenstellungen sind u.a. bei *Moritz* und *Mueller* (1987) nachgewiesen.

Das zunächst in Nordamerika eingerichtete Überwachungsnetz POLARIS (*P*olar Motion *A*nalysis by *R*adio *I*nterferometric *S*urveying) wurde durch Einbeziehung von Teleskopen auf anderen Kontinenten, darunter auch das Teleskop in Wettzell zum IRIS (*I*nternational *R*adio *I*nterferometric *S*urveying). Programm erweitert. Im Rahmen dieses Programms werden regelmäßig in Abständen von 5 Tagen 24 stündige Beobachtungen durchgeführt. Aufgrund der günstigen geographischen Konstellation lassen sich bei 3 beteiligten Teleskopen alle ERP-Komponenten bestimmen. Die Genauigkeit liegt bei

$$\pm 0\overset{''}{,}001 \ldots 0\overset{''}{,}002 \quad \text{für } x_p, y_p$$

$$\pm 0{,}05 \ldots 0{,}1 \text{ ms} \quad \text{für } UT1.$$

Die Ergebnisse werden monatlich in Bulletins verbreitet (*Carter* und *Robertson* 1984). Bei einem weiteren Ausbau des Beobachtungsnetzes kann eine Genauigkeitssteigerung erwartet werden. Ein Beispiel der IRIS Ergebnisse ist für 1987 in Abb. 10.14 gegeben.

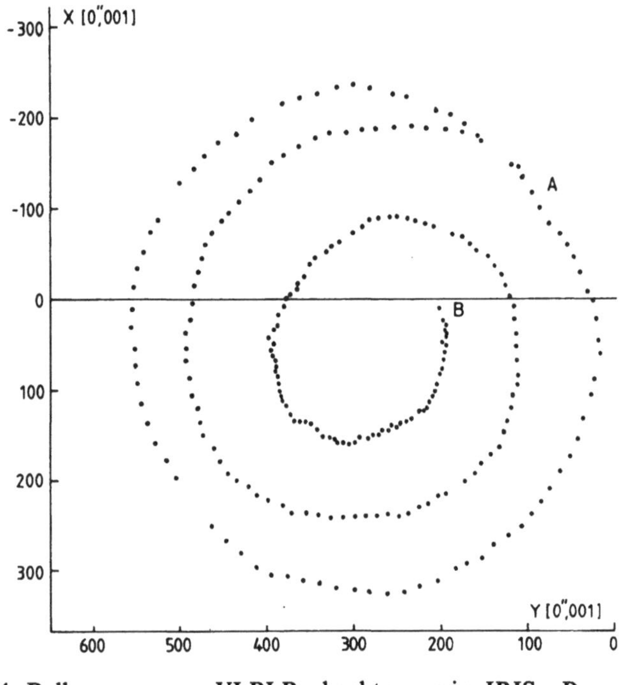

Abb. 10.14. Polbewegung aus VLBI Beobachtungen im IRIS – Programm (A: 1. Jan. 1984, B: 28. Juni 1987)

Seit Herbst 1986 werden aus täglichen Beobachtungen von je 1 Stunde auf zwei Stationen (Westford, USA – Wettzell) im Rahmen des *Rapid Intensive Modus* $UT1$-Werte nach bereits 5–10 Tagen mit einer Standardabweichung von 0,05...0,08 ms verfügbar gemacht (*Campbell* u.a. 1987).

VLBI-Beobachtungen werden in einem zukünftigen Internationalen Erdrotationsdienst IERS (*Wilkins* u. *Mueller* 1986) eine herausragende Rolle spielen [11.4].

10.2.3 VLBI mit Satelliten

Hochfliegende Satelliten, die Radiofrequenzsignale aussenden, können mit den in der VLBI beobachteten Radioquellen verglichen werden. Da sich Satelliten jedoch, anders als die Radioquellen, nicht im Unendlichen sondern im erdnahen Raum befinden, können die an zwei getrennt aufgestellten Empfangsantennen einfallenden Wellenfronten nicht als eben wie in Abb. 10.10 angesehen werden; es ist stattdessen ein abgewandeltes geometrisches Modell erforderlich (Abb. 10.15) (*Maniatis* u.a. 1987). Die Genauigkeit des Verfahrens hängt wesentlich von der Genauigkeit der Satellitenbahndaten ab.

Als Beobachtungsgröße wird analog der VLBI-Methode die Differenz in den Ankunftszeiten einer Wellenfront des Satellitensignals an beiden Antennen 1,2 verwendet. Der Unterschied in den Ankunftszeiten kann entweder in einer Zeitmessung

$$S_{1,2}(t) = \tau(t)c \tag{10.21}$$

oder in der Form von Phasendifferenzen $\Phi_{1,2}(t)$ angegeben werden

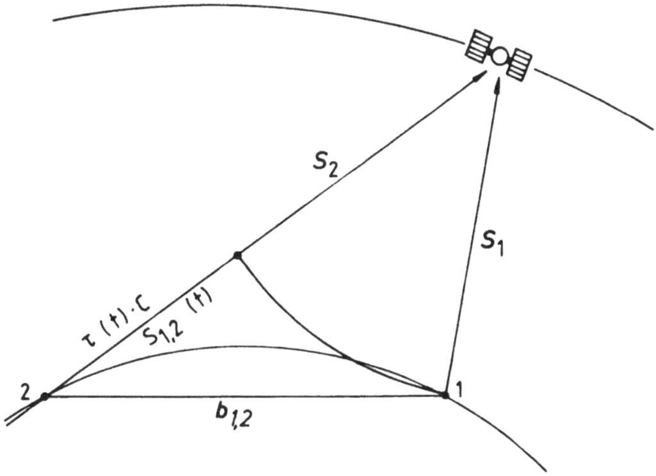

Abb. 10.15. VLBI mit Satelliten

$$S_{1,2}(t) = \frac{1}{2\pi}\Phi_{1,2}(t)\lambda + N\lambda \tag{10.22}$$

wobei eine zunächst unbekannte Anzahl N von ganzen Wellenlängen λ berücksichtigt werden muß.

Es hat frühzeitig Vorschläge gegeben, die Signale der GPS-Satelliten entsprechend dem in der VLBI entwickelten Verfahren für geodätische Zwecke zu nutzen. *Counselman* und *Shapiro* schlugen 1979 vor, die GPS-Satelliten mit zusätzlichen Sendern auszustatten, die eine Anwendung von interferometrischen Techniken mit verhältnismäßig einfachen Empfängern ermöglichen sollten. Dieses als *Miniature Interferometer Terminal for Earth Surveying* (MITES) bezeichnete System ließ sich in der vorgeschlagenen Weise nicht verwirklichen. Aus diesem Grunde wurde ein Gerätesystem, das Macrometer entwickelt, das die grundlegenden Meßprinzipien von MITES enthält, aber ohne zusätzlichen Einrichtungen auf den GPS Satelliten auskommt. Es basiert im Grundsatz aur der Lösung der Gleichung (10.22). Dieselbe Gleichung wird generell bei der Nutzung von Trägerphasenmessungen mit GPS-Empfängern verwendet [7.3]. Aus dieser Entwicklung hervorgehend sind die meisten Auswertealgorithmen für GPS Messungen entstanden.

Das der Formel (10.21) zugrundeliegende Prinzip der direkten Laufzeitmessung durch Korrelation von an zwei Antennen empfangenen GPS-Signalen wurde von *McDoran* (1979) vorgeschlagen. Bei diesem als *Satellite Emission Radio Interferometric Earth Surveying (SERIES)* bezeichneten Meßprinzip werden die GPS-Signale ähnlich wie Quasar-Signale als reines Rauschen aufgefaßt. Da für die Verwirklichung dieses Prinzips ein sehr umfassendes Instrumentarium erforderlich ist, hat sich der Vorschlag gegenüber den übrigen Entwicklungen in der GPS-Technologie nicht durchsetzen können. Eine modifizierte Version nutzt die Bitstruktur der GPS-Zeitsignale (*McDoran* 1983) [7.3.2], verliert damit aber an Genauigkeit.

Satellitensignale haben gegenüber Radiosternen generell den Vorteil, daß die Signale wesentlich stärker sind und vorgegebene Strukturen aufweisen können, so daß einfachere Empfangs- und Auswertesysteme als in der VLBI mit Quasaren möglich werden. Es ist nicht ausgeschlossen, daß die hinsichtlich GPS entwickelten Vorschläge bei zukünftigen Satellitensystemen wieder aufgegriffen werden. Wenn mit geeigneten Radioteleskopen Signale sowohl von Quasaren als auch von GPS-Satelliten empfangen werden, können GPS-Beobachtungen unmittelbar mit dem CIS Bezugssystem verknüpft werden [2.1].

Um in einem künftigen internationalen Erdrotationsdienst aktuelle Erdrotationsparameter unmittelbar nach den Beobachtungen bereitstellen zu können, bietet es sich an, die VLBI Daten (täglich etwa 1^h Beobachtungszeit) über geostationäre Satelliten an die zentrale Rechenstelle zu übertragen (*ESA* 1980, *Campbell* 1978). In diesem Fall hat ein "VLBI-Satellit" aber lediglich die Funktion einer Relaisstation.

11. Anwendungen von geodätischen Satellitenmethoden (Zusammenschau)

Die verfahrensspezifischen Anwendungsmöglichkeiten wurden in den jeweiligen Kapiteln vorgestellt. Die zugehörigen Beobachtungsgleichungen sind ebenfalls dort nachgewiesen. In diesem abschliessenden Kapitel werden Lösungsmöglichkeiten für bestimmte Aufgabenstellungen zusammenfassend vorgestellt. Auf besondere gemeinsame Aspekte wird hingewiesen; einzelne Gesichtspunkte werden ergänzt und vertieft. Dabei wird auf das weiterführende Schrifttum verwiesen.

11.1 Positionsbestimmung

11.1.1 Konzepte, absolute und relative Positionsbestimmung

Der Zusammenhang zwischen einer Satellitenposition S, einer Beobachtungsstation P und dem Massenzentrum der Erde M ist nach (4.1) durch die Grundgleichung (Abb. 11.1a)

$$\boldsymbol{r}_S = \boldsymbol{r}_B + \boldsymbol{\rho} \tag{11.1}$$

gegeben. Wenn lediglich die geometrischen Beziehungen zwischen Boden- und Satellitenpositionen betrachtet werden, gilt mit den Bezeichnungen von Abbildung 11.1b für den Verbindungsvektor $\boldsymbol{\rho}$ in Komponentendarstellung

$$\boldsymbol{\rho} = \begin{pmatrix} \Delta X \\ \Delta Y \\ \Delta Z \end{pmatrix} = \begin{pmatrix} X_S - X_B \\ Y_S - Y_B \\ Z_S - Z_B \end{pmatrix} = \begin{pmatrix} \rho \cos\delta \cos t_{Gr} \\ \rho \cos\delta \sin t_{Gr} \\ \rho \sin t_{Gr} \end{pmatrix}. \tag{11.2}$$

Hierin bedeuten

δ Deklination im Äquatorialsystem
t_{Gr} Stundenwinkel Greenwich.

Als Beobachtungsgrößen können

- Richtungsmessungen [5.1]
- Entfernungsmessungen (Laser) [8.]

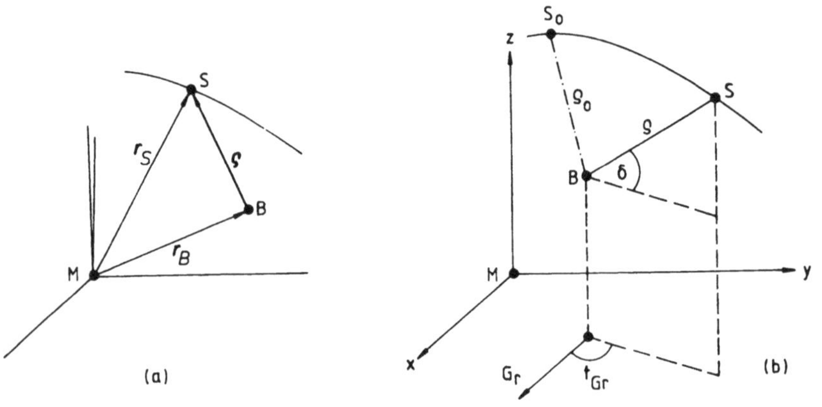

Abb. 11.1. Positionsbestimmung aus Satellitenbeobachtungen

- Entfernungsmessungen (GPS) [7.]
- Entfernungsdifferenzmessungen (Doppler) [6.]

genutzt werden. Die entsprechenden ursprünglichen, nicht linearisierten Beobachtungsgleichungen lauten

Richtungen

$$\tan t = \Delta Y/\Delta X$$

$$\tan\delta = \frac{\Delta Z}{\sqrt{\Delta X^2 + \Delta Y^2}} \tag{11.3}$$

Entfernungen

$$\rho = \sqrt{\Delta X^2 + \Delta Y^2 + \Delta Z^2}$$

Entfernungsdifferenzen

$$\rho - \rho_0 = \sqrt{\Delta X^2 + \Delta Y^2 + \Delta Z^2} - \sqrt{\Delta X_0^2 + \Delta Y_0^2 + \Delta Z_0^2}.$$

Durch Einführen von Näherungswerten für die Stations- und Satellitenkoordinaten können die Beobachtungsgleichungen linearisiert werden. Die zugehörigen Differentialquotienten sind beispielsweise bei *Campbell* u.a. (1973) nachgewiesen.

Die Positionsbestimmungsaufgabe kann geometrisch und dynamisch behandelt werden [4.1]. Im rein *geometrischen Konzept* werden die Satelliten als Hochziele betrachtet. Wichtige Voraussetzung ist die *gleichzeitige Beobachtung* desselben Satelliten von möglichst vielen Bodenstationen aus. Mit Hilfe der Meßelemente nach (11.3) lassen sich räumliche regionale und globale Satellitentriangulationsnetze aufbauen. Grundlegende und umfassende Arbeiten hierzu sind frühzeitig entstanden, z.B. *Wolf* (1967), *Rinner* u.a. (1969), *Moritz* (1970).

Als Ergebnis der geometrischen Auswertung werden in dem betreffenden Punktfeld *Relativkoordinaten* bestimmt. Es besteht ein sogenannter *Datumsdefekt* [2.1.5]. Maßstab, Orientierung und Ursprung des verwendeten Bezugssystems müssen gesondert festgelegt werden, soweit sie nicht durch das spezifische Meßverfahren gegeben sind. Der Maßstab des Punktfeldes kann durch Entfernungsmessungen zwischen Bodenstationen bzw. zwischen Bodenstationen und Satelliten eingeführt werden. Die Orientierung läßt sich bei Nutzung von photographischen Richtungsbestimmungen aus dem stellaren CIS [2.1.2] ableiten. Zur Festlegung des Koordinatenursprungs können für einen Netzpunkt Koordinatenwerte vorgegeben werden.

Die rein geometrische Bestimmung von Relativkoordinaten hat in den Anfangsjahren der Satellitengeodäsie eine wichtige Rolle gespielt. Sie hat ihren

Niederschlag in mehreren globalen und regionalen Satellitennetzen gefunden. Herausragendes Beispiel ist das BC4 Weltnetz aus 45 global verteilten Stationen [5.1.5] und einer mittleren Koordinatengenauigkeit von $\pm 4 \ldots 5$ m (Abb. 5.1).

Im *dynamischen Konzept* wird die Satellitenbahn, ausgehend von Anfangs- und Randbedingungen im angreifenden Kräftefeld, berechnet [3.3] und mit zur Lösung der Positionsbestimmungsaufgabe herangezogen. Die Satelliten können als *Träger ihrer Koordinaten* betrachtet werden; sie bilden gleichsam ein Festpunktfeld, in das die terrestrischen Punkte mit Hilfe der Meßelemente (11.3) eingemessen werden.

Da sich die Satellitenbewegung auf das Gravitationszentrum des Zentralkörpers bezieht, sind die Satellitenkoordinaten "von Haus aus" geozentrisch. Ein Datumsproblem tritt nicht auf; es werden *Absolutkoordinaten* in demselben Bezugssystem bestimmt, in dem die Satellitenbewegung berechnet wird.

Die meisten operationellen Meßverfahren liefern heute Absolutkoordinaten im jeweiligen Satellitendatum, beispielsweise TRANSIT Doppler [6.] im WGS 72 und GPS [7.] im WGS 84. Ein wichtiges Wesensmerkmal der absoluten Methoden in der dynamischen Satellitengeodäsie ist, daß bereits durch Beobachtungen auf einer einzelnen Station Koordinaten bestimmt werden können. Hierdurch sind die Verfahren auch für Navigationszwecke verwendbar.

Einige charakteristische Eigenschaften von absoluten und relativen Positionsbestimmungsverfahren sind in Tabelle 11.1 zusammengestellt. Bei den absoluten Verfahren hängt die erzielbare Koordinatengenauigkeit unmittelbar mit der Genauigkeit der verfügbaren Satellitenbahndaten zusammen [3.3]. Gerade bei den für operationelle Zwecke eingesetzten Navigationssatelliten lassen sich wegen der stark wirkenden Oberflächenkräfte [3.2.3.3], [3.2.3.4] die Bahnen nur verhältnismäßig ungenau modellieren, so daß die Absolutgenauigkeit der Koordinatenbestimmung wesentlich ungünstiger ist als die Relativgenauigkeit. Für GPS kann der Genauigkeitsunterschied nahezu drei Größenordnungen erreichen (1 cm gegenüber 5–10 m).

Tab. 11.1. Charakteristische Eigenschaften von dynamischen und geometrischen Verfahren zur Positionsbestimmung

Dynamische Verfahren		Geometrische Verfahren	
Datum durch Satellitenbahnen vorgegeben		Datum unbestimmt (Datumsdefekt)	
absolute Koordinaten		relative Koordinaten	
Einzelstationsmessung möglich		Simultane Mehrstationsmessung erforderlich	
Absolute Koordinatengenauigkeit		Relative Koordinatengenauigkeit	
$\pm 1 \ldots 5$ m	Doppler, GPS	$\pm 0{,}2 \ldots 0{,}5$ m	Doppler
$\pm 5 \ldots 10$ cm	Laser	1 cm $\pm 1 \ldots 3 \cdot 10^{-7}$	(der Entfernung) GPS (2 Frequenzen)

Für die Lösung praktischer Aufgaben werden je nach Fragestellung sowohl die Absolut- als auch die Relativinformationen aus den Beobachtungsgrößen verwendet. Dies bedeutet, die erforderlichen Datumsinformationen werden zum Teil aus den Satellitenbahnen und zum Teil aus dem terrestrischen Netz oder aus anderweitig vorgegebenen Punktkoordinaten entnommen. Vor diesem Hintergrund lassen sich die umfangreichen Diskussionen zur Datumstransformation und zur Kombination von terrestrischen und Satellitenverfahren entsprechend einordnen. Folgende Stufen der Datumsnutzung können unterschieden werden.

(1) *Die volle Datumsinformation der Satellitenbahn wird genutzt*

beispielsweise bei der Navigation mit einem einzelnen Empfänger oder bei der Einzelpunktbestimmung mit TRANSIT oder GPS. Die zugehörige Genauigkeit beträgt etwa $\pm 3 \ldots 5$ m bei Broadcastephemeriden und etwa ± 1 m bei Verwendung von präzisen Ephemeriden. Die Positionsbestimmung erfolgt im Datum des Satellitensystems, z.B. WGS 84. Das Koordinatenergebnis kann als *Realisation des Satellitendatums* an dem betreffenden Ort zu dem betreffenden Zeitpunkt aufgefaßt werden. Zur Transformation in ein bestimmtes Landessystem können allgemein anerkannte Datums-Transformationsformeln herangezogen werden [2.1.5]. Die Genauigkeit dieser Transformation ist jedoch nicht höher als die zugehörige Realisierungsgenauigkeit des Datums (z.B. $\pm 3 \ldots 5$ m).

Sofern in einem Meßgebiet mehrere Stationen gleichzeitig oder im Netzverbund besetzt werden, dann führen alle Beobachtungen gemeinsam zu einer mittleren Realisierung des Datums während des Beobachtungszeitraums. Die Realisierungsgenauigkeit entspricht etwa der bei Einzelpunktbestimmungen. Zugleich weist das gemeinsam beobachtete Punktfeld eine hohe (innere) Relativgenauigkeit aufgrund der simultanen Beobachtungen und dadurch hervorgerufenen gegenseitigen Korrelationen auf. Das Ergebnis enthält in diesem Fall absolute *und* relative Informationen. Zu den stochastischen Aspekten siehe z.B. *Welsch* (1986).

Bei Laserbeobachtungen mit LAGEOS und Modellierung langer Bahnbögen können aufgrund der sehr hohen Bahngenauigkeit Absolutkoordinaten mit einem σ_P von $\pm 5 \ldots 10$ cm bestimmt werden.

(2) *Ein Teil der Datumsinformation wird genutzt*

(a) die Orientierungs- und Maßstabsinformation. Dies kann bei Simultanverfahren mit zwei Satellitenempfängern auftreten, wenn z.B. Basisvektoren als polare Elemente an Festpunkte des terrestrischen Netzes zur Neupunktbestimmung angeschlossen werden. Die Lageinformation des Datums wird hier dem terrestrischen Netz entnommen.

(b) nur die Maßstabsinformation. Dies tritt ein, wenn z.B. GPS-Messungen mit zwei Empfängern ausschließlich als Entfernungsmeßsystem für terrestrische Trilaterationsvorhaben eingesetzt werden.

(c) nur die Orientierung oder ein Teil der Orientierung. Dies gestaltet sich je nach Parametrisierung der Transformationsformeln zwischen Satelliten- und terrestrischem Netzt [2.1.5].

(3) *Es wird keine Datumsinformation genutzt*

Dies ist dann der Fall, wenn ein Satellitennetz zunächst allein aus simultanen Satellitenbeobachtungen gerechnet wird (Fall 1) und anschließend mit einer 7-Parametertransformation über identische Punkte auf ein terrestrisches Netz transformiert wird. In diesem Fall wird die gesamte Datumsinformation aus dem terrestrischen Netz genommen; die Datumsinformation der Bahn geht durch die Transformation verloren. Durch die Satellitenmessungen wird lediglich die innere Netzgeometrie festgelegt.

(4) *Die Satellitenbahn wird ganz oder teilweise neu gerechnet*

- der Satellitenbahn werden einige Freiheitsgrade gegeben (Semi Short Arc Methode)
- die Satellitenbahn wird über dem Beobachtungsgebiet neu berechnet (Short Arc Methode) (vgl. [3.3.3.3]).

In diesen Fällen wird ein Teil der Datumsinformation aus der Bahn, ein Teil aus den Koordinaten der Netzpunkte und ein Teil aus den Bahnberechnungsmodellen mit den zugehörigen Kräftefeldern genommen. Es gehen sowohl dynamische als auch geometrische Elemente in die Koordinatenbestimmung ein. Die Datumsinformation der Satellitenbahn wird durch Koordinateninformationen von terrestrischen Punkten verbessert. Der letztgenannte Aspekt ist beispielsweise bei geodynamischen Anwendungen von GPS von Bedeutung, wenn durch Referenzbeobachtungen auf Fundamentalstationen Bahnverbesserungen ermöglicht werden.

11.1.2 Globale und regionale Koordinatenlösungen

Eine der zentralen Aufgaben der Satellitengeodäsie wurde von Anfang an darin gesehen, auf globaler Basis für an der Erdoberfläche vermarkte Punkte möglichst genaue Koordinaten in einem einheitlichen Bezugssystem anzugeben (vgl. [1.1], [1.2]). Ein früher Beitrag zu dieser globalen Aufgabe wurde mit dem rein geometrischen BC4 Weltnetz geleistet [5.1.5]. Eine weitere geometrische Lösung war mit dem äquatorialen SECOR Netz gegeben [5.2]. Durch Einbeziehung von Dopplerbeobachtungen konnten beide Koordinatensätze in eine näherungsweise geozentrische Lage transformiert werden.

Alle weiteren global bestimmten Koordinatensätze von Beobachtungsstationen sind Teil von umfassenden dynamischen Lösungen, in denen neben Stationskoordinaten auch Schwerefeldparameter mit ausgeglichen werden. Diese sogenannten *Erdmodelle* werden in [11.2] behandelt. Zu dieser Kategorie gehören beispielsweise die

- "Standarderden" des Smithsonian Astrophysical Observatory (SAO-SE)
- Goddard Erdmodelle (GEM).

In die Berechnung von Koordinaten und Schwerefeldparameter sind eine große Zahl von Satellitenbeobachtungen unterschiedlichen Typs zu unterschiedlichen Satelliten eingegangen. Anfangs waren dies vorrangig Richtungsbeobachtungen mit Kameras, später verstärkt Laser-und Dopplerbeobachtungen. Die Koordinaten der einbezogenen Beobachtungsstationen sind Teil der Lösung und wurden je nach dem verwendeten Instrumentarium und der Datendichte mit sehr unterschiedlicher Genauigkeit bestimmt. Die Standardabweichungen variieren zwischen ± 2 und 20 m. Zwischen den einzelnen Lösungen können Differenzen auftreten, die größer sind als es die jeweilige Systemgenauigkeit angibt. Eine umfassende Übersicht und Diskussion verschiedener dieser frühen Lösungen wird gemeinsam mit einer Liste geozentrischer Koordinaten für 275 Stationen durch *Mueller* (1975) gegeben.

Durch den globalen Einsatz der TRANSIT- und GPS-Verfahren wird ein zunehmend dichtes Feld von geozentrischen Punktkoordinaten aufgebaut. Bei Verwendung der operationellen Ephemeriden beziehen sich die Absolutkoordinaten für TRANSIT auf WGS 72 und für GPS (seit dem 1.1.1987) auf WGS 84. Die Koordinatengenauigkeit liegt bei $\pm 3 \ldots 5$ m. Sofern präzise Ephemeriden aus dem TRANSIT-Überwachungsnetz genutzt wurden [6.3.2], beträgt die absolute Koordinatengenauigkeit je nach Weltregion etwa ± 1 bis 2 m. Die Zahl der weltweit mit präzisen Ephemeriden eingemessenen Dopplerstationen dürfte inzwischen über einigen Tausend liegen. Hierdurch ist ebenfalls ein globales Punktnetz gegeben, durch das z.B. Beiträge zu einem globalen Höhensystem geliefert werden; die geographische Verteilung ist aber sehr uneinheitlich.

Global eingerichtete Punktfelder können durch *regionale Kampagnen* und Lösungen ergänzt werden. Dies gilt beispielsweise für die rein geometrische "Westeuropäische Satellitentriangulation" mit Kameras (WEST), die aber wegen inhomogener Daten nur eine geringe Genauigkeit erzielte [5.1.5]. Mit großem Erfolg wurden regionale Dopplerkampagnen unter Einbeziehung einer größeren Zahl simultan beobachtender TRANSIT-Empfänger durchgeführt. Hierzu gehören u.a. das "Europäische Dopplernetz EDOC" (*Boucher* u.a. 1979) sowie RETDOC (*Wolf* 1984), die "Deutsch-Österreichische Dopplerkampagne DÖDOC" (*Rinner* u.a. 1982) und die "Afrikanische Dopplerkampagne ADOS" (*Chodota* 1987). Diese Programme lieferten für die jeweiligen Gebiete sowohl einen Satz absoluter Punktkoordinaten mit der zugehörigen Systemgenauigkeit als auch Relativkoordinaten für alle beteiligten Stationen mit entsprechender höherer Genauigkeit.

Im Mittelpunkt des aktuellen Interesses steht die Einrichtung und Überwachung eines hochpräzisen Punktfeldes zur Festlegung eines *Conventionellen Terrestrischen Bezugssystems* COTES (*Wikins* u. *Mueller* 1986). Hierzu tragen vor allem Lasermessungen zu LAGEOS bei. Durch Analyse langer Bahnbögen gelingt es, für entsprechend ausgerüstete Trackingstationen geozentrische Koordinaten mit einer Standardabweichung von etwa ± 5 cm zu bestimmen [8.5]. Im Zusammenhang mit der MERIT-Kampagne [11.4] wurden mehrere Lösungen für jeweils 15–35 Stationen gerechnet. Die Koordinatenlisten sind bei *Feissel* (1986) nachgewiesen. Die Absolutkoordinaten unterscheiden sich noch um $0{,}1 \ldots 0{,}2$ m. Entsprechende Koordinatensätze werden im Rahmen des NASA Crustal Dynamics Program erstellt und fortlaufend verbessert [8.5.3]. Durch Einbeziehung von VLBI-Beobachtungen [10.2] wird die gegenseitige Geometrie verstärkt.

Mittel- und langfristig wird die genaueste Lösung für ein globales Punktfeld auf Beobachtungen von fundamentalen Laser- und VLBI-Stationen beruhen. Hierdurch werden nicht nur Koordinaten sondern auch Koordinatenveränderungen bestimmt und überwacht. Um eine gleichmäßige Verteilung der Stationen zu erzielen, werden auch mobile Geräte eingesetzt werden. Die abolute und relative Genauigkeit dieses Punktfeldes wird bei wenigen cm liegen.

11.1.3 Operationelle Positionsbestimmung

Hier kann auf die sehr ausführliche Behandlung in [6.8] und [7.6] verwiesen werden. Mit Hinblick auf den Geräteaufwand kommen für operationelle Aufgaben nur die TRANSIT- und in Zukunft in verstärktem Maße die GPS-Verfahren in Betracht. Drei Hauptanwendungsbereiche mit den entsprechenden Genauigkeitsklassen können unterschieden werden

(1) Geodynamik (Krustendeformation)
(2) Landesvermessung und Kontrollaufgaben
(3) Sonderaufgaben.

(1) *Geodynamische Anwendungen*

Hier kommt es vor allem auf die Relativinformation an. Die geforderte Genauigkeit der Koordinatenwerte liegt meist bei ± 1 cm. Dies entspricht bei

10 km Punktabstand $1 \cdot 10^{-6}$ Relativgenauigkeit
100 km Punktabstand $1 \cdot 10^{-7}$ Relativgenauigkeit
1000 km Punktabstand $1 \cdot 10^{-8}$ Relativgenauigkeit.

Als operationelles Meßverfahren kommt folglich nur GPS in Betracht; für Punktabstände >10 km sind weiterhin Zweifrequenzgeräte sowie genügend genaue Bahninformationen erforderlich. Es wird dann nur ein Teil der Datumsinformation der Satellitenbahn genutzt [11.1.1]. Durch Simultanbeobachtungen auf mehreren Stationen können Bahnverbesserungen im Auswertemodell mitgeschätzt werden. Bei größeren Punktentfernungen bietet es sich an, Referenzbeobachtungen auf Laser- und/oder VLBI Stationen parallel zu den Projektbeobachtungen durchzuführen und damit die Anwendung von Short-Arc- oder Semi-Short-Arc-Verfahren zu ermöglichen [3.3.3.3]. Für großräumige geodynamische Projekte ist damit folgende Strategie möglich

- Einrichten eines Rahmenkontrollnetzes über Beobachtungen mit transportablen Lasern; Punktabstände 300 bis 1000 km
- Verdichten bis zur gewünschten Stufe mit GPS, wobei auf den Laserkontrollstationen Referenzbeobachtungen parallel durchgeführt werden.

Bei kleinräumigen Projekten mit gegenseitigen Punktabständen von 10 bis 30 km genügt ein reines GPS Netz mit Überlappungspunkten.

(2) *Landesvermessung und Kontrollaufgaben*

Im Hinblick auf das hohe Genauigkeitspotential und den dreidimensionalen Charakter operationeller Satellitenverfahren wird man auch in gutvermessenen Ländern in naher Zukunft ein *Grundnetz im Satellitendatum* (z.B. WGS 84 für GPS) benötigen, auf das sich alle weiteren Verdichtungsmessungen beziehen können. Abbildung 11.2 gibt hierzu als Beispiel das wissenschaftliche

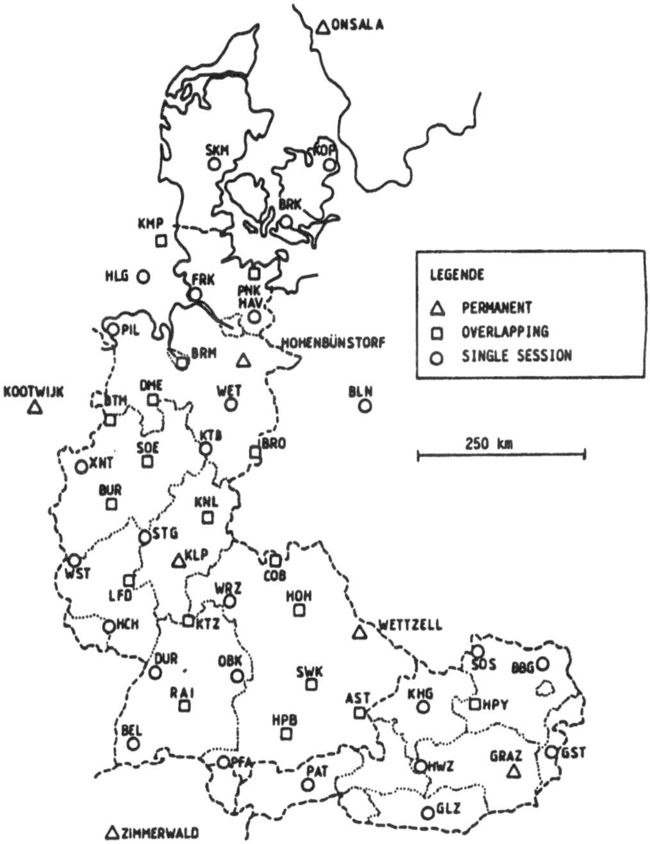

Abb. 11.2. DÖNAV Netz (Deutsch Österreichische NAVSTAR Kampagne)

DÖNAV Netz (*Seeber* u.a. 1987), das flächendeckend mit GPS für die Bundesrepublik Deutschland und Österreich beobachtet wurde. Die folgenden Ausführungen beziehen sich auf die Nutzung von GPS, sie sind aber sinngemäß auf TRANSIT übertragbar.

In einem ersten Schritt ist durch den Einsatz möglichst vieler simultan arbeitender Satellitenempfänger ein homogenes Punktfeld mit Abständen von 100–150 km einzurichten. Die Verknüpfung der einzelnen Meßphasen wird durch permanent besetzte Referenzstationen und Überlappungspunkte erreicht. Als Ergebnis der Gesamtnetzauswertung erhält man einen Koordinatensatz, der einer mittleren Realisierung des Satellitenbezugssystems für den Beobachtungszeitraum entspricht. Die absolute Genauigkeit beträgt bei Broadcastephemeriden einige Meter und bei Verwendung von präzisen Ephemeriden etwa ± 1 m. Die Relativgenauigkeit liegt für GPS bei wenigen cm.

Bei größeren Netzen kann es erforderlich sein, zur Erhöhung der Relativgenauigkeit Bahnverbesserungen vorzunehmen, beispielsweise durch Referenzbeobachtungen auf Laser- oder VLBI-Stationen. Hierdurch geht aber ein Teil der Datumsinformationen in den Absolutkoordinaten verloren bzw. wird durch das Datum der Laserstationen ersetzt [11.1.1].

Der einmal bestimmte Koordinatensatz des Grundnetzes ist für alle weiteren Verdichtungsarbeiten festzuhalten, da die gewünschten hohen Genauigkeiten nur im Relativverfahren erzielt werden können. Der Koordinatensatz repräsentiert das Satellitendatum in dem betreffenden Land; es ist unerheblich, daß er bezüglich des Geozentrums "nur" mit einigen Metern Unsicherheit bestimmt werden konnte

Für die Verdichtung können verschiedene Strategien verfolgt werden

(a) Simultane Besetzung der drei Eckpunkte einer Dreiecksmasche und der Verdichtungspunkte mit GPS Empfängern. Es wird ein Punktfeld hoher Relativgenauigkeit erzeugt; die Datumsinformationen werden vollständig aus dem Grundnetz entnommenn.
(b) Parallelbeobachtungen auf einem Punkt des Grundnetzes und "polares Anhängen" der Neupunkte; aus dem Satellitendatum werden lediglich Orientierung und Maßstab entnommen.

Um den Einsatz von Einfrequenzempfängern mit cm-Genauigkeit zu ermöglichen, muß das Grundnetz der ersten Stufe nach der Vorgehensweise (a) mit Zweifrequenzempfängern bis auf Punktentfernungen von etwa 10–20 km verdichtet werden. Für weitere Verdichtungen genügt dann jeweils die Relativmessung zu einem bekannten Punkt. An die Bahngenauigkeit werden keine erhöhten Anforderungen gestellt.

Um häufig anzutreffende Mißverständnisse auszuräumen, sei hier noch einmal betont, daß zur Netzverdichtung mit Satellitenverfahren grundsätzlich eine Relativmessung zu einem bereits bekannten Punkt erforderlich ist, da andernfalls die Unsicherheit der Datumsrealisation von einigen Metern im Ergebnis mitenthalten ist. Dies läßt sich auch nicht durch Anwendung von Transformationsparametern beheben, da diese grundätzlich mit derselben Datumsunsicherheit behaftet sind.

Für *Kontrollnetze*, z.B. zur Überwachung von Ingenieurbauwerken spielt das absolute Datum häufig keine Rolle; es kommt lediglich auf eine hohe Relativgenauigkeit an. Hier bieten sich Mehrstationsmessungen mit GPS an, die über Verknüpfungspunkte zu größeren Netzen zusammengefügt werden können (vgl. [7.5], [7.6]).

Bei den hohen Genauigkeitsansprüchen in erschlossenen Regionen und Industrieländern kommt in Zukunft für die *Neuanlage und Verdichtung von Punktfeldern* vorrangig GPS in Betracht. Fragen der Kombination mit terrestrischen Netzen, die in der Vergangenheit eine große Rolle in der wissenschaftlichen Diskussion gespielt haben, werden an Bedeutung verlieren.

Für eine Übergangszeit wird man in vielen Ländern die vorhandenen terrestrischen Netze als Grundlage beibehalten und GPS Messungen zur Verdichtung heranziehen. Wegen des oft sehr inhomogenen Aufbaus klassischer Netze müssen lokale Transformationen der GPS-Ergebnisse auf Teile des terrestrischen Netzes vorgenommen werden. In der Regel wird dadurch die innere Homogenität und hohe Relativgenauigkeit der Satellitenergebnisse zerstört.

Zur möglichen Vorgehensweise bei der Netzkombination siehe z.B. *Welsch* und *Oswald* (1984), *Wolf* (1982, 1986). Sofern noch die weniger genauen TRANSIT Beobachtungen genutzt werden, stellen sich die Netzkombinationsaufgaben in verstärktem Maße. Bei ungenügenden Höheninformationen im Landesnetz muß unter Umständen eine zweidimensionale Netzkombination vorgenommen werden (*Wolf* 1982).

11.2 Schwerefeldbestimmung und Erdmodelle

11.2.1 Grundsätzliches

Ein wesentliches Ziel der *dynamischen Methode* der Satellitengeodäsie besteht darin, aus dem Verhalten von Satellitenbahnen Rückschlüsse auf die Struktur des Erdschwerefeldes zu ziehen [1.2]. Wichtige Zusammenhänge hierzu sind in Kapitel [3.2.2] gegeben. Das Gravitationspotential der Erde wird zu diesem Zwecke häufig in Form von Kugelflächenfunktionen dargestellt. Nach den Grundgleichungen der Potentialtheorie gilt für das Schwerepotential W der Erde (*Torge* 1980c)

$$\mathrm{W} = V + \Phi, \tag{11.4}$$

wobei V das Gravitationspotential und Φ das Zentrifugalpotential bedeuten. Im Zusammenhang mit der Satellitenbewegung interessiert nur das Gravitationspotential V, das durch die Massenverteilung des Gravitation erzeugenden Körpers (einschließlich der Atmosphäre) bestimmt ist. Es gilt (Abb. 11.3)

$$V = G \iiint\limits_{\mathrm{Erde}} \frac{dm}{e} \tag{11.5}$$

mit

A Aufpunkt
dm Masseteilchen
G Gravitationskonstante

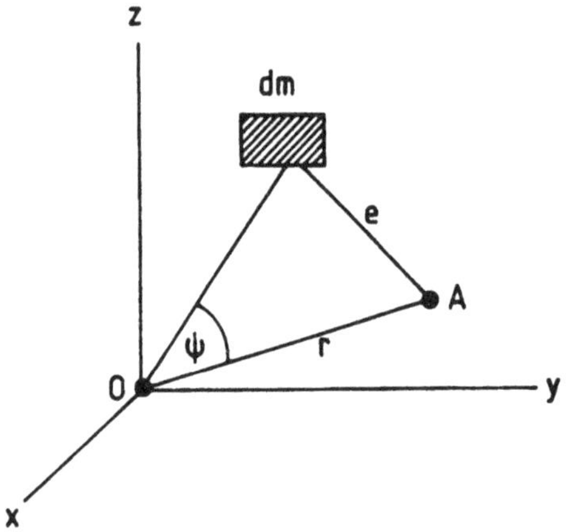

Abb. 11.3. Zusammenhang bei der Potentialentwicklung

e Abstand des Masseteilchens vom Aufpunkt
a Abstand des Masseteilchens vom Geozentrum
ψ Zentriwinkel.

V wird in eine Reihe entwickelt, wobei der Abstand e als Funktion der Polarkoordinaten a, r, ψ als Potenzreihe dargestellt wird. In der Darstellung mit den sogenannten Legendreschen Polynomen $P_n(\cos\psi)$ (z.B. *Sigl* 1973) folgt

$$\frac{1}{e} = \frac{1}{r} \sum_{n=0}^{\infty} \left(\frac{a}{r}\right)^n P_n(\cos\psi). \tag{11.6}$$

Durch Einsetzen in (11.5) gilt

$$V = G \iiint_{\text{Erde}} \frac{dm}{r} \sum_{n=0}^{\infty} \left(\frac{a}{r}\right)^n P_n(\cos\psi). \tag{11.7}$$

Zur praktischen Berechnung wird die Reihe nach einem bestimmten Glied abgebrochen, d.h. V wird in den mathematisch beschriebenen Teil des Potentials V_i und in den Rest, das Störpotential T zerlegt

$$V = V_i + T. \tag{11.8}$$

In älterer Literatur wird V_i auch als Niveausphäroid vom Range i bezeichnet. Werden als Parameter die Poldistanz ϑ und die Länge λ eingeführt, dann gelangt man zu der in der Satellitengeodäsie gebräuchlichen Reihenentwicklung des Gravitationspotentials nach Laplaceschen Kugelfunktionen (3.102)

$$V = \frac{GM}{r}\left(1 + \sum_{n=1}^{\infty} \sum_{m=0}^{n} \left(\frac{a_e}{r}\right)^n (C_{nm}\cos m\lambda + S_{nm}\sin m\lambda) P_{nm}(\cos\vartheta)\right). \tag{11.9}$$

Hierin bedeuten die harmonischen Koeffizienten C_{nm}, S_{nm} Maßzahlen für die innere Massenverteilung der Erde, a_e der Äquatorradius und P_{nm} wiederum die Legendreschen Polynome. Im allgemeinen wird der Ursprung des Koordinatensystems ins Massenzentrum der Erde verlegt, so daß die Terme mit $n = 1$ zu Null werden (3.103). Sofern Rotationssymmetrie angenommen wird, treten nur breitenabhängige (zonale) Glieder auf

$$V = \frac{GM}{r}\left(1 + \sum_{n=2}^{\infty}\left(\frac{a_e}{r}\right)^n C_n P_n(\cos\vartheta)\right). \tag{11.10}$$

In der Satellitengeodäsie werden häufig die Koeffizienten

$$J_n = -C_n, \qquad J_{nm} = -C_{nm}, \qquad K_{nm} = -S_{nm} \tag{11.11}$$

benutzt. Desgleichen werden häufig *voll normierte* Koeffizienten $\bar{C}_{nm}$, $\bar{S}_{nm}$ verwendet (3.176).

Den einzelnen harmonischen Koeffizienten kann eine geometrische Bedeutung als Abweichung von einer Kugel zugeschrieben werden. Abbildung 11.4 verdeutlicht dies für die niedrigen zonalen Koeffizienten. J_2 entspricht der Erdabplattung, J_3 führt zu einer Dreiecksform, J_4 zu einer Vierecksform usw. Insgesamt ergibt die Überlagerung aller Terme eine spektrale Darstellung des Gravitationspotentials. Der Zusammenhang zur Schwereanomalie Δg und zur Geoidundulation N ist durch (*Khan* 1983)

$$\begin{aligned}\Delta g &= \left(\frac{GM}{a_e^2}\right)\sum_{n=2}^{\infty}\sum_{m=0}^{n}\left(\frac{a_e}{r}\right)^{n+2}(n-1)\\ &\quad\times(\delta C_{nm}\cos m\lambda + \delta S_{nm}\sin m\lambda)P_{nm}(\cos\vartheta)\\ N &= \left(\frac{GM}{a_e\gamma}\right)\sum_{n=2}^{\infty}\sum_{m=0}^{n}\left(\frac{a_e}{r}\right)^{n+1}(\delta C_{nm}\cos m\lambda + \delta S_{nm}\sin m\lambda)P_{nm}(\cos\vartheta)\end{aligned} \tag{11.12}$$

gegeben.

Hierin bedeuten

$$\begin{aligned}\delta C_{nm} &= \text{beobachtete } C_{nm} - \text{Referenz } C_{nm}\\ \delta S_{nm} &= \text{beobachtete } S_{nm} - \text{Referenz } S_{nm}.\end{aligned}$$

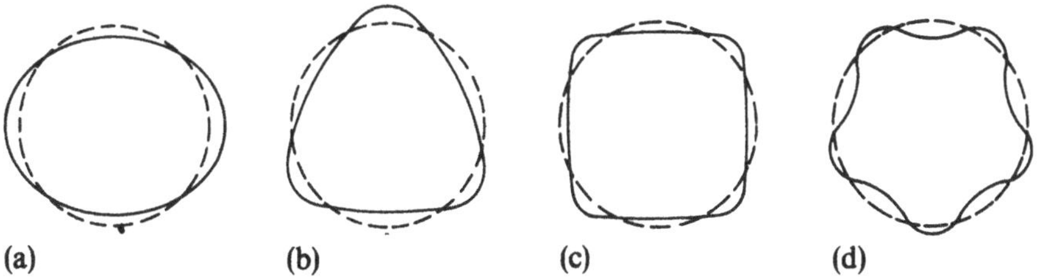

Abb. 11.4. Niedere Zonale Harmonische und Erdfigur ($J_2 \ldots J_5$)

Als Referenzfigur wird in der Regel ein Rotationsellipsoid gewählt, das durch C_{20} und C_{40} definiert ist, so daß $C_{nm} = S_{nm} = 0$ für $m \neq 0$. δC_{nm} und δS_{nm} entsprechen demnach den "beobachteten" Potentialkoeffizienten. γ bedeutet die Normalschwere (vgl. *Torge* 1980c)

Im Rahmen der dynamischen Satellitengeodäsie werden aus Analysen von Satellitenbahnstörungen die Potentialkoeffizienten C_{nm} und S_{nm} "beobachtet" (vgl. [3.2.2]) und in die Gleichungen (11.9) bis (11.12) eingesetzt. Die Koeffizienten bilden als sogenannte Feldparameter einen Teil der Erdmodelle [10.2.2] und gestatten über (11.12) die Berechnung eines globalen Geoids.

Mit zunehmendem Grad der Potentialentwicklung wachsen auch die Standardabweichungen der beobachteten Koeffizienten. Es hat sich gezeigt, daß aus der Analyse von Satellitenbahnstörungen lediglich Koeffizienten bis etwa Grad und Ordnung 20 sowie einige höhere Resonanzterme signifikant abzuleiten sind. Die numerische Ursache hierfür liegt in dem als "Dämpfungsfaktor" wirkenden Glied $(a_e/r)^n$ in (11.9), das wegen $r - a_e \geq 600$ km mit wachsendem n immer kleiner wird. Selbst bei einer Steigerung der Beobachtungsgenauigkeit zu Satelliten ist eine weitere Auflösung nicht zu erwarten (Abbildung 11.5, *Balmino* 1983). Hier helfen spezielle Satellitenmissionen [9.], [10.] bzw. die Kombination mit terrestrischen Schweredaten weiter [11.2.2].

Bereits der Koeffizient J_2 führt zu einem geodätisch interessanten Ergebnis, nämlich dem Abplattungswert f für ein mittleres (bestanschließendes) Referenzellipsoid. Es gilt (*Torge* 1980c)

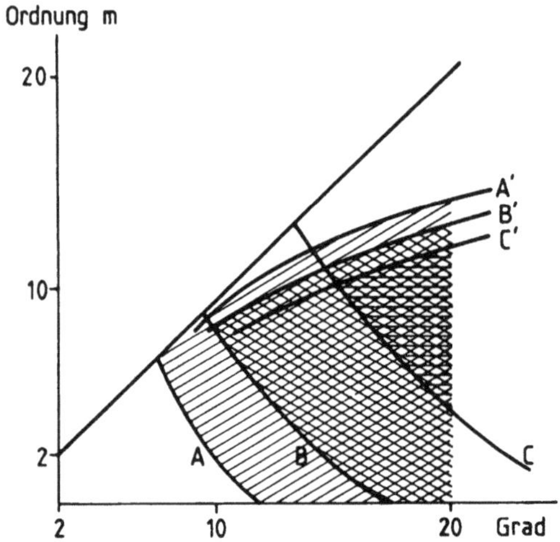

Abb. 11.5. Bahnverfolgungsgenauigkeit und Schwerefeldauflösung; die Koeffizienten innerhalb der schraffierten Gebiete lassen sich bei der vorgegebenen Tracking Genauigkeit nicht mehr auflösen ($A = 10$ m, $B = 1$ m, $C = 0{,}2$ m)

$$f = \frac{3}{2}J_2 + \frac{m}{2} + \frac{9}{8}J_2^2 + \frac{15}{28}J_2 m + \frac{3}{56}m^2 \tag{11.13}$$

mit

$$m = \frac{a_e^2 b\omega^2}{GM}.$$

Der gegenwärtig beste Wert ist (*Moritz* 1984)

$$f = 1:298{,}257.$$

Er ist Teil des Geodätischen Referenzsystems 1980.

Frühzeitig wurde aus Satellitenbeobachtungen die Existenz eines Koeffizienten J_3 nachgewiesen, der eine Unsymmetrie der Erdfigur bezüglich des Äquators repräsentiert (Abbildung 11.6). Diese Entdeckung wurde seinerzeit mit dem Schlagwort "Birnenform der Erde" belegt. Diese Bezeichnung ist jedoch irreführend, da die Unsymmetrie um den Faktor 10^3 geringer ist als die Erdabplattung und von Geoidundulationen in manchen Weltgegenden übertroffen wird.

Im allgemeinen Konzept der dynamischen Satellitengeodäsie (vgl. [4.1]) werden Figur- und Feldparameter sowie Satellitenbahnelemente gemeinsam bestimmt. Der Grundgedanke dabei ist folgender (vgl. *Sigl* 1984b). Nach der Beziehung (11.1) gilt

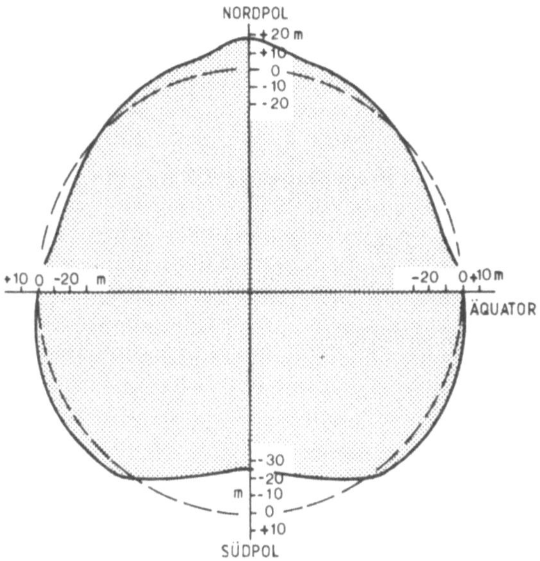

Abb. 11.6. "Birnenform" der Erde aufgrund des zonalen Koeffizienten J_3

$$\boldsymbol{r}_S = \boldsymbol{r}_B + \boldsymbol{\rho}$$

mit

$\boldsymbol{r}_S$ geozentrischer Positionsvektor des Satelliten S
$\boldsymbol{r}_B$ geozentrischer Positionsvektor der Station B
$\boldsymbol{\rho}$ Beobachtungsvektor des Satelliten von B aus.

In verallgemeinerter Form wird (11.1) umgeschrieben in

$$\boldsymbol{r}_S^T(t) = \boldsymbol{r}_S^B(t). \tag{11.14}$$

Die linke Seite ergibt sich aufgrund einer Bahntheorie als "theoretischer Satellitenvektor" mit

$\alpha_1 \ldots \alpha_6$ Bahnparameter

$p_1 \ldots p_n$ Parameter des Erdschwerefeldes

zu

$$\boldsymbol{r}_S^T(t) = \boldsymbol{r}_S^T(t; \alpha_1 \ldots \alpha_6; p_1 \ldots p_n). \tag{11.15}$$

Die rechte Seite von (11.14) ist der "Beobachtungsvektor" und enthält mit

$\boldsymbol{r}_{B1} \ldots \boldsymbol{r}_{Bq}$ die Koordinaten der Beobachtungsstationen

sowie

$l_1 \ldots l_m$ die entsprechenden Beobachtungsgrößen zu den Satelliten (z.B. Laserdistanzmessungen)

also

$$\boldsymbol{r}_S^B(t) = \boldsymbol{r}_S^B(t; l_1 \ldots l_m; \boldsymbol{r}_{B1} \ldots \boldsymbol{r}_{Bq}). \tag{11.16}$$

Im nächsten Schritt werden die Gleichungen (11.15) und (11.16) linearisiert

$$\begin{aligned} &\boldsymbol{r}_S^T \Big|_{p_0}^{\alpha_0} + D_\alpha \boldsymbol{r}_S^T \, d\boldsymbol{\alpha} + D_p \boldsymbol{r}_S^T \, d\boldsymbol{p} \\ &= \boldsymbol{r}_j^B \Big|_{\boldsymbol{r}_{B0}}^{l_0} + D_l \boldsymbol{r}_S^B \, d\boldsymbol{l} + D_{r_B} \boldsymbol{r}_S^B \, d\boldsymbol{r}_B. \end{aligned} \tag{11.17}$$

Hierin bedeuten

$\boldsymbol{\alpha}$ die Bahnparameter $(\alpha_1 \ldots \alpha_6)$

$\boldsymbol{p}$ die Parameter des Gravitationsfeldes $(p_1 \ldots p_n)$

$\boldsymbol{l}$ die Beobachtungen $(l_1 \ldots l_m)$

$\boldsymbol{r}_B$ die geozentrischen Stationspositionen $(\boldsymbol{r}_{B1} \ldots \boldsymbol{r}_{Bq})$

$D_\alpha, D_p, D_l, D_{r_B}$ Koeffizientenmatrizen

$d\alpha, dp, dl, dr_B$ Korrektionen.

Weiterhin ist

$$r_S^T \Big|_{p_0}^{\alpha_0} \tag{11.18}$$

eine Referenzbahn, die aus Näherungsbahnparametern α_0 mit näherungsweise bekannten Schwerefeldkoeffizienten p_0 gerechnet wurde.

$$r_j^B \Big|_{r_{B0}}^{l_0} \tag{11.19}$$

ist der beobachtete Orbit, ausgehend von Näherungskoordinaten r_{B_0} der Beobachtungsstationen und den ursprünglichen, unkorrigierten Beobachtungen l_0.Im Zuge des Parameterbestimmungsprozesses werden Verbesserungen $d\alpha$, dp, dr_B für Bahn, Feldparameter und Stationskoordinaten bestimmt. Mit dl sind Verbesserungen der Beobachtungen (Biasparameter) bezeichnet.

Im Rahmen der dynamischen Satellitengeodäsie werden folglich im Grundsatz die Abweichungen einer tatsächlich beobachteten Bahn von einer näherungsweise berechneten Referenzbahn analysiert. Die gemeinsame Bestimmung von verbesserten Stationskoordinaten und Schwerefeldparametern im Rahmen einer umfassenden Lösung von möglichst vielen Satellitenbeobachtungen führt zu einem *Erdmodell.*

In diesem Zusammenhang kann zugleich die große Halbachse eines bestanschließenden globalen Ellipsoides sowie die Geozentrische Gravitationskonstante *GM* mitbestimmt werden. Zur Stabilisierung der Lösung werden die zonalen Kugelfunktionsterme vorab mit vergleichsweise hoher Genauigkeit abgeleitet und dann bei der Berechnung der längenabhängigen Koeffizienten als bekannt eingeführt. In entsprechender Weise können bei der Berechnung von Kugelfunktionsmodellen die Stationskoordinaten vorab bestimmt und festgehalten werden.

11.2.2 Erdmodelle

Seit Beginn des Weltraumzeitalters werden Satellitenbeobachtungsdaten gesammelt und von Zeit zu Zeit für verfeinerte Erdmodellberechnungen genutzt. Bis 1985 sind etwa 30 derartiger Modelle bekannt geworden (*Wenzel* 1985). Einige werden nachstehend zusammenfassend vorgestellt.

(1) Standarderden des Smithsonian Astrophysical Observatory (SAO)

Die erste SAO Standarderde erschien bereits 1966 (*Lundquist* und *Veis* 1966) und beruhte auf mehr als 45000 Richtungsbeobachtungen mit Baker-Nunn

Kameras von 12 Stationen zu 13 Satelliten. Als Ergebnis wurden geozentrische Koordinaten der 12 Beobachtungsstationen und eine Potentialentwicklung der zonalen Koeffizienten bis J_{14} sowie eine vollständige Entwicklung bis Grad und Ordnung $l = 8$ vorgelegt. Außerdem wurden Werte für

$$GM = 398\,603{,}2 \cdot 10^9 \text{ km}^3 \text{ s}^{-2}$$

und

$$a_e = 6378165 \text{ m}$$

angegeben.

Im Jahre 1969 wurde eine Erweiterung mit der Standarderde SAO – SE II und 1973 mit SAO-SE III veröffentlicht (*Gaposchkin* 1973). Nachdem in SE II bereits Lasermessungen zu Satelliten enthalten waren, wurden in SE III Richtungs- und Lasermessungen zu insgesamt 25 Satelliten verarbeitet und außerdem Oberflächenschwerewerte einbezogen. Die Feldparameter wurden vollständig bis $l = 18$ bestimmt. Geozentrische Koordinaten wurden für 90 Beobachtungsstationen abgeleitet.

(2) Goddard Erdmodelle (GEM)

Am Goddard Space Flight Center der NASA wurde eine lange Serie von Erdmodellen berechnet. Das erste allein auf Satellitendaten beruhende Modell GEM 1 wurde 1972 veröffentlicht und enthält eine Potentialentwicklung bis $l = 12$. Das Modell GEM 9 aus dem Jahre 1977 ist das letzte Modell dieser Serie, das ausschließlich auf Satellitenbeobachtungen beruht. Insgesamt sind 840000 Beobachtungen eingegangen, nämlich

150000 Kamerabeobachtungen
477000 Elektronische Beobachtungen
213000 Laserdistanzbeobachtungen.

Die Potentialentwicklung ist bis $l = 20$ vollständig; geozentrische Koordinaten wurden für knapp 150 Stationen bestimmt.

Da die Empfindlichkeit von Satellitenbahnanalysen etwa bei $l = 20$ aufhört, wurden zur weiteren Verfeinerung Altimeterdaten [9.] und Oberflächenschwerewerte mit hinzugenommen. Die entsprechenden GEM-Modelle sind (*Lerch* u.a. 1978)

GEM 10 (1977), $l = 22$,	Satelliten	+ Oberflächenschwere (1)			
GEM 10A(1978), $l = 30$,	"	"	+ Altimetrie (1)		
GEM 10B(1978), $l = 36$,	"	"	"	(2)	
GEM 10C(1978), $l = 180$,	"	" (2)	"	(3).	

In GEM 10B sind 700 Altimeterdurchgänge von GEOS 3 enthalten; GEM 10C enthält 2300 Altimeterbögen von GEOS 3 und 384000 mittlere 1° × 1° Oberflächenschwereanomalien. GEM 10C hat als hochauflösendes Kugelfunktionsmodell nach wie vor Bedeutung.

Im Zusammenhang mit der Berechnung von GEM 9 und GEM 10 wurde auch ein verbesserter Wert für die Geozentrische Gravitationskonstante vorrangig aus Laserdistanzmessungen zu LAGEOS bestimmt

$$GM = 398\,600{,}64 \text{ km}^3 \text{ s}^{-2}.$$

Aus der Analyse der geozentrischen Stationskoordinaten wurde die große Halbachse für ein mittleres Erdellipsoid zu

$$a_e = 6378139 \text{ m}$$

gefunden.

Für die Nutzung von Beobachtungen zu LAGEOS wurde 1983 ein besonderes abgestimmtes Schweremodell veröffentlicht, GEM-L2 (*Lerch* u.a. 1983), das einen homogenen Satz von Potentialkoeffizienten bis $l = 20$ enthält und zusätzlich zu den Daten von GEM9 auf etwa 400000 Entfernungsmessungen zu LAGEOS aus 2,5 Jahren beruht. Für die 20 einbezogenen Beobachtungsstationen liegen geozentrische Koordinaten mit ± 6 cm vor. Besonders der langwellige Anteil bis $l = 4$ ist extrem genau und ermöglicht eine langwellige Geoidberechnung mit $< \pm 10$ cm Genauigkeit für großräumige Strukturen. Der zugehörige GM-Wert lautet

$$GM = 398\,600{,}440 \text{ km}^3 \text{ s}^{-2}.$$

(3) GRIM – Erdmodell

Vom Sonderforschungsbereich 78 “Satellitengeodäsie” an der Technischen Universität München (jetzt “Forschergruppe Satellitengeodäsie”) gemeinsam mit der “Groupe de Recherche de Gédodésie Spatiale”, Toulouse wurde 1976 ein erstes Erdmodell GRIM 1 veröffentlicht (*Balmino* u.a. 1976), das ausschließlich auf Satellitenmessungen beruhte und bis $l = 10$ entwickelt war. Eine Kombination der Satellitenlösung mit 1° × 1° Oberflächenschwereanomalien (GRIM 2) wurde im gleichen Jahr als Entwicklung bis $l = 30$ erstellt (*Balmino* u.a. 1976b).

Die GRIM 3 Lösung (*Reigber* u.a. 1983a) enthält eine vollständige Potentialentwicklung bis $l = 36$ und geozentrische Koordinaten von 95 Beobachtungsstationen. Sie beruht auf Richtungs-, Laser- und Dopplerbeobachtungen zu 22 Satelliten, etwa 25000 1° × 1° terrestrischen Schwereanomalien und knapp 28000 1° × 1° Schwereanomalien aus Altimeterdaten von GEOS 3. Das

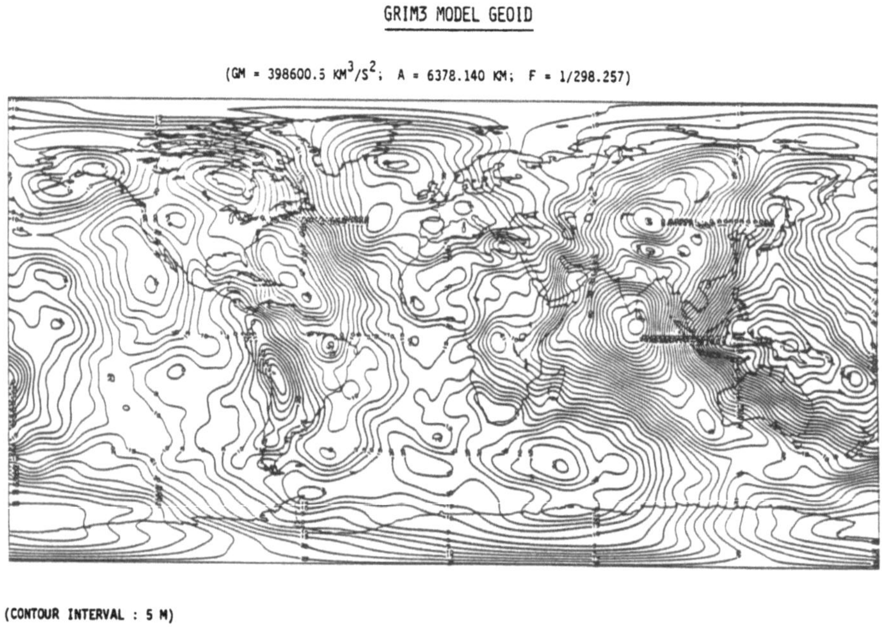

Abb. 11.7. GRIM 3 Geoid (Konturlinien 5 m), Reigber u.a. 1983a

zugehörige aus den Potentialkoeffizienten gerechnete Geoid ist in Abb. 11.7 dargestellt.

Weiterhin wurden durch Hinzunahme zusätzlicher Daten noch einige dedizierte Modelle gerechnet, beispielsweise GRIM 3B für LAGEOS Bahnen (*Reigber* u.a. 1984).

(4) Sonstige Modelle

Zahlreiche weitere Erdmodelle wurden berechnet und werden weiter berechnet, die hier nicht im einzelnen aufgeführt werden sollen. Eine Übersicht gibt *Wenzel* (1985). Hochauflösende Modelle beruhen stets auf Kombinationen von Satellitendaten mit terrestrischen Daten. Die von *Wenzel* (1985) berechneten Geopotentialmodelle GPM 1 und GPM 2 sind vollständig bis $l = 200$ entwickelt. Von *Rapp* und *Cruz* (1986) wurde ein Kugelfunktionsmodell bis $l = 360$ vorgestellt. Weitere Entwicklungen sind zu erwarten. Zur Kombination werden unterschiedliche Vorgehensweisen gewählt, beispielsweise die *Kollokation* oder die *spektrale Kombination* nach kleinsten Quadraten. Statt der Darstellung in Kugelfunktionen wurden auch andere Darstellungsformen vorgeschlagen und realisiert, beispielsweise nach dem *Modell einer einfachen*

Schicht (*Koch* 1970, 1974) und durch *diskrete innere Massenpunkte* (*Balmino* 1974). Hingewiesen werden soll noch auf die dedizierten Schweremodelle für einzelne Satelliten wie LAGEOS, STARLETTE [8.3.5], GEOS 3 und SEASAT [9.3.3].

Im Zusammenhang mit der Bestimmung von Erdmodellen wurde mit zunehmender Datendichte der Wert für die Länge der großen Halbachse a_e für ein mittleres Erdellipsoid fortlaufend verbessert. In Abbildung 11.8 (*Sigl* 1984b) ist die Entwicklung unserer Kenntnisse über a_e im Laufe dieses Jahrhunderts dargestellt. In den Wert für 1967 sind erstmals Ergebnisse von Satellitenmessungen mit eingeflossen.

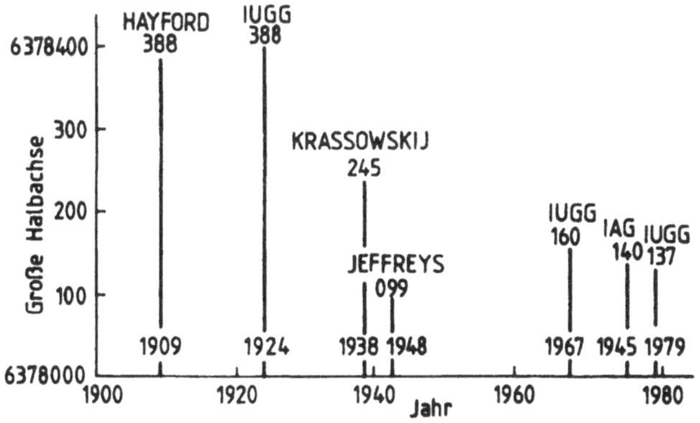

Abb. 11.8. Entwicklung von der Kenntnis der großen Halbachse für ein mittleres Erdellipsoid (nach Sigl 1984)

(5) Geozentrische Gravitationskonstante GM

Das Produkt GM zwischen der Erdmasse und der universellen Gravitationskonstante ist ein sehr wichtiger Parameter der dynamischen Satellitengeodäsie, da er den Maßstab für alle Koordinatenergebnisse mitbestimmt. Er gehört mit zu den Definitionskonstanten des Geodätischen Referenzsystems 1980 und wird in der Regel als fehlerfreie Größe behandelt. Der Wert wird immer in der Form des Produktes angegeben, da dieses aus Satellitenbeobachtungen wesentlich genauer bestimmt werden kann als die einzelnen Faktoren.

In der Astronomie wurde GM aus Analysen der Mondbahn gemäß Keplers 3. Gesetz abgeleitet. Wesentlich höhere Genauigkeiten lassen sich aus Beobachtungen der "Fallgeschwindigkeit" von Raumsonden und entfernten Satelliten erzielen. Während der ersten Tage des Fluges wird die Bewegung der Raumflugkörper nämlich durch den zentralen Term der Gravitationsanziehung der Erde dominiert.

Erste zuverlässige Werte ließen sich aus Analysen der Mariner, Ranger, Surveyor, Lunar-Orbiter sowie Venera Sonden ermitteln (*NGSP* 1, S. 292, 1977). Die genauesten Werte kommen heute aus langjährigen Analysen der Laserdistanzmessungen zum Mond und zu LAGEOS. Einige Ergebnisse sind in Tab. 11.2 angegeben.

Niedrigfliegende Satelliten eignen sich wegen der vergleichsweise starken sonstigen Störungen weniger für die Bestimmung von GM. Dennoch wurden in einigen Erdmodellen bestanpassende GM Werte mitermittelt. Die Analyse von Laserdistanzmessungen zu STARLETTE hat ebenfalls eine sehr gute Übereinstimmung mit den LAGEOS Werten gezeigt (*Marsh* u.a. 1985). In Abbildung 11.9 ist die Entwicklung der Bestimmung von GM illustriert. Bemerkenswert ist die starke Steigerung der Genauigkeit.

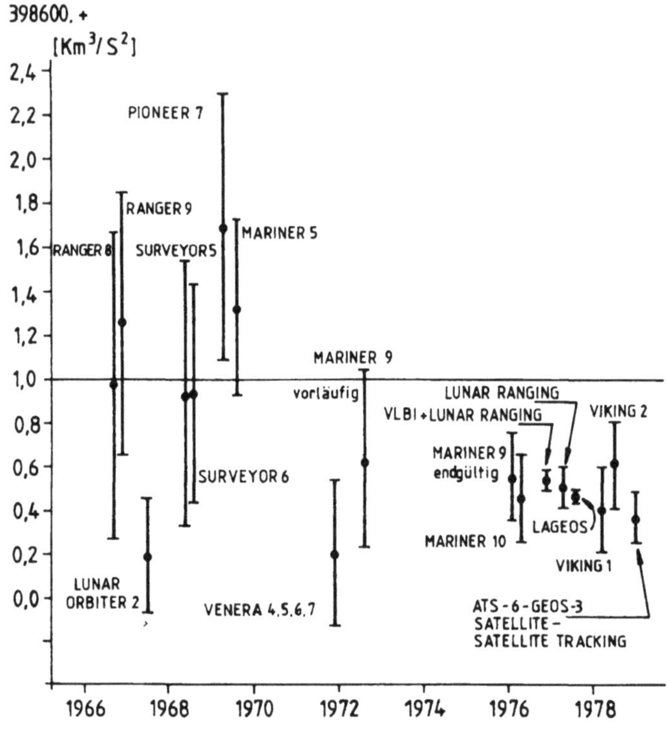

Abb. 11.9. Entwicklung von der Kenntnis der geozentrischen Gravitationskonstante GM (*Martin* und *Oh* 1979)

Tab. 11.2. Verschiedene Bestimmungen von GM

Methode/Quelle	Wert [$km^3 s^{-2}$]
Mondbahn (*O'Keefe* 1959)	398 620 ±6
C_{20}, C_{40}, terrestrische Daten (*Rabe* 1962)	398 603 ±6
Ranger (6–9) (1966)	398 601 ±0,7
Mariner 9 (1971)	398 601,2 ±2,5
Venera (4–6)	398 600,37 ±1,0
Lasermessung zum Mond	398 600,444 ±0,010
Lasermessung zu LAGEOS (80 Monate) (*Smith* u.a. 1984)	398 600,434 ±0,002
Geodätisches Referenzsystem 1980	398 600,5 ±0,5
MERIT Standards	398 600,448

11.3 Navigation und Meeresgeodäsie, kinematische Positionsbestimmung

11.3.1 Einsatzmöglichkeiten und Genauigkeitsanforderungen bei der Positionsbestimmung auf See

Die wachsende Bedeutung des Meeres als Wirtschaftsraum und Rohstofflieferant sowie die Einbeziehung ozeanischer Gebiete in globale geodynamische Betrachtungen führt zu hohen Genauigkeitsanforderungen für die Positionsbestimmung auf See und am Meeresboden. Eine summarische Übersicht ist in Tabelle 11.3 gegeben. Folgende Hauptanwendungsgebiete können identifiziert werden.

(a) *Seerecht und Grenzziehung auf See*
Als Folge des neu kodifizierten Seerechts fallen weite Gebiete des offenen Meeres unter das Nutzungsrecht von Anrainerstaaten. Grenzlinien müssen zum Teil mehrere Hundert km von der Küste entfernt definiert, festgelegt und realisiert werden. Insbesondere wenn die Mittellinie zwischen zwei Staaten durch Gebiete mit Rohstoffvorkommen verläuft (Abb. 11.10), treten Genauigkeitsanforderungen von $< \pm 5$ m auf.

(b) *Meeresindustrie und Exploration*
Dies betrifft die geologische Untersuchung des Meeresbodens durch seismische Vermessungen, die Einrichtung von Bohrungen und Bauwerken auf See, das Verlegen und die Kontrolle von Pipelines, das Wiederauffinden von verschlossenen Bohrlöchern, das Aufsuchen und Fördern mineralischer Roh-

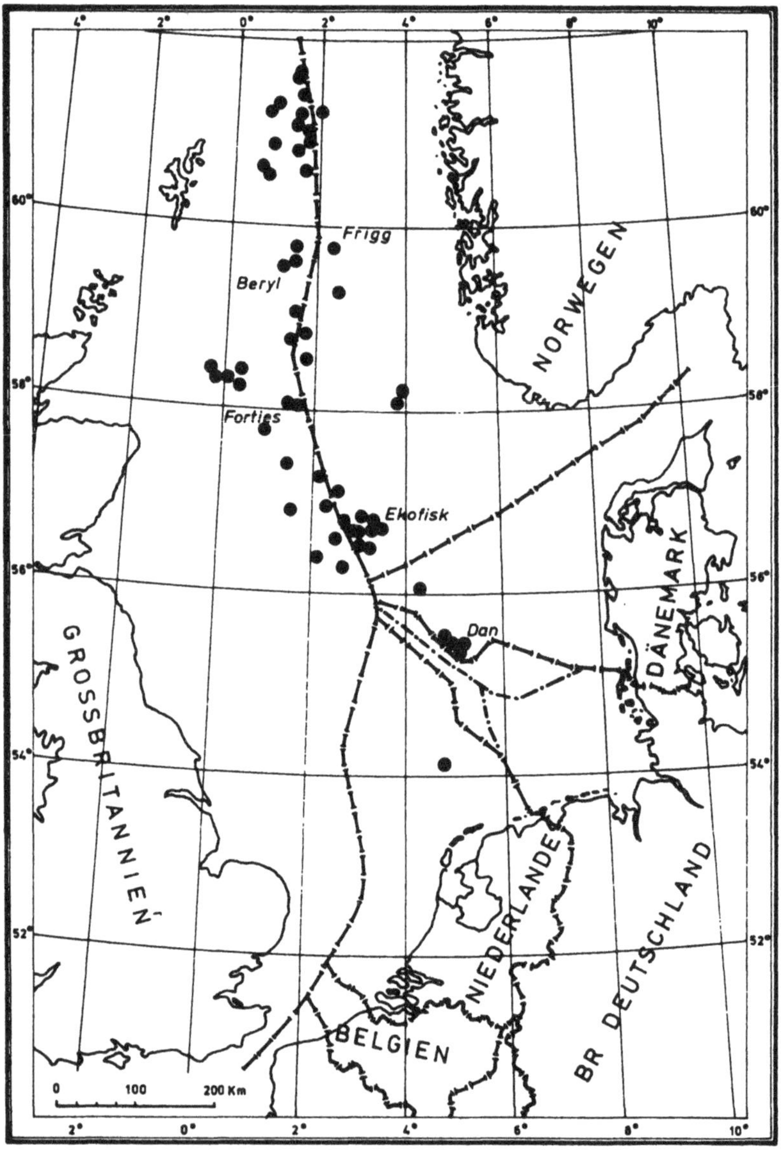

Abb. 11.10. Verlauf der Mittellinien im Nordseebereich

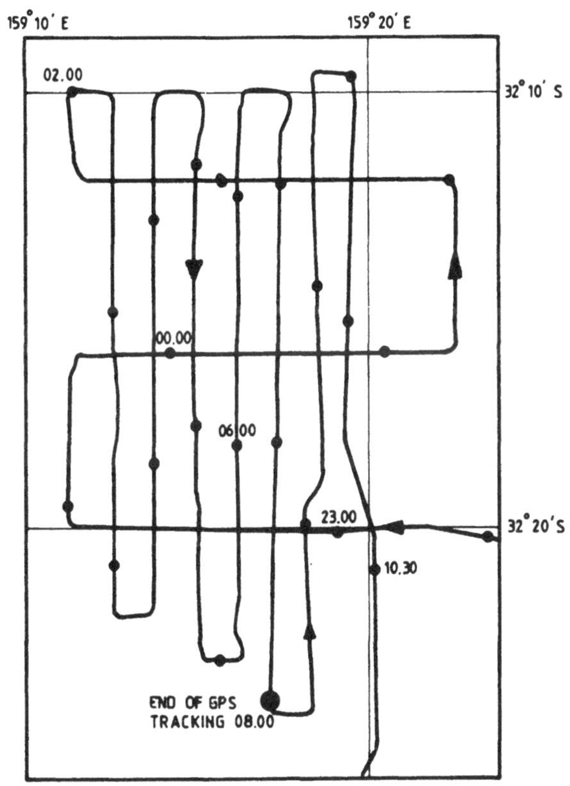

Abb. 11.11. Meßstreifen für die Meeresbodenvermessung mit SEABEAM. Bis 8.00 Uhr steht GPS zur Verfügung, danach TRANSIT

stoffe (Manganknollen, hydrothermale Erzablagerungen etc.). Besonders hohe Anforderungen treten bei 3 D – seismischen Vermessungen sowie bei der Erkundung von kleinräumigen Lagerstätten im Tiefseebereich auf.

(c) *Meeresbodenvermessung*
Die hochauflösende topographische Erfassung des Meeresbodens durch flächenhaft arbeitende Sonarsysteme wie SEABEAM oder HYDROSWEEP ist zu einem wichtigen Werkzeug für alle marinen Geowissenschaften geworden (*Schenke u. Ulrich* 1986). Eine wesentliche Voraussetzung zur korrekten Datennutzung liegt in der genauen Zuordnung von Meßstreifen und Schiffspositionen (Abb. 11.11).

(d) *Geodynamische Fragestellungen*
Grenzen zwischen tektonischen Platten verlaufen vorwiegend im Meeresbereich. Um ein zutreffendes Bild der rezenten globalen Tektonik zu erhalten, muß das Bewegungs- und Deformationsverhalten auch in ozeanischen Gebie-

Tab. 11.3. Genauigkeitsanforderungen bei der Positionsbestimmung auf See (nach Saxena 1980)

Katastervermessungen	5 m
Bohrlöcher (Echtzeit)	3–5 m
Pipelines	1–8 m
Öl und Gas	1–5 m
Öl und Gas (Echtzeit)	10–20 m
Meeresbergbau	10 m
Territorialgrenzen	5 m
Meeresbodenkontrollnetz	1 m
Geodynamik (Meeresboden)	<0,1 m

ten studiert werden. Diese sehr herausfordernde Aufgabe, bei der Bewegungsraten von 1–5 cm/Jahr zu erfassen wären, läßt sich nur in Kombination von Satellitenmethoden mit akustischen Unterwassermethoden lösen (*Spiess* 1983).

(e) *Globaler Mittlerer Meeresspiegel und Meeresgeoid*
Zur Einrichtung eines globalen Höhensystems müssen Differenzen des absoluten Meeresspiegels über ozeanische Becken hinweg bekannt sein. Bei gravimetrischen Vermessungen zur Bestimmung des marinen Geoids muß die Höhenkomponente auf etwa 1 dm und die Geschwindigkeitskomponente mit etwa 10^{-3} m/s bekannt sein. Gravimetrische Messungen spielen auch in der Seegeophysik zum Studium des Untergrundes eine wichtige Rolle.

Dem nur exemplarisch genannten breiten Spektrum der Anforderungen und Anwendungen für die Positionsbestimmung im Meeresbereich stehen verschiedene Meßverfahren gegenüber, die einzeln oder in integrierter Form zur Lösung der Aufgaben beitragen (Abb. 11.12). Dies sind

- Radionavigationsverfahren, insbesondere Satellitenverfahren (TRANSIT, GPS)
- Akustische Verfahren
- Inertialverfahren
- Integrierte Verfahren.

Radionavigationsverfahren genügen in der Regel nur in Küstennähe den Genauigkeitsanforderungen. Satellitenverfahren sind die einzigen global einsetzbaren Methoden. Akustische Verfahren sind erforderlich, wenn es sich um die Steuerung und Positionsbestimmung von Objekten unter Wasser handelt. Inertialverfahren haben wegen der hohen Kosten bislang wenig Verbreitung gefunden; sie werden ggf. in Zukunft als Ergänzung zu GPS von Interesse sein. Integrierte Verfahren sind gegenwärtig die einzigen universell einsetzbaren Methoden bei höheren Genauigkeitsanforderungen. Ihre Rolle wird sich mit zunehmendem Ausbau von GPS verändern.

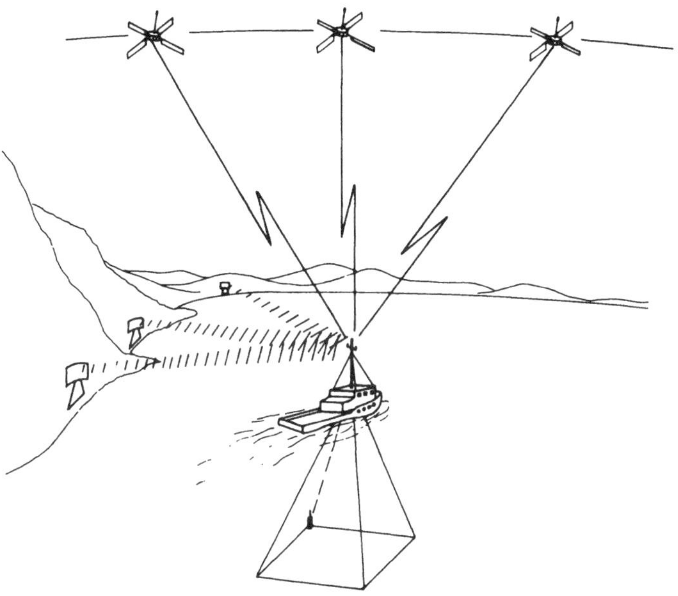

Abb. 11.12. Meßverfahren zur Positionsbestimmung im Meeresbereich

11.3.2 Besondere Gesichtspunkte bei der Anwendung des TRANSIT Systems

Das TRANSIT System [6.] wurde ursprünglich für die Anwendung auf See entwickelt; die geodätischen Nutzungsmöglichkeiten an Land wurden erst später erkannt und ausgeschöpft. Ein charakteristisches Merkmal dieses Verfahrens liegt darin, daß jeweils nur während eines einzelnen "Satellitendurchgangs" von etwa 15–18 Minuten Dauer Meßwerte anfallen und daß zwischen aufeinanderfolgenden Durchgängen je nach Satellitenkonstellation und geographischer Position des Beobachters Wartezeiten bis zu mehreren Stunden auftreten können. Für den bewegten Nutzer auf See sind hiermit vor allem drei Einschränkungen verbunden

- es kann jeweils nur die Positionsinformation aus einem einzelnen Satellitendurchgang entnommen werden
- unvollkommene Kenntnis der Eigenbewegung des Nutzers verfälscht die berechnete Antennenposition
- für die Zeit zwischen zwei Satellitendurchgängen müssen Positionsinformationen aus anderen Quellen beschafft werden.

Das Fehlerbudget für TRANSIT [6.5.6] führt zu einer erreichbaren Positionsgenauigkeit von $\pm 20 \ldots 30$ m für einen stationären Nutzer. Hiermit ist eine obere Genauigkeitsgrenze für maritime Anwendungen gegeben, wenn vollkommene Kenntnis über die Eigenbewegung der Antenne besteht. Dies ist in der Regel nicht der Fall. Abbildung 11.13 zeigt nach einem Vergleich zwischen GPS-und TRANSIT-Positionen, daß mit mittleren Abweichungen von 50... 100 m gerechnet werden muß.

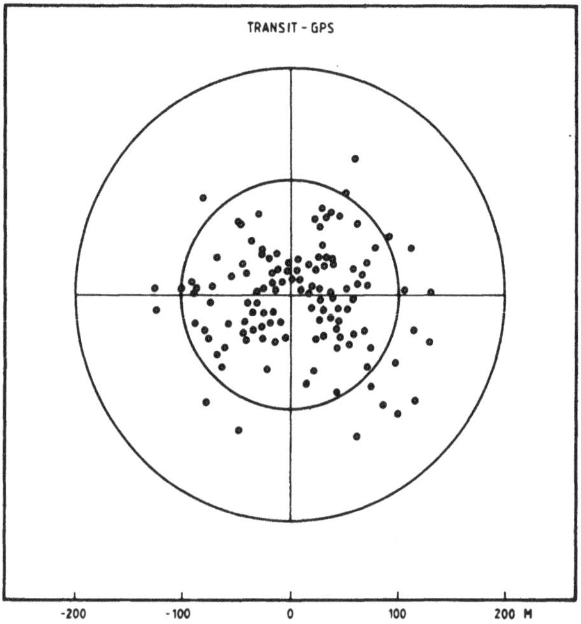

Abb. 11.13. Abweichung von GPS und TRANSIT Beobachtungen auf fahrendem Schiff im Pazifik (Seeber u.a. 1986)

Wegen der Ortsveränderung des Nutzers ist eine Anhäufung von Beobachtungen und eine daraus entstehende Genauigkeitsverbesserung nicht möglich. Es kann aber das Translokationsverfahren in bezug auf eine fest aufgestellte Referenzantenne angewendet werden [6.6.3]. Bei Echtzeiterfordernis müssen die Referenzdaten über eine Telemetrie an Bord übertragen werden. Dieses Verfahren ist realisierbar, aber aufwendig (*Seeber* 1983). Für Explorationsaufgaben genügt oft ein Nachprozessieren. Bei sehr guten Informationen über die Relativbewegung der Nutzerantenne während des Satellitendurchganges ist durch Translokationsbeobachtungen im Einzelpassmodus eine Genauigkeitssteigerung auf $\pm 3 \ldots 5$ m möglich.

Unberücksichtigte Bewegungen der Nutzerantenne können erhebliche Positionsfehler zur Folge haben, da a priori die Satelliten- und Nutzerbewegung einen gemeinsamen Dopplereffekt hervorrufen. Aus Abbildung 6.18 ist zu erkennen, daß eine lineare Antennenbewegung einen Positionsfehler bewirkt, der etwa orthogonal zur Bewegungsrichtung ist. Hierbei führen Fehler in Bahnrichtung, die wegen der polaren Anordnung der TRANSIT-Bahnen auch als *Nordgeschwindigkeitsfehler* bezeichnet werden, zu größten Positionsfehlern in der geographischen Länge. Der Positionsfehler entspricht etwa dem während eines Durchgangs akkumulierten Fehler der Bewegungserfassung der Antenne. Nordgeschwindigkeitsfehler hinterlassen einen systematischen Effekt in den Residuen der Ausgleichung und können deshalb als Parameter mitbestimmt werden (vgl. Tab. 6.3). Dahingegen kann ein Geschwindigkeitsfehler in Ost-West-Richtung nicht als freier Parameter in der Lösung mitgeschätzt werden, da er stark mit den Parametern für Frequenz und geographische Breite korreliert ist (*Egge* 1982).

Um mit TRANSIT genaue Positionsbestimmung auf See vornehmen zu können, sind folglich Zusatzinformationen über die Relativbewegung der Nutzerantenne erforderlich. Dies gilt nicht nur für den Zeitraum des Satellitendurchganges sondern auch für die Wartezeit zwischen zwei Satellitendurchgängen. Die Folge von Relativpositionen heißt *Navigatorentabelle*. Üblicherweise wird die Navigatorentabelle aus Ergebnissen der *Koppelnavigation* mit Logge und Kreiselkompaß abgeleitet, wobei systematische und zufällige Fehler dieser Sensoren in die Tabelle mit eingehen. Als Logge, d.h. relatives Entfernungsmeßsystem wird in der Regel ein auf dem Dopplereffekt beruhendes Sonarsystem genutzt, mit dem Geschwindigkeiten über Grund ermittelt werden. Insbesondere in tiefen Gewässern, bei denen das Dopplersonar nicht den Meeresboden sondern eine möglicherweise bewegte Schicht von Tiefenwasser erreicht, können erhebliche systematische Fehler bei der Koppelnavigation auftreten. Grundgleichungen der Koppelnavigation sind (*Egge* 1984)

$$\Phi_k = \Phi_j + \frac{v_{\mathrm{Hor}_{jk}} \Delta t_{jk} \cos \alpha_{jk}}{\overline{M} + h} \tag{11.20}$$

$$\lambda_k = \lambda_j + \frac{v_{\mathrm{Hor}_{jk}} \Delta t_{jk} \sin \alpha_{jk}}{(\overline{N} + h) \cos \Phi_j}. \tag{11.21}$$

Hierin bedeuten Φ, λ ellipsoidische Schiffspositionen, die in Inkrementen eines Zeitintervalles Δt_{jk} fortgeschrieben werden. Es sind

$\alpha_{j,k}$ Kurswinkel (ellipsoidisches Azimut)
$v_{\mathrm{Hor}_{jk}}$ horizontale Geschwindigkeit im Zeitintervall Δt_{jk}

$$\overline{M} = \frac{a(1 - e^2)}{(1 - e^2 \sin^2)^{\frac{3}{2}}} \quad \text{Meridiankrümmungsradius.} \tag{11.22}$$

Die übrigen Größen sind in [2.1.4] erklärt.

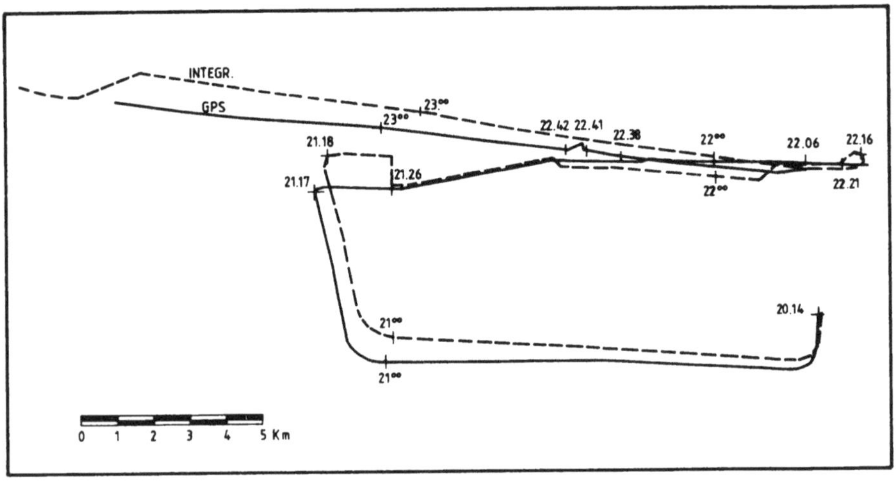

Abb. 11.14. Integrierte Navigation (TRANSIT und Koppelnavigation) sowie GPS auf einer Meßfahrt in der Arktis

Die Navigatorentabelle für die Zeit des Satellitendurchganges wird den gemessenen Dopplercounts bestmöglich angepaßt, so daß nach der Auswertung eine Folge von absoluten Positionswerten der Nutzerantenne erzeugt wird. Die Ergebnisse werden auch als *Satellitenfix* bezeichnet.

Um Daten der Koppelnavigation und der Satellitendurchgänge gemeinsam über einen längeren Fahrtabschnitt zu behandeln, bedient man sich der *Integrierten Navigation.* Die Satellitenfixe dienen dann jeweils zur Aufdatierung der Koppelnavigation und zur Modellierung der systematischen Fehleranteile. Als Algorithmus wird zweckmäßigerweise die *Kalmanfiltertechnik* gewählt (*Schrick* 1977).

Insbesondere auf hoher See bleibt es dennoch schwierig, den Prozeß der Positionsbestimmung mit genügender Genauigkeit zu modellieren. Abbildung 11.14 zeigt eine typische Situation. Die Aufdatierung durch TRANSIT kann 1000 m und mehr erreichen, so daß bei der Nutzung von TRANSIT in integrierten Anlagen mit Positionsfehlern von einigen Hundert Metern gerechnet werden muß. Trotz der genannten Schwächen hat sich TRANSIT zur weltweiten Positionsbestimmung auf See bewährt, zumal es neben dem noch nicht kontinuierlich verfügbaren GPS das einzige global nutzbare System ist.

11.3.3 Besondere Gesichtspunkte bei der Anwendung des GPS Systems

GPS [7.] hat gegenüber TRANSIT mit Hinblick auf Anwendungen im Meeresbereich einige wichtige Vorteile

- im Endausbau werden bei einer Überdeckung mit 18–24 Satelliten jeweils mindestens vier Satelliten an jedem beliebigen Ort der Erde sichtbar sein, so daß eine Echtzeitnavigation durch simultane Streckenmessung möglich ist
- die Positionen stehen unmittelbar zur Verfügung; es muß nicht erst ein "Satellitendurchgang" abgewartet werden
- die erzielbare Genauigkeit ist höher als bei TRANSIT, zumal die Eigengeschwindigkeit des Nutzers keine Rolle spielt.

Während der gegenwärtig noch eingeschränkten Satellitenüberdeckung mit Prototypsatelliten gelten die genannten Vorteile nur für einige Stunden am Tag. In äquatornahen Gebieten kann GPS aber bereits bis zu 12 und mehr Stunden täglich genutzt werden.

GPS ist ebenso wie TRANSIT als Navigationsverfahren konzipiert worden. Das grundlegende Navigationsprinzip beruht auf der Messung von *Pseudoentfernungen mit Codephasen* [7.1.4], [7.3]. Zur Verarbeitung der Meßgrößen wird üblicherweise ein Kalmanfilter genutzt. In der einfachsten Form genügen 8 Zustandsgrößen, nämlich drei Koordinaten und eine Zeitkorrektur sowie deren erste Ableitungen (*Seeber* u.a. 1986). Wenn der P-Code verfügbar ist, kann eine Echtzeitgenauigkeit von ± 10–15 m erzielt werden. Nach dem endgültigen Ausbau des Systems muß für nichtautorisierte Nutzer mit einer Genauigkeitsverringerung gerechnet werden; endgültige Entscheidungen hierzu sind noch nicht bekannt geworden.

Abbildung 11.11 verdeutlicht den Vorteil von GPS Positionen gegenüber der integrierten Navigation mit TRANSIT. Bei der Meeresbodenvermessung mit einem Flächensonar (z.B. SEABEAM) müssen möglichst gleichabständige Profile gefahren werden, um eine lückenlose Überdeckung zu erzielen. Solange GPS genutzt werden kann, läßt sich diese Forderung problemlos einhalten. Sobald nach Untergang der GPS Satelliten auf die integrierte Navigation umgeschaltet werden muß (im Beispiel um 8,00 Uhr), sind diese Forderungen nicht mehr erfüllt.

Ebenso wie auf Land läßt sich auf See eine Genauigkeitssteigerung durch Relativmessungen zu einer festen Referenzstation erzielen. Hierzu müssen Korrekturinformationen von der Referenzstation zum Nutzer übertragen werden (vgl. Abb. 7.37). Sofern keine Echtzeiterfordernis vorliegt, kann die Mehrstationsauswertung im Nachhinein durch *Postprocessing* erfolgen. Zur Übertragung von Korrekturwerten sind unterschiedliche Konzepte in der Diskussion

(a) Übertragung von Koordinatenkorrekturen
(b) Übertragung von Pseudorangekorrekturen
(c) Nutzung von Pseudosatelliten (Pseudolite).

Die Lösung (a) hat den Nachteil, daß auf der Referenz- und Nutzerstation dieselben Satelliten verwendet werden müssen und daß bei größeren Entfernungen zur Referenzstation die jeweilige Geometrie unterschiedlich ist. Die Lösung (c), bei der Korrekturen im Format der Satellitenmessage von der Referenzstation ausgesendet werden, ist technisch aufwendig. Sie kann aber in späteren Jahren von Bedeutung sein.

Gegenwärtig bietet sich als leistungsfähige Methode die Lösung (b) an. Hierbei werden auf der Referenzstation, ausgehend von Sollkoordinaten, die gemessenen Entfernungen zu allen sichtbaren Satelliten mit den aufgrund der Broadcastmessage gerechneten Entfernungen verglichen. Die Differenzen werden zum Nutzer übertragen, der seine eigenen Entfernungsmessungen entsprechend korrigieren kann. In Abbildung 11.15 ist ein Beispiel für derartige Korrekturwerte gegeben. Durch den Empfängeroszillator der Referenzstation können erhebliche Korrelationen in die Entfernungskorrekturen hineingetragen werden. Um numerische Probleme zu vermeiden, kann ein Satellit als Referenzsatellit gewählt werden; der allen Satelliten gemeinsame Effekt kann dann als Uhrfehler der bewegten Station behandelt werden. Die Folge der Korrekturwerte kann beispielsweise durch Polynome repräsentiert werden.

Im Relativmodus läßt sich eine Genauigkeit von 2–5 m erreichen. Inwieweit bei einer möglichen späteren Nutzungseinschränkung durch Relativmessun-

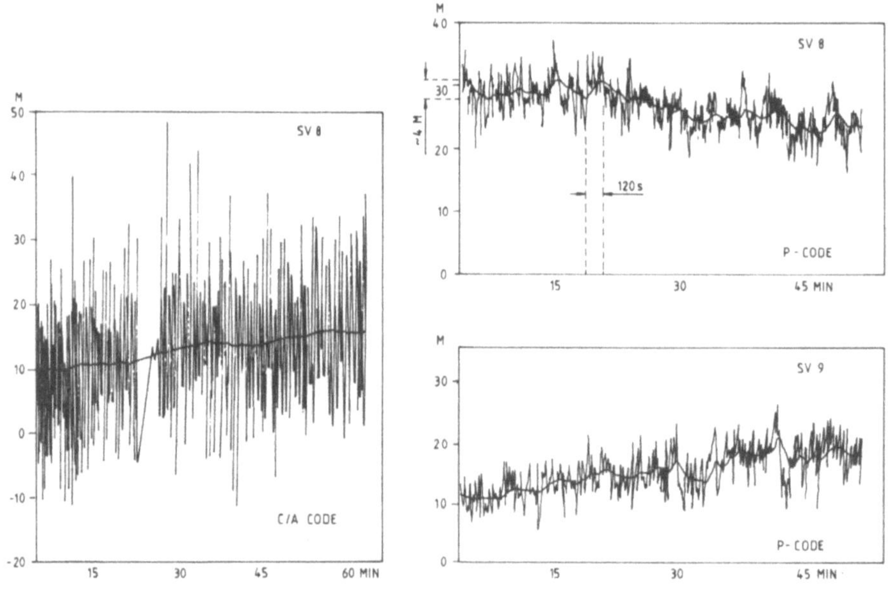

Abb. 11.15. Korrekturwerte auf einer Referenzstation zur Verbesserung der Navigation mit GPS; C/A – Code (a) und P – Code für zwei Satelliten (b)

gen eine Genauigkeitssteigerung möglich sein wird, kann gegenwärtig nicht vorausgesagt werden.

Das hohe Genauigkeitspotential der Trägerphasenmessungen (Tab. 7.6) kann auch im bewegten Modus auf See sowie in Landfahrzeugen ausgeschöpft werden. Unterschiedliche Konzepte sind in Gebrauch. Die hochstabilen Trägerphasen können genutzt werden, um die über Codes gemessenen Pseudoranges zu glätten (*carrier smoothed pseudoranges*, *Remondi* 1986) oder um die durch Codemessungen bestimmten Koordinaten fortlaufend zu verbessern (*Seeber* u.a. 1986). In beiden Fällen tritt das Problem der Mehrdeutigkeitsbestimmung auf. Sofern ein P-Code Empfänger verfügbar ist, kann die in [7.3.4] beschriebene Methode der Kombination von Code- und Trägerphasen genutzt werden. Steht der P-Code nicht zur Verfügung, muß auf einem Startpunkt mit bekannten Koordinaten begonnen werden. Im zweiten Fall muß bei Verlust der Trägerphasenbeziehung zum Ausgangspunkt zurückgefahren werden. Unter Einbeziehung von Trägerphasenmessungen konnte in kontrollierten Experimenten auf See eine Genauigkeit von $\pm 1-2$ m nachgewiesen werden. Der Genauigkeitsbereich von $\pm 0{,}1$ m erscheint erreichbar zu sein.

Durch dieses hohe Genauigkeitspotential eröffnen sich zahlreiche Anwendungsmöglichkeiten von GPS im bewegten Modus. Neben hydrographischen und hydrologischen Detailvermessungen in Küstennähe wird in Verbindung mit weiterentwickelten akustischen Meßverfahren auch eine hochpräzise Beziehung zwischen Punkten am Meeresboden und an Land möglich.

Im kinematischen Landeinsatz kann an die präzise Steuerung von Fahrzeugen aller Art, z.B. Großbaggern und Baumaschinen gedacht werden. Entsprechendes gilt für die kontinuierliche Überwachung von Bodenbewegungen oder die profilhafte kontinuierliche Aufnahme von Lage- und Höhenkoordinaten.

11.3.4 Bestimmung von Eisbewegungen

In den vergangenen Jahren hat sich als ein wichtiges Anwendungsgebiet geodätischer Satellitenmethoden die Bestimmung von Positionen und Positionsänderungen auf Eis, insbesondere in der Antarktis herausgebildet (*Hinze* 1986). Soweit es darum geht, Koordinaten für Paß- und Kontrollpunkte bei photogrammetrischen, geologischen, geophysikalischen oder glaziologischen Untersuchungen zu bestimmen, sind die in [6.] und [7.] beschriebenen Verfahren voll übertragbar. Bei höheren Genauigkeitsanforderungen besteht dabei der Zwang zum Betrieb einer Referenzstation auf festem Untergrund (Fels). Dies kann in der Antarktis zu erheblichen Problemen und zu großen Distanzen für die Relativbestimmung führen.

Bei der Bestimmung der Eisbewegung gibt es zwei Vorgehensweisen

(a) Wiederholungsmessung nach 1 oder mehreren Jahren
(b) Wiederholungs- oder Dauermessungen während einer Saison.

Wenn Schelfeis untersucht wird, kann mit Bewegungsraten von 100 m bis 1000 m pro Jahr gerechnet werden. Im Fall (a) genügt folglich eine Einzelpunktbestimmung ohne Referenzstation. Bei TRANSIT muß etwa 1 Tag beobachtet werden; bei GPS genügt etwa 1 Stunde, um eine Absolutgenauigkeit von ± 5 m zu erzielen. Wenn GPS im Relativmodus betrieben wird, genügt eine Beobachtungszeit von wenigen Minuten.

Im Fall (b) ist es zwingend erforderlich, Relativbeobachtungen vorzunehmen. Die über mehrere Tage hinweg aufgezeichneten TRANSIT Beobachtungen der Eisstation können in Gruppen von je etwa 15 Satellitendurchgängen aufgeteilt und gesondert ausgewertet werden. Für jede Gruppenlösung wird eine mittlere Position bestimmt, wobei keine Punktbewegung angenommen wird. Aus der Folge mehrerer Gruppenlösungen wird sodann der Bewe-

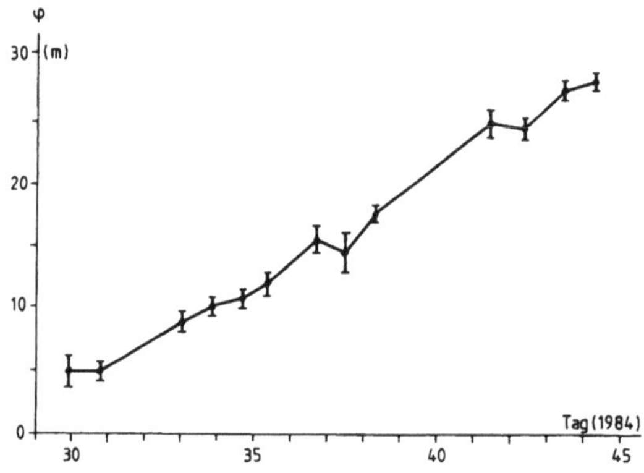

Abb. 11.16. Ergebnis der Eisbewegungsbestimmung mit Transit

Abb. 11.17. Eisbewegungsbestimmung in der Antarktis mit GPS; Einsatz eines Motorschlittens

gungsvektor abgeleitet (Abb. 11.16). Die erforderliche Meßdauer hängt von der Eisgeschwindigkeit ab. Bei Schelfeis genügen wenige Tage; bei Gletschereis (z.B. Antarktische Halbinsel) ist eine Dauer von etwa 10 Tagen oder eine Wiederholung nach 2–3 Wochen erforderlich.

Für GPS gestaltet sich die Beobachtungsplanung wesentlich einfacher. Da eine Beobachtungsdauer von etwa 1 Stunde (oder weniger bei P-Code Empfängern) ausreicht, können ohne Aufbau eines Camps mehrere Stationen pro Tag bestimmt werden. Es bietet sich an, mit Unterstützung von Helikoptern oder Motorschlitten auf längeren Traversen zu beobachten, die nach 1–3 Wochen erneut abgefahren werden (Abb. 11.17). Bei einer Relativgenauigkeit von wenigen cm bis wenigen dm, je nach Entfernung des Referenzpunktes, können aus bereits einer Saison zuverlässige Bewegungsgrößen für eine größere Anzahl von Punkten bestimmt werden. Eine dauerhafte Vermarkung der Meßpunkte ist dabei nicht erforderlich.

Sofern kein fester Referenzpunkt in der Nähe des Meßgebietes gefunden wird, kann versucht werden, einen Referenzempfänger auf bewegtem Untergrund zu betreiben (z.B. Zentralcamp) und diese Bewegung über einen längeren Zeitraum zu modellieren.

Die Methodik zur Erfassung langsamer Eisbewegungen läßt sich auf die Überwachung von Bodenbewegungen, z.B. bei Hangrutschen übertragen.

11.4 Geodynamik

Die Aspekte Krustenbewegung und Erdrotationsparameter werden hier noch einmal kurz aufgegriffen. Ein weiteres wichtiges Anwendungsgebiet ist die Analyse von Erd- und Meeresgezeiten, vergleiche hierzu [3.2.3.2] [8.5.6].

11.4.1 Rezente Krustenbewegungen

Durch die steigende Genauigkeit satellitengestützter Meßverfahren zur Positionsbestimmung ist die Geodäsie heute in der Lage, durch Wiederholungsmessungen in geeigneten Zeitabständen Aussagen über die Kinematik tektonischer Platten zu treffen. Hierin kann einer der wichtigsten Beiträge der Geodäsie zur Geodynamik gesehen werden (*Sigl* 1984b).

Nach der Theorie der Plattentektonik (*Le Pichon* u.a. 1973) werden Platten im Bereich ozeanischer Rücken aus aufquellendem Material gebildet und auseinandergedrückt. Bei der Kollision zweier Platten kommt es zur Bildung von Gebirgen, Tiefseegräben oder Inselbögen. Plattengrenzen sind in der Regel mit erhöhten seismischen Aktivitäten verbunden. Es sind sechs große Platten bekannt (Pazifische, Amerikanische, Eurasische, Indische, Afrikanische, Antarktische). Daneben gibt es eine Vielzahl kleinerer Platten Das

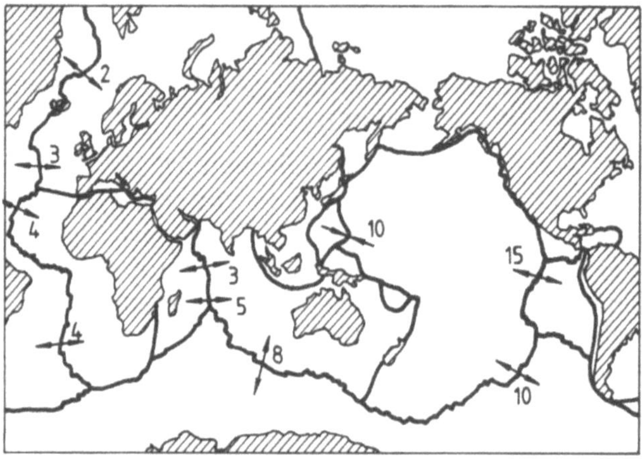

Abb. 11.18. Wichtigste Plattengrenzen und erwartete Bewegungsraten (in cm/Jahr)

Bewegungsverhalten insgesamt ist außerordentlich kompliziert, insbesondere in seismisch aktiven Gebieten mit einer größeren Anzahl von Mikroplatten. Die detaillierte Kenntnis des kinematischen Verhaltens trägt wesentlich zum Verständnis des Gesamtmechanismus bei und dürfte auch das Verständis über die Ursachen seismischer Vorgänge erhöhen.

Aufgrund geologischer, paläomagnetischer und seismischer Untersuchungen lassen sich globale Modelle der Plattenbewegung aufstellen, die aus aufsummierten Bewegungsraten über lange Zeiträume abgeleitet sind. Ein weitgehend anerkanntes Modell wurde von *Minster* und *Jordan* (1978) aufgestellt. In Abbildung 11.18 sind die wichtigsten Plattengrenzen mit den vorausgesagten Bewegungsraten dargestellt. Diese variieren zwischen 1 und maximal 20 cm/Jahr. Mit Hilfe von Satellitenbeobachtungen wird es möglich, diese Angaben zu überprüfen und festzustellen, ob die Bewegungen gegenwärtig andauern. Als Meßverfahren kommen

Very Long Baseline Interferometry (VLBI)	[10.2]
Laserdistanzmessungen zu LAGEOS	[8.]
GPS Messungen	[7.]

in Betracht.

Versuche, Aussagen aus langjährigen Dopplermessungen [6.] abzuleiten, haben wegen des vergleichsweise geringen Genauigkeitspotentials nur wenig Erfolg gehabt (*Anderle*, *Malyevac* 1983). GPS wird in Zukunft vor allem auf regionaler Basis und für Detailuntersuchungen wertvolle Beiträge leisten [7.6.2]. Für VLBI und Laserdistanzmessungen liegen erste Ergebnisse vor, aus denen in der Regel eine Übereinstimmung mit den Angaben von Minster und Jordan zu ersehen ist. Tabelle 11.4 gibt eine Übersicht zu vorläufigen Ergebnissen.

Tab. 11.4. Bewegungsraten kontinentaler Platten aus Laser- und VLBI-Beobachtungen (*Smith* u.a. 1986), [cm/Jahr]

Platten	Durchschnittliche Bewegung	Unsicherheit	Minster & Jordan
Nordamerika –			
Australien	–1,8	±0,4	–2,0
Pazifik	2,2	0,9	1,5
Südamerika	–0,8	0,8	–0,8
Australien –			
Pazifik	–5,6	0,9	–5,3
Südamerika	3,1	0,7	2,4
Europa	–1,4	1,0	–1,3
Pazifik –			
Südamerika	4,2	1,4	4,1
Asien	–7,0	1,4	–9,4
Europa –			
Südamerika	1,5	1,0	1,3
Nordamerika	1,9	1,0	1,7

Die bisherigen Beobachtungen könen als *Nullmessungen* betrachtet werden. Mit zunehmender Zeitdauer werden die Ergebnisse zuverlässiger werden. Die umfassendsten Informationen werden im *Crustal Dynamics Program* der NASA erarbeitet. Hier werden auf globaler Basis Daten von je etwa 40 Laser- und VLBI-Stationen analysiert.

Als erfolgreiches Beispiel für ein regionales Projekt sei das *San Andreas Fault Experiment SAFE* genannt. In Kalifornien führt die Pazifische Platte längs der San Andreas Verwerfung gegenüber der Nordamerikanischen Platte eine Scherbewegung aus. Auf einer 880 km langen Basislinie mit Endpunkten auf beiden Platten werden seit 1972 Lasermessungen durchgeführt. Die bisherigen Ergebnisse zeigen eine mittlere Bewegung von 6 cm/Jahr (vgl. Abb. 8.11).

Im Jahre 1981 wurde unter der Bezeichnung WEGENER (*W*orking Group of *E*uropean *G*eoscientists for the *E*stablishment of *N*etworks for *E*arthquake *R*esearch) ein Programm zur Untersuchung von Krustenbewegungen im Mittelmeerraum begonnen. Erste Beobachtungen mit transportablen Lasersystemen haben begonnen. Verdichtungsmessungen sind mit GPS vorgesehen.

11.4.2 Referenzsystem, Erdrotationsparameter

Auf die Nutzungsmöglichkeiten von Satellitenverfahren für die Einrichtung eines terrestrischen Bezugssystems und die Überwachung der Erdrotation wurde in [2.1.2], [6.8.4], [8.5.4], [8.6], [10.2.2] ausführlich hingewiesen. Zusammengefaßt gilt folgendes (vgl. *Moritz* und *Mueller* 1987, *Wilkins* und *Mueller* 1986).

Etwa seit der Jahrhundertwende werden im Rahmen internationaler Dienste die Polkoordinaten und die Erdrotation durch astronomische Beobachtungen mit Fundamentalinstrumenten (u.a. Photozenitrohr, Danjon Astrolab) bestimmt. Verantwortlich sind der Internationale Polbewegungsdienst (IPMS, früher ILS) und das Internationale Zeitbüro (BIH). Etwa 50 weltweit verteilte Stationen mit astrometrischem Instrumentarium tragen regelmäßig dazu bei. Die Genauigkeit beträgt etwa

$0\overset{''}{,}1$	für die Polkoordinaten
0,7 ms	für die Erdrotation.

Das zugehörige Referenzsystem wurde 1968 durch die Annahme von astronomischen Koordinaten für ein Netz von insgesamt 68 Stationen festgelegt, deren Instrumente damals zur Überwachung der Erdrotation beitrugen (BIH System 1968).

Seit 1967 werden – gleichsam als Nebenprodukt bei der Berechnung präziser Ephemeriden durch die Defense Mapping Agency – Polbewegungsparameter aus Dopplerbeobachtungen der TRANSIT Satelliten bestimmt [6.8.4]. Seit 1972 werden diese Ergebnisse routinemäßig vom BIH genutzt. Damit hatten erstmalig Satellitenmethoden in die operationelle Bestimmung von Erdrotationsparametern Eingang gefunden und zugleich ihre Überlegenheit demonstriert; die Polkoordinaten konnten aus zweitägigen Lösungen mit ± 40 cm Genauigkeit bestimmt werden.

In der Folgezeit wurde die Leistungsfähigkeit neuer Weltraummethoden deutlich, insbesondere bei VLBI und Lasermessungen zu Satelliten und zum Mond. Im Rahmen unabhängiger Projekte auf nationaler und internationaler Basis wurden Erdrotationsparameter bestimmt und mit den BIH Resultaten verglichen. Die Ergebnisse wurden auf zahlreichen internationalen Konferenzen diskutiert (z.B. *Gaposchkin, Kolaczek* 1981) und führten zur Einrichtung zweier Arbeitsgruppen mit den Kurzbezeichnungen

MERIT	(*M*onitor *E*arth *R*otation and *I*ntercompare the *T*echniques of observation and analysis)
COTES	(*Co*nventional *Te*rrestrial Reference *S*ystem).

Im Rahmen des Projektes MERIT wurde vom August bis Oktober 1980 eine "Short Campaign" und vom 1.9. 1983 bis 31.10. 1984 die "Main Campaign" durchgeführt, in deren Rahmen in weltweiter Kooperation sowohl klassische als auch sämtliche modernen Verfahren zur Bestimmung von Erdrotationsparametern und Stationskoordinaten zum Einsatz kamen. Besonders wichtig waren dabei Stationen mit unterschiedlichem Instrumentarium, die zur Verknüpfung (Colocation) von Methoden dienen und systematische Differenzen zwischen den jeweiligen Bezugssystemen aufdecken können. Beobachtungsstationen wurden in 35 Ländern betrieben. Während der Hauptkampagne galt folgende Stationszuordnung

Optische Astronomie	(OA)	61 Stationen
Dopplermessungen zu Satelliten	(DTS)	20 Stationen
Lasermessungen zu Satelliten	(SLR)	27 Stationen
Lasermessungen zum Mond	(LLR)	3 Stationen
Radiointerferometrie mit verbundenen Elementen	(CEI)	1 Station
Very Long Baseline Interferometrie	(VLBI)	8 Stationen.

Zur Datenanalyse wurde ein Satz von Konstanten, Parametern und Modellen erarbeitet, die *MERIT Standards* (*Melbourne* 1983), die heute weitgehend als Grundlage von wissenschaftlichen Analysen in der Satellitengeodäsie akzeptiert sind. Die Beobachtungsdaten wurden an mehreren Analysenzentren bearbeitet.

Die MERIT Beobachtungen dienten zugleich den Zielen von COTES, nämlich der Einrichtung eines konventionellen terrestrischen Bezugssystems. Um die Beziehungen zwischen den durch einzelne Beobachtungsverfahren realisierten Bezugssystemen zu studieren, wurde während der MERIT Hauptkampagne eine dreimonatige Intensivkampagne mit verstärkten Aktivitäten, insbesondere auch täglichen VLBI Beobachtungen angesetzt.

Die wissenschaftlichen Ergebnisse von MERIT und COTES sind in den Proceedings der Internationalen Konferenz über "Earth Rotation and the Terrestrial Reference Frame", 31.7.–2.8. 1985 Columbus, Ohio (*Mueller* 1985) niedergelegt. Die Beobachtungsergebnisse sind in Teil III des Reports (Feissel 1986) zusammengestellt. Sie bestehen jeweils aus einer oder zwei Listen

- Set of Station Coordinates (SSC)
- Earth Rotation Parameters (ERP)

mit dem Hinweis auf das betreffende Analysenzentrum. Die SSC-Listen stellen jeweils Realisationen eines geozentrischen Referenzsystems dar; die ERP Ergebnisse stehen mit dem zugehörigen SSC im Einklang. Es hat sich bestätigt, daß die Bestimmung von Polkoordinaten und Erdrotation durch SLR und VLBI etwa um den Faktor 5 bis 6 genauer ist als durch den bestehenden Dienst aufgrund von Astronomie und Dopplermessungen (vgl. [8.5.4], [10.2.2]).

Einige der Analysenzentren haben ihre Arbeit nach Abschluß des MERIT Projektes mit Hinblick auf den künftigen Internationalen Erdrotationsdienst fortgesetzt. Die Ergebnisse sind im Teil *D* "Earth Rotation and Related Reference Systems" des jeweiligen BIH-Jahrbuches aufgeführt (z.B. *BIH* 1987).

Das BIH ist 1984 zu einem neuen Referenzsystem übergegangen, das durch die geozentrischen Koordinaten von Beobachtungsstationen mit Geräten der Satellitengeodäsie realisiert wird. Das System wird als *BIH Terrestrial System (BTS)* bezeichnet und stimmt im Rahmen der Beobachtungsgenauigkeit mit dem früheren astronomisch festgelegten Referenzsystem überein. Die Realisierung für 1986 erfolgte über die Netze von Stationskoordinaten (SSC) von 7 Analysenzentren (*BIH* 1987), die zur Bestimmung von ERP-Serien beitrugen.

Aufgrund der Erfahrungen von MERIT und COTES wurde vorgeschlagen (*Wilkins* und *Mueller* 1986), ab 1.1. 1988 einen neuen Internationalen Dienst zur Überwachung der Erdrotation und zur Unterhaltung eines Konventionellen Terrestrischen Referenzsystems einzurichten, der die bisher vom IPMS und BIH wahrgenommenen Aufgaben übernehmen soll. Zu diesem *International Earth Rotation Service (IERS)* werden vor allem

Very Long Baseline Interferometry	(VLBI)
Lasermessungen zu Satelliten	(SLR)
Lasermessungen zum Mond	(LLR)

beitragen.

12. Literaturverzeichnis

Hand- und Lehrbücher sind mit einem * vor dem Namen des Autors gekennzeichnet.

Die weiterhin angeführten Zeitschriftenaufsätze, Beiträge in Sammelwerken und Symposiumsbänden usw. stellen nur eine Auswahl der sehr umfangreichen Literatur dar. Bei Arbeiten mit Übersichtscharakter wurde nach Möglichkeit das deutschsprachige Schrifttum gewählt. Spezielle Themen mit rascher Entwicklung werden, auch von deutschen Autoren, überwiegend in englischer Sprache behandelt. Hier beschränken sich die Angaben meist auf das neueste Schrifttum; in der Regel enthalten diese Arbeiten Hinweise auf ältere Literatur.

Abkürzungen

AGA = Astronomisch Geodätische Arbeiten. Deutsche Geodätische Kommission bei der Bayerischen Akademie der Wissenschaften, München

AVN = Allgemeine Vermessungsnachrichten, Karlsruhe

BuL = Bildmessung und Luftbildwesen, Karlsruhe

Bull. Géod. = Bulletin Géodésique, Bureau Central de l'Association Internationale de Géodésie, Paris

CSTG = International Coordination of Space Techniques for Geodesy and Geodynamics Bulletin

DGK = Veröffentlichungen der Deutschen Geodätischen Kommission bei der Bayerischen Akademie der Wissenschaften, München

EOS = EOS Transactions American Geophysical Union, Washington

ESA = European Space Agency

Geoph. J.R. Astr. Soc. = Geophysical Journal of the Royal Astronomical Society, London

GSFC = NASA Goddard Space Flight Center Report, Greenbelt, Md.

IAG = International Association of Geodesy, Paris

IUGG = International Union of Geodesy and Geophysics

JGR = Journal of Geophysical Research, American Geophysical Union, Washington

man. geod. = manuscripta geodaetica, Berlin (früher Stuttgart)

Nachr. Kart. Verm. = Nachrichten aus dem Karten- und Vermessungswesen, Frankfurt

NGSP = National Geodetic Satellite Program, Washington 1977

OSU Rep. = Reports of the Department of Geodetic Science, The Ohio State University, Columbus Ohio

Phil. Trans. R. Soc. = Philosophical Transactions of the Royal Society, London
PTB = Physikalisch Technische Bundesanstalt, Braunschweig
SAO Spec. Rep. = SAO Special Reports, Smithsonian Institution, Astrophysical Observatory, Cambridge, Mass.
ZfV = Zeitschrift für Vermessungswesen, Stuttgart

Aardom, L., B.H.W. van Gelder, E. Vermaat: Aspects of the analysis and utilization of satellite laser ranging at the Kootwijk observatory. Festschrift 65. Geburtstag Baarda, Band 2, S. 276–317, Delft 1982.

Anderle, R.J.: Determination of polar motion from satellite observations. Geophysical Surveys 1 (1973), S. 147–161.

Anderle, R.J.: Transformation of terrestrial survey data to Doppler satellite datum. JGR 79 (1974), S. 5319–5331.

Anderle, R.J.: Point positioning concept using precise ephemeris. Proc. Int. Geod. Symp. Satellite Doppler Positioning, S. 47–76, Las Cruzes, 1976.

Anderle, R.J.: Geodetic applications of the NAVSTAR Global Positioning System. Proc. Int. Symp. Use of Artif. Satellites in Geodesy and Geodynamics II, Athens (1979) S. 117 ff.

Anderle, R.J., C. Oesterwinter: Determination of high frequency variations in Earth's rotation from Doppler satellite observations. Bull. Géod. 54, (1980) S. 544–552.

Anderle, R.J., C.A. Malyevac: Current plate motions based on Doppler satellite observations. Geophysical Research Letters 10(1), (1983), S. 67–90.

Angus-Leppan, P.V., G. Williams: Studies of the atmospheric correction for satellite laser ranging. Proc. Int. Symp. on Space Techniques for Geodyn. Bd. 1, S. 297–307, Sopron 1984.

Aoki, S., B. Guinot, G.H. Kaplan, H. Kinoshita, D.D. McCarthy, P.K. Seidelmann: The new definition of universal time. Astron. Astrophys. 105 (1982), S. 359–361.

*Arnold, K.: Methoden der Satellitengeodäsie. Berlin 1970.

Arnold, K., D. Schoeps: Die Bestimmung des Azimuts Potsdam-Bukarest aus Beobachtungen des Satelliten ECHO I. Veröff. Geod. Inst. Potsdam Nr. 29, 1965.

Ballani, L.: Die Bestimmung geodätisch-geodynamischer Parameter mit Hilfe von Laserdistanzmessungen zum Mond. Gerl. Beitr. Geophysik, 91, 2 (1982), S. 121–140.

Balmino, G.: Analytical expressions for earth tides perturbations on close earth satellites. Proc. Int. Symp. Use of Artif. Satellites for Geodesy and Geodynamics, Athens 1973, S. 313–322.

Balmino, G.: La representation du potentiel terrestre par masses ponctuelles. Bull. Géod. (1974), S. 85–108.

Balmino, G.: The surface gravity data available for improvement of the global knowledge of the geopotential. Proc. IAG Symp. Gen. Ass. Hamburg 1983, Bd. 1, S. 365–387, 1983.

Balmino, G., C. Reigber, B. Moynot: A geopotential model determined from recent satellite observing campaigns (GRIM1). man. geod. 1 (1976a).

Balmino, G., C. Reigber, B. Moynot: The GRIM2 earth gravity field model. DGK A, H. 86, München 1976b.

Balmino, G. u.a.: Le Projet Gradio et la determination a haute resolution du geopotentiel. Bull. Géod. 58 (1984), S. 151–179.

Balmino, G., A. Bernard: Satellite gravity gradiometry for the determination of the geopotential. Proc. ESA Workshop "Solid Earth Science & Application Mission for Europe (SESAME), ESA SP-1080, S. 95–101, 1986.

Balmino, G., B. Moynot, M. Sarrailh, N. Valès: Free air gravity anomalies over the oceans from Seasat and GEOS3 altimeter data. EOS 68, 2, 1987.

*Bate, R.R., D.D. Mueller, J.E. White: Fundamental of Astrodynamics. New York 1971.

*Battin, R.H.: Astronautical Guidance. New York 1964.

Battin, R.H., S.R. Croopnick, E.J. Lenox: The epoch state navigation filter. Journal of Guidance and Control 1,5 (1978), S. 359–364.

Bauersima, I.: Entwicklung, Zweck und Perspektiven der Satellitengeodäsie. Mitt. Sat. Beob. station Zimmerwald Nr. 1, Bern 1978.

Bäumker, M.: Common adjustment of terrestrial and satellite Doppler observations in three dimensions. Proc. IAG Sym. Gen. Ass. Hamburg, Bd. 2, S. 224–256, 1983.

*Becker, F.: Geschichte der Astronomie. Mannheim-Wien-Zürich 1980.

Becker, G.: Die Sekunde. Mitt. Phys. Techn. Bundesanstalt 85, (1975) Heft 1.

Becker, G.: Historische Entwicklung von Zeitskalen und Zeiteinheiten. PTB Seminar "Zeit und Frequenz", PTB Bericht Me-23, 1979.

Bender, P.: GPS carrier phase ambiguity resolution over long baselines. Proc. Symp. Positioning with GPS, Bd. 1, S. 357–361, Rockville, USA, 1985.

Berbert, J.H., D.V. Carney: Intercomparison of GEOS3 tracking system. JGR 84, B8 (1979) S. 3933–3943.

*Berroth, A., W. Hofmann: Kosmische Geodäsie. Karlsruhe 1960.

Beutler, G.: Integrale Auswertung von Satellitenbeobachtungen. Astron. Geod. Arbeiten in der Schweiz, Bd. 33, Bern 1977.

Beutler, G.: Lösungen von Parameterbestimmungsproblemen in Himmelsmechanik und Satellitengeodäsie mit modernen Hilfsmitteln. Astron. Geod. Arbeiten in der Schweiz, Bd. 34, Bern 1982.

Bieker, B., U. Kuhn: Analyse des Laserentfernungsmeßsystems der Satellitenbeobachtungsstation Wettzell in regelungstechnischer Hinsicht. AGA, H. 45, S. 18–33, München 1984.

BIH: Bureau International de l'Heure Annual Report, erscheint jährlich, Paris.

Black, H.D.: Position determination using the Transit system. Proc. Int. Symp.

"Satellite Doppler Positioning" Bd. 1, Las Cruzes, 1976.
Black, H.D.: An easily implemented algorithm für the tropospheric range correction. JGR 83, B 4 (1978).
Black, H.D.: The Transit System 1977: Performance, plans and potential. Phil. Trans. R. Soc. London A 294, S. 217–236 (1980).
Blahà, F.: Features and capabilities of the new generation CMA-751 Satellite Doppler field survey system. Proc. 2nd Int. Geod. Symp. Satellite Doppler Positioning, S. 535–556, Austin 1979.
Bletzacker, F.R.: Reduction of multipath contamination in a geodetic receiver. Proc. 1st Int. Symp. Prec. Pos. with GPS, Bd. 1, S. 413–422, Rockville, USA 1985.
Böhler, W.: Über die Satellitenbeobachtungen des deutschen Meßtrupps im Weltnetz USC & GS. DGK, C, H. 182, München 1972.
*Bohrmann, A.: Bahnen künstlicher Satelliten. Mannheim 1963.
Bossler, J.D.: GPS instrumentation and federal policy. Proc. 1st Int. Symp. Prec. Pos. with GPS, Bd. 1, S. 1–9, Rockville, USA 1985.
Bossler, J.D., C.C. Goad, L. Bender: Using the Global Positioning System (GPS) for geodetic positioning. Bull. Géod. 54, (1980) S. 553–563.
Boucher, C., P. Paquet, P. Wilson: The Second European Doppler Observation Campaign (EDOC-2). Proc. 2nd Intern. Geodetic Symp. Satellite Doppler Positioning, S. 819–850, Austin 1979.
Boucher, C., M. Feissel: Realization of the BIH Terrestrial System. Int. Symp. on Space Techniques for Geodyn., Bd. 1, S. 235–254, Sopron 1984.
Boucher, C., G. Nard: Capabilities of the TRSS Sercel GPS receiver for precise positioning. Proc. 1st. Int. Symp. Precise Positioning with GPS. S. 135–146, Rockville, USA 1985.
Brandstätter, G.: Die "Very Long Baseline Interferometry" und ihre geodätische Anwendung. Mitt. Geodät. Inst. TU Graz, Folge 50, 1985.
Brennecke, J.: Berechnung von Geoidprofilen aus Altimeterdaten wiederkehrender Subsatellitenpassagen im Rahmen des SEASAT-1 Nordsee-Altimeterterexperiments. AGA 40, S. 113, München 1980.
Brokof, U.: Theoretische und praktische Untersuchungen zur Auswertung von Satellitenaufnahmen nach der photogrammetrischen Methode. Diss. Hannover 1974.
Brouwer, D.: Solution of the problem of artificial satellite theory without drag. Astron. Journal 64, (1959) S. 378–397.
*Brouwer, D., G.M. Clemence: Methods of Celestial Mechanics. New York 1961.
Brown, D.C.: Near term prospects for potential accuracies of 0.1 to 1.0 meters from satellite geodesy. U.S. Airforce Cambridge Research Laboratories. Report AFCRL-70-0501, Bedford, Mass. 1970.
Brown, D.C.: Doppler positioning by the short arc method. Proc. Int. Symp. on Sat. Doppler Positioning, S. 97–140, Las Cruzes, USA 1976.

Brunell, R.D., R. Malla, I. Fejes, S. Mihaly: Recent satellite processing software improvements at JMR. Proc. 3rd Int. Geod. Symp. Satellite Doppler Positioning, S. 247–270, Las Cruzes, USA 1982.

*Bruns, A.: Die Figur der Erde. Publ. Königl. Preuß. Geod. Inst., Berlin 1878.

Campbell, J.: Monitoring crustal dynamics in seismotectonic zones by Very Long Baseline Interferometry. Workshop on Crustal Dynamics, Straßburg 1978.

Campbell, J.: Die Radiointerferometrie auf langen Basen als geodätisches Meßprinzip hoher Genauigkeit. DGK, C. H. 254, München 1979.

Campbell, J.: Zielsetzungen geodätisch genutzter VLBI. ZfV 107, (1982) S. 386–396.

Campbell, J., G. Seeber, B. Witte: Kombination von Doppler-, Laser- und photographischen Beobachtungen in Satellitennetzen. DGK, B. Nr. 200, München 1973.

Campbell, J., B. Witte: Grundlagen und geodätische Anwendung der Very Long Baseline Interferometry (VLBI). ZfV 103 (1978), S. 10–20.

Campbell, J., H. Cloppenburg, F.-J. Lohmar: Estimating the ionospheric refraction effect on interferometric GPS-measurements. Proc. Int. Symp. Space Techniques for Geodyn., Bd. 2, S. 196–206, Sopron, Ungarn 1984.

Campbell, J., W. Carter, N. Kawagiri, B. Rönnang, S. Ye: IRIS-Earth Orientation Bulletin A. Erscheint monatlich (z.B. No. 39, Mai 1987).

Campos, M.A.: Controle da rede geodésica Brasilieira por meio de satélites do sistema NNSS. Dissertation Curitiba 1987.

Cappelari, J.O., C.E. Velez, A.J. Fuchs: Mathematical theory of the Goddard Trajectory Determination System. GSFC Document X-582-76-77, 1976.

Carpino, M., P. Farinella, A. Milani, A.M. Nobili, F. Sacerdote: Determination of a local network from satellite laser ranging: Problems and perspectives. Proc. Symp. on Space Techniques for Geodynamics, Bd. 2, S. 53–59, Sopron, Ungarn 1984.

Carter, W.E., D.S. Robertson: IRIS Earth Rotation and Polar Motion Results. Proc. Int. Symp. Space Techniques for Geodynamics. Bd. 1, S. 214–222, Sopron, Ungarn 1984.

Carter, W.E., D.S. Robertson: A modern Earth orientation monitoring service: functions, goals, and methods of observation. Proc. Int. Conf. on Earth rotation and the terrestrial reference frame. Bd. 2, S. 536–550, Columbus, USA 1985.

Cheney, R.E., B.C. Douglas, D.T. Sandwell, J.G. Marsh, T.V. Martin, J.J. McCarthy: Applications of satellite altimetry to oceanography and geophysics. Marine Geophysical Researches 7, (1984) S. 17–32.

Cheney, R., B. Douglas, R. Agreen, L. Miller, D. Milbert, D. Porter: The GEOSAT altimeter mission: a milestone in satellite oceanography. EOS, Dec. 2, 1986.

Chodota, M.W.L.: Present status of the African Doppler Survey Project – ADOS –. CSTG Bulletin No. 9, 1987.

Chovitz, B.H.: Geodetic results from Seasat. Marine Geodesy, 7, (1983), S. 315–330.

Christodoulidis, D.C., D.E. Smith: The role of satellite laser ranging through the 1990's. Proc. IAG Symp. Gen. Ass. Hamburg Bd. 2, 408–431, 1983.

Christodoulidis, D., S. Zerbini: LAGEOS II. NASA-PSN Mission. CSTG Bulletin, 8, (1985) S. 64–73.

Christodoulidis, D., D.E. Smith, R. Kolenkiewicz, S.M. Klosko, M.H. Torrence, P.J. Dunn: Observing tectonic plate motions and deformations from satellite laser ranging. JGR 90, B11 (1985) S. 9249–9263.

Clynch, J., R. Altenburg: Ionospheric residual range error model. Proc. 2nd. Int. Symp. Satellite Doppler Positioning, S. 113 ff., Austin, USA 1979.

Clynch, J.R., B.A. Renfro: Evaluation of ionospheric residual range error model. Proc. 3rd Int. Geod. Symp. "Satellite Doppler Positioning", Bd. 1, S. 517–537, Las Cruzes, USA 1982.

CNES: Centre National d'Etudes Spatiales, STARLETTE, Toulouse, Frankreich 1975.

Coates, R.J.: Performance of NASA Laser Ranging Systems during Merit. Proc. Int. Conf. Earth Rotation and Terr. Reference Frame, S. 64–70, Columbus, USA 1985.

Coates, R.J., H. Frey, J. Bosworth, G.D. Mead: Space Age Geodesy: The NASA Crustal Dynamics Project. IEEE Transactions on Geoscience and Remote Sensing. Special Issue on Geodynamics. Paper No. 51, 1985.

Cohen, S.C. (Hrsg.): Special issue von LAGEOS scientific results. JGR 90, B 11 (1985), Sept. 30.

Cohen, S.C., D.E. Smith: LAGEOS scientific results: Introduction. JGR 90, B11 (1985), S. 9217–9220.

Collins, J.: Precise baseline determination with a new codeless GPS receiver. Proc. 1st Int. Symp. Precise Positiones with GPS, S. 201–205, Rockville, USA 1985.

Colombo, O.L.: The global mapping of gravity with two satellites. Netherlands Geodetic Commission, New Series 7, Delft 1984.

Colombo, O.L., A. Kleusberg: Applications of an orbiting gravity gradiometer. Bull. Géod. 57 (1983) S. 83–101.

Colquitt, E.S., W.L. Stein, R.J. Anderle: Doppler polar motion measurements during project MERIT. Proc. Int. Symp. Space Techniques for Geodynamics, Bd. 1, S. 180–188, Sopron, Ungarn 1984.

Counselman, C.C., I.I. Shapiro: Miniature interferometer terminals for Earth surveying. Bull. Geod. 53 (1979) S. 139 ff.

Counselman, C.C., D.H. Steinbrecher: The Macrometer: A compact radio interferometry terminal for geodesy with GPS. Proc. 3rd Int. Symp. on Satellite Doppler Positioning, Bd. 2, S. 1165–1172, Las Cruzes, USA 1982.

Cugusi, L., E. Proverbio: Relativistic effects on the motion of Earth's artificial satellites. Astron. Astrophysics 69 (1978), S. 321–325.

Cuno, R.J.: Accuracy requirements of space laser systems for geodetic applications. Proc. ESA Workshop on Space Laser Applications and Technology, ESA SP-202, S. 139–136, 1984.

Dassing, R., R. Höpfl, W. Schlüter, G. Soltau: Das Konzept eines Laserentfernungsmeßsystems für Messungen zum Mond und nach Satelliten. AGA, 48, S. 38–46, München 1986.

Decker, B.C.: World Geodetic System 1984. Proc. 4th Int. Symp. on Satellite Positioning, Bd. 1, S. 69–92, Austin USA 1986.

Deker, W.: Die Vorbereitung der Satellitentriangulation beim Deutschen Geodätischen Forschungsinstitut und bei der Bayerischen Kommission für die International Erdmessung. AGA, H. 25, München 1969.

Delikaraoglou, D.: An investigation an the short arc wavelength orbit improvement and sea surface computations from local satellite tracking and satellite altimetry. Dep. of Surveying Engineering, University of New Brunswick, Canada 1980.

Delikaraoglou, D. u.a.: Global Positioning System – Differential Positioning Simulations. Dep. of Surveying Engineering, University of New Brunswick, Canada, Techn. Rep. No. 90, 1983.

Delikaraoglou, D., D.J. McArthur, P. Heroux, N. Beck: Improvements in the second generation GPS software of the Canadian Geodetic Survey. Proc. 4th Int. Geod. Symp. Satellite Positioning, Bd. 1, S. 821–838, Austin USA 1986.

Dickey, J.O., J.G. Williams, T.M. Enbanks: Earth rotation and polar motion results from Lunar Laser Ranging analysis and an intercomparison study. Proc. IAG Symp. Gen. Ass. Hamburg, Bd. 2, S. 12–27, 1983a.

Dickey, J.O., J.G. Williams, X.X. Newhall, C.F. Yoder: Geophysical applications of Lunar Laser Ranging. Proc. IAG Symp. Gen. Ass. Hamburg, Bd. 2, S. 509–521, 1983b.

Dickey, J.O., X.X. Newhall, J.G. Williams: Multi-station Lunar Laser Ranging: An analysis of data quality and Earth rotation results. Proc. Int. Conf. Earth Rotation and Terrestrial Reference Frame. Bd. 1, S. 274–286, Columbus 1985.

Dietrich R., G. Gendt, H. Montag, H. Rehse, W. Wehmann: Über die Bestimmung terrestrischer Distanzen für geodynamische Untersuchungen unter Verwendung von Lasermessungen zu künstlichen Erdsatelliten. Vermessungstechnik 31 (1983) S. 201–204.

Dorrer, M., M. Lefebvre: Doppler orbitography and radiopositioning integrated by satellite. CSTG Bulletin 8 (1985), S. 115–123.

Douglas, B.C., C.C. Goad, F.F. Morrison: Determination of the geopotential

from satellite-to-satellite tracking data. NOAA Techn. Memo. NOS NGS 24, Rockville, USA, 1980.
Douglas, B.C., R.W. Agreen: The sea state correction for GEOS3 and SEASAT satellite altimeter data. JGR 88, C3 (1983), S. 1655–1661.
Dove, R.E.: Program requirements for short count integrated Doppler navigation solution. Technical Memorandum TG 819–2, The John Hopkins University APL, Silver Spring Md., USA, 1974.
Drewes, H., C. Reigber: Untersuchungen zu einem satellitengetragenen Laser-Entfernungsmeßsystem zur präzisen Punktbestimmung. ZfV 107 (1982), S. 396–405.
Duchossois, G.: The first European Remote Sensing Satellite (ERS-1). Proc. Alpbach Summer School, 27 July – 5 August 1983, ESA SP-205, S. 25–36, 1983.
Dunn, P.: Geopotential resonance in a Landsat orbit. Bull. Géod. (1981), 143–158.

Egge, D.: Investigations on the effect of small antenna movements in Transit Doppler Positioning. Proc. 3rd Int. Geod. Symp. Satellite Doppler Positioning, Bd. 2, S. 953–968, Las Cruzes USA 1982.
Egge, D.: Zur sequentiellen Auswertung von Doppler-Satellitenbeobachtungen. Wiss. Arb. Fachr. Verm. wesen, Univ. Hannover, Nr. 141, 1985.
Egge, D., G. Seeber: Meßverfahren zur genauen Positionsbestimmung im Meeresbereich. Wiss. Arb. Fachr. Verm. wesen, Univ. Hannover, Nr. 93, 1979.
Egger, D.: Systemanalyse der Laserentfernungsmessung. DGK, C, 311, München 1985.
Ehrnsperger, W.: Modelle zur Ausgleichung von Satellitentriangulationen unter besonderer Berücksichtigung des Zeitfehlers. DGK, Reihe C, H. 218, München 1976.
Ehrnsperger, W.: Final Report on the WEST European Satellite Triangulation. AGA, H 37, München 1978.
Ehrnsperger, W., M. Nähbauer: Projektstudie für ein Satelliten-Lasernetz höchster Genauigkeit in Europa. AGA, H. 38, S. 139–158, 1978.
*Eichhorn, H.: Astronomy of Star Positions. New York 1974.
Eisner, A. u.a.: NOVA-1: The newest Transit satellite (a status report). Proc. 3rd Int. Geodetic Symp. on Satellite Doppler Positioning, Bd. 2, S. 843–862, Las Cruzes USA 1982.
Elgered, G., B. Rönnäng, E. Winberg, J. Askue: Satellite-Earth range measurements. I. Correction of the excess path length due to atmospheric water vapour by ground based microwave radiometry. Research Report No. 147. Res. Lab. El. and Onsala Space Observatory Gothenburg, Sweden, 1985.
Engelis, Th.: Analysis of sea surface topography using SEASAT altimeter data. OSU Report 343, Columbus USA 1983.

ESA: Very Long Baseline Radio Interferometry using a geostationary satellite. European Space Agency, Phase A Study, SC(80) 1, Paris 1980.

ESA: POPSAT System Study-Final Report ESA Contract No. 4591/80/ F(DO/SC), München 1982.

*Escobal, P.R.: Methods of Orbit Determination. New York-London-Sydney 1965.

Feen, M., W. Ebert: Ionospheric refraction correction for single frequency Doppler navigation. Rep. pres. at Nat. Aerospace Symp. of the Institute of Navigation, 1979.

Feissel, M.: Observational results on Earth rotation and reference systems. Report on MERIT-COTES, Part. III. Bureau International de l'Heure, Paris 1986.

Fell, P.: The use of standard weather values and refraction bias parameters in orbit determination. The Canadian Surveyor 29, 3, 1975.

Fell, P.: Geodetic positioning using a Global Positioning System. OSU Rep. 299, Columbus, USA, 1980.

Fischer, E.U.: Über den Einfluß von Fehlern in den Mondkoordinaten auf die Integration der Bahnen künstlicher Erdsatelliten. Mitt. Inst. f. Theor. Geodäsie Uni Bonn, Nr. 47, 1977.

Forward, R.L.: Review of artificial satellite gravity gradiometer techniques for geodesy. Proc.: The Use of Artificial Satellites for Geodesy and Geodynamics, S. 157–192, Athen 1974.

Francis, C.R., The Radar altimeter for ERS-1. CSTG Bulletin, 8, S. 14–22, 1985.

*Franke, H. (Hrsg.): Lexikon der Physik. Nördlingen 1969.

Frei, E., R. Gough, F. Brunner: PoPS: An new generation of GPS post-processing software. Proc. 4th Int. Geod. Symp. Satellite Positioning, Bd. 1, S. 455–474, Austin USA 1986.

Fricke, W.: Fundamental catalogues, past, present and future. Celestial Mechanics (1985). Veröff. Astron. Recheninst. No. 31, Heidelberg 1985.

Gaignebet, J. (Hrsg.): 5th Int. Workshop on Laser Ranging Instrumentation (Herstmonceux 1984) Bd. I und Bd. II, Bonn 1985.

Gaposchkin, E.M.: Smithsonian Standard Earth (III). SAO Spec. Rep. 353, Cambridge Mass. 1973.

Gaposchkin, E.M., B. Kołaczek (Hrsg.): Reference coordinate systems for Earth dynamics. Proc. 56th Colloquium IAU (Warschau 1980). Vol. 56 Astrophysics and Space Science Library, D. Reidel, Dordrecht-Boston-London 1981.

Giacaglia, G.E.O.: Lunar perturbations on artificial satellites of the Earth. SAO Spec. Rep. 352, Cambridge USA 1973.

*Giese, R.H.: Weltraum-Forschung. Bd. 1 und 2. BI Hochschulbücher 107/ 107a. Mannheim 1966.

Gleixner, H.: Ein Beitrag zur Ephemeridenrechnung und Parameterschätzung im Erde-Mond-System. DGK, C, Nr. 319, München 1986.

Goad, C.C.: Application of digital filtering to satellite geodesy. NOAA Technical Report NOS 71 NGS6, Rockville USA, 1977.

Goad, C.C. (Hrsg.): Proc. of the First International Symposium on Precise Positioning with the Global Positioning System, Bd. I und II. Rockville, MD. USA, April 15–19, 1985.

Goad, C.C.: Precise relative position determination using Global Positioning System carrier phase measurements in a non-difference mode. Proc. 1st Int. Symp. Precise Positioning with GPS. Bd. 1, S. 347–356, Rockville, USA 1985.

*Green, R.M.: Spherical Astronomy. Cambridge 1985.

*Großmann, W.: Geodätische Rechnungen und Abbildungen in der Landesvermessung. 3. Aufl., Stuttgart 1976.

*Groten, E.: Geodesy and the Earth's Gravity Field.
Vol. I: Principles and Conventional Methods,
Vol. II: Geodynamics and Advanced Methods. Bonn 1979, 1980.

Guier, W.H.: Navigation using artificial satellites – the TRANSIT System. Proc. 1. Int. Symp. Use of Art. Satellites for Geodesy, S. 261–277, Washington 1962.

Guier, W.H., G.C. Weiffenbach: A satellite Doppler navigation system. Proc. IRE 48, 1960.

Gullahorn, G.E., M.D. Grossi, F. Fuligni: Feasibility of gravity gradient measurements from a tethered subsatellite platform. Abstract. EOS, July 10, 1984.

Gurtner, W., G. Beutler, I. Bauersima, T. Schildknecht: Evaluation of GPS carrier difference observations: The Bernese Second Generation Software Package. Proc. Positioning with GPS, Bd. I, S. 363–372, Rockville, USA, 1985.

Hartl, P., C. Reigber: Precise range and range rate equipment for satellite tracking – PRARE. CSTG Bulletin 8 (1985) S. 124–134.

Hartl. P., A. Wehr: Chancen der GPS-Satellitennavigation für die Luftphotogrammetrie. BuL 54 (1986), S. 221–240.

Hartmann, G.K., R. Leitinger: Range errors due to ionospheric and tropospheric effects for signal frequencies above 100 MHz. Bull. Géod. 58 (1984), S. 109–136.

Hatch, R.: It's about time – TRANSIT time. Proc. 3rd Int. Geod. Symp. Sat. Doppler Pos., Bd. 2, S. 903–915, Las Cruzes, USA, 1982.

Hauck, H.: Untersuchungen zur Dopplerpositionsbestimmung nach der Semi-Short-Arc und der Short-Arc-Methode. Nachr. Kart. Verm. Reihe I, Heft 90, 1982.

Hauck, H., D. Lelgemann, W. Schlüter: Untersuchungen zur Dopplerpositionsbestimmung nach der Semi Short Arc und der Short Arc Methode. AVN 89 (1982), S. 274–286.

Hauck, H., D. Lelgemann: Die Bildung der Datenmittelwerte (normal points) aus Laserentfernungsmessungen. AGA 42, S. 137, München 1982.

Hein, G.: Erdmessung als Teil einer integrierten Geodäsie-Begründung, Stand und Entwicklungstendenzen. ZfV 108 (1983) S. 93–104.

Heiskanen, W.A.: Potentialities of Satellite Geodesy and Physical Geodesy. Proc. 1. Int. Symp. Use of Art. Satellites for Geodesy, Wash. 1962, S. 346–352.

Heller, W.G.: Orbiting gravity gradiometer mission considerations. manuscripta geodaetica 4 (1979) S. 261–286.

Hendershott, M.C.: Numerical models of ocean tides. In: Goldberg u.a.: The Sea, Vol. 6, New York 1977.

Henriksen, S.W.: National Geodetic Satellite Program – Introduction. NGSP Bd. I, S. 3–85, Washington 1977.

Henson, D., A. Collier, K. Schneider: Geodetic applications of the Texas Instruments TI4100 GPS Navigator. 1st Int. Symp. Precise Positioning with GPS, Rockville 1985.

Herring, T.A. u.a.: Geodesy by radio interferometry: Evidence for contemporary plate motion. JGR 91, B 8 (1986), S. 8341–8347.

*Hey, J.S.: Das Radiouniversum – Einführung in die Radioastronomie. Weinheim 1974. The Radio Universe, 3. Auflage Oxford 1984.

Hieber, S.: Satellite systems for geodesy and geodynamics. (Draft Report of CCIR Study Group 2). CSTG Bulletin, No. 6 (1983), S. 253 ff.

Hieber, S., P. Pâquet, M. Petit: SESAME (Solid Earth Science & Application Mission for Europe) Workshop Report. ESA SP 1080, 1986.

Hinze, H.: NNSS and GPS monitor slow ice motion. Proc. 4. Int. Geod. Symp. on Satellite Positioning, Bd. 2, Austin, USA, 1986.

*Höpcke, W.: Fehlerlehre und Ausgleichsrechnung. Berlin 1980.

Hopfield, H.: Two-quartic tropospheric refractivity profile for correcting satellite data. JGR 74, No. 18, August 20, 1969.

Hopfield, H.: Tropospheric effect on electromagnetically measured range: Prediction from surface weather data. Radio Science, 6, No. 3 (1971), S. 357–367.

Hopfield, H.: Improvements in the tropospheric refraction correction for range measurement. Phil. Trans. R. Soc. A 294 (1979) S. 341–352.

Hoyer, M.: Algunos aspectos de las observaciones satellites Doppler en regiones cercanes al Ecuador. 2as Jornadas Cientifico-Tecnicas de la Facultad de Ingenieria, Maracaibo 1979.

Hoyer, M.: Satelliten-Dopplermessungen als unterstützende Beobachtungen bei der Kontrolle und Verbesserung eines geodätischen Netzes in Venezuela. Wiss. Arb. Fachr. Verm. wesen Univ. Hannover, H. 111, 1982.

Ilk, K.H.: Formulierung von Energieaustauschbeziehungen zur Ausmessung des Gravitationsfeldes. AGA, 41, S. 128–166, München 1981.
Izsak, I.G.: On the critical inclination in satellite theory. Proc. 1st Int. Symp. Use of artifical satellites for geodesy, S. 17–40, Washington 1962.

Jacchia, L.G.: Revised static models of the thermosphere and exosphere with empirical temperature profiles. SAO Spec. Rep. 332, Cambridge USA 1971.
Janiczek, P.M. (Hrsg.): Global Positioning System. Papers published in *Navigation*, Washington DC., Vol. I 1980, Vol. II 1984, Vol. III 1986.
Jenkins, R.E., F. Leroy: Broadcast versus precise ephemeris – apples and oranges. Proc. 2nd Int. Symp. on Sat. Doppler Positioning, Austin 1979.
Jenkins, R.E., B.D. Merritt, D.R. Messent, J.R. Lucas: Refinement of positioning software (DOPPLR). Proc. 2nd Int. Geod. Symp. Satellite Doppler Positioning, S. 233–266, Austin 1976.
Johnston, K.J., J.S. Ulvestad: Radio source reference frames. Proc. Symp. Geodetic Applications of Radio Interferometry, S. 7–18, Tokio 1982.

*Kahmen, H.: Elektronische Meßverfahren in der Geodäsie. 2. Auflage, Karlsruhe 1978.
Kahn, W.D., F.O. Vonbun, D.E. Smith, T.S. Englar, B.P. Gibbs: Performance analysis of the Spaceborne Laser Ranging System. Bull. Géod. 54 (1980), S. 165–180.
Kaniuth, K., G. Chesi: Results of a German-Austrian Stellar Triangulation Experiment. XVIIIth IUGG General Assembly, Hamburg 1983.
*Kaplan, M.H.: Modern spacecraft dynamics & control. New York 1976.
*Kaula, W.M.: Theory of satellite geodesy. London 1966.
Keating, Th., P. Taylor, W. Kahn, F. Lerch: Geopotential Research Mission, science, engineering and program summary. NASA Technical Memorandum 86240, 1986.
Kelm, R.: Estimating relative and absolute coordinates with terrestrial and satellite data. Proc. IAG Symp. Gen. Ass. Hamburg, Bd. 2, S. 347–371, 1983.
Kennedy, A.L.: Mini-Ranger satellite survey system. Proc. 3rd. Int. Geodetic Symp. on Satellite Doppler Positioning, Bd. 2, S. 863–882, Las Cruzes, USA 1982.
*Kertz, W.: Einführung in die Geophysik. Bd. 2: Obere Atmosphäre und Magnetosphäre. Mannheim 1971.
Khan, M.A.: Satellite contributions to geophysical exploration at sea. In: Geyer R.A. (Hrsg.): CRC Handbook of Geophysical Exploration at Sea. S. 3–68. Boca Raton, Florida USA 1983.
Kilger, R.: Polaris/Iris – Beobachtungen. AGA, H. 45, S. 73–81, München 1984.
*King, R.W., E.G. Masters, C. Rizos, A. Stolz: Surveying with GPS. University of New South Wales, Australia, 1985.

King-Hele, D.G.: The effect of the Earth's oblateness on the orbit of a near satellite. Proc. Roy. Soc., Ser. A, Bd. 247 (1958) S. 49–72.

King-Hele, D.C., R.H. Merson: Use of artificial satellites to explore the Earth's gravity field: Results from Sputnik 2. Nature 182, S. 640–641 (1958).

Kleusberg, A.: Diagnose und Therapie von geodätischen Satellitennetzen vom Typ Doppler. DGK C, H. 293, München 1984.

Klobuchar, J.: Ionospheric effects on satellite navigation and air traffic control systems. Bedford 1978.

Klokočnik, J.: A review of methods of comparison of "resonant" lumped geopotential coefficients. Bull. Astron. Inst. Czechl. 33 (1982), S. 89–104.

Koch, K.R.: Darstellung des Erdschwerefeldes in der Satellitengeodäsie durch das Potential einer einfachen Schicht. ZfV 94, (1970), S. 173–179.

Koch, K.R.: Earth's gravity field and station coordinates from Doppler data, satellite triangulation and gravity anomalies. NOAA Technical Report NOS 62, Rockville, USA 1974.

Kolenkiewicz, R., D.E. Smith, D.P. Rubincam, P.J. Dunn, M.H. Torrence: Polar motion and Earth tides from laser tracking. Phil. Trans. Roy. Soc. Lond. Ser. A, 284, 485–494, (1977).

Kolenkiewicz, R., C.F. Martin: SEASAT altimeter height calibration. JGR 87, C5, S. 3189–3197, 1982.

Kolenkiewicz, R., J. Ryan, M.H. Torrence, S.M. Klosko: Geodetic measurements utilizing space techniques. Proc. Symp. on Space Techniques for Geodynamics, Bd. 2, S. 3–16, Sopron, Ungarn 1984.

*Konecny, G., G. Lehmann: Photogrammetrie. Berlin, New York 1984.

Kouba, J.: Satellite Doppler positioning for geodynamics. Ann. Géophys. 37 (1981), S. 205–212.

Kouba, J.: GEODOP V-Geodetic Doppler Positioning Programs (Version V). Earth Physics Branch, Ottowa 1983a.

Kouba, J.: A review of geodetic and geodynamic satellite Doppler positioning. Review of Geophysics and Space Physics, 21, No. 1 (1983b) S. 27–40.

Kouba, J.: An efficient short-arc orbit computation. Bull. Géod. 57, (1983c), S. 138–145.

Kouba, J., J.D. Boal: Program GEODOP. Publ. 1213E, Surv. and Mapping Branch, Ottawa, Canada, 1976.

Kouba, J., J.A. Orosz: Evaluation of ELECTRAC receiver and oscillator effects on Doppler data quality at TRANET station 128 Ottawa. Proc. 3rd Int. Geodetic Symp. Sat. Doppler Positioning, Bd. 2, S. 937–975, Las Cruzes, USA, 1982.

Kovalevsky, J.: The project HIPPARCOS. man. geod. 11 (1986), S. 89–96.

Kozai, Y.: On the effects of the sun and the moon upon the motion of a close Earth satellite. SAO Spec. Rep. 22, 1959.

Kozai, Y.: Lunisolar perturbations with short periods. SAO Spec. Rep. 235, 1966.

Kroger, P. u.a.: Sensitivity of GPS Carribean baseline performance to the location of a southerly fiducial station. Proc. 1st Int. Symp. Prec. Positioning with GPS, Bd. 1, S. 447–456, Rockville, USA 1985.
Krynski, J.: Improvement of the geoid in local areas by satellite-to-satellite tracking. Bull. Géod. (1979a), S. 19–36.
Krynski, J.: Potentialities of satellite gradiometry versus satellite-to-satellite tracking. Proc. Int. Symp. Use of Art. Satellites for Geodesy and Geodynamic II, S. 652 ff., Athens 1979b.
Krynski, J.: Study on satellite-to-satellite data processing. In: Schwarz, Lachapelle (Hrsg.). Geodesy in Transition, S. 313–326, Calgary 1983.
Kumar, M.: An unbiased analysis of Doppler coordinate systems. Proc. 3rd. Int. Geod. Symp. Satellite Doppler Positioning, Bd. 1, S. 169–182, Las Cruzes 1982.

Ladd, J.W., C.C. Counselman, S.A. Gourevitch: The Macrometer (TM) II Dual-Band Interferometric Surveyor. Proc. 1st. Int. Symp. Precise Positioning with GPS, Rockville, USA 1985.
Ladd, J.W., R.G. Welshe, A. Brown, M. Sturza: Mini-Mac – A new generation dual-band surveyor. Bull. Géod. 60, H3 (1986) S. 221–228.
Lambeck, K.: Methods and geophysical applications of satellite geodesy. Rep. Prog. Phys. 42 (1979), S. 547–628.
Lambeck, K., A. Cazenave, G. Balmino: Solid Earth and fluid tides from satellite orbit analysis. Proc. Int. Symp. "Use of Artificial Satellites for Geodesy and Geodynamics" S. 353–393, Athens 1975.
Landau, H., D. Hagmaier: Analysis of the required force-modelling for NAVSTAR/GPS satellites. Schriftenreihe Studiengang Vermessungswesen UBW München, H. 19 (1986), S. 193–208.
Lelgemann, D.: Eine lineare Lösung der Hillschen kanonischen Gleichungen für die Bewegung eines Satelliten im Gravitationsfeld der Erde. AGA, H. 39, S. 351–359, München 1979.
Lelgemann, D., J. Brennecke, H. Hauck, K. Herzberger, P. Wilson: Geodätische Aspekte des Seasat-1 Nordsee Experiments. ZfV 105 (1980), S. 18–31.
*Le Pichon, X., J. Francheteau, J. Bonnin: Plate Tectonics. Developments in Geotectonics, Bd. 6, Amsterdam-London-New York 1973.
Leppard, N.A.: Satellite Doppler fixation and international boundaries. Phil. Trans. Roy. Soc. Lond., Ser. A, Bd. 294 (1980), S. 289–298.
Lerch, F.J., C.A. Wagner, S.M. Klosko, R.P. Belott: Goddard Earth Model development for oceanographic applications. Marine Geodesy Symposium, Miami 1978.
Lerch, F.J., S.M. Klosko, R.E. Laubscher, C.A. Wagner: Gravity model improvement using GEOS3 (GEM9 and 10). JGR 84, B 8 (1979) S. 3897 ff.
Lerch, F.J., J.G. Marsh, S.M. Klosko, R.G. Williamson: Gravity model improvement for SEASAT. JGR 87, C 5 (1982) S. 3281–3296.

Lerch, F.J., S.M. Klosko, G.B. Patel: A refined gravity model from LAGEOS (GEM-L2). NASA Techn. Memorandum 84986 (1983).

*Levallois, J.J.: Géodésie Générale, Bd. 4: Géodésie spatiale. Paris 1971.

*Lisitzen, E.: Sea Level Changes. Elsevier Oceanographic Series 8, New York 1974.

Lohmar, F.J.: Zur Berechnung ionosphärischer Refraktionskorrekturen für VLBI-Beobachtungen aus simultanen Dopplermessungen nach Satelliten. Mitt. Geod. Inst. Univ. Bonn, Nr. 67, 1985.

Lorell, J., E. Colquitt, R.J. Anderle: Ionospheric correction for SEASAT altimeter height measurement. JGR 87, C5 (1982) S. 3207–3212.

Luck, J.McK.: Construction and comparison of atomic time scale algorithms. Dep. Resource Eng., Div. Nat. Mapping. Techn. Rep. 32, Canberra 1983.

Lundquist, C.A., G. Veis: Geodetic parameters for a 1966 Smithonian Institution Standard Earth. SAO Spec. Rep. 200, Cambridge 1966.

MacDoran, P.F.: Satellite Emission Radio Interferometric Earth Surveying SERIES-GPS Geodetic System. Bull. Géod. 53 (1979), S. 117 ff.

MacDoran, P.F.: SERIES-GPS codeless pseudo-ranging positioning technology. CSTG Bulletin, No. 5, S. 46 ff, 1983.

Maniatis, A., J. Campbell, A. Müller, H. Schuh, H. Seeger: Zur Auswertung von geodätischen GPS-Beobachtungen. AVN 94, (1987), S. 9–19.

Markovitz, W.: Photographic determination of the moon's position, and applications to the measure of time, rotation of the earth, and geodesy. Astron. J., 59 (1954), S. 69–73.

Marsh, J.G., S. Vincent: Gravimetric geoid computations and comparisons with Skylab altimeter data in the GEOS-C calibration area. Gen. Ass. IUGG, Grenoble 1975.

Marsh, J.G., T.V. Martin, J.J. McCarthey, Ph.S. Chovitz: Mean sea surface computation using GEOS-3 altimeter data. Marine Geodesy, 3, (1980), S. 354–378.

Marsh, J.G., T.V. Martin: The SEASAT altimeter mean sea surface model. JGR 87, C5 (1982) S. 3269–3280.

Marsh, J.G., R.E. Cheney, J.J. McCarthy, T.V. Martin: Regional mean sea surface based on GEOS-3 and SEASAT altimeter data. Marine Geodesy, 8, (1984), 385–402.

Marsh, J.G., F.J. Lerch: Precision geodesy and geodynamics using Starlette laser ranging. JGR, 90, B11 (1985), S. 9335–9345.

Martin, D.C., I.H. Oh: Utilization of satellite-to-satellite tracking data for determination of the geocentric gravitational constant GM. JGR 84, B8 (1979), S. 3944–3950.

Masters, E.G., A. Stolz, B. Hirsch: On filtering and compressing LAGEOS laser range data. Bull. Géod. 57 (1983), S. 121–130.

*Maul, G.A.: Introduction to satellite oceanography. Dordrecht 1985.

Maxted, A.: Description of the water vapor radiometer -WVR-. CSTG Bull. 5 (1983) S. 180–183.

McArthur, D.: Report on the test results with the Trimble Navigation 4000SX Surveyor. Geodetic Survey of Canada, Techn. Rep. No. 9, 1987.

McCaskill, T.B., J.A. Buisson: On-orbit frequency stability analysis of NAVSTAR GPS clocks and the importance of frequency stability to precise positioning. Proc. 1st Int. Symp. Precise Positioning with GPS, Bd. 1, S. 37–50, Rockville, USA, 1985.

Melbourne, W. u.a.: Project Merit Standards. U.S. Naval Observatory Circular No. 167, Dec. 27, 1983.

Melbourne, W.G., T. Dixon, C. Thorton: GPS-based geodesy in Mexico and the Caribean. CSTG Bull. 8 (1985) S. 182–190.

Milliken, R.J., C.J. Zoller: Principles of NAVSTAR and system characteristics. Navigation (USA) 25, H. 2 (1978) in: Janiczek (Hrsg.): Global Positioning System. Papers published in Navigation, Bd. I (1980).

Minster, J.B., T.H. Jordan: Present-day plate motions. JGR 83, B 11 (1978), S. 5331–5354.

*Möller, F.: Einführung in die Meteorologie. B.I.-Hochschultaschenbücher, Bd. 276, Mannheim 1973.

Monka, F.M.: Zur Aufbereitung und Auswertung von GEOS-3 Satellitenradaraltimetermessungen. Wiss. Arb. Fachr. Verm. wesen, Univ. Hannover, Nr. 134, 1984.

Montag, H.: Zur Untersuchung des Erdrotationsvektors mit Hilfe von Laserentfernungsmessungen zu künstlichen Erdsatelliten. Veröff. Zentralinstitut Physik der Erde, Nr. 80, Berlin 1984.

Moritz, H.: Methoden zur Berechnung von Satellitentriangulationen. AVN 77 (1970), S. 353–359.

*Moritz, H.: Advanced Physical Geodesy. Karlsruhe 1980.

Moritz, H.: Geodetic Reference System 1980. Bull. Géod. 58 (1984), S. 388–398.

Moritz, H.: Geodesy and Earth rotation. Geodetic and Geophysical Research Institute Hungarian Academy of Sciences. Papers in Honour of Antal Tarzy-Hornoch 85, S. 41–53, Sopron 1985.

*Moritz, H., I.I. Mueller: Earth rotation-theory and observation. New York 1987.

*Mueller, I.I.: Introduction to Satellite Geodesy. New York 1964.

*Mueller, I.I.: Spherical and practical astronomy as applied to geodesy. New York 1969.

Mueller, I.I.: Tracking station positioning from artificial satellite observations. Geophysical Surveys 2, (1975), S. 243–276.

Mueller, I.I.: Report of the IAG/IAU joint working group on the establishment and maintenance of a conventional terrestrial reference system (COTES). Proc. IAG Symp. Gen. Assembly Hamburg, Bd. 2, S. 449–461, 1983.

Mueller, I.I. (Hrsg.): Proceedings of the International Conference on Earth Rotation and the Terrestrial Reference Frame. 2 Bde. Columbus, Ohio, USA, 1985.

Mueller, I.I., B. Van Gelder, M. Kumar: Error analysis for the proposed close grid geodynamic satellite measurement system (CLOGEOS). OSU Report, Nr. 230, Columbus, USA, 1975.

Mueller, I.I., B. Archinal: Geodesy and the Global Positioning System. Proc. Int. Symp. on Geodetic Networks and Computations, München 1981. DGK, B, H. 258/IV, S. 28–36, München 1982.

Mueller, I.I., Z. Wei: MERIT Main Campaign: Reference frame intercomparisons. Geodetic and Geophysical Research Institute Hungarian Academy of Sciences. Papers in Honour of Antal Tarzy-Hornoch 85, S. 110–117, Sopron 1985.

Murphy, J.P.: Geopotential Research Program. CSTG Bulletin 6, S. 164–178, 1983. Auch: Proc. IAG Symp. Gen. Ass. Hamburg 1983, Bd. 1, S. 416–430, 1983.

Nagel, E.: Die Bezugssysteme der Satellitengeodäsie. DGK, C, H. 223, München 1976.

Nakiboglu, S.M., E.J. Krakiwski, K.P. Schwarz, B. Buffet, B. Wanless: A multistation, multi-pass approach to Global Positioning System improvement and precise positioning. Geodetic Survey of Canada, Report 85–003, 1985.

NAS: Geodesy: Trends and Prospects. National Academy of Sciences. Washington 1978.

NASA: NASA Geodynamics Program: Annual Report. Geodynamics Program Office. Washington D.C., erscheint jährlich.

NGSP: National Geodetic Satellite Program. 2 Bde. Washington 1977.

Nottarp, K.: Der Nd: YAG-Laser des Sylvania Laserentfernungsmeßsystems. AGA, H 33, S. 71 ff, München 1975.

Nottarp, K.: Modifikationen am Nd: YAG-Laserentfernungsmeßsystem der Stationen Wettzell für das LASSO-Experiment. AGA, H. 40, S. 58–59, 1980.

Nottarp, K.: Laserentfernungsmessungen nach Erdsatelliten auf der Station Wettzell. ZfV 107 (1982), S. 405–410.

O'Keefe, J.A.: Oblateness of the Earth by artificial satellites. Harvard Coll. Obs. Announcement Card 1408, 1958.

Paci, G.: Status and future plans for the first European Remote Sensing Satellite ERS-1. In: Cracknell (Hrsg.): Remote Sensing Applications in Marine Science and Technology, S. 67–81, Dordrecht/Boston/Lancaster, 1983.

Paik, H.-J.: Superconducting tensor gravity gradiometer. Bull. Géod. 55, (1981), S. 370–381.

Paquet, P., V. Dehant: The coordinates evolution of a Tranet station over 9 years. Proc. 3rd. Int. Geod. Symp. on Satellite Doppler Positioning, Bd. 1, S. 539–556, Las Cruzes, USA, 1982.

Pavlis, E.C. On the geodetic applications of simultaneous range differences to LAGEOS. JGR 90, B11, (1985), 9431–9438.

Payne, C.R.: NAVSTAR Global Positioning System: 1982. Proc. 3. Int. Geod. Symp. Satellite Doppler Positioning, Bd. 2, S. 993–1021, Las Cruzes, USA, 1982.

Pearlman, M.R., Some current issues in Satellite Laser Ranging. Proc. 4th. Int. Workshop on Laser Ranging Instrumentation (Austin 1981), S. 568–578, Bonn 1982.

Pearlman, M.R.: Early experience of the SAO Satellite-Tracking Program. EOS, June 21, (1983) S. 417.

Pearlman, M.R.: Laser system characterization. Proc. 5th Int. Workshop on Laser Ranging Instrumentation, Bd. 1, S. 66–84, Herstmonceux 1984.

Pearlman, M.R. u.a.: National Geodetic Satellite Program, Smithonian Astrophysical Observatory, Instrumentation. NGSP, Bd. 2, S. 797 ff., Washington 1977.

Pelzer, H.: Grundlagen der mathematischen Statistik und der Ausgleichungsrechnung. In: Pelzer (Hrsg.): Geodätische Netze in Landes- und Ingenieurvermessung II, Stuttgart 1985.

Plotkin, H.H.: Laser technology for high precision satellite tracking. Proc. Symp. Earth's Gravitational Field & Secular Variations in Position, Sydney 1973, S. 328–346.

Priester, W., G. Hergenhahn: Bahnbestimmung von Erdsatelliten aus Doppler-Effekt-Messungen. Wiss. Arb. AGF Nordrhein Westfalen, Bd. 82, 1958.

PTTI: Proceedings of the Annual Precise Time and Time Interval (PTTI) Applications and Planning Meeting. Washington, erscheint jährlich.

Rabe, E.: Comparison of terrestrial and astronomical results for GM. Proc. 1. Int. Symp. Use of Artificial Satellites for Geodesy, S. 383–386, Washington 1962.

Rapp, R.H.: The Earth's gravity field. Geophysical Surveys 2, (1975), S. 193–216.

Rapp, R.H.: GEOS3 data processing for the recovery of geoid undulations and gravity anomalies. JGR 84, B8 (1979), S. 3784–3792.

Rapp, R.H.: The determination of geoid undulation and gravity anomalies from Seasat altimeter data. JGR 88, C3, S. 1552–1562, 1983a.

Rapp, R.H.: The role of satellite altimeter data in solving geodetic and oceanographic problems. In: Schwarz, Lachapelle (Hrsg.): Geodesy in Transition, S. 261–274, Calgary 1983b.

Rapp, R.H.: The need and prospects for a world vertical datum. Proc. IAG

Symp. Gen. Ass. Hamburg, Bd. 2, S. 432–445, 1983c.
Rapp, R.H.: Y. Cruz: Spherical harmonic expansions of the Earth's gravitational potential to degree 360 using 30' mean anomalies. OSU Rep. 376, Columbus 1986.
Rehse, H.: Zur Genauigkeit terrestrischer Entfernungen mittels Stellartriangulation und Entfernungsmessungen zum Hochziel. Vermessungstechnik 32 (1984), S. 377–379.
Reigber, C.: Lagrangesche Störungsgleichungen bezüglich nichtinertialer Bezugssysteme. DGK A, H. 79, München 1974.
Reigber, C.: Representation of orbital element variations and force function with respect to various reference systems. Bull. Géod. 55 (1981), S. 111–131.
Reigber, C., H. Drewes, H. Müller, C. Rizos: Capabilities of Lageos ranging data for baseline determinations. 3rd. Int. Symp. "The Use of Artificial Satellites for Geodesy and Geodynamics", Porto Hydra 1982.
Reigber, C., G. Balmino, B. Moynot, H. Mueller: The GRIM 3 Earth Gravity Field Model. man. geod. 8 (1983a) S. 93–138.
Reigber, C., S. Hieber, E. Achtermann: POPSAT – An active solid Earth monitoring system. CSTG Bulletin 6, (1983b) S. 187–214.
Reigber, C., H. Müller, W. Bosch, G. Balmino, B. Moynot: GRIM3 geopotential model improvements. Proc. Int. Symp. Space Techniques for Geodynamics, Bd. 1, S. 139–154, Sopron 1984.
Reigber, C., P. Schwintzer, P. Hartl, K.H. Ilk, R. Rummel, M. Van Geldern, E.J.O. Schrama, K.F. Wakker, B.A.C. Ambrosius, H. Leemann: Study of a Satellite-to-Satellite Tracking Gravity Mission. ESTEC/Contract No. 6557/85/NL PP(SC), München 1987.
Remondi, B.: Using the Global Positioning System phase observable for relative geodesy: Modeling, processing and results. Dissertation Univ. of Texas, Austin, 1984.
Remondi, B.: Performing centimeter-level surveys in seconds with GPS carrier phase: Initial results. Proc. 4. Int. Geodetic Symposium on Satellite Positioning, Bd. 1, S. 1229–1250. Austin 1986.
*Richardus, P.: Project Surveying. 2. Auflage, Rotterdam/Boston 1984.
Rinner, K.: Die Deutsch-Österreichische Dopplerkampagne (DOEDOC) und ihre Bedeutung für die Landesvermessung. In: Schödlbauer, Welsch (Hrsg.) Satelliten-Dopplermessungen, S. 201–220, Schriftenreihe HSBw, H. 15, 1984.
Rinner, K., K. Killian, P. Meissl: Beiträge zur Theorie der geodätischen Netze im Raum. DGK A, H. 61, München 1969.
Rinner, K., G. Seeber, H. Seeger: Die Deutsch-Österreichische Dopplerkampagne. DGK B, H. 260, München 1982.
Rinner, K., G. Kirchner, P. Pesec: Report on the Laser activities of the satellite observation station Graz-Lustbühel. IUGG Gen. Ass. Hamburg 1983.
Rinner, K., R. Sigl, R.J. Cuno, E. Wolf, G. Chesi, K. Kaniuth: Deutsch-Österreichisches Stellartriangulationsprojekt mit Ballonsonden. DGK B,

H. 278, München 1985.

Rizos, C., P. Wilson: Simulations on the application of satellite laser tracking for geodynamical studies in the Eastern Mediterranean. Annales Geophysicae 2 (1984) S. 239–248.

Rizos, C., A. Stolz, E.G. Masters: Surveying and geodesy in Australia with GPS. The Australian Surveyor, 32 (1984), S. 202–225.

Rizos, C., A. Stolz: Force modelling for GPS satellite orbits. 1st. Int. Symp. Precise Positioning with GPS, Bd. 1, S. 87–98, Rockville USA 1985.

Robbins, J.W.: Least squares collocation applied to local gravimetric solutions from satellite gravity gradiometry data. OSU Rep. No. 368, Columbus 1985.

Robertson, D.S., W.E. Carter: Continental scale baseline determined by VLBI. Proc. Int. Symp. Space Techniques for Geodynamics, Bd. 2, S. 17–24, Sopron 1984.

Robertson, D.S., W.E. Carter: Earth orientation determinations from VLBI observations. Proc. Int. Conf. Earth Rotation and Terr. Reference Frame, Bd. 1, S. 296–306, Columbus USA 1985.

Rodgers, P.D.: The JMR-2000 Global Surveyor. CSTG Bulletin, 5, S. 7–23, 1983.

Ross, W.T.: MAGNET-Magnavox Network Adjustment Post Processing Software. Proc. 3rd. Int. Geod. Symp. Satellite Doppler Pos. S. 231–245, Bd. 1, Las Cruzes 1982.

*Roy, A.E.: Orbital Motion. Bristol 1978.

Rubincam, D.P.: Lageos orbit decay due to infrared radiation from Earth. EOS, 67, No. 16, 1986.

Rummel, R.: Determination of short-wavelength components of the gravity field from satellite-to-satellite tracking or satellite gradiometry – an attempt to an identification of problem areas. Report prepared for Workshop on the application of Dedicated Gravity Satellite. Washington, 1978.

Rummel, R.: Satellitengradiometrie. ZfV 110 (1985), S. 242–257.

Rummel, R.: The Earth's gravity field. Proc. ESA Special Workshop on "Solid Earth Science & Application Mission for Europe (SESAME) ESA SP-1080, S. 69–76, 1986.

Rummel, R., Ch. Reigber, K.H. Ilk: The use of satellite-to-satellite tracking for gravity parameter recovery. Proc. ESA Workshop on Space Oceanography, Navigation and Geodynamics (SONG), ESA-SP-137, S. 151–161, 1978.

Rummel, R., O.L. Colombo: Gravity field determination from satellite gradiometry. Bull. Géod. 59 (1985), S. 233–246.

Russel, S.S., J.H. Schaibly: Control segment and user performance. Navigation (USA), 25 (1978) No. 2. In: Janiczek (Hrsg.): Global Positioning System, papers published in Navigation, Bd. 1, S. 74–80, Washington 1980.

Rutscheid, E.H.: Preliminary results of the SECOR Equatorial Network. In: Henriksen (Hrsg.): The Use of Artificial Satellites for Geodesy, Washington 1972.

Saastamoinen, J.J.: Contributions to the theory of atmospheric refraction.

Bull. Géod. 107 (1973), S. 13–34.
Sandwell, D.T., D. Milbert, B.C. Douglas: Global nondynamic orbit improvement for altimetric satellites. JGR 91, B9 (1986) S. 9447–9451.
Sanso, F.: A discussion on the altimetry-gravimetry problems. In: Schwarz, Lachapelle (Hrsg.): Geodesy in Transition, S. 71–108, Calgary 1983.
Sasaki, M.: On a laser ranging system at Simosato Hydrographic Observatory. CSTG Bulletin 5 (1983), S. 80–86.
Schenke, H.-W.: Untersuchungen zur Genauigkeit von Doppler-Satellitenbeobachtungen im Testnetz Westharz. Wiss. Arb. Fachr. Verm. wesen, Univ. Hannover, Nr. 129, 1984.
Schenke, H.-W., J. Ulrich: Flächenhafte Kartierung des Meeresbodens. Geowissenchaften in unserer Zeit, 4 (1986), S. 122–130.
Scherrer, A. The WM GPS Primer. Wild Heerbrugg 1985.
Schlüter, W., F.-J. Lohmar: Kalibrierungsmessungen von Dopplerempfangsanlagen. AGA 41, S. 80, 1981.
Schlüter W., P. Pesec: Mathematisches Modell zur Auswertung von Dopplermessungen. DGK B, H. 260, S. 37–54, München 1982.
Schlüter, W., G. Blenski, K. Herzberger, M. Müller, R. Stoger: Results from permanent Doppler observations at Wettzell using broadcast and precise ephemeris. Proc. 3rd Int. Symp. on Satellite Doppler Positioning, Bd. 1, S. 575–594, Las Cruzes 1982.
Schlüter, W., D. Feil: Zur Zeithaltung auf der Fundamentalstation Wettzell. AGA, H. 45, S. 89 ff, München 1984.
Schmid, H.: National Geodetic Satellite Program – National Geodetic Survey. NGSP, Bd. 2, S. 525–644, Washington 1977.
Schneider, M.: Meßverfahren der Satellitengeodäsie – Grundlagen I. Mitt. Nr. 126, Lehrstuhl für Astr. Phys. Geodäsie, TU München, 1975.
*Schneider, M.: Himmelsmechanik. Mannheim-Wien-Zürich 1981.
Schnürer, H.: Die Anwendungsmöglichkeiten des astronomischen Polynommodells zur Richtungsbestimmung aus photographischen Aufnahmen Ballistischer Kameras. Diss. Hannover 1974.
Schödlbauer, A.: Bezugssysteme der Landesvermessung unter Berücksichtigung terrestrischer und satellitengeodätischer Meß-und Auswerteverfahren. In: Schödlbauer, Welsch (Hrsg.): Satelliten-Dopplermessungen, Schriftenreihe HSBw, H. 15, München 1984.
*Schrick, K.W. (Hrsg.): Anwendungen der Kalman-Filter-Technik – Anleitungen und Beispiele. München 1977.
Schulz, G.: Reduktion von Satellitenmeßbildern mit Fixsternen. DGK C, H. 125, München 1968.
Schutz, B.E., B.D. Tapley, C. Shum: Evaluation of the SEASAT altimeter time tag bias. JGR 87, C5 (1982) S. 3239–3245.
Schwarz, K.P.: Zonale Kugelfunktionskoeffizienten aus Satellitendaten durch Kollokation. Dissertation Graz 1974.

Schwebel, R.: Das Ballistische Meßkammersystem. Bildm. und Luftbildwesen (1970), S. 135 ff.
Schwiderski, E.W.: Combined hydrodynamical and empirical modeling of ocean tides. In: Seeber, Apel (Hrsg.): Geodetic Features of the Ocean Surface and their Implications, S. 215–229. Dordrecht-Boston 1984.
Seeber, G.: Über das stochastische Verhalten von photographisch bestimmten Stern- und Satelliten-Koordinaten. DGK C, Heft 178, München 1972.
Seeber, G.: Forschungsergebnisse aus der Satellitenstation Bonn-Todenfeld. Erfahrungen mit der Ballistische Meßkammer BMK 46/18/1:45. Mitt. Geod. Inst. Bonn, Nr. 2, 1973.
Seeber, G.: Inertiale Vermessungssysteme und ihre Anwendungsmöglichkeiten in der Geodäsie. ZfV 104 (1979), S. 460–471.
Seeber, G.: Satelliten-Dopplerverfahren. In: Pelzer (Hrsg.): Geodätische Netze in Landes- und Ingenieurvermessung, S. 145–162, Stuttgart 1980.
Seeber, G.: The current role of Transit Doppler measurements for precise marine positioning. Proc. Point Positioning in Marine Geodesy, S. 119–128, Maracaibo Venezuela, 1983.
Seeber, G.: Die Rolle des NAVSTAR Global Positioning Systems für die Lösung geodätischer Aufgaben. ZfV 109 (1984), S. 1–11.
Seeber, G.: Netze der Satellitengeodäsie. In: Pelzer (Hrsg.): Geodätische Netze in Landes- und Ingenieurvermessung II, S. 335–372, Stuttgart 1985a.
Seeber, G.: Präzise Positionsbestimmung auf See. In: Pelzer (Hrsg.): Geodätische Netze in Landes- und Ingenieurvermessung II, S. 725–749, 1985b.
Seeber, G.: Use of GPS for the determination of precise height differences – models and results. Proc. Symp. Definition of the Geoid. Florence 1986.
Seeber, G., H. Wissel: Erfahrungen mit dem Präzisionsmonokomparator Zeiss PK1 bei der Auswertung astrometrischer Aufnahmen. ZfV 104 (1979), S. 166–170.
Seeber, G., D. Egge: Positionsbestimmung mit Satelliten-Dopplerverfahren in bewegter Situation. ZfV 106 (1981) S. 123–131.
Seeber, G., D. Egge, M. Hoyer, H.W. Schenke, K.H. Schmidt: Einsatzmöglichkeiten von Doppler-Satellitenmessungen. AVN 89 (1982) S. 373–388.
Seeber, G., H. Hinze: Bestimmung von Gletschereisbewegungen mit Doppler-Satellitenmessungen in der Antarktis. In: Schödlbauer und Welsch (Hrsg.): Satelliten-Dopplermessungen. Schriftenreihe HSBw, H. 16, München 1984.
Seeber, G., H. Seeger: Satelliten-Dopplermessungen im Deutschen Hauptdreiecksnetz. In: Schödlbauer, Welsch (Hrsg.): Satelliten-Dopplermessungen. Schriftenreihe HSBw, H 15, München 1984.
Seeber, G., D. Egge, A. Schuchardt, J. Siebold, G. Wübbena: Experiences with the TI4100 NAVSTAR Navigator at the University of Hannover. Proc. 1st Int. Symp. Precise Positioning with GPS, Bd. 1, S. 215–226, Rockville USA 1985.
Seeber, G., A. Schuchardt, G. Wübbena: Precise Positioning Results with

TI4100 GPS Receivers on Moving Platforms. Proc. 4. Int. Geod. Symp. Satellite Positioning, Bd. 2, S. 1269–1286, Austin USA 1986a.

Seeber, G., G. Wübbena, W. Augath: Anlage eines örtlichen 3D-Netzes mit GPS TI4100-Beobachtungen. ZfV 111 (1986b) S. 481–489.

Seeber, G., A. Schuchardt, G. Wübbena: Beobachtung eines großräumigen GPS-Netzes mit Zweifrequenzempfängern. ZfV 112 (1987a), S. 397–401.

Seeber, G. u.a.: Status Report on DÖNAV. Symposium "Impact of Global Positioning System on Geophysics. IUGG General Assembly, Vancouver 1987b.

Seeger, H.: Zur Geoidbestimmung im Alpenraum mit Hilfe von Dopplermessungen im NNSS (ALGEDOP). In: Schödlbauer, Welsch (Hrsg.): Satelliten-Dopplermessungen, Schriftenreihe HSBw, H. 15, 1984, S. 249–266.

Sentman, O.L., R.J. Danchik, L.J. Rueger: Joint paper on the Navy Navigation Satellit System (Transit) Status and plans. Proc. 4th Int. Geodetic Symp. on Satellite Positioning, Bd. 1, S. 21–36, Austin USA 1986.

Shapiro, I.I.: Principles of Very-Long-Baseline Interferometry. Proc. 9th GEOP Conference, OSU Rep. 280, S. 29–33, Columbus 1978.

*Sigl, R.: Einführung in die Potentialtheorie. Karlsruhe 1973.

*Sigl, R.: Geodätische Astronomie. Karlsruhe 1975.

Sigl, R.: The satellite observation station Wettzell of the Sonderforschungsbereich 78 Satellitengeodäsie (SFB78) as a geodynamic fundamental station. AVN Intern. Suppl., 1, (1984a), S. 6–19.

Sigl, R.: The contribution of satellite geodesy to the geosciences. Geo Journal 8, (1984b) S. 341–362.

Sigl, R.: The contribution of DGFI to the WEGENER/MEDLAS project. Geod. and Geophys. Res. Inst. of Hungarian Academy of Sciences. Papers in Honour of Antal TARCY-HORNOCH 85. S. 33–40, Sopron 1985.

Silverberg, E.C. u.a.: Relative lateration across the Los Angeles Basin using a satellite laser ranging system. Bull. Géod. 56 (1982) S. 339–340.

Sims, M.L.: Phase center variations in the geodetic TI4100 GPS receiver system's conical spiral antenna. Proc. 1st. Int. Symp. Precise Positioning with GPS, Bd. 1, S. 227–244, Rockville USA 1985.

Sjogren, W.L., P. Gottlieb, P.M. Muller, W. Wollenhaupt: Lunar gravity via Apollo 14 Doppler radio tracking. Science 175, (1972), S. 165–168.

Smith, D.E.: Prospects for worldwide measurements of present-day tectonic plate motion by SLR. EOS, 65, April 17, 1984.

Smith, D.E. u.a.: A global geodetic reference frame from LAGEOS ranging (SL5. 1AP). JGR 90 (1985), S. 9221–9233.

Smith, R.W., C.R. Schwarz, W.D. Googe: DOPPLR – a point positioning program using integrated Doppler satellite observations. Proc. Int. Geod. Symp. on Satellite Doppler Positioning, S. 839–890, Las Cruzes, 1976.

Snay, R.A.: Network design strategies applicable to GPS surveying using three or four receivers. Bull. Géod. 60 (1986), S. 37–50.

*Snoop, E.M. Introduction to geostationary orbits. ESA SP-1053, 1983.

Spiess, F.N. (Hrsg.): Panel on ocean bottom positioning: Needs and opportunities. National Research Council, Washington 1983.

Spilker, J.J.: GPS signal structure and performance characteristics. Navigation (USA) 25 (1978) In: Janiczek (Hrsg.): Global Positioning System. Papers published in Navigation, Bd. 1, S. 29–54, Washington 1980.

Stanley, H.R.: The Geos 3 project. JGR 84, B8 (1979), S. 3779–3783.

Stansell, T.A.: The MX 1502 Satellite Surveyor. 2nd Int. Geodetic Symposium on Satellite Doppler Positioning, Bd. 1, S. 497–534, Austin USA 1979.

Stansell, T.A., S.M. Chamberlain, F.K. Brunner: The first Wild Magnavox GPS satellite surveying equipment: WM-101. Proc. 1st Int. Symp. Precise Positioning with GPS, Bd. 1, S. 147–160, Rockville USA 1985.

Steinbach: Satellitenbeobachtungsgerät SBG420/500/760. Jenaer Rundschau (1968), S. 230.

Stolz, A.: Precise modelling aspects of lunar measurements and their use for the improvement of geodetic parameters. DGK A, H. 90, München 1979.

Stolz, A., E.G. Masters: Satellite laser range measurements of the 3200 km Orroral-Yarragadee baseline. The Australian Surveyor, 31, (1983), S. 557–562.

*Stumpff, K.: Himmelsmechanik, 3 Bände. Berlin 1959, 1965, 1974.

Swift, E.R.: NSWC's GPS Orbit/Clock determination system. Proc. 1st Int. Symp. on Precise Positioning with the GPS System, Bd. 1, S. 1–62, Rockville USA 1985.

Tapley, B.D., G.H. Born, M.E. Parke: The SEASAT altimeter data and its accuracy assessment. JGR 87, C5 (1982a), S. 3179–3188.

Tapley, B.D., J.B. Lundberg, G.H. Born: The SEASAT altimeter wet tropospheric range correction. JGR 87, C5, (1982b) S. 3213–3220.

Tapley, B.D., R.J. Eanes, B.E. Schutz: UT/CSR analysis of Earth rotation from LAGEOS SLR data. Proc. Int. Conference on Earth rotation and the terrestrial reference frame, Bd. 1, S. 111–125, Columbus USA 1985a.

Tapley, B.D., B.E. Schutz, R.J. Eanes: Station coordinates, baselines and Earth rotation from LAGEOS laser ranging 1976–1984. JGR 90, B11 (1985b), S. 9235–9248.

Torge, W.: Drei- und zweidimensionale Modellbildung. In: Pelzer (Hrsg.): Geodätische Netze in Landes- und Ingenieurvermessung, S. 113–130, Stuttgart 1980a.

Torge, W.: Geodätisches Datum und Datumstransformation. In: Pelzer (Hrsg.): Geodätische Netze in Landes- und Ingenieurvermessung, S. 131–140, Stuttgart 1980b.

*Torge, W.: Geodesy. Berlin-New-York 1980c; Geodäsie (1975).

Torge, W.: Dreidimensionale Netze. In: Pelzer (Hrsg.): Geodätische Netze in Landes- und Ingenieurvermessung II, S. 313–333, Stuttgart 1985.

Trask, D.W. u.a.: Mobile VLBI surveying: Instrumentation, operating procedures, and survey results of ARIES. Proc. Symp. Geod. Appl. of Radio Interferometry, S. 120–133, Tokio 1982.

Tscherning, C.C.: On the chain-rule method for computing potential derivatives. man. geod. 1 (1976), S. 125–141.

Tscherning, C.C. Effects of the lack of adequate height and gravity data on the use of positions determined by space techniques in developing countries. Proc. IAG Symp. Gen. Ass. Hamburg, Bd. 2, 658–670, 1983.

USNO: Supplement to the Astronomical Almanac 1984 – The introduction of the improved IAU system of astronomical constants, time scales and reference frames into the Astronomical Almanac. U.S. Naval Observatory, Washington 1983.

Väisälä, Y.: An astronomical method of triangulation. Sitz. Finn. Akad. Wiss., S. 99–107, 1946.

Vandenberg, N.R., T.A. Clark: Overview of the MARK III VLBI System. Proc. IAG Symp. Geodetic Applications of Radio Interferometry, S. 134–142, Tokio 1982.

Van Dierendonck, A.J., S.S. Russel, E.R. Kopitzke, M. Birnbaum: The GPS Navigation Message. Navigation (USA) 25 (1978), Vol. 2. In: Janiczek (Hrsg.): Global Positioning System. Papers published in Navigation, Bd. 1, S. 55–73, Washington 1980.

*Vanicek, P., E. Krakiwsky: Geodesy: The Concepts. Amsterdam 1982.

Vanicek, P., D. Wells u.a.: The future of geodetic networks. Proc. IAG Symp. Gen. Ass. Hamburg, Bd. 2, S. 372–379, 1983.

Vanicek, P., G. Beutler, A. Kleusberg, R.B. Langley, R. Santerre, D.E. Wells: DIPOP: Differential Positioning Program Package for the Global Positioning System. Geodetic Survey of Canada, Rep. 85–005, Ottawa 1985.

Veis, G.: The precision optical satellite tracking net of the Smithsonian Astrophysical Observatory. In: The use of artificial satellites for geodesy, S. 141–145, Amsterdam 1963.

Vermaat, E.: Establishing ground ties with MTRLS performance and results. Proc. 5th Int. Workshop Laser Ranging Instrumentation, Herstmonceux, S. 47–65, 1984.

Vonbun, F.O.: Goddard laser systems and their accuracies. Phil. Trans. R. Soc. Lond A. 284, S. 443–450, 1977a.

Vonbun, F.O.: Probing the Earth's gravity field by means of satellite-to-satellite tracking. Phil. Trans. R. Soc. Lond. A. 284, S. 475–483, 1977b.

Vonbun, F.O., W.D. Kahn, W.T. Wells, T.D. Conrad: Determination of 5° × 5° anomalies using satellite-to-satellite tracking between ATS-6 and APOLLO. Geophys. J.R. Astr. Soc. 61, (1980) S. 645–657.

Wahr, J.M.: The forced nutations of an elliptical, rotating elastic and oceanless Earth. Geophys. J.R. Astr. Soc., 64 (1981) S. 705–727.

Wakker, K.F., B.A.C. Ambrosius, R.C.A. Zandbergen, G.H.M. van Geldrop: Precise orbit computation gravity model adjustment and altimeter data processing for the ERS-1 altimetry mission. ESA Report, Delft 1987.

Walter, H.G.: Very-Long-Baseline interferometry applied to fundamental astrometry. Mitt. Astron. Rech. Inst. Heidelberg, Series A 145, 1983.

Ward, P.: An advanced NAVSTAR GPS geodetic receiver. Proc. 3rd Int. Symp. on Satellite Doppler Positioning, Bd. 2, S. 1123–1142, Las Cruzes, USA, 1982.

Webb, J.D., R.C. Penney: Six years of inertial surveying at the Geodetic Survey in Canada. Proc. 2nd. Int. Symposium on Inertial Technology for Surveying and Geodesy, S. 325–342, Banff, Canada, 1981.

Weber, G., H.-G. Wenzel: Comparison of GEOS-3 altimetry with a recent gravimetric geoid in the North Sea. Ann. Geophys. 37 (1981), S. 107–112.

Wells, D.E.: Doppler Satellite Control. Dep. Surv. Eng. UNB, Techn. Rep. 29, Fredericton, Canada, 1974.

Wells, D.E.: Recommended GPS Terminology. Proc. 1st. Int. Symp. Positioning with GPS, Bd. 2, S. 903–931, Rockville, USA, 1985.

*Wells, D.E. (Hrsg.): Guide to GPS Positioning. Frederiction, Canada, 1986.

Welsch, W.: Problems of accuracies in combined terrestrial and satellite control networks. Proc. 4th. Int. Geodetic Symp. on Satellite Positioning, Bd. 1, S. 181–196, Austin 1986.

Welsch, W., W. Oswald: Kombinierte Ausgleichung von Doppler-Satellitennetzen und terrestrischen Netzen. In: Satelliten-Dopplermessungen" Beiträge zum Geod. Seminar, Hochschule der Bundeswehr, H. 15, S. 155–191, München 1984.

Wenzel, H.-G. Hochauflösende Kugelfunktionsmodelle für das Gravitationspotential der Erde. Wiss. Arb. Fachr. Verm.wesen, Univ. Hannover, Nr. 137, 1985.

Wilkins, G.A., I.I. Mueller: On the rotation of the Earth and the terrestrial reference system. Bull. Géod. 60 (1986), S. 85–100.

Williams, J.G., J.O. Dickey, W.G. Melbourne, E.M. Standish: Unification of celestial and terrestrial coordinate systems. Proc. IAG Symp. Gen. Assembly Hamburg, Bd. 2, S. 493–508, 1983.

Williamson, R.G., J.G. Marsh: Starlette Geodynamics: The Earth's tidal response. JGR 90, B 11 (1985), S. 9346–9352.

Wilson, P.: Zum Prinzip von Dopplermessungen im Navy Navigation Satellite System erläutert am CMA-722 B der Canadian Marconi Company. AGA, H. 33, S. 90 ff., München 1975.

Wilson, P.: Zur Erweiterung des Neodymium-YAG-Laserentfernungsmeßsystems der Station Wettzell für Entfernungsmessungen zum Mond. AGA H. 38, S. 45 ff., München 1978.

Wilson, P. (Hrsg.): Laser Ranging Instrumentation. Proc. 4th. Int. Workshop (Austin 1981), Bonn 1982a.

Wilson, P. Das mobile Laserentfernungsmeßsystem des SFB78 und sein geplanter Einsatz im Rahmen der internationalen Arbeiten zur Geodynamik. Nachr. Kart. Verm., Reihe I, H. 90, S. 65–75, Frankfurt 1982b.

Wilson, P., C. Boucher, P. Paquet: EDOC-2-Status Report with a summary of some preliminary results of Second European Doppler Observation Campaign. Int. Symp. Use of Artificial Satellites for Geodesy and Geodynamics II, S. 42 ff., Athen 1979.

Wilson, P., M. Conrad: Ein modulares, transportables Laser-Entfernungsmeßsystem (MTLRS). ZfV 107 (1982), S. 410–419.

Wolf, E.: Die Photographie von Laser-Satellitenechos mit der Zeiss BMK75 – Erste Ergebnisse und Folgerungen. AGA H. 36, S. 44 ff., München 1976.

Wolf, H.: Computation of satellite triangulation by spatial fitting of the orbit. Veröff. DGK, B, H. 153, München 1967.

Wolf, H.: Short Arc Methode und räumliche Bahnglättung in der Satellitentriangulation. ZfV 94 (1970), S. 37–41.

*Wolf, H.: Ausgleichungsrechnung – Formeln zur praktischen Anwendung. Bonn 1975.

Wolf, H.: Stochastische aspects in combined Doppler and triangulation nets. Bull. Géod. 56 (1982) S. 63–69.

Wolf, H.: Satelliten-Dopplermessungen in der Berechnung des Europäischen Dreiecksnetzes (RETrig). In: Schödlbauer, Welsch (Hrsg.): Satelliten-Dopplermessungen, Schriftenreihe HSBw, H. 15, S. 221–230, 1984.

Wolf, H.: Forschritte der Geodäsie: Satelliten- und terrestrische Methoden mit ihren Möglichkeiten. Vorträge Rhein. Westf. Akad. Wiss., N 338, Opladen 1985.

Wolf, H.: Möglichkeiten zur Gestaltung geodätischer Netze. ZfV 111 (1986), S. 397–405.

Wübbena, G.: Model and program developments for cm-positioning with GPS. Proc. FIG Joint Meeting Inertial, Doppler and GPS Measurements for National and Engineering Surveys, München 1985, S. 553–565.

Wübbena, G., A. Schuchardt, G. Seeber: Multistation positioning results with TI4100 GPS receivers in geodetic control networks. Proc. 4. Int. Geod. Symp. Satellite Positioning, Bd. 2, S. 963–978, Austin USA 1986.

Young, C.E., R.E. Neilan, F.R. Bletzacker: GPS satellite multipath: An experimental investigation. Proc. 1st. Int. Symp. Precise Positioning with GPS, S. 423–432, Rockville, USA, 1985.

Zlotnicki, V.: On the accuracy of gravimetric geoids and the recovery of oceanographic signals from altimetry. Marine Geodesy 8 (1984), S. 129–157.

13. Sachverzeichnis

Abbruchfehler (Bahnintegration) 122
Abberrationskorrektur
- Satellitenphotographie 166
- TRANSIT 202, 209
- VLBI 396
Abplattung 22
Absolute Koordinatenbestimmung 195, 230
Absolute Positionsgenauigkeit
- bei GPS 291
- bei TRANSIT 195
Absorption, Troposphäre 49
Achsenpolarität, Änderung 14
Adam-Moulton 121
ADOS (African Doppler Survey) 8, 232, 411
Ageing, Uhrverhalten 38
Age of Data
- Clock, AODC 256
- Ephemeris, AODE 256
AJISAI (Satellit) 153, 326
Akustische Verfahren, Meeresgeodäsie 430
Albedo 105, 107
Alertberechnung 123
- GPS 304f
- TRANSIT 202, 207
ALGEDOP 236
Allan Varianz 39
Almanachdaten, GPS 259, 304f
Altimeter
- Kalibrierung 369
- Zweifrequenz 362
Altimetersatelliten, Übersicht 362
Altimetrie 146f, *357ff*
Ambiguity s. Mehrdeutigkeit
Analytische Bahnintegration 84
- Methoden, Vor- und Nachteile 117
Anfangswertaufgabe 112
ANNA-1 B (Satellit) 7, 159, 175
Anomales Erdschwerefeld, Störeinfluß 89ff
Antennen
- GPS-Empfänger 263
- TRANSIT-Empfänger 196
Antennenphasenzentrum, Stabilität
- GPS 303
- TRANSIT 196, 207
Anwendungen
- GPS Beobachtungen 312ff
- TRANSIT Doppler Beobachtungen 229ff
Aphel 58
Apogäum 58
Apozentrum 58
Applied Physics Laboratory 184
Approximationstheorie, numerische Integration 121
Apsidenlinie 58
- Wanderung aufgrund anomalen Schwerefeldes 90
Äquator
- mittlerer 17
- wahrer 17
Äquatoriale Montierung, Kamera 159
Äquatorsystem, Astronomie 15, 19
Äquinox 17
Argument der Breite 68, 79
Array, Laserreflektoren 322
Astrometrische Plattenreduktion 167f
Astronomische
- Dunkelheit 163
- Konstanten 16
- Refraktion 165
Atmosphäre
- Aufbau und Struktur 45ff
- Dichte 105
- Widerstand (Drag) 324f

Atomuhren 37ff
Atomzeit 30, *35ff*
Ausbreitungseffekte
- beim Altimeter 369
- bei Laserdistanzmessungen 333f
- für GPS-Signale 299ff
Ausbreitungsgeschwindigkeit, Welle 41
- im Vakuum 42
Auswerteprogramme
- GPS 273ff
- TRANSIT 225ff
Azimut, ellipsoidisch 24
Azimutale Ausrichtung, GPS Antenne 303
Azimutale Montierung, Satellitenkamera 159
Azimutbestimmung
- GPS 318
- Satellitenphotograpie 171

Bagger, Positionierung mit GPS 437
Baker- Nunn Kamera 157, 159, *161*, 421
Bahnapproximation 85
- Normalpunktbestimmung 336
Bahnbestimmung 111ff
- nach *Cowell* 118
- aus Dopplermessungen 157
- nach *Encke* 119
Bahnbewegung 75ff
Bahndrehimpuls 72, 75
Bahnfehler
- Ausgleichung, Altimetrie 367
- Auswirkung Positionsbestimmung mit GPS 295ff
Bahnform, Keplerbewegung 67
Bahngeometrie 75ff
Bahnglättung, räumlich 125
Bahnintegral 74f
Bahnintegration, gestörte Bewegung
- analytisch 116ff
- numerisch 118
Bahnkoordinatensystem 112, 114
Bahnmethode, SECOR 175
Bahnmodellierung s. Bahnrepräsentation
Bahnnormalenvektor 72, 79
Bahnparameter s.a. Keplerparameter
- bei TRANSIT 188ff
- - konstante 189
- - variable 188, 203
Bahnrepräsentation 122ff
- bei GPS 253ff
- durch Polynome 123
- bei TRANSIT 188ff
Bahnvorhersage 111
- Genauigkeit
- - bei GPS 291, 295f
- - bei TRANSIT 191f, 193
Bahnwinkel 73
Ballistische Meßkammer BMK 161
Ballonsatelliten 158
Barometrische Höhenbestimmung 237
Basislinienkonzept, GPS 281, 287, 309
BC4
- Satellitenkamera 160f
- Satellitenweltnetz 4, 8, 158, 160, 164f, 169f, *173f*, 342
BEACON EXPLORER (Satellit) 320
Beamwidth limited system 365
Beatfrequenz 196, 181, 269
Beobachtungsdauer
- GPS 306f
- TRANSIT 228
Beobachtungsdurchführung GPS 303ff
Beobachtungsgleichung
- Altimetermessungen 373
- Dopplermessungen 183f
- - erweitert 213ff
- GPS Messungen
- - interferometrisch 276
- - Pseudoentfernungen, Code 274
- - Pseudoentfernungsdifferenzen, Integrierter Dopplercount 247
- - Trägerphasen 275f
- Laserdistanzmessungen 332
- VLBI Messungen 396, 398
Beobachtungsgrößen GPS 273ff
Beobachtungsplanung, GPS 303ff, 308f
- bei 3 und mehr Empfängern 311
Berner Software, GPS 290
Berroth 7
Beschleunigungsmesser, im Satelliten 150
Bestanschließendes Elliposid 421
Bewegungseinfluß, Empfangsantenne,

TRANSIT 210f
Bewegungsgleichung, Satellit 63
Bezugssystem, Realisation 194, 229, 231
Bezugssysteme 12ff
- ellipsoidische 22f, 24
- im Erdschwerefeld 21ff
- raumfest, inertial 15
- der Satellitengeodäsie 15ff
- terrestrische 15, 17, 21
Biased range 280
Biasparameter 137, 224f
- im GEODOP Modell 216
BIH s. Bureau International de l'Heure
BIN 336
Birnenform der Erde 5, 7, 419
BMK s. Ballistische Meßkammer
Bodenbewegungen 439
Breite, ellipsoidische 23
Brechungsindex 42, 51
Brechungskoeffizient s. Brechungsindex
Broadcastephemeriden
- GPS 252
- - Darstellung 123
- TRANSIT 36, 186, *188ff*, 193, 219, 229ff, 344
- - Darstellung 123f
Brouwer 7
Bruns 4
Bruns'scher Käfig 4, 174
Bureau International de l'Heure BIH
- System 1968 442
- Terrestrial System 20, 442

C/A-Code 249ff
CACTUS (Satellitensystem) 394
Canadian Marconi 200
Carrier smoothed pseudoranges 437
Carrier tracking loop 264
Cäsiumfrequenznormal 35, 40
C-Band
- Radar 177
- Transponder, GEOS3 152, 177
Celestial Ephemeris Pole 20
Centre National d'Etudes Spatiales CNES 323
Centroid, Laserimpuls 329
CEP s. Celestial Ephemeris Pole
Chapmann-Profil 46f
CID s. Continuously Integrated Dopplercount
CIO s. Conventional International Origin
CIS s. Conventional Inertial System
Clean Raum 328
CMA 751/761 Dopplerempfänger 200
CNES s. Centre National d'Etudes Spatiales
Codeabhängige GPS Empfänger 262, *263ff*
Codefreie GPS Empfänger 262, *269ff*
Codephasen, GPS 263, *276ff*
Codephasenmessung
- Beobachtungsgleichung 279
- nichteindeutige 270
Codes, bei GPS 246
Code tracking loop 264
Collocation Test
- Lasermessungen 334
- Satellitenmethoden 442
Computeralgebra, Bahnintegration 117
Constant Bit Rate 198
Continuously Integrated Dopplercount CID 199, 216
Control Display Unit CDU 267
Conventional Inertial System CIS 141
- stellares 170
Conventional International Reference Atmosphere CIRA 104
Conventional International Origin CIO 20
Conventional Terrestrial Pole CTP 17, 346
Conventional Terrestrial System COTES, CTS 17, 411, 442f
Corioliskraft 107
Corner Cube Reflector 322
Costasloop 264
COTES s. Conventional Terrestrial System
Counselman 269
Cowell 118f
Crustal Dynamics Program s. NASA Crustal Dynamic Program
CTP s. Conventional Terrestrial Pole

Cycle slip 285, 288, 303
- Korrektur 303

Datenaufzeichnung, GPS 308
Datenblöcke, Navigationsdaten, GPS 259
Datenkassetten 200
Datensignal, GPS 250
Datum
- absolutes 26
- geodätisches 25ff
Datumsdefekt 172, 407
Datumshiftkonstanten 26f
Datumstransformation 231, 313
Datumsübergang
- vollständiger 27
- zwischen kartesischen Systemen 27
Delaunay Variable 81
Dedizierte Schweremodelle 425
s.a. tailored gravity model
Denormierung, Potentialkoeffizienten 127
Dekodierung, GPS Navigationsdaten 258, 288
Delay, Laserdistanzmessung 220, 283
Designmatrix 220, 283
Differences GPS
- single, double, triple 280
Dilution of Precision DOP 293
Diplexer/Preselector 196
DIPOP, GPS Auswerteprogramm 290
Direkte Bewegung eines Satelliten 80
Displacement Compensation System DISCOS 151, *154f*, 204
- bei GRM 391, 155
- bei TRANSIT 187
Dispersion 43f, 48
Divergenz, Laserstrahl 328
DÖDOC, Dopplernetz 8, 232f, 411
DÖNAV, GPS Netz 413
DOP s. Dilution of Precision
Doppler, Christian 178
Doppler, Bezugssysteme 194, 230
Doppler Counter 197
Dopplercount, integrierter 181, 197f
Dopplereffekt 145, 178, *180ff*
- Nutzung bei GPS 250, 252, 274
- Nutzung bei GRM 391
- optischer 325
- transversaler 181
Dopplerempfangsanlagen *195ff*, 200
Dopplerkurve 178f
Dopplermessungen, Plattentektonik 440
Dopplermeßverfahren 145, 174, *178ff*
Dopplersendeantenne, GEOS3 153
Doppler-Sonar 210, 433
Dopplerverschiebung s. Dopplereffekt
DOPPLR, Auswerteprogramm 216
DORIS (Satellitensystem) 156
Drag 103f
Drehmatrizen, Rechenregeln 14f
Drehwaage 392
Dreiachsige Montierung, Tracking Camera 159
Dreifache Differenzen, GPS Trägerphasenmessung 284
Dual Rate Moon Camera 7
Dynamische Methode der Satellitengeodäsie 138, 407ff, 415, 418f
Dynamische Zeit 30, *34f*

Earth Centered Earth Fixed System ECEF 17
ECHO (Satelliten) 7, 142, 158, 173
Editieren, TRANSIT Beobachtungen 226
EDOC s. Europäische Dopplerkampagne
EGS s. Experimental Geodetic Satellite
Eigenzeit 34
Einbildkomparator 164
Einfache Differenzen, GPS Trägerphasenmessungen 283
Einfrequenzempfänger, GPS 272
- Ionosphärenkorrektur 300
Einkanalempfänger
- GPS 265
- TRANSIT 196
Einlocken, TRANSIT Satelliten 228
Einwegverfahren 143
- GPS 247
Einzelphotonenerkennung, Laserdistanzmessung 321, 328ff, 339

Einzelpunktbestimmung
- GPS 310
- TRANSIT 218ff
Einzelschrittverfahren, Bahnintegration 121f
Eisbewegung 437ff
- aus GPS Beobachtungen 319, 439
- aus TRANSIT Beobachtungen 319, 439
Elektromagnetische Wechselwirkung, Satellitenumgebung 107
Elektronendichte 47
Elementenstörungen 95ff
Ellipsoid 22
- bestanschließendes 26
- mittleres 2
Ellipsoidnormale 24
Empfänger
- GPS 261ff
- TRANSIT 195ff, 214
Empfängerdelay, TRANSIT 198
Empfängerrauschen, GPS 302
Empfängerzeitrahmen
- GPS 277f
- TRANSIT 197f
Empfangsantennen, GPS 263
Empfangskanal, GPS Empfänger 264
Encke 118f
Energieintegral 69, 72, 75f, 86
Entfernungsänderungen, Dopplereffekt 146f
Entfernungsdifferenzmessungen, zu Satelliten 145
Entfernungsmessungen, zu Satelliten 142
Environmental Sensor Unit ESU 201
Eötvös, Roland von 392
Eötvös Einheit 392
Eötvös-Tensor 391
Ephemeridendarstellung
- bei GPS 123, *253ff*
- bei TRANSIT 122f, *188ff*
Ephemeridengenauigkeit
- bei GPS 295f
- bei TRANSIT 202f
Ephemeridenrechnung 112, *113f*
Ephemeridenzeit 34
Epoche, Zeitskalen 30
Equation of Equinoxes 33
Erdabplattung, numerische Werte 6, 7
Erdellipsoid s. Ellipsoid
Erderkundungssatelliten 150, 351
- Bahnauswahl 131
- Resonanzeffekte 109
Erdfestes System, vereinbartes CTS 17
Erdgezeiten 103, 370
Erdkrustenbewegungen
- aus GPS Beobachtungen 316
- Übersicht 439
Erdmessung 2, 8
Erdmodelle 7f, 410, *421ff*
- Beitrag der Altimetrie 375f
Erdorientierungsparameter s. Erdrotationsparameter
Erdrotationsgeschwindigkeit
- mittlere 26f
- WGS84 Wert 257
Erdrotationskorrektion
- bei GPS Beobachtungen 292
- bei TRANSIT Beobachtungen 209
Erdrotationsparameter ERP 19, 441ff
- aus LAGEOS Messungen 345ff
- aus Mondlasermessungen 355f
- aus VLBI 399, 401f
Erdschatten, Satelliten im 106
Ereignis, Satellitenphotographie 171
Erkundung, GPS Stationen 307
ERM, Exact Repeat Mission, GEOSAT 362
EPR s. Erdrotationsparameter
ERS 1 (Satellit) 155, 350, 361f
Erste Bahnbestimmung 111
Europäische Dopplercampagne EDOC 8, 232, 411
Event (Ereignis) Satellitenphotographie 164, 171
Experimental Geodetic Satellite EGS 142, *153f*, 159 175, 323, 326
Exploration, auf See 427
EXPLORER 1 (Satellit) 7
EXPLORER 19, 39 (Satelliten) 158
Exzentrische Anomalie 70
Exzentrität
- lineare 59

- numerische 22
Exzentrizitätsfunktion 92
Exzentrizitätswinkel 92

Fast switching channel, GPS 265
Fehlerbudget
- bei Altimeterbeobachtungen 369
- bei GPS Beobachtungen 291
- bei TRANSIT Beobachtungen 212f
Feldparameter 418
Festkörperlaser 326f
Fiducial Points 297, 316
Flächenkonstante 60
Flächensatz 59, 66
Fluchtgeschwindigkeit, Rakete 78
Fluggravimetrie 319
Flughöhenmessung s. Altimetrie 146
Flugzeitmessung, Laser 333
Flugzeugdetektor, Laserdistanzmessung 329
Footprint 357, *364*
Formfaktor, dynamischer 26
Fractional Dopplercount 199
Frequenzbänder 45
Frequenzbereiche 44f
Frequenzdrift 38
Frequenznormale 37ff
- Stabilität 39
Frequenzreduktion, TRANSIT 215
Frequenzverhalten, Atomuhr 38
Frühlingspunkt 32
Fundamentalinstrumente 442
Fundamentalkonstanten 28
Fundamentalsterne 15f

Gauß, Störungsgleichungen 88
Gauß-Jackson 121
GDOP 293, 295
Gelockerte Bahn, TRANSIT 223
GEM s. Goddard Earth Model
Generationen, Laserdistanzmeßsysteme 321
GEOCEIVER 200
Geodäsie, Aufgabe 1
Geodätische Astronomie 2, 21
Geodätisches Datum 26
- Einrichtung durch TRANSIT 229f
Geodätisches Referenzsystem 1980 (GRS 1980) 26, 419
Geodätisches Weltsystem WGS72, WGS84 28
- Parameter 28
- Transformationsformeln 28
GEODOP, Doppelerauswerteprogramm 216, 226
Geodynamik 9, 439
- Anwendung GPS 316
- Beitrag Satellitenmethoden 412
Geoid 25
Geoidbestimmung
- aus Altimetermessungen 146f, 374f
- aus TRANSIT Beobachtungen 236
Geoidundulationen 25, 417
GEOMARK, GPS Auswerteprogramm 287
Geometrische Methode, Satellitengeodäsie 138, 406ff
- bei Laserdistanzmessungen 341f
- bei SECOR 175
Geophysik
- Lagebestimmung Schußpunkte 237
- Erkennung von Strukturen, Altimetrie 377
Geopotential Research Mission GRM 155, 398f
GEOSAT (Satellit) 360
GEOS 1,2 (Satelliten) 159, 175
GEOS 3 (Satellit) 147, *152f*, 359
- charakteristische Daten 362
- Footprintgröße 365
Geostationäre Bahn 132
Geowissenschaften, marine 429
Geozentrische Gravitationskonstante GM 26, 421
- GEM Erdmodelle s. Goddard Earth Model 423
- aus Mondlasermessungen 355
- numerische Werte, Übersicht 425f
- SAO Standarderde I 350
- aus Satellitenlasermessungen 350
- WGS 84 256
Geozentrische Koordinaten
- aus Dopplerbeobachtungen 194, 218
- globale Lösungen 410f

- aus Laserbeobachtungen 344
Geschwindigkeitsdispersion 43
Gestörte Satellitenbewegung 82ff
Gezeitenanalyse, Lasermessungen 350
Gezeitenantwort 350
Gezeitenmodelle 103, 370f
Gezeitenreibung 324, 355
Glazialgeodäsie 437
- Einsatz von GPS 319
- Einsatz von TRANSIT 239
Gletschereis, Bewegungen 439
Globale Parameter, Ausgleichung 224f
Global Positioning System s. GPS
GM s. Geozentrische Gravitationskonstante
Gnomonische Projektion 167f
Goddard Earth Model 7, *422f*
- frühe Beobachtungsdaten 177
- GEM9 349
GEM10 367, 422
GEM L2 350, 423
Goddard Erdmodelle s. Goddard Earth Model
Goddard Space Flight Center 330
Golfstrom 380
GPM Geopotentialmodelle 424
GPS 242ff
- Anwendungen 312ff
- - Geodynamik 316
- - Grundlagenvermessung 313
- - auf See 318, 434
- Empfänger 261ff
- - hybride 270f
- Marktübersicht 272
- Genauigkeitbeeinflussende Effekte 290ff
- Grundprinzip 242ff
- Kontrollsegment 246
- Message 37, 258
- Satelliten 245
- - Störkräfte 110
- Zeit 36, 247, 256, 282, 298
GPS Land Surveyor 271
GRADIO (Satellitensystem) 393
Gradiometer
- rotierend 394
- supraleitend 394
Gradiometrie im Satelliten 150, *391f*
GRARR, Goddard Range and Range Rate 176
Gravimetrie 2
Gravitationsgesetz 62
Gravitationspotential, *Laplace* Kugelfunktionen 416
Greenwich
- mittlere Meridian 20
- mittleres Observatorium 20
Grenzziehung auf See 427
GRIM (Erdmodelle) 423f
GRM s. Geopotential Research Mission
Große Halbachse, Entwicklung der Kenntnis 425
Ground Antenna, GPS 247
Ground Truth 369
Grundlagenvermessung
- Einsatz von GPS 313f
- Einsatz von TRANSIT 229ff
Grundnetz, aus Satellitenmessungen 412
Grundlinien, Maßstabsbestimmung 173
Gruppengeschwindigkeit 43f, 51, 144, 299
Gruppenlösung, Bewegungsbestimmung, TRANSIT 438
Gruppenverzögerung, VLBI 398
GS-1 s. Experimental Geodetic Satellite EGS

Hand Over Word 251, 258
Hangrutschungen 439
HANNAC Hannoversche NAVSTAR Campagne 313f
Hamilton-Funktion 82
Harmonische Koeffizienten 91, 386
HDOP 293, 295
Helmert 1
High-Low Anordnung
- beim Satellite to Satellite Tracking 147, 385
- APOLLO/ATS 6 388
Hill'sche Bahnparameter 80f
Himmelsmechanik, Grundzüge 56ff
HIPPARCOS (Satellit) 16
Hochzieltriangulation 157, 171
Hofmann 7

Höhe
- ellipsoidische 23, 25
- orthometrische 25
Höhensysteme, global 430
Höhenübertragung, mit GPS 315
Höhenveränderungen, aus GPS 315
*Hohmann*bahn 133
HOLLAS 338
Hopfield 53
- Modell für troposphärische Refraktion 53
Houskeeping channel 267
Hydrographische Vermessungen
- mit GPS 319, 437
- mit TRANSIT 238
HYDROSWEEP 318, 429

IAU s. Internationale Astronomische Union
IERS s. Internationaler Erdrotationsdienst
IGN, Institut Geographique National 172
IID, Intermittently Integrated Dopplercount 199, 208
Impulsanalyse, Laser 328f
Impulshalbwertbreite 329
Impulsmeßverfahren 143
Impulsverformung 322
Inertiales Bezugssystem s. Inertialsystem
Inertialsystem 15
- dynamisches 16f
- Quasare 401
- Quasi 16
- stellares 16
- vereinbartes (CIS) 16
Inertialvermessungen, Kontrollpunkte 238
Inertialzeit 34
Ingenieurvermessung 317
- Einsatz von GPS 317
- Einsatz von TRANSIT 238
Injektionsstation, TRANSIT 191
Instantane Bahn 85
Institute of Navigation 244
Integrierte Geodäsie 3
Integrierte Navigation 239, 430, 434
Interchannel Bias, GPS 302
Interferenzen 395f
Interferometer 395
- Langbasis, s.a. Very Long Baseline Interferometry 16
Interferometrische Messungen
- Grundprinzip 148f
- GPS 269f, 276
Intermediäre Bewegung 84
Internationale Astronomische Union IAU 18, 34
Internationale Atomzeitskala TAI 35
Internationaler Erdrotationsdienst IERS 19, 341, 349, 403
Internationaler Polbewegungsdienst IPMS, ILS 442
Internationales Zeitbüro BIH 35, 442
Ionosphäre 45ff
- Laufzeitverzögerung 50
- Schichten 47f
- Wellenausbreitung 48ff
Ionosphärische Refraktion
- bei Altimetermessungen 369
- bei GPS 299f
- bei SECOR 176
- bei TRANSIT 184, *204f*
- bei VLBI 399
ISTAC, GPS Empfänger 270f

Jacchia 157
Jahrhundert, Julianisches 17, 34
Jittereffekt, TRANSIT 198, 207f
JMR, TRANSIT Empfänger 201

Kameraeinstellwerte 164
Kanonische Bahnelemente 81
Kaula 7
- Daumenregel 202f
Kalmanfilter
- Bahnbestimmung 121, 252f
- Navigation, GPS 434f
Kegelschnittgleichung 74
Kepler 58
- Bahnparameter *64*, 112
Keplerbewegung 58ff
Keplerellipse, Referenzbahn 255

Keplersche Gesetze 57
Keplersche Gleichung 70
King-Hele 7
Kinematische Anwendungen, GPS 286, 317
Kinetische Energie, Satellitenbewegung 72
Klobuchar 50
– Ionosphärenmodell 50, 300
Knotenbeschleunigung, LAGEOS Bahn 343
Knotenbewegung 90
– bei TRANSIT Bahnen 185
Knotenpräzession s. Knotenbewegung
Knotenvektor 79
Kohärenz 326
Kollokation, Erdmodellberechnung 424
Kontrollmessungen mit GPS 317
Kontrollsegment, GPS 244, *246f*
Konventionelle Systeme s. Conventional Systems
Koordinatenmeßgerät 164
– Meßgenauigkeit 165
– Rechtwinkel- und Maßstabsfehler 165
Koordinatensystem, kartesisches 12ff
Koordinatentransformationen 12ff
Koordinatenzeit 34
Koordinierte Weltzeit UTC 36
Koppelnavigation 433
Korrelationen
– bei Dopplercounts 220
– durch Oszillatoren 208
– bei relativen GPS Messungen 311
Korrelationstechnik, GPS Empfänger mit 262
Korrelator, VLBI 396
Kosmische Geodäsie 7
Kräftefunktion F 86
Kreiselkraft 107
Kreisfrequenz 41
Kreuzungspunktmethode, Altimetrie 368, *371ff*
Kritische Inklination 91, 96
Krustenbewegungen, rezente 439ff
Kugelfunktionsdarstellung des Schwerepotentials 91, 416
Kugelfunktionserdmodelle 421
Kurzperiodische Störungen 95ff

Lagekontrolle, eines Satelliten 108
LAGEOS (Satellit) 109, 144, 159, *323ff*, 330
– Bahnmodellierungsgenauigkeit 344
– Schweremodell 350
LAGEOS II 326
Lagrange Störungsgleichungen 85ff
Landesvermessung 9
Langbasisinterferometrie s.a. Very Long
Baseline Interferometry 149, 269
Länge
– ellipsoidische 23
– geographische 33
Länge des Perigäums 79
Langperiodische Störungen 95ff
Laplace 6
Large Ground Plane, TRANSIT Antenne 207
Laser 326ff
– Oszillatoren 326f
– Reflektoren 153
– – EGS 153
– – GEOS3 152
– – Mond 352
Laserdistanzmessungen
– zum Mond 352ff
– vom Satelliten aus 356
– zu Satelliten 320ff
– – Genauigkeitsentwicklung 338
– – Kalibrierung 334
Leading Edge, Altimeterpuls 365
Legendresche Polynome 91, 416
Libration, Mond 355
Lichtempfänger, Laserdistanzmessungen 328
Load Tape, GPS Empfänger 267
LOD, Length of the day 346
Logistik, TRANSIT Beobachtungen 228
Lokales astronomisches System 21
Long Arc Methode 5, 138
Lotabweichung 26
Lotrichtung, astronomisch 26
Love'sche Zahlen 103, 350f

Low-Low-Konfiguration, SST 148, 385, 389
Lunar Laser Ranging, LLR 352
Lumped Koeffizienten 109

Macrometer (GPS-Empfänger) 269, *270f*
– Synchronisierung 307
Macrometer II 271
Magnavox 200, 267
MAGNET, Dopplerauswerteprogramm 226
Majority Voting 226
Manganknollen 429
Marini und *Murray*, Ausbreitungsformel nach 334
MARK III System, VLBI 399
Markovitz 7
Masse, Sonne u. Mond 102
Maßstabsfestlegung, Richtungsnetz 172
Master Control Station, GPS 247
Mathematische Geodäsie 2, 25
Matrizenoperationen 13ff
Mc Donald Observatorium 353
Mean Sea Level 364
MEDLAS 345
Meeresflächentopographie 364, 371, *377ff*
Meeresforschung, Nutzung von GPS 318
Meeresgeodäsie 9, 427ff
– Einsatz von GPS 318
– Einsatz von TRANSIT 239
Meeresgeoid 430
Meeresgezeiten, Einfluß bei Altimetrie 370
Meeresindustrie 427
Meeresplattformen, Einmessung durch TRANSIT 239
Meeresspiegelveränderungen, aus Altimetermessungen 380
Mehrdeutigkeit
– GPS im bewegten Modus 437
– GPS Trägerphasenmessungen 250, 276, 280
– interferometrische Messungen 149
– Phasenmessung 144
Mehrdeutigkeitsbestimmung bei GPS 284ff
– geometrische Methode 285
– Linearkombinationen 285
– Träger/Code Kombination 286
Mehrkanalempfänger, GPS 265, 268
Mehrkörperproblem, Grundgleichung 102
Mehrschrittverfahren, Bahnintegration 121f
Mehrstationsverfahren
– GPS 287f
– TRANSIT 221ff
Mehrwegeausbreitung 301, 307
Meridian, geodätischer 24
Meridiankrümmungsradius 29, 433
MERIT 338, 341, 401, 411, 442f
– Intensive Campaign 443
– Main Campaign 442
– Short Campaign 442
MERIT Standards 443
Message, Datenstruktur GPS 258f
Meßbojen 239
Mikroplatten 440
Mikrowellenradiometer 360
MINIMAC, GPS Empfänger 271
MINIRANGER Satellite Survey System 201
MINITRACK 149, 157
– PRIME 177
MITES 404
Mittellinie, Meeresgrenzen 427
Mittlere Anomalie 70
Mittlere Bahnelemente 84f
Mittlerer Meeresspiegel 146, 430
MLRS, McDonald Lunar/Satellite Laser Ranging System 353
MOBLAS, Mobile Laser 338
Modell einer einfachen Schicht 424
Modenkopplung, Laser 327
Momentenintegral 72, 75
Mond, Lasermessungen 329, 352
Mondephemeride 355
Mondlibration 352
Mondmethoden 6f
Monitorstation, GPS 247
Montierung, Lasersystem 328

Moonwatch Programm 157
Motorola 201
MTLRS, Modulares Transportables Laserentfernungsmeßsystem 331
Mueller 7
Multipatheffekte, GPS 263, 301f
Multiplexempfänger, GPS 262, *264*, 266
MX 1502 Satellite Surveyor 200

Nadierfehler, Altimeter 369
NASA-Crustal Dynamics Program 330, 399, 341, 344, 411
National Geodetic Survey NGS 158, 160, 173
Navigation 9
- mit GPS 318, 427
- mit TRANSIT 217f
Navigation Message
- bei GPS 258f
- bei Transit 188
Navigationssatelliten 244
Navigatorentabelle 210, 433f
NAVSTAR Global Positioning System s. GPS 8, *242ff*
Navy Astronautics Group 186
Navy Navigation Satellite System 179
NNSS, s.a. TRANSIT 179
Nd: YAG Laser 321, 327
Nd: YAP Laser 331
Neigungsfunktion 92
Netzanalyse mit TRANSIT 232
Netzentwurf, bei GPS 308f
Netzkombination, terrestrische/TRANSIT 236
Netzverdichtung 414f
- durch GPS 314f
- durch TRANSIT 231f
Newton
- Bewegungsgesetze 61
- Bewegungsgleichung 15, 63
- Gravitationsgesetz 62
Newtonsche Mechanik 57, 61ff
Nichtkonservative Kraftfelder 117
Nickel-Cadmium Batterien 186
Niedere Harmonische 99f
NIENAC, Niedersächsische NAVSTAR Kampagne 313ff
Niveausphäroid 416
Nordgeschwindigkeitsfehler, TRANSIT 433
NNSS s. Navy Navigation Satellite System, TRANSIT
Normalpunkte 125
- bei GPS 289
- bei Laserdistanzmessungen 334ff
Normalpunktgenauigkeit 336
- bei Mondlasermessungen 353
- bei MTLRS 331
Normalschwere 418
Normierte Potentialkoeffizienten 417
NOVA (Satelliten) 186f, 204
Numerische Bahnintegration 84, 111
Nutation 17f
Nutationsmatrix 18
Nutzerklassen, GPS 308f
Nutzersegment, GPS 244, 261ff
Nutzeruhr, GPS, Stabilität 298

Oberflächenkräfte 325
- Auswirkung auf GRM 390
- bei TRANSIT Satelliten 193, 203f, 212
O'Keefe 7
Operational Network OPNET, TRANSIT 191
Operationelle Satelliten, GPS 259
Örter, mittlere, wahre 17
OSCAR (Satelliten) 186f
Oskulierende Ellipse
- Bahnbestimmung 111
- Bahnelemente 84f
- als Referenzbahn 119
Oszillator, Frequenznormal 37
- im GPS Satelliten 246
- Instabilitäten, GPS Empfänger 302
- TRANSIT Empfänger 197, 208

PAGEOS (Satellit) 8, 142, 158, 173
Parameter, Kegelschnitt 75
Parameterbestimmung
- in der Satellitengeodäsie 111, 135
- Modellierung Erde-Mond System 355
Parameterelimination, GPS 280, *283f*
Parameterschätzung

- GPS 280, 281f
- Laserdistanzmessungen 341ff
Parametrisierung
- Dopplerbeobachtungen 217
- VLBI Beobachtungen 398
Partialzyklusreduktion, TRANSIT 215
Partikelreibung, Hochatmosphäre 107
Partikelstrahlung, Sonne 105
Paßpunktbestimmung mit TRANSIT 237
P-Code 249ff
PDOP *293f*, 304f
Perigäum 58
Perigäumsvektor 79
Perihel 58
Perizentrum 58
Pegelverbindungen
- über Altimetrie 381
- über GPS 315
PGS-1331 (Schweremodell) 350
PGS-S1/S4 (Schweremodell) 367
Phase, periodische Welle 41f
Phase delay variation 302
Phasengeglättete Pseudoentfernungen 437
Phasengeschwindigkeit 43f, 51, 144, 299
Phasenkorrektion, Satellitenphotographie 166
Phasenmeßverfahren
- zur Entfernungsbestimmung 143
- bei SECOR 176
Phasenverzögerung, VLBI 398
Phasenweise Ausgleichung, TRANSIT 220, 224
Phasenwinkel 42
PHASER, GPS Auswerteprogramm 290
Photogrammetrische Plattenreduktion 168
Photographische Richtungsbestimmung 158ff
Photomultiplier 328
Pipelinevermessung auf See 427
Plattentektonik 439f
Plattenausmessung, Satellitenphotographie 164ff
Plattenreduktion 165, 167ff
Pol 20f
Polargleichung, Kegelschnitt 67
POLARIS, VLBI Netz 402
Polbewegung 19
Polbewegungsparameter
- aus Laserdistanzmessung 346ff
- aus TRANSIT Beobachtungen 239f, 442
Polkoordinaten 18f
POPS, GPS Auswerteprogramm 288
POPSAT (Satellit) 109, 156
Positionsbestimmung
- absolut 218, 405f
- geeignete Satelliten 151
- Genauigkeit bei geodätischen Meßverfahren 8f
- relativ 218, 405f
- auf See
- - Genauigkeitsanforderung 430
Postprocessing, TRANSIT 226f
Potentialentwicklung zur Short Arc Darstellung 126
Potentialkoeffizienten 91, 95
Potentielle Energie, Satellitenbewegung 72
Prädiktor-Korrektor-Verfahren 121
Präfixe, Größenordnungen 44
PRARE, Precise Range and Range Rate Experiment 155
Präzession 17f
Präzise Ephemeriden
- bei GPS 297
- bei TRANSIT 124, 188, *193f*, 219, 229ff, 240, 442
Präzisionsquarz 39
Precise Ephemeris s. Präzise Ephemeriden
PROM Version, GPS Empfänger 267
Prototypsatelliten, GPS 245, 259f
Pseudoentfernung
- Dopplermessungen 199, 216
- GPS 242, 249
Pseudokanal 265
Pseudolite 435
Pseudo Random Noise Sequenz (PRN) 246, 249f
Pseudorange s. Pseudoentfernung

Pulsanalyseverfahren, Laser 321
Pulse length limited system, Altimetrie 365, 369

Q-Switch, Laser 321, 327
Quad, SECOR 175
Quadriertechnik, GPS Empfänger mit 262, 269
Quantel-Laser 338
Quarz-Oszillatoren 39
Quasar 16, 400f
Querkrümmungsradius 23, 29
Quick-Look Daten, Laser 336, 341

Radaraltimeter 146, 357ff
- auf ERS1 155
- auf GEOS3 152
- auf SEASAT 153
Radarbänder 45
Radioastronomie 395
Radiointerferometrie 149, 394ff
s.a. Very Long Baseline Interferometry
Radiometer s. Wasserdampfradiometer
Radionavigationsverfahren, auf See 430
Radioquelle 398
Randwertaufgabe, Bahnintegration 112, 115
RAM Version, GPS Empfänger 267
Rapid Intensive Mode, UT1 aus VLBI 403
Räumliche Glättung, Satellitenspur 169
Raumsegment, GPS 244, 245f
Raumvektoren, GPS Auswertung 287
Rayleigh 43
Realisation des Satellitendatums 408
Receiver Time Delay, TRANSIT 197
Reference Frame s.a. Bezugssystem 12
Referenzbahn 117, 119, 252, 421
Referenzellipsoid, mittleres 25f, 418
Referenzsystem, s.a. Bezugssystem 12
- aus LAGEOS Bahn 345
- aus Satellitenmethoden 441ff
Refraktionsindex n 42
Refraktionsmodell, Troposphäre
- nach Black 54
- nach Hopfield 53
Refraktionszahl N 42
Rekonstruktion des Trägers, GPS 264
Rektifizierung, Bahn 119
Relative
- Beobachtung GPS 310
- Fehlerellipsen 234ff
- Koordinatenbestimmung 195, 230
- Navigation, GPS 435f
- Positionsgenauigkeit
- - bei GPS 291
- - bei TRANSIT 236
Relativistische Effekte 108
Relativistische Korrelation
- bei Dopplermessung (TRANSIT) 181, 199, 202, *209f*
- bei GPS Messungen 292
- - Uhreffekt 298
Relativitätstheorie 34, 181
Resonanzeffekte, Satellitenbahnen 108f
Restrefraktion 166
RETDOC, Dopplernetz 232, 411
Retrograde Bewegung, Satellit 80
Retroreflektor 322f
Richtungsbestimmung
- mit GPS 317f
- zu Satelliten 141f
Rohstoffe im Meer 427f
Rotation, Matrizen 14
Rotationsellipsoid, s.a. Referenzellipsoid 22
Rubidiumfrequenznormal 40
Rubinlaser 321, *327*
Rundungsfehler, Bahnintegration 121f
Runge-Kutta Verfahren 121

Säkulare Störungen 95ff
San Andreas Fault Experiment SAFE 441
San Adreas Verwerfung 345, 441
SAO s. Smithonian Astrophysical Observatory 421
Satellite Laser Ranging SLR s. Laser distanzmessung
Satelliten
- aktive 151
- Bahnhöhen und Umlaufzeiten 129
- geodätisch nutzbare 150ff

– mit Laserreflektoren 323
– passive 151
Satellitenaltimetrie s.a. Altimetrie 357ff
Satellitenbahnmanöver 128ff
Satellitenbewegung 56ff
Satellitendatum 408ff
Satellitendurchgang TRANSIT 185
Satellitenfix 434
Satellitengeodäsie
– Anwendungsmöglichkeiten 8ff
– Bahnmethode 5
– direkte Methode 4
– dynamische Methode 4f
– geometrische Methode 3f
– Grundgleichung 135
– Grundkonzepte 3
– indirekte Methode 6
– als Parameterbestimmungsproblem 5, *135ff*
Satellitengeometrie, Auswirkung auf Positionsbestimmung, GPS 293f
Satellitengeschwindigkeit 69, 77
Satellitenkameras 159ff
Satellitenkoordinaten, Berechnung bei GPS 256
Satellitenrefraktion 166
Satellitenspurglättung 169
Satellitentriangulation 172
Satellitenüberdeckung, Prototypsatelliten GPS 260
Satellitenuhrverhalten, GPS 253ff, 298
Satellitenzeitrahmen
– GPS 277f
– TRANSIT 197f
Satellite to Satellite Tracking SST 146, 147, 356, *385ff*
Schaltsekunde 36
Schattenfunktion 106
Scheinkräfte 107f
Schelfeis 438
Schneider 11
Schrittweite, Bahnintegration 122
Schubkräfte 108
Schwereanomalien 417
– terrestrische, Verfügbarkeit 384
Schwerefeldauflösung und Satelliten methoden 382f
Schwerefeldbestimmung
– aus Altimeterdaten 374f
– aus Laserdistanzmessungen 349
– aus Satellitengradiometrie 392f
– geeignete Satelliten 151
S-Band Transponder, GEOS3 152
SBG, Satellitenbeobachtungsgerät 163
Scatterometer 360
Scout-Rakete 185
SEABEAM 318, 429, 435
Seamounts, Entdeckung aus Altimeterdaten 377
SEASAT (Satellit) 147, 153, 359ff
– charakteristische Daten 362
– globale Überdeckung 374
SECOR 144, 175f, 342
– äquatoriales Netz 176
Seegeophysik 430
Seerecht 427
Seismische Aktivitäten (Erdbeben) 439
Sektoriale Koeffizienten 91
Semi-latus-rectum 75
Semi-Short-Arc Methode 138, 409
– bei Laserbeobachtungen 345
– bei TRANSIT 223f
Sequentielle Empfänger, GPS 262, *264*, 267
SERIES 270, 404
– GPS Empfänger 271
Session, GPS Beobachtungen 287f, 309
Set of Station Coordinates SSC 443
Short-Arc Methode 5, 138, 409
– Bahnglättung 126
– bei SECOR 175f
– bei TRANSIT 223f
– vereinfachter Ansatz 224
Short Doppler Count 188, 199
Short Pulse Mode, Altimeter 365
Sichtbarkeitsberechnung
– GPS 304ff
– Satellitenphotographie 163f
Signalausbreitung 40ff
Signallaufzeit, TRANSIT Empfänger 207
Signalstruktur
– GPS 247ff
– Transit 188f

Single Difference, GPS 276
SIRIO-LASSO 351
SI-Sekunde 35
SKYLAB, Raumlabor 359
Sonarsysteme 429
Smithsonian Astrophysical Observatory (SAO) 7, 157, 161
- Standard Earth 163, 421f
Sonnenaktivität
- Einfluß Bahnen TRANSIT 193, 204
- Einfluß Signalausbreitung
- - GPS 299f
- - TRANSIT 205
Sonnendetektor, Laserdistanzmessung 331
Sonnenfleckenrelativzahl 47
Sonnenkonstante 106
Sonnensynchrone Bahn 90, 131
Sonnenzeit 33
Space Shuttle 326
Space Telescope 16
Space to Earth 6, 357
Spektrale Kombination, Schwerefeld berechnung 424
Spektrum, elektromagnetische Wellen 44
Spiegelungsmatrix 14, 22
SPUTNIK I (Satellit) 1, 6, 157
SQUID 394
Stacked Oscar on Scout SOOS 186
Standardepoche J 2000 17
Standarderden SAO 7, 163, 421f
STARLETTE (Satellit) 103, 144, 159
- Bahnmodellierungsgenauigkeit 344
- Schweremodell *323f*, 350
Stationslogbuch 228, 308
Stellartriangulation 171
Sternkatalog 165
Sternzeit 19, 30, *32ff*
Störbeschleunigungen am Satelliten 83
Störparameter
- Bewegungsgleichung 116
- GPS Auswertung 280
- GPS Bahnrepräsentation 255
Störpotential 86, 92, 416
Störungen
- ausgewählte Satellitenbahnen 109ff
- Gravitationswirkung Sonne, Mond 100
- Meeres- und Erdgezeiten 102f
- nichtgravitative 108
- Strahlungsdruck der Sonne 105
- Strömungswiderstand Atmosphäre (Drag) 103f
Störungsgleichungen
- nach Gauß 88
- nach Lagrange 85
Störungstheorie 1. Ordnung 116
Strahlungsdruck der Sonne 324
Streifenfrequenz, VLBI 397
Strömungen, Meer, aus Altimeterdaten 379
Stromversorgung, Feldprojekte 307f
Subsatellitenbahn 109, 130
- bei Altimetermessungen 371f
- bei GEOS3 366
Synthetisches Radar 360
System s. Bezugssystem
Szintillation 169f

Tangentialkoordinaten 167
Tailored Gravity Model
- Lasersatelliten 350
- Altimetersatelliten 367
TDOP 293, 295
Telemetriewort TLM 258
Tesserale Koeffizienten 91
Texas Instruments 266
Thethered Satellite 394
TI 4100 GPS Navigator 266f
Time Frame Tracker, TRANSIT Empfänger 196
Time of Closest Approach TCA 178
TIPOSIT, GPS Auswerteprogramm 290
Tisserand 93
TLRS Transportable Laser Ranging Station 330
TOPEX (Satellit) 155, 271, 350
- POSEIDON 362
Total Electron Control Unit TECU 48
Trackingkamera 157, 149
Trackingnetze, zivil, GPS 297
TRANET 191, 194, 240

– Nutzung für Altimetermissionen 368
Trägerphasenmessung GPS 276ff
– Beobachtungsgleichung 279
Transfer Orbit 133
Transformation s. Datumstransformation
TRANSIT
– Anwendung auf See 431
– Genauigkeit auf See 432
– Grundprinzip 146
– Meßverfahren 179, *184ff*
– Satelliten 109
– – Drageffekt 105
– – TRANSIT – 1B 7
– Vergleich mit GPS 242, 244
– Vor- und Nachkalibrierung 229
– zukünftige Rolle 240f
TRANSIT Improvement Program TIP 187
Translokation
– bei TRANSIT 218, *221f*
– strenge 221
– TRANSIT auf See 432
Transponder 144
– am Satelliten 175f
– SECOR 330f
Transportable Laser 330f
TRIAD (Satellit) 155
Trilateration 175
Trimble 4000SL GPS Surveyor 268f
TRIMVEC, GPS Auswerteprogramm 287
Troposphäre 45ff
Troposphärische Refraktion 51ff
– bei Altimetermessungen 369
– bei GPS 300f
– bei TRANSIT 205f
Troposhärischer Maßstabsfaktor 54, 215
Tschebyscheff Polynome 124f, 336
– Approximation GPS Bahnen 253
Tycho Brahe 58

Übergangsbahn 133
Übergangswort HOW 251
Uhr, ideale 37
Uhrverhalten, GPS Satelliten 282
Undifferenzierte Phasenmessung 276
Universalzeit 30, 32ff
User Equivalent Range Error UERE 291
User Solution, GPS 267

Väisälä 7, 171
Varianz-Kovarianz-Matrix, GPS Auswertung 288f
Variation
– der Konstanten 84
– der Koordinaten 84
VDOP 293, 295
Verzeichnung, radial tangential 165
Verzögerungsreduktion, TRANSIT 215
Very Long Baseline Interferometry VLBI 142, 149, 269, *394ff*
– mit Satelliten 403
Vis-Viva Gleichungen 77
VLBI s. Very Long Baseline Interferometry
Volltensor-Gradiometer 392

Wahre Anomalie 58, 67, 70
Wahre Länge 79
Wasserdampfradiometer 55, 297, 301, 317, 360, 369, 399
Wasserstoffmaser 40, 399
Water Vapor Radiometer s. Wasserdampfradiometer
WEGENER Projekt 441
Wellenausbreitung 41ff
Wellenhöhen, Altimetrie 369
Weltzeit 30, 32ff
Westeuropäisches Satellitentriangulationsprogramm WEST 158, *174*
Wettzell, Fundamentalstation 327
WGS 72, WGS 84, Geodätisches Weltsystem 28, 191
– Parameter 28
– Transformationsformeln 28
Wild 267
WLRS, Wettzell Laser Ranging System 354
WM 101, GPS Empfänger 267f

Z-Count, GPS 251
Zeit
– Baryzentrische Dynamische TDB 34
– ideale 37
– Terrestrische Dynamische TDT 34
Zeitmessung
– absolut 30
– Dopplerempfangsanlage 198
– Genauigkeitsforderungen, Satellitengeodäsie 31f
– Laserdistanzmessung 329, *333*
– relativ 30
Zeitsignale, TRANSIT Satelliten 181
Zeitskalen 30ff
Zeitvergleich, über Lasermessungen 351
Zentralkörperbeschleunigung 82, 85
Zentrierung, dreidimensional 29
Zentrierungskorrektion, Laserdistanzmessung 333
Zentrifugalkraft 107
Zonale Koeffizienten 91
– und Erdfigur 417
Zustandsgrößen, Kalmanfilter 435
Zweifache Differenzen, GPS Auswertung 284, 287
Zweikanalempfänger, TRANSIT 196
Zweikörperproblem 56, *61ff*
Zweiwegemeßverfahren 142
– Laserdistanzmessungen 320